ANESTESIOLOGIA PARA GRADUAÇÃO

ANESTESIOLOGIA PARA GRADUAÇÃO

EDITORES

Leonardo Ayres Canga

Acadêmico do 6º Ano de Medicina do Centro Universitário São Camilo.
Presidente SAESP Acadêmicos Gestão 2020. Membro do Centro de Estudos e Diagnóstico de
Hipertermia Maligna – Escola Paulista de Medicina.

Luiz Fernando dos Reis Falcão

Professor e Chefe da Disciplina de Anestesiologia, Dor e Medicina Intensiva da
Escola Paulista de Medicina da Universidade Federal de São Paulo – EPM/Unifesp.
Diretor Científico da Sociedade de Anestesiologia do Estado de São Paulo. Diretor de Relações
Internacionais da Sociedade Brasileira de Anestesiologia. Council da World Federation Society of
Anaesthesiologists. Diretor do Grupo de Anestesiologistas Associados Paulista.

Rita de Cássia Rodrigues

Professora Adjunta da Disciplina de Anestesiologia, Dor e Medicina Intensiva da
Escola Paulista de Medicina da Universidade Federal de São Paulo – EPM/Unifesp.
Presidente da Sociedade de Anestesiologia do Estado de São Paulo, 2020-2022. Doutorado em
Medicina pela EPM-Unifesp. Especialização em Administração Hospitalar e
Sistemas de Saúde pela Fundação Getúlio Vargas. MBA Executivo em Gestão de
Saúde pelo Instituto de Ensino e Pesquisa-INSPER. Especialização Internacional em
Qualidade em Saúde e Segurança do Paciente pela Fundação Oswaldo Cruz.

ANESTESIOLOGIA PARA GRADUAÇÃO

Produção editorial: PRESTO | Catia Soderi

Projeto gráfico: ASA Produção Gráfica e Editorial

Diagramação: PRESTO | Catia Soderi

© 2022 Editora dos Editores

Todos os direitos reservados. Nenhuma parte deste livro poderá ser reproduzida, sejam quais forem os meios empregados, sem a permissão, por escrito, das editoras. Aos infratores aplicam-se as sanções previstas nos artigos 102, 104, 106 e 107 da Lei nº 9.610, de 19 de fevereiro de 1998.

ISBN: 978-65-86098-83-9

Editora dos Editores

São Paulo: Rua Marquês de Itu, 408 - sala 104 – Centro. (11) 2538-3117

Rio de Janeiro: Rua Visconde de Pirajá, 547 - sala 1121 – Ipanema.

www.editoradoseditores.com.br

Impresso no Brasil
Printed in Brazil
1ª impressão – 2022

Este livro foi criteriosamente selecionado e aprovado por um Editor científico da área em que se inclui. A Editora dos Editores assume o compromisso de delegar a decisão da publicação de seus livros a professores e formadores de opinião com notório saber em suas respectivas áreas de atuação profissional e acadêmica, sem a interferência de seus controladores e gestores, cujo objetivo é lhe entregar o melhor conteúdo para sua formação e atualização profissional.
Desejamos-lhe uma boa leitura!

Dados Internacionais de Catalogação na Publicação (CIP)
(Câmara Brasileira do Livro, SP, Brasil)

Anestesiologia para graduação / editores Leonardo Ayres Canga; Luiz Fernando dos Reis Falcão; Rita de Cássia Rodrigues. — 1. ed. – São Paulo: Editora dos Editores Eireli, 2022.

Vários colaboradores.
Bibliografia.
ISBN 978-65-86098-83-9

1. Anestesia 2. Anestesiologia 3. Anestesiologia - Estudo e ensino I. Canga, Leonardo Ayres. II. Falcão, Luiz Fernando dos Reis. III. Rodrigues, Rita de Cássia.

22-113448

CDD -617.96
NLM-WO-200

Índices para catálogo sistemático:

1. Anestesiologia : Medicina 617.96

Aline Graziele Benitez - Bibliotecária - CRB-1/3129

Colaboradores

Alice Jimenez Koyama

Acadêmica da Faculdade de Medicina do ABC. Vice-Presidente SAESP Acadêmicos 2020. Comitê de produção científica SAESP acadêmicos 2021.

Aline Panico de Abreu

Acadêmica de Medicina da Faculdade Santa Marcelina.

Aline Teresa Bazzo da Cunha

Acadêmica do 4º Ano da Faculdade Municipal de São Caetano do Sul (USCS).

Ana Beatriz Camerlengo Moragas

Acadêmica de Medicina do quinto ano da Faculdade de Medicina de Marília (FAMEMA–SP).

Ana Laura Ribeiro Evangelista

Acadêmica de Medicina do UniSALESIANO – Araçatuba/SP.

Ana Luiza Gomes Sgarbi

Acadêmica de Medicina do terceiro ano da Faculdade de Medicina de Marília (FAMEMA–SP).

Andressa Dib

Acadêmica do 6º Ano de Medicina da Universidade de Santo Amaro.

Bianca Latance da Cruz

Acadêmica do 4° ano de Medicina pela Faculdade de Medicina de Botucatu (FMB - UNESP). Presidente da Liga de Anestesiologia, Terapia Intensiva, Dor e Cuidados Paliativos da FMB - UNESP (2020).

Bruno Denardi Lemos

Acadêmico do 5º Ano da Faculdade de Ciências da Saúde de Barretos (FACISB).

Bruno Valério Camargo Ortiz

Acadêmico do 4º Ano de Medicina da Universidade Anhembi Morumbi, campus São José dos Campos. Fundador e Presidente da Liga de Anestesiologia, Dor e Medicina Intensiva (2020). Diretor da Associação dos Estudantes de Medicina do Estado de São Paulo (2021).

Caio Cesar Rizzo

Acadêmico do 5º Ano da Universidade Metropolitana de Santos (UNIMES).

Camila Ibelli Bianco

Graduanda em Medicina na Universidade de Araraquara.

Carlos Alberto Conrado

Acadêmico do Curso de Medicina da Faculdade de Ciências Médicas da Santa Casa de São Paulo (FCMSCSP). Presidente da Liga de Anestesiologia e Tratamento da Dor da Faculdade de Ciências Médicas da Santa Casa de São Paulo (FCMSCSP).

Celso Schmalfuss Nogueira

Corresponsável pelo CET em Anestesiologia da Santa Casa de Santos.

David Ferez

Professor Adjunto da Disciplina de Anestesiologia, Dor e Medicina Intensiva da EPM/UNIFESP. Supervisor da Residência Médica em Anestesiologia MEC/SBA da Beneficência Portuguesa de SP/Grupo AMD.

Dayane Neres Pereira

Acadêmica do 4° ano de Medicina pela Faculdade de Medicina de Botucatu (FMB - UNESP). Membro da Liga de Anestesiologia, Terapia Intensiva, Dor e Cuidados Paliativos da FMB - UNESP (2020).

Emílio Carlos Del Massa

Anestesiologista TSA-SBA. Responsável pelo CET-SBA Hospital Santa Marcelina. Título de Atuação em Dor SBA-AMB. Homeopata Título de AMHB-AMB).

Enzo Scarpa Aguiar de Paula

Acadêmico do 5º Ano da Faculdade de Ciências da Saúde de Barretos (FACISB).

Fabiana Carolina Santos Rossi

Médica pela Universidade Anhembi Morumbi. Presidente da SAESP Acadêmicos em 2018.

Fernanda Ferreira de Morais

Acadêmica de Medicina pela Pontifícia Universidade Católica de Campinas.

Fernanda Gadelha Fernandes

Graduanda de Medicina da Universidade Potiguar (UNP).

Gabriel Lustre Gonçalves

Médico Anestesista na Santa Casa de Misericórdia de Barretos.

Giovana Suppioni Romano

Acadêmica de Medicina da USCS. Membro SAESP Acadêmicos 2020.

Giovanna Costa Moura Velho

Graduanda em Medicina no Centro Universitário de Brasília (UniCEUB).

Graziela Panizzon

Acadêmica do 5º Ano de Medicina da Escola Paulista de Medicina – Unifesp.

Guilherme de Oliveira Firmo

Professor de Anestesiologia da Faculdade de Medicina de Taubaté. Instrutor do CET de Anestesiologia do Hospital Municipal de São José dos Campos. Anestesiologista do Hospital de Transplantes Euryclides de Jesus Zerbini-SP. TSA-SBA.

Guilherme Erdmann Silveira

Graduação em Medicina pela Universidade de Santo Amaro. Residência Médica pela Faculdade de Medicina do ABC em Anestesiologia. Especialização em Dor no Instituto Israelita de Ensino e Pesquisa Albert Einstein. Mestrado em Ciências da Saúde na Universidade de Santo Amaro. Professor da disciplina de Anestesiologia da Universidade de Santo Amaro. Professor e Orientador da Liga Acadêmica de Anestesiologia da Faculdade de Medicina de Santo Amaro.

Guinther Giroldo Badessa

Doutor em Anestesiologia pela FMUSP. Professor do Centro Universitário São Camilo. Coordenador da Residência Médica em Anestesiologia do Centro Universitário São Camilo.

Gustavo Moreno Cecílio

Médico pela Universidade Anhembi Morumbi. Presidente da SAESP Acadêmicos em 2019. Residente de Anestesiologia pelo Hospital Sírio Libanês.

Iago Cespede Villar

Acadêmico do 4º Ano de Medicina da Universidade Anhembi Morumbi, campus São José dos Campos. Presidente da Liga de Anestesiologia, Dor e Medicina Intensiva (2021). Diretor de Ligas do Diretório Acadêmico Cleusa Ferri (2020-2021).

Ian Xavier Paschoeto dos Santos

Graduando em Medicina pelo Centro Universitário de Volta Redonda (UniFOA).

Isabela Araujo Villaverde

Acadêmica do 5º Ano da Medicina (UNICID).

João Pedro Abdo Said

Acadêmico do 6º Ano de Medicina da Universidade de Marília. Membro da Liga Acadêmica de Anestesiologia.

Colaboradores

João Victor Ji Young Suh
Acadêmico do 6º Ano da Faculdade de Medicina do ABC.

José Carlos Canga (*In Memorian*)
Mestre em Ciências da Saúde. Responsável CET/ABC da Faculdade de Medicina do ABC (FMABC).

Julio Cesar Ferreira de Araujo Junior
Acadêmico do 5º Ano da Universidade Metropolitana de Santos (UNIMES).

Kainã Rodrigues Pires
Graduanda em Medicina na Universidade de Araraquara.

Kleber Goia Nishide
Acadêmico do 4º Ano de Medicina da Escola Paulista de Medicina (Unifesp).

Laura Valquiria Ramos Maita
Acadêmica do 4º Ano de Medicina do Centro Universitário São Camilo.

Leonardo Ayres Canga
Acadêmico do 6º Ano de Medicina do Centro Universitário São Camilo. Presidente SAESP Acadêmicos Gestão 2020. Membro do Centro de Estudos e Diagnóstico de Hipertermia Maligna – Escola Paulista de Medicina.

Letícia da Costa Pitta
Acadêmica do 4º Ano da Faculdade Municipal de São Caetano do Sul (USCS).

Lucas Guimarães Ferreira Fonseca
Título de Especialista em Anestesiologia pela Faculdade de Medicina de Botucatu – Universidade Estadual Paulista (FMB–UNESP). Professor Substituto do Departamento de Especialidades Cirúrgicas e Anestesiologia, Divisão de Anestesiologia, Faculdade de Medicina de Botucatu – Universidade Estadual Paulista (FMB–UNESP).

Lucas Magalhães Barbosa
Acadêmico de Medicina do 4º Ano da Faculdade de Ciências Médicas de São José dos Campos – Humanitas.

Luís Henrique Cangiani
TSA/SBA. Responsável CET Centro Médico de Campinas. Membro do Comitê de Anestesia Ambulatorial da SBA.

Luiz Fernando dos Reis Falcão
Professor de Anestesiologia da Universidade Federal de São Paulo. *Council* da *World Federation Society of Anaesthesiologists*. Diretor de Relações Internacionais da Sociedade Brasileira de Anestesiologia. Diretor Científico da Sociedade de Anestesiologia do Estado de São Paulo. Diretor de Operações do Grupo de Anestesiologistas Associados Paulista.

Maiara Cristiane de Andrade Lima
Acadêmica pela Faculdade de Medicina de Taubaté.

Marcelo Vaz Perez
Anestesiologista, TSA–SBA. Professor Assistente da Faculdade de Ciências Médicas da Santa Casa de São Paulo (FCMSCSP). Responsável pela Disciplina de Tratamento da Dor Crônica e Aguda. Doutor em Medicina e Clínica Cirúrgica pela Universidade de São Paulo. Diretor de comunicações da SAESP. Presidente da comissão de treinamento e terapêutica da dor SBA. Diretor internacional do LASRA.

Maria Angela Tardelli
Professora Associada da Disciplina de Anestesiologia, Dor e Medicina Intensiva do Departamento de Cirurgia da Escola Paulista de Medicina/UNIFESP.

Maria Eugenia Mendes de Almeida Mourad
Acadêmica do 5º Ano da Faculdade de Medicina do ABC.

Mariana Cadelca Zalbinate
Acadêmico do 6º Ano de Medicina da Universidade de Marília. Membro da Liga Acadêmica de Anestesiologia.

Mariana Favaro de Santana
Acadêmica de Medicina – Turma TXI Universidade Anhembi Morumbi – Campus Mooca.

Mariana Marins Vieira
Acadêmica de Medicina na Turma TX Universidade Anhembi Morumbi – Campus Mooca.

Marina Midori de Melo Murata

Acadêmica pela Faculdade de Medicina de Taubaté.

Matheus Fachini Vane

Médico Assistente do Hospital das Clínicas (HCF-MUSP). Professor da Faculdade de Ciências Médicas de São José dos Campos – Humanitas.

Matheus Fecchio Pinotti

TSA-SBA. Doutor em Anestesiologia pela Faculdade de Medicina de Botucatu (UNESP). Co-responsável pelo CET SBA da Santa Casa de Misericórdia de Ribeirão Preto, Clínica de Anestesiologia de Ribeirão Preto (CARP).

Noemy Matos Hirokawa

Acadêmica do 6º Ano de Medicina da Universidade Anhembi Morumbi. Presidente SAESP Acadêmicos 2021.

Olívia Antunes Carvalho

Graduanda em Medicina na Universidade Federal do Estado do Rio de Janeiro (UNIRIO).

Onésimo Duarte Ribeiro Junior

Patrono da Liga Acadêmica de Anestesiologia e Dor da Faculdade de Medicina do ABC.

Orlandira Costa Araujo

Mestrado e Doutorado em Anestesiologia e Ciências Médicas pela Faculdade de Medicina da Universidade de São Paulo (USP). Médica Anestesiologista do Hospital Universitário (HU–USP). Coordenadora da Residência Médica em Anestesiologia do Instituto de Assistência Médica ao Servidor Público Estadual de São Paulo (Iamspe). Anestesiologista do Serviço de Anestesiologia, Medicina Perioperatória, Dor e Terapia Intensiva (SAMMEDI). Supervisora da Liga de Anestesiologia e Terapia Intensiva (UNICID – Iamspe).

Paulo Guilherme Molica Rocha

Médico formado pela Universidade Federal do Rio de Janeiro (2014). Residência Médica em Anestesiologia pelo Hospital Municipal José de Carvalho Florence SBA/MEC (2018). Sócio da Sociedade de Anestesiologia do Estado de São Paulo e da Sociedade Brasileira de Anestesiologia. Coordenador da Liga Acadêmica de Anestesiologia, Dor e Medicina Intensiva

da Faculdade de Medicina da Universidade Anhembi Morumbi, campus São José dos Campos.

Plínio Takahiro Katayama

Acadêmico de Medicina pela Pontifícia Universidade Católica de Campinas.

Priscilla Patto Abreu Fagundes

Anestesiologista e Área de Atuação em Dor pela AMB.

Rafaela Cristina Santo Rocha

Graduanda em Medicina pela Universidade Federal do Estado do Rio de Janeiro (UNIRIO).

Rafaela Malta Maradei

Acadêmica do 5º Ano de Medicina da Universidade de Santo Amaro.

Renan do Carmo Machado de Almeida

Acadêmico do 5º Ano da Medicina (UNICID).

Renata Alfena Zago

Acadêmica de Medicina do UniSALESIANO – Araçatuba/SP.

Renata de Paula Lian

Médica pela Universidade São Francisco. Anestesiologista pelo Centro de treinamento da Puc-Campinas. Área de atuação em dor pela AMB. Título superior de anestesiologia pela SBA. Supervisora da residência de anestesiologia da PUC-Campinas pelo MEC, e corresponsável pela residência de anestesiologia pela SBA.

Rodrigo Corrêa Falcão Rodrigues Alves

Acadêmico de Medicina do 4º Ano da Faculdade de Ciências Médicas de São José dos Campos – Humanitas.

Thalles Sestokas Zorzeto

Acadêmico do 4º ano de Medicina do Centro Universitário São Camilo.

Thamires Sophia Pinheiro Sant'Ana

Acadêmica de Medicina da Faculdade Santa Marcelina.

Thayná Dara do Amaral Brum Ramos

Graduanda de Medicina da Universidade do Estado do Rio de Janeiro (UERJ).

Thiago José Querino de Vasconcelos

Médico Anestesiologista Formado pela Unicamp. Instrutor de ACLS da *American Heart Association* (AHA). Anestesista Assistente da Faculdade de Medicina de Marília (Famema). Diretor do Centro de Treinamento e Capacitação em Saúde (Cordis).

Thiago Ramos Grigio

Anestesiologista. Especialista em Dor na Santa Casa de São Paulo e ICESP. Supervisor da Residência Médica de Anestesiologia da Santa Casa de São Paulo. Mestrado em Pesquisa e Cirurgia pela Santa Casa de São Paulo. Doutorando em Anestesiologia pela USP. Coordenador do Núcleo de Dor e Cuidados Paliativos da SAESP. Professor Assistente 1 da Escola de Saúde Pública de Harvard.

Victório dos Santos Júnior

Docente e Chefe da Disciplina de Anestesiologia da Faculdade de Medicina de Marília.

Vitor Kenzo Kawamoto Fugikawa

Acadêmico do Curso de Medicina da Faculdade de Ciências Médicas da Santa Casa de São Paulo (FCMSCSP). Vice-Presidente da Liga de Anestesiologia e Tratamento da Dor da Faculdade de Ciências Médicas da Santa Casa de São Paulo (FCMSCSP).

William Hideki Nishimura

Acadêmico do 4º Ano de Medicina do Centro Universitário São Camilo.

Dedicatória

Agradeço aos alunos e mestres
que compartilharam seus conhecimentos nesta obra.

Luiz Fernando dos Reis Falcão

Dedico a todos que se engajaram na obra
e também, ao meu tio, Dr. José Carlos Canga
por toda inspiração.

Leonardo Canga

Agradecimentos

Agradecemos a todos autores que de forma ímpar compartilharam seu tempo durante um período difícil da nossa história recente para criar esta obra. Obrigado por acreditarem no projeto.

Um agradecimento especial a toda equipe da Editora dos Editores por toda dedicação, profissionalismo e ética na elaboração desta obra.

Por fim, agradecemos a Sociedade de Anestesiologia do Estado de São Paulo e todo seu corpo diretivo e sócios, por confiarem nos acadêmicos, por darem espaço e assim, auxiliarem no futuro da anestesiologia brasileira.

Os Editores

Prefácio

Muito como resultado do desenvolvimento dos recursos de comunicação, as últimas décadas foram marcadas pela explosão da informação. Esta, processada de forma apropriada, permite acesso aos elementos necessários à estruturação sólida do corpo de conhecimentos nas mais diferentes áreas. No campo da saúde, vê-se o alargamento dos horizontes, a multiplicação das profissões, das especialidades, das áreas de atuação e de interesse.

Entre as tantas especialidades que caracterizam a profissão médica, tem-se na Anestesiologia um edifício de construção relativamente recente, quando avaliado sob a perspectiva da evolução da Medicina ao longo de milênios. Conhecê-la exige revolver imenso acervo de conhecimento acumulado, recolher as tantas pedras que pavimentam a estrada do progresso científico, amalgamadas pela genialidade e dedicação de incontáveis médicos e cientistas.

A presente iniciativa, um volume que agrega os interesses e esforços de colegas de diferentes gerações de especialistas, traz perspectivas alvissareiras. Representa o interesse de contemporâneos e a disposição dos mais experientes, todos envolvidos em um movimento sem barreiras, na busca de progresso real.

Positivo ainda que se faça também no seio das instituições associativas, que não têm objetivo outro que facilitar a interação de seus membros e assim catalisar o desenvolvimento. Diz-se que a perenidade das instituições, entre elas a nossa Sociedade de Anestesiologia do Estado de São Paulo, é assegurada pela renovação dos seus quadros. Como melhor ilustrá-la que uma obra voltada para os alunos de graduação – portanto, aqueles se iniciam na ciência médica –, editada por jovens especialistas sob a supervisão de seus instrutores?

Este livro nos traz a certeza da solidez da especialidade e do brilhante futuro da Anestesiologia, servindo igualmente como referência e porta de entrada para esta área do conhecimento médico.

Cumprimento seus idealizadores e os envolvidos neste magnífico trabalho.

Boa leitura a todos!

José Luiz Gomes do Amaral

Anestesiologista e Presidente da Associação Paulista de Medicina e da Academia de Medicina de São Paulo. Professor Titular da Disciplina de Anestesiologia, Dor e Medicina Intensiva da Escola Paulista de Medicina da Universidade Federal de São Paulo - EPM/Unifesp.

Apresentação

Reunidos em 29 capítulos que abrangem as bases teóricas e práticas da anestesiologia, as quais constituem os pilares da prática da especialidade, este livro permite ao aluno, e mesmo o médico em especialização, deparar-se com uma leitura fácil e convidativa ao raciocínio lógico.

Todos autores, alunos, especializandos, especialistas, mestres e doutores conseguiram comtemplar a magnitude da Anestesiologia e os princípios da medicina perioperatória com conceitos básicos propiciando um ponto de partida para o aprofundamento científico e o despertar do interesse por esta especialidade relativamente nova, que tanto revolucionou a Cirurgia e a Medicina.

A **SAESP – Sociedade de Anestesiologia do Estado de São Paulo** acredita que este livro seja útil ao propósito de atender uma demanda necessária aos formandos em medicina e apresenta-se imprescindível para complementar o ensino da anestesiologia na graduação.

Tal nobre pretensão não teria se concretizado sem a visão fecunda, dedicação e determinismo do presidente da Saesp Acadêmicos, Dr. Leonardo Ayres Canga e do diretor científico da Sociedade de Anestesiologia do Estado de São Paulo, Dr. Luiz Fernando dos Reis Falcão.

Rita de Cássia Rodrigues
Presidente da Sociedade de Anestesiologia
do Estado de São Paulo – 2020-2022.

Sumário

Capítulo 1   Breve História da Anestesiologia, 1
Marcelo Vaz Perez
Carlos Alberto Conrado
Vitor Kenzo Kawamoto Fugikawa

Capítulo 2   Farmacologia Geral Aplicada à Anestesia, 7
Celso Schmalfuss Nogueira
Caio Cesar Rizzo
Julio Cesar Ferreira de Araujo Junior

Capítulo 3   Avaliação Pré-Anestésica, 13
João Pedro Abdo Said
Mariana Cadelca Zalbinate
Thiago José Querino de Vasconcelos

Capítulo 4   Monitorização do Paciente Cirúrgico, 21
Bianca Latance da Cruz
Dayane Neres Pereira
Lucas Guimarães Ferreira Fonseca

Capítulo 5   Segurança do Paciente Cirúrgico, 41
Maiara Cristiane de Andrade Lima
Marina Midori de Melo Murata
Guilherme de Oliveira Firmo

Capítulo 6   Avaliação da Via Aérea, 49
Laura Valquiria Ramos Maita
William Hideki Nishimura
Guinther Giroldo Badessa

Capítulo 7   Gerenciamento da Via Aérea e Intubação Traqueal, 57
Leonardo Ayres Canga
David Ferez
Luiz Fernando dos Reis Falcão

Capítulo 8   Via Aérea Difícil, 67
Aline Teresa Bazzo da Cunha
Letícia da Costa Pitta
José Carlos Canga (In Memorian)

Capítulo 9   Fisiologia Respiratória, 95
Fernanda Gadelha Fernandes
Thayná Dara do Amaral Brum Ramos
Luiz Fernando dos Reis Falcão

Capítulo 10   Ventilação Mecânica Intraoperatória: Princípios Básicos, 107
Leonardo Ayres Canga
Noemy Matos Hirokawa
Luiz Fernando Dos Reis Falcão

Capítulo 11   Anestesia Geral, 115
Leonardo Ayres Canga
Thalles Sestokas Zorzeto
Luiz Fernando dos Reis Falcão

Capítulo 12   Anestesia do Neuroeixo, 121
Maria Eugenia Mendes de Almeida Mourad
João Victor Ji Young Suh
Onésimo Duarte Ribeiro Junior

Capítulo 13   Anestesia Regional Periférica, 141
Bruno Denardi Lemos
Enzo Scarpa Aguiar de Paula
Gabriel Lustre Gonçalves

Capítulo 14   Reposição Volêmica, 157
Ana Beatriz Camerlengo Moragas
Ana Luiza Gomes Sgarbi
Victório dos Santos Júnior

Capítulo 15 Complicações Relacionadas a Anestesia, 167

Rodrigo Corrêa Falcão Rodrigues Alves

Lucas Magalhães Barbosa

Matheus Fachini Vane

Capítulo 16 Suporte Avançado de Vida em Anestesia (SAVA), 185

Kainã Rodrigues Pires

Camila Ibelli Bianco

Matheus Fecchio Pinotti

Capítulo 17 Recuperação Pós-Anestésica, 211

Isabela Araujo Villaverde

Renan do Carmo Machado de Almeida

Orlandira Costa Araujo

Capítulo 18 Anestesia em Pacientes Idosos, 223

Kleber Goia Nishide

Maria Angela Tardelli

David Ferez

Capítulo 19 Anestesia na Gestante e Suas Particularidades, 233

Mariana Marins Vieira

Mariana Favaro de Santana

David Ferez

Capítulo 20 Hipertermia Malígna, 247

Andressa Dib

Rafaela Malta Maradei

Guilherme Erdmann Silveira

Capítulo 21 Otimização Perioperatória – Como o Anestesista Pode Atuar?, 255

Bruno Valério Camargo Ortiz

Iago Cespede Villar

Paulo Guilherme Molica Rocha

Capítulo 22 Anestesia em Pediatria, 265

Graziela Panizzon

Maria Angela Tardelli

David Ferez

Capítulo 23 Anestesia Ambulatorial, 279

Luís Henrique Cangiani

Alice Jimenez Koyama

Giovana Suppioni Romano

Capítulo 24 Anestesia em Emergências, 287

Fernanda Ferreira de Morais

Plínio Takahiro Katayama

Renata de Paula Lian

Capítulo 25 Acessos Venosos, 297

Giovanna Costa Moura Velho

Olívia Antunes Carvalho

Luiz Fernando dos Reis Falcão

Capítulo 26 Anestésicos Locais, 315

Ian Xavier Paschoeto dos Santos

Rafaela Cristina Santo Rocha

Luiz Fernando dos Reis Falcão

Capítulo 27 Fisiopatologia da Dor, 331

Aline Panico de Abreu

Thamires Sophia Pinheiro Sant'Ana

Emílio Carlos Del Massa

Capítulo 28 Anamnese da Dor, 341

Priscilla Patto Abreu Fagundes

Ana Laura Ribeiro Evangelista

Renata Alfena Zago

Capítulo 29 Tratamento da Dor – Como o Anestesiologista Pode Atuar?, 367

Fabiana Carolina Santos Rossi

Gustavo Moreno Cecílio

Thiago Ramos Grigio

CAPÍTULO 1

Breve História da Anestesiologia

MARCELO VAZ PEREZ
CARLOS ALBERTO CONRADO
VITOR KENZO KAWAMOTO FUGIKAWA

"Talvez não exista nenhum avanço no conhecimento da medicina que tenha aliviado mais o sofrimento humano que a descoberta da anestesia."
José Tocantins Viana

Antes da descoberta da anestesia geral as intervenções cirúrgicas eram conhecidas pelo sofrimento. Cirurgiões se destacavam pela velocidade na qual conseguiam fazer seus procedimentos já que a dor e o movimento contido do paciente tornavam as cirurgias experiências desumanas. Essa realidade era considerada comum na medicina da época. *"Excluir a dor das operações é uma quimera que hoje em dia não é mais possível perseguir"*. Dizia Velpeau (1795-1867), renomado cirurgião francês. Porém, no período entre 1942-1946, três norte-americanos deram início a uma nova era da medicina cirúrgica: Crawford Williamson Long, William Thomas Green Morton e Horace Wells.

O primeiro relato do uso da anestesia geral com propósitos cirúrgicos foi realizado pelo médico Crawford Williamson Long no dia 30/03/1842 na cidade de Jefferson, Geórgia. Nascido na cidade de Danielsville, Geórgia em 01/02/1815 em uma família proeminente, Crawford se formou médico pela Universidade de Pensilvânia na Filadélfia, considerada a melhor escola médica do país na época (Figura 1.1).

Durante o inverno de 1841 uma caravana de espetáculos chega a Jefferson, cidade onde Dr. Long praticava medicina. Entre suas atrações estava a demonstração do "gás do riso". Sob o efeito da substância todos riam, cantavam, gesticulavam e falavam sem coerência entre si. O show foi um sucesso na cidade e vários jovens, amigos de Long, foram ao seu consultório pedir explicações para o fenômeno que presenciaram. Long escutou o relato de seus colegas em silêncio e ao final colocou sobre o nariz de cada presente um lenço embebido com éter sulfúrico. Suas reações foram incompreensíveis

Figura 1.1. Dr. Crawford Williamson Long, reconhecido como o primeiro a utilizar anestesia em procedimentos cirúrgicos.[1]

para si mesmos e causou grande impacto na jovem elite da cidade: "O que pode fazer um forasteiro, pode-o também um médico de Jefferson" disse-lhes Long.[2]

A partir do ocorrido, Dr. Long passa a ser anfitrião de reuniões conhecidas como *ether-parties* que atraiam membros proeminentes da região. Em uma delas onde inclusive conheceu sua esposa, Mary Caroline Swain, sobrinha de um antigo governador da Carolina do Norte. No ano de 1842, aos 26 anos, o Dr. Long faz a observação de que havia se ferido sobre a influência de éter e não sentiu dor. Intrigado com a descoberta, entre os anos de 1842 e 1846 o médico realizou 6 anestesias para procedimentos que variaram desde a retirada de cistos cervicais até amputações. Chegou a anestesiar sua esposa durante o nascimento de sua filha Frances Long Taylor. Apesar do sucesso de seus procedimentos, o Dr. Long só publicou seus resultados no ano de 1849 (Long C.W. *An Account of the first use of sulphuric ether by inhalation as an anaesthetic in surgical operation. South Med Surg J*).[1]

A demora para divulgar seu trabalho lhe custaria o título oficial de pioneiro da anestesia geral cirúrgica. Entre os motivos de sua hesitação, historiadores mencionam relatos de acusações e ameaças ao médico pois suas experiências com a nova medicação eram vistas com medo e incerteza pela população. Em determinado dia, chegou a ser visitado por uma comissão formada pelas autoridades locais com pedido para que abandonasse suas práticas pois corria o risco de ser linchado pelos cidadãos de Jefferson.[2]

No entanto, seu papel como descobridor da anestesia foi reconhecido postumamente e recebeu inúmeras homenagens. Em 1921 o Colégio Norte-Americano de Cirurgiões de Atlanta o reconheceu formalmente como o descobridor da anestesia e fundou a Associação Crawford Long. Em 1957 em Jefferson, local de seu primeiro procedimento com anestesia, foi construído o museu Crawford W. Long, no edifício situado ao lado de seu antigo consultório. A Faculdade de Medicina da Universidade da Pensilvânia criou um medalhão de bronze em lembrança de seu ilustre aluno no qual se lê: "Para Crawford W. Long, primeiro a usar éter como anestésico em cirurgia, 30 de março de 1842, de sua *Alma Mater* – Classe de 39". Atualmente uma estátua de mármore em sua homenagem se encontra no Salão das Estátuas do Capitólio em Washington D.C. e 30 de março (data em que realizou o primeiro procedimento com o uso de éter) é comemorado como o dia de todas as especialidades médicas nos Estados Unidos (*Doctors Day*) (Figura 1.2).

Figura 1.2. Estátua de mármore do Dr. Crawford W. Long doada ao capitólio pelo estado da Geórgia em 1926.[2]

Apesar da carreira bem sucedida e procedimentos revolucionários do Dr. Long, o dia 16 de outubro de 1846 é reconhecido como a data em que se realizou a primeira intervenção cirúrgica com anestesia geral. É considerado o dia internacional do anestesiologista. Nesse dia, às dez horas, no anfiteatro cirúrgico do *Massachusetts General Hospital*, em Boston, o cirurgião John Collins Warren realizou a extirpação de um tumor no pescoço de um jovem de dezessete anos, chamado Gilbert Abbott. O paciente foi anestesiado com éter pelo dentista William Thomas Green Morton, que utilizou um aparelho inalador por ele idealizado. A cena não foi documentada fotograficamente, porém foi posteriormente imortalizada em um quadro do pintor Robert Hinckley, pintado em 1882 (Figuras 1.3 e 1.4).

William Thomas Green Morton nasceu em Charlton, Massachusetts em 09/08/1819. Formou-se em odontologia no Colégio de Cirurgia Dentária de Baltimore no estado de Maryland e chegou a associar-se

1. Breve História da Anestesiologia

Figura 1.3. Quadro do pintor Robert Hinckley, de 1882. Representa a cena da intervenção cirúrgica realizada com anestesia geral por W.T.G. Morton em 16/10/1846.

Figura 1.4. Massachusetts General Hospital em 1846, local onde W.T.G. Morton demonstrou sua descoberta.[3]

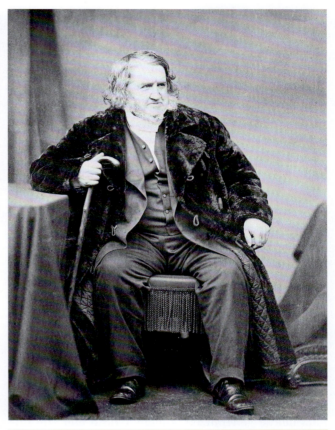

Figura 1.5. William Thomas Green Morton, responsável pela primeira demonstração pública de uma anestesia bem sucedida.[1]

com Horace Wells entre 1842-1843. Já separado de Wells, em 1844, matriculou-se na escola médica de Harvard (Figura 1.5).

Foi instruído na faculdade por Charles Thomas Jackson que tinha bom conhecimento da farmacologia do éter. Esteve presente em Jefferson com o Dr. Long e ainda acompanhou as experiências de seu colega de odontologia, Horace Wells, com o óxido nitroso. Após esse período de aprendizado e várias experiências com éter Morton foi convidado a demonstrar sua descoberta com grande sucesso na ocasião citada acima.[1]

Em um primeiro momento, Morton não revelou a natureza química da substância que utilizava, dando-lhe o nome de *letheon* (do grego *lethe*, rio do esquecimento). O termo anestesia (do grego *an*, privado de + *aísthesis*, sensação) foi sugerido pelo médico e poeta norte-americano Oliver Wendel Holmes. A palavra, entretanto, já existia na língua grega, tendo sido empregada no sentido de insensibilidade dolorosa por Dioscórides, no século I D.C. No entanto, pressionado pelas autoridades médicas da época para que novos procedimentos cirúrgicos pudessem ser realizados sem dor, teve de revelar a composição de sua misteriosa substância que nada mais era do que éter sulfúrico puro.[3]

Como mencionado, o Dr. Long só publicaria sua descoberta em 1849 enquanto o feito de Morton foi imediatamente divulgado para todo o mundo. Apesar de Crawford W. Long ter sido o primeiro médico a utilizar-se da anestesia geral pelo éter, o mérito e a glória da sua revelação cabem, inegavelmente, a William Thomas Green Morton, apesar de não ter sido reconhecido como tal em vida.[3]

O feito de Morton rapidamente alterou o curso da história da medicina. Poucos meses depois de sua demonstração, em 21/12/1846 no North London Hospital, Frederick Churchill, 36 anos, teve sua perna amputada com sucesso pelo cirurgião Dr. Robert Liston com um estudante de medicina, William Squire como anestesista.[1] Em 1853 o parto da Rainha Vitória (1819-1901) foi realizado sob o efeito do clorofórmio

3

utilizado pelo Dr. John Snow. A Rainha permaneceu consciente durante o parto, mas não referiu dor: *"Abençoado clorofórmio, doce calmante e delicioso ao extremo"*. O médico que realizou o parto, Dr. James Young Simpson, já vinha utilizando a anestesia em seus procedimentos desde 1847 e veio a ser reconhecido como o pai da anestesia obstétrica (Figura 1.6).

A novidade chegou ao Brasil em 1847. A primeira anestesia geral pelo éter foi praticada no Hospital Militar do Rio de Janeiro pelo médico Roberto Jorge Haddock Lobo, em 20 de maio de 1847. O éter foi logo substituído pelo clorofórmio que havia sido introduzido como anestésico na Inglaterra por James Y. Simpson, em 1847. A primeira anestesia geral com o clorofórmio foi empregada pelo prof. Manuel Feliciano Pereira de Carvalho, na Santa Casa de Misericórdia do Rio de Janeiro, em 18 de fevereiro de 1848, e noticiada pelo Jornal do Commercio em 22 do mesmo mês, com base em anotações fornecidas pelo prof. Luís da Cunha Feijó, que assistira à operação. Uma amputação na altura da coxa de um rapaz de quinze anos, por *"tumor branco do joelho"* (tuberculose) (Santos Filho, 1991, pp. 337-342). A partir de então o uso do clorofórmio se generalizou, suplantando o éter, até que novos agentes anestésicos foram descobertos e introduzidos na prática médica. Em 1930 foi introduzido o ciclopropano e em 1956 o halotano.[4]

Outro nome que deve ser mencionado nessa descoberta, apesar de não tão reconhecido, é o de Horace Wells. Wells nasceu em Hartford, Vermont em 1815 e formou-se dentista aos 19 anos na Escola Odontológica de Harvard (Figura 1.7).

Figura 1.7. Horace Wells, dentista responsável pela tentativa de demonstrar os efeitos anestésicos do óxido nitroso em 1845.[1]

Nos Estados Unidos os efeitos inebriantes do óxido nitroso e do éter tornaram-se conhecidos e eram frequentes os espetáculos públicos de inalação de gás hilariante. Foi em um desses espetáculos itinerantes que Wells tomou conhecimento da propriedade do óxido nitroso de causar insensibilidade. Um empregado de farmácia que se sentava ao seu lado inalou o gás e logo em seguida sofreu um acidente, machucando seriamente a perna e não demonstrou dor. O ocorrido lhe deu a ideia de utilizar o gás em extrações dentárias. No dia seguinte fez uma experiência em si mesmo. Solicitou ao próprio organizador do espetáculo do *"gás do riso"*, Gardner Quincy Colton, de 30 anos (1814-1898), que lhe extraísse um dente após inalação do óxido nitroso. Não somente não sentiu dor, como experimentou uma sensação de euforia e bem-estar.[3]

Entusiasmado, dirigiu-se à Boston, onde conseguiu permissão para fazer uma demonstração perante professores e estudantes da Faculdade de Medicina de Harvard (era conhecido de Thomas Morton, atual estudante de medicina na faculdade que lhe garantiu a oportunidade de apresentar sua descoberta). Um estudante se ofereceu como cobaia e a demonstração foi um fracasso. O estudante gritou de dor e Wells foi posto para fora como charlatão e impostor. Ao fazer nova tentativa em sua cidade, administrou quantidade excessiva de gás e o paciente teve uma parada respiratória e

Figura 1.6. Dr. James Young Simpson, pai da anestesia obstétrica.

por pouco não morreu. Desanimado, abandonou suas experiências e a profissão de dentista.[1-3]

Houve grande controvérsia a respeito da prioridade da descoberta da anestesia. Nomes como Horace Wells, Thomas Morton, Crawford Williamson Long e Charles Thomas Jackson disputavam a glória de conquistar para si o título de pioneiros da anestesia cirúrgica. Em 1847 o Congresso Americano iniciou a arbitragem da questão conhecida como *"A controvérsia do éter"*.[2]

Charles Thomas Jackson havia sido professor de química de Morton e recomendou pessoalmente o uso de éter retificado no lugar de óxido nitroso, além de recomendar locais onde encontrar a substância. Com o sucesso de Morton, Jackson, que gozava de prestígio internacional, reivindicou para si, em países europeus, a prioridade da descoberta, acusando Morton de desonestidade (Figura 1.8).[2]

Horace Wells foi desacreditado. Amargurado com seu fracasso abandonou a profissão de dentista, envolveu-se em crimes graves, foi preso e cometeu suicídio na prisão aos 33 anos cortando a artéria femoral. Doze dias depois da tragédia foi recebida uma carta endereçada a ele, da França, o reconhecendo como o descobridor da anestesia. Seu busto se encontra próximo ao arco do triunfo, em Paris, com a seguinte inscrição: *"Ao dentista americano Horace Wells, inovador da anestesia cirúrgica"*.[1]

Crawford Williamson Long faleceu aos 63 anos sem reconhecimento por sua descoberta pois demorou para publicar seus experimentos. Atualmente é reconhecido como o primeiro a utilizar o éter como anestésico em 1842.

Morton faleceu em via pública aos 49 anos. Empobrecido e desgastado por sua disputa com Jackson pelo mérito da descoberta. Com sua morte houve um despertar de consciência da população a seu favor. Em sua sepultura foi erguido um monumento pelos cidadãos de Boston com a seguinte inscrição: *"Aqui jaz W.T.G. Morton, o descobridor e inventor da anestesia. Antes dele a cirurgia era sinônimo de agonia. Por ele foram vencidas e aniquiladas as dores do bisturi. Depois dele a ciência é senhora da dor"*.[5]

Jackson, ao tomar conhecimento deste epitáfio, sentiu-se finalmente derrotado. Tornou-se alcoólatra e faleceu aos 75 anos em um hospício.[3] Foi escrito pelo historiador austríaco Fülop-Muller que uma estranha maldição parecia pairar sobre aqueles que dedicaram sua obra e sua vida a lutar contra a dor.[3]

Apesar da polêmica em relação ao seu descobridor, a anestesia nunca deixou de ser louvada como um grande marco na medicina moderna. Para apreciar o que o mundo deve aos nomes envolvidos em sua descoberta, basta imaginar o estado mental de um paciente prestes a enfrentar uma cirurgia sem anestesia. Nas palavras do cirurgião John Collins Warren: *"Daqui a muitos séculos, os estudantes virão a este hospital para conhecer o local onde se demonstrou pela primeira vez a mais gloriosa descoberta da ciência"* (Figuras 1.9 e 1.10).

No que se refere ao Brasil, pouco mais de um século após a demonstração de Morton, em 25/02/1948, foi fundada a Sociedade Brasileira de Anestesiologia (SBA). A partir de 1953 a anestesia foi regulamentada como especialidade. Poucas áreas da medicina evoluíram tanto em tão pouco tempo em relação a segurança

Figura 1.8. Charles Thomas Jackson, cientista americano ativo nas áreas da medicina, química, geologia e mineralogia.

Figura 1.9. Massachusetts General Hospital atualmente.

Figura 1.10. Sala onde William Thomas Green Morton demonstrou as propriedades anestésicas do éter pela primeira vez, atualmente conhecida como *"cúpula do éter"*.

dos pacientes. A mortalidade por causas anestésicas foi reduzida drasticamente desde que foi descoberta. Isso se deve a novas tecnologias de monitorização, melhor manejo das vias aéreas, novos medicamentos, protocolos e principalmente à formação dos novos anestesiologistas. Em seus primeiros dias a anestesia era realizada por estudantes de medicina ou assistentes dos cirurgiões. Atualmente, para ter o título de especialista em anestesiologia, são 9 anos de formação (6 anos de graduação e 3 anos de residência médica de anestesiologia. Mais um ano optativo para área de atuação como dor, cirurgias de grande porte, pediatria e medicina perioperatória). Ainda temos muito a avançar e aprender, mas graças ao trabalho de Crawford Williamson Long, William Thomas Green Morton e Horace Wells, não estamos mais *"condenados a seguir acompanhados pela dor, pelo medo e pelo sangue"* – Dr. William Wordsworth.

Referências bibliográficas

1. Cangiani LM, Posso IP, Potério GMB, Nogueira CS. Tratado de Anestesiologia. 6ª ed., São Paulo, Rio de Janeiro, Ribeirão Preto, Belo Horizonte, Editora Atheneu. 2007.
2. Reis Jr A. O Primeiro a Utilizar Anestesia em Cirurgia Não Foi um Dentista. Foi o Médico Crawford Williamson Long. Revista Brasileira de Anestesiologia. 2006;56(3)304-324.
3. Rezende JM. À sombra do plátano: crônicas de história da medicina. São Paulo: Editora Unifesp. Breve história da anestesia geral. 2009;103-109.
4. Santos Filho, L. História Geral da Medicina Brasileira. São Paulo, Edusp/Hucitec. 1991.
5. Fülop-Miller R. O Triunfo sobre a Dor. História da Anestesia. 2ª ed., Rio de Janeiro, José Olympio, 1951.

2 CAPÍTULO

Farmacologia Geral Aplicada à Anestesia

CELSO SCHMALFUSS NOGUEIRA
CAIO CESAR RIZZO
JULIO CESAR FERREIRA DE ARAUJO JUNIOR

■ PRINCÍPIOS DA FARMACOLOGIA

Conceitos farmacocinéticos

Introdução

Todo fármaco administrado no organismo, depende da particularidade de cada individuo e das propriedades farmacodinâmicas e farmacocinéticas do medicamento. Dessa forma a administração de dois ou mais fármacos pode alterar de árias formas suas propriedades.[1] As características farmacodinâmicas de um fármaco demonstram a maneira como a droga vai agir no organismo e esta ação depende de sua concentração nos respectivos sítios efetores.[1] Já as características farmacocinéticas estabelecem a maneira como o organismo irá responder a droga através dos processos de absorção, distribuição, metabolismo e excreção.[1]

Absorção

A absorção é o caminho que o fármaco percorre do local onde foi administrado até chegar na circulação sistêmica. Já a biodisponibilidade é a quantidade de fármaco que chega até a circulação sistêmica sem sofrer nenhuma alteração. Para que o fármaco chegue na circulação ele dever ser administrado por via endovenosa ou atravesse as membranas celulares para chegar na corrente sanguínea.[1] Esse transporte através das membranas celulares ocorre via difusão passiva, difusão facilitada ou transporte ativo. Os dois primeiros sem gasto de energia diferente do último.[1]

A absorção do fármaco vai depender de diversos fatores como:

- Grau de ionização:
  - Formas não ionizadas são mais facilmente absorvidas.[2,3]
- Solubilidade:
  - Quanto mais lipossolúvel mais fácil absorção.[2,3]
  - Quanto mais hidrossolúvel mais difícil absorção desse fármaco.[2,3]
- Tamanho e peso molecular:
  - Quanto maior o peso molecular menor é a absorção.[2,3]
  - Quanto menor o peso molecular maior é a absorção.[2,3]

O local onde o fármaco foi administrado também vai influenciar na sua biodisponibilidade e é proporcional ao seu suprimento sanguíneo e a área de superfície.[1]

Vias de administração

- *Via oral:* a absorção irá depender do metabolismo de primeira passagem (metabolização hepática) e do tempo de esvaziamento gástrico.[1]
- *Via sublingual:* devida a vascularização local a absorção é rápida e evita o metabolismo de primeira passagem.[1]
- *Via retal:* uma parte pode ir para a circulação sistêmica, mas a outra pode sofrer metabolismo de primeira passagem, por causa da passagem pelo sistema porta.[1]

- *Via transdérmica:* para administração de pequenos volumes.[1]
- *Via venosa:* via em que a biodisponibilidade é de 100% do fármaco[1]
- *Via intratecal:* via para a administração do fármaco no sistema nervoso[1]
- *Via peridural:* pouca absorção sistêmica, vai agir diretamente nas raízes espinhais.[1]
- *Via inalatória:* local de absorção rápida, devido contato alvéolo-capilar do pulmão.[1]

Volume de distribuição

Diz respeito a distribuição do fármaco pelos tecidos e depende do seu grau de ionização, sua fração livre e solubilidade.[2,3]

Quanto mais ligado as proteínas plasmáticas o fármaco é, menor sua dispersão. Por isso que em situações de queda da quantidade de proteína sanguínea (hipoproteinemia) há aumento da fração livre da droga, favorecendo uma maior dispersão e chegada no sitio efetor.[2,3]

A placenta e a barreira hematoencefálica possuem capilares menores, para evitar a passagem de moléculas grandes, que vão impedir a ação de alguns fármacos no feto e no sistema nervoso central.[1]

Os fármacos podem se distribuir no organismo em um ou mais tecidos e são agrupados como:

- *Monocompartimental:* em um compartimento.[2,3]
- *Bicompartimental:* dois compartimentos, sendo o intravascular o compartimento central e o organismo como compartimento remanescente.[2,3]
- *Multicompartimental:* mais que dois compartimentos.[2,3]

A concentração de um fármaco chega mais rápido ao equilíbrio na circulação sistêmica, quanto maior for aporte sanguíneo desse tecido.[1]

Podemos calcular o volume de distribuição a partir dessa fórmula:

$$Vd = \frac{Dose}{Concentração}$$

O local que um fármaco deve atingir para ter seu efeito clínico é chamado de biofase. O intuito é estabelecer uma relação de equilíbrio entre o sitio efetor e o plasma sanguíneo. Matematicamente podemos utilizar uma constante (1ª ordem) denominada K que representa a velocidade para se atingir o estado de equilíbrio e vai depender do fluxo sanguíneo desse órgão, taxa de transferência do fármaco e débito cardíaco. O tempo para chegar na metade do estado de equilíbrio é denominado T1/2 × Ke0.[1]

As crianças apresentam uma maior proporção de gordura corporal e água, por isso o volume de distribuição é maior para todos os fármacos. Além disso há um aumento da quantidade de fármaco livre, devido a menor quantidade de proteínas plasmáticas. Dessa forma, sempre será necessário ajustar as doses. Já nos pacientes que tem um aumento da gordura corporal como obesos e idosos, o volume de distribuição só vai ser maior nos fármacos lipossolúveis.[4,5]

Depuração ou *clearance*

É uma medida de eficiência do organismo em eliminar um fármaco da circulação sistêmica, através dos processos de distribuição, biotransformação e excreção.[2,3]

Depuração (*clearance*) (mL/min/kg) = taxa de eliminação/concentração do fármaco (mol/L).

Portando quanto mais concentrado um fármaco estiver, maior será sua taxa de eliminação.[2,3]

A taxa de eliminação (TE) por um órgão vai depender da sua irrigação e das concentrações do fármaco no sangue arterial (CA) e sangue venoso (CV) e pode ser demonstrado matematicamente desta forma:[2,3]

TE = Q(CA-CV)
Fluxo sanguíneo do órgão (Q)

Para determinar a taxa de eliminação nos precisamos saber como é a depuração de um dado fármaco em um órgão especifico, que pode ser representado matematicamente a partir desta formula:

CL (órgão) = Q.E
Q = fluxo sanguineo do órgão
E = taxa de extração

A taxa de extração, é uma relação da concentração dos fármacos no sangue venoso e arterial, que é calculada pela fórmula descrita a seguir:

E = Ca – Cv/Ca
E (taxa de extração)
Ca (concentração no sangue arterial)
Cv (concentração no sangue venoso)

Note que quanto maior for a taxa de extração, maior será a depuração de um órgão. Quando mais de um órgão consegue depurar um fármaco, soma-se os valores do *clearence* destes órgãos para se ter uma depuração total.[2,3]

Sabendo o *clearence* de um fármaco, podemos calcular a sua taxa de administração e assim garantir uma certa concentração em estado de equilíbrio.[2,3]

Taxa de administração = concentração em equilíbrio × *clearence*.[2,3]

Biotransformação

O principal órgão onde ocorre a biotransformação de diversos fármacos é o fígado, porem pode acontecer no plasma, trato gastrointestinal, pulmões e rins. Para que esse processo ocorra é necessário varias reações que irão formar metabolitos para excreção. No fígado ocorrem reações da fase 1 (redução, hidrolise e oxidação) e fase 2 (conjugação). A enzima mais importante da fase 1 é o citocromo P-450 que pode ser inibida ou induzida por muitos fármacos e substâncias levando a interações farmacológicas, podendo aumentar a toxidade ou diminuir o efeito terapêutico. Nos idosos a biotransformação via citocromo P-450 está reduzida, devido o menor fluxo hepático. Portanto fármacos que sofrem biotransformação hepática acabam alcançando níveis mais elevados e possuem meia vida prolongada. Assim como nos recém nascidos em que os sistemas enzimáticos microssômicos ainda não estão totalmente desenvolvidos e eles também terão dificuldade para biotransformar diversos fármacos. A fase 2 é realizada por enzimas não microssômicas como as transferases e esterases que realizarão a conjugação e hidrólise.[1]

Excreção

A excreção renal é a principal forma de eliminação dos fármacos e metabolitos da biotransformação, porem há também excreção pelo leite materno, biliar/intestinal, respiração e sudorese.[2,3]

Pela secreção tubular, filtração ou difusão passiva os rins realizam a excreção de um fármaco, sendo que a taxa de eliminação vai variar de acordo com a perfusão, PH urinário, concentração plasmática do fármaco e o grau de atividade renal. A administração concomitante de fármacos que são eliminados pela secreção tubular, que ocorre por meio de proteínas transportadoras, pode postergar a eliminação de todos, devido a saturação dessas proteínas.[1]

Já a via de excreção biliar é mais lenta, devido aos vários processos de reabsorção intestinal que esses fármacos irão sofrer ao longo da circulação êntero-hepática.[2,3]

Meia vida

Tempo de meia vida, significa o tempo que o organismo leva para que 50% do fármaco seja eliminado via depuração, excreção ou distribuição. Esse parâmetro pode ser calculado a partir do gráfico abaixo e é representado por T1/2 (Figura 2.1).[2,3]

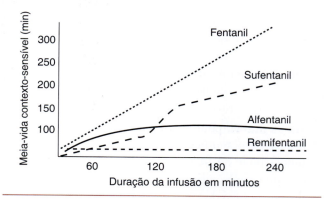

Figura 2.1. Meia-vida contexto-sensível para opioides. Fonte: Manica, 2018;229.

O seu conhecimento é útil para determinar quanto tempo levara pra o organismo entrar em estado de equilíbrio com o fármaco. Para se atingir o estado de equilíbrio é necessário cinco vezes a meia-vida de distribuição, onde a taxa de administração do fármaco se iguala a taxa de eliminação.[1]

Conceitos farmacodinâmicos

A farmacodinâmica é a ciência que estuda o efeito que o fármaco faz com o corpo, o modo que o fármaco interage com seu sitio ativo varia com o seu mecanismo de ação. Após a administração e absorção a maioria dos fármacos chega à circulação sanguínea para interagir com seu sítio específico de ação.[6]

O fármaco pode atuar de forma sistêmica ou em uma área especifica isso depende de sua propriedade ou da via a qual foi administrado. A interação do fármaco com seu receptor específico, tem efeito terapêutico desejado, mas quando interage com outras células, pode desencadear os efeitos colaterais.[6]

Ligação a receptores

Os fármacos se ligam a receptores específicos para desenvolver seu efeito desejado, mas para que haja efeito máximo é necessário que todos os receptores sejam ocupados. O que facilita a interação do fármaco com o receptor é sua especificidade e sua afinidade.[2,3,7]

O receptor pode ser uma proteína da membrana celular, um sistema de tradução de sinais ou uma proteína no interior da célula. A ligação entre receptor e uma substância agonista produz efeito clínico, já as substancias antagonistas não produzem efeito clinico, pois há um bloqueio da ação desta substância no receptor.[2,3,7]

Formas de ligações agonista e receptor através de processos bioquímicos desencadeados pelos fármacos:

- *Canais iônicos dependentes de ligantes:* ativação rápida dos canais iônicos através das mudanças de polarização, também conhecidos como receptores ionotrópicos, através de eventos simpáticos na célula nervosa, aumenta transitoriamente a permeabilidade de certos íons, causando a despolarização da célula gerando um potencial de ação.[2]
- *Canais iônicos não dependente de ligantes:* a substância pode se ligar diretamente a canais iônicos, que quando há a ligação, são induzidos e facilitam o fluxo e influxo dos íons.[2]
- *Ativações enzimáticas dependente de ligantes:* o fármaco se liga na estrutura externa da enzima estimulando ação catalítica dela.[2]
- *Receptores intracelulares:* receptor está no interior da célula, mas para atravessar a barreira lipídica é necessário que o fármaco seja lipossolúvel, controla a transcrição gênica de maneira direta e indireta. Seus efeitos são produzidos em consequência de uma síntese alterada de proteínas e com isso tem seu início lento.[2]
- *Receptores ligados à proteína G:* são receptores metabotrópicos, proteína G é uma proteína de membrana que interage com diferentes receptores e controla diferentes efetores.[2]

Interação de fármaco-receptor

O fármaco para produzir efeito farmacológico são necessárias duas características, afinidade pelo receptor, que é a capacidade de se ligar e atividade intrínseca, que depois de se ligar tem que ter a capacidade de ativar.[1]

A atividade intrínseca é o conjunto de efeitos gerados pela ligação do fármaco ao receptor.[1]

O fármaco ao se ligar ao receptor ele pode agir como: agonista total, parcial ou antagonista:[2,3,7]

- *Agonista total:* produz efeito máximo, ocupa os receptores por completo, mudam a própria conformação e tem início ao processo bioquímico na célula/tecido/órgão.[2,3,7]
- *Agonista parcial:* desencadeia um efeito parcial, pois tem afinidade por receptor ativo e inativo, produzindo efeitos menos intensos.[2,3,7]
- *Agonista inverso:* tem afinidade por receptores inativos, não realiza efeito por falta de afinidade ou por incompetência.[2,3,7]
- *Antagonistas:* compete com o agonista para se ligar ao receptor, porém não tem a capacidade de ativá-lo e com isso não produzem efeitos no mesmo receptor. O seu objetivo na verdade é impedir a própria atividade intrínseca (Figuras 2.2 e 2.3).[2,3,7]

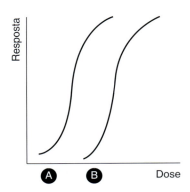

Figura 2.2. Curva dose-resposta do fármaco sem a presença de antagonista A e com antagonista reversível B. Fonte: Manica, 2018;229.

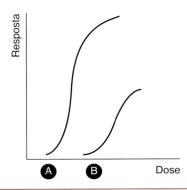

Figura 2.3. Curva dose-resposta do fármaco sem A presença de antagonista A e com antagonista irreversível B. Fonte: Manica, 2018;229.

Os fármacos funcionam como chave e os receptores como fechaduras. O receptor tem uma configuração especifica permitindo somente uma substância se encaixe perfeitamente para ocorrer a ligação. Algumas drogas podem funcionar como chave mestras e se ligar a diversos receptores.[2,3,7]

Antagonismo sem interação fármaco receptor

- *Antagonismo não competitivo:* este termo é usado para descrever a situação na qual antagonista e agonista podem se ligar simultaneamente no receptor.[1]
- *Antagonista fisiológico:* o fármaco antagonista exerce a função diferente do outro.[1]
- *Antagonismo químico:* o fármaco antagonista se liga e inativa o outro antes dele interagir com o receptor.[1]
- *Antagonismo farmacocinético:* o fármaco antagonista altera as características farmacocinéticas do outro.[1]

Relação dose e resposta

A resposta clinica da dose administrada pode variar de acordo com cada indivíduo.

Após a interação entre o fármaco e o receptor, a intensidade do efeito é proporcionada conexão fármaco-receptor, características especificas tais como: afinidade, efetividade e eficácia das moléculas ligadas ao receptor, vão gerar efeito de maior ou menor intensidade.[8]

- *Potência:* refere à quantidade necessária de uma substância para produzir o efeito desejado, a concentração de fármaco produz 50% do efeito máximo, quanto menor a dose, maior será a potência do fármaco.[8,9]
- *Eficácia:* é a capacidade da droga produzir um efeito superior quando comparada com uma outra, ou quando aumenta a dose ou a concentração para conseguir este efeito superior.[8]
- *Efetividade:* é quando o resultado é positivo na pratica e serve para cumprir o efeito desejado.[8]
- *Eficiência:* é quando a droga atende os requisitos necessários, levando em consideração a segurança, custo e efeito positivo.[8]

A janela terapêutica é o intervalo de doses de um fármaco que produz uma resposta terapêutica sem causar efeitos tóxicos. Para substancias que possuem uma pequena janela é necessário cuidado, pois a dose efetiva para tratamento é próxima a dose que causa toxicidade. O melhor fármaco é aquele que possui uma ampla janela terapêutica.[10]

Interações medicamentosas

É quando se faz o uso de dois ou mais fármacos de maneira simultânea produzindo efeitos diferentes quando comparados ao seu uso de maneira isolada:[2,3 7]

- *Efeito aditivo:* é a somatória de efeitos dos fármacos de maneira isolada.[2,3,7]
- *Efeito sinérgico:* ocorre quando o efeito de duas ou mais substâncias combinadas é superior a soma dos efeitos isolados.[2,3,7]
- *Efeito antagônico:* ocorre quando a presença de um fármaco reduz ou anula o efeito clinico de outro.[1]
- *Dessensibilização e hipersensibilização.*
- *Dessensibilização ou Down Regulation:* o fármaco interage com o receptor, mas não consegue e não muda sua conformação química, e como consequência são dessensibilizados, não produzem a atividade intrínseca e nem efeito biológico.[8]

- *Hipersensibilização ou UP Regulation:* é uma resposta exacerbada, desencadeia um efeito maior que o esperado pela interação do fármaco com o receptor.[8]
- *Tolerância:* receptor deixa de responder ao estímulo da substância devido ao uso continuo, sendo necessário aumento da dose ou substituição do fármaco para produzir o efeito esperado.[8,9]

■ CONCLUSÃO

O conhecimento das variáveis farmacocinéticas facilita a escolha das condutas terapêuticas apropriadas para cada paciente, incluindo dosagem, via de administração, frequência e duração do tratamento. O conhecimento da farmacodinâmica é primordial para realizar uma comparação entre fármacos baseado em sua eficácia, potência, ou quando é necessário ajustar a dose apropriada para um paciente.

Referências bibliográficas

1. Manica J. Anestesiologia: princípios e técnicas. 4° edição. Porto Alegre: Artmed Editora Ltda; 2018.
2. Brunton LL, Chabner BA, Knollmann BC. Goodman & Gilman: As bases Farmacologicas da Terapeutica. 12a ed. Rio de Janeiro: McGraw-Hill, 2012.
3. Rang HP, DALE MM, Ritter JM, Flower RJ. Farmacoligia. 6a ed. Rio de Janeiro: Elsevier Editora Ltda. 2007.
4. Knibbe CA, Brill MJ, van Rongen A, Diepstraten J, van der Graaf PH, Danhof M. Drug disposition in obesity: toward evidence-based dosing. Annu Rev Pharmacol Toxicol. 2015;55:149-67.
5. Heeremans EH, Proost JH, Eleved DJ, Absalom AR, Struys MM. Population pharmacokinetics and pharmacodynamics in anesthesia, intensive care and pain medicine. Curr Opin Anaesthesiol. 2010;23(4):479-84.
6. Felli VMA. Farmacologia integrada. Rev. Bras. Cienc. Farm. [Internet]. 2004 Set citado 2020 Out 15;40(3):442-443. Disponível em: http://www.scielo.br/scielo.php?script=sci_arttext&pid=S1516-93322004000300026&lng=pt. https://doi.org/10.1590/S1516-93322004000300026
7. Katzung BG. Principiosbasicos. In: Katzung BG. Farmacologia básica e clínica. 10. ed. Rio de Janeiro: McGraw-Hill; 2007.
8. Whalen, Richard Finkel, Thomas A. Panavelil ; Farmacologia ilustrada – tradução e revisão técnica: Augusto Langeloh. 6a ed. Porto Alegre: Artmed, 2016.
9. Ahlers SJ, Valitalo PA, Peeters MY, Gulik LV, Van Dongen EP, Dahan et al. Morphine Glucuronidation and elimination in intensive care patients: a comparsion with healthy volunteers. Anesth Analg. 2015;121(5):1261-73.
10. Franco AS. Manual de farmacologia editor José Eduardo Krieger. – Barueri, Manole, 2016.

3
CAPÍTULO

Avaliação Pré-Anestésica

JOÃO PEDRO ABDO SAID
MARIANA CADELCA ZALBINATE
THIAGO JOSÉ QUERINO DE VASCONCELOS

■ INTRODUÇÃO

A avaliação pré-anestésica implica na análise do paciente exposto ao procedimento cirúrgico. A fim de identificar e quantificar a gravidade das alterações fisiológicas e das doenças prévias capazes de reduzir o sucesso terapêutico do procedimento.[1,2] O objetivo desta avaliação é minimizar a morbimortalidade perioperatória. Obedecendo uma análise física. psíquica, anatômica e funcional do paciente através de uma consulta feita antes da admissão hospitalar, conforme preconização do Conselho Federal de Medicina em sua resolução 2.174/2017.[4]

Inicialmente é realizada uma consulta médica conduzida por um anestesiologista, dias ou semanas antes da cirurgia, em um ambulatório ou consultório médico, em que são documentados os dados de identificação do paciente, antecedentes pessoais, cirurgias prévias, complicações relacionadas a anestesias prévias, alergias, hábitos de vida, medicações de uso, controle de moléstias atuais e antecedentes familiares.[1,2,4] A anamnese deve retratar as doenças prévias do paciente, assim como sua condição atual, além de demonstrar o estilo de vida, uso de drogas lícitas ou ilícitas e nível de atividade física.[4] Não obstante, deve ser executado um exame físico para complementar os indícios absorvidos na anamnese, abrangendo os sistemas neurológico, cardíaco, respiratório, digestivo, endócrino e renal.

Com base nos dados coletados durante a consulta, o anestesiologista deve julgar a necessidade de solicitar exames complementares para traçar uma conduta pré-operatória, analisando o paciente de modo individualizado, conforme suas comorbidades e o tipo de cirurgia a ser submetido[5,6]. Entretanto, em casos de urgências e emergências a avaliação pré-anestésica é reproduzida com maior agilidade no local de atendimento, com a contribuição dos familiares para preenchimento dos dados e informações imprescindíveis para sucesso terapêutico.[9] Todos os dados são registrados em documentos específicos, como exemplificado na Figura 3.1.

■ ANAMNESE

A anamnese deve conter a identificação do paciente que compõe o nome, gênero, sexo, idade, naturalidade, raça, cor, religião, estado civil, nível de escolaridade, profissão.[1,2] Em seguida, interrogamos a existência de doenças pré-existentes e as medicações em uso, em busca de mensurar o nível de controle da moléstia atual e avaliar uma possível suspensão[2,5]. Uma vez colhida estas informações, deve ser avaliado se o fármaco interfere no estado hemodinâmico, no processo de cicatrização e de coagulação do paciente, se apresenta interações medicamentosa com os agentes anestésicos usuais e também avaliar o possível efeito da suspensão do fármaco, a fim de relacionar o custo-benefício de sua retirada.[22] As classes dos diuréticos, antagonistas de leucotrieno, hipoglicemiantes orais, anticoagulantes orais, antiagregante

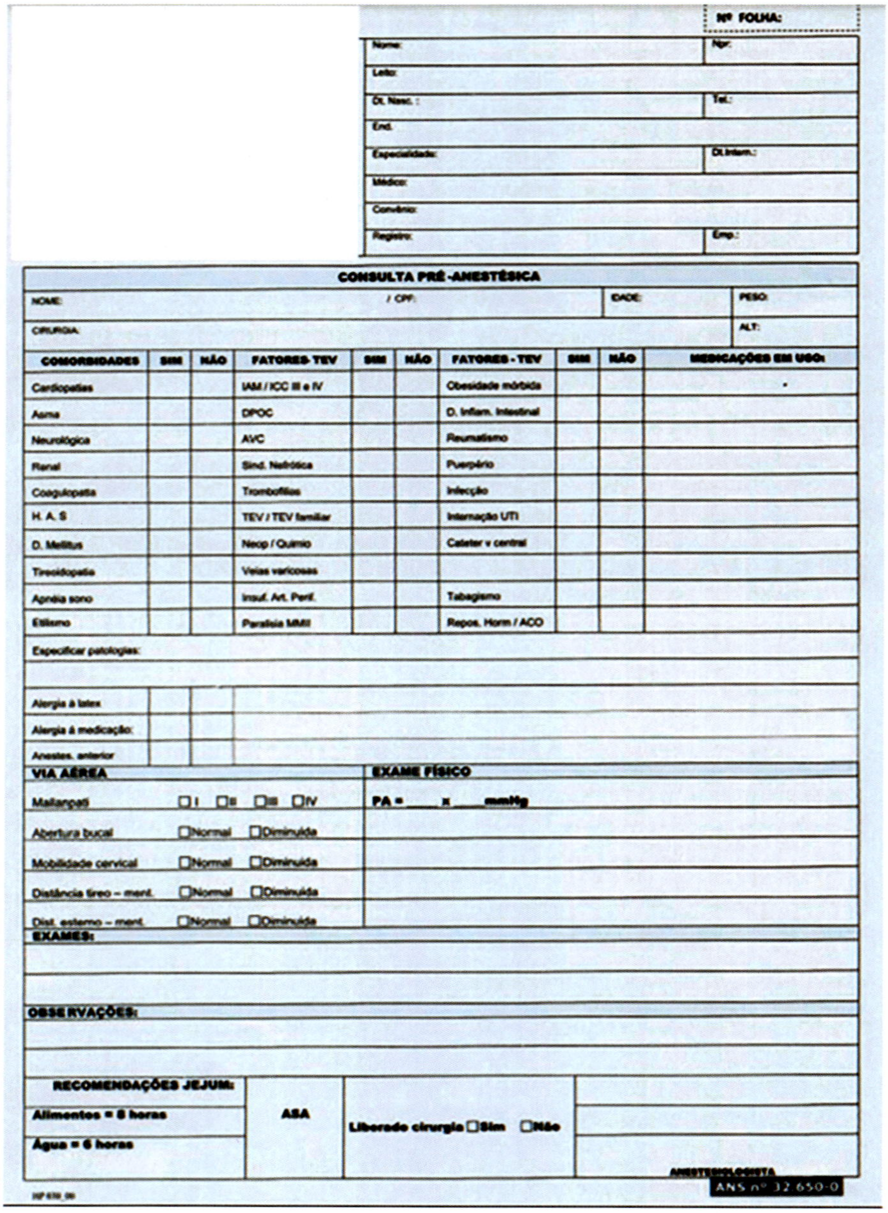

Nº FOLHA:

Nome: | Nº:
Leito:
Dt. Nasc.: | Tel.:
End.
Especialidade: | Dt.Intern.:
Médico:
Convênio:
Registro: | Emp.:

CONSULTA PRÉ-ANESTÉSICA

NOME: / CPF: | IDADE: | PESO:
CIRURGIA: | ALT:

COMORBIDADES	SIM	NÃO	FATORES-TEV	SIM	NÃO	FATORES-TEV	SIM	NÃO	MEDICAÇÕES EM USO:
Cardiopatias			IAM / ICC III e IV			Obesidade mórbida			
Asma			DPOC			D. Inflam. Intestinal			
Neurológica			AVC			Reumatismo			
Renal			Sind. Nefrótica			Puerpério			
Coagulopatia			Trombofilias			Infecção			
H. A. S			TEV / TEV familiar			Internação UTI			
D. Mellitus			Neop / Quimio			Cateter v central			
Tireoidopatia			Veias varicosas						
Apnéia sono			Insuf. Art. Perif.			Tabagismo			
Etilismo			Paralisia MMII			Repos. Horm / ACO			

Especificar patologias:

Alergia à latex
Alergia à medicação:
Anestes. anterior

VIA AÉREA
Mallampati ☐I ☐II ☐III ☐IV
Abertura bucal ☐Normal ☐Diminuída
Mobilidade cervical ☐Normal ☐Diminuída
Distância tireo – ment. ☐Normal ☐Diminuída
Dist. esterno – ment. ☐Normal ☐Diminuída

EXAME FÍSICO
PA = ____ x ____ mmHg

EXAMES:

OBSERVAÇÕES:

RECOMENDAÇÕES JEJUM:
Alimentos = 8 horas
Água = 6 horas

ASA

Liberado cirurgia ☐Sim ☐Não

ANESTESIOLOGISTA

ANS nº 32.650-0

Figura 3.1. Modelo de ficha de avaliação pré-anestésica. Fonte: Grupo Sobam, 2020.

plaquetário, anti-inflamatório não esteroidal, inibidor da captação de serotonina, inibidores da monoamino-oxidase, ganglioplégicos são os principais fármacos interrompidos no pré-operatório[22].

Além disso, atentamos para os antecedentes pessoais como alergias, cirurgias prévias, resposta anestésica prévia com a presença ou não de complicações, transfusões. Quanto aos antecedentes familiares e hábitos de vida é necessário investigar história de tabagismo, alcoolismo, uso de drogas ilícitas e dieta.[2,10]

Durante a avaliação pré-anestésica é de extrema importância a orientação em relação ao jejum pré-operatório. Este se faz necessário com o objetivo de se reduzir o risco de regurgitação e broncoaspiração, uma vez que o paciente terá a via aérea desprotegida durante a sedação ou indução da anestesia geral para intubação. Entretanto, é de conhecimento que o jejum pré-operatório por longo período é prejudicial com piora do desfecho pós-operatório, uma vez que há aumento da resistência insulínica acarretando aumento da morbidade. Desta forma, preconiza-se ingesta em até 6h antes do procedimento para refeição leve e ingesta em até 2h antes da cirurgia para água ou líquido sem resíduo. Em caso de refeição com gordura, recomenda-se jejum de 8h. Os protocolos de otimização perioperatória recomendam a ingesta de maltodextrina (um carboidrato de digestão rápida) em até 2 horas antes do procedimento. Diversos estudos demonstraram a redução da resistência insulínica após a ingesta de maltodextrina com consequente redução da morbimortalidade pós-operatória.

Exame físico

O exame físico acresce à anamnese buscando sinais e sintomas nos vastos órgãos e sistemas, uma vez que uma ínfima alteração pode comprometer o manejo anestésico. No sistema neurológico avaliamos o estado mental, déficit cognitivo, presença de cefaleias, convulsões, alterações de sensibilidade e motricidade, história de acidente vascular cerebral, presença de labirintopatias e lesões medulares.[3] No sistema respiratório atenta-se para alterações do padrão respiratório, apneia do sono, pneumonia, bronquite, asma, broncoespasmo, doença pulmonar obstrutiva crônica, insuficiência respiratória e infecções de vias aéreas superiores; associado ou não ao uso de fármacos, inalações e oxigenoterapia.[3,10] Na avaliação do sistema cardiovascular, o anestesiologista procura sinais e sintomas principalmente em pacientes acima dos 40 anos, com alterações do ritmo cardíaco, doenças valvares, insuficiência cardíaca congestiva, isquemia miocárdica e hipertensão arterial sistêmica[3,12]. No sistema endócrino são investigados diabetes *mellitus*, distúrbios da tireoide, paratireoide e suprarrenal, uma vez que o controle metabólico têm influência direta na taxa de infecção, complicações e processo de cicatrização.[3,11] Já no sistema digestório englobam gastrite, doença do refluxo gastroesofágico, úlceras pépticas, hepatites, cirrose e sangramento digestivo alto e/ou baixo.[11] No sistema hematológico, as discrasias sanguíneas, anemias, distúrbios de coagulação e sangramentos não usuais como petéquias, púrpuras, epistaxe.[3,9] Assim, no sistema renal investigamos litíase renal, infecções urinárias de repetição, doença renal crônica.[3]

Durante a anamnese e o exame físico, o objetivo será identificar comorbidades e detectar potenciais lesões de órgão alvo ou descompensações. É importante salientar que todo paciente pode ser anestesiado, entretanto é preciso levar em consideração a balança de risco-benefício para realização do procedimento. Se o benefício for maior que o risco, o médico anestesiologista irá se preparar e adaptar sua anestesia para o perfil em específico de cada paciente e suas comorbidades.

Exame físico específico

Além do exame físico geral, é de interesse do anestesiologista ponderar o exame físico específico, que vai orientar durante o procedimento cirúrgico e dispor dos desafios que possam surgir e alterar o desfecho anestésico. Deve-se avaliar de forma minuciosa as vias aéreas e os testes preditivos de via aérea difícil. A via aérea difícil é aquela em que há dificuldade com a ventilação com máscara facial ou na intubação orotraqueal, ou em ambas. Seu diagnóstico depende de fatores intrínsecos ao doente.[15]

A classificação de Mallampati relaciona o tamanho da língua com o espaço orofaríngeo e classifica a via aérea quanto a provável dificuldade de intubação orotraqueal. A distância esternomentoniana é a distância entre a borda superior do manúbrio e o mento, em extensão máxima da cabeça. Além das técnicas usuais, usufruímos de outras menos habituais como distância tireomentoniana, flexão cervical ou extensão, arcada palatal, mobilidade da articulação temporomandibular[16]. A avaliação específica da via aérea será abordada de forma detalhada em capítulo específico deste livro.

Exames complementares

Para totalizar a gama de informações da avaliação pré-anestésica, podem ser solicitados exames complementares para acrescer à história clínica e se correlacionar ao procedimento cirúrgico a ser realizado, a fim de completar a avaliação do risco anestésico e cirúrgico.[3,18] Dentre os exames solicitados estão, hemograma, glicemia, coagulograma, ureia, creatinina, TSH, T4 livre, colesterol total, triglicerídeos, eletrocardiograma, radiografia de tórax, ecocardiograma, teste ergométrico, entre outros.[8] Importante salientar que nenhum exame deve ser solicitado de rotina, mas sim de acordo com a indicação clínica devido as comorbidades dos pacientes ou cirurgias propostas. Por exemplo, paciente hipertensos pode ser solicitado o eletrocardiograma, pacientes diabéticos a glicemia de jejum e função renal (para detecção de lesão de órgão alvo), pacientes hígidos, sem comorbidades, entretanto que serão submetidos a cirurgia de grande porte com risco de sangramento, pode ser solicitado Hb/Ht para programação cirúrgica. Desta forma, sempre importante levar em consideração se o exame complementar solicitado irá alterar a conduta anestésico-cirúrgica. Se a resposta for sim, deve ser solicitado. Se a resposta for não, a solicitação deve ser questionada.

AVALIAÇÃO DO RISCO ANESTÉSICO-CIRÚRGICO

A mensuração do risco anestésico-cirúrgico é feita com base no risco anestésico, risco cardiovascular e risco pulmonar. Sendo assim, em 1941 a *American Society of Anesthesiologists* desenvolveu uma classificação do "estado físico". Posteriormente, em 1962 esta foi reformulada e adotou uma forma de avaliar o risco pré-operatório, sendo conhecida como ASA, escore no qual se estima a mortalidade operatória.[8,19] Esta classificação possui uma série de críticas, principalmente pelo fato de ser muito simplista, entretanto, é mundialmente conhecida e ajuda na uniformização das informações.

Na classificação ASA I, encontra-se o paciente hígido e sem comorbidades. No ASA II, o paciente apresenta doença sistêmica controlada e sem limitação como diabetes mellitus, doença cardiovascular, doença pulmonar e tabagista crônico. No ASA III, o paciente possui doença sistêmica descontrolada ou comorbidades grave. No ASA IV, há doença sistêmica limitante e incapacitante. O ASA V é o paciente moribundo, sem perspectiva de sobrevida por mais de 24 horas e no ASA VI o paciente com morte encefálica[21] (Tabela. 3.1).

Além da classificação do ASA, diversas outras escalas são empregadas na avaliação do risco anestésico-cirúrgico. O índice de Goldman (Tabela 3.2), foi desenvolvido em 1977 e reformulado em 1986 por Detsky (Tabela 3.3).[20] Em ambos os índices, as informações possuem pontuações, e a presença da mesma adiciona pontos ao escore de risco do paciente. Dessa forma, ao final do questionamento o paciente é classificado de acordo com o risco de complicação cirúrgica.

A avaliação do risco cardíaco para cirurgias não cardíacas é algo essencial ao anestesiologista. Desta forma, o *American College of Cardiology e a American Heart Association* publicaram uma diretriz de risco cardíaco para cirurgias não-cardíacas em uma variedade de pacientes e situações cirúrgicas, na qual o paciente com doença cardiovascular é avaliado sob vários aspectos. Caso apresente doença cardíaca ativa, esta deve ser tratada previamente a cirurgia (Tabela 3.4). Em seguida, deve ser avaliado sua capacidade funcional (Tabela 3.5), para a *posteriori* estratificar seus fatores de risco clínico (Tabela 3.6), porte cirúrgico (Tabela 3.7) e decidir os exames a serem solicitados (Figura 3.2). O resultado desta avaliação é uma rotina lógica e segura que pode ser visualizada no Figura 3.3.

Tabela 3.1. Classificação de risco pré-operatório (ASA)

ASA 1	Paciente saudável
ASA 2	Paciente com doença sistêmica leve
ASA 3	Paciente com doença sistêmica grave
ASA 4	Paciente com doença sistêmica grave que é uma ameaça constante à vida
ASA 5	Paciente moribundo que não se espera que sobreviva sem a cirurgia
ASA 6	Paciente com morte cerebral cujos orgãos serão removidos para fins de doação

Fonte: *American Society of Anesthesiologists*, 2010.

Tabela 3.2. Índice de risco cardíaco (Goldman)

Variáveis	Pontuações
Idade maior que 70 anos	5 pontos
Infarto agudo do miocárdio há menos de 6 meses	10 pontos
B3 ou estase de jugular	11 pontos
Importante estenose aórtica	3 pontos
Arritmia não-sinusal ou sinusal com contração atrial prematura em último ECG pré-operatório	7 pontos
>5 ESV/min em qualquer momento antes da cirurgia	7 pontos
PaO2<60 pu PaCO2>50mmHg; K+<3meq/l ou HCO3-<20mEq/L; BUN>50mg/dL (uréia>107,5mg/dL) ou creatinina >3mg/dL AST anormal, paciente acamado por causa não-cardíaca	3 pontos
Cirurgia intra-abdominal, intratorácica ou aórtica	3 pontos
Cirurgia de emergência.	4 pontos

Classificação	Risco de complicação*	Risco de óbito
Classe I (o a 5 pontos)	0,7%	0,2%
Classe II (6 a 12 pontos)	5,0%	2,0%
Classe III (13 a 24 pontos)	11,0%	17,0%
Classe IV (>25 pontos)	22,0%	56,0%

Fonte: Loureiro BMC, Feitosa-Filho GS. Escores de risco perioperatório para cirurgias não cardíacas: descrições e comparações. Rev Soc Bras Clin Med. 2014;12(4):314-20.

3. Avaliação Pré-Anestésica

Tabela 3.3. Índice de Detsky

Variáveis	Pontuações
Idade maior que 70 anos	5 pontos
Infarto agudo do miocárdio há menos de 6 meses	10 pontos
Infarto agudo do miocárdio há mais de 6 meses	5 pontos
Suspeita de estemose aórtica crítica	20 pontos
Arritmia não-sinusal ou sinusal com contração atrial prematura em último ECG pré-operatório	5 pontos
>5 ESV/min em qualquer momento antes da cirurgia	5 pontos
Mal estado clínico geral*	5 pontos
Angina classe III	10 pontos
Angina classe IV	20 pontos
Angina instável nos últimos 6 meses	10 pontos
Edema agudo de pulmão há menos de 1 semana	10 pontos
Edema agudo de pulmão prévio	5 pontos
Cirurgia de emergência	10 pontos

Classificação de risco**	Pontuação	Risco relativo
1	0 a 15 pontos	0,43
2	20 a 30 pontos	3,38
3	> 30 pontos	10,6

Fonte: Loureiro BMC, Feitosa-Filho GS. Escores de risco perioperatório para cirurgias não cardíacas: descrições e comparações. Rev Soc Bras Clin Med. 2014;12(4):314-20.

Tabela 3.4. Doença cardíaca ativa que deve ser avaliada e tratada antes da cirurgia

Condições	Exemplos
Síndrome coronariana instável	Andina instável ou severa IAM recente (menor que 30 dias)
ICC descompensada (CF IV a piora dos sintomas)	
Aritmia significativa	Bloqueio átrio ventricular Mobitz II Bloqueio átrio ventricular total Arritmia supraventricular (incluindo fibrilação atrial) com frequência ventricular não controlada (maior que 100 bpm) Bradicardia sintomática Diagnóstico novo de taquicardia ventricular
Doença valvar severa	Estenose sórtica severa (Gradiente pressórica médio > 40 mmHg, área valvar < 1 cm2 ou sintomático) Estenose mitral sintomática (dispnéia progressiva, pré-síncope e insuficiência cardíaca)

CF, Classe funcional: IAM, Infarto agudo do miocárdio

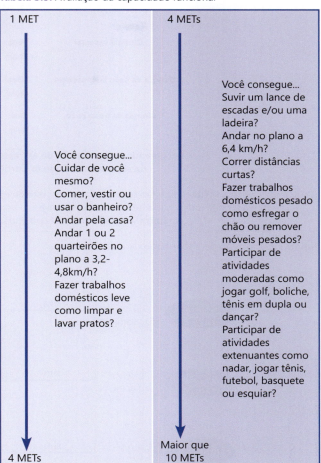

Tabela 3.5. Avaliação da capacidade funcional

1 MET: Você consegue... Cuidar de você mesmo? Comer, vestir ou usar o banheiro? Andar pela casa? Andar 1 ou 2 quarteirões no plano a 3,2-4,8km/h? Fazer trabalhos domésticos leve como limpar e lavar pratos? → 4 METs

4 METs: Você consegue... Suvir um lance de escadas e/ou uma ladeira? Andar no plano a 6,4 km/h? Correr distâncias curtas? Fazer trabalhos domésticos pesado como esfregar o chão ou remover móveis pesados? Participar de atividades moderadas como jogar golf, boliche, tênis em dupla ou dançar? Participar de atividades extenuantes como nadar, jogar tênis, futebol, basquete ou esquiar? → Maior que 10 METs

MET, equivalência metabólica

Tabela 3.6. Fatores de risco clínico

Fatores de risco clínico
Doença cardíaca isquêmica
História de insuficiência cardíaca congestiva
História de doença cerebrovascular
Diabetes insulino dependente
Creatinina sérica pré-operatória >2,0 mg/dL

Tabela 3.7. Porte cirúrgico

Estratificação	Procedimentos
Vascular (risco cardíaco maior que 5%)	Aorta ou cirurgia de grande porte vascular Cirurgia perivascular
Intermediário (risco cardíaco 1-5%)	Endarterectomia de carótida Cirurgia de cabeça e pescoço Cirurgia ortopédica Cirurgia de próstata
Baixo (risco cardíaco menor que 1%)	Procedimentos superficiais Cirurgia para catarata Cirurgia de mama Cirurgia ambulatorial

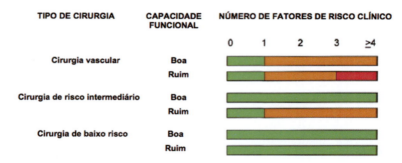

Recomendação para teste de estresse não invasivo de acordo com as diretrizes da American College of Cardiology e American Heart Association.

Barra verde indica não recomendação de teste de estresse não invasivo e paciente pode ir direto para cirurgia;
Barra laranja indica pacientes que teste não invasivo pode ser considerado se o mesmo puder mudar conduta (classe IIB);
e a **barra vermelha** indica recomendação do teste de estresse não invasivo (classe IIA

Figura 3.2. Avaliação para solicitação de exame.

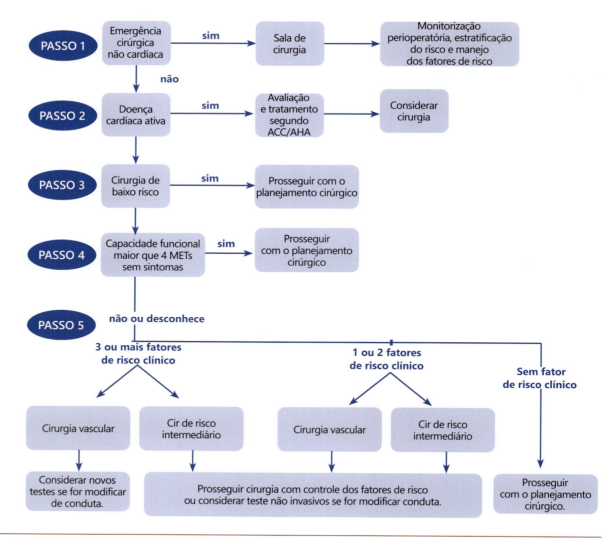

Figura 3.3. Avaliação do risco cardíaco em cirurgia não cardíaca.

Referências

1. Raes M; Poelaert J. "Importane of preoperative anaesthetic consultation in perioperative medicine" Acta Clinica Belgica. 2014. Vol 69, N3 200-203.
2. Filho G.A, Borges H.T.F, Barreiro R.T. "Consulta pré operatória anestésica e seus benefícios" Revista Caderno de Medicina, 2019. Vol. 2 n° 1.
3. Amaral JLG, Geretto P, Tardelli MA, et al. 1ª edição, Guia de Anestesiologia e Terapia Intensiva, 2011.
4. Conselho Federal de Medicina, Resolução n°1.802 de 04/10/2006.
5. Gualandro DM, Yu PC, Calderaro D, Marques AC, Pinho C, Caramelli B, et al. II Diretriz de Avaliação Perioperatória da Sociedade Brasileira de Cardiologia. Arq Bras Cardiologia 2011; 96 (3 supl.1): 1-68.
6. Soares DS, Brandão RRM, Mourão MRN, et al. Relevância de Exames de Rotina em Pacientes de Baixo Risco Submetidos a Cirurgias de Pequeno e Médio Porte, 2012.
7. Yen C, Mitchell T, Macario A. Preoperative evaluation clinics. Current Opinion in Anesthesiology. 2010;23:167-172.
8. Issa SR, Isoni NF, Soares SOU, et al. Pré-anestesia avaliaçãoe redução do pré-operatório Cuidado custos. Rev Sutiãs Anestesiol.2011; 61: 60-71.11.
9. RAMALHO A.J.J.O.C.C.M.J.C.T.M.L. Anestesiologia básica, Manual de Anestesiologia, Dor e Terapia Intensiva. 2011, 1ª Edição.
10. Benseñor I. Anamnese, exame clínico e exames complementares como testes diagnósticos. Rev. Med. (São Paulo) [Internet]. 21dez.2013 [citado 9set.2020];92(4):236-41. Available from: http://www.revistas.usp.br/revistadc/article/view/85896.
11. Coursin DB, Connery LE, Ketzler JT, Perioperativr diabetic and hyperglycemic management issues. Crit Care Med 2004; 32:116-25.
12. McGirt MJ, Woodworth GF, Brooke BS, et al. Hyperglycemic independently increases the risk of perioperative stroke, mydiocardial, and death after carotid endarterectomy. Neurosurgery 2006; 58:1066-73.
13. Roth D, Pace NL, Lee A, Hovhannisyan K, Warenits AM, Arrich J, Herkner H. Testes de exame físico das vias aéreas para detecção de difícil manejo das vias aéreas em pacientes adultos aparentemente normais. Cochrane Database Syst Rev. 2018; 5: CD008874.
14. Ortiz PL, Reyes CH, Borja JR. EI ABC de la anestesia, 2011.
15. American Society of Anesthesiologists Task Force on Mangement of Difficult Airway. Practice Guidelines for Management of the Difficult Airway: An Updated Report. Anesthesiology 2003; 98: 1269-1277.
16. Pearce, A. Evaluation of the airway and preparation for difficulty. Best Pract Res Clin Anaesthesiol 2005; 19 (4): 559-579.
17. Stoller JK, Kester L. Respiratory care protocols in postanesthesia care. J Perianesth Nurs 1998;13:349-58.
18. Halaszynski TM, Juda R, Silverman DG — Optimizing postoperative outcomes with efficient preoperative assessment and management. Crit Care Med, 2004;32:(Suppl4):S76-S86.
19. Fitz-Henry J. A classificação ASA e risco peri-operatório. Ann R Coll Surg Engl. 2011; 93 : 185–187.
20. Loureiro BMC, Feitosa-Filho GS. Escores de risco perioperatório para cirurgias não cardíacas: descrições e comparações. Rev Soc Bras Clin Med. 2014;12(4):314-20.
21. Novaes MV. Avaliação e preparo préoperatório: classificação do estado físico. Serviço de Anestesiologia de Joinville, 2006;1:11- 21.
22. Gismondi R, Neves M. Avaliação cardiovascular em pré-operatório de cirurgia não cardíaca. Revista Hospital Universitário Pedro Ernesto. 2014; 6(2). ISSN 1983-2567.

CAPÍTULO 4

Monitorização do Paciente Cirúrgico

BIANCA LATANCE DA CRUZ
DAYANE NERES PEREIRA
LUCAS GUIMARÃES FERREIRA FONSECA

■ INTRODUÇÃO

Monitorização ou monitoração do paciente – o ato de monitorar, vigiar – é tarefa primordial do anestesiologista, através de sentidos e equipamentos médicos. A monitorização é componente indissociável da anestesia visto que, durante um procedimento anestésico cirúrgico, alterações das funções vitais do paciente ocorrem por diversos motivos. O anestesiologista deve monitorar o paciente, suas variáveis fisiológicas e equipamentos anestésicos durante todo o procedimento, permitindo intervenções necessárias no tempo adequado, antes que o agravamento do estado de saúde do paciente ocorra.

A Resolução 2.174 do Conselho Federal de Medicina,[1] que regula o ato anestésico, reforça as condições mínimas de segurança para a prática da anestesia em seu artigo 3º. Segundo esse artigo, os parâmetros obrigatórios de monitorização para a prática da anestesia incluem:

- Verificação da pressão arterial.
- Cardioscopia para determinação contínua do ritmo cardíaco.
- Oximetria de pulso para verificação da saturação periférica de oxigênio.
- Aferição da temperatura, especialmente em procedimentos com duração maior que 60 minutos e em situações de alto risco como recém nascidos, idosos, risco de hipertermia maligna.
- Avaliação contínua da ventilação, bem como capnografia, para verificação de teores de gás carbônico exalados, em situações de anestesia sob via aérea artificial, ventilação artificial e/ou exposição a agentes potencialmente causadores de hipertermia maligna.

O artigo 4º da mesma Resolução estabelece recomendações de monitores adicionais aos inicialmente citados, de acordo com critérios clínicos de gravidade, porte cirúrgico, técnica anestésica, entre outros, a fim de se reduzir riscos e aumentar a segurança do ato anestésico. Tais monitores adicionais incluem:

- Monitorização do bloqueio neuromuscular.
- Monitorização da profundidade da anestesia, por meio de aferição da atividade elétrica do sistema nervoso central.
- Monitorização hemodinâmica avançada com monitores de variáveis como pressão arterial invasiva, pressão venosa central e/ou monitorização do débito cardíaco.
- Analisadores de gases anestésicos (oxigênio, ar comprimido, óxido nitroso e agentes halogenados).
- Ecocardiografia no intraoperatório com o objetivo terapêutico hemodinâmico.

Deve-se ainda reforçar a necessidade de presença de anestesiologista durante todo o ato anestésico cirúrgico, a fim de realização de monitorização clínica e interpretação dos monitores anteriormente citados. Considerando a monitorização clínica, o anestesiologista deve se utilizar dos sentidos para realização de inspeção, ausculta e palpação. Alterações sutis podem ocorrer antes de alterações detectadas por monitores e as informações de dispositivos não substituem as informações clínicas, apenas amplificam e quantificam tais achados.

O termo monitorização padrão utilizado pela Sociedade Americana de Anestesiologia (ASA)[2] inclui presença de anestesiologista qualificado em sala de procedimentos, uso de oxímetro de pulso, eletrocardiografia via cardioscopia, aferição da pressão arterial não invasiva e monitorização da temperatura. A Sociedade Americana ainda inclui como monitorização padrão a aferição da fração inspirada de oxigênio (FiO_2) de oferta de gases associada a alarme de limite inferior da FiO_2, aferição do CO_2 exalado associado a alarmes de faixa de normalidade e alarme de desconexão do sistema durante ventilação mecânica.[3]

Durante o ato anestésico, o médico anestesiologista deve permanecer em constante vigília sobre o estado do paciente. Para auxiliá-lo nessa tarefa, os monitores dispõem de métodos para quantificação dos sinais captados do paciente e classificação em faixas de normalidade, que, quando ultrapassadas superior ou inferiormente, geram alarmes sonoros e/ou visuais.

Comumente, os monitores possuem uma configuração original de fábrica, mas os valores dos limites de cada parâmetro devem ser configurados manualmente pelo anestesiologista de acordo com o contexto clínico e o paciente sob cuidados.[3] É seu dever, também, diante do acionamento do alarme, verificar e corrigir a sua causa, com posterior reativação do sistema de segurança, visto que a função primordial desses dispositivos é a garantia da proteção do paciente.

Os contextos clínicos que disparam alarmes incluem falhas operacionais de equipamentos, interferências, respostas inesperadas do paciente a determinadas intervenções e alterações de seus parâmetros.[4] Manter os alarmes em constante emissão de sinais, sem o devido ajuste ou correção do agente desencadeador, é fator de estresse e está relacionado a eventos adversos e, até mesmo, lesão do paciente (Figura 4.1). Por outro lado, a desativação dos alarmes configura renúncia do seu uso e de sua função de proporcionar segurança ao procedimento, sendo, portanto, atitude desaconselhável.[4]

A identificação da origem do alarme, crucial para a segurança do paciente, é mais rápida quando há maior integração entre os aparelhos utilizados no procedimento, como monitor de parâmetros fisiológicos, dispositivo de anestesia, ventilador e monitores de bombas de infusão.[4]

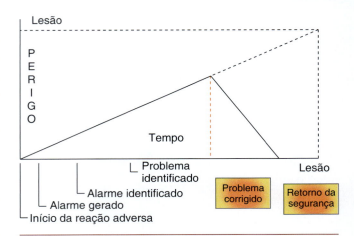

Figura 4.1. Potencial de lesão em relação ao tempo para a geração e identificação do alarme, identificação e correção do problema e retorno à segurança ou evolução para lesão. *Fonte:* Cangiani LM et al. Tratado de anestesiologia SAESP. 8ª ed. Rio de Janeiro: Atheneu, 2017.[4]

A incorporação de novos alarmes faz-se necessária devido ao progressivo aumento do número de variáveis monitoradas durante o procedimento cirúrgico, à complexidade das tarefas durante o ato anestésico e ao estresse dos profissionais envolvidos no cuidado do paciente. Esses dispositivos são capazes de facilitar a detecção de eventos adversos, auxiliando especialmente os profissionais em situação de estresse, cansaços, não vigilantes, com pouco treinamento ou sob outros fatores capazes de prejudicar a detecção de eventos de risco ao paciente.[4] Por isso, devem ser corretamente utilizados e valorizados para adequada monitorização cirúrgica.

Neste capítulo, abordaremos os monitores fundamentais a serem utilizados durante o ato anestésico.

■ PRESSÃO ARTERIAL

Diversas técnicas e drogas utilizadas em anestesiologia podem induzir hipotensão, situação clínica associada a complicações como lesões do sistema nervoso central, renal, miocárdica, entre outros.[5] De forma contrária, um plano anestésico inadequado para determinado estímulo cirúrgico pode causar grave hipertensão, situação que pode determinar lesões e agravamentos, como injúria do miocárdio e sangramentos.[6] Dessa maneira, o manejo da pressão arterial (PA) deve ser constantemente ajustado pelo anestesiologista através do uso de anestésicos e drogas como vasopressores, vasodilatadores e inotrópicos, com a finalidade de se evitar complicações associadas com hipotensão e hipertensão.

A escolha do modo de aferição da PA deve levar em consideração diversos fatores, incluindo comorbidades do paciente, grau de invasividade da cirurgia, necessidade de monitorização em unidade de terapia intensiva no pós-operatório, entre outros. Conhecimento do modo de funcionamento dos dispositivos, potenciais alterações e fontes de erro são essenciais para a prática do anestesiologista.

A pressão arterial sistêmica depende, entre outros fatores, do volume sistólico ejetado pelo ventrículo esquerdo (VE), da força de contração gerada pelo miocárdio e da resistência vascular sistêmica. A pressão na circulação também é afetada pela pressão hidrostática, por conta da gravidade que gera diferencial de pressão através do sistema vascular. Esse fato faz com que as pressões aferidas em regiões inferiores sejam maiores que as aferidas em locais mais elevados, como perna do paciente em pé ou em posição de céfalo aclive na mesa de cirurgia comparada com membro superior (Figura 4.2). Dessa forma prefere-se o uso do braço quando a PA é aferida com um manguito, visto que esse local está praticamente nivelado com o eixo flebostático do coração, eixo que átrio direito, ou ainda nivelado o eixo flebostático do coração, eixo que define a referência de aferição da pressão.[7]

Pressão arterial sistólica (PAS) se refere à pressão de impulso que move o volume sistólico na circulação, gerada após cada contração ventricular. Pressão arterial diastólica (PAD) é a pressão no sistema arterial sob repouso, na diástole ventricular, e é consequência da complacência do sistema vascular e do tônus dos vasos arteriais, existindo assim durante todo ciclo, porém sobreposta pela pressão sistólica. PAD é tão importante quanto a PAS, visto ser a principal pressão que determina o fluxo sanguíneo coronariano. Além disso, a PAD determina em maior parte a PA média (PAM), visto que em geral temos o ciclo cardíaco sendo constituído em sua maior parte – aproximadamente $2/3$ – pela diástole ventricular. Pode-se calcular PAM como $2/3 \times PAD + 1/3 \times PAS$, porém para frequências cardíacas mais elevadas, visto que o tempo diastólico se reduz mais do que o tempo sistólico, essa equação passa a ser falha. Esse problema é corrigido por sistemas invasivos de monitoramento da PA, que fazem cálculo da PAM por meio de análises matemáticas da área abaixo da curva de pressão arterial.[7]

Pressão Arterial Não Invasiva

O dispositivo padrão utilizado para a aferição não invasiva da PA é aquele que se utiliza do método oscilométrico automatizado, capaz de detectar a magnitude das oscilações de pressão provocadas pelo fluxo sanguíneo. Em situações de mal funcionamento do método oscilométrico, um esfigmomanômetro deve estar disponível para aferição e correta monitorização da PA.

Em relação à técnica oscilométrica automatizada, o manguito é inicialmente insuflado a um valor superior à PAS presumida pelo monitor, considerando valores habituais em cada faixa etária do paciente. Esse é um dos motivos da necessidade de configuração da faixa etária do paciente, no monitor multiparamétrico que será utilizado pelo anestesiologista, antes de cada caso a ser realizado. Em seguida, o manguito é esvaziado de 2 a 4 mmHg por segundo,[3] de modo intermitente, o que permite a constatação pelo monitor de pequenas oscilações causadas pela pulsação arterial. O aparelho consegue observar a alteração da amplitude das oscilações e é capaz de determinar as pressões associadas

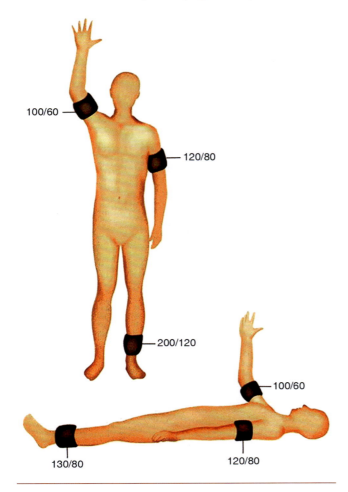

Figura 4.2. A influência da posição do membro sobre os valores de pressão arterial, em mmHg. *Fonte:* Cangiani LM et al. Tratado de anestesiologia SAESP. 8ª ed. Rio de Janeiro: Atheneu, 2017.[4]

a esses momentos de alteração das oscilações, sendo a PAM aquela associada a maior oscilação, PAS correspondendo ao momento em que discretas oscilações passam a ser detectadas pelo manguito e PAD momento da pressão em que oscilações rapidamente desaparecem. Em termos de confiabilidade, temos que a medida mais acurada pelo método é a da PAM, seguida de PAS e finalmente da PAD (Figura 4.3).

Para a aferição no braço via manguito e método oscilométrico é estabelecido que o manguito seja posicionado de 2 a 3 cm acima da fossa antecubital, com o centro da bolsa inflável centralizado sobre a artéria braquial (marcação artéria do manguito), local onde ocorre a compressão máxima. A bolsa de borracha deve ter o comprimento de 80% e a largura de 46% da circunferência do braço, o que corresponde a dois terços da distância entre o cotovelo e o ombro na maioria dos pacientes.[8]

Embora a precisão deste tipo de monitor seja excelente em uma ampla faixa de pressão arterial, os valores medidos tornam-se questionáveis em valores extremos. Dessa forma, o método oscilométrico não deve ser o de escolha para titular fármacos vasoativos no tratamento de alterações da pressão arterial em pacientes graves ou com alterações pressóricas extremas. O tamanho inadequado do manguito também produz leituras erroneamente baixas quando o manguito é muito grande para o membro e erroneamente altas em caso de manguito diminuto ou anexado frouxamente no braço.[8]

O fator mais comum de erro de leitura da PA é decorrente do uso de tamanhos de manguitos não apropriados. O método oscilométrico pode ser também prejudicado por fatores como movimento decorrente de tremores ou flexão do braço (entre outros), compressão externa do manguito, hipotensão grave, arritmias como fibrilação atrial ou batimentos prematuros e alterações vasculares.

A aferição da PA via oscilometria em locais diferentes pode não se correlacionar de forma exata com a medida da PA no braço.[3] Se o manguito precisar ser colocado no membro inferior, é ideal que uma PA seja previamente obtida no braço para comparações. Colocação do manguito em antebraço, calcanhar, perna ou coxa deve ser realizada com material de tamanho adequado, respeitando medidas anteriormente citadas relativos à circunferência da região. Manguitos em calcanhar devem ser colocados o mais distal possível, com região da marcação de artéria posterior ao maléolo medial, ao passo que em coxa e em perna, a marcação da artéria deve ser colocada na região posterior do membro.

A frequência das verificações deve ser a mínima necessária a fim de garantir segurança do paciente. Entre as complicações decorrentes de medidas repetidas da pressão arterial estão dor, edema do membro, petéquias, estase venosa, tromboflebite, neuropatia periférica e síndrome compartimental. Alguns aparelhos disponibilizam o modo STAT, no qual, ao invés de avaliar variadas oscilações a cada pausa do esvaziamento, verifica-se apenas uma oscilação por pausa.

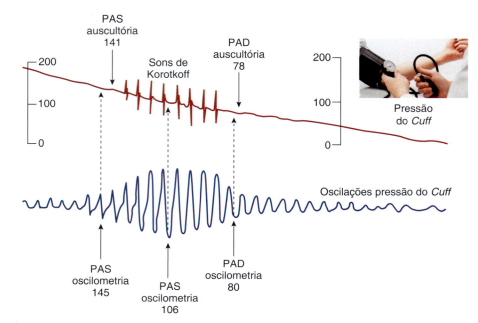

Figura 4.3. Medida não invasiva da pressão arterial. No método auscultatório, as pressões sistólica e diastólica são determinadas pelo início e fim dos sons de Korotkoff. Na técnica oscilométrica, a pressão média é determinada pela maior oscilação na pressão do *cuff*. *Fonte:* Cangiani LM et al. Tratado de anestesiologia SAESP. 8ª ed. Rio de Janeiro: Atheneu, 2017.[4]

Isso permite medições mais rápidas e sem intervalos, embora torne o método mais sujeito a imprecisões, sendo recomendado apenas em situações de instabilidade hemodinâmica.[8]

Pressão arterial invasiva

A pressão arterial pode também ser aferida de modo invasivo, por meio de um cateter inserido em artéria. O método permite, além da aferição da PA, via de coleta de sangue arterial para exames como gasometria, bioquímicos, entre outros.

A aferição invasiva da PA é mais precisa do que a técnica não invasiva e promove medida contínua da PA, a cada ciclo cardíaco de sístole e diástole. Possui vantagens de rápido reconhecimento de alterações pressóricas e possibilidade de via para coleta de amostra de sangue. É tida como método padrão ouro, porém a canulação arterial está associada a complicações graves, ainda que raras. O método depende de técnica complexa e de materiais nem sempre disponíveis e por isso é em geral confinado ao cuidado intraoperatório de pacientes e em setores de terapia intensiva.[9]

Componentes do sistema de aferição invasiva da PA incluem solução para flush e contínua irrigação arterial, transdutor, tubos conectores, cânula arterial, microprocessador, amplificador e monitor. Solução para flush e irrigação é em geral constituída por solução salina a 0,9% 500 mL pressurizada à 300 mmHg, o que garante fluxo constante de aproximadamente 4 mL/hora através do sistema e mantém patência do tubo conector ao prevenir refluxo do sangue arterial. O transdutor é componente que faz conversão do sinal mecânico da pressão em sinal elétrico, constituído por diafragma que separa o sistema de fluídos de um fio elétrico resistor, que muda de comprimento e espessura conforme oscilações do diafragma, fazendo alteração na resistência elétrica que é detectada e filtrada, posteriormente traduzida em valor demonstrado no monitor.[7]

Indicações para uso da PA invasiva incluem cirurgias de grande porte, pacientes com comorbidades graves, cirurgias com elevado risco de sangramento, pacientes críticos e em necessidade de titulação de drogas vasoativas. Pode ser também indicada para monitorização dinâmica do estado volêmico do paciente e sua fluido responsividade, visto possibilitar análise de variações da pressão de pulso, da pressão sistólica e do volume sistólico (depreendido pelo traçado arterial) no paciente sob ventilação mecânica com pressão positiva.[3;10]

Contraindicações ao método invasivo incluem: sítio-específicas e contraindicações gerais. Sítio-específicas incluem existência local de infecção, insuficiência arterial ou dano tecidual no local. Quanto às contraindicações gerais, pode-se citar recusa do paciente, pacientes em uso de agentes fibrinolíticos e coagulopatias graves. Uso de anticoagulantes com anticoagulação adequada é frequentemente citado como contra indicação relativa ao uso de cateteres intra-arteriais para medição da PA.[3]

Vários sítios de punção para aferição da PA invasiva são possíveis. Locais de punção incluem artérias periféricas como radial, braquial e dorsal do pé, bem como artérias centrais femoral e axilar. Em geral as artérias mais utilizadas são radial, axilar e femoral. A artéria dorsal do pé é mais utilizada em crianças, porém menos acessada em adultos. A artéria radial é amplamente utilizada por conveniente localização distal e visto que as mãos possuem circulação colateral via artéria ulnar.

Passo inicial para procedimento de cateterização arterial inclui localização de pulso arterial palpável. Após definição de sítio de punção apropriado, procede-se teste para verificar existência de fluxo sanguíneo colateral, como teste de Allen ou teste de Allen modificado quando uso de artéria radial, buscando identificar potencial risco de complicação isquêmica. Apesar de uso recorrente em prática clínica, o teste de Allen possui variabilidade interobservadora e não possui grande acurácia na previsão de isquemia da mão. Ultrassonografia com Doppler é o melhor teste que pode ser utilizado, quando disponível, para avaliação de artérias colaterais e a patência do fluxo.[3]

A técnica de canulação arterial deve ser realizada com precauções estéreis padrões, incluindo touca, máscara, luva estéril, preparação do sítio de punção com solução antisséptica e campo fenestrado. Para o acesso de artérias centrais deve-se ainda utilizar avental cirúrgico. Pacientes acordados devem ter sítio de punção previamente anestesiado com anestésico local, como lidocaína. Esta é realizada com mão não dominante palpando pulso arterial e mão dominante realizando punção e manipulação de agulha e cateter. A técnica que utiliza o fio guia antes de inserção do cateter arterial pode ser utilizada, bem como punção arterial direta seguida de introdução de cateter sem uso de fio guia.[3] O anestesiologista deve reconhecer que a ponta do cateter acaba de 1 a 2 mm antes de ponta distal da agulha, o que faz com que eventualmente, sob técnica de punção sem uso de fio guia, apesar de sangue refluindo via agulha, a introdução do cateter não resulta em canulação arterial.

Após correta canulação arterial deve-se conectar sistema de aferição da PAI e realizar estabilização do cateter via curativo transparente e estéril. Ultrassonografia pode auxiliar na punção. O zeramento do transdutor deve ser realizado, de forma que monitor desconte a pressão atmosférica, através de abertura do sistema de transdução para o meio ambiente em torneira de três vias, mantendo via do paciente ocluída, retirando tampa da torneira de três vias aberta para o ambiente e clicando zero no monitor. Após o zeramento, deve-se atentar para o correto nivelamento do transdutor, idealmente no eixo flebostático do coração (pode ser estimado ao redor de linha axilar média), porém em situações de necessidade de monitoramento da PA ao nível da circulação cerebral, o nivelamento pode ser feito em relação ao meato acústico externo.[3]

Alguns fatores podem levar a má interpretação da PA invasiva, notadamente mal posicionamento do cateter e geração de aferição inadequada, zeramento inadequado e errado nivelamento do transdutor. Em relação ao nivelamento do transdutor, temos que transdutor abaixo do eixo flebostático faz leituras de PA mais elevadas (7,5 mmHg para cada 10 cm de alteração), ao passo que transdutor posicionado acima do eixo flebostático, a leitura passa a subestimar a pressão em mesma magnitude (7,5 mmHg para cada 10 cm de alteração).[7]

Em pacientes sob ventilação mecânica, a análise da curva da PA invasiva pode ainda ser utilizada para determinar possível fluido responsividade, isto é, a elevação do débito cardíaco, consequentemente a PA, após oferta de fluido. Variações da curva da PA ocorrem durante o ciclo respiratório submetido a pressão positiva da ventilação mecânica, podendo ser detectadas e analisadas pelos monitores, dessa forma, fornecendo informações numéricas de diferentes variáveis, como variação da pressão de pulso (delta PP ou VPP), variação do volume sistólico (VVS) e variação da pressão sistólica. Cabe aqui apenas citar que esses métodos são atualmente empregados na determinação da possibilidade de aumento do DC a partir de oferta de fluídos, em adultos, visto se correlacionarem com o ciclo cardíaco e o mecanismo de Frank-Starling, que correlaciona distensão de miócitos e contratilidade.[3]

As complicações do uso da PA invasiva clinicamente significativas são raras e incluem lesões locais, dor, edema, hematomas e sangramentos no local de inserção, infecção local ou sistêmica e perda iatrogênica por amostra de sangue frequentes. Complicações vasculares incluem vasoespasmo, tromboembolismo, dissecção, formação de pseudoaneurisma e formação de fístula arteriovenosa. Vale ressaltar que existe ainda a possibilidade de uso de via arterial para realização inadvertida de drogas, o que pode resultar em isquemia do membro afetado. A artéria ulnar unilateral não deve ser canulada em casos de ocorrência de complicações vasculares com a artéria radial.[3,10]

■ MONITORIZAÇÃO DA PRESSÃO VENOSA CENTRAL

Medida hemodinâmica utilizada em pacientes críticos e em cirurgias de grande porte, a pressão venosa central (PVC) indica o equilíbrio entre o volume de sangue na circulação central, a capacitância venosa da circulação central e a função cardíaca, principalmente das câmaras direitas. Isto porque estima a pressão do átrio direito e, consequentemente, a pressão diastólica final do ventrículo direito (referindo a pré-carga direita) por meio da medida pressórica na veia cava superior.

Tendo a linha axilar média como referência (0 mmHg), indivíduos normais obtêm valores entre 4 e 8 mmHg.[8] Para determiná-lo, insere-se um cateter nas veias femoral, subclávia ou jugular interna, sendo esta a melhor via de escolha dado seu caminho direto até o átrio, além de melhor facilidade de punção sob visualização direta com uso de aparelho de ultrassom.

A curva de PVC se apresenta em um gráfico que se relaciona ao traçado da eletrocardiografia pelo fato de revelar as contrações cardíacas.[11] O valor ideal da

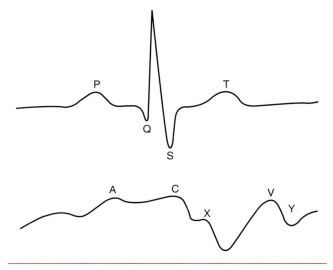

Figura 4.4. Curva de PVC em relação ao traçado do eletrocardiograma. *Fonte:* Auler Jr. JOC et al. Anestesiologia básica: manual de anestesiologia, dor e terapia intensiva. Barueri: Manole, 2011.[11]

PVC é aquele obtido entre as ondas A e C, ao final da expiração (Figura 4.4).

Ondas ascendentes:

- **A:** onda mais proeminente, é determinada pela contração atrial, ocorrendo imediatamente após a onda P do ECG.
- **C:** deriva do abaulamento da valva tricúspide na contração isovolumétrica do ventrículo direito, logo após o complexo QRS do ECG.
- **V:** ocasionada pelo enchimento do átrio direito.

Ondas descendentes:

- **X:** ocorre devido ao relaxamento atrial e consequente movimento de seu assoalho para baixo na sístole ventricular, produzindo os menores valores aferidos na curva da PVC.
- **Y:** causada pela abertura da tricúspide durante a diástole ventricular, reduzindo a pressão do átrio direito.

A interpretação da PVC deve considerar que o monitor fornece curva e valores relacionados à performance do coração, ao retorno venoso e à volemia do paciente, porém de forma combinada. Mais do que a interpretação do valor isolado, a tendência da PVC deve ser avaliada ao longo de um procedimento anestésico, combinada com outros dados advindos dos diversos monitores utilizados, para que se faça uma correta análise e diagnóstico das perturbações hemodinâmicas do paciente.

No que diz respeito à análise simplificada, a PVC que se reduz em contexto de paciente que cursa com aumento da PA em situação de manutenção de resistência vascular sistêmica provavelmente indica melhora da performance cardíaca com aumento do volume de sangue ejetado durante a sístole. Da mesma forma, a PVC que se reduz em paciente que tem concomitante queda de PA provavelmente demonstra redução do retorno venoso ao coração ou hipovolemia. Por outro lado, a PVC elevada em paciente com aumento da PA sem alterações da RVS indica provável aumento do retorno venoso ao coração e/ou hipervolemia. Por fim, a PVC elevada em paciente com concomitante hipotensão demonstra possível piora da função cardíaca.[10]

Coagulopatias e oclusão de circulação venosa central representam contraindicações ao procedimento de canulação de veia central. Também deve-se atentar ao risco de complicações como punção involuntária de artérias adjacentes e lesão do ducto torácico, além de neuropatia, sangramento, pneumotórax e derrame pleural. Seu uso ininterrupto, inclusive, não é recomendado dada a potencial incidência de infecções.[12]

Em contrapartida, o uso de cateteres para hemodiálise, bem como a infusão venosa demorada, predispõe à manobra de cateterização venosa central, o que permite uso de via de cateter duplo ou triplo lúmen para monitorização da PVC. O acesso venoso central é também indicado em casos de acesso venoso periférico complicado, no manejo de drogas vasoativas e em necessidade de infusão de substâncias irritativas às veias periféricas.[10]

Quando comparada ao uso de cateter de artéria pulmonar, a medida de PVC através de acesso venoso central possui menor custo, está associada a menos complicações e é menos invasiva,[12] porém seu uso como monitor para guiar reposição hemodinâmica foi abandonado nas últimas décadas dada sua informação limitada.

■ CARDIOSCOPIA

O eletrocardiograma (ECG) deve ser monitorado continuamente durante a anestesia para a verificação da frequência cardíaca e da presença de arritmias, processos isquêmicos e distúrbios eletrolíticos, além da funcionalidade do nodo sinoatrial.[3] Importante ressaltar que a presença de sinal de ECG não garante contração miocárdica adequada e débito cardíaco.

O ECG tradicional de dez eletrodos e doze derivações não costuma ser utilizado na sala de cirurgia. Por isso, normalmente são utilizados três ou cinco eletrodos, o que permite no primeiro caso a obtenção da derivação bipolar DII e no segundo caso a visualização de sete diferentes derivações (as unipolares e bipolares e uma derivação precordial, a depender da posição de colocação do eletrodo precordial). Sempre que possível, um sistema de cinco eletrodos deve ser usado devido à sua melhor sensibilidade para detecção de isquemia.[3]

O sistema de cinco eletrodos, composto pelos eletrodos das quatro extremidades (braço direito, braço esquerdo, perna direita e perna esquerda) e um eletrodo precordial, possibilita o monitoramento de sete derivações: DI, DII, DIII, aVR, aVL, aVF e uma derivação precordial. Para a avaliação de derivação precordial, pode-se posicionar o eletrodo precordial nas posições de V1 a V6.[3] O monitoramento contínuo em centro cirúrgico é usualmente realizado com a colocação dos eletrodos dos membros no tronco, nas seguintes posições: os eletrodos

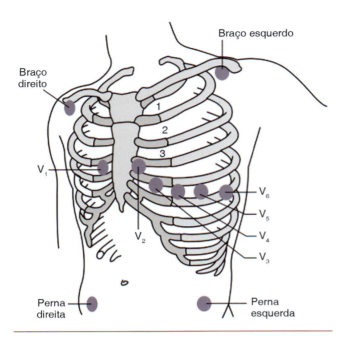

Figura 4.5. Posicionamento correto dos eletrodos no intraoperatório. Em geral, V5 é escolhido como precordial para melhor detecção de isquemia, quando combinado com derivação DII. *Fonte:* Manica J. Anestesiologia. 4ª ed. Porto Alegre: Artmed, 2018.[8]

dos braços são colocados nas fossas infraclaviculares e o da perna é colocado mais abaixo na caixa torácica, na linha axilar anterior[3] (Figura 4.5).

No sistema de três derivações, os eletrodos são posicionados nas fossas infraclaviculares bilateralmente, e o eletrodo da perna esquerda é colocado na lateral esquerda do abdome. Esse sistema pode ser modificado para aproximar as derivações precordiais padrão por meio da alteração da posição do eletrodo, modificação que pode ser necessária se um sistema de cinco eletrodos não estiver disponível. O sistema de três eletrodos pode ser usado para monitorar a frequência cardíaca e detectar a existência de onda P ou presença de fibrilação ventricular, mas não arritmias mais complexas ou anormalidades do sistema de condução, situações em que é necessário ter uma derivação precordial verdadeira[3] (Tabela 4.1).

Devido ao fato de os eletrodos do ECG medirem sinais elétricos de pequena voltagem, o método torna-se propenso à interferência elétrica externa e requer aplicação adequada do eletrodo à pele, que deve estar limpa e seca. Além disso, a linha de base pode variar devido a tremores, respiração ou movimento corporal associado à cirurgia, podendo também sua oscilação ser resultado de mau contato do eletrodo ou colocação dele sobre proeminências ósseas.[3]

Os monitores costumam ter dois diferentes modos, "diagnóstico" e "monitor", que diferem em relação à filtragem do ruído. O modo monitor utiliza uma faixa estreita, de 0,5 a 40 Hz, que filtra ruídos grosseiros. O modo diagnóstico, por sua vez, é o modo de escolha utilizado para monitorar isquemia, utilizando faixa mais larga de captação de frequências de 0,05 a 100 Hz, filtrando menos sinal e ruído e permitindo assim a captação de alterações mais sutis e de menor amplitude.[10]

É comum haver um recurso que possibilita o acompanhamento automático de alterações do segmento ST, importante para diagnosticar isquemias. Além disso, é possível a realização do diagnóstico de arritmias por meio da relação entre as ondas P e QRS.[10]

Por fim, as derivações DII e V5 possibilitam a detecção de processos isquêmicos em uma área proporcionalmente grande do tecido miocárdico. Eletrodo precordial deve ser colocado em 5º espaço intercostal esquerdo na linha axilar anterior para mostrar derivação V5. Com a derivação DII é monitorada a região inferior do coração, área que recebe suprimento sanguíneo da artéria coronária direita. A derivação V5, por sua vez, cobre a região irrigada pela artéria descendente anterior esquerda, que representa grande parte do ventrículo esquerdo, enquanto que a derivação DI pode ser utilizada para o monitoramento da região irrigada pela artéria circunflexa esquerda.[10] Dessa forma, a melhor combinação

Tabela 4.1. Identificação de eletrodos em sistemas de cinco canais de acordo com os padrões americanos e europeus

| | Identificador || Cordoi: 10.1213/ANE.0000000000003590 ||
Eletrodos	Padrão americano	Padrão europeu	Padrão americano	Padrão europeu
Braço direito	R	RA	Vermelho	Branco
Braço esquerdo	L	LA	Amarelo	Preto
Perna esquerda	F	LL	Verde	Vermelho
Perna direita	N/RF	RL	Preto	Verde
Precordial	C	V	Branco	Marrom

Fonte: Manica J. Anestesiologia. 4a ed. Porto Alegre: Artmed, 2018.[8]

para detecção de alterações isquêmicas do miocárdio é a monitorização das derivações DI, DII e V5.

■ OXIMETRIA

Monitor integrante do *checklist* de segurança no pré-operatório de acordo com a Organização Mundial de Saúde,[13] devendo ser sempre utilizado. A oximetria de pulso é o dispositivo mais simples entre uma variedade de métodos para avaliar a oxigenação, tais como a gasometria arterial (mais precisa), a oximetria transcutânea e a avaliação qualitativa da cor da pele.

Apesar de se destinar à detecção precoce e objetiva da hipóxia, não garante a adequação da oferta de oxigênio aos tecidos periféricos (Figura 4.6).

Além da frequência de pulso, os oxímetros mensuram, de modo contínuo e não-invasivo, a fração da oxiemoglobina em relação à hemoglobina reduzida. O aparelho trabalha com a metodologia da espectrofotometria absortiva, que leva em consideração o fato de as formas oxigenada e desoxigenada da hemoglobina absorverem luz de modo diferente. A partir da absorção da luz nos comprimentos de onda de 660 (vermelho) a 940 nm (infravermelho), é possível calcular a concentração

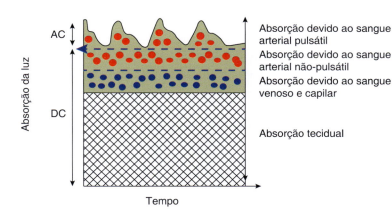

Figura 4.6. Princípios da oximetria de pulso: absorção luminosa. O sinal AC deve-se ao componente pulsátil do sangue arterial, enquanto o sinal DC é compreendido pelos todos os absorvedores não-pulsáteis no tecido: sangue arterial não-pulsátil, sangue venoso e capilar, e todos os outros tecidos. *Fonte:* adaptado de Mechem CC. Pulse oximetry. 2020, Aug 5. UpToDate [Internet]. Disponível em: https://www.uptodate.com/contents/pulse-oximetry.[14]

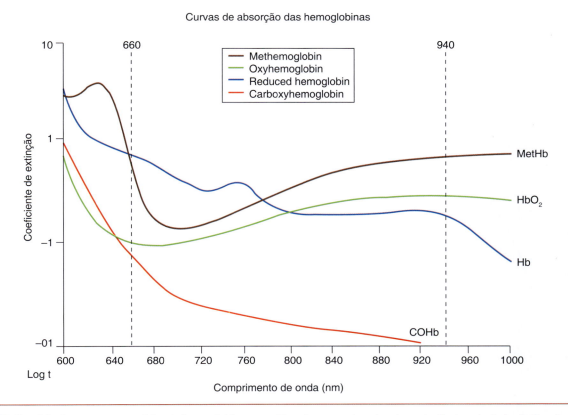

Figura 4.7. Absorbância em quatro espécies de hemoglobina para diferentes comprimentos de onda. *Fonte:* adaptado de Cangiani LM et al. Tratado de anestesiologia SAESP. 8ª ed. Rio de Janeiro: Atheneu, 2017.[4]

de cada tipo segundo a lei de Beer-Lambert.[14] Após a captação e processamento no monitor, há demonstração do valor da saturação da hemoglobina periférica pelo oxigênio (SpO_2). Para tanto, o sensor é equipado de um detector e dois emissores de luz, podendo ser afixado na língua, nos lobos da orelha, nos dedos das mãos (mais comum) e dos pés ou no nariz (neste caso, com o auxílio de um sensor especial) (Figura 4.7).

A saturação da hemoglobina arterial pelo oxigênio relaciona-se com a pressão parcial arterial deste gás (PaO_2). Existe relação entre PaO_2 e SpO_2, ilustrada pela curva de dissociação da oxiemoglobina (Figura 4.8). Quando analisada, verifica-se uma correlação quase linear entre SpO_2 e PaO_2 em valores com PaO_2 maiores que 75 mmHg. Considera-se padrão uma variação da SpO_2 entre 96% e 99% em adultos, mas é normal que pacientes com distúrbio pulmonar atinjam SpO_2 mais baixas.[10] Uma boa saturação de oxigênio demonstra que existe quantidade adequada de O_2 disponível em alvéolos pulmonares, captação condizente do gás nos capilares dos pulmões e distribuição circulatória do sangue oxigenado via coração esquerdo. Ao mesmo tempo, a baixa saturação periférica de oxigênio indica que há problema no percurso descrito (disponibilidade alveolar, captação pulmonar e distribuição). Sendo a hipóxia definida como PaO_2 inferior a 60 mmHg, os valores de SpO_2 abaixo do padrão estão entre 90% e 92%.[8]

A curva de dissociação da oxiemoglobina é deslocada quando há desvios em parâmetros fisiológicos (tais como hipercapnia, acidose e hipertermia), que diminuem a afinidade da hemoglobina pelo oxigênio, liberando-o aos tecidos periféricos. Ademais, alguns fosfatos orgânicos das hemácias (cujo aumento cursa com estados crônicos de hipoxemia e anemia) as tornam mais propensas a liberar oxigênio por induzirem alterações na forma da molécula.[8]

Além do valor da saturação periférica de oxigênio (SpO_2) e da frequência de pulso, os oxímetros utilizados habitualmente fazem leitura da amplitude do pulso, gerando uma curva pletismográfica por meio da diferenciação entre o sinal pulsátil arterial e o não-pulsátil oriundo da absorção realizada em pele, ossos, músculos e veias.[4] A frequência de pulso demonstrada pelo monitor é determinada pela variação pletismográfica.

Em relação aos possíveis erros associados ao instrumento, deve-se atentar ao fato de a oximetria superestimar valores de SpO_2 em situações de saturação arterial abaixo de 80%. Além disso, circunstâncias de atenuação dos pulsos periféricos (doença arterial periférica, hipotermia e hipoperfusão) dificultam a monitorização da SpO_2.

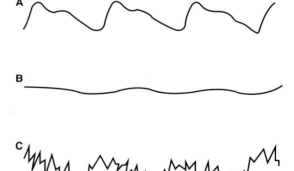

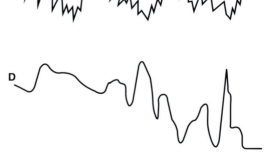

Figura 4.9. Sinais pulsáteis comuns no oxímetro de pulso. **A.** Sinal normal mostrando a forma de onda aguda com um claro nível dicrótico. **B.** Sinal pulsátil durante baixa perfusão mostrando uma típica onda senoidal. **C.** Sinal pulsátil com artefato de ruído sobreposto dando uma aparência pontiaguda. **D.** Sinal pulsátil durante artefato de movimento mostrando uma forma de onda irregular. *Fonte:* adaptado de Mechem CC. Pulse oximetry. 2020, Aug 5. UpToDate [Internet]. Disponível em: https://www.uptodate.com/contents/pulse-oximetry.[14]

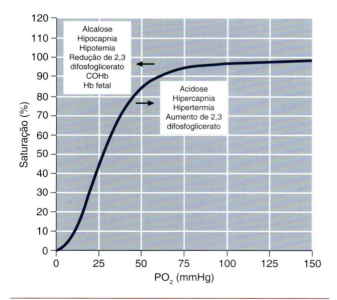

Figura 4.8. Curva de dissociação da hemoglobina. *Fonte:* Manica J. Anestesiologia. 4ª ed. Porto Alegre: Artmed, 2018.[8]

Excesso de luz no ambiente, movimentos do paciente, ondas de radiofrequência pelo uso de bisturis elétricos, infusão de contrastes venosos e esmaltes escuros de unha diminuem errônea e intermitentemente os níveis de saturação. Outra limitação se dá pela carboxihemoglobina que, embora não contribua para a oxigenação, absorve luz a 660 nm tal como a hemoglobina oxigenada, causando um falso aumento (Figura 4.9).

■ TEMPERATURA CORPORAL

A fim de manter a homeostasia do organismo, são necessárias reações bioquímicas ativadas por enzimas submetidas a uma estreita faixa de temperatura. Assim, o sistema termorregulador garante a estabilidade da temperatura corporal, tendo como mecanismos o tremor, a sudorese e a vasoconstrição de extremidades e pele. Pacientes com disfunção autonômica, por exemplo, são privados desse autocontrole térmico.[10]

Um fator relevante a ser considerado é a divisão do corpo humano nos compartimentos central (cabeça e tronco) e periférico (membros superiores e inferiores). A porção central mantém a temperatura uniforme devido à eficiente perfusão de seus tecidos, enquanto que os membros possuem temperatura 2°C a 4°C menor, gradiente este mantido pelo tônus vasomotor.[15]

A monitorização da temperatura deve ser realizada para detectar alterações (usualmente hipotermia), guiar manejo do controle da temperatura e detectar hipertermia maligna. Assim, a temperatura central deve ser monitorizada no intraoperatório sempre que possível.[16]

O desajuste de maior ocorrência no perioperatório, a hipotermia, caracteriza-se pela temperatura central abaixo de 36°C,[8] sendo decorrente da exposição ao ambiente do centro cirúrgico em associação à inibição da termorregulação decorrente do ato anestésico, que impede o tremor e a vasoconstrição das regiões bloqueadas. A redução de 1°C a 2°C (hipotermia leve) leva a complicações como o aumento da incidência de infecção de feridas operatórias e de eventos cardíacos mórbidos, maior perda sanguínea e retardo da recuperação anestésica.[15]

Com alta prevalência em ambiente operatório, a perda térmica é mais aguda durante a primeira hora de anestesia devido à vasodilatação que distribui o calor de compartimento central para a periferia às custas da inibição da termorregulação que cursa com vasodilatação.[17] Em seguida, inicia-se a fase de lenta e gradual perda de calor que excede a produção térmica do metabolismo. Os mecanismos principais de perda de calor para o ambiente são a radiação e a convecção, com a condução e a evaporação contribuindo em menor quantidade para a perda térmica.[15]

Em contrapartida, o aumento da temperatura pode representar um sinal precoce de hipertermia maligna, que cursa com metabolismo acelerado e consequente aumento da temperatura, taquicardia e elevação de dióxido de carbono ao final da expiração (não proporcional à ventilação-minuto). A possibilidade de um desfecho fatal neste caso corrobora a importância da monitorização da temperatura central durante a anestesia inalatória e/ou com uso de succinilcolina, fármacos desencadeantes do quadro em pacientes suscetíveis.[18]

Recomenda-se que a temperatura central seja sustentada acima de 36°C, exceto quando a hipotermia é meta terapêutica em situações de proteção contra isquemia.[8] Deve ser monitorada em atos anestésicos de duração maior que 30 minutos, bem como em anestesias do neuroeixo de cirurgias mais complexas ou quando alterações térmicas são esperadas. Nesse sentido, a resolução 2.174 do CFM reforça a necessidade de monitoração em situações previamente citadas na introdução deste capítulo.[1,15]

Anestésicos venosos e inalatórios afetam a termorregulação, restringindo o limiar de resposta ao frio e ampliando o de calor. Apesar de mais propensas à hipotermia devido à maior relação entre a superfície corpórea e a massa corporal (labilidade térmica), as crianças são afetadas pela anestesia na mesma proporção que os adultos. Já os idosos possuem uma resposta de conservação de calor menos eficiente, sendo o limiar de vasoconstrição dos pacientes entre 60 e 80 anos 1°C menor do que naqueles entre 30 e 50 anos, o que coloca essa população sob risco ainda maior de hipotermia.[19]

A acurácia da monitorização é dependente do local de aferição, sendo a temperatura central (nasofaríngea, esofágica, timpânica e de artéria pulmonar) a melhor indicadora do status térmico. Mas dependendo da inacessibilidade e do desconforto do paciente, outros sítios podem ser utilizados, tais como superfície da pele, bexiga, reto, axila e boca.

Como possibilidade de locais para aferição da temperatura central, temos:

• *Artéria pulmonar:* referencial para outras técnicas de monitorização, mas limitada por sua complexidade e nível de invasão. Tem como padrão-ouro o uso do cateter de Swan-Ganz.

- *Esôfago inferior:* estando a 45 cm das narinas, correlaciona-se à artéria pulmonar. No ponto de máxima ausculta cardíaca, deve ser posicionado um sensor termistor ou termopar atrelado a um estetoscópio esofágico.
- *Nasofaringe:* de simples execução, estima a temperatura cerebral, sendo posicionada a 10 cm das narinas, na porção média ou superior da mucosa nasofaríngea, próxima à artéria carótida interna.
- *Tímpano:* menos invasiva e com boa acurácia dada a proximidade com o hipotálamo e a artéria carótida interna. Com o auxílio de um otoscópio para remover a cera sem causar perfuração, posiciona-se na membrana o termopar ou termistor de contato. Sensores mais modernos e flexíveis evitam lesões, mas termômetros infravermelhos não são adequados devido à imprecisão.

A temperatura cutânea é de 1,6°C a 2,2°C mais baixa do que a central devido ao fator ambiente, o que dificulta, por exemplo, o diagnóstico de hipertermia maligna. A via retal também é contraindicada para este fim devido à detecção tardia de mudanças bruscas de temperatura.[10]

Por outro lado, se o débito urinário for adequado, a monitorização térmica vesical acoplada a uma sonda de Foley se mostra viável. Do mesmo modo, a região sublingual faz boa estimativa da temperatura central, enquanto que a zona axilar, dada a proximidade à artéria axilar, é comumente utilizada junto à população infantil.[8]

Dois principais tipos de termômetro são utilizados durante anestesia.[4] Os termistores são semicondutores em que a resistência elétrica diminui de forma calculável com o aumento da temperatura, e vice-versa. Possuem rápida resposta à alteração da temperatura e são disponíveis em diversos formatos e tamanhos.

Quanto aos termômetros do tipo termoaclopamento (ou termopar), estes são transdutores formados de dois metais unidos, com respostas térmicas de dilatação diferentes, que geram uma diferença de potencial elétrico em resposta à variação de temperatura.

Existem, por fim, os termômetros infravermelhos, que são menos utilizados na prática clínica do anestesiologista por estarem mais sujeitos a erros. São direcionados a uma porção do corpo em que se pretende aferir temperatura sem contato direto.

■ MONITORIZAÇÃO RESPIRATÓRIA

Devido ao fato de a anestesia geral inibir os movimentos ventilatórios, o controle da via aérea via intubação traqueal ou uso de dispositivos supraglóticos é em geral necessário, a fim de que se estabeleça ventilação mecânica após a indução anestésica. Para a monitorização respiratória, nessas situações, existem alguns monitores obrigatórios, a saber: a oximetria de pulso (discutida no tópico 4 deste capítulo), a capnografia, o analisador da fração de oxigênio inspirado e o alarme de desconexão.[10] No caso da anestesia regional sem sedação, pode-se monitorar a respiração do paciente por meio da observação direta, oximetria e capnografia, sendo que para pacientes em respiração espontânea, deve-se atentar a sinais de obstrução das vias aéreas, como movimento paradoxal do tórax, ronco ou sons advindos das vias aéreas superiores.[3]

Ventilação

A ventilação deve ser continuamente monitorada em todos os pacientes durante o ato anestésico.[3] Os métodos qualitativos de avaliação incluem a observação de sinais clínicos do paciente, como a expansão torácica, a ausculta pulmonar e o movimento da bolsa de reservatório em pacientes sob ventilação mecânica.[4]

A avaliação quantitativa da ventilação, ou espirometria, a depender do tipo de modo ventilatório utilizado, pode oferecer os seguintes dados: frequência respiratória, tempo inspiratório e expiratório, volume minuto, pressões inspiratórias de pico e platô, pressão média nas vias aéreas e PEEP (pressão positiva ao fim da expiração). Muitos ventiladores de aparelhos de anestesia fornecem ainda gráficos em função do tempo com variáveis como pressão, volume e fluxo, além de gráficos de combinação de variáveis, como volume por pressão e volume por fluxo. Por fim, também são calculados os valores de complacência e resistência.[4]

Os principais métodos de medição associados aos ventiladores em anestesia, que podem variar entre os diferentes equipamentos, são:[4]

- Técnica de diferencial de pressão, que consiste na instalação de conector proximal ao paciente, ligado ao monitor por um par de tubos. Nesse método, os pressostatos localizam-se dentro do monitor.
- Instalação de sensores de pressão no próprio circuito do paciente, em seus ramos inspiratório e expiratório, com medição por técnica semelhante ao método anterior.

- Instalação de sensor de fio térmico, capaz de detectar e responder a alterações de temperatura provocadas pelo fluxo gasoso, ligado ao sensor de pressão.

Os valores obtidos por esses métodos permitem as medidas de pressão, volume e fluxo de gases. Além do monitoramento de valores e alterações ventilatórias, é possível detectar vazamentos e falhas operacionais do sistema ventilatório. É importante salientar que diversos aparelhos de anestesia devem ter constantemente calibrados esses sensores, em frequência adequada sugerida pelos fabricantes.[4]

Capnografia

O capnógrafo é um aparelho capaz de verificar a concentração do dióxido de carbono (CO_2) nos gases inspirados e expirados – a capnometria – e apresentar esses dados em uma curva em função do tempo – a capnografia.[20] O método é capaz de avaliar todo o ciclo respiratório, contudo o dado de maior importância para o médico anestesiologista é a concentração de CO_2 ao final da expiração ($EtCO_2$), sendo possível também a verificação de modificações no fluxo capazes de alterar a concentração desse gás. Esse monitor permite a avaliação de diferentes sistemas, como respiratório, cardiovascular, metabólico e dos equipamentos através de sua expulsão gasosa, sendo que seus principais usos incluem a avaliação da adequação ventilatória para pacientes submetidos a anestesia geral e a confirmação de colocação correta de tubo endotraqueal ou via aérea supraglótica.[3]

Uma série de eventos podem ser avaliados pela capnografia. Em relação ao sistema respiratório, pode ser analisada a ocorrência de hipoventilação ou hiperventilação, apneia, obstrução de vias aéreas, reinalação de ar recém expirado pelo paciente (ar ainda rico em CO_2) e broncoespasmo. Durante avaliação do sistema circulatório, pode-se identificar padrões associados à parada cardíaca, hipotensão, embolia pulmonar, hiper ou hipotermia, tireotoxicose, hipertensão ou injeção de bicarbonato de sódio. Em relação à intubação, pode-se verificar a posição, seletividade, extubação ou possíveis vazamentos. Por fim, sobre os equipamentos, pode-se avaliar o fluxo de gases, desconexão ou obstrução de tubos, vazamentos, entre outros.[4]

A determinação da concentração de CO_2 é baseada na absorção de luz infravermelha em diferentes intensidades e comprimentos de onda, o que pode ser feito de duas maneiras: via capnógrafo de fluxo principal (*mainstream*) ou capnógrafo de fluxo lateral (*sidestream*).[10]

Os capnógrafos de fluxo principal, configurados para pacientes intubados,[18] são capazes de monitorar a concentração de dióxido de CO_2 no circuito anestésico ou no dispositivo de via aérea.[10] Possuem como maior vantagem a imediatez de sua resposta e, como maiores desvantagens, a limitação de avaliar unicamente o CO_2, o peso e aumento da resistência e espaço morto do circuito, além de maior custo.[4]

Os capnógrafos de fluxo lateral, configurados para pacientes intubados ou não intubados[18] e, em geral, mais utilizados, avaliam essa concentração por meio da aspiração de amostras de gás.[10] Suas principais vantagens sobre os capnógrafos *mainstream* são o baixo peso, não adição de espaço morto ao circuito e a possibilidade de análise de diversos gases, incluindo anestésicos. A principal desvantagem do capnógrafo *sidestream* é o risco de obstrução do tubo de coleta amostral, por conta de condensação de secreções e umidade, além de atrasos de medida, já que a análise de amostra é realizada dentro do monitor.[4]

A interpretação do traçado do $EtCO_2$ envolve a análise de uma porção expiratória, subdividida em fases 1, 2, 3 e, às vezes, 4, e uma porção inspiratória, também chamada de fase 0. A fase 1 corresponde ao gás oriundo do espaço morto, ou seja, o gás sem CO_2 e que não faz parte das trocas. A fase 2, ascendente, envolve o gás do espaço morto e alveolar. A fase 3, por sua vez, constitui um platô envolvendo CO_2 alveolar, com leve inclinação ascendente. Ao final da fase 3, obtém-se o valor de $EtCO_2$. Por fim, a fase 4 pode ser verificada em alguns casos, como gestantes e pacientes obesos, devido à perda de complacência do tórax, nos quais verifica-se um traçado ascendente final.[10;20]

Há também dois ângulos que podem auxiliar na avaliação do exame: alfa e beta. O ângulo alfa localiza-se

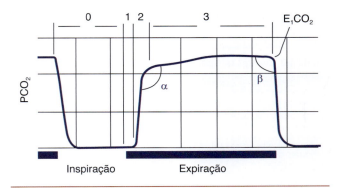

Figura 4.10. Fases e ângulos da capnografia. PCO_2, pressão parcial de CO_2 no gás expirado; $EtCO_2$, dióxido de carbono ao final da expiração. *Fonte:* Manica J. Anestesiologia. 4ª ed. Porto Alegre: Artmed, 2018.[8]

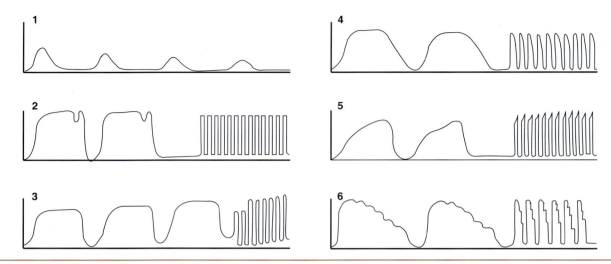

Figura 4.11. Capnogramas em diferentes situações práticas. **1.** Traçado característico de intubação esofágica, com onda indefinida de declínio rápido. **2.** Situação de hipoventilação pulmonar ou recuperação do bloqueio neuromuscular, caracterizada pela presença de entalhes no platô expiratório final. **3.** Reinalação de dióxido de carbono ou problemas de calibração, com elevação progressiva da linha de base e do platô. **4.** Padrão de doença pulmonar restritiva. **5.** padrão de doença pulmonar obstrutiva. **6.** presença de oscilações cardiogênicas. *Fonte:* Pino RM et al. Clinical Anesthesia Procedures of the Massachusetts General Hospital. 9th ed. Boston: WoltersKluwer Health, 2015.[10]

entre as fases 2 e 3, fornecendo informação sobre a relação ventilação-perfusão do pulmão. O ângulo beta, aproximadamente reto, localiza-se entre as fases 3 e 0 e é utilizado para a avaliação de reinalação[10] (Figura 4.10).

Os valores normais de $EtCO_2$ costumam ser 2 e 5 mmHg mais baixos do que a pressão de CO_2 arterial ($PaCO_2$). Assim, a variação padrão do CO_2 ao término da fase 3 é de 30 a 40 mmHg[10] (Figura 4.11).

Deve-se atentar ao fato de que em intubações esofágicas, pode-se verificar uma $EtCO_2$ semelhante à da intubação traqueal em um primeiro momento, diminuindo a zero nas ventilações seguintes.[10; 20]

Para a identificação precoce de hipertermia maligna, pode-se observar rápida elevação do CO_2 ao fim da expiração, e em geral sem melhora com hiperventilação. A diminuição do $EtCO_2$, por outro lado, pode ser um indicativo de choque ou baixa perfusão, obstrução das vias aéreas, embolia ou vazamentos.[10]

Analisador da fração de oxigênio inspirado e de gases

Para monitorização de todo paciente submetido a anestesia geral, deve-se fazer uso de um analisador de oxigênio, a fim de prevenir completamente a oferta de mistura hipóxica de gases.[3] Assim, o sensor de concentração do oxigênio pode ser colocado em dois lugares.[4]

O primeiro seria o ramo inspiratório do sistema, por meio de uma célula galvânica que funciona de modo semelhante a uma bateria. O analisador é calibrado pela exposição ao ar atmosférico (21% de oxigênio) e em 100% de oxigênio, sendo que essa calibração pode ser automática ou realizada pelo operador, a depender do fabricante do aparelho.[4]

O segundo seria o conector próximo à via aérea, com método baseado no deslocamento de um gás de referência pelo oxigênio, relacionando-se com a concentração do gás presente. A sua vantagem é maior

Tabela 4.2. Eventos que podem ser monitorados pela capnografia

Equipamentos	Intubação	Ventilação	Circulação e metabolismo
Fluxo de gases Desconexão de tubos Vazamentos Obstrução de tubos Válvulas do sistema Cal sodada	Posição Seletividade Desintubação Vazamento	Apneia Hipo/Hiperventilação Reinalação Broncoespasmo Obstrução das vias aéreas	Parada cardíaca Débito cardíaco Embolia pulmonar Hipotensão Hipertensão Tireotoxicose Hipertermia Hipotermia Injeção $NaHCO_3$

Fonte: Cangiani LM et al. Tratado de anestesiologia SAESP. 8ª ed. Rio de Janeiro: Atheneu, 2017.[4]

precisão, resposta rápida e não necessitar de troca do elemento utilizado para a aferição.[4]

Os analisadores da fração de oxigênio inspirado costumam ter um alarme de baixo nível, ativado automaticamente ao ligar a máquina de anestesia[3] (Tabela 4.2).

■ MONITORIZAÇÃO DO BLOQUEIO NEUROMUSCULAR

Bloqueadores neuromusculares (BNM) são fármacos que interrompem a transmissão de impulsos nervosos na junção neuromuscular dos músculos esqueléticos, induzindo paralisia pela atuação em receptores nicotínicos de acetilcolina. Produzem intensidades variadas de bloqueio neuromuscular e assim auxiliam a realização da cirurgia ao manter o paciente imóvel e com musculatura esquelética relaxada, facilitando a exposição de estruturas de interesse durante o procedimento. Nesse sentido, a monitorização do bloqueio neuromuscular se faz necessária a fim de garantir o manejo e a reversão segura da ação dos BNM.[21]

Sendo a intubação uma manobra largamente executada na rotina do anestesiologista, a monitorização garante a avaliação do relaxamento no momento da laringoscopia e, posteriormente, do nível de recuperação da função muscular antes da extubação. Outra vantagem da monitorização do bloqueio neuromuscular se dá pelo ajuste da dose de BNM conforme a resposta do paciente, em cada etapa cirúrgica.

O dispositivo é dividido em duas partes, uma que estimula o nervo periférico por meio de um gerador de corrente, e outra que é designada a monitorar a contração muscular obtida por meio do estimulador de nervo.[4]

O estimulador é composto por um cabo conectado a dois eletrodos, positivo e negativo. O eletrodo ativo deve ser posicionado sobre o nervo periférico a ser estimulado (cátodo, de cor preta e polaridade negativa) e o indiferente, a uma distância de 2,5-5 cm (ânodo, de cor vermelha e polaridade positiva).

Entre os nervos mais comumente utilizados para monitorização durante anestesia, temos: nervo ulnar, nervo facial e nervo tibial posterior, com suas respectivas respostas motoras (Tabela 4.3).

É possível que a análise do estímulo seja realizada de maneira subjetiva, com o observador fazendo uso da visão e do tato na avaliação do movimento gerado. Contudo, haja vista a frequente variação entre diferentes avaliadores, opta-se pelo modo objetivo de análise com o auxílio de um instrumento de registro. A aceleromiografia é o método utilizado por monitores de uso clínico, aferindo a aceleração da contração muscular por meio de um sensor que calcula a força, considerando que a massa acelerada é constante. Outras opções incluem a mecanomiografia (utilizada apenas em estudos), que mensura a contração isométrica do músculo, e a eletromiografia, que mede a atividade elétrica a partir do potencial de ação das fibras musculares.[4] Por fim, a miografia acústica, empregada em estudos mais recentes, avalia sons de baixa frequência gerados pela contração muscular.

Nos modelos mais disponíveis desse monitor, os nervos periféricos podem receber as seguintes modalidades de estimulação, segundo critérios de avaliação clínica:[8;10]

- Estímulo simples isolado: estímulo supramáximo a 0,1 Hz durante 0,2 ms, portanto, 1 impulso a cada 10 segundos.
- Estimulação tetânica: variam de 50 Hz a 200 Hz, mas é dolorosa e apressa a recuperação do músculo estimulado, se confundindo com o nível de reabilitação das vias e dos músculos respiratórios.
- Sequência de quatro estímulos (TOF – *train-of-four*): quatro estímulos supramáximos de 2 Hz repetidos a cada 10 segundos, demonstrando fadiga durante a curarização. É o método mais utilizado durante a monitorização clínica usual.
- Contagem pós-tetânica: modo de estímulo possível de ser realizado após TOF = 0; mede grau profundo de bloqueio não-despolarizante por meio de um estímulo tetânico de 50 Hz durante 5 segundos, acompanhado de 15 estímulos simples de 1 Hz.
- Dupla-salva (*double-burst*): disparo de estímulos tetânicos a 50 Hz, seguidos por uma segunda salva 750

Tabela 4.3. Posicionamento dos eletrodos, nervo estimulado e resposta muscular

Local de eletrodo	Nervo estimulado	Resposta muscular
Punho	Ulnar	Adução do polegar
Próximo ao lóbulo auricular	Facial	Contração m. orbicular
Posterior maléolo tibial	Tibial posterior	Flexão plantar hálux

Fonte: Cangiani LM et al. Tratado de anestesiologia SAESP. 8ª ed. Rio de Janeiro: Atheneu, 2017.[4]

ms depois. A fadiga é detectada mais prontamente aqui do que sob o padrão TOF. Em geral é o método utilizado no paciente acordado, por proporcionar menor desconforto que o TOF em situações de investigação de bloqueio neuromuscular residual.

■ MONITORIZAÇÃO DA PROFUNDIDADE ANESTÉSICA

Anestesia geral é definida como estado reversível induzido por fármacos que compreende inconsciência, amnésia, analgesia, imobilidade e estabilidade de sistemas vitais incluindo cardiovascular, autonômico, respiratório e termorregulador.[20] Durante anestesia geral a amnésia não é monitorizada de forma direta, mas inferida de forma indireta. Importante ressaltar ainda que, em modalidades de anestesia regional ou local associadas ou não à sedação, amnésia e inconsciência não são fenômenos sempre alcançáveis, possíveis ou até mesmo seguros (situações de emergência e risco de broncoaspiração, por exemplo) e nesses tipos de procedimentos a dor é prevenida por meio de bloqueios do neuroeixo, periféricos ou infiltração local, proporcionando conforto ao paciente.

A monitorização da profundidade anestésica auxilia na mensuração dos efeitos do componente hipnótico da anestesia, se valendo, no geral, de análise de sinais fisiológicos e análise processada de sinais eletroencefalográficos.[4] Consciência e formação de memórias são fenômenos relacionados à hipnose. Considerando as complicações associadas à profundidade anestésica inadequada, monitores baseados em eletroencefalografia (EEG) podem auxiliar o anestesiologista na titulação do agente hipnótico com a finalidade de se reduzir consciência intraoperatória acidental – desfecho decorrente de anestesia inadequada e superficial – e efeitos adversos decorrentes de sobredoses dos anestésicos, como instabilidade hemodinâmica por depressão cardiovascular, depressão respiratória e alterações cognitivas em pacientes com baixa reserva neuronal.

Em relação à anestesia geral inadequada e superficial, algumas considerações devem ser pontuadas.

Inicialmente, deve-se citar que há possibilidade de quadros distintos na superficialização da anestesia, incluindo consciência sem formação de memórias declarativas (paciente que faz movimentos propositais, por exemplo, sem se recordar do ocorrido) e possibilidade de consciência com conteúdo adequado e formação de memória declarativa. Sua incidência varia na literatura, porém estudos que realizaram perguntas específicas a respeito da consciência intraoperatória encontraram incidência de 0,1% a 0,2% na população geral e 1% em populações sob risco aumentado dessa complicação.[23] Principal fator contributivo para consciência intraoperatória é dose inadequada de anestésicos administrada para o paciente. Outros fatores de risco incluem anestesia venosa total, uso de bloqueadores neuromusculares, tolerância ou resistência aos anestésicos e história prévia de consciência intraoperatória, cirurgias de emergência por trauma, cirurgias cardíacas e cesárea.[23]

A avaliação de sinais fisiológicos que incluem frequência cardíaca (FC), pressão arterial (PA), movimentos de membros e padrão respiratório é frequentemente realizada como modalidade de avaliação da adequação da hipnose e da antinocicepção de uma anestesia geral. As alterações relacionadas à FC e PA dos pacientes anestesiados podem ser explicadas em termos de circuito neurológico que engloba nociceptores, medula e sistema autonômico, composto pelo trato espinorreticular, circuitos do tronco encefálico e vias eferentes do sistema nervoso autônomo (SNA) simpático e parassimpático. Dessa forma, o estímulo cirúrgico nociceptivo inicia aumento do fluxo do SNA simpático e redução do fluxo do SNA parassimpático, ocasionando aumento de PA e FC.[23] Esse é o racional que faz com que anestesiologistas façam novos bolus ou aumentem infusões de agentes antinociceptivos em situações de aumento de PA e FC atribuídos ao estímulo cirúrgico, considerando-se ainda que outros parâmetros tenham se mantidos (ventilação, ausência de sangramento maciço, etc.) e dado que a hipnose esteja garantida por meio de monitorização que se baseia em sinais eletroencefalográficos. Por outro lado, em situação de possibilidade de componente de inconsciência insuficiente, anestesiologistas realizam aumento da concentração de agentes halogenados ou a infusão dos agentes venosos hipnóticos sedativos.

De acordo com o *Consenso brasileiro sobre monitoração da profundidade anestésica* publicado em 2015 na Revista Brasileira de Anestesiologia,[24] o uso desses equipamentos é associado com redução do consumo de anestésicos inalatórios e venosos e menor tempo de recuperação anestésica, quando comparados com a monitoração baseada em parâmetros clínicos. O documento recomenda altamente o uso dos monitores para pacientes sob anestesia venosa total, uma vez que a técnica confere fator de risco para despertar intraoperatório, bem como recomenda seu uso em pacientes sob maior risco de despertar. Por fim, o documento considera que o uso do monitor BIS (Medtronic, EUA) permite melhor titulação de doses dos hipnóticos em idosos, diminuindo exposição a doses elevadas, o que pode fazer redução da incidência de delirium pós operatório e possivelmente disfunção cognitiva pós operatória.

Como anteriormente citado, os métodos de monitorização da profundidade anestésica se valem principalmente da avaliação de sinais obtidos a partir de eletroencefalografia.[4] Sabe-se que o EEG muda sistematicamente com a dose de anestésicos administrados. O EEG detecta potenciais de ação do córtex cerebral e também possibilita inferência sobre estruturas subcorticais como o tálamo. Sinais obtidos tipicamente consistem em ondas de diversas frequências e diferentes amplitudes. Os traçados podem ser decompostos pelo monitor e posteriormente processados, detectando amplitudes e frequências encontradas em cada momento da monitorização.[23]

Os monitores que se baseiam em EEG e fornecem índices processam o sinal elétrico e fornecem um conjunto de valores, incluindo o índice principal, em tempo real ou quase real para rastrear o nível de consciência. Algumas ressalvas devem ser feitas sobre o uso desses monitores, incluindo menor confiabilidade de índices em populações pediátricas, não relação direta com efeito neurofisiológico subjacente ao uso dos diferentes anestésicos e suposição de que um dado valor do índice reflete mesmo nível de inconsciência para todos os anestésicos.[23] Entre os disponíveis, o mais amplamente estudado e encontrado em serviços de anestesiologia no Brasil é o monitor BIS.

Índice Bispectral

O Índice Bispectral (*Bispectral Index – BIS*) é baseado em processamento de sinal eletroencefalográfico por meio de algoritmo complexo e não divulgado pela empresa detentora de seus direitos comerciais. Trata-se de um monitor complementar, capaz de avaliar a atividade elétrica do sistema nervoso central, de forma independente da análise de variáveis autonômicas como pressão arterial e da frequência cardíaca.[10] É baseado em processamento complexo do eletroencefalograma (EEG) de superfície, incluindo características do espectrograma, nível de taxa de supressão e grau de atividade eletromiográfica.[10]

O índice BIS fornece número adimensional, com escala de 0 a 100. O valor do BIS mostrado na tela do monitor tem origem nos 15 a 30 segundos anteriores de análise do EEG, variando de 0, correspondente a EEG isoelétrico, a 100, correspondente a padrão eletroencefalográfico típico da vigília.[10] O valor do BIS se reduz progressivamente conforme se aumenta a concentração administrada de agentes hipnóticos, em especial anestésicos inalatórios halogenados de uso atual (isoflurano, sevoflurano e desflurano) e propofol.[10] A redução da recordação explícita de palavras ou imagens é obtida com valores de BIS entre 70 e 75, sendo essa muito reduzida quando o BIS possui valor inferior a 70. Em relação à anestesia geral, objetiva-se valores de BIS entre 40 e 60.[21] É válido salientar que, com o avançar da idade, aumenta a sensibilidade do sistema nervoso central aos agentes hipnóticos, motivo pelo qual a titulação de doses desses anestésicos se faz de modo mais preciso quando auxiliada por monitor como BIS.[10]

Em relação às drogas anestésicas, índice BIS pode ser impreciso na leitura de padrões eletroencefalográficos associados ao uso de alfa 2 agonistas como dexmedetomidina e drogas que possuam efeito decorrente do bloqueio dos receptores NMDA, como cetamina e óxido nitroso (N_2O). No uso dessas drogas, particularmente frequente em situações de anestesia multimodal, o valor do BIS pode estar falsamente elevado, apesar de anestesia geral adequada. O valor do BIS pouco se altera com uso de opioides e pode se reduzir após dose em *bolus* de relaxantes musculares para valores de faixa associada com anestesia geral, apesar de manutenção de nível de consciência, conforme constatado em estudos experimentais com voluntários.[10,23]

Para monitorização via BIS um sensor é colocado na região frontoparietal do paciente, após inicial limpeza da área a ser utilizada.[4;10] Este sensor faz captação e transmissão de sinais de EEG para um conversor digital, local onde informações são processadas e analisadas no monitor.

Além do índice BIS, também é fornecido o índice de qualidade do sinal, um valor obtido a partir da análise da quantidade de artefatos elétricos e da impedância ao sinal. A energia dos músculos em decibéis para frequências entre 70 a 110 Hz é apresentada por meio do indicador eletromiográfico, com limites de 30 a 55 dB. Por fim, a taxa de supressão é o valor, em porcentagem, de tempo em que o EEG foi considerado isoelétrico (menor que ± 5 microvolts por mais de 0,5 segundos) nos 60 segundos anteriores[10] (Figura 4.12).

Entre outros possíveis benefícios do monitoramento do nível de consciência, podemos citar seu uso em procedimentos neurocirúrgicos, procedimentos com bloqueio neuromuscular por tempo prolongado visto aumento do risco de despertar intraoperatório, diminuição da concentração de agente hipnótico administrado quando o paciente apresenta instabilidade hemodinâmica ou para possível redução do tempo de despertar e recuperar da anestesia.[10]

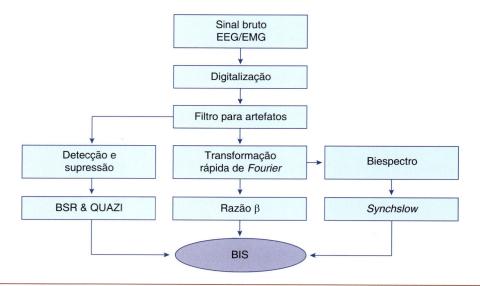

Figura 4.12. Algoritmo do índice biespectral (BIS) e seus subparâmetros. BSR, taxa de supressão de surtos; QUAZI, índice de supressão QUAZI. *Fonte:* Manica J. Anestesiologia. 4ª ed. Porto Alegre: Artmed, 2018.[8]

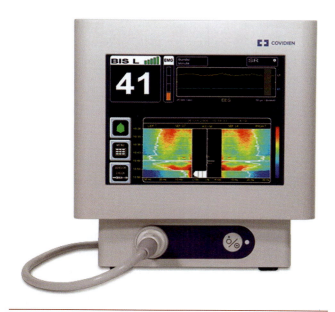

Figura 4.13. Monitor BIS™ Completo de 4 Canais. *Fonte:* Medtronic. Disponível em: https://www.medtronic.com/covidien/en-us/products/brain-monitoring/bis-complete-4-channel-monitor.html.[25]

Diferentes tipos de artefatos podem ser a causa da obtenção de valores imprecisos do BIS. Por exemplo, a falsa elevação do BIS pode ser ocasionada pelo aumento de atividade muscular e por conta de convulsões, que podem provocar valores equivocados do BIS devido à ocorrência de padrões alterados do EEG. Interferências externas de ordem elétrica e mecânica também podem tornar o valor do BIS impreciso.[10] Vale ressaltar que valores associados ao uso de alguns anestésicos podem estar falsamente elevados – caso de anestésicos dexmedetomidina, N_2O e cetamina – ou reduzidos – uso de bloqueadores neuromusculares, o que dificulta correta interpretação do plano anestésico do paciente em alguns casos (Figura 4.13).

■ PERSPECTIVAS FUTURAS PARA A MONITORIZAÇÃO

Determinar com precisão as necessidades individuais de analgesia (para pacientes conscientes de estímulos) e antinocicepção (para pacientes inconscientes) no perioperatório é de extrema importância. A administração de analgésicos individualizada permite redução dos efeitos colaterais decorrentes do uso em excesso de analgésicos, como depressão respiratória por opioides, ou do uso aquém do necessário, como hiperalgesia e aumento das respostas neuroendrócrina e inflamatória. Ademais, existe uma variabilidade individual de resposta ao uso dos analgésicos. Diante disso, têm-se desenvolvido monitores e técnicas que utilizam respostas do sistema nervoso simpático e parassimpático para avaliar o equilíbrio entre nocicepção e nível analgésico, incluindo o Índice de Nível de Nocicepção, o Índice de Analgesia-Nocicepção, o Índice Pletismográfico Cirúrgico e a pupilometria. Contudo, esses monitores ainda não são amplamente utilizados, devido à necessidade de estudos capazes de demonstrar mudanças clinicamente significativas nos resultados perioperatórios com seu uso e em uma grande variedade de populações de pacientes.[26]

Por fim, existe grande perspectiva de melhoria da monitorização do componente antinocicepção/analgesia pelos monitores em estudo e do refinamento da monitorização da inconsciência por meio de análises eletroencefalográficas que se baseiam em achados do espectrograma exibido em tempo real para o anestesiologista.[27] Será fundamental o estudo e difusão do novo conhecimento para que a prática da anestesiologia se torne ainda mais segura e individualizada.

Referências bibliográficas

1. Brasil. Conselho Federal de Medicina. Resolução CFM nº 2.174/2017. Diário Oficial da União. 27 de fevereiro de 2018;39(1):75-76-84.
2. Committee on Standards and Practice Parameters (approved by the ASA House of Delegates on October 21, 1986, last amended on October 20, 2010, and last affirmed on October 28, 2015). Standards for Basic Anesthetic Monitoring. Disponível em: https://www.asahq.org/standards-and-guidelines/standards-for--basic-anesthetic-monitoring.
3. Iohom G. Monitoring during anesthesia. 2020, Jun 16. UpToDate [Internet]. Disponível em: https://www.uptodate.com/contents/monitoring-during-anesthesia.
4. Cangiani LM et al. Tratado de anestesiologia SAESP. 8ª ed. Rio de Janeiro: Atheneu, 2017.
5. Wesselink EM, Kappen TH, Torn HM, Slooter AJC, van Klei WA. Intraoperative hypotension and the risk of postoperative adverse outcomes: a systematic review. Br J Anaesth. 2018 Oct; 121(4): 706-721.
6. Abbott TEF et al. A Prospective International Multicentre Cohort Study of Intraoperative Heart Rate and Systolic Blood Pressure and Myocardial Injury After Noncardiac Surgery: Results of the VISION Study. Anesth Analg. 2018 Jun; 126(6): 1936-1945.
7. Ebrahim H, Ashton-Cleary D. Maths, Physics and Clinical Measurement for Anaesthesia and Intensive Care. Singapore: Cambridge University Press, 2019.
8. Manica J. Anestesiologia. 4a ed. Porto Alegre: Artmed, 2018.
9. Theodore AC, Clermont G, Dalton A. Intra-arterial catheterization for invasive monitoring: Indications, insertion techniques, and interpretation. 2020, Aug 18. UpToDate [Internet]. Disponível em: https://www.uptodate.com/contents/intra-arterial-catheterization-for-invasive-monitoring-indications-insertion-techniques--and-interpretation.
10. Pino RM et al. Clinical Anesthesia Procedures of the Massachusetts General Hospital. 9th ed. Boston: WoltersKluwer Health, 2015.
11. Auler Jr. JOC et al. Anestesiologia básica: manual de anestesiologia, dor e terapia intensiva. Barueri: Manole, 2011.
12. Barash PG et al. Fundamentos de anestesiologia clínica. Porto Alegre: Artmed, 2017.
13. World Alliance for Patient Safety. WHO surgical safety checklist (first edition). Genebra, World Health Organization, 2008. Disponível em: https://www.who.int/patientsafety/safesurgery/tools_resources/SSSL_Checklist_finalJun08.pdf?ua=1.
14. Mechem CC. Pulse oximetry. 2020, Aug 5. UpToDate [Internet]. Disponível em: https://www.uptodate.com/contents/pulse-oximetry.
15. Sessler DI. Perioperative thermoregulation and heat balance. Lancet. 2016, Jun 25; 387(10038):2655-2664.
16. Lenhardt R. Monitoring and thermal management. Best Pract Res Clin Anaesthesiol. 2003 Dec; 17(4): 569-81.
17. Sun Z et al. Intraoperative core temperature patterns, transfusion requirement, and hospital duration in patients warmed with forced air. Anesthesiology. 2015 Feb; 122(2): 276-85.
18. Larach MG, Brandom BW, Allen GC, Gronert GA, Lehman EB. Malignant hyperthermia deaths related to inadequate temperature monitoring, 2007-2012: a report from the North American malignant hyperthermia registry of the malignant hyperthermia association of the United States. Anesth Analg. 2014 Dec; 119(6):1359-66.
19. Sessler DI. Temperature regulation and monitoring. In: Miller RD, editor. Miller's Anesthesia. 8th ed. Philadelphia: Elsevier; 2015. p. 1622-46.
20. Krauss B, Falk JL, Ladde JG. Carbon dioxide monitoring (capnography). 2018 Nov 05. UpToDate [Internet]. Disponível em: https://www.uptodate.com/contents/carbon-dioxide-monitoring--capnography.
21. Renew JR. Monitoring neuromuscular blockade. 2020, Apr 09. UpToDate [Internet]. Disponível em: https://www.uptodate.com/contents/monitoring-neuromuscular-blockade/print.
22. Brown EN, Lydic R, Schiff ND, Schwartz RS. General anesthesia, sleep, and coma. N Engl J Med. 2010;363(27):2638–2650.
23. Joshi GP. Awareness with recall following general anesthesia. 2019, Nov 14. UpToDate [Internet]. Disponível em: https://www.uptodate.com/contents/awareness-with-recall-following-general-anesthesia.
24. Nunes RR et al. Consenso Brasileiro sobre monitoração da profundidade anestésica. Rev Bras Anestesiol. 2015; 65(6): 427-436.
25. Medtronic. BIS™ Complete 4-Channel Monitor [acesso em 25 mar 2021]. Disponível em: https://www.medtronic.com/covidien/en-us/products/brain-monitoring/bis-complete-4-channel-monitor.html.
26. Anderson TA. Intraoperative Analgesia–Nociception Monitors: Where We Are and Where We Want To Be. Anesth Analg. 2020 May;130(5):1261-1263.
27. Purdon PL, Sampson A, Pavone KJ, Brown EN. Clinical electroencephalography for anesthesiologists: part I: background and basic signatures. Anesthesiology. 2015;123(4):937–960.

5
CAPÍTULO

Segurança do Paciente Cirúrgico

MAIARA CRISTIANE DE ANDRADE LIMA
MARINA MIDORI DE MELO MURATA
GUILHERME DE OLIVEIRA FIRMO

■ INTRODUÇÃO

Na década de 1990, segundo o estudo *"To Err is Human"*, estimava-se que entre 44 e 98 mil doentes faleciam anualmente devido a uma complicação evitável durante um procedimento cirúrgico em hospitais americanos, fato esse que evidenciou a segurança do paciente cirúrgico como indispensável e sua falta um problema de saúde pública frequente e catastrófico, sendo, portanto, essencial planejar mudanças na atuação da equipe dentro do centro cirúrgico que modifiquem essa realidade.[1] Os erros mais frequentes eram doses elevadas de medicações, operação do órgão ou membro da lateralidade oposta e doses elevadas de insulina que causa hipoglicemia e danos cerebrais.

Muitas dessas complicações estão relacionadas às habilidades não técnicas dos indivíduos. Habilidades essas que ultrapassam o aprendizado nos livros e termos técnicos; dependem do trabalho em equipe, da prestação de contas e, principalmente, da boa comunicação. O estudo conduzido pela *Joint Commission* revelou que 70% dos efeitos adversos na área da saúde estão relacionados com a comunicação falha. No centro cirúrgico, a comunicação imperfeita não é incomum, resultando no aumento das complicações evitáveis.[1,2]

A segurança do doente na cirurgia é de responsabilidade de um grupo interdisciplinar de profissionais que atuam de forma complexa em equipe e individualmente. A comunicação entre eles é imprescindível, mas muitas vezes não ocorre de forma planejada e clara e abre-se, assim, uma falha no fluxo de atuação desses profissionais onde por vezes o óbvio não é dito, como, por exemplo, o posicionamento ideal do paciente.[2,3]

O centro cirúrgico é um ambiente de alta complexidade e extremamente propenso a erros. Uma equipe com má comunicação tem como resultados equívocos e discordâncias na execução e supervisão de cada etapa do procedimento cirúrgico. Esses erros são essencialmente considerados evitáveis e atendendo a esse problema a Organização Mundial da Saúde (OMS) desenvolveu a campanha "Cirurgias Seguras Salvam Vidas" para harmonizar o desempenho da equipe e diminuir as falhas dos profissionais.[2,3]

A OMS desenvolveu o *Checklist* de Cirurgia Segura, uma lista de verificação focada na pausa, lembrança do que é importante e nos itens que levam o paciente ao óbito. Essa lista permite a designação de tarefas para cada profissional que estará presente durante a cirurgia e as possíveis etapas críticas relacionadas a cada área. Antes da cirurgia deve ser feito um *briefing* sobre as tarefas e os responsáveis por cada etapa. Diversos estudos demonstram que a aplicação desta lista diminuiu aproximadamente 50% das morbimortalidades relacionadas ao procedimento cirúrgico e que quanto mais complexo o paciente, maior é a importância do trabalho em equipe.[2,3]

Neste capítulo será esclarecido quais os possíveis danos evitáveis aos pacientes e todas as etapas necessárias para a obtenção da segurança do paciente cirúrgico. Cada etapa do procedimento deverá ser verificada antes, durante e após a cirurgia para um melhor resultado no pós-operatório e preservação da qualidade dos cuidados da saúde do doente.

CAUSAS DOS PRINCIPAIS EVENTOS ADVERSOS

Qualquer incidente que causa danos ao paciente é definido como efeito adverso pela Organização Mundial de Saúde (OMS).[4] As complicações cirúrgicas evitáveis são um grande problema de nível global. Esses eventos adversos podem chegar a afetar até 3% a 16% do total de doentes internados, e metade desse valor poderiam ser evitados. Além disso, estima-se que metade desses eventos ocorra durante o ato cirúrgico.[5,6]

Considerando que a taxa de evento adverso evitável seja de 3% no perioperatório e que uma taxa de 0,5% de mortalidade mundial, um valor de 7 milhões de pacientes que passarão por procedimento cirúrgico terão complicações em um ano e desses pacientes, 1 milhão irá a óbito no processo cirúrgico ou no pós-operatório.[7] Para encontrar soluções é preciso primeiro conhecer e entender quais são os problemas.

O primeiro problema é não ver a segurança cirúrgica como um problema importante de saúde pública. Adicionalmente, nos países em desenvolvimento há falta de infraestrutura e equipamentos adequados, falta de medicamentos, gestão ineficiente, falta de controle de infecções, falta de treinamento adequado para capacitar os profissionais da saúde. Além disso, ao subfinanciar a área de segurança, contribui para que esses problemas continuem existindo.[7] O segundo problema é a falta de dados básicos, por falta de coleta sistematizada dos dados e uma monitorização adequada, dessa forma os dados disponíveis não são padronizados e os tipos de procedimentos registrados são variados.[7] O terceiro problema é que as atuais práticas de segurança não estão sendo seguidas de maneira adequada. Um dos motivos para ocorrência desses adventos pode ser pela falta de recurso. Complicações da anestesia também contribuem para as causas de mortes nos centros cirúrgicos, contudo esse número reduziu de forma significativa com os padrões de segurança e melhoria nas tecnologias de monitorização dos pacientes.[7] O quarto problema é a complexidade dos procedimentos cirúrgicos devido as inúmeras etapas que precisam ser realizadas, do pré ao pós-operatório. A falha nestas etapas pode causar dano ao paciente.

Podendo ocorrer falha na identificação do paciente, falha na esterilização dos materiais cirúrgicos e dos campos cirúrgicos e falha nas etapas de segurança anestésicas. Um recurso importante para evitar esse quarto problema, seria uma boa comunicação entre a equipe cirúrgica, que inclui cirurgiões, anestesistas, enfermeiros e outros técnicos. A falta de comunicação gera chances significativas que esses erros ocorram no centro cirúrgico.[7]

Erro humano e eventos adversos

Para evitar confusões é importante entender as definições de evento adverso e erro. O evento adverso é qualquer lesão provocada no cuidado da saúde, causada por uma complicação que não era esperada. O erro é um desvio de um procedimento que deveria ter sido correto.[19] Os erros são características que pertencem a cognição dos seres humanos, impossível evitar que eles ocorram, portanto, sempre irão estar presentes em qualquer atividade. As ações mais complexas correm maior risco de sofrerem falhas, que podem ou não acarretar em eventos adversos. Na saúde, nem sempre os eventos adversos ocorrem por um erro, dessa forma, os eventos adversos causados pelo erro são denominados de eventos adversos evitáveis. Importante reconhecer os erros que causam danos ao paciente, para conseguir criar estratégias para tentar evitar que esses erros ocorram.[19]

O pesquisador James Reason, citou algumas características do sistema de saúde que predispõem as falhas, seriam elas:[8,19]

- Ambientes incertos e dinâmicos.
- Várias fontes de informação.
- Mudanças, imprecisões e objetivos que se confundem.
- Necessidade de processar informações atualizadas em situações e circunstâncias que mudam rapidamente.
- Dependência de indicadores indiretos.
- Problemas que podem ser imprecisos.
- As ações têm consequências imediatas e múltiplas.
- Momentos de intenso estresse permeados por longos períodos de atividade rotineira e repetitiva.
- Tecnologia sofisticada com muitas redundâncias.
- Interface entre operador e equipamentos complexa e muitas vezes confusa.
- Múltiplos indivíduos com diferentes prioridades.
- Um ambiente de trabalho altamente influenciado por normas de alguns grupos e pela cultura organizacional.

A distração também é um grande responsável pelos erros humanos, um estudo fez uma análise detalhadas de fatores que causam mais distrações dentro do centro cirúrgico possibilitando ao erro, que foi publicado em 2018 no BMJ Quality & Safety. O estudo analisou gravação de 28 operações, de vários ângulos para ter maior perspectiva do ambiente cirúrgico e observar a movimentação de todos os profissionais dentro da sala cirúrgica. Dessa forma, foi observado 2.504 interrupções.[5] O funcionamento inadequado ou a procura de equipamentos, abertura de portas e conversas fora do contexto cirúrgico foram os principais motivos das interrupções. No estudo, as origens das desconcentrações seriam por causa do formato das salas do centro cirúrgico, forçando os profissionais da saúde a se adaptar em um ambiente inadequado, com má visibilidade, conectores mal posicionados, equipamentos e outras estruturas atrapalhando o fluxo dos profissionais, tais problemas seriam a razão da ocorrência de grandes (56%) e pequenas (69%) intercorrências. A dispersão seria outro fator importante para intercorrências, tais dispersões podem ser causadas por celulares, excesso de pessoas circulando dentro da sala cirúrgica sem necessidade, aberturas em excesso da porta das salas cirúrgicas, troca de turno, e procura de equipamentos cirúrgicos. Obstáculos ambientais também são fatores que levam a propensão de falhas, já que pode ocasionar tropeços, acidentes com instrumentos corto-perfurantes e até mesmo colidir com outro profissional no ambiente cirúrgico. Importante ressaltar que 80% das interrupções estão associadas na área da anestesia, mesa cirúrgica e uma região conhecida como zona de transição, que seria a região logo após a mesa cirúrgica. A área da anestesia corresponde a 30% dessas ocorrências.[5,6]

As falhas humanas podem ter diversas origens, entre elas: falhas de raciocínio, deslizes e lapsos. A falta de atenção é o grande responsável pelos deslizes cometidos. Assim como a falta de memória causam os lapsos, que inclui o esquecimento e erros de conduta. Os erros também podem ser cometidos na hora da decisão de conduta e montagem do planejamento das ações no ambiente do cuidado ao paciente, isso ocorre por uma falha no raciocínio do profissional da saúde. É importante ter o conhecimento de onde as falhas humanas podem se originar, porque só assim será possível criar estratégias efetivas que evitem ao máximo que elas ocorram.[19]

Uma campanha mundial iniciada em 2008, conhecida como "Cirurgia Segura Salva Vidas" tinha como objetivo melhorar a segurança dos cuidados cirúrgicos em todo o mundo, foram criados grupos internacionais de trabalhos de peritos para fazer revisão da literatura com base de dados clínicos do mundo todo, e concluíram que as práticas de segurança então em quatro áreas: trabalho em equipe, anestesia, prevenção da infecção do sítio cirúrgico e indicadores de avaliação dos serviços de cirurgia.[7]

A anestesia pode apresentar risco para os doentes por diversos fatores, tais como:[7]

- Na inibição da ventilação espontânea e manobras de controle da via aérea.
- Broncoaspiração em pacientes submetidos a sedação ou anestesia.
- Hipo e hipertensão, bradicardia ou taquicardia.
- Reações ou interações medicamentosas.

Todos são potenciais riscos de morte ao paciente. Por muito tempo, a anestesia foi considerada muito perigosa, porém a abordagem mais sistemática que identifica e resolvem os riscos nos cuidados anestésicos diminuíram significativamente estes riscos.[7] Estudos detalhados sobre incidentes individuais feitos por peritos em anestesia reconheceram a persistência do erro humano, e criaram uma lista, que incluíam itens como: falta de conhecimento adequado dos equipamentos, falta de comunicação entre os membros da equipe, pressa e desatenção e falha do equipamento. Com essas informações, com iniciativa dos Estados Unidos e seguido pela Europa e outros países, foi criado um sistema pensando na melhoria da função do anestesiologista. Foram criados padrões a serem seguidos pelos médicos anestesistas que obrigavam a seguir tais normas: nunca deixar seu paciente sem monitorização de sinais vitais em um regime mínimo prescrito. Além disso, os novos equipamentos foram criados com tecnologias pensando na melhoria da segurança dos pacientes, já levando em consideração possíveis erros do profissional médico. Essas mudanças tornaram a taxa de mortalidade associada a anestesia muito pequena.[7]

Teoria do queijo suíço

James Reason, professor de psicologia da Universidade de Manchester, no Reino Unido, iniciou estudo em 1970 sobre "erro humano". No início, seu foco era em acidentes industriais. Após revisões e atualizações de seus estudos, Reason sugeriu que sua teoria poderia ser adaptada aos cuidados de saúde reconhecendo que era apenas um modelo explicativo simples, já que o cenário hospitalar é bem mais complexo. Dentro dessa teoria, Reason considera que dentro dos sistemas complexos existem barreiras para evitar que erros ocorram, mas mesmo com essas barreiras, erros tanto na organização quanto na infraestrutura podem acontecer, e são representadas como um ponto fraco não intencional. As falhas são representadas pelos furos do queijo suíço, e quando enfileiradas várias fatias de queijo, alguns buracos podem coincidir e permitir a passagem do erro (Figura 5.1). Segundo o estudo, existem motivos que possibilitam a passagem pelos buracos do queijo suíço, que seriam as lacunas nas barreiras de segurança. Essas lacunas podem ser tanto por falhas ativas quanto por condições latentes ou causada por ambas as condições. As falhas ativas podem ser causadas por exemplo: deslizes, erros, falta de cumprimento dos procedimentos definidos e falta de habilidade dos profissionais da saúde. As condições latentes são decisões e estratégias que podem gerar erros, como por exemplo: equipamentos inapropriados, exaustão da equipe multidisciplinar, pressão de tempo, deficiência da infraestrutura, não adotar os protocolos. [9,10]

Figura 5.1. Modelo do queijo suíço de eventos adversos.[11]

■ CONCEITOS CHAVE DA CLASSIFICAÇÃO INTERNACIONAL DA SEGURANÇA DO PACIENTE (OMS)

A OMS, preocupada com a situação de segurança do paciente, criou a *World Alliance for Patient Safety*, que passou a ser chamada de *Patient Safety Program*. Um dos objetivos do programa era organizar os conceitos na área de segurança, além de pensar em medidas para reduzir os riscos e eventos adversos. A OMS desenvolveu uma Classificação Internacional de Segurança do Paciente (*International Classification for Patient Safety* – ICPS), os conceitos chave do ICPS foram traduzidas para língua portuguesa pelo Centro Colaborador para a Qualidade do Cuidado e a Segurança do Paciente.

Alguns conceitos chaves:

- *Erro:* falha na execução de uma ação planejada ou desenvolvimento incorreto de uma ação planejada;
- *Erro humano:* são falhas de comportamento que podem ser cometidas por pessoas qualificadas e sadias;
- *Segurança do paciente:* é a ação de reduzir até um mínimo aceitável o risco de danos desnecessários ao paciente na área de cuidado de saúde;
- *Dano:* quando há comprometimento de estrutura ou função do corpo (qualquer efeito oriundo, exemplo: doenças, lesão, sofrimento, morte, disfunção e incapacidade, podendo ser tanto físico, social ou psicológico);
- *Risco:* probabilidade de um incidente ocorrer;
- *Incidente:* evento que poderia resultar, ou resultou em um dano desnecessário ao paciente;

Dentro dos incidentes, existem quatro :

1. *Circunstância notificável:* incidente que possui potencial de causar um dano ou lesão ao paciente;
2. *Near miss:* incidente que não chegou a atingir o paciente;
3. *Incidente sem lesão:* quando o incidente chegou a atingir o paciente, porém não causou nenhum dano;
4. *Evento adverso:* incidente que resultou em dano ao paciente.[18]

■ SEGURANÇA DO PACIENTE

Entre 2007 e 2008, a OMS implementou o *Checklist* de Cirurgia Segura, projeto esse nomeado de "Cirurgias Seguras Salvam Vidas", com o objetivo de reduzir os incidentes e danos ao paciente cirúrgico.[12] A lista tem conformação simples com objetivo de encaixar-se nos mais abrangentes cenários de centros cirúrgicos e para maior adesão dos profissionais que desejam oferecer um melhor serviço ao paciente.[13,14]

Esse programa fornece uma melhor comunicação da equipe para diminuir a probabilidade dos possíveis riscos evitáveis de segurança durante as etapas críticas, riscos esses como infecções cirúrgicas, comunicação inadequada da equipe e prática descabida da segurança anestésica.[13-15] Há estudos que estimam que 50% dos efeitos adversos poderiam ser evitáveis, portanto torna-se uma questão de saúde pública e fica evidente a importância de verificar item por item da lista.[12,13]

O desenvolvimento do *check list* (Figura 5.2) teve como foco reduzir as taxas de morbimortalidade durante o processo cirúrgico e oferecer uma conduta para uma cirurgia segura e designar as respectivas funções a cada profissional presente durante o procedimento. Totalizando 3 fases, a lista é composta por:

1. Antes da indução anestésica (Identificação).
2. Antes da incisão cirúrgica (Confirmação – com a presença da equipe na sala cirúrgica).
3. Antes do paciente sair da sala de cirurgia (Registro).

Essas fases estão relacionadas a um momento da cirurgia, deve-se orientar que uma única pessoa fique responsável pela checagem. Esse profissional tem total autoridade sobre o processo cirúrgico e confirma se cada fase foi efetuada com sucesso para, assim, conseguir prosseguir. Caso algum item esteja insatisfatório, o paciente permanece no centro cirúrgico enquanto o *checklist* é interrompido até a solução do problema.[12,18]

Antes da indução anestésica

Revisar as informações do paciente, como identidade, procedimento, consentimento e local. Nessa etapa é necessário o comparecimento do anestesista e da equipe de enfermagem. Então, a pessoa responsável pelo *checklist* confirma verbalmente com o paciente sobre sua identidade, o tipo de procedimento esperado, o local da cirurgia e a assinatura de que está de acordo com a cirurgia. Pode parecer repetitivo, porém esse processo é de extrema importância para não permitir erros como troca de paciente, indução anestésica para um procedimento errado ou efetuar a cirurgia no local errado. Caso o paciente esteja inviável em comunicar-se, como crianças ou

LISTA DE VERIFICAÇÃO DE SEGURANÇA CIRÚRGICA (PRIMEIRA EDIÇÃO)

Antes da indução anestésica ▶▶▶▶▶▶▶▶	Antes da incisão cirúrgica ▶▶▶▶▶▶▶▶	Antes de o paciente sair da sala de operações
IDENTIFICAÇÃO	**CONFIRMAÇÃO**	**REGISTRO**
☐ PACIENTE CONFIRMOU • IDENTIDADE • SÍTIO CIRÚRGICO • PROCEDIMENTO • CONSENTIMENTO	☐ CONFIRMAR QUE TODOS OS MEMBROS DA EQUIPE SE APRESENTARAM PELO NOME E FUNÇÃO	O PROFISSIONAL DA EQUIPE DE ENFERMAGEM OU DA EQUIPE MÉDICA CONFIRMA VERBALMENTE COM A EQUIPE: ☐ REGISTRO COMPLETO DO PROCEDIMENTO INTRA-OPERATÓRIO, INCLUINDO PROCEDIMENTO EXECUTADO ☐ SE AS CONTAGENS DE INSTRUMENTAIS CIRÚRGICOS,COMPRESSAS E AGULHAS ESTÃO CORRETAS (OU NÃO SE APLICAM) ☐ COMO A AMOSTRA PARA ANATOMIA PATOLÓGICA ESTA IDENTIFICADA (INCLUINDO O NOME DO PACIENTE) ☐ SE HÁ ALGUM PROBLEMA COM EQUIPAMENTO PARA SER RESOLVIDO
☐ SÍTIO DEMARCADO/NÃO SE APLICA ☐ VERIFICAÇÃO DE SEGURANÇA ANESTÉSICA CONCLUÍDA ☐ OXÍMETRO DE PULSO NO PACIENTE E EM FUNCIONAMENTO	☐ CIRURGIÃO, ANESTESIOLOGISTA E A EQUIPE DE ENFERMAGEM CONFIRMAM VERBALMENTE: • IDENTIFICAÇÃO DO PACIENTE • SÍTIO CIRÚRGICO • PROCEDIMENTO	☐ O CIRURGIÃO, O ANESTESIOLOGISTA E A EQUIPE DE ENFERMAGEM REVISAM PREOCUPAÇÕES ESSENCIAIS PARA A RECUPERAÇÃO E O MANEJO DO PACIENTE (ESPECIFICAR CRITÉRIOS MÍNIMOS A SEREM OBSERVADOS. EX: DOR)
O PACIENTE POSSUI: ALERGIA CONHECIDA? ☐ NÃO ☐ SIM VIA AÉREA DIFÍCIL/RISCO DE ASPIRAÇÃO? ☐ NÃO ☐ SIM, E EQUIPAMENTO/ASSISTÊNCIA DISPONÍVEIS RISCO DE PERDA SANGUÍNEA > 500ML (7ML/KG EM CRIANÇAS)? ☐ NÃO ☐ SIM, E ACESSO ENDOVENOSO ADEQUADO E PLANEJAMENTO PARA FLUIDOS	EVENTOS CRÍTICOS PREVISTOS ☐ REVISÃO DO CIRURGIÃO: QUAIS SÃO AS ETAPAS CRÍTICAS OU INESPERADAS,DURAÇÃO DA OPERAÇÃO, PERDA SANGUÍNEA PREVISTA? ☐ REVISÃO DA EQUIPE DE ANESTESIOLOGIA: HÁ ALGUMA PREOCUPACÃO ESPECÍFICA EM RELAÇÃO AO PACIENTE? ☐ REVISÃO DA EQUIPE DE ENFERMAGEM: OS MATERIAS NECESSÁRIOS (EX. INSTRUMENTAIS, PRÓTESES) ESTÃO PRESENTES E DENTRO DO PRAZO DE ESTERILIZAÇÃO?(INCLUINDO RESULTADOS DO INDICADOR)? HÁ QUESTÕES RELACIONADAS A EQUIPAMENTOS OU QUAISQUER PREOCUPAÇÕES? A PROFILAXIA ANTIMICROBIANA FOI REALIZADA NOS ÚLTIMOS 60 MINUTOS? ☐ SIM ☐ NÃO SE APLICA AS IMAGENS ESSENCIAIS ESTÃO DISPONÍVEIS? ☐ SIM ☐ NÃO SE APLICA	

Figura 5.2. *Checklist* de cirurgia segura.[18]

pacientes incapacitados, um membro da família ou um tutor responde pelo paciente.[16,18]

- *Demarcar o local do sítio cirúrgico:* com uma caneta dermográfica, faz-se a marcação no corpo do paciente do local onde será realizada a cirurgia. Esse procedimento é realizado por um membro da equipe cirúrgica. Se possível, confirmar com o paciente consciente e desperto o local da intervenção. O responsável pelo *checklist* confirma se a demarcação está no local correto, para evitar erros de lateralidade (direita e esquerda), múltiplos níveis ou estruturas (como vértebra, dedo da mão, entre outros).[16,18]
- *Verificar o medicamento, equipamento e monitoramento da anestesia:* o responsável pelo *checklist* confirma com o anestesista a segurança anestésica e o monitor multiparamétrico.
- *Oxímetro:* coloca-se o oxímetro de pulso no paciente e deixa visível para equipe.
- *Verificar alergia:* pergunta-se para o paciente se ele possui alguma alergia conhecida. Caso tenha, o anestesista deve ser informado e analisar se há risco.
- *Verificar via aérea difícil:* o anestesista também deve ser questionado se verificou e identificou a via aérea do paciente e se há risco de broncoaspiração.
- *Verificar perda sanguínea:* o responsável do *checklist* deve perguntar à equipe anestésica se o paciente tem possibilidade de perder mais de 500 mL em adulto (ou 7 mL/kg em criança) de sangue durante o procedimento cirúrgico. Sendo informada previamente, a equipe se prepara de forma adequada para um possível evento crítico. Caso tenha risco, assegurar a disponibilidade de sangue para transfusão antes de começar a cirurgia.[16,18]

Antes da incisão cirúrgica:

Antes da incisão cirúrgica há uma pausa para o cirurgião, anestesista e equipe de enfermagem repassar várias verificações de segurança.

- *Confirmar a apresentação de todos os presentes:* todos da equipe são apresentados pelo nome e função. Em equipes já familiarizadas, apenas verificar se todos têm conhecimento de cada profissional e sua função presentes no centro cirúrgico. Caso não estejam familiarizados, apresentar-se para o restante da equipe, incluindo estudantes.
- *Confirmar o paciente, local e procedimento:* a pessoa responsável pelo *checklist* pede uma "pausa cirúrgica" para repassar, verbalmente, nome do doente, local cirúrgico e procedimento. Essa confirmação tem o intuito de evitar problemas como cirurgia no local e/ou paciente errado. O profissional responsável, em voz alta, questiona no centro cirúrgico, "antes da incisão, todos concordam que é o paciente *X* e fará a cirurgia em local *Y*?!", o anestesista, cirurgião e instrumentador precisam concordar.
- *Revisão dos eventos críticos:* esse momento é de extrema importância dentro do centro cirúrgico. A pessoa responsável pelo *checklist* promove um compartilhamento de conhecimentos entre o cirurgião, anestesista e instrumentador sobre possíveis eventos críticos durante o procedimento. Assim, cada área informa suas possíveis preocupações.
- *Revisão do cirurgião:* há um questionamento ao cirurgião sobre "etapas críticas" com possível perda sanguínea que coloque o doente em estado de risco.
- *Revisão do anestesiologista:* o anestesiologista deve revisar as possíveis preocupações e o seu planejamento para uma ressuscitação cardiopulmonar em pacientes com risco de perda sanguínea significativa. Também deve ser informada a antecipação de uso de hemoderivados, caso necessário.
- *Revisão equipe de enfermagem:* nesta etapa, deve-se confirmar, em voz alta, se foi realizada a esterilização. Caso obtenha uma resposta oposta à esperada, deve-se relatar à equipe e resolver.
- *Verificar profilaxia antimicrobiana:* pergunta-se se foi administrado antimicrobiano até 60 minutos antes da incisão. Geralmente, o anestesiologista é o membro da equipe que se responsabiliza pela administração do antimicrobiano e ele quem confirma. Se a administração ultrapassou 60 minutos, deve-se repetir a dose.
- *Verificação de exames de imagem:* as imagens são de extrema importância para muitas condutas cirúrgicas, principalmente ortopédicas. A pessoa responsável pelo *checklist* deve perguntar ao cirurgião se há necessidade de exames para realizar a cirurgia. Caso a resposta seja positiva, deve-se verificar se estão disponíveis todas as imagens necessárias para o procedimento, caso não, providenciar.[14,16,18]

Antes do paciente sair da sala

A equipe deve revisar o *checklist* de segurança antes da saída do paciente da sala cirúrgica.

- *Confirma o nome do procedimento:* a pessoa responsável pelo *checklist* confirma, verbalmente, o nome do procedimento. Pois, pode ter ocorrido mudança do curso da cirurgia e modificado a conduta.
- *Confirmar a contagem dos instrumentos, agulhas e compressas:* o instrumentador, ou o profissional de enfermagem, deve confirmar, em voz alta, o número final de compressas, gazes e agulhas. Em cirurgias em que o paciente ainda se encontra aberto, faz-se a contagem de instrumental também. Caso a contagem não esteja correta, a equipe precisa ser informada para tomada das devidas medidas.
- *Confirmar a rotulagem das amostras:* o profissional de enfermagem deve confirmar, em voz alta, o rótulo de todo material da amostra obtida durante o procedimento e o nome do paciente.
- *Verificar problema no equipamento:* a pessoa responsável pelo *checklist* precisa saber das falhas e de equipamentos em mal funcionamento, para não utilizar novamente. Assim, os problemas são identificados, documentados e relatados por todos.
- *Revisão das preocupações com o paciente:* anestesiologista, cirurgião e equipe da enfermagem analisam a recuperação pós-operatória, questões cirúrgicas e anestésicas que podem afetar o paciente. Nesta etapa o foco é transmitir para toda equipe sobre as informações críticas do paciente.[18]

Referencias bibliográficas

1. Lark ME, Kirkpatrick K, Chung KC. Patient Safety Movement: History and Future Directions. J Hand Surg. fevereiro de 2018;43(2):174–8.
2. Gutierres L de S, Santos JLG dos, Peiter CC, Menegon FHA, Sebold LF, Erdmann AL. Good practices for patient safety in the operating room: nurses' recommendations. Rev Bras Enferm. 2018;71(suppl 6):2775–82.
3. Gutierres L de S, Santos JLG dos, Peiter CC, Menegon FHA, Sebold LF, Erdmann AL, et al. Boas práticas para segurança do paciente em centro cirúrgico: recomendações de enfermeiros. Rev Bras Enferm. 2018;71:2775–82.
4. Estrutura Conceitual da Classificação Int Segurança do Paciente.pdf [Internet]. [citado 14 de outubro de 2020]. Disponível em: https://proqualis.net/sites/proqualis.net/files/Estrutura%20Conceitual%20da%20Classifica%C3%A7%C3%A3o%20Int%20Seguran%C3%A7a%20do%20Paciente.pdf
5. Joseph A, Khoshkenar A, Taaffe KM, Catchpole K, Machry H, Bayramzadeh S. Minor flow disruptions, traffic-related factors and their effect on major flow disruptions in the operating room. BMJ Qual Saf. abril de 2019;28(4):276–83.
6. Centro cirúrgico: onde e como ocorrem as distrações que levam a erros [Internet]. IBSP - Instituto Brasileiro para Segurança do Paciente. [citado 14 de outubro de 2020]. Disponível em: https://www.segurancadopaciente.com.br/qualidade-assist/centro-cirurgico-onde-e-como-ocorrem-as-distracoes-que-levam-a-erros/
7. seguranca_paciente_cirurgias_seguras_salvam_vidas.pdf [Internet]. [citado 14 de outubro de 2020]. Disponível em: http://bvsms.saude.gov.br/bvs/publicacoes/seguranca_paciente_cirurgias_seguras_salvam_vidas.pdf
8. Reason J. Safety in the operating theatre – Part 2: Human error and organisational failure*. Qual Saf Health Care. fevereiro de 2005;14(1):56–60.
9. Reason J. Human error: models and management. BMJ. 18 de março de 2000;320(7237):768–70.
10. Seshia SS, Young GB, Makhinson M, Smith PA, Stobart K, Croskerry P. Gating the holes in the Swiss cheese (part I): Expanding professor Reason's model for patient safety. J Eval Clin Pract. 2018;24(1):187–97.
11. Paiva TS de, Carvalho RF de, Marques LT, Vieira GO, Vitorio AMF. A TECNOLOGIA DE INFORMAÇÃO EM PROL DA SEGURANÇA DO PACIENTE: O USO DE APLICATIVOS EM DISPOSITIVOS MÓVEIS NA ADESÃO AO CHECKLIST CIRÚRGICO. Rev Rede Cuid Em Saúde [Internet]. 28 de julho de 2017 [citado 15 de outubro de 2020];11(2). Disponível em: http://publicacoes.unigranrio.edu.br/index.php/rcs/article/view/4220
12. Pancieri AP, Santos BP, Avila MAG de, Braga EM. Checklist de cirurgia segura: análise da segurança e comunicação das equipes de um hospital escola. Rev Gaúcha Enferm. março de 2013;34(1):71–8.
13. https://www.facebook.com/pahowho. OPAS/OMS Brasil - Segurança do Paciente | OPAS/OMS [Internet]. Pan American Health Organization / World Health Organization. [citado 13 de outubro de 2020]. Disponível em: https://www.paho.org/bra/index.php?option=com_content&view=article&id=428:seguranca-do-paciente&Itemid=463
14. seguranca_paciente_cirurgias_seguras_guia.pdf [Internet]. [citado 14 de outubro de 2020]. Disponível em: http://bvsms.saude.gov.br/bvs/publicacoes/seguranca_paciente_cirurgias_seguras_guia.pdf
15. Jain D, Sharma R, Reddy S. WHO safe surgery checklist: Barriers to universal acceptance. J Anaesthesiol Clin Pharmacol. 2018;34(1):7–10.
16. 9789241598590_por.pdf [Internet]. [citado 13 de outubro de 2020]. Disponível em: https://apps.who.int/iris/bitstream/handle/10665/44186/9789241598590_por.pdf?sequence=71&isAllowed=y
17. Saúde Md et al. Documento de referência para o programa nacional de segurança do paciente [internet]. Brasília; 2014. [Acesso em: 13 out. 2020]. Disponível em: http://bvsms.saude.gov.br/bvs/publicacoes/documento_referencia_programa_nacional_seguranca.pdf
18. Saúde Md et al. Protocolo para cirurgia segura [internet]. 2013. [Acesso em: 09 out. 2020]. Disponível em: file:///C:/Users/Medicina/Downloads/protc_cirurgiaSegura%20(4).pdf
19. ANVISA. Assistência segura: uma reflexão teórica aplicada à prática [internet]. 2017. [Acesso em: 10 out. 2020]. Disponível em: http://www.saude.pi.gov.br/uploads/divisa_document/file/374/Caderno_1_-_Assist%C3%AAncia_Segura_-_Uma_Reflex%C3%A3o_Te%C3%B3rica_Aplicada_%C3%A0_Pr%C3%A1tica.pdf

Avaliação da Via Aérea

LAURA VALQUIRIA RAMOS MAITA
WILLIAM HIDEKI NISHIMURA
GUINTHER GIROLDO BADESSA

■ INTRODUÇÃO

A avaliação da via aérea, segundo a Resolução CFM Nº 2174/2017, deve estar contida na documentação anestésica no pré-operatório. Este é um momento de extrema importância, pois irá permitir o anestesiologista se programar e se preparar adequadamente para a realização da indução da anestesia geral e para o gerenciamento da via aérea, podendo antecipar uma possível via aérea difícil (VAD) Para entender a avaliação da via área, é necessário lembrar de conceitos básicos, que envolvem a anatomia das vias aéreas.

■ ANATOMIA DAS VIAS AÉREAS

As vias aéreas são divididas em via aérea superior e inferior. A via aérea superior (Figura 6.1) é composta pela cavidade nasal, laringe e faringe, enquanto a via aérea inferior tem localização intratorácica e é composta pela traqueia, brônquios, bronquíolos e alvéolos.[2,3]

Cavidade oral (Boca)

É limitada superiormente pelo palato duro, posteriormente pelo palato mole, lateralmente pelos dentes e bochechas e inferiormente pelo assoalho da boca, onde a língua está inserida.[2]

Nariz

A mucosa nasal permite o aquecimento e umidificação do gás inalado e é ricamente vascularizada. Sua inervação sensitiva é feita pelo nervo esfenopalatino (ramo do nervo trigêmeo), enquanto a inervação da parede lateral das narinas é feita pelos nervos esfenopalatino, alveolar anterossuperior, infraorbitário e maxilar, e a inervação do septo nasal é realizada pelos nervos olfatório, nasopalatino e etmoide anterior.[2] As fossas nasais são estruturas simétricas, separadas pelo septo nasal, que se localizam através das narinas e apresentam em suas paredes laterais os cornetos superiores médios e inferiores.[2]

Faringe

A partir das fossas nasais, segue a faringe, que se divide em faringolaringe (hipofaringe), orofaringe e nasofaringe, sendo a última inervada pelos nervos palatinos, glossofaríngeos e nasopalatinos. A borda do véu palatino, a úvula e os pilares anteriores separam boca e orofaringe, a qual é inervada pelos nervos glossofaríngeos e onde encontramos, nas paredes laterais, as amígdalas palatinas, limitadas pelos pilares amigdalianos anteriores e posteriores.

Seguindo pela orofaringe, a laringe une-se à parte inferior da faringe pelo ádito da laringe, formando a laringofaringe e ligando a faringe à traqueia. Nessa altura, há a separação das vias aérea e digestiva. Desse modo, a laringe protege as vias respiratórias, principalmente durante a deglutição, servindo de esfíncter das vias aéreas inferiores com o intuito de mantê-las pérvias.[2,3]

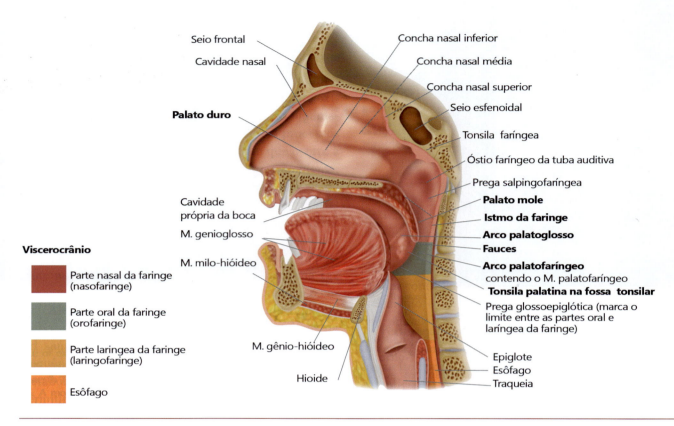

Figura 6.1. Corte mediano da cabeça e do pescoço, no qual é possível visualizar as vias aéreas superiores. Fonte: Moore Keith L. Anatomia orientada para clínica. 7th ed. Rio de Janeiro: Guanabara Koogan; 2014.

Laringe

A laringe permite a passagem para as vias áreas inferiores, confere proteção ao trato respiratório, além de ter função de fonação. No adulto tem formato cilíndrico, posição mais caudal e localiza-se anteriormente às 4ª, 5ª e 6ª vértebras cervicais. Na criança tem forma cônica, posição mais cefálica e é encontrada anterior as 3ª e 4ª vértebras cervicais na criança.

A laringe é uma estrutura complexa formada por nove músculos e estruturas cartilagíneas, que são unidas por membranas e ligamentos que contém as pregas vocais. As cartilagens ímpares são: cartilagem tireóidea, a maior das cartilagens; cartilagem crico-tireóidea, com formato de anel de sinete (parte posterior) com o aro (parte anterior); e, cartilagem epiglótica, que confere flexibilidade à epiglote, já que é formada por cartilagem elástica. As cartilagens pares da laringe são: cartilagens aritenóideas, formadas por cartilagens piramidais que se articulam com as partes laterais da margem superior da lâmina da cartilagem cricóidea; e as cartilagens corniculada e cuneiforme que se apresentam como pequenos nódulos na parte posterior das pregas ariepigóticas, sendo que as cartilagens corniculadas são fixas aos ápices das cartilagens aritenóideas e as cartilagens cuneiformes não se fixam diretamente em outras cartilagens.[2,3]

Além disso, temos a glote, formada pelas pregas e processos vocais que é o aparelho vocal da laringe, juntamente com a rima da glote, a abertura entre as pregas vocais, que varia de acordo com sua movimentação.[2,3]

Traqueia

A traqueia se estende da laringe ao tórax e é revestida por epitélio pseudoestratificado cilíndrico ciliado, rico em células mucosas, o que a torna capaz de expulsar o muco contendo poluentes e resíduos para a faringe, que expele ou deglute o material, de modo a proteger as vias aéreas inferiores.

É formada por 16 a 20 anéis cartilaginosos, anteriores e incompletos ("em formato de C"), que são ligados por tecido conjuntivo. Tem inervação sensitiva feita pelo nervo laríngeo inferior ou recorrente.

Ao fim, a traqueia se bifurca formando, no adulto, um ângulo de 25° com o brônquio principal direito e

6. Avaliação da Via Aérea

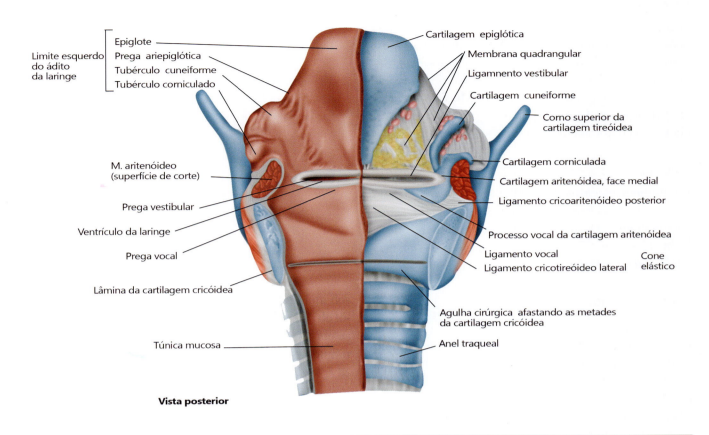

Vista posterior

Figura 6.2. Interior da laringe. Fonte: Moore Keith L. Anatomia orientada para clínica. 7th ed. Rio de Janeiro: Guanabara Koogan; 2014.

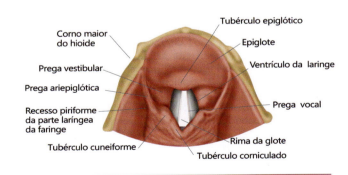

Figura 6.3. Vista posterossuperior, vista anteroinferiormente através da laringe e da rima da glote. Fonte: Moore Keith L. Anatomia orientada para clínica. 7th ed. Rio de Janeiro: Guanabara Koogan; 2014.

um ângulo de 45° com o brônquio principal esquerdo, o que faz com que seja mais fácil intubar seletivamente o brônquio principal direito.[2,3]

■ ANAMNESE DAS VIAS AÉREAS

A anamnese constitui parte fundamental na análise das vias aéreas, pois permite identificar processos fisiológicos ou patológicos, que podem sinalizar possíveis dificuldades caso seja necessário realizar algum procedimento, como a intubação orotraqueal (IOT).[4] De acordo com a American Society of Anesthesiologist (ASA), uma VAD é definida quando um anestesiologista bem treinado tem dificuldade de manter a ventilação com uma máscara facial ou enfrenta dificuldade em realizar uma IOT, ou ambas as situações. Para o anestesiologista estar preparado para esta situação é necessário realizar uma minuciosa investigação de fatores preditores de uma VAD. Os principais fatores de comprometimento de vias aéreas são citados a seguir.

■ HISTÓRICO DE INTUBAÇÃO DIFÍCIL

Síndrome da apneia obstrutiva do sono (SAOS)

A síndrome da apneia obstrutiva é um grande indicador de uma VAD, pois os fármacos utilizados na sedação e anestesia tem efeito depressor, o que leva ao agravamento da obstrução. Por isso, é importante na anamnese pré-operatória estar atento aos principais sintomas da SAOS, como os roncos, sonolência diurna e pausas respiratórias durante o sono.[5]

Patologias congênitas

Segundo a ASA, existem patologias congênitas que podem estar relacionadas com VAD, entre elas estão: anquilose, osteoartrite degenerativa, estenose subglótica, tireoide lingual, hipertrofia tonsilar, Síndrome de Treacher Collins, Pierre Robin e Down. É importante investigar essas doenças, pois elas podem estar associadas ao comprometimento das vias aéreas.[6]

Trauma

Em traumas extensos da região maxilofacial pode não ser possível realizar a IOT, caso a anatomia esteja comprometida. Outros fatores que dificultam o controle das vias aéreas na intubação são a falha de sistemas vitais, risco de aspiração e lesões cervicais.

Patologias endócrinas
Obesidade

Devido aos processos patológicos relacionados ao aumento do peso torácico e aumento do volume abdominal, ocorre uma diminuição da complacência pulmonar, e aumenta o esforço respiratório, o que limita o tempo de uma intubação segura. Além disso, pacientes obesos têm maior incidência de patologias associadas com a intubação traqueal difícil, como a SAOS.[5,14]

Diabetes Mellitus (DM)

Pacientes DM tipo I ou tipo II de longa data podem configurar com VAD, pois existem teorias de que a glicosilação de proteínas nas articulações cervicais pode causar contratura das mesmas, o que diminui a flexibilidade cervical e dificulta a IOT. [7]

Acromegalia

O crescimento exagerado de tecidos moles, como a língua e a epiglote aumentam a probabilidade de obstrução da via aérea.

Gestação

Durante a gestação ocorrem diversas alterações anatômicas e fisiológicas que podem tornar o controle da via aérea difícil[8]. Dentre elas temos:

- Ganho de peso e aumento do tamanho dos seios, que vão dificultar o posicionamento e inserção do laringoscópio;
- Aumento da vascularização e edema da mucosa da via aérea, aumentando o risco de sangramento;

- Capacidade residual reduzida (CRF) com maior consumo de oxigênio secundário e maior demanda metabólica, ambos elevam o risco de dessaturação de oxigênio;
- Relaxamento do esfíncter esofágico inferior, que aumentam a chance de refluxo gastroesofágico e aspiração pulmonar.

Tumores

Tumores na região mediastinal ou nas vias aéreas estão associados a VAD, e vale lembrar que quando manipulados, correm risco de sangramento.

Corpo estranho

Corpos estranhos geralmente causam obstrução da via aérea. Importante se atentar a presença de rouquidão, estridor e cicatrizes que indiquem cirurgias prévias na região laríngea.

■ EXAME FÍSICO

O exame físico complementará a anamnese do paciente, com a intenção de procurar por achados que possam indicar uma VAD.[4]

Distância interincisivos

A distância interincisivos é importante para verificar se a abertura da boca é suficiente para o posicionamento da lâmina do laringoscópio entre os dentes superiores e inferior, o valor preferível é de mais de 3 cm

Comprimento dos incisivos superiores

A avaliação do tamanho dos dentes incisivos superiores é importante, pois no caso de pacientes que apresentem dentes longos, o que é uma condição desfavorável, a lâmina do laringoscópio tende a entrar assumindo direção cefálica, o que dificulta o procedimento. Logo é desejável que os incisivos superiores sejam curtos

Teste de Mallampati

Parte da inspeção da cavidade oral, o teste de Mallampati avalia em pacientes sentados com boca totalmente aberta e língua totalmente protraída a possibilidade de visualização do palato mole, fauce, úvula e pilares amigdalianos. Quanto melhor visíveis as estruturas, mais favorável a intubação.

Tabela 6.1. Achados não desejáveis da avaliação pré-operatória.

Componente avaliado	Achados não desejáveis
Comprimento dos incisivos superiores	Relativamente longos
Relação incisivos maxilares durante o fechamento normal da mandíbula	Incisivos maxilares anteriores aos incisivos mandibulares
Relação entre incisivos maxilares e mandibulares durante protrusão voluntaria da mandíbula	Paciente não consegue trazer os incisivos mandibulares na frente dos incisivos maxilares
Distância interincisivos	Menor que 3 cm
Visibilidade úvula	Não visível quando a língua esta protrusa com o paciente sentado (ex., Mallampati > 2)
Conformação do palato	Arqueado demais ou muito estreito
Complacência do espaço mandibular	Endurecido, ocupado por massa ou não elástico
Distância tireomentoniana	Menos de 3 dedos de largura
Comprimento do pescoço	Curto
Largura do pescoço	Grosso
Mobilidade da cabeça e pescoço	Paciente não consegue tocar o peito com o queixo ou não consegue estender o pescoço

Fonte: adaptada de Updated by the Committee on Standards and Practice Parameters, Jeffrey LA, Carin AH, et al. Practice Guidelines for Management of the Difficult Airway: An Updated Report by the American Society of Anesthesiologists Task Force on Management of the Difficult Airway. Anesthesiology. 2013; 118(2):251-270.

Com base nas observações de Mallampati, Samsoon e Young dividiram quatro classes para o teste de Mallampati [9]:

- Classe I: palato mole, fauce, úvula e pilares amigdalianos visíveis.
- Classe II: palato mole, fauce e úvula visíveis.
- Classe III: palato mole e base da úvula visíveis.
- Classe IV: palato mole totalmente não visível.

Movimentação de flexão do pescoço e extensão da cabeça

A avaliação da mobilidade do pescoço se dá pela flexão do pescoço sobre o tórax, que é favorável quando é maior que 35° e extensão da cabeça sobre o pescoço, bom sinal quando maior que 80°, pois maior é a capacidade do paciente em assumir posição olfativa

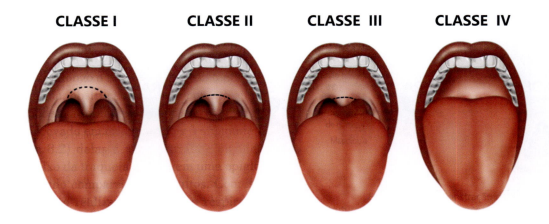

Figura 6.4. Classificação de Samsoon e Young para o teste de Mallampati. Fonte: Ortenzi AV. Previsão de intubação e de ventilação difíceis. Anestesia em revista. 2006 março/abril; 17-19.

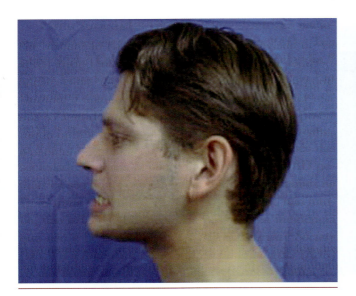

Figura 6.5. Protusão voluntária da mandíbula
Foto: Freitas, JOC. Avaliação da via aérea [cited 2020 Oct 09]. Available from: https://www.viaaereadificil.com.br/avaliacao_vad/avaliacao_via_aerea.htm

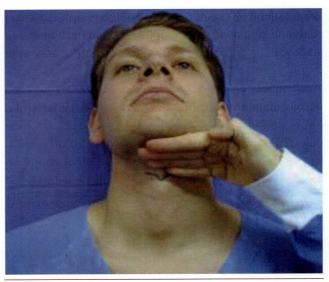

Figura 6.6. Protusão voluntária da mandíbula
Foto: Freitas, JOC. Avaliação da via aérea [cited 2020 Oct 09]. Available from: https://www.viaaereadificil.com.br/avaliacao_vad/avaliacao_via_aerea.htm

Complacência do espaço mandibular

A avaliação é feita por meio da depressão digital da região submentoniana e determina se a língua pode ser acomodada no espaço mandibular durante a laringoscopia. Nesse momento também é possível avaliar a presença de massas ou endurecimento, que são achados desfavoráveis

Conformação do palato

O palato não deve ser muito estreito ou ogival. Estes achados reduzem o volume da orofaringe, deixando menos espaço para a lâmina e tubo traqueal

Comprimento e largura do pescoço

Pescoços muito curtos ou grossos dificultam o alinhamento dos eixos durante a laringoscopia

Protusão voluntária da mandíbula

Este teste é usado para avaliar o deslocamento anterior da mandíbula. Os dentes mandibulares devem ultrapassar a linha dos dentes maxilares

Distância tireomentoniana

É definida com a distância da cartilagem tireóidea até o mento. Se a distância for menor do que 3 dedos de largura (cerca de 6 cm), provavelmente haverá dificuldade para realizar IOT.

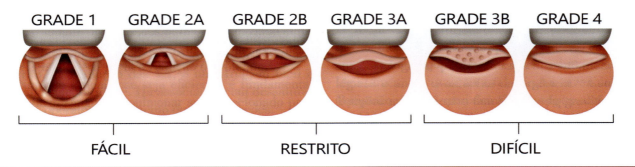

Figura 6.7. Classificação de Cormack e Lehane e a nova classificação na visão da laringoscopia.
Fonte: Cook TM. A new practical classification of laryngeal view. Anaesthesia [Internet]. 2000 [cited 2020 Oct 10];55:274-279. Available from: https://associationofanaesthetists-publications.onlinelibrary.wiley.com/doi/full/10.1046/j.1365-2044.2000.01270.x

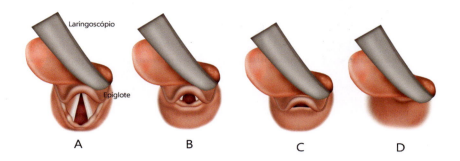

Figura 6.8. Dificuldade de posicionamento do laringoscópio de acordo com o grau de classificação de Cormark e Lehane.[13] Fonte: Cormack RS, Lehane J. Difficult tracheal intubation in obstetrics. Anaesthesia [Internet]. 1984 [cited 2020 Oct 9]; 39:1105-1111. Available from: https://associationofanaesthetists-publications.onlinelibrary.wiley.com/doi/epdf/10.1111/j.1365-2044.1984.tb08932.x

Classificação de Cormack e Lehane

A classificação de Cormack e Lehane é utilizada para avaliar a visualização da região glótica e supraglótica através da laringoscopia. Ela foi modificada por Cook em 2002, que classificou a laringoscopia direta em 6 graus citados abaixo. Vale ressaltar, que Cook classificou os graus 1 e 2a como fáceis para IOT, 2b e 3a como restrita e grau 3b e 4 como difíceis.

Grau I: Maior parte das cordas vocais visualizadas;

Grau II a: Comissura posterior das cordas é visualizada;

Grau II b: Somente a cartilagem aritenoide é visualizada;

Grau III a: Epiglote visível e móvel;

Grau III b: Epiglote aderida a faringe;

Grau IV: Sem visualização de estruturas laríngeas.

Referências

1. Conselho Federal de Medicina. Resolução CFM n° 2174/2017 [cited 2020 Sep 27]. Available from: https://www.sbahq.org/wp-content/uploads/2018/03/RESOLUC%CC%A7A%CC%83O-2_174-de-14-de-dezembro-de-2017-Dia%CC%81rio-Oficial-da-Unia%CC%83o-Imprensa-Nacional.pdf
2. Moore KL. Anatomia orientada para clínica. 7th ed. Rio de Janeiro: Guanabara Koogan; 2014.
3. Cangiani LM, Carmona MJC, Torres MLA, et al. Tratado de anestesiologia SAESP. 8th ed. São Paulo: Atheneu; 2017.
4. Updated by the Committee on Standards and Practice Parameters, Jeffrey LA, Carin AH, et al. Practice Guidelines for Management of the Difficult Airway: An Updated Report by the American Society of Anesthesiologists Task Force on Management of the Difficult Airway. Anesthesiology. 2013 fev; 118(2): 251–270.
5. Rasslan Z, Stirbulov R, Lima CAC, Júnior RS. Função pulmonar e obesidade. Revista Brasileira de Clínica Médica [Internet]. 2009; [cited 2020 Sep 30]; 7(1):36-39. Available from: http://files.bvs.br/upload/S/1679-1010/2009/v7n1/a36-39.pdf
6. Malhado, VB. Medicina Perioperatória [Internet]. In: Cavalcanti IL, Cantinho FAF, Assad A, editores. Avaliação da Via Aérea Difícil; [cited 2020 Sep 20]. Rio de Janeiro: SAERJ; 2006. Available from: https://www.viaaereadificil.com.br/avaliacao_vad/avaliacao_vad_pdf/avaliac_VAD.pdf
7. Nadal JLY, Fernandez BG, Escobar I.C et al - The palm print as a sensitive predictor of difficult laryngoscopy in diabetics. Acta Anaesthesiol Scand, 1998;42(2):199-203.
8. Bordoni L, Parsons K, Rucklidge MWM. Manuseio da Via Aérea Obstétrica. WFSA - Anaesthesia Tutorial of the Week [Internet]. 2018 [cited 2020 Sep 26]; Tutorial 393 Available from: https://www.wfsahq.org/components/com_virtual_library/media/76bb-d23e8ee0387f61f764e45f0c1c54-393-ATOTW-PORTUGUES.pdf
9. Lopes VSG. Abordagem de via aérea difícil [Trabalho de conclusão de curso on the Internet]. Rio de Janeiro: Instituto Nacional de Câncer José Alencar Gomes da Silva (INCA); 2019 [cited 2020 Sep 26]. Available from: http://docs.bvsalud.org/biblioref/2019/05/997831/tccvinicius.pdf
10. Freitas, JOC. Avaliação da via aérea [cited 2020 Oct 09]. Available from: https://www.viaaereadificil.com.br/avaliacao_vad/avaliacao_via_aerea.htm
11. Cook TM. A new practical classification of laryngeal view. Anaesthesia [Internet]. 2000 [cited 2020 Oct 10];55:274-279. Available from: https://associationofanaesthetists-publications.onlinelibrary.wiley.com/doi/full/10.1046/j.1365-2044.2000.01270.
12. Ortenzi AV. Previsão de intubação e de ventilação difíceis. Anestesia em revista. 2006 março/abril; 17-19
13. Cormack RS, Lehane J. Difficult tracheal intubation in obstetrics. Anaesthesia [Internet]. 1984 [cited 2020 Oct 9]; 39:1105-1111. Available from: https://associationofanaesthetists-publications.onlinelibrary.wiley.com/doi/epdf/10.1111/j.1365-2044.1984.tb08932.x
14. Pera MH, Tardelli MA, Novo NF, Juliano Y, Silva HCA. Correlação entre síndrome da apneia obstrutiva e via aérea difícil na cirurgia otorrinolaringológica. Revista Brasileira de Anestesiologia [Internet]. 2018 nov/dez. [cited 2020 Oct 9];68:543-548. DOI https://doi.org/10.1016/j.bjan.2017.11.006. Available from: https://www.sciencedirect.com/science/article/pii/S0034709417304269?-via%3Dihub

CAPÍTULO 7

Gerenciamento da Via Aérea e Intubação Traqueal

LEONARDO AYRES CANGA
DAVID FEREZ
LUIZ FERNANDO DOS REIS FALCÃO

■ DEFINIÇÃO

O gerenciamento da via aérea (VA) é definido como o emprego de técnicas e dispositivos que têm como objetivo comum o de administrar oxigênio e se possível eliminar o dióxido de carbono produzido. Este gerenciamento é usualmente utilizado em pacientes críticos ou sob anestesia geral.

A intubação traqueal é considerada o método definitivo de controle da via aérea. Uma vez indicada a intubação traqueal deve-se considerar: o estado clínico do paciente, a possibilidade de uma via aérea difícil, a experiência do médico, o preparo adequado do paciente e do material necessário para a execução do procedimento e as medidas de contingência necessárias.

Figura 7.1. A extensão do pescoço mantém a via aérea patente.

■ PASSOS INICIAIS

Após realizar a avaliação da via aérea de forma completa e entender quais desafios que esta via aérea irá apresentar, o material necessário para ventilação e intubação orotraqueal devem ser separados e testados previamente. Planejar seu manejo de via aérea previne intercorrências e melhora o desfecho do paciente.

Após isso, e com o paciente na sala, alguns procedimentos devem ser realizados.

Pré-oxigenação

Antes de induzir o paciente, a pré-oxigenação é realizada, onde o paciente respira um fluxo de oxigênio a 100%, por 3 a 5 minutos, através de uma máscara facial, visando a eliminação do nitrogênio alveolar e aumento da pressão parcial de oxigênio no sangue o que prolonga a tolerância ao tempo de apneia.

Ventilação

Após a indução, ou seja, o momento que o paciente para de respirar ativamente por não ter drive respiratório e antes de intubar um paciente devemos nos preocupar se o paciente é ventilável, em situações em que a intubação não é viável, a ventilação mantém o paciente realizando trocas gasosas, evita a hipóxia, altera desfecho, ou seja, um procedimento imprescindível. A via aérea pode ser mantida patente por meio da extensão leve da cabeça ("chin-lift") (Figura 7.1), quando não existe contraindicação desta manobra e com a subluxação da articulação temporomandibular em sentido anterior provoca o deslocamento anterior da mandíbula e auxilia neste propósito ("jaw-thrust").

A ventilação pode ser realizada usando a técnica do "C" e "E" para melhor vedação da máscara,- o indicador da mão que segura a máscara deve ser posicionado na frente do orifício externo e o polegar atrás do mesmo, os demais são distribuídos na mandíbula para que esta seja tracionada promovendo sua elevação e a extensão da cabeça. Ela pode ser realizada com uma mão, sendo utilizada majoritariamente quando está sozinho, ou a técnica com as duas mãos, quando existe alguém para auxiliar (Figura 7.2).

Um conceito importante e preocupante (principalmente nos pacientes com via aérea difícil) é a Ventilação difícil:

> "Situação clínica na qual um operador único convencionalmente treinado tem dificuldade em ventilar manualmente o paciente sob máscara facial e este desenvolve cianose, observa-se ausência de CO2 exalado e ausência de expansibilidade torácica. A distensão gástrica está presente."

Algumas situações como a obesidade, o micrognatismo, a presença de barba entre outras podem sugerir que a ventilação se tornará difícil sendo necessário, muitas vezes, o uso de um auxiliar, ou dispositivo acessório.

■ A MÁSCARA FACIAL CLÁSSICA

A máscara facial é como fornecemos o ar durante a ventilação. Ela pode ser encontrada em diversos modelos e tamanhos, o mais comum é a de formato cônico com sua borda acolchoada adaptada à face do paciente (Figura 7.3). As máscaras transparentes são preferíveis, pois permitem a visualização da condensação do gás umidificado exalado e o reconhecimento imediato de regurgitação.

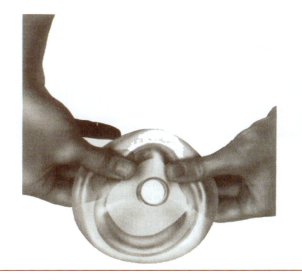

Figura 7.3. Máscara facial convencional

■ CÂNULA OROFARÍNGEA

A cânula orofaríngea, também conhecida como sonda de Guedel, foi idealizada para facilitar a ventilação no paciente inconsciente. Quando posicionada corretamente eleva a base da língua (Figura 7.4).

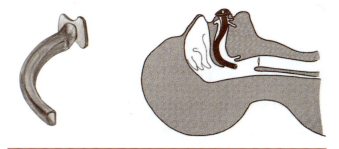

Figura 7.4. Sonda de Guedel.

■ CÂNULA NASOFARÍNGEA

A cânula nasofaríngea auxilia também no processo de ventilação, é muito flexível para facilitar sua introdução pela narina. É introduzida pela narina até a faringe, desobstruindo a via aérea (Figura 7.5).

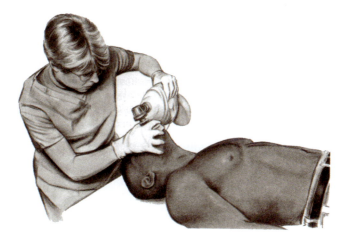

Figura 7.2. A ventilação é obtida através do sistema balão-válvula-máscara com a mão contralateral.

7. Gerenciamento da Via Aérea e Intubação Traqueal

Figura 7.5. Sonda nasofaríngea.

■ PREPARO DA INTUBAÇÃO OROTRAQUEAL

Como já mencionado, o preparo dos dispositivos e o planejamento do manejo da via aérea é essencial e, primordialmente conhecer o material disponível e o posicionamento do paciente é necessário.

Os dispositivos mínimos:

Tubo traqueal clássico

Os tubos traqueais apresentam determinada curvatura para adaptação à anatomia da boca, orofaringe e laringe. Na extremidade distal fica o cuff que veda a via aérea.

A entrada do cuff piloto, que serve para insuflar o cuff traqueal, tem entrada na marca 20 centímetros (Figura 7.6).

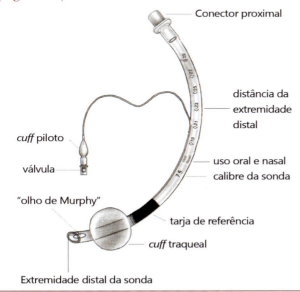

Figura 7.6. Sonda traqueal convencional e suas referências.

Caso não exista contraindicação formal em recém-nascidos e em crianças até aproximadamente 30 quilos dá-se preferência para tubos traqueais sem cuff, de forma contrária em adolescente e adulto utilizam-se sondas com cuff. Há ainda tubos especiais com fibra metálica em espiral em sua parede, que permite flexibilidade sem dobrar sua estrutura denominado de tubos aramados, estes tubos são empregados quando existe a probabilidade da ocorrência de destas dobras com a manipulação cirúrgica como em cirurgias otorrinolaringológicas ou de cabeça e pescoço.

Laringoscópio clássico

O laringoscópio tradicional é composto do cabo em forma cilíndrica no qual usualmente são colocadas as baterias para iluminação. Este cabo pode ter seu diâmetro maior ou menor conforme tenha sido idealizado para crianças ou adultos.

Existem alguns tipos de lâminas que podem ser acopladas no cabo, as duas mais utilizadas são:

A lâmina curva (Macintosh), que traz menor risco de lesão dos dentes e oferece maior espaço para a passagem do tubo na orofaringe. A extremidade da lâmina deve ser locada na valécula da epiglote aplica-se o movimento de elevação com o cabo e assim a epiglote se eleva revelando a laringe superior.

As lâminas retas (Miller, Magill etc.) classicamente são destinadas para a intubação de crianças até 2 anos ou em pacientes adultos com desvio da anatomia. Estas lâminas são posicionadas sobre a epiglote adentrando na laringe superior.

As lâminas são confeccionadas em vários tamanhos, numeradas de zero a quatro, e são escolhidas em função das dimensões da via aérea de cada paciente (Figura 7.7).

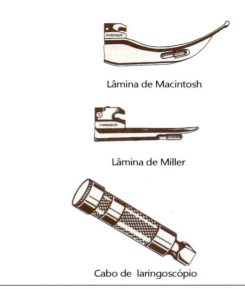

Figura 7.7. Estrutura das lâminas de Macintosh e Miller.

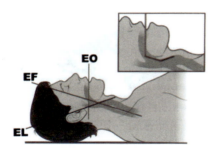 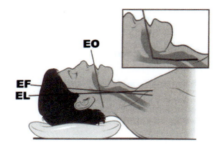 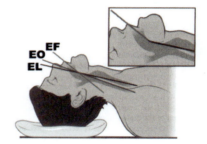

Figura 7.8. Eixos oral, faríngeo e laríngeo.

■ POSICIONAMENTO DO PACIENTE PARA INTUBAÇÃO TRAQUEAL

Após a avaliação clínica tem início o preparo do paciente, cuja importância é capital para o sucesso do controle da via aérea. A primeira etapa corresponde à informação e a obtenção do consentimento do paciente sobre o que será proposto para a manipulação da via aérea.

Após, o processo fundamental de posicionamento do paciente é iniciado com a adequação da altura da mesa, que deve ser a do apêndice xifoide do anestesista que irá realizar a intubação. Após deve-se proceder a instalação dos coxins (de aproximadamente 10 centímetros) no occipício do paciente adulto para a obtenção da posição "olfativa". Com a introdução do coxim na região occipital o eixo oral e o eixo faríngeo são aproximados e, com a extensão da cabeça, ocorre aproximação dos três eixos (Figura 7.8). O alinhamento completo com o uso do coxim occipital se faz colocando-se coxim suficiente para alinhar o pavilhão auricular externo a altura do esterno.

Em crianças (< 1 ano de idade) devido a cabeça corresponder a uma proporção maior que o tórax, o melhor alinhamento se faz com o coxim empregado no ombro do mesmo. Nos pré-escolares com o crescimento maior do tórax o emprego de coxins não é necessário.

É importante destacar a obrigatoriedade da avaliação da presença e funcionalidade dos equipamentos e fármacos necessários para o planejamento idealizado. Deve-se proceder a monitorização, vale ressaltar que é sempre desejável a presença da capnografia, pois constitui o método que nos auxilia na avaliação da eficiência da ventilação pulmonar sob máscara facial e confirma a adequação dos dispositivos utilizados para este fim. A capnografia confere precisão e segurança indispensáveis em todas as técnicas de acesso às vias aéreas[8].

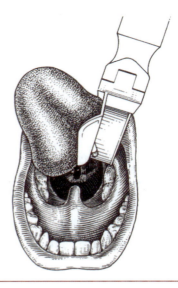

Figura 7.9. Deslocamento das estruturas da boca com a lâmina do laringoscópio.

■ TÉCNICA CLÁSSICA DE INTUBAÇÃO TRAQUEAL

A intubação orotraqueal é a técnica mais praticada para o manejo da via aérea, por se tratar de estímulo álgico intenso, a intubação traqueal se faz com o emprego de anestesia geral e bloqueio neuromuscular, desde que não existam limitações clínicas.

O cabo do laringoscópio é articulado com a lâmina escolhida e ele é empunhado com a mão esquerda. Com a cabeça extensão a maioria dos pacientes já apresenta abertura bucal, caso não ocorra, pode-se utilizar o polegar e indicador da mão direita para realizá-la. A introdução da lâmina do laringoscópio ocorre pela direita da boca do paciente promovendo o afastamento dos tecidos para a esquerda (Figura 7.9). Avançando lentamente procura-se a visualização da epiglote. Ao visualizar a epiglote, a valécula deve ser alcançada com a ponta do laringoscópio se estiver

7. Gerenciamento da Via Aérea e Intubação Traqueal

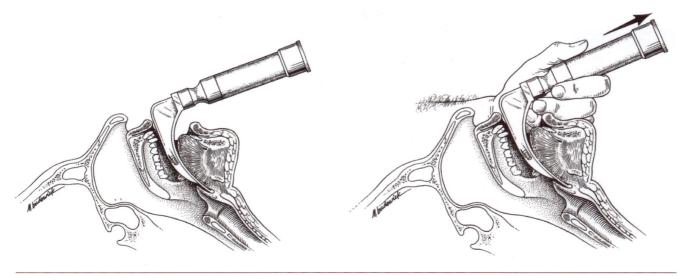

Figura 7.10. Movimento de pistão para promover o deslocamento da língua sobre o espaço retromandibular, induzindo a congruência dos eixos.

usando a lâmina de Macintosh. Logo após é realizado um movimento em sentido para cima, este movimento permite a subluxação da articulação temporomandibular e leva ao deslocamento da língua sobre o espaço retromandibular (Figura 7.10). O movimento de báscula deve ser evitado devido à possibilidade de lesão dos dentes (Figura 7.11). Após a identificação correta das estruturas da laringe o tubo traqueal é inserido pelo lado direito da boca do paciente. Após introdução do tubo, o cuff deve ser insuflado, seus cuidados específicos serão discutidos a diante

A técnica com a lâmina reta (Miller) difere em alguns pontos quando comparada com a anterior, procura-se chegar a epiglote e ultrapassá-la, introduzindo a ponta do laringoscópio dentro da laringe superior e "pinçando" a epiglote. Só após a introdução na laringe superior da lâmina é que se realiza o movimento para cima com o cabo do laringoscópio e introdução do tubo traqueal.

Abaixo é mostrado a sugestão de tamanho das lâminas e diâmetros dos tubos.

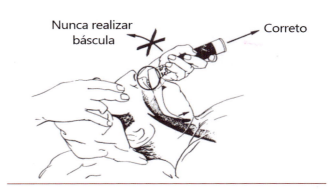

Figura 7.11. Movimento de báscula que deve ser evitado.

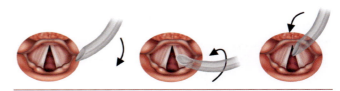

Figura 7.12. Introdução do tubo traqueal pela direita sem obstruir a visão da laringe.

IDADE	LÂMINA
Prematuro	Miller 0
Neonato	Miller 0
Infante	Miller 1
Crianças 1 a 2 anos	Miller 1 ½ ou 2
Crianças 2 a 6 anos	Macintosh 2
Escolar	Macintosh 2 ½ ou 3
Adolescente	Macintosh 3
Adulto	Macintosh 3 ou 4

Tabela 7.1. Diâmetro da sonda traqueal conforme a idade

Idade	Diâmetro interno (mm) da sonda traqueal
Prematuro < 1.000 g	2,5
Prematuro entre 1.000 e 2.500 g	3,0
Neonato até 6 meses	3,0 a 3,5
Lactentes entre 6 meses e 1 ano	3,5 a 4,0
Lactente entre 1 a 2 anos	4,0 a 4,5
Além de 2 anos	idade (em anos) + 16/4

Durante a visualização da faringe e laringe superior pode-se classificar a dificuldade de intubação segundo os critérios de Cormack-Lehane (Figura 7.13).

Figura 7.13. Critérios de Cormack-Lehane de intubação.

Na ocorrência de uma visualização dificultosa pode-se utilizar a manobra conhecida como BURP (Backward, Upward e Righ Place) para facilitar a visualização. Esta manobra é realizada deslocando-se a cartilagem tireoide, que é de anel incompleto, para a região dorsal, cefálica e direita do paciente (Figura 7.14).

Manobra BURP
- Backward - para trás
- Upward - para cima
- Right Place - para a direita
- Cartilagem tireóide

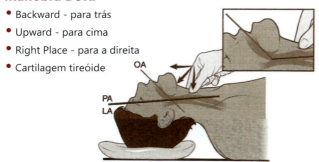

Figura 7.14. Manobra BURP

■ INTUBAÇÃO NASOTRAQUEAL

Em relação ao preparo e posicionamento do paciente as informações previamente aqui discutidas são válidas para a intubação nasotraqueal.

É contraindicada na presença de pólipos nasais, distúrbios da coagulação, trauma facial grave, fratura de base de crânio, sinusite e hipertensão arterial grave. Uma das técnicas na intubação nasal é a sob visão direta, deve-se avaliar a patência das narinas e escolher a de melhor fluxo aéreo. Seguido de anestesia tópica e o emprego de vasoconstrictor nasal na narina escolhida e anestesia tópica da cavidade nasal. Um protetor na ponta do tubo traqueal é necessário, geralmente é utilizado e um dedo de luva cortado com um fio de segurança fixo para evitar sua perda durante as manobras.

O tubo é introduzido gentilmente pela narina escolhida através de sua base em sentido posterior e caudal até alcançar a orofaringe. Sob laringoscopia direta observa-se a ponta do tubo traqueal e se faz a retirada através da boca do protetor com seu fio se segurança com a pinça de Magill. Ainda com a pinça, segurando atrás do cuff introduz-se o tubo na laringe e penetrando até a traqueia.

■ POSICIONAMENTO DO TUBO TRAQUEAL

A visão direta da passagem do tubo através das cordas vocais confirma acesso à traqueia que deve ser introduzido fazendo-se com que o bordo proximal do cuff ultrapasse as cordas vocais, pois a introdução excessiva traz o risco de intubação seletiva. Este erro, no adulto, geralmente devido ao brônquio fonte direito ser retificado, ocorre para a direita, não ventilando o pulmão esquerdo. A correta introdução do tubo traqueal deve ser no adulto de 22 centímetros para o homem e 20 centímetros para mulheres.

Após o cuff traqueal ser inflado observa-se a expansão simétrica do tórax do paciente, evidenciando o correto posicionamento do tubo, deve-se realizar a ausculta iniciando na base pulmonar esquerda, base direita, ápice direito, ápice esquerdo e finalmente o estômago. A confirmação do posicionamento traqueal do tubo deve ser feita através da capnografia do gás exalado, semelhante a intubação orotraqueal, onde se pode verificar a presença constante de dióxido de carbono[5]

■ MANEJO DO TUBO TRAQUEAL, CUFF E ASPIRAÇÃO TRAQUEAL

A adequada fixação do tubo não apenas evita a extubação acidental e intubação seletiva acidental por manipulação inadequada mas também minimiza o traumatismo da traqueia. Rotineiramente a sonda traqueal é fixada com fitas adesivas coladas a ela e na pele da região da arcada dentária superior e bochecha

Uma pressão entre 15 a 20 mmHg no cuff deve permitir um adequado selo da via aérea na maioria das circunstâncias sem promover lesão da mucosa. A monitorização para a retirada ou a introdução de gás no cuff deve ser feita de rotina. O cuff deve ser inflado até a perda de gás pela traqueia e sua saída pela boca do paciente cessar.

A aspiração traqueal não deve ser realizada rotineiramente devido aos potenciais efeitos adversos como: contaminação da traqueia, elevação da pressão intracraniana, elevação da pressão sanguínea, atelectasias, hipoxemia e arritmias. Sendo reservada para situações especificas e necessárias.

■ INTUBAÇÃO EM SEQUÊNCIA RÁPIDA

A broncoaspiração pulmonar é uma complicação da intubação traqueal. Gestantes, atendimentos na unidade de urgência, reanimação cardiopulmonar, sepse, obstrução intestinal eleva de modo importante a frequência.[17-20]

A técnica utilizada para a intubação com sequência rápida envolve muitas etapas:

- Preparo e avaliação do material necessário e monitorização do paciente.
- Posicionamento adequado como: coxins, altura da mesa e cefaloaclive.
- Pré-oxigenação por 10 minutos com 100% de oxigênio através de máscara facial coaptada ao rosto.
- Indução de anestesia com fármacos de ação rápida como: propofol ou etomidato, succinilcolina ou rocurônio, alfentanil ou fentanil, etc.
- Manobra de Sellick, um passo opcional, devido ser controverso.
- Em princípio não se deve ventilar o paciente.
- Intubação traqueal.
- Confirmação da intubação traqueal.
- Liberação da manobra de Sellick (se realizada).

Se hipoxemia, pode-se dar início à ventilação pulmonar mantendo-se a manobra de Sellick.

■ MÁSCARA LARÍNGEA CLÁSSICA

A máscara laríngea é um dispositivo supraglótico idealizada por Brain em 1981 e inicialmente empregada para manter a via aérea patente em pacientes submetidos a procedimentos anestésicos convencionais. É também atualmente usada no acesso à via aérea difícil, discutido nos próximos capítulos.

A máscara laríngea clássica aplica-se como primeira escolha em várias situações configuradas no algoritmo da Sociedade Americana de Anestesia (ASA), pois pode substituir o tubo traqueal servindo de via aérea avançada nas situações urgentes ("ventilo mas não intubo") ou emergencial ("não ventilo e não intubo"). Além de, ultimamente, poder ser utilizada em procedimentos cirúrgicos de até 1 hora. O tamanho da máscara laríngea é fator crítico para garantir a sua eficiência.

Tabela 7.2. Tamanho da máscara laríngea

Tamanho da máscara laríngea	Paciente
nº 1	Recém- nascidos a lactentes de 5 kg
nº 1,5	Lactente de 5 a 10 kg
nº 2	Lactentes de 10 kg a pré-escolares de 20 kg
nº 2,5	Crianças de 20 a 30 kg
nº 3	Crianças e adolescentes de 30 a 50 kg
nº 4	Adultos de 50 a 70 kg
nº 5	Adultos de 70 a 100 kg
nº 6	Adultos de grande porte

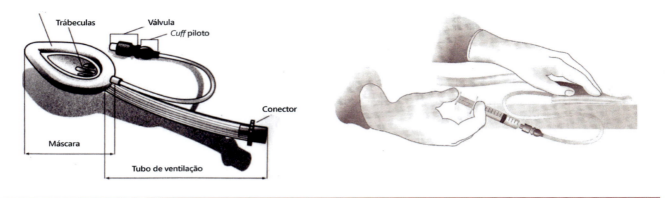

Figura 7.15. Máscara laríngea e sua desinsuflação.

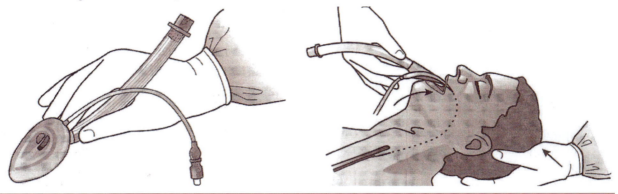

Figura 7.16. Técnica de inserção da máscara laríngea

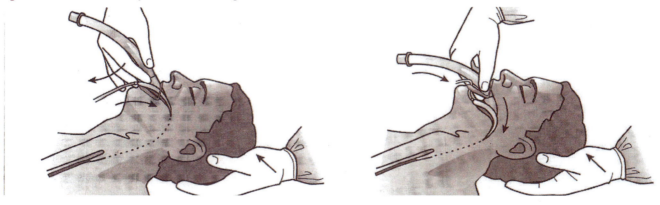

Figura 7.17. Técnica de inserção da máscara laríngea

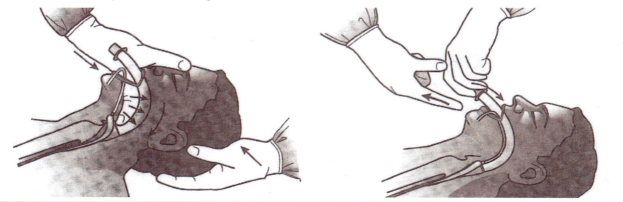

Figura 7.18. Técnica de inserção da máscara laríngea

O paciente tem a cabeça estendida, a máscara laríngea é inserida com a mão direita, segurando-a como se fosse uma caneta, com o dedo indicador na junção do manguito com o tubo. A extremidade distal da máscara é pressionada contra o palato duro durante sua inserção, em um movimento contínuo com o dedo indicador até a faringe. Uma linha de referência na máscara indica o lado côncavo posicionado na direção do nariz do paciente. Quando existe resistência à progressão da máscara indica ter-se alcançado o esfíncter esofágico superior (Figuras 7.16 a 7.19).

Com a insuflação da máscara, ocorre um leve deslocamento o que indica o correto posicionamento da máscara laríngea na hipofaringe. A constatação da expansão torácica provocada pela insuflação pulmonar sob pressões discretas (< 20 cmH2O) sugere posicionamento satisfatório da máscara laríngea.

A máscara laríngea é contraindicada quando há risco aumentado de regurgitação. Ela é também contraindicada em pacientes com baixa complacência pulmonar e alta resistência ventilatória, alterações que impossibilitem a abertura da boca ou prejudiquem a extensão cervical.

As complicações associadas à inserção ou manutenção da máscara laríngea encontra-se a dificuldade em posicioná-la, trauma da epiglote ou úvula, laringoespasmo, deslocamento da máscara ou mau posicionamento com dificuldade na ventilação, distensão gástrica, regurgitação, vômito e broncoaspiração

Referências bibliográficas

1. Jacobs B. Cervical fractures and dislocations (C3-7). Clinical orthopaedics and related research. 1975: 18-32.
2. James R and Nasmyth-Jones R. The occurrence of cervical fractures in victims of judicial hanging. Forensic science international. 1992; 54: 81-91.
3. Lewis VL, Jr., Manson PN, Morgan RF, Cerullo LJ and Meyer PR, Jr. Facial injuries associated with cervical fractures: recognition, patterns, and management. The Journal of trauma. 1985; 25: 90-3.
4. Tannoury TY, Zmurko MG, Tannoury CA, Anderson DG and Chan DP. Multiple unstable cervical fractures with cord compromise treated nonoperatively: a case report. Spine. 2004; 29: E234-8.
5. Enterlein G, Byhahn C and American Society of Anesthesiologists Task F. [Practice guidelines for management of the difficult airway: update by the American Society of Anesthesiologists task force]. Der Anaesthesist. 2013; 62: 832-5.
6. Combes X, Jabre P, Jbeili C, et al. Prehospital standardization of medical airway management: incidence and risk factors of difficult airway. Academic emergency medicine : official journal of the Society for Academic Emergency Medicine. 2006; 13: 828-34.
7. Leddy S. Predicting difficult airway access in the preoperative clinic. Canadian operating room nursing journal. 1998; 16: 13-6.
8. Norton ML and Brown AC. Evaluating the patient with a difficult airway for anesthesia. Otolaryngologic clinics of North America. 1990; 23: 771-85.
9. Reed MJ, Rennie LM, Dunn MJ, Gray AJ, Robertson CE and McKeown DW. Is the 'LEMON' method an easily applied emergency airway assessment tool? European journal of emergency medicine : official journal of the European Society for Emergency Medicine. 2004; 11: 154-7.
10. Lane S, Saunders D, Schofield A, Padmanabhan R, Hildreth A and Laws D. A prospective, randomised controlled trial comparing the efficacy of pre-oxygenation in the 20 degrees head-up vs supine position. Anaesthesia. 2005; 60: 1064-7.
11. Hedenstierna G, Edmark L and Aherdan KK. Time to reconsider the pre-oxygenation during induction of anaesthesia. Minerva anestesiologica. 2000; 66: 293-6.
12. Reber A, Engberg G, Wegenius G and Hedenstierna G. Lung aeration. The effect of pre-oxygenation and hyperoxygenation during total intravenous anaesthesia. Anaesthesia. 1996; 51: 733-7.
13. Mahajan R, Gupta R and Sharma A. Nasotracheal intubation in children. Anesthesiology. 2007; 107: 855-6; author reply 6-7.
14. Wu A. More about telescoping for nasotracheal intubation in children. Anesthesiology. 2007; 107: 856; author reply -7.
15. Bach A, Boehrer H, Schmidt H and Geiss HK. Nosocomial sinusitis in ventilated patients. Nasotracheal versus orotracheal intubation. Anaesthesia. 1992; 47: 335-9.
16. Bowers BL, Purdue GF and Hunt JL. Paranasal sinusitis in burn patients following nasotracheal intubation. Archives of surgery. 1991; 126: 1411-2.
17. Green SM and Krauss B. Pulmonary aspiration risk during emergency department procedural sedation--an examination of the role of fasting and sedation depth. Academic emergency medicine : official journal of the Society for Academic Emergency Medicine. 2002; 9: 35-42.
18. Pellegrini CA, DeMeester TR, Johnson LF and Skinner DB. Gastroesophageal reflux and pulmonary aspiration: incidence, functional abnormality, and results of surgical therapy. Surgery. 1979; 86: 110-9.
19. Sakai T, Planinsic RM, Quinlan JJ, Handley LJ, Kim TY and Hilmi IA. The incidence and outcome of perioperative pulmonary aspiration in a university hospital: a 4-year retrospective analysis. Anesthesia and analgesia. 2006; 103: 941-7.
20. Virkkunen I, Ryynanen S, Kujala S, et al. Incidence of regurgitation and pulmonary aspiration of gastric contents in survivors from out-of-hospital cardiac arrest. Acta anaesthesiologica Scandinavica. 2007; 51: 202-5.

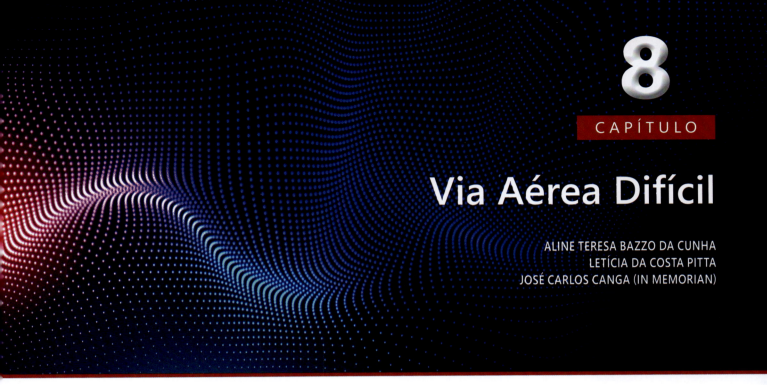

CAPÍTULO 8

Via Aérea Difícil

ALINE TERESA BAZZO DA CUNHA
LETÍCIA DA COSTA PITTA
JOSÉ CARLOS CANGA (IN MEMORIAN)

■ ABREVIAÇÕES:

AG: Anestesia
AOS: Apneia Obstrutiva do sono
ASA: Sociedade Americana de anestesiologia
ATM: Articulação temporomandibular
BFC: intubação com fibroscópio flexível
BMV: Ventilação com bolsa-máscara
BNM: bloqueador neuromuscular
CTT ou CT: Cricotireoidostomia
CRF: Capacidade residual funcional
CVA: Controle de via aérea
DEG: dispositivo extraglótico
DSG: Dispositivo supraglótico
DTM: Distância tireomentoniana
FAO2: Fração inicial de concentração de oxigênio nos alvéolos
FR: Frequência respiratória
ISR: Sequência Rápida de Intubação
IOT: Intubação orotraqueal
IT: Intubação traqueal
ITD: Intubação traqueal difícil
LD: Laringoscopia direta
ML: Máscara Laríngea
NINO: Não intuba, não oxigena
PIP: Pico de pressão inspiratória
PEEP: Pressão positiva expiratória final
SATO2: Saturação de oxigênio
SGA: Via aérea supraglótica
SRII: Sequência rápida de indução e intubação

THRIVE: Transnasal Humidified Rapid-Insufflation Ventilatory Exchange
VAD: Via aérea difícil
VA: Via aérea
VJTT: Ventilação a jato transtraqueal
VLC: Videolaringoscópio
VMF: Ventilação sob máscara facial

■ INTRODUÇÃO

Este capítulo é destinado a graduandos de medicina e não a anestesistas, intensivistas ou socorristas como em outros livros.

Abordaremos os principais métodos de diagnósticos das vias aéreas, assim como parâmetros para a detecção dessas dificuldades. Análise dos métodos extra glóticos de primeira e segunda geração e outros dispositivos utilizados (videolaringoscópios, fibroscopia flexível), e cricotireoidostomia.

A dificuldade na IT é a causa mais comum de eventos respiratórios adversos graves em pacientes submetidos à anestesia, requer então, um planejamento para evitar essas complicações. Deve-se desenvolver uma estratégia para a via aérea em vez de um plano único. Nenhum teste único prevê de maneira confiável ITD (intubação traqueal difícil)

Outras complicações incluem aspiração de conteúdo gástrico, laringoespasmo e broncoespasmo. Esses problemas podem ocorrer em combinação levando a sérias morbidade e mortalidade.[2]

A previsão de VAD continua sendo um desafio, por isso é importante sempre estar preparado para as dificuldades.[1] A dificuldade de manutenção de uma via aérea pode trazer sérias implicações, e temos de ter certeza de proteger as vias aéreas do paciente. Implicações tais, como hipóxia, quebra dos dentes, dano cerebral e até morte em minutos. Outras complicações incluem aspiração de conteúdo gástrico, laringoespasmo e broncoespasmo. Esses problemas podem ocorrer em combinação levando a sérias morbidade e mortalidade.[2] Então, é preciso ter uma estratégia pré formulada para o gerenciamento das vias aéreas para reduzir a probabilidade de resultados adversos.[3]

A dificuldade de intubação ocorre em 4 pilares: Ventilação difícil com máscara, tentativa de colocação de dispositivo supraglótico (SGA), laringoscopia e intubação traqueal.

■ CONCEITOS FUNDAMENTAIS
Definição de via aérea difícil

A Sociedade Americana de Anestesiologia (ASA) publicou em seu Guideline atualizado de 2013 a definição de via aérea difícil como "a situação clínica em que um anestesiologista treinado convencionalmente tem dificuldade com a ventilação das vias aéreas superiores através da máscara facial, dificuldade com a intubação traqueal ou ambos. A via aérea difícil representa uma interação complexa entre os fatores do paciente, o ambiente clínico e as habilidades do médico. A análise dessa interação requer coleta e comunicação precisas de dados." Neste mesmo Guideline oferece diretrizes para a avaliação das vias aéreas e o manejo adequado de uma via aérea difícil. Para melhor orientar a tomada de decisão do anestesiologista perante uma via aérea difícil criaram o "Algoritmo para Vias Aéreas Difíceis" (Figura 8.1).[4]

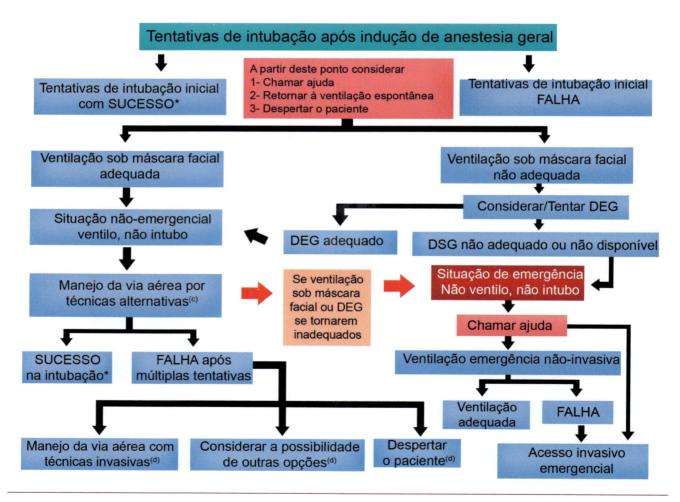

Figura 8.1. O "Algoritmo para Vias Aéreas Difíceis" da American Society of Anesthesiologists. Fonte: Apfelbaum JL, Hagberg CA, Caplan RA, et al: Practice guidelines for management of the difficult airway: an updated report by the American Society of Anest. Controle da via aérea – Sociedade Brasileira de Anestesiologia – 2018. Fonte: Controle da Via Aérea/Editores: Antonio Vanderlei Ortenzi, Márcio de Pinho Martins, Sérgio Luiz do Logar Mattos, Rogean Rodrigues Nunes. Rio de Janeiro: Sociedade Brasileira de Anestesiologia/SBA, 2018.

Posteriormente a determinação de uma via aérea difícil, pode-se ter uma via aérea falha, uma situação em que o procedimento de escolha não obteve sucesso na manutenção da via aérea. A diferença encontra-se na cronologia; a VAD é algo que antecede a VA falha, primeiro você "diagnostica" a VAD e determina a técnica, e depois, essa técnica pode falhar.[5]

Algoritmo de via Aérea Difícil (VAD)[5]

Identifique a possibilidade e impacto dos problemas durante o manejo das vias aéreas:	Sempre promova formas de fornecer oxigênio durante o manejo da VAD
• Dificuldade com pacientes que colabora	Considere os prós e contras de cada possibilidade no manejo da VAD:
• Dificuldade na ventilação com máscara facial	• IOT acordada X IOT após indução de anestesia geral
• Dificuldade no uso do dispositivo supraglótico	• Técnicas não invasivas X invasivas para abordagem inicial da IOT
• Dificuldade de laringoscopia	• Videolaringoscopia como abordagem inicial para intubação
• Dificuldade de intubação	• Manutenção X abolição de ventilação espontânea
• Dificuldade de acesso cirúrgico da via aérea	

Efeitos fisiológicos da intubação orotraqueal

Uma via aérea artificial possibilita uma ventilação pulmonar independente das vias aéreas superiores, porém, o tubo pode sofrer uma resistência maior pelo fluxo de ar. Essa resistência em um sistema tubular é vista pela lei de Pouiselle, em que a resistência é inversamente proporcional ao raio do tubo elevado a quarta potência, e este é diretamente proporcional ao fluxo. Dessa forma um tubo com diâmetro pequeno possuirá um fluxo menor e uma resistência maior. Outra variável importante nessa equação é a distância do tudo, quanto mais longo o tubo maior a resistência imposta, dessa forma, obstrução ou estreitamento ou dobras no tubo podem alterar essa mecânica respiratória. Tal fato é comprovado em crianças, pois a anatomia da laringe (Figura 8.2) delas é mais estreita e angulada em relação ao eixo da traqueia e possuem uma epiglote mais curta, quando comparada aos adultos. Com isso, a criança necessita realizar um trabalho respiratório maior do que quando está em respiração espontânea. O tamanho adequado do tubo traqueal deve ser baseado pelo diâmetro da região cricoide (subglótica), por ser o local de maior estreitamento funcional.[6]

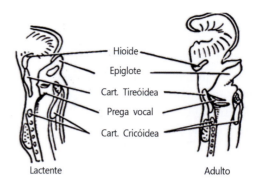

Figura 8.2. Secção sagital da laringe infantil e adulta. Fonte: traduzida de Eckenhoff JE. Some anatomic considerations of the infant larynx influencing endotracheal anesthesia. Anesthesiology. 1951 Jul;12(4):401-10. Fonte: traduzida de Eckenhoff JE. Some anatomic considerations of the infant larynx influencing endotracheal anesthesia. Anesthesiology. 1951 Jul;12(4):401-10.

Durante a ventilação espontânea, a pressão intratorácica é negativa na inspiração (pressão intra-alveolar é mais negativa do que o ar atmosférico, e o pulmão tende a se expandir, o que facilita a entrada de ar) e positiva na expiração, enquanto que com a ventilação mecânica invasiva, esta pressão nas vias aéreas torna-se positiva (através do ventilador mecânico o ar é "injetado" para os pulmões) durante todo o ciclo respiratório (figura 3). A intubação traqueal elimina a participação das vias aéreas superiores, e o ar inalado entra diretamente nas vias aéreas inferiores, dessa forma, são perdidos os processos adequados do condicionamento fisiológico do ar, ou seja, filtragem, aquecimento e umidificação, estes são importantes para a integridade da via aérea. Fatores que levam às complicações futuras da IOT, lesões relacionadas à produção de muco e movimento mucociliar o que pode favorecer infecções pulmonares.[6]

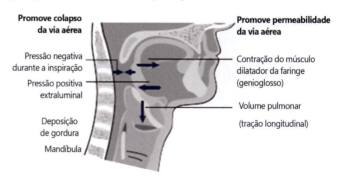

Figura 8.3. Esquema de demonstração das pressões e características estruturais Fonte: Sessler DI. Temperature Regulation and Monitoring, em: Miller RD, Cohen NH, Eriksson LI, Fleisher LA, et al. Miller's Anesthesia. 8ª ed., Philadelphia, Elsevier Saunders, 2015; 5802.) Fonte: Sessler DI. Temperature Regulation and Monitoring, em: Miller RD, Cohen NH, Eriksson LI, Fleisher LA, et al. Miller's Anesthesia. 8a ed. Philadelphia, Elsevier Saunders, 2015; 5802.

Avaliação das vias aéreas difíceis.

Na Resolução CFM Nº 2.174/2017 a previsão de via aérea difícil deve ser de obrigatório para todos os anestesistas, mesmo que a anestesia não seja geral. Durante a anamnese e o exame físico devem ser usados os sentidos de visão, audição, olfato e tato procurando indícios de patologias e outros. Temos que olhar o paciente com olhos de anestesista.[5]

Alguns aspectos da anamnese da via aérea difícil

Aspectos psicossociais

A vontade e os anseios do paciente devem ser levados em consideração, mas devem interferir no planejamento da técnica da VA. Paciente que utilizam a voz, seja ele cantor, ator, professor etc., todos necessitam de atenção sobre os risco e benefícios de determinadas técnicas.[5]

História de via aérea difícil

Histórico de VAD prévia é o preditor mais simples e mais seguro, porém o verdadeiro não é sempre verdadeiro, ou seja, uma história de não VAD não garante que será fácil.[5]

Condições médicas:

Acromegalia
Correlaciona-se com macroglossia, laringe aumentada e distorcida e prognatismo. Muitos associam-se com apneia central ou AOS. Com essas características, predispõem a VAD.[5]

Anomalias congênitas

Síndromes congênita que cursam com micrognatia como Treachr-Collins, Pierre Robin e Goldenhar ou macroglossia como a Síndrome de Down.[5]

Apneia obstrutiva do sono

O diagnóstico é feito a partir da polissonografia do sono, porém na maioria dos pacientes não são diagnosticados antes da cirurgia. O questionário STOP-Bang, descrito na avaliação das VA, é uma triagem fácil e com alta sensibilidade. Há associação com dessaturação pós-operatório e aumento de complicações.[5]

Artrite reumatoide

De caráter crônico e autoimune, com acometimento articular do corpo todo, por isso pode cursar com imobilidade ou hipermobilidade de mandíbula, laringe e pescoço, o que pode resultar em uma VAD pelo fato de apresentarem complexidade em se executar manobras necessárias para a realização da IT.[5]

Doença cardiopulmonar

São pacientes que cursam com uma redução da capacidade residual funcional (CRF) do pulmão, diminuição da difusão de O2 pelo parênquima pulmonar ou aumento do consumo de O2, toleram menor tempo de apneia. As causas mais comuns de CRF, estão o DPOC, gravidez avançada e obesidade mórbida.[5]

Endocrinopatias

A principais endocrinopatias que cursam com uma VAD são: diabetes mellitus e hipotireoidismo. Nos pacientes com DM, pode haver dificuldade de movimentação do pescoço devido a síndrome de limitação da articulação, ocorre em 30% a 40% dos pacientes insulinodependentes. No hipotireoidismo, correlaciona-se a dificuldade pelo aumento excessivo da língua.[5]

Espondilite anquilosante

Patologia de acometimento articular, podendo levar a fusão e rigidez das articulações, dentre elas a coluna, temporomandibulares e em alguns casos, a articulação cricoaritenóidea. Esse fato, leva a imobilidade da coluna cervical. Pode associar-se a osteoporose, a qual leva a fragilidade óssea.[5]

Gravidez

Antes de levar a paciente grávida para o centro cirúrgico, deve ser avaliar e planejar uma estratégia de complicação de via aérea. Isso, pelo fato do aumento da classificação do Mallampati durante o trabalho de parto. Além disso, a paciente grávida é considerada como um paciente de "estômago cheio", o esvaziamento gástrico é retardado não só em virtude das modificações anatômicas decorrentes do deslocamento cefálico do estômago pelo útero, mas também por causa da ação da progesterona.[5]

Massas de cabeça, pescoço e via aérea

Pacientes que se queixam de alterações da voz, dificuldade em engolir ou inspirar profundamente, podem indicar patologias que alterem a anatomia das VAS. Além disso, pode aumentar o risco de aspiração. As alterações podem não ser decorrente apenas da patologia, mas também por tratamentos, como cirurgia, radioterapia e quimioterapia.[5]

Obesidade

O paciente obeso é considerado de "estômago cheio", acreditando-se que com relação à pressão abdominal e ao volume gástrico, o que aumenta o risco de aspiração. Além disso, o acúmulo de gordura tanto em região maxilar, quanto na faringe, associado a pequena mobilidade de pescoço, língua alarga e alta probabilidade de apneia obstrutiva do sono, classifico-o com uma VAD.[5]

Patologias temporomandibulares

Dentre elas estão a artrite reumatoide, espondilite anquilosante, gota, artrite infecciosa, osteoartrite, que são correlacionados com problemas articulares, ou de causa não articulares como fibromialgia, espasmos musculares.[5]

Queimaduras

Lesões inalatórias ativas promovem o edema das VAs dificultando não só a visualização dos pontos de referências, mas também a obstrução do local de passagem do tudo para IT. Os pacientes que já percorreram com lesões térmicas de cabeça e pescoço, frequentemente sofrem com problemas de VAs. Além disso, as marcas cicatriciais resultantes da queimadura são inelásticas, o que acaba limitando o movimento da ATM e da coluna cervical, consequentemente reduzindo a abertura da boca e impossibilitando a posição *stiff neck*.[5]

Risco de aspiração

Há alguns fatores que predispõem ao risco de aspiração e a necessidade da utilização da SRII ou ITA, dentre eles estão a ausência de jejum, obstrução gastrointestinal, cirurgia gastrointestinal prévia, obesidade, gravidez, hérnia de hiato, retardo do esvaziamento gástrico por DM ou por uso de opioides, doença do refluxo gastresofágico e cirurgia de emergência.[5]

Risco de sangramento

O manuseio da VA em pacientes com sangramento durante a instrumentação, podem atrapalhar a visualização dos pontos de referência, como por exemplo, a glote. Em especial o videolaringoscópio e o broncofibroscópio, ou seja, instrumentos que se utiliza câmera.[5]

Exame físico das vias aéreas

As técnicas de avaliação da VA podem ser divididas em básicas e avançadas. Para a avaliação da via aérea básica foi criado um mnemônico PHASE, em que o P é de paciente (*patient*), H de história (*history*), A de via aérea (*airway*), S de cirurgia (*surgical*), E avaliação dos sinais vitais (*evaluation*). Neste capítulo será abordado os métodos avaliativos das vias aéreas avançadas, portanto, provavelmente esses pacientes não se enquadram nessa avaliação básica; será utilizado outras formas para analisarmos. Porém, nenhum teste isolado foi concebido para prognóstico de uma via aérea difícil em 100% das vezes, mas o conhecimento dos preditores de via aérea difícil pode alertar o anestesiologista para possíveis complicações na hora de intubar, sendo necessário já possuir um planejamento apropriado caso sua tentativa falhe.[7]

É possível prever antecipadamente a presença de vias aéreas difíceis (VAD) , a partir de determinados achados físicos ou peculiaridades da história prévia do paciente, como por exemplo, uma história de dificuldade de intubação. Por outro lado, o contrário não é verdadeiro, ou seja, um paciente com histórico de não intercorrência no manuseio de via aérea (VA), não lhe trará garantia de uma intubação fácil.[7] Um preditor simples e mais seguro é o histórico de VAD.[8]

A fim de detectar algumas características que possam sugerir VAD, sempre que possível, o exame físico das vias aéreas deve ser realizado na avaliação pré-operatória.[7] Essa avaliação é essencial para considerar qual método é melhor para manter e proteger a VA durante a cirurgia, assim como os possíveis problemas.[9]

Na avaliação pré-anestésica, devemos perguntar sobre história de diabetes (pode haver dificuldade da movimentação do pescoço, devido a associação com a obesidade – *stiff neck*), sendo que a incidência de dificuldade de intubação é dez vezes maior do que em pacientes normais. No exame físico de pacientes diabéticos, há algumas características peculiares, como o sinal de prece (incapacidade de opor uma mão espalmada a outra com os punhos em dorsiflexão), além de sinais associados a obesidade, como por exemplo, tórax em barril, pescoço de touro e língua grande (hipotireoidismo).[11]

Ainda no exame físico de todos os pacientes, é necessário verificar, nariz, atentando-se para permeabilidade nasal; orofaringe e boca, inspecionando-se as condições dos dentes (frouxos ou ausentes, próteses dentárias, incisivos alongados, arcadas dentais protusos), língua grande, tamanho das amigdalas e alterações que impeçam a abertura da boca. É necessário avisar a possibilidade da queda dos dentes durante a intubação.[11]

A detecção das características físicas a seguir podem sugerir vias aéreas difíceis:

- Inspeção visual da face e pescoço
- Avaliação da abertura bucal
- Avaliação da anatomia orofaríngea e da dentição
- Avaliação da amplitude de movimentos do pescoço (capacidade do paciente em assumir a posição de cheirar algo)
- Avaliação do espaço submandibular
- Avaliação da capacidade do paciente de deslizar a mandíbula anteriormente (teste do prognatismo mandibular).[7]

Tabela 8.1. Avaliação pré-anestésica da VA e achados não desejáveis.

Parâmetros	Achados *não* desejáveis
1. comprimento dos incisivos superiores	relativamente longos
2. relação entre incisivos maxilares e mandibulares durante o fechamento normal da mandíbula	arcada superior protrusa (incisivos maxilares anteriores aos mandibulares)
3. relação enrte incisivos maxilares e mandibulares durante protusão voluntária da mandíbula	os incisivos mandibulares não ultrapassam os incisivos maxilares
4. distância inter-incisivos	menor que 3 cm
5. visibilidade da úvula	não visível quando a língua é protraída com o paciente em posição sentada (ex.: classe Mallampati maior que II)
6. conformação do palato	excessivamente arqueado ou muito estreito
7. complacência do espaço mandibular	endurecido, ocupado por massa, ou não elástico
8. distância tireo-mentoniana	menor que 6 cm ou largura de 3 dedos médios
9. comprimento do pescoço	curto
10. largura do pescoço	grosso
11. mobilidade da cabeça e pescoço	limitação da extensão da cabeça ou flexão do pescoço

Fonte: adaptada de Practice guidelines for the management of the difficult airway, 2003.

O mnemônico LEMON é um dos métodos avaliativos de via aérea difícil, na qual determina se a laringoscopia direta e a intubação irão apresentar dificuldades, e abrange as características físicas citadas anteriormente.[11] Dessa forma, é necessário também, a determinação do potencial de dificuldade com ventilação com bolsa-máscara (BMV), cricotireoidostomia e inserção de dispositivos extra glóticos nas vias aéreas.[12]

- L (*Look externally* – olhe externamente): Impressão geral do médico ao observar o paciente. Nesse momento é onde percebe-se alterações anatômicas e traumas de face que se exteriorizam. Há algumas VADs que não são prontamente aparentes.
- E (*Evaluate* – avalie – regra 3-3-2): Determinação do tamanho da mandíbula, a distância entre o mento e o osso hioide e a extensão da abertura da boca (Figura 8.4).

3: Abertura da boca suficiente para permitir que três de seus próprios dedos sejam colocados entre a arcada superior e inferior.
3: Estimativa do volume do espaço submandibular. Medido com os dedos no assoalho da mandíbula e a junção entre pescoço/mandíbula.
2: Identificação da laringe em relação a base da língua.

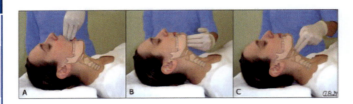

Figura 8.4. (**A**) O paciente pode abrir a boca o suficiente para admitir três de seus próprios dedos. (**B**) A distância entre o mento e a junção pescoço / mandíbula (próximo ao osso hioide) é igual à largura de três dedos do paciente. (**C**) O espaço entre a incisura superior da cartilagem tireoide e a junção pescoço/mandíbula, próximo ao osso hioide, é igual à largura de dois dedos do paciente. Fonte: Brown III CA, Walls RM. Approach to the anatomically difficult airway in adults outside the operating room..Fonte: Brown III CA, Walls RM. Approach to the anatomically difficult airway in adults outside the operating room; In H. Carin; ed., UpToDate. Waltham, Mass: UpToDate, 2020 (accessed on Semptember, 20, 2020).

- M (Mallampati): Esse escore relaciona a quantidade de abertura bucal ao tamanho da língua e fornece uma estimativa do espaço para a intubação oral.[12] Mallampati mostrou que nos pacientes em posição sentada, boca aberta totalmente e língua protraída, sem fonação, são mais visíveis o espaço para a intubação (Figura 8.5).[13] Dessa forma, mais tarde foi criado esse preditor clínico, o Mallampati, para graduar a via aérea e prever uma via aérea difícil.[14]
- Classe I: Visualização do palato mole, fauce, úvula e pilares.
- Classe II: Visualização do palato mole, fauce e úvula.
- Classe III: Visualização do palato mole e da base da úvula.
- Classe IV: Palato mole totalmente não visível.
- Classe I ou II: Prevê laringoscopia fácil; Classe III: Prediz dificuldade; Classe IV: Prediz dificuldade extrema.

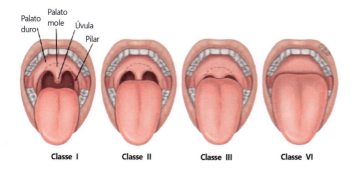

Figura 8.5. Avaliação de Mallampati – Abertura bucal. Fonte: Brown III CA, Walls RM. Approach to the anatomically difficult airway in adults outside the operating room. Fonte: Brown III CA, Walls RM. Approach to the anatomically difficult airway in adults outside the operating room; In H. Carin; ed., UpToDate. Waltham, Mass: UpToDate, 2020 (accessed on Semptember, 20, 2020).

Há também o Mallampati 0, ocorre quando se visualiza qualquer parte da epiglote. Porém, é muito raro (Figura 8.6).

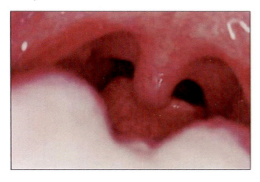

Figura 8.6. Mallampati 0. Fonte: Controle da Via Aérea/Editores: Antonio Vanderlei Ortenzi, Márcio de Pinho Martins, Sérgio Luiz do Logar Mattos, Rogean Rodrigues Nunes. Rio de Janeiro: Sociedade Brasileira de Anestesiologia/SBA, 2018. 436 p.; 25 cm; ilust. ISBN 978 8. Mallampati 0. Fonte: Controle da Via Aérea/Editores: Antonio Vanderlei Ortenzi, Márcio de Pinho Martins, Sérgio Luiz do Logar Mattos, Rogean Rodrigues Nunes. Rio de Janeiro: Sociedade Brasileira de Anestesiologia/SBA, 2018. 436 p.; 25cm; ilust. ISBN 978 8

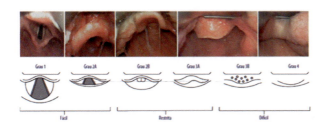

Figure 8.7. Fonte: Escala Comarck e Lehane – Manica James. Anestesiologia : princípios e técnicas. 4th ed. Porto Alegre: Artmed; 2018. ISBN: 978-85-8271-463-8. 581. Escala Comarck e Lehane. Fonte: Manica James. Anestesiologia: princípios e técnicas. 4th ed. Porto Alegre: Artmed; 2018. ISBN: 978-85-8271-463-8.581.

→ Escala Comarck e Lehane: Essa escala é muito utilizada ao longo da laringoscopia para avaliar a dificuldade do controle das vias aéreas. Grau 1: visualização total da abertura da glote; Grau 2: visualização apenas das cartilagens pareadas (aritenóides, corniculadas e cuneiformes) e da região posterior da glote; Grau 3: visualização somente da epiglote; Grau 4: visualização só da língua, com ou sem palato mole visível. (Figura 8.7). Quanto menor a visualização na laringoscopia, maior o grau Comarck e Lehane.

- O (*Obstruction/obesity* – obstrução/obesidade): Um trauma, massas, ruptura das vias aéreas superiores, entre outras, podem obstruir a visão da glote, bloqueando o acesso para a passagem e a inserção do tubo, interferindo tanto a laringoscopia direta quanto a intubação. Em pacientes obesos, os tecidos que circundam as vias aéreas superiores, dificultam a visualização da glote por laringoscopia direta.[12] Há quatro sinais cardinais de obstrução: voz abafada, dificuldade para engolir secreções, estridor e sensação de dispneia.
- N (*Neck mobility* – mobilidade do pescoço – Figura 8.8): para intubação o paciente é colocado em *sniffing position* (posição olfativa – eixo orofaríngeo e laringotraqueal estarão melhor alinhados).[16] Essa posição é obtida com a coluna cervical fletida em direção anterior (ventral), com a elevação da cabeça em aproximadamente 8 cm a 10 cm com auxílio de um suporte firme; ao mesmo tempo em que a cabeça é estendida (dorsiflexão), a nível da articulação atlanto-occipital. Pacientes que possuem diminuição da mobilidade cervical, seja por trauma ou por lesão, há dificuldade para laringoscopia direta e consequentemente para intubação.[15]

Figura 8.8. Mobilidade do pescoço.

Outros preditores:

Distância tireomentoniana (TMD): Distância da cartilagem tireoide, a proeminência mental quando o pescoço é estendido totalmente. Deve ser ≥ 5 cm ou 3 dedos. (Figura 8.9).

Distância esterno mental (SMD): Distância da borda superior do manúbrio esterno até a ponta do queixo, com a boca fechada e a cabeça totalmente estendido. Deve ser ≥ 12,5 cm.

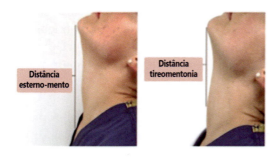

Figura 8.9. Distância tireomento e distância esternomento.

O mnemônico LEMON, se aplica a laringoscopia direta e a intubação orotraqueal, mas não à videolaringoscopia, porém alguns dos itens avaliados (p. ex., obesidade) também são avaliados para a videolaringoscopia. Os métodos avaliativos da videolaringoscopia difícil são incompletos.[12]

Previsão de ventilação difícil sob máscara

Ventilação com bolsa-máscara difícil (BMV): A avaliação para BMV difícil é realizada após a avaliação LEMON para intubação difícil. Os preditores para essa dificuldade é prevista com o mnemônico ROMAN.[12]

- R (*Radiation/restriction* – radiação/restrição): a restrição da cabeça e pescoço, reduz a flexibilidade do tecido mole das vias aéreas superiores, dificultando a ventilação com BVM. A restrição caracteriza por condições que aumentam a pressão inspiratória necessária para ventilar os pulmões (asma, obstrução pulmonar crônica, edema pulmonar etc.).
- O (*Obstruction/obesity/obstructive sleep apnea*) – obstrução/obesidade/apneia obstrutiva do sono): A obstrução das vias aéreas superiores, tornará a BMV difícil, pois serão necessárias pressões maiores para garantir que o ar flua até os pulmões. A obesidade e a gravidez no final do terceiro trimestre são preditores de BMV difícil, pois a combinação do peso da parede torácica e da resistência do conteúdo abdominal, impedem que o ar flua sem resistência.

- M (*Mask seal/Mallampati/male* – selagem da máscara/Mallampati/masculino): Para uma boa aderência da máscara é necessário atributos que permitam uma boa selagem, como por exemplo, anatomia normal, ausência de pelos faciais, ausência de substâncias (vômito, sangramento excessivo) e a colocação e pressão da máscara no rosto. A má classificação de Mallampati e o sexo masculino predispõem para uma BMV desafiadora.[12]
- A (*Age* – idade): Idade maior de 55 anos, em um estudo, foi um marcador de BMV difícil, isso devida a perda generalizada de elasticidade dos tecidos (incluindo pulmonar) e o aumento da incidência de doenças pulmonares restritivas ou obstrutivas. A fisiologia do envelhecimento é um preditor de BMV difícil.[12]
- N (*No teeth* – sem dentes): A arcada dentária fornece suporte para a máscara, auxiliando na vedação. Paciente que usam próteses dentárias deve ser mantidas durante a BMV e removidas para a laringoscopia direta.[12]

Keteral et al., em 2009, publicou um estudo observacional envolvendo tentativas de ventilação sob máscara e acharam os seguintes dados em ordem decrescente. (13) Preditores independentes de ventilação sob máscara impossível:

1. Mallampati III ou IV.
2. Presença de radiação ou massa na região do pescoço.
3. Distância tireomentoniana limitada.
4. Presença de dentes.
5. Sexo masculino.
6. IMC > 30 Kg.m².

Difícil colocação da via aérea extra glótica: a exemplo de via aérea extra glótica, tem-se a máscara laríngea, o qual é um dispositivo de resgate. A dificuldade da abertura da boca, via aérea interrompida, distorcida (edema) ou trauma, são preditores que dificultam a inserção do dispositivo.[12]

Chang, em 2008, formulou o questionário STOP-bang fornece um método relativamente simples para estratificar os pacientes com apneia obstrutiva do sono (AOS), assim como um fluxograma para auxiliar no escore (Figura 8.10). A probabilidade de AOS moderada a grave aumenta conforme ao escore do STOP-bang.[17]

Questionário STOP-bang adaptado. Critérios de Pontuação para população geral (1 ponto para cada resposta positiva).

STOP: (snoring, tiredness, observed, pressure)
S – *Snoring* (ronco): você ronca alto (alto o suficiente que pode ser ouvido através de portas fechadas ou seu companheiro cutuca você à noite para parar de roncar)?
T – Tiredness (fadiga diurna): você frequentemente se sente cansado, exausto ou sonolento durante o dia (como, por exemplo, adormecer enquanto dirige)?
O – Observed (apneia observada): alguém observou que você para de respirar ou engasga/fica ofegante durante o seu sono?
P – Pressure (hipertensão arterial): você tem ou está sendo tratado para pressão sanguínea alta?

Bang
B – Body Mass Index (IMC): maior do que 35?
a – age (idade): acima de 50 anos?
n – neck (circunferência do pescoço): O pescoço é grosso (medido em volta do pomo de adão). Para homens, o colarinho da sua camisa é de 43 cm ou mais? Para mulheres, o colarinho da sua camisa é de 41 cm ou mais?

g – gender (gênero): sexo = masculino?

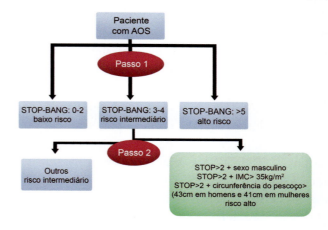

Figura 8.10. STOP – BANG algoritmo estratégico com score em 2 passos. Fonte: Chang F, Yagneswaran B, Liao P. et al. STOP questionare: a tool screen patients for obstructive sleep apnea. Anesthesiology, 2008; 108:812-21.e atualizado em 2017. Fonte: Chang F, Yagneswaran B, Liao P. et al. STOP questionare : a tool screen patients for obstructive sleep apnea. Anesthesiology, 2008; 108:812-21.e atualizado em 2017.

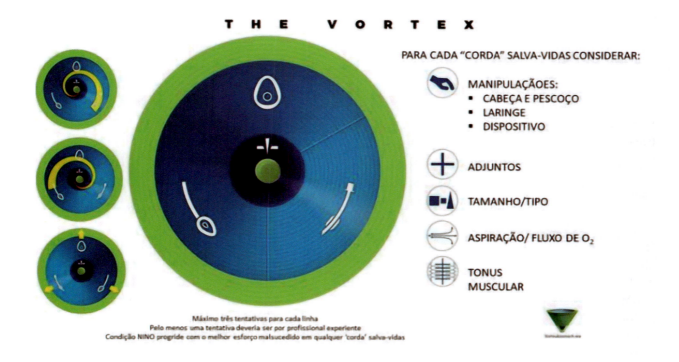

Figura 8.11. Vortex approach: management of the unanticipated difficult airway. Fonte: Controle da Via Aérea/Editores: Antonio Vanderlei Ortenzi, Márcio de Pinho Martins, Sérgio Luiz do Logar Mattos, Rogean Rodrigues Nunes. Rio de Janeiro: Sociedade Brasileira de Anes Vortex approach: management of the unanticipated difficult airway. Fonte: Controle da Via Aérea/Editores: Antonio Vanderlei Ortenzi, Márcio de Pinho Martins, Sérgio Luiz do Logar Mattos, Rogean Rodrigues Nunes. Rio de Janeiro: Sociedade Brasileira de Anes

Outro teste que é utilizado na Austrália e Nova Zelândia e foi publicado no BJA, é o VORTEX (Figura 8.11) e é indicado só para anestesistas experientes e em situação de emergência, A metodologia Vortex, utiliza-se da acuidade visual de espiralar em um funil as técnicas de manuseio de VAs, com o objetivo de resolucionar uma emergência de vias aéreas em evolução. Ao invés de determinar uma sequência a ser seguida pelas as equipes clínicas para a resolução, o Vortex direciona a partir de pistas visuais, para que se possa estabelecer estratégias gerais para restaurar a patência das VAs, visando minimizar as falhas das tentativas repetitivas na emergência. Procura-se alcançar a oxigenação sob máscara facial, SAD ou tubo endotraqueal com no máximo três tentativas para cada. Inclui-se desde as técnicas não cirúrgicas para a progressão das técnicas cirúrgicas, se necessário ou de resoluções mal sucedidas. No gráfico que o aborda, tem-se a existência da "zona verde", na qual serve de alerta para a os médicos, para que interrompam, revisem e restabeleçam novas opções. A criação dessa zona, tem o intuito de reduzir as subsequentes tentativas de instrumentação repetida. A utilização do Vortex pode ser administrada em qualquer especialidade médica que manuseie VAs, devido a sua flexibilização. O Vortex complementa as demais diretrizes, potencializando e facilitando a implementação das mesmas na emergência. [5]

Abordagem do manejo das vias aéreas

Criar uma estratégia para o manejo de uma via aérea difícil é fundamental, para que se tenha um leque de opções no caso de falha de tentativas, por esse motivo é preciso ter conhecimento da história do paciente, qual o tipo de procedimento o mesmo será submetido e sobretudo, a condição clínica. Embora qualquer estratégia pode ser falha, o anestesiologista deve estar pronto para seguir outro plano, por isso, a ASA, criou o algoritmo de via aérea difícil para o auxílio nesse manejo.[18]

Algumas perguntas devem ser consideradas durante um plano de gerenciamento das vias aéreas.[18]

- Quais dispositivos para vias aéreas podem ser usados de acordo com o procedimento? Deve ser levado em conta o tempo do procedimento, o local em que será realizada a cirurgia, a posição em que o paciente ficará durante a cirurgia e a necessidade de relaxantes musculares.[18]

- Quais dispositivos para as vias aéreas podem ser usados de acordo com o paciente? O risco de aspiração, dificuldade de ventilação por máscara, difícil colocação de via aérea supraglótica (SGA) ou dificuldade de intubação, bem como a probabilidade de dificuldade de ventilação (PIP alta, necessidade de PEEP) uma vez que a via aérea é colocada, devem ser considerados.[18]

- Caso a intubação seja o plano a ser realizado, qual método será utilizado? Laringoscopia direta, videolaringoscopia ou intubação broncoscópica flexível.[18]

- Quando intubar com o paciente acordado? Se a intubação difícil for esperada, deve-se analisar se a ventilação por máscara também será de difícil procedimento e o risco potencial de aspiração.[18]

- Se o primeiro plano falhar qual será o plano B? Os equipamentos a serem utilizados já devem estar disponíveis. Sugestão da Sociedade de Vias aéreas difíceis (Figura 8.12).

Primeiramente os planos anestésicos e o manejo de via aérea devem estar bem estabelecidos, verificar a preparação dos equipamentos, da equipe e do paciente.[19]

1. Preparação dos equipamentos: uma variedade de dispositivos para as vias aéreas deve estar previamente disponível, são eles, máscaras faciais, laringoscópio de diferentes tipos (curva – Macintosh – ou reta – Miller) e tamanhos. As lâminas curvas são comumente mais utilizadas em adultos, e proporcionam um espaço maior para passagem do tubo endotraqueal. As lâminas retas são mais utilizadas em crianças ou em pacientes com uma menor distância tireomentoniana e podem proporcionar uma melhor visão da glote naqueles pacientes com a glote longa e flexível.[19]

2. Preparação do paciente: o cuidado com pré oxigenação do paciente com via aérea difícil e o seu posicionamento devem ser avaliados cuidadosamente antes da indução anestésica.[19]

- Pré-oxigenação: existe um tempo de apneia ou hipoventilação entre a pré-oxigenação e a intubação, por isso é muito importante que a pré-oxigenação seja muito efetiva pois irá retardar a dessaturação da oxihemoglobina. Pacientes obesos, grávidas e pediátricos têm tendência rápida a dessaturação durante a apneia devido à dificuldade de manejo das vias aéreas. Outro fator importante é o paciente com doença cardiopulmonar pode não atingir níveis

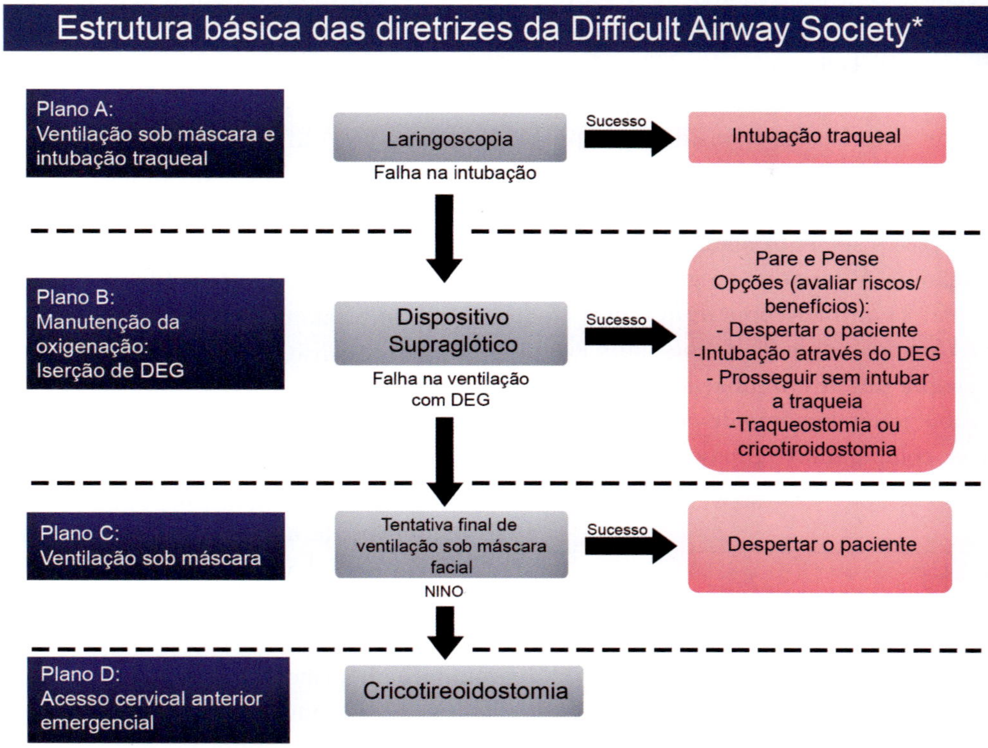

Figura 8.12. Fonte: Controle da Via Aérea/Editores: Antonio Vanderlei Ortenzi, Márcio de Pinho Martins, Sérgio Luiz do Logar Mattos, Rogean Rodrigues Nunes. Rio de Janeiro: Sociedade Brasileira de Anestesiologia/SBA, 2018.Fonte: Controle da Via Aérea/Editores: Antonio Vanderlei Ortenzi, Márcio de Pinho Martins, Sérgio Luiz do Logar Mattos, Rogean Rodrigues Nunes. Rio de Janeiro: Sociedade Brasileira de Anestesiologia/SBA, 2018.

máximos de oxihemoglobina, portanto, terão um período de apnéia não seguro por um período maior.[19]

- Oxigenação apneica: pacientes com alto risco de intubação difícil ou rápida dessaturação de oxigênio tem indicação de oxigenação apneica durante a laringoscopia. Pode ser realizada da forma mais simples com a insuflação passiva de oxigênio via cânula nasal de 10 L/min a 15 L/min. As alternativas incluem os sistemas de ventilação com máscara nasal THRIVE – *Transnasal Humidified Rapid-Insufflation Ventilatory Exchange* (Figura 8.13) e SuperNO2VA (Figura 8.14), quando disponíveis.[19]

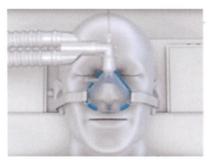

Figura 8.13. THRIVE. Fonte: Anaesthesia, 2014. Pateç & Nouraei Joanna Gordon, ST7.Fonte: Anaesthesia, 2014. Pateç & Nouraei Joanna Gordon, ST7

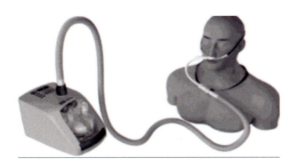

Figura 8.14. SuperNOV2VA. Fonte: a case report. Journal of Anaesthesia and Critical Care Case. SuperNOV2VA. Fonte: A case report. Journal of Anaesthesia and Critical Care Case.

- Posição do paciente: a posição adequada da cabeça deve estar elevada de 3 cm a 7 cm com extensão atlanto-occipital (*sniffing position*). Pacientes obesos podem exigir uma posição em rampa, com extensão da cabeça e conduto auditivo externo no mesmo nível da fúrcula esternal, para melhorar as condições de intubação.[19]

Uma classificação lógica e orientada para o processo é a seguinte: VAD antecipada, VMF inesperada, ventilação difícil com DEG inesperada, ITD ((intubação traqueal difícil) inesperada e situação NINO. Curiosamente, muitas diretrizes não consideram explicitamente o manejo da VMF inesperada ou dificuldade na ventilação com DEG, embora a dificuldade com qualquer um deles possa ser enfrentada pelo profissional após a indução da AG (anestesia geral). A ITD pode ser dividida em: 1) laringoscopia difícil, mas fácil de intubação; 2) laringoscopia fácil, mas intubação difícil; 3) laringoscopia difícil e intubação difíceis. A Tabela 8.2 mostrará o gerenciamento de cenários difíceis das vias aéreas, comparando o protocolo dos EUA com o do Canada.[5]

Tabela 8.2.

ALGORITMO	VAD antecipada	Inesperada dificuldade de ventilação sob máscara / dificuldade na ventilação com DEG	Intubação difícil inesperada	NINO
EUA: ASA (2013)	ITA não invasiva (ex.: BFC) *vs.* Acesso invasivo (CT percutânea ou cirúrgica)	Algoritmo inicia com intubação difícil inesperada; nenhuma recomendação específica para ventilação difícil com máscara inesperada ou ventilação com DEG	Considerar o retorno à ventilação espontânea e o despertar do paciente. Se VMF adequada, abordagens alternativas para intubação (ex.: VLC) Se a VMF for inadequada, tente a ventilação com DEG e prossiga pela via de emergência	Via aérea invasiva (cirúrgica ou percutânea, ventilação a jato, intubação retrógrada)
Canada: CAFG (2013)	ITA *vs.* Intubação após indução (não mais que 3 tentativas e VMF ou DEG)	Chamar por ajuda Se a oxigenação falhar: 1 tentativa para DEG se ainda não utilizado Estratégia de emergência: CT	Até 2 tentativas adicionais de intubação (dispositivo alternativo, operador diferente) Opções: • Despertar o paciente • VMF ou DEG • *Expert help* (uma tentativa adicional de intubação)	CT

Fonte: Controle da via aérea/Editores: Antonio Vanderlei Ortenzi, Márcio de Pinho Martins, Sérgio Luiz do Logar Mattos, Rogean Rodrigues Nunes. Rio de Janeiro: Sociedade Brasileira de Anestesiologia/SBA, 2018.

NINO = não intuba, não oxigena; LD = laringoscopia direta; VMF = ventilação sob máscara facial; BFC = intubação com fibroscópio flexível; ML = máscara laríngea; DEG = dispositivo extraglótico; VJTT = ventilação a jato transtraqueal; VLC = videolaringoscópio; CT = Cricotireoidostomia; AG = anestesia geral.

Segurança da via aérea

• Indução da anestesia: paciente previamente identificado com via aérea difícil pode ter uma técnica de indução anestésica modificada, para que a oxigenação seja adequada. Portanto, antes da indução, o pessoal da sala de cirurgia deve estar ciente do plano de mudança caso surja alguma dificuldade. No caso de tentativas de ventilação serem malsucedidas deve ser fortemente considerar um regime de indução que permite o retorno da ventilação espontânea ou o despertar. Os princípios a serem seguidos são: Agentes de indução: A subdosagem de agentes de indução pode dificultar a ventilação por máscara ou a colocação de dispositivos de vias aéreas. Uma dose adequada de medicamento de ação curta deve ser usada para a indução (por exemplo, propofol 1,5 a 2 mg/kg IV).[19]

• Opioides: se um opioide for usado como parte do regime de indução para reduzir a resposta fisiológica à intubação, um opioide de ação curta é preferido (p. ex., fentanil 1 a 2 mcg/kg IV), e a naloxona deve estar imediatamente disponível para a reversão caso seja necessário o restabelecimento da ventilação espontânea. [19]

• Bloqueadores neuromusculares: os BNM são administrados para intubação endotraqueal porque auxiliam no relaxamento muscular e com isso as condições de intubação facilitam a laringoscopia e previne o fechamento reflexivo da laringe. A individualização do momento e da seleção da administração de BNM é feita com base na avaliação pré-operatória das vias aéreas.[19]

Tempo da administração: em teoria, a ventilação por máscara deve ser feita antes de administrar os BNM, pois permite o anestesiologista ventilar o paciente antes de remover a capacidade deste ventilar por conta própria, enquanto mantém a opção de acordar o paciente caso as tentativas de controle das vias aéreas falhem. Quando a dificuldade encontrada na IOT é resultante de laringoespasmo, rigidez induzida por opioides ou anestesia leve, os BNM podem melhorar a ventilação por máscara.[19]

• Ventilação com máscara difícil e intubação difícil prevista: Pacientes nos quais é previsto dificuldade com ventilação com máscara e intubação, realiza-se intubação acordado ou indução inalatória da anestesia e evita-se a administração de BNM até que a capacidade de ventilação seja comprovada.[19]

Técnicas alternativas para vias aéreas difíceis

O objetivo do manuseio da via aérea difícil, como em qualquer intubação, é manter uma SpO2 adequada e para isso é necessário colocar um tubo endotraqueal com balonete na traqueia. Vários dispositivos podem ser usados para realizar esse fim.

Pode-se colocar uma máscara laríngea de intubação (MLI) (Figura 8.15) e, em seguida, passar por ela um tubo endotraqueal.

Um videolaringoscópio provavelmente alcançará uma visão glótica superior à de um laringoscópio padrão, permitindo a intubação.

Um estilete de fibra óptica ou de intubação por vídeo também pode ser usado.

A cricotireostomia primária (uma intervenção planejada das vias aéreas, em vez de um resgate) pode ser indicada se o acesso oral ou a região supraglótica das vias aéreas estiver anatomicamente comprometida.

A intubação nasotraqueal às cegas não tem muita função, porém é melhor ser reservada para situações em que nenhum outro dispositivo esteja disponível ou considerado apropriado (por exemplo, hemorragia maciça obscurecendo a visão).[12]

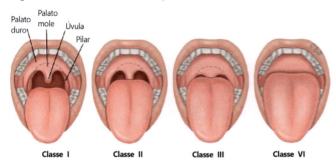

Figura 8.15. Fonte: Brown III CA, Walls RM. Calvin A Brown, III, MD, FAAEM; Approach to the failed airway in adults outside the operating room In H. Carin; UpToDate. Waltham, Mass: UpToDate, 2020 (accessed on Semptember, 20, 2020).Fonte: Brown III CA, Walls RM. Calvin A Brown, III, MD, FAAEM; Approach to the failed airway in adults outside the operating roon In H. Carin; ed., UpToDate. Waltham, Mass: UpToDate, 2020 (accessed on Semptember, 20, 2020).

Os mecanismos apresentados na Tabela 8.3 não estão em ordem de importância, portanto, não implicam na sequência a ser utilizada. A técnica escolhida pelo médico é particular para cada caso e dependerá da história específica do paciente.

Tabela 8.3. Técnicas para o manejo da via aérea difícil

Técnicas para o manejo da via aérea difícil	
Técnicas para difícil intubação	Técnicas para difícil ventilação
Intubação acordada Intubação às cegas (oral ou nasal) Intubação fibroscópica Estilete luminoso para intubação ou trocador de tubo Dispositivo supraglótico como ajuda para a intubação Diversos tipos e tamanhos de Laringoscópio Videolaringoscópio	Ventilação a jato traqueal Acesso invasivo a via aérea Dispositivos supraglóticos Via aérea oral e nasofaríngea Broncoscópio rígido Ventilação bolsa-máscara por duas pessoas.

Fonte: traduzida de Brow III, CA, Walls RM. Identification of the difficult and failed airway. In BrowIII Ca, Sakles JC, Mick NW. The Wall manual of emergency airway management. 5ªed. Philadelphia; Wolters Kluwer, 2018,

Intubação acordada

O método mais seguro para garantir o CVA (controle via aérea) é a intubação traqueal acordado (ITA) (Figura 8.16).

Hoje, o procedimento não é mais doloroso e traumatizante como no passado, graças a novos dispositivos que facilitam o manejo da via aérea. Proporcionando uma melhor anestesia tópica e manutenção da oxigenação adequada durante o procedimento, além de técnicas seguras de sedação e eficazes, nas quais o conforto e tranquilidade é uma realidade. Para uma adequada avaliação da via aéreas, o anestesiologista deve levar em conta as características do paciente que possam criar dificuldades na execução:

1. Ventilação bolsa máscara (VBM).
2. Laringoscopia.
3. Intubação.
4. Colocação de dispositivo extra glótico (DEG).
5. Via aérea (VA) cirúrgica.

Há várias razões para realizar uma intubação acordada. Primeiro e mais importante, a VA natural é mantida pérvia. Segundo lugar, enquanto o paciente estiver acordado, o tônus muscular está mantido. Para conservar as estruturas da VA (base da língua, valécula, epiglote, laringe, esôfago e parte posterior da faringe).[5]

Em terceiro lugar, a faringe se move para uma posição mais anterior com a indução da anestesia e paralisia, o que torna mais difícil a intubação convencional.

Assim, se uma ITD está prevista, a IT acordada, está indicada.

Para uma preparação adequada para uma intubação acordado necessitamos de: preparação psicológica do paciente, monitorização, suplemento de oxigênio, vasoconstrição das mucosas nasais (se for o caso), agentes antisialogogos, anestesia tópica, sedação criteriosa, bloqueio dos nervos laríngeos (ramo lingual do nervo glossofaríngeo, o nervo laríngeo superior, prevenção de broncoaspiração e ter equipamentos apropriados à disposição. Com planejamento adequado, a preparação do paciente e a técnica precisa, a Intubação acordado (ITA) é uma ferramenta essencial para o controle da VAD.[5]

Em recentes análises, o USG apresenta uma importante ferramenta, pois , além de guiar os bloqueios dos nervos laríngeos é também um método para diagnosticar uma VAD (20). Chou e col, descreveram novo preditor chamado distância hiomandibular (distância

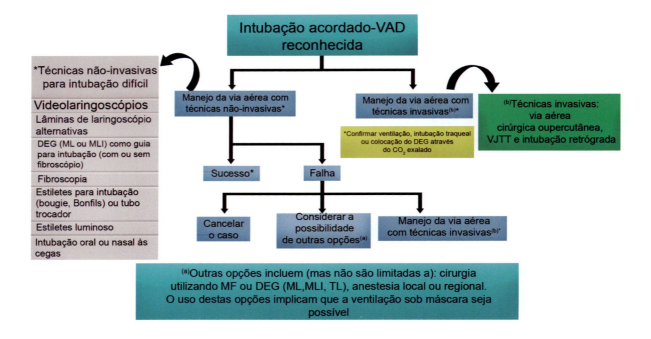

Figura 8.16. Fluxograma para IT acordado. Fonte: Controle da Via Aérea/Editores: Antonio Vanderlei Ortenzi, Márcio de Pinho Martins, Sérgio Luiz do Logar Mattos, Rogean Rodrigues Nunes. Rio de Janeiro: Sociedade Brasileira de Anestesiologia/SBA, 2018. Fluxograma para IT acordado. Fonte: Controle da Via Aérea/Editores: Antonio Vanderlei Ortenzi, Márcio de Pinho Martins, Sérgio Luiz do Logar Mattos, Rogean Rodrigues Nunes. Rio de Janeiro: Sociedade Brasileira de Anestesiologia/SBA, 2018.

entre a margem superior do osso hióide e a borda inferior da mandíbula) a qual estaria aumentada em pacientes com VAD.[21]

Outra alternativa em intubação acordado, é a utilização de fibra óptica em pacientes sabidamente com via aérea difícil (VAD) prevista, principalmente quando a ventilação difícil concomitante é esperada.[22]

Acesso invasivo a via aérea

As técnicas invasivas de manejo das vias aéreas devem ser consideradas quando o paciente se encontra em um quadro em que não está sendo ventilado adequadamente e o médico não consegue intubá-lo, devido à via aérea difícil, desse modo as técnicas incluem: cricotireoidostomia, traqueostomia cirúrgica e ventilação a jato transtraqueal.

Cricotireoidostomia.

O desempenho adequado para realizar a cricotireoidostomia depende do entendimento da anatomia e da habilidade em identificar a membrana cricóidea. Isso requer uma pratica dos médicos que irão realizar o procedimento.[23]

A principal indicação para a CTT é a incapacidade de manter o CVA com uso de técnicas menos invasivas como VMF, IT ou DSG. Constituem outras indicações para CTT:

- Hemorragia abundante da VAS.
- Regurgitação vultuosa.
- Trauma maxilofacial grave.
- Anormalidades anatômicas graves da VAS.
- Obstrução da VAS (edema, corpo estranho, estenose, hematoma ou abscesso).

Contraindicações absolutas: não há contraindicações absolutas para a cricotireoidostomia de emergência em adultos. A falha em realizar uma cricotireoidostomia rapidamente em uma situação de "não consigo intubar, não consigo oxigenar" (NINO) resultará na morte do paciente.[23]

A cricotireoidostomia é denominada de difícil quando: o acesso à região anterior do pescoço é dificultado, a incapacidade de identificar pontos de referência, a distorção da anatomia ou anormalidades dos tecidos; e pode ser avaliado por meio do mnemônico SMART. A avaliação de cricotireoidostomia difícil requer palpar as estruturas que recobrem a laringe, identificando a membrana cricotireoidostomia e identificando problemas potenciais com o acesso cirúrgico. A identificação da membrana cricotireóidea é mais difícil nos obesos e nas mulheres. Em comparação com o ultrassom à beira do leito, muitas técnicas de palpação comumente usadas para identificar a membrana cricotireoidiana são pouco precisas (46% a 62%).

Mnemonico Smart.

S – *surgery* – cirurgia (recente)
M – *mass* – massa (abcesso, hematoma, ou outro tipo)
A – *acess or anatomy* – acesso e anatomia (obesidade podre referências em localizar a cricoide, outros)
R – *radiation* – deformidade no tecido local por radiação, cicatriz, ou outra causa.
T – *tumor* – incluindo tumor de vias aéreas.[24]

- Ventilação a jato transtraqueal: usada para mover o ar por cateteres pequenos. A VJTT está no lado emergencial do algoritmo de VAD da ASA e é uma alternativa após serem tentados todos os outros dispositivos, seja extraglóticos, seja de transição esôfago-traqueal no qual houve falha. Existe o consenso de que a ventilação a jato transtraqueal (VJTT) que usa um cateter de grosso calibre (diâmetro interno maior que 4 mm) introduzido pela membrana cricotireóidea (MCT) é simples, relativamente segura e um tratamento efetivo para as situações "não intubo, não oxigeno" (NINO).[18] A ventilação a jato transtraqueal não é considerada um tipo de ventilação convencional. Este procedimento é ocasionalmente empregado na sala de operação quando uma via aérea difícil é antecipada.[25]

Não intubo, não oxigeno (NINO)

A incidência desse tipo de ocorrência, um pesadelo para todos os anestesiologistas, varia de 0,01 a 2 para cada 10 mil profissionais.[18]

Via aérea falhou:

A falha das vias aéreas é determinada quando ocorre a incapacidade de ventilar e de intubar o paciente. Com o algoritmo (Figura 8.17) para uma abordagem adequada e o planejamento do anestesiologista diante de uma via aérea difícil, a falha é um evento raro. Assim que for encontrada dificuldade deve-se chamar por ajuda, dessa forma deve-se seguir o algoritmo, caso o paciente não possa ser acordado deve-se tentar o acesso invasivo. As técnicas invasivas de manejo das vias aéreas incluem: cricotireoidostomia, traqueostomia cirúrgica e ventilação a jato transtraqueal. A escolha da técnica depende da experiência do clínico, disponibilidade de equipamento e da equipe e fator técnico do paciente.[19]

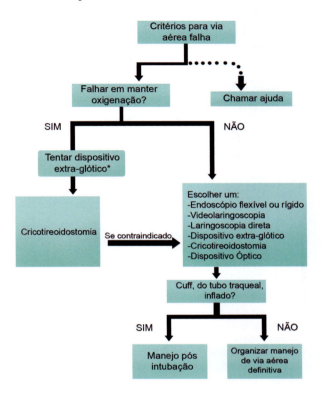

Figura 8.17. A colocação de um dispositivo extraglótico é contraindicada em casos de patologia hipofaríngea grave, como epiglotite. Se uma via aérea cirúrgica for necessária nessas circunstâncias, uma tentativa de intubação traqueal usando um videolaringoscópio. Fonte: Brown III CA, Walls RM; Approach to the failed airway in adults outside the operating room. In H. Carin; ed., UpToDate. Waltham, Mass: UpToDate, 2020 (accessed on Semptember, 20, 2020).Fonte: Brown III CA, Walls RM. Calvin A Brown, III, MD, FAAEM; Approach to the failed airway in adults outside the operating roon In H. Carin; ed., UpToDate. Waltham, Mass: UpToDate, 2020 (accessed on Semptember, 20, 2020).

Tentativas repetidas de intubação podem resultar em lesões graves dos tecidos moles e progredir rapidamente para a situação NINO que requer uma cricotireoidostomia como procedimento potencialmente salvador de vidas. O volume alveolar no início da apneia é um importante determinante da taxa da dessaturação de oxihemoglobina, pois este é um grande estoque de oxigênio do corpo humano. O efeito da redução do volume alveolar é mais acentuado quando FAO2 (fração inicial de concentração de oxigênio nos alvéolos) é maior, por exemplo, após a pré-oxigenação (Figura 8.18). A taxa de dessaturação de oxihemoglobina, no estudo de Farmery AD,[26] foi considerada muito sensível a mudanças no FAO2 inicial com uma redução de

0,133 para 0,1, resultando em um encurtamento do tempo de apneia necessária para reduzir a saturação da oxihemoglobina para 85% em um tempo entre 84 s e 60 s. Dessa forma, a situação não intubo, não oxigeno, deve ter uma tomada de decisão muito rápida.

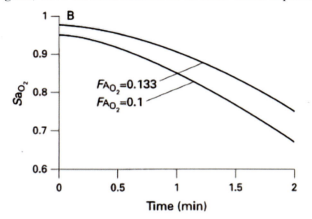

Figura 8.18. Fonte: Farmery AD, Roe PG. A model to describe the rate of oxyhaemoglobin desaturation during apnoea. Br J Anaesth. 1996 Feb;76(2):284-91. doi: 10.1093/bja/76.2.284. Erratum in: Br J Anaesth 1996 Jun;76(6):890. PMID: 8777112. Fonte: Farmery AD, Roe PG. A model to describe the rate of oxyhaemoglobin desaturation during apnoea. Br J Anaesth. 1996 Feb;76(2):284-91. doi: 10.1093/bja/76.2.284. Erratum in: Br J Anaesth 1996 Jun;76(6):890. PMID: 8777112.

Complicações associadas à tentativas repetidas de laringoscopia direta

As complicações das vias aéreas associadas à intubação orotraqueal são frequentes e muitas vezes graves. Devido à configuração em "V", as principais lesões ocorrem na porção posterior da laringe, nos processos vocais, onde a sonda encontra-se em íntimo contato com a mucosa, podendo levar a ulcerações da área e outros problemas.[27]

A morbidade do paciente vítima de tentativas repetidas de intubação traqueal, aumenta significativamente devido ao aumento da taxa de complicações relacionadas as vias aéreas com o número de tentativas laringoscópicas.

Um estudo publicado na Anesth Analg, 2004,[28] analisou as complicações relacionadas às vias aéreas e hemodinâmicas de 2.833 pacientes críticos, com base em um conjunto de variáveis definidas que foram correlacionadas ao número de tentativas necessárias para intubar a traqueia com sucesso fora da sala de cirurgia (Tabela 8.4).

Nesse estudo, evidenciou-se um aumento significativo das complicações a partir de duas tentativas laringoscópicas.[27] Além dessas complicações evidenciadas nesse artigo, têm-se as complicações menores, que ocorrem em 9,1% a 31% dos pacientes submetidos à laringoscopia direta, dentre elas estão: lesões dentárias e lesões na mucosa (sangramentos leves, escoriações, ferimentos corto-contusos).[29]

Tabela 8.4. Complicações associadas as tentativas repetidas de laringoscopia

Complicações/número de tentativas	< 2 tentativas	> 2 tentativas
Hipóxemia	11,8%	70%
Regurgitação	1,9%	22%
Aspiração	0,8%	13%
Bradicardia	1,6%	21%
Parada cardíaca	0,7%	11%

Fonte: Thomas C Mort, MD. Anesth Analg, 2004.

Perfuração esofágica, lesão de cordas vocais, dor, disfagia, sangramento, edema de laringe, hematoma, traqueíte, formação de fístula traqueal e infecções, são complicações após várias tentativas de intubação orotraqueal.[30]

O anestesiologista tem o dever de reconhecer as condições cardíacas e respiratórias do, já que tanto a laringoscopia quanto a intubação orotraqueal podem repercutir desfavoravelmente.[30]

Deve atentar também para a possibilidade de conteúdo gástrico, pois pode cursar com pneumonia aspirativa, que é uma complicação frequente.[31]

Videolaringoscopia

A videolaringoscopia (VLC) (Figura 8.19) é uma evolução da laringoscopia direta, na qual possui uma fonte de luz externa, uma micro câmera digital no terço distal da lâmina que se acopla a um monitor de vídeo.[32]

Por essa razão é possível observar os detalhes anatômicos, além de não necessitar de uma hiperextensão da cabeça durante o manuseio da VA, logo, uma menor manipulação da coluna cervical, o que facilita a IT em pacientes com trauma facial.

Comparando-se a VLC com a LD no manuseio de VAD, há uma maior visualização da laringe, além dos pontos de referência utilizados na IT, o que leva a uma maior taxa de sucesso na primeira tentativa de IT e uma redução do número de tentativas. Porém, possui algumas desvantagens, dentre elas, estão relacionadas ao custo, o qual possui um maior custo para aquisição e manutenção, diminuído a disponibilidade do vídeolaringoscópico, além do aumento do risco de lesão das partes mole, por necessitar uma boa coordenação visual-motora.

Os videolaringoscópicos se diferenciam entre eles não só pela qualidade de imagem que ele proporciona, mas também pelos diferentes formatos de lâmina, o que vai determinar a maneira na qual será inserido. Na utilização de lâminas anguladas, a inserção se faz na linha média contornando a língua, já com a utilização de lâminas tipo MAC, a inserção se dá ao longo do assoalho da boca com deslocamento da língua e achatamento do espaço submandibular. É importante ressaltar isso, pelo fato da inserção através da laringoscopia direta ser raramente alterada, mantendo-se a inserção do laringoscópio pelo lado direito da língua, rebatendo-a para o lado esquerdo.[5]

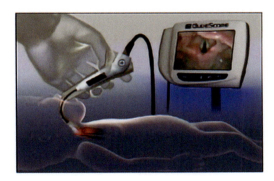

Figura 8.19. Videolaringoscópio. Fonte: Controle da Via Aérea. Fonte: Antonio Vanderlei Ortenzi, Márcio de Pinho Martins, Sérgio Luiz do Logar Mattos, Rogean Rodrigues Nunes. Rio de Janeiro: Sociedade Brasileira de Anestesiologia/SBA, 2018. Videolaringoscopio. Fonte: Controle da Via Aérea/Editores: Antonio Vanderlei Ortenzi, Márcio de Pinho Martins, Sérgio Luiz do Logar Mattos, Rogean Rodrigues Nunes. Rio de Janeiro: Sociedade Brasileira de Anestesiologia/SBA, 2018.

Casos especiais
Via aérea difícil na Criança

Problemas com a VA estão relacionados entre os incidentes mais comuns na anestesia pediátrica, sobretudo em crianças menores que um ano onde a incidência é quatro vezes maior do que das outras, pois as crianças estão em constante desenvolvimento o que também inclui o crescimento da VA.

Temos que lembrar das particularidades da VA em comparação com a do adulto, como demonstrado na Tabela 8.5.

Tabela 8.5. Diferenças anatômicas da VA da criança em relação ao adulto e suas repercussões clínicas

Anatomia/Fisiologia	Repercussão clínica
Língua próxima ao palato	Respiradores exclusivamente nasais
Narinas de tamanho reduzido	Maior resistência ao fluxo – edemas
Língua maior em relação ao espaço mandibular	Possível dificuldade na laringoscopia
Amígdalas proporcionalmente maiores	Maior possibilidade de trauma na IOT
Laringe em nível mais alto que no adulto	Respiração e deglutição simultânea até 18 meses
Va formato cônico e cricóide na região mais estreita	Uso de cânula sem balonete
Membrana cricotireóide menor	Dificuldade na cricotireoidostomia
Região occipital maior e base do crânio com cavidade menor	Apoio para ombros nas crianças mais jovens
Consumo de O2 de 7mL/Kg/min (RN) (adulto é de 3,5mL/Kg/min)	Evolução para hipóxia se ventilação inadequada
Menor capacidade residual funcional	Menor volume de armazenamento na indução
Taxa de produção de Co2 maior	Frequência respiratória mais elevada
Taxa de produção de O2 maior	Elevada frequência respiratória
Fibras tipo I em menor número	Fadiga respiratória mais frequente
Recursos recomendados	

Fonte: Controle da Via Aérea/Editores: Antonio Vanderlei Ortenzi, Márcio de Pinho Martins, Sérgio Luiz do Logar Mattos, Rogean Rodrigues Nunes. Rio de Janeiro: Sociedade Brasileira de Anestesiologia-SBA, 2018.

Dificuldade de se guardar equipamentos de VAD com diferentes tamanhos de cânulas e dispositivos adequados. Escassez de profissionais altamente especializados nesta faixa etária, especialmente em locais com recursos limitados. A Figura 8.20 compara a anatomia das vias aéreas entre o adulto e a criança.

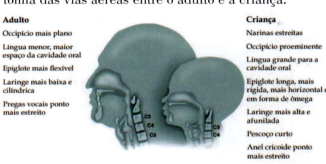

Figura 8.20. Diferença anatômicas da via aérea entre criança e adultos. Fonte: Controle da Via Aérea/Editores: Antonio Vanderlei Ortenzi, Márcio de Pinho Martins, Sérgio Luiz do Logar Mattos, Rogean Rodrigues Nunes. Rio de Janeiro: Sociedade Brasileira de Anestesiologia/SBA, 2018.) Capítulo de via aérea na pediatria. Fonte: Controle da Via Aérea/Editores: Antonio Vanderlei Ortenzi, Márcio de Pinho Martins, Sérgio Luiz do Logar Mattos, Rogean Rodrigues Nunes. Rio de Janeiro: Sociedade Brasileira de Anestesiologia/SBA, 2018.

Esses fatores contribuem para uma reserva geral de oxigênio reduzida e menor tempo até a dessaturação, ainda mais que não se obedece a pré-oxigenação consciente.[33] A história completa e minuciosa é o primeiro passo importante da avaliação e se a criança não puder responder, os pais ou responsáveis devem ser questionados,

Antecedentes devem ser bem estabelecidos, com história pregressa de possíveis complicações.[34]

Pesquisa sobre eventos como respiração, fonação, tosse, respiração ruidosa e quanto à alimentação são indicativos de anormalidades.[35] A incidência de VAD em crianças é pouco conhecida, mas algumas síndromes genéticas estão relacionadas. Fenda palatina tem uma incidência de 4,7% e 1,25% com anomalias cardíacas.[36]

Dados recentes sugerem que 23,8% das VAD pediátricas não são previstas.[37]

As diferentes técnicas e dispositivos foram desenvolvidos para contornar o problema da VA, porém, todos tem suas desvantagens e nenhum é infalível.[38]

Não podemos esquecer de algumas síndromes clínicas em crianças que podem comprometer o CVA, tais como:
- Pierre Robin: micrognatia/fenda palatina.
- Treacher Collins: hipoplasia maxilar.
- Goldenhar: Assimetria facial.

Máscara Facial

Realizar a VMF de forma eficaz é de extrema importância, já que esse é o primeiro recurso para manter uma ventilação adequada, apesar de toda evolução dos equipamentos atuais.

A melhor maneira para a VMF ser utilizada, é com o ângulo da mandíbula elevado, a boca semi aberta e máscara adaptada sob a face (Figura 8.21)[5]

Figura 8.21. Forma correta de ventilação sob máscara facial da via aérea na população pediátrica. Fonte: Controle da Via Aérea/Editores: Antonio Vanderlei Ortenzi, Márcio de Pinho Martins, Sérgio Luiz do Logar Mattos, Rogean Rodrigues Nunes. Rio de Janeiro: Sociedade Brasileira de Anestesiologia/SBA, 2018.) Capitulo de via aérea na pediatria. Fonte: Controle da Via Aérea/Editores: Antonio Vanderlei Ortenzi, Márcio de Pinho Martins, Sérgio Luiz do Logar Mattos, Rogean Rodrigues Nunes. Rio de Janeiro: Sociedade Brasileira de Anestesiologia/SBA, 2018.

Devido ao tamanho da cabeça em relação ao corpo, onde na posição de repouso tende a flexionar sobre o tórax, causando obstrução, por essa razão para o controle CVA da criança é preciso um posicionamento adequado para que o pescoço permaneça em posição neutra, com coxim sob os ombros adequado para CVA em crianças menores de 2 anos (Figura 8.22).[5]

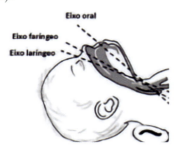

Figura 8.22. Posicionamento adequado para o CVA em crianças menores de 2 anos, com coxim sob os ombros, proporcionando melhor alinhamento dos eixos. Fonte: Controle da Via Aérea/Editores: Antonio Vanderlei Ortenzi, Márcio de Pinho Martins, Sérgio Luiz do Logar Mattos, Rogean Rodrigues Nunes. Rio de Janeiro: Sociedade Brasileira de Anestesiologia/SBA, 2018.) Capitulo de via aérea na pediatria. Fonte: Controle da Via Aérea/Editores: Antonio Vanderlei Ortenzi, Márcio de Pinho Martins, Sérgio Luiz do Logar Mattos, Rogean Rodrigues Nunes. Rio de Janeiro: Sociedade Brasileira de Anestesiologia/SBA, 2018.

É importante que a máscara tenha a conformação e tamanho compatíveis com a anatomia da criança e seja maleável e transparente.

Devemos considerar o uso de dispositivos auxiliares quando a VMF for adequada e a IT não foi possível, tais como introdutor maleável (*bougie*) ou estilete luminoso e técnicas alternativas de intubação (retromolar com uso DEGIs ou BFC).

Tubo traqueal

O tubo sem balonete foi recomendado para crianças menores de 8 anos, porém, estudos recentes recomendam tubos com balonete, exceto em neonatos.[40] Esses estudos não relatam se há ou não incidência de complicações respiratórias pós-extubação entre as crianças intubadas com ou sem balonete.[41]

Existem várias fórmulas (Fórmula 8.1) para a escolha do tamanho correto do tubo e em crianças maiores de 2 anos, utilizamos a formula de Cole, sem balonete.[42]

$$DI\ (mm) = \frac{Idade\ (anos) + 4}{4}$$

Fórmula 8.1. Fórmula de Cole sem bastonete.

Já com balonete, devido ao aumento do diâmetro externo, deve-se escolher um TT 0,5 a 1,0 mm menor, assim, utilizamos a fórmula de Khine (Fórmula 8.2) ou de Motoyama (Fórmula 8.3).[5]

8. Via Aérea Difícil

$$DI\ (mm) = \frac{Idade\ (anos)}{4} + 3$$

Fórmula 8.2. *Fórmula de* Khine.

$$DI\ (mm) = \frac{Idade\ (anos)}{4} + 3,5$$

Fórmula 8.3. *Fórmula de* Motoyama.

Tabela 8.6. Fatores que aumentam a incidência de VAD em crianças com idade inferior a 1 ano.

- Estado físico ASA III e IV
- Índice de Mallampati III e IV
- Obesidade (IMC maior ou igual a 35)
- Intubação nasotraqueal
- Cirurgia cardíaca
- Apneia do sono e roncos excessivos
- Anormalidades do ouvido externo
- Síndromes genéticas (Goldenhar, Treacher Collins, Pierre Robin)
- História prévia de problemas relacionados ao CVA

Fonte: Controle da Via Aérea/Editores: Antonio Vanderlei Ortenzi, Márcio de Pinho Martins, Sérgio Luiz do Logar Mattos, Rogean Rodrigues Nunes. Rio de Janeiro: Sociedade Brasileira de Anestesiologia/SBA, 2018.)

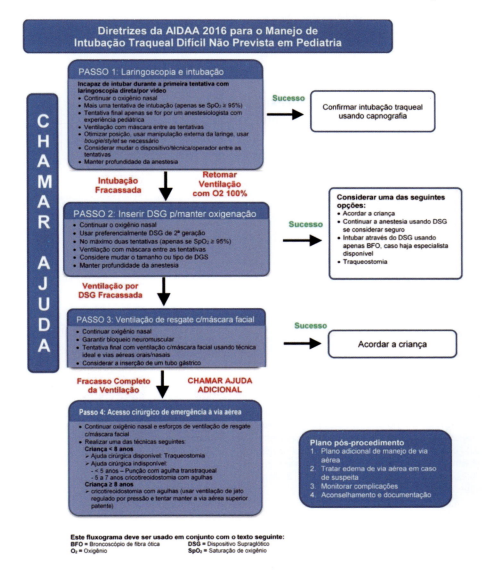

Figura 8.23. Diretrizes da Associação Pan – Indiana de vai aérea difícil para manejo de intubação traqueal não prevista em pediatria (AIDDA) RB. Fonte: Frerk C, Mitchell VS, Mc narry AF, et al. Diretrizes da Associação Pan. Fonte: Indiana de vai aérea difícil para manejo de intubação traqueal não prevista em pediatria (AIDDA) RB – Frerk C, Mitchell VS, Mc narry AF, et al.

Várias sociedades estabeleceram diretrizes nacionais e internacionais para pacientes com VAD.– Tais como ASA.[3] Colégio de Austrália e Nova Zelandia.[42] Grupo Canadense de foco em VAD.[43] Associação Pan – Indiana de VAD (AIDAA) 2016.[44] Associação de anestesistas pediátricos da Grã – Bretanha e Irlanda 2015.[45] Proposta de Wiess e Engelhardtn para manejo VAD não prevista (Suíça).[46] As recomendações das sociedades citadas acima para o manejo de VAD pediátrica são muito semelhantes, como apresentamos no fluxograma abaixo (Figura 8.23). A situação "não intubo, não oxigeno" em pediatria possui uma incidência que não é bem conhecida. A *Difficult Airway Society* (DAS) e a *American Society of Anesthesiologists* (ASA) recomendam algoritmos detalhados para essa situação. Os passos recomendados incluem chamar ajuda, conferir a posição da cabeça e do pescoço, usar cânulas oral, nasal e DEG, fazer uma segunda visualização por ILD e/ou trocar laringoscópio e lâminas.[9]

As Diretrizes das Associações Britânica, Polonesa, Indiana, recomendam até três tentativas de intubação.[47] Caso houver falha em uma das tentativas, a utilização do videolaringoscópio, associado a troca da lâmina (tamanho e característica) e o auxílio do *bougie*, são alternativas que facilitam a visualização das cordas vocais e consequentemente a auxiliam para o manuseio da via aérea.

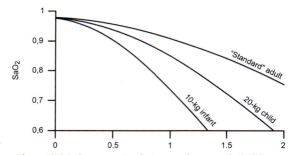

Figura 8.24. Comparação do tempo de curso de SaO2 em apneia em crianças com o adulto padrão. Fonte: Farmery AD, Br J Anaesth. 1996 Feb;76(2):284-91. Fonte: Farmery AD, Roe PG. A model to describe the rate of oxyhaemoglobin desaturation during apnoea. Br J Anaesth. 1996 Feb;76(2):284-91. doi: 10.1093/bja/76.2.284. Erratum in: Br J Anaesth 1996 Jun;76(6):890. PMID: 8777112.

Tabela 8.7.

Diretrizes - Conduta inicial no CVA da criança e do neonato

Avaliação	- Previsão de VAD
Preparação	- Carrinho de VAD e outros equipamentos de intubação de emergência - Cirurgião e equipamento cirúrgico disponíveis em caso de VAD prevista
Pré-indução	- Monitores padrão - Acesso venoso quando possível - Otimizar posicionamento
Pré-oxigenação	- Monitores padrão - Acesso venoso quando possível - Otimizar posicionamento
Indução	- Paralisia pode ser usada - Manter profundidade anestésica
Ventilação e Oxigenação	- Otimizar a ventilação com posicionamento - Manter oxigenação passiva sempre que possível - Evitar distensão gástrica
Intubação	- Melhorar a visão das cordas vocais com manipulação externa da laringe - Selecionar lâmina de laringoscopia adequada - Avanço do tubo endotraqueal de tamanho adequado - Estilete de VA maleável conforme necessário - Confirmar colocação correta endotraqueal
Intubação fracassada	- Limitar a 2 vezes, mudando a técnica ou o profissional e chamar ajuda.

Fonte: Controle da Via Aérea/Editores Antonio Vanderlei Ortenzi, Márcio de Pinho Martins, Sérgio Luiz do Logar Mattos, Rogean Rodrigues Nunes. Rio de Janeiro: Sociedade Brasileira de Anestesiologia/SBA, 2018.

Tabela 8.8.

Dispositivos	Via aérea Cirúrgica
Supraglótico de vias aéreas (Selecionar o tamanho e o tipo)	Traqueostomia
Considerar como um conduto de intubação, caso a intubação seja desejada.	Cricotireoidostomia
Se for confirmar a posição, usar a lente de fibra ótica	

Fonte: Controle da Via Aérea/Editores: Antonio Vanderlei Ortenzi, Márcio de Pinho Martins, Sérgio Luiz do Logar Mattos, Rogean Rodrigues Nunes. Rio de Janeiro: Sociedade Brasileira de Anestesiologia/SBA, 2018.

Via aérea difícil na Gestante

Toda paciente obstétrica deve ter avaliação da VA, mesmo que seja para realização de bloqueios do neuroeixo (raquianestesia/peridural). Devemos destacar as dificuldades com IOT, bem como a colocação de máscara facial e dispositivo supraglótico (DSG) e também o acesso cirúrgico (Cricotomia).

A anestesia geral em obstetrícia pode ser um procedimento de alto risco e que causa certo estresse ao anestesiologista, pelas alterações anatômicas, fisiológicas e ainda a natureza da urgência.[48] Com as alterações anatômicas e fisiológicas da gravidez, essas pacientes obstétricas podem ser classificadas como potencial portadoras de VAD.[48,49]

Dentre dos fatores de falha de IOT durante AG, podemos encontrar aspectos clínicos, circunstanciais e humanos. Em 2018, em recentes estudos, encontraram uma taxa de falha de IOT de 2,6 a cada 1.000

Tabela 8.9. Fatores que preveem problemas com intubação traqueal, ventilação sob máscara, inserção de dispositivo supraglótico de via aérea (DSG), e acesso à via aérea à parte frontal do pescoço

	Intubação Traqueal	Ventilação c/Máscara Facial	Inserção do DSG	Acesso à Parte Frontal do Pescoço
Índice de massa corporal > 35 kg/m²	X	X	X	X
Circunferência do pescoço > 50 cm	X	X	X	X
Distância tireomentoniana < 6 cm	X	X	X	
Pressão cricoide	X	X	X	
Grau de Mallampati 3-4	X	X		
Deformação fixa de flexão da coluna cervical	X			X
Problemas de dentição (má dentição, dentes desalinhados)	X		X	
Outros (apneia obstrutiva do sono, protrusão reduzida do maxilar inferior, edema da via aérea)	X	X		
Abertura da boca < 4 cm	X			

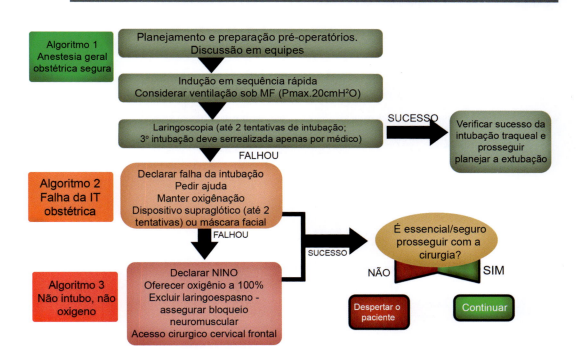

Figura 8.25. Fonte: Controle da Via Aérea/Editores: Antonio Vanderlei Ortenzi, Márcio de Pinho Martins, Sérgio Luiz do Logar Mattos, Rogean Rodrigues Nunes. Rio de Janeiro: Sociedade Brasileira de Anestesiologia/SBA, 2018. Capitulo de via aérea na pediatria. Fonte: Controle da Via Aérea/Editores: Antonio Vanderlei Ortenzi, Márcio de Pinho Martins, Sérgio Luiz do Logar Mattos, Rogean Rodrigues Nunes. Rio de Janeiro: Sociedade Brasileira de Anestesiologia/SBA, 2018.

anestesias gerais obstétricas (1 a cada 390) e mortalidade materna associada de 2,3 a cada 100000 anestesias obstétricas gerais e 1 morte a cada 90 intubações falhas. A intubação difícil ocorre em 1 a cada 21 intubações obstétricas em comparação a 1 em cada 50 não obstétricas, (49) equivale a 8 vezes maior do que a população em geral.[48,49]

Alterações da gestação que dificultam a abordagem da via aérea (Tabela 8.9).

A associação de anestesiologistas obstétricos (AAO) e a Sociedade de VAD, descreveram diretrizes para uma abordagem mais segura (Figura 8.25).[50]

Os equipamentos essenciais para o manuseio de VAD das gestantes devem estar disponíveis e a presença de anestesiologista experiente.

Passo a passo da intubação de VAD em gestante:
1. Posicionamento correto. Às vezes é necessário o uso de vários coxins.
2. Pré oxigenação 2 a 3 minutos com Oxigênio a 100% e ter aspirador ligado em mãos.
3. A compressão cricóidea (Sellick) deve ser aplicada sem interrupção por um auxiliar e verificar essa pressão para não interferir na ventilação.
4. Manter a pressão cricóidea e assim que houver relaxamento, realizar a laringoscopia e IOT.
5. Na presença de dificuldade de IOT, chamar imediatamente por ajuda, pois a dessaturação ocorre rapidamente na paciente obstétrica e há risco de hipoxemia.

A chave para resolver a situação "NÃO VENTILO, NÃO OXIGENO" a conduta deve ser rápida de acordo com algoritmo de VAD, sendo elas, máscara laríngea, combitube, ventilação a jato transtraqueal (VJTT) e a cricotireoidostomia. Não se deve insistir com muitas tentativas de laringoscopia, pois podem levar à edema e sangramento pois acaba piorando a ventilação e tornando a situação mais grave, introduzir "GUM ELASTIC BOUGIE auxiliar simples e valioso.

Se houver falha de IT, segundo alguns estudos, utilizar a Máscara laríngea: apesar das controvérsias devido à possibilidade de regurgitação.

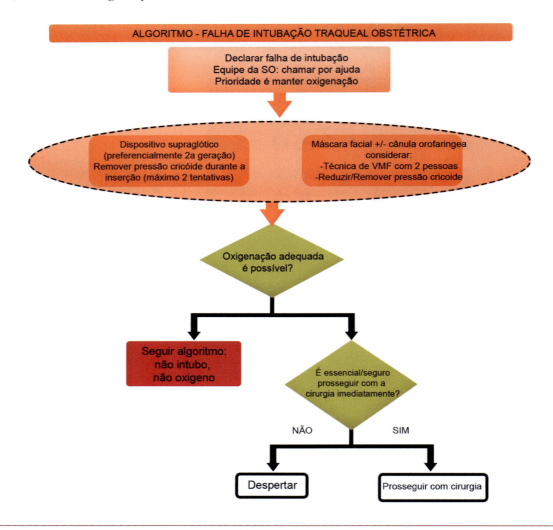

Figure 8.26. Algoritmo 2 – falha na intubação obstétrica. Fonte: Controle da Via Aérea/Editores: Antonio Vanderlei Ortenzi, Márcio de Pinho Martins, Sérgio Luiz do Logar Mattos, Rogean Rodrigues Nunes. Rio de Janeiro: Sociedade Brasileira de Anestesiologia/SBA.[20]

Se o procedimento não for urgente, temos a possibilidade de acordar o paciente e reiniciar o procedimento para garantir uma VA.[50]

Geralmente os anestesiologistas tem pouco treinamento para realizar AG obstétrica e se faz necessário maior treinamento baseado em simulação. AG em obstetrícia está associada a altas taxas de falha de intubação traqueal e eventos adversos associados. Portanto, temos que priorizar a oxigenação das vias aéreas e técnicas alternativas. A adição de videolaringoscópios pode reduzir a taxa de intubação falha.

Via aérea no Covid-19

Sabe-se que a transmissão do SARS-Cov-2 se dá através, de gotículas, as quais são eliminadas ao falar, tossir ou espirrar a partir de uma pessoa contaminada com o vírus, logo, para o manuseio da via aérea desses pacientes, têm-se cuidados especiais com a produção de aerossóis pelos mesmos, a proteção dos médicos responsáveis por esse manuseio e da equipe responsável pelo paciente.[52]

Pacientes diagnosticado com COVID, que apesar das medidas de suporte não invasivas de oxigênio, que não consegue manter uma SatO2 > 94% ou FR ≤ 24 irpm, deve-se pensar na indicação de IOT.[52,53]

A Associação de Medicina Intensiva Brasileira, recomenda que a IOT seja realizada por um médico experiente, para que se aumente a chance da intubação na primeira tentativa, além disso, que seja apto em realizar cricotireoidostomia, se necessário.[53]

Segunda essa mesma associação, recomenda-se que a IOT seja realizada utilizando:

Pré-oxigenação: utilização de máscara com reservatório com o menor fluxo de ar possível, mas que mantenha a oxigenação efetiva. Deve-se evitar o dispositivo o bolsa-válvula-máscara e os supraglóticos, pois possuem potencial de aerossolização.

Preconiza-se sequência rápida de intubação, com garantia de efetivo bloqueio neuromuscular, visando facilitar a intubação, para que seja realizada na primeira tentativa e para evitar o reflexo de tosse durante o procedimento, o qual aumenta a eliminação de gotículas. A Lidocaína é utilizada na pré-medicação (3 minutos antes da intubação), por ser capaz de abolir os reflexos laríngeos.

A utilização de EPI, em especial o Face Shield, dificulta a visualização, por esse motivo, a videolaringoscopia é preconizada como a primeira escolha, além de possuir lâminas descartáveis, o que diminuiria a contaminação cruzada.

O clampeamento dos tubos é importante quando necessário a troca de ventiladores, com objetivo de reduzir a aerossolização.[53]

Via aérea na emergência
Crash Airway

A abordagem de crash-airway baseia-se na necessidade de controle imediato das vias aéreas no paciente que não responde, com pouca probabilidade de se beneficiar de medicamentos. O paciente com crash-airway está inconsciente, sem resposta e com função

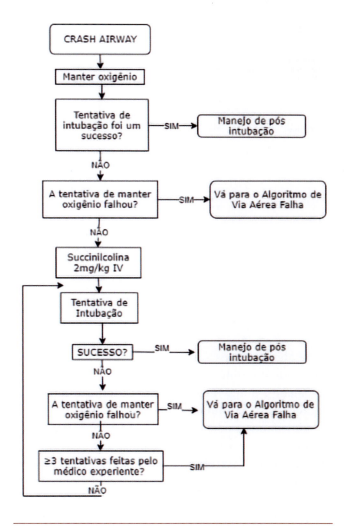

Figura 8.27. Crash airway. Fonte: Brown III CA, Walls RM. Calvin A Brown, III, MD, FAAEM; Advanced emergency airway management in adults In H. Carin; ed., UpToDate. Waltham, Mass: UpToDate, 2020. (accessed on Semptember, 20, 2020)Fonte: Brown III CA, Walls RM. Calvin A Brown, III, MD, FAAEM; Advanced emergency airway management in adults In H. Carin; ed., UpToDate. Waltham, Mass: UpToDate, 2020. (accessed on Semptember,20,2020).

cardiopulmonar ausente ou gravemente comprometida. As perguntas a seguir representam os principais pontos de ramificação no algoritmo de crash-airway e refletem os princípios importantes subjacentes ao gerenciamento de crash-airway.[51]

Paciente no Trauma
Sinais de comprometimento das vias aéreas

Em pacientes com trauma direto na face, pescoço ou parte superior do tórax que não apresentam queda das vias aéreas, o médico realiza um exame cuidadoso em busca de sinais de comprometimento das vias aéreas. Esses sinais podem incluir qualquer um dos seguintes (Tabela 8.10).

Tabela 8.10.

Sinais diretos de comprometimento das vias aéreas:	Sinais indiretos de comprometimento das vias aéreas:	Sinais de desenvolvimento de comprometimento das vias aéreas:
Dispneia	Paciente Babando	Queimaduras não superficiais do rosto ou pescoço
Estridor	Trismo (contralura dolorosa da musculatura da mandíbula)	Sangramento intenso na orofaringe ou nasofaringe
	Dor ao deglutir (odinofagia)	Creptações no pescoço ou parte superior do tórax
	Desvio traqueal ou outra anormalidade anatômica envolvendo a laringe ou traqueia	Hematoma no pescoço ou parte inferior da face
		Rouquidão ou outras alterações na voz
		Sensação subjetiva de falta de ar, apesar da saturação de oxigênio adequada

Fonte: Brown III CA, Walls RM. Calvin A Brown, III, MD, FAAEM; Advanced emergency airway management in adults In H. Carin; ed., UpToDate. Waltham, Mass: UpToDate, 2020 (accessed on Semptember, 20, 2020).

Se algum desses sinais for identificado, geralmente é prudente proteger as vias aéreas do paciente precocemente, antes que ocorra deterioração adicional significativa. É importante ressaltar que os sinais listados acima podem não estar presentes durante o exame inicial do médico. É necessário reavaliar os pacientes que sofreram trauma direto significativo nas vias aéreas, e que as vias aéreas não foram garantidas precocemente.

Via aérea difícil prevista:

A abordagem especifica é determinada pelas lesões do paciente, características físicas que sugerem difícil manejo das vias aéreas e quais recursos o médico possui disponível. A via aérea traumatizada pode ser de difícil manejo, com isso, qualquer ajuda é viável (p. ex., médicos da emergência, anestesiologista e cirurgiões do trauma).

As questões mais importantes a serem questionadas perante uma via aérea traumatizada (ou qualquer via aérea difícil) são:[51]

- Há tempo? Ou seja, a saturação de oxigênio (SpO2) do paciente pode ser mantida acima de 90%?
- Há dificuldade em ventilação com bolsa-máscara (BMV)?

SpO2 acima de 90%: Ainda há tempo para considerar abordagens diferentes e fazer preparações. Se a oxigenação adequada não for possível de manter, considerar via aérea falha, e a via aérea definitiva deverá ser estabelecida rapidamente. (Ver Figura 8.15).[51]

SpO2 permanecer acima de 90% e nenhum fator de risco para BMV difícil for identificado: O médico pode optar por usar a intubação de sequência rápida (ISR) para proteger as vias aéreas. Se a BMV difícil for prevista, a ISR pode representar riscos, considerar intubação acordada.[51]

Concomitantemente a abordagem da ISR ou acordada o ideal é fazer a preparação para um possível cricotireoidostomia, caso a tentativa de IOT seja falha, para isso, enquanto é feita a preparação das medicações para a ISR outro médico deverá fazer a limpeza do pescoço, marcar os pontos de referência e deixar o *kit* para a cricotireoidostomia aberto e preparado a beira leito.[51]

Via aérea difícil não prevista: Pacientes com trauma direto em suas vias aéreas podem se apresentar em situações extremas, sem resposta e sem ventilação ou circulação efetiva (crash airway, ver Figura 8.21).[51]

Se o paciente com trauma direto das vias aéreas mantiver os sinais vitais, oximetria de pulso e estado mental normais, e não manifestar NENHUM dos sinais de comprometimento iminente das vias aéreas, o paciente é um candidato para observação. No entanto, muitos pacientes que sofreram trauma direto nas vias aéreas não mostram sinais iniciais de instabilidade das vias aéreas, mas mostram sinais que sugerem comprometimento iminente. Esses pacientes precisam de manejo definitivo precoce das vias aéreas, evitando possíveis crises futuras, pois quando a via aérea se torna uma ação imediata pode não dar tempo de salvar o seu paciente, pois o seu manejo se torna mais difícil e as medicações podem não estar prontas.[51]

Paciente obeso

O índice de massa corporal (IMC) é muito usado para classificar o excesso de peso e a obesidade em adultos (Tabela 8.11) e é definido como o peso de uma pessoa em quilogramas dividido pelo quadrado de altura em metros (kg.m²).[5]

Tabela 8.11. Classificação da OMS de sobrepeso e obesidade de acordo com o IMC

Classificação	IMC (kg.m⁻²)
Normal	18,5 – 24,99
Sobrepeso	25 – 29,99
Obesidade grau I	30 – 34,99
Obesidade grau II	35 – 39,99
Obesidade grau III (mórbida)	40 – 49,99
Superobesidade	50 – 59,99
Supersuperobesidade	≥ 60

Fonte: OMS 2016.

Fonte: Controle da Via Aérea/Editores: Antonio Vanderlei Ortenzi, Márcio de Pinho Martins, Sérgio Luiz do Logar Mattos, Rogean Rodrigues Nunes. Rio de Janeiro: Sociedade Brasileira de Anestesiologia/SBA, 2018.)

O excesso de deposição de tecido adiposo nas VAS, o consumo aumentado de O2, a redução dos volumes pulmonares e aumento da resistência das VAS em pacientes obesos podem causar rápida dessaturação da oxi-hemoglobina durante o CVA ou após a extubação. O tempo para obter a resposta da oxigenação desses pacientes é extremamente reduzido, e o risco de hipóxia grave é uma realidade. A dificuldade durante o CVA e ventilação inadequada podem acarretar complicações potencialmente fatais nesses pacientes que não toleram a hipoxemia.[5]

Conforme o artigo apresentado por Farmery AD, Br J Anaesth,[26] é mostrado o exemplo de um paciente com obesidade mórbida, sua saturação de oxiemoglobina caiu para 85% após 46 s (Figura 8.28). Além disso, um menor volume de sangue relativo reduz a capacidade tampão das reservas de oxigênio do corpo. A pré-oxigenação eficaz em um adulto padrão resulta em um tempo de queda da SaO2 para 85% em 502 s. Isso é reduzido para 180 s no Bebês de 10 kg e 171 s em obesos mórbidos.

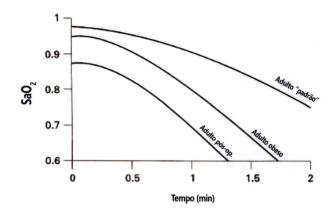

Figura 8.28. Curso de tempo de SaO2 na apneia do paciente obeso e no paciente pós-operatório "típico" em comparação com o adulto sem comorbidades. Fonte: Farmery AD, Br J Anaesth. 1996 Feb;76(2):284-91.. Fonte: Farmery AD, Roe PG. A model to describe the rate of oxyhaemoglobin desaturation during apnoea. Br J Anaesth. 1996 Feb;76(2):284-91. doi: 10.1093/bja/76.2.284. Erratum in: Br J Anaesth 1996 Jun;76(6):890. PMID: 8777112.

Caso Clínico:

Caso apresentado no 48° CBA – Recife e enviado por:

Dr. Anibal de Oliveira Fortuna - TSA SBA; corresponsável do CET-SBA Integrado de Santos (SP)[54]

Máscara laríngea de intubação e lipomatose cervical (síndrome de Madelung).
Anibal O Fortuna*, Valéria B. Melhado, Armando Fortuna

Introdução: Doença de Madelung, ou lipomatose cervical, é uma patologia benigna rara onde volumosos infiltrados gordurosos não encapsulados se alojam de forma simétrica na região cervical, restringindo sua movimentação. O tratamento é cirúrgico e a dificuldade maior é a intubação, dado ao grande volume e restrição na mobilidade cervical.

Relato do Caso: Paciente masculino, 76 anos, baixa estatura, pescoço curto em forma triangular, com uma massa volumosa ao seu redor, boa abertura bucal, Mallampati III.

Conduta: Pela evidente dificuldade de intubação pelos métodos convencionais, optamos pelo emprego da MLI – Máscara Laríngea de Intubação "Fastrach" no suporte ventilatório inicial e posterior intubação por seu intermédio.

Técnica:

- Sedação leve com Midazolam 3,0 mg e Fentanil 50 microgramas IV, Lidocaína 1% endovenosa 130 mg para atenuar reflexos,

- Iniciamos uma lenta indução inalatória com Enflurano e N2O sob máscara facial.

- Indução inalatória com o paciente sob ventilação espontânea.

Discussão:

O uso da MLI permite que alguns casos antes difíceis, possam ser manuseados com maior facilidade e segurança, mesmo na ausência de fibroscopia.

1
Doença de Madelung
Lipomatose cervical.

2
MLI nº 4 e TT, de látex reforçado nº 36, com sonda naso-gástrica nº 18G em sua luz (SNG 3 cm para fora do TT).

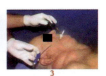
3
Com indução inalatória sob ventilação espontânea, foi possível a inserção de MLI nº 4 com facilidade.

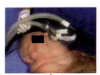
4
MLI inserida e ventilação adequada.
O plano anestésico foi aprofundado afim de iniciar a intubação

5
Inserção do conjunto TT-SNG através da MLI.

6
Balonete do tubo inflado, confirmada a intubação.

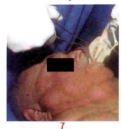
7
Remoção da MLI.

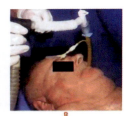
8
TT em posição.

Figure 8.29. Anibal O Fortuna*, Valéria B. Melhado, Relato de caso: Máscara laríngea de intubação e lipomatose cervical (síndrome de Madelung). Armando Fortuna, https://www.viaaereadificil.com.br/casos_clinicos/casos_clinicos.htm#CC-Jabba

Referências bibliográficas

1. Otolaringol Clin (north) Am,2019 Dec: 52(6) 6 115-1125.CookTM, Woodall N, Frerk C. Fourth National Audit Project, Major complications of airway management in the UK: results of the Fourth-National Audit Project of the Royal College of Anesthetists and the difficult airway society Part 1: anaesthesia. Br J anaesth 2011: 106-617.
2. Apfebaum JL, Hagberg CA, Caplan RA et al, Practice guidelines for management of the difficult airway: na uodate reporty by the American Society of Anesthbesiologists tak force on management of the difficult airway. Anesthesiology 2013; 118-251
3. De Apfelbaum JL, Hagberg CA, Caplan RA, et al: Practice guidelines for management of the difficult airway: An Updated Report by the American Society of Anesthesiologists Task Force on Management of the Difficult Airway. Anesthesiology 2013; 118:251–270 doi: https://doi.org/10.1097/ALN.0b013e31827773b2
4. Controle da Via Aérea / Editores: Antonio Vanderlei Ortenzi, Márcio de Pinho Martins, Sérgio Luiz do Logar Mattos, Rogean Rodrigues Nunes. Rio de Janeiro: Sociedade Brasileira de Anestesiologia/SBA, 2018
5. Matsumoto Toshio, Carvalho Werther Brunow de. Intubação traqueal. J. Pediatr. (Rio J.) [Internet]. 2007 May [cited 2020 Sep 07] ; 83(2 Suppl): S83-S90. Available from: http://www.scielo.br/scielo.php?script=sci_arttext&pid=S0021-75572007000300010-&lng en. http://dx.doi.org/10.1590/S0021-75572007000300010.
6. Sessler DI. Temperature Regulation and Monitoring, em: Miller RD, Cohen NH, Eriksson LI, Fleisher LA, et al. Miller's Anesthesia. 8ª Ed, Philadelphia, Elsevier Saunders, 2015; 5791
7. Reed AP, evolution and recoginition of da difficult Airwy, em Hagberg C, Beunomof's Airway ManMosby Elselvieragente 2ªEd, Philadelphia, dificuldade
8. Pearce A, Evoluation of the airway and preparation for difficulty. Best parct. Res clin .Anesthesiol .2005:19(4):559-70
9. Finucane BT,Tsui BCH, Santora AH.Evalution of the airway, em Finucane BT, Tsui BCH,Santora AH. Principles of airway management. New York. Springer,2011;27-58.
10. Brow III, CA, Walls RM. Identification of the difficult and failed airway. In BrowIII Ca, Sakles JC, Mick NW. The Wall manual of emergency airway management. 5ªed. Philadelphia; Wolters Kluwer, 2018, p 32-53
11. Brown III CA, Walls RM. Approach to the anatomically difficult airway in adults outside the operating room In H. Carin; ed., UpToDate. Waltham, Mass: UpToDate, 2020. (accessed on September,08,2020)
12. Mallampati e col (RB) Mallampati SR, GattLD et al. A clinical sign to predict difficult intubation. Can Anaest Soc j.1985;32 (4):429-34
13. Samsoong GLT, Yong JRB. Difficult tracheal intubation: a retrospective study.Anaesthesia.1987;42(5):487-90.
14. Brow III, CA, Walls RM. Identification of the difficult and failed airway. In BrowIII Ca, Sakles JC, Mick NW. The Wall manual of emergency airway management. 5ªed. Philadelphia : Wolters Kluwer, 2018, p 32-53
15. Orebaugh Steven, MD, Snyder V James. Direct laryngoscopy and endotracheal intubation in adults; ed., UpToDate. Waltham, Mass: UpToDate, 2020. (accessed on September,10,2020)
16. Chang F, Yagneswaran B, Liao P. et al. STOP questionare: a tool screen patients for obstructive sleep apnea. Anesthesiology, 2008; 108:812-21.e atualizado em 2017.
17. Berkow,MD; Airway management for induction of general anesthesia. In H. Carin; ed., UpToDate. Waltham, Mass: UpToDate, 2020. (accessed on Semptember,20,2020).
18. Rosenblatt; MD Management of the difficult airway for general anesthesia in adults. In H. Carin; ed., UpToDate. Waltham, Mass: UpToDate, 2020. (accessed on October,08,2020)
19. Green J, Tsui B, Applications of ultrasonography in ENT: airway assessment and nerve blockade Anesthesiology Clin , 2010;28:541-53
20. Chou H, Wu T. Mandibulohyoid distanc in difficult laryngoscop. Br J Anaesth, 1993; 71:335-9. HuiCM,Tsui BC. Sublingual ultrasound as an assessmente method for predicting difficult intubation: a pilot study. Anaesthesia. 2014.
21. Protocolo de intubação com fibra óptica acordada na sala de cirurgia para via aérea antecipada. Anesth Analg, Maio de 2019; 128(5): 971-980.
22. Sakles JC; Wofson AB; Emergency cricothyrotomy (cricothyroidotomy)In H. Carin; ed., UpToDate. Waltham, Mass: UpToDate, 2020. (accessed on October, 08,2020)

23. Brown III CA, Walls RM. Approach to the anatomically difficult airway in adults outside the operating room In H. Carin; ed., UpToDate. Waltham, Mass: UpToDate, 2020. (accessed on October, 08,2020)

24. Manoj K Mittal, MD, ML, MRCP (UK), Anne M Stack MD. Needle cricothyroidotomy with percutaneous transtracheal ventilation. In H. Carin; ed., UpToDate. Waltham, Mass: UpToDate, 2020. (accessed on October, 08,2020)

25. Farmery AD, Roe PG. A model to describe the rate of oxyhaemoglobin desaturation during apnoea. Br J Anaesth. 1996 Feb;76(2):284-91. doi: 10.1093/bja/76.2.284. Erratum in: Br J Anaesth 1996 Jun;76(6):890. PMID: 8777112.

26. Martins RHG, Dias NH, Braz JRC, Castilho EC. Complicações das vias aéreas relacionadas à intubação oro traqueal. Ver Bra de Otorrinolaringol, 2004, 70(5) 671-7.

27. Thomas C Mort. Emergency tracheal intubation: complications associated with repeated laryngoscopic attempts. Anesth Analg. 2004 Aug;99(2):607-13. Acesso em 28 de setembro de 2020. In Pubmed; PMID: 15271750.

28. CORVO, Marco Antonio dos Anjos et al Complicações extralaríngeas das cirurgias por laringoscopia direta de suspensão. Rev. Bras. Otorrinolaringol., São Paulo , v. 73, n. 6, p. 727-732, Dec. 2007.

29. Lutke C, VentorinJP, Silva SC,Melhado VB, Ortenzi AV, Via aérea difícil . SAVA: suporte avançado de vida. Sociedade Brasileira de Anestesiologia, 2004; 12:142-6

30. Iohom G,Ronayane M, Cunningham Aj. Prediction of difficult tracheal intubation.Eur J Anesthesiol.2003;20(1):31-6

31. Kilicaslan, Alper et al. Eficácia do videolaringoscópio C-MAC no manejo de intubações malsucedidas inesperadas. Rev. Bras. Anestesiol., Campinas , v. 64, n. 1, p. 62-65, Feb. 2014

32. Walas W, Aleksandro Wicz D, Borszenska – Kormacka M, et al.Unanticipated difficult airway management in children. The consensus statement of the paediatric. Anaesthesiology and intensive therapy and the polish SO. Anaesthesiol Inthensive Ther, 2017;49(5):336-349.

33. Gregory GA, Riazi J, Classifiction and assessment of the difficult pediatric airway , Anesthesiol Clin Nam,1998;16 (4):729-41

34. Adewale L, Anatomy and assesssment of the pediatric airway, Paediatr Anaesth. 2009; 19 (Suppl 1); 51-8,

35. Xue OS. Zhang GH. Li et al. The clinical observation of difficult laryngoscopy and difficult in infantis with clift lip and palate, Pediatr Anesth . 2006;16:283-9.

36. Henrich S. Birk HolzT.. Jhmsen H et al, Incidence and predictors of difficult laringoscopy in 11219 pediatric anestesia procedures . Paedriatr Anesthesia 2012; 22:729-736

37. Gómez –RiosMÁ , Can fibroptic bronchoscopy be replaced by vídeo laringoscopy in the management of the difficult airway ? Ver Esp Anestesiol Reanim, 2106;63:189-91

38. Cox J. Cuffed tubes endottracheal tubes be used routnely in children? Can J Anaesth.2005;52:669-74i

39. JamesJ, Cuffed tubes in children ., Paediatr Anaesthn. 2001 ;11:259-63

40. Lochie J, De Beer D. Equipament and basic anaesthesia techiniques. In Bingham R, Lloyd –Thomas A, Sury M (ED). Hatch and Summer"textbook of pediatric anaesthesia, 3ª ed London Hodlder.Arnold. 2007,p.272-94

41. Baker PA, Flanagan BT, Greenland KB, et al, Equipament to manage a difficult airway during anaesthesia. Anaesth Intensive Care 2011; 39 (1): 16-34 –

42. Lanja JÁ, Broenling N, Cooper M, et al; Canadian Airway focus group. The difficult airway with recommendations for management- part 2- the antecipation difficult airway . Can J anesth 2013;60(11): 119-1138.

43. Pawar DK, Doctor JR, Raveendra US, et al. All Indian difficult Association 2016. Guidelines for the management of unanticipated difficult tracheal intubation in pediatrics. Indian J Anaesth, 2016;60(12): 906-914.

44. Black AE , Flynn PER, Smith HL, et al. Development, of guideline for the management of the unantipated difficult airway in pediatric pratice. Paediatr Anaesth . 2015 ; 25(4) : 346-62

45. Weiss M, Engelhardt T. Propposed for the management of the unexpected difficult pediatric 464airway.; .2010;20(5) : 454-

46. Walas W, Aleksandrocwicz D,, Borszewaska—Kumacka M, et al. Untecipated difficult airway management in children- The section of the Polish Society of anesthesiology and intensive therapy and the Polish so. Anesthesiol Intensive Ther. 2017;49(5):336-349.

47. Munnur U, de Boisdablanc R , Surecresh MS, Airway problems in pregnancy. Crit Med, 2005;33(10 Suppl): 5259- 68.

48. SBA RB - Mackeen DM, George RB, et al. Difficult and failed intubation: Incident rates and maternal, obstetrical and anesthetic prediction Can J Anesth , 2011; 58: 514-524. RB – Kinsella SM, Wintor AL, Mushambi MC et al. Failed tracheal intubation during obstetric general anasesthesia: a literaturereview IntJ Obstet .Anaesth . 2015 ; 24:356-374.

49. Mushambi MG, Kinsella SM, Popet M, et al. Obstetrics anaesthetists Association and difficult airway society guidelines for da management of difficult and failed tracheal intubation in obstetrics. Anaesthesia 2015; 70 : 1286- 1306.

50. Brown III CA, Walls RM. Calvin A Brown, III, MD, FAAEM; Advanced emergency airway management in adults In H. Carin; ed., UpToDate. Waltham, Mass: UpToDate, 2020. (accessed on Semptember,20,2020)

51. OPAS/OMS. Organização Pan-americana da Saúde/ Organização Mundial da Saúde. Mane- jo Clínico da COVID-19. Orientação provisória, 27 Maio, 2020.

52. AMIB. Associação de Medicina Intensiva Brasileira. Recomendações da Associação de Medicina Intensiva Brasileira para abordagem do COVID-19 em medicina intensiva. Abril, 2020.

53. Anibal O Fortuna*, Valéria B. Melhado, Relato de caso: Máscara laríngea de intubação e lipomatose cervical (síndrome de Madelung). Armando Fortuna, https://www.viaaereadificil.com.br/ casos_clinicos/casos_clinicos.htm#CC-Jabba. Acessado em: 11 de outubro de 2020

CAPÍTULO 9

Fisiologia Respiratória

FERNANDA GADELHA FERNANDES
THAYNÁ DARA DO AMARAL BRUM RAMOS
LUIZ FERNANDO DOS REIS FALCÃO

O conhecimento da fisiologia respiratória é parte essencial da formação e atuação do médico anestesiologista. Durante o ato anestésico pode ocorrer profundas alterações da função pulmonar, com mudança no drive respiratório, ventilação pulmonar e aeração alveolar. Adicionalmente, a anestesia geral é acompanhada com ventilação mecânica com pressão positiva que pode ser seguida de complicações pulmonares no pós-operatório e aumento da morbimortalidade. Desta forma, o conhecimento da fisiologia respiratória se faz condição *sine qua non* para a manutenção da qualidade e segurança do ato anestésico. Neste capítulo, organizamos a abordagem do tema incluindo os tópicos: estrutura e funcionamento do sistema respiratório, mecânica da respiração e ventilação alveolar, fluxo sanguíneo pulmonar, relação entre ventilação e perfusão, difusão e transporte de gases, regulação do equilíbrio ácido-base e controle da respiração.

■ ESTRUTURA E FUNCIONAMENTO DO SISTEMA RESPIRATÓRIO

Anatomia

O sistema respiratório pode ser dividido funcionalmente em duas porções (Figura 9.1): a porção condutora de ar, que permite a comunicação do meio interno com o meio externo, e a porção respiratória propriamente dita, onde ocorre a troca gasosa. A porção condutora compreende o nariz, a faringe, traqueia e parte da árvore brônquica (brônquios e bronquíolos terminais), enquanto a porção respiratória abrange a parte terminal da árvore brônquica (bronquíolos respiratórios), os alvéolos pulmonares e os pulmões.[1,3]

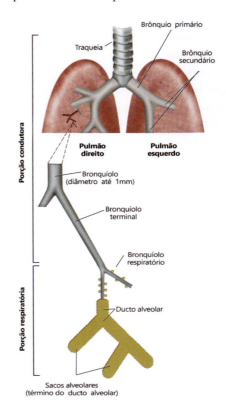

Figura 9.1. Principais divisões do aparelho respiratório. Fonte: Junqueira e Carneiro, 2013.

Entre as funções das estruturas condutoras do ar estão a passagem, filtração, umidificação e aquecimento do ar inspirado, encaminhando-o em condições ideais para as estruturas respiratórias, onde ocorre a hematose, ou seja, a difusão de oxigênio para dentro da circulação pulmonar. Após a troca gasosa e difusão de gás carbônico para fora dos capilares pulmonares na porção respiratória, as vias condutoras irão levar o dióxido de carbono para o meio externo, concluindo, então, a ventilação pulmonar.[1,3]

O aquecimento do ar é devido, em maior parte, à rica vascularização das conchas nasais e ao turbilhonamento do fluxo de ar durante a passagem por essas estruturas. O epitélio respiratório é pseudoestratificado, constituído por células cilíndricas ciliadas e células caliciformes produtoras de muco, ambas fundamentais para a limpeza do ar inspirado. O muco secretado pelas células caliciformes adere às partículas invasoras e é conduzido pelos cílios das células epiteliais em direção à orofaringe, onde será deglutido e levado ao trato digestório.[3] A mucosa da porção condutora do trato respiratório possui células e componentes do sistema imunológicos, especialmente linfócitos e nódulos linfáticos, plasmócitos e macrófagos, que contribuem ainda mais para a proteção do corpo contra substâncias e patógenos vindos do ar.[3] Esses componentes imunes formam um tecido linfoide nos brônquicos, conhecido como BALT (tecido linfático associado aos brônquios).

A árvore brônquica, iniciada a partir da bifurcação da traqueia, tem origem nos brotos brônquicos e abrange os brônquios principais, brônquios lobares, bronquíolos segmentares, bronquíolos supra-segmentares, bronquíolos terminais, bronquíolos respiratórios, ductos alveolares e sacos alveolares. A traqueia se ramifica em dois brônquios principais, que entram no hilo pulmonar, sendo o brônquio principal direito mais curto, calibroso e vertical do que o esquerdo. Essa característica anatômica favorece a entrada de objetos e partículas estranhas ou até mesmo de patógenos oriundos do ar no pulmão direito em detrimento do pulmão esquerdo, visto que o brônquio principal direito se apresenta como um trajeto mais simples.[1,3] Durante o processo de intubação orotraqueal, a passagem excessiva do tubo traqueal pode ocasionar o seletivamente pulmonar, sendo este geralmente à direita. O brônquio principal direito se bifurca em 3 brônquios lobares, superior, médio e inferior, cada um dos quais se ramifica em, respectivamente, em 3, 2 e 5 brônquios segmentares. O brônquio principal esquerdo se divide em 2 brônquios lobares, superior e inferior, que se ramificam, cada um, em 4 brônquios segmentares (Figura 9.2).

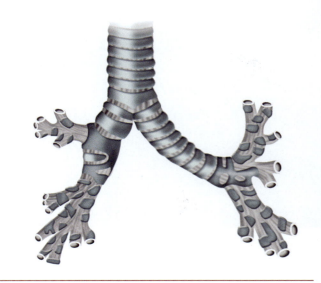

Figura 9.2. Estrutura da árvore brônquica. Fonte: Netter, 2004.

Os brônquios lobares conduzem o ar para os respectivos lobos pulmonares, e dão origem a bronquíolos segmentares ao se modificarem. Os bronquíolos segmentares originam bronquíolos terminais, que se bifurcam em bronquíolos respiratórios. A passagem dos bronquíolos terminais para os bronquíolos respiratórios representa a transição da porção condutora para a porção respiratória.[1,3]

A parede dos brônquios principais é constituída por cartilagem e músculo liso. No entanto, a estrutura e composição das paredes dos bronquíolos se modificam e reduzem em espessura ao chegar próximo à porção respiratória, com o objetivo de facilitar a hematose. A partir dos bronquíolos, não há mais presença de cartilagem.[3] Após os bronquíolos respiratórios, existem ductos alveolares que terminam em alvéolos, as unidades funcionais do trato respiratório, presentes em grande quantidade nos pulmões. Os alvéolos se unem em sacos alveolares, revestidos por capilares sanguíneos, e que representam a porção final da árvore brônquica.[3] Os alvéolos são constituídos por dois tipos celulares: os pneumócitos do tipo I e pneumócitos do tipo 2. Os pneumócitos do tipo I possuem membrana delgada e são responsáveis pela hematose, enquanto os pneumócitos do tipo II são ricos em grânulos de secreção e liberam uma substância formada por proteínas e fosfolipídios na superfície dos alvéolos, o surfactante pulmonar. O surfactante tem como função principal a redução da tensão superficial dos alvéolos, evitando o colapso alveolar durante a expiração e permitindo a ventilação pulmonar.[1,3] Outra célula presente nos alvéolos são os macrófagos alveolares, que fagocitam partículas de poeira vindas do ar.[1,3] Entre os alvéolos existe uma estrutura conhecida como septo interalveolar, formada por pneumócitos de dois alvéolos vizinhos, separados pelo interstício pulmonar com tecido conjuntivo e capilares sanguíneos. Os alvéolos que formam o septo se comunicam por poros, que permitem a circulação do ar entre eles.[3,5] Adicionalmente, uma importante estrutura pulmonar é a membrana alveolocapilar, composta por tecido epitelial e endotelial, local por onde ocorre a troca gasosa. Espessamento na membrana alveolocapilar (p. ex., edema e fibrose) pode acarretar dificuldade na troca gasosa.

O pulmão está localizado na região torácica, protegido pelo gradil costal. O pulmão direito é maior do que o pulmão esquerdo. Esses órgãos são formados por um ápice, uma base e três faces: face costal, em contato com as costelas, a face diafragmática, em contato com o diafragma, e a face mediastinal, onde se encontra a raiz ou hilo pulmonar.[4] O hilo pulmonar é o local de entrada e saída de estruturas vasculares, linfáticas e nervosas. Por ele, passam as artérias e veias pulmonares e brônquicas, os vasos linfáticos pulmonares e os nervos pulmonares, além de ser o local de entrada dos brônquios principais.[4]

O pulmão direito possui três lobos (superior, médio e inferior), e duas fissuras (oblíqua e horizontal). Já o pulmão esquerdo é formado apenas por dois lobos (superior e inferior), e apresenta uma única fissura (oblíqua). Outra estrutura anatômica importante é a língula do pulmão, localizada na base do pulmão esquerdo. A Figura 9.3 ilustra a anatomia superficial dos pulmões.[4]

Os pulmões são revestidos por uma membrana serosa, a pleura, composta por 2 folhetos: pleura parietal, que reveste a parede da cavidade torácica, e pleura visceral, que reveste a superfície pulmonar. Entre essas duas lâminas, existe um espaço virtual preenchido por líquido lubrificante que permite o deslizamento sem atrito dos folhetos durante a respiração, denominado espaço pleural.[3]

Os pulmões são supridos por vasos sanguíneos que exercem diferentes funções. As artérias e veias pulmonares são vasos funcionais, encarregados da hematose e conversão de sangue venoso em sangue arterial rico em oxigênio. Os vasos com função de irrigação sanguínea e drenagem, respectivamente, são as artérias e veias brônquicas, que levam sangue oxigenado e nutrientes para o parênquima pulmonar.

A inervação do parênquima pulmonar é feita por fibras do sistema nervoso autônomo, e apenas a pleura possui terminações nervosas sensoriais de dor. As fibras parassimpáticas induzem a contração do músculo liso brônquico, causando broncoespasmo e aumento da resistência à ventilação. As fibras simpáticas são

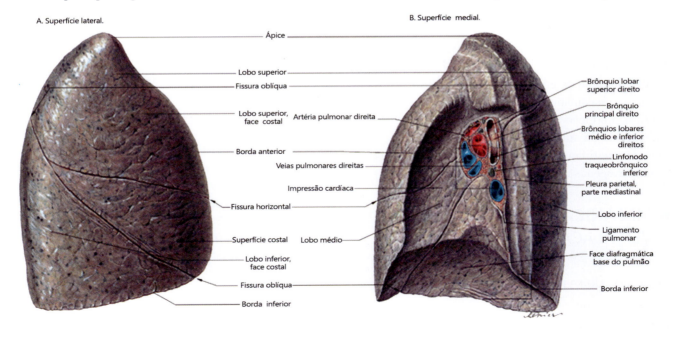

Figura 9.3. Anatomia de superfície dos pulmões. Fonte: Sobotta, 2006.

responsáveis pela broncodilatação, entre outras funções abrangentes no sistema respiratório.[1]

Funções básicas do sistema respiratório

O sistema respiratório possui como função primordial a troca de gases, de modo a prover suprimento de oxigênio necessário para as funções básicas do organismo e remover o gás carbônico oriundo dos processos metabólicos teciduais. Esse processo, em que ocorre a difusão de gases entre os pulmões e o meio ambiente, é denominado hematose, e permite a transformação do sangue venoso pobre em oxigênio em sangue arterial oxigenado, que irá circular pelas estruturas corporais.[1] No entanto, a troca gasosa não é a única função dos pulmões. Esses órgãos desempenham papel importante na regulação da temperatura corporal, uma vez que a ventilação pulmonar leva à perda de água e calor.[1] Além disso, os pulmões são a segunda linha de defesa do organismo contra alterações nos valores de pH sanguíneos, agindo após os sistemas tampões. A frequência respiratória aumenta em casos de acidose metabólica e reduz em casos de alcalose metabólica, permitindo a regulação do equilíbrio ácido-base por meio da eliminação ou retenção de gás carbônico.[1]

O endotélio dos vasos sanguíneos pulmonares produz moléculas que influenciam na ação de substâncias vasoativas, sendo um exemplo conhecido a enzima conversora de angiotensina (ECA), que permite a conversão de angiotensina I em uma molécula vasoconstritora potente, a angiotensina II, que atua na regulação da pressão arterial por meio do sistema renina-angiotensina-aldosterona.[1] As vias respiratórias atuam, ainda, na defesa do organismo contra agentes invasores provenientes do meio externo, visto que a mucosa respiratória possui mecanismos de proteção, como a presença de cílios, a produção de muco pelas células caliciformes e glândulas da submucosa e os reflexos da tosse e do espirro, que dificultam a entrada de patógenos e substâncias exógenas no meio interno.[1,2]

■ MECÂNICA DA RESPIRAÇÃO E VENTILAÇÃO ALVEOLAR

Músculos da respiração e caixa torácica

A ventilação pulmonar consiste na troca de ar entre a atmosfera e os pulmões, realizada por meio de dois eventos principais: a inspiração, que se configura como um movimento ativo, e a expiração, caracterizada como um processo passivo, sem necessidade de contração muscular, e de duração ligeiramente maior. Para a expansão e retração pulmonar, é necessária a participação de estruturas musculoesqueléticas, em especial o gradil costal e o músculo diafragma, além de outras estruturas acessórias que podem ser utilizadas em condições especiais (Figura 9.3).[2,6,7]

O diafragma, que delimita inferiormente a cavidade torácica, é o músculo mais importante da respiração, sendo capaz de aumentar ou reduzir o volume da caixa torácica. Na respiração espontânea, que ocorre em condições normais durante o repouso, a inspiração é mediada principalmente pelo movimento descendente do diafragma ao se contrair, o que empurra as vísceras abdominais e aumenta o volume da cavidade torácica, reduzindo a pressão pleural e permitindo a entrada de ar. Em contrapartida, a expiração é realizada pelo relaxamento e subida do diafragma, causando retração dos pulmões e da parede torácica, o que aumenta a pressão pleural e induz a expulsão do ar para o meio externo.[2,6,7]

Os músculos inspiratórios podem ser primários, utilizados durante a inspiração basal, ou acessórios, ativos principalmente durante a respiração vigorosa. Entre os músculos inspiratórios primários, atuantes na inspiração normal, estão incluídos o diafragma, responsável pela maior parte do ar que entra nos pulmões, e os músculos intercostais externos, que elevam as costelas a aumentam o tamanho da cavidade torácica.[6,7] Os músculos inspiratórios acessórios, que permitem uma inspiração forçada durante exercícios físicos e em algumas situações de doença, potencializando a ventilação pulmonar, compreendem os músculos esternocleidomastóideos, escalenos, trapézio, grande dorsal, peitoral maior e os eretores da espinha.[6,7] Durante o repouso, as costelas estão inclinadas inferiormente e o esterno paralelo a coluna vertebral. Na inspiração, os músculos intercostais externos, serráteis anteriores e escalenos elevam as costelas, agindo como alavancas, enquanto os músculos esternocleidomastóideos movem o esterno anteriormente, afastando-o da coluna vertebral. Portanto, esses músculos contribuem para o movimento inspiratório por meio da elevação da caixa torácica, aumentando o diâmetro anteroposterior do tórax e facilitando o influxo de ar para dentro dos pulmões.[2,7]

Como mencionado, a expiração basal é passiva, ocorrendo sem contração muscular e sendo possibilitada pelo relaxamento do diafragma e pela retração elástica dos pulmões e da parede torácica. Todavia, os músculos da expiração atuam em situações em que há necessidade de uma maior frequência respiratória, por exemplo durante a prática de atividades físicas e em caso de obstrução das vias aéreas. Esses músculos são representados primordialmente pelos músculos abdominais e intercostais internos, havendo participação também dos músculos peitorais maior e transverso do tórax.[6,7] Os músculos expiratórios permitem uma expulsão forçada do ar presente no interior dos pulmões por meio da depressão da caixa torácica. A contração dos músculos reto do abdome, oblíquo interno, oblíquo externo e transverso do abdome causa compressão do conteúdo abdominal, empurrando as vísceras para cima e comprimindo os pulmões, e os músculos intercostais internos, com ajuda do músculo reto abdominal, puxam as costelas para baixo, reduzindo o diâmetro da cavidade do tórax e expelindo rapidamente o ar para fora dos pulmões. Os músculos peitoral maior e transverso do tórax contribuem para a expiração forçada deslocando as costelas para baixo, o que aumenta a pressão no interior da cavidade torácica e favorece a saída do ar.[2,6]

Pressões pulmonares

A ventilação alveolar, ou seja, a circulação do ar entre o ambiente externo e os alvéolos, tem como mecanismo principal as diferenças de pressões entre diversos compartimentos, de modo que o fluxo aéreo se dá de um meio com maior pressão para um meio que contém níveis pressóricos mais baixos.[2,7] As principais pressões que permitem a ventilação pulmonar são a pressão pleural, a pressão alveolar e a pressão transpulmonar.[2,7]

Os pulmões situam-se dentro da cavidade torácica, suspensos unicamente pelo hilo pulmonar, e envoltos por um revestimento seroso que oferece proteção e os separa da parede torácica, a pleura. Essa membrana é constituída por um folheto mais interno, que reveste diretamente a superfície pulmonar, sendo denominado pleura visceral, e um folheto externo, que reveste a superfície interna da cavidade torácica, chamada de pleura parietal.[2,7] Entre os dois componentes da pleura existe um espaço virtual, a cavidade pleural, que contém uma fina camada de líquido lubrificante, possibilitando o deslizamento dos dois folhetos entre si. Esse líquido é constantemente reciclado, sendo drenado continuamente por vasos linfáticos pulmonares. Essa sucção cria uma pressão negativa no espaço pleural, chamada de pressão pleural, que favorece o surgimento de uma força de tração entre a pleura visceral e a pleura parietal, puxando a superfície do pulmão em direção à parede torácica.[2,7]

A pressão negativa originada entre a pleura parietal e a pleura visceral é conhecida como pressão pleural, e sofre variações durante os movimentos respiratórios. No repouso e durante o início da inspiração, essa pressão fica em torno de -5 cmH_2O, sempre negativa e inferior à pressão atmosférica, e é importante para evitar o colapso dos alvéolos pulmonares.[2,7] Na inspiração normal, essa pressão se torna mais negativa, assumindo valores de $-7,5$ cmH_2O. Isso ocorre, pois,

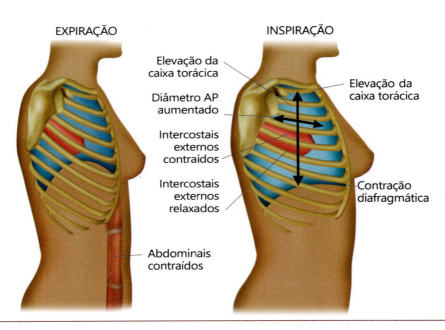

Figura 9.4. Participação dos músculos e das estruturas torácicas nos movimentos pulmonares. Fonte: Guyton e Hall, 2017.

a expansão da caixa torácica, mediada pelos músculos respiratórios, puxa os pulmões e aumenta o volume do espaço estreito entre as lâminas pleurais, reduzindo consequentemente a pressão.[2] Em compensação, durante a expiração, a retração da caixa torácica reduz novamente o espaço entre a pleura parietal e a pleura visceral, aumentando a pressão pleural para níveis de -3 cmH_2O.[2]

Outra pressão importante para a ventilação é a pressão alveolar, definida como a pressão exercida pelo ar presente no interior dos alvéolos pulmonares. A pressão de referência zero (0 cmH_2O) nas vias respiratórias é obtida quando a pressão alveolar se iguala à pressão atmosférica, ou seja, em um valor de aproximadamente 760 mmHg. Isso ocorre durante o período em que não há circulação de ar entre os pulmões e o ambiente, e a glote permanece aberta permitindo o equilíbrio pressórico entre o meio intrapulmonar e o meio externo.[2,7] Para que haja fluxo de ar entre dois compartimentos, é necessário haver diferença de pressão entre eles, de modo que o ar possa fluir de um local de maior pressão para outro de menor pressão. Essa diferença de pressão é obtida por meio de variações do volume pulmonar. Sendo assim, durante a inspiração, os músculos inspiratórios aumentam o volume dos pulmões e a pressão alveolar cai para valores negativos, atingindo cerca de -1 cmH_2O, o que permite o influxo de ar para dentro dos pulmões.[2,7] Em contrapartida, durante a expiração, a pressão alveolar se eleva para níveis positivos, alcançando 1 cmH_2O, o que impulsiona o ar para fora dos compartimentos alveolares.[2]

Além das pressões referenciadas, a pressão transpulmonar, pressão ao qual a membrana alveolocapilar está submetida, é fundamental para determinar o volume do ar que entra nos pulmões.[2] A medida dessa pressão pode ser obtida por meio da diferença entre a pressão alveolar e a pressão pleural (Figura 9.5), e é diretamente proporcional à quantidade de ar que entra nos alvéolos pulmonares.[2]

PRESSÃO TRANSPULMONAR = PRESSÃO ALVEOLAR – PRESSÃO PLEURAL

Figura 9.5. Cálculo da pressão transpulmonar.

A pressão transpulmonar permite mensurar a força de expansão dos pulmões, que se opõe à retração elástica e impede que os alvéolos sofram colapso durante as fases da respiração. Assim, quanto mais negativa a pressão pleural, maior a tração sobre os alvéolos

pulmonares e a expansão dos pulmões, permitindo, assim, o influxo de maiores volumes de ar.[2]

Fatores intrínsecos aos pulmões que influenciam na ventilação

Para a execução do movimento inspiratório, é necessária certa energia e trabalho muscular para vencer a resistência exercida pelas forças elásticas pulmonares e torácicas, pela viscosidade dos pulmões e da parede torácica e pela resistência das vias aéreas à entrada e passagem do ar até os alvéolos.[2,8] O tecido pulmonar é constituído em grande parte por fibras de colágeno e elastina. Ao final da expiração, as fibras elásticas estão dobradas, e começam a se alongar com a inspiração e expansão pulmonar, o que favorece o acúmulo de uma força elástica que tende a retrair e colabar os pulmões.[2,8] Adicionalmente, os alvéolos pulmonares são revestidos em sua face interna por uma fina camada de moléculas de água que, em contato com o ar alveolar, criam uma interface ar-líquido. As moléculas de água nessa região de contato com o ar possuem ligações de hidrogênio muito intensas, que exercem uma forte atração umas sobre as outras, levando ao surgimento de uma tensão superficial direcionada para dentro que tenta aproximar e colabar as paredes alveolares. Essa tensão superficial é responsável pela maior parte das forças que tentam colapsar os pulmões.[2,7,8]

Para vencer a tendência ao colapso efetuada pela tensão superficial do líquido que reveste o interior dos alvéolos, as células epiteliais alveolares, especificamente os pneumócitos do tipo II, produzem um agente tenso ativo denominado surfactante pulmonar. O surfactante é composto principalmente por uma mistura de proteínas, fosfolipídios e íons cálcio, e tem a propriedade de reduzir a força das pontes de hidrogênio entre as moléculas de água, atenuando a resistência oferecida pelo líquido à expansão alveolar.[2,8]

O influxo de ar para dentro dos alvéolos é limitado ainda pela resistência oferecida pelas paredes brônquicas à passagem do ar, sendo esta inversamente proporcional ao calibre das vias respiratórias. Essa resistência diminui na inspiração, quando o diâmetro interno das vias aéreas se eleva devido à tração das suas paredes para fora, e aumenta durante a expiração, quando o diâmetro bronquiolar diminui. A resistência pode ser influenciada também pela contração ou relaxamento do músculo liso que reveste a árvore brônquica, sendo a broncodilatação e a broncoconstrição principalmente reguladas pela inervação proveniente do sistema nervoso autônomo simpático e parassimpático, respectivamente.[7]

A complacência dos pulmões é uma propriedade fundamental para a determinação da expansão e ventilação alveolar, e pode ser definida como o grau de aumento do volume pulmonar por unidade de elevação da pressão transpulmonar, possibilitada pela distensão das fibras elásticas que compõem o tecido pulmonar e pela presença do surfactante pulmonar, ou seja, representa a medida da capacidade que os pulmões têm de se expandir, e tem valor de aproximadamente 0,2 litros de ar por unidade de aumento da pressão transpulmonar.[2,7] A complacência pulmonar é inversamente proporcional à força necessária para a expansão dos pulmões, ou seja, à pressão necessária para vencer as forças de resistência exercidas pela elasticidade do parênquima pulmonar e pela tensão superficial do líquido existente no revestimento interno dos alvéolos.[2]

Volumes e capacidades dos pulmões

O fluxo de ar para dentro e para fora dos pulmões é identificado por volumes específicos que, em combinação, dão origem às capacidades pulmonares. Os volumes pulmonares são: volume corrente, volume de reserva inspiratório, volume de reserva expiratório e volume residual. Esses volumes são variáveis fisiologicamente de acordo com características individuais, sendo maiores no sexo masculino e em pessoas jovens, com maiores alturas e massas corporais, além de que podem estar alterados em situações de doença.[2,7,9]

O volume corrente (VC) é definido como o volume de ar inspirado ou expirado a cada respiração normal, ou seja, o volume de ar envolvido em um ciclo respiratório espontâneo, e geralmente está em torno de 0,5 litro. Esse volume é importante pois permite calcular a ventilação-minuto, ou seja, o volume de ar inspirado a cada minuto, que é obtido pelo produto entre a frequência respiratória e o VC, e em condições normais

tem valor de 6 L/min, quando o paciente realiza 12 incursões respiratórias a cada minuto.[2,7,9] O volume de reserva inspiratório (VRI) é o volume extra de ar que pode ser inspirado, além do volume corrente, em uma inspiração forçada e profunda, sendo em média 3 litros.[2,7] O volume de reserva expiratório (VRE) é o volume máximo de ar, além do volume corrente, que pode ser expirado em uma expiração vigorosa e forte, sendo cerca de 1,1 litros.[2,7] O volume residual (VR) é o volume de ar remanescente nos pulmões após uma expiração forçada, ou seja, após VRE ser expirado, representando em torno de 1,2 litros. A permanência desse volume de ar dentro dos alvéolos é possível devido à pressão pleural negativa, que impede o colapso pulmonar e mantém os alvéolos abertos mesmo após a expiração.[2,7,9]

As capacidades pulmonares são compostas pela combinação de dois ou mais volumes, e estão representadas de forma resumida na Tabela 9.1. A capacidade inspiratória (CI) é a soma do volume corrente com o volume de reserva inspiratório, assumindo valores de cerca de 3,5 litros.[2,7,9] A capacidade residual funcional (CRF) é a soma do volume de reserva expiratório com o volume residual, representando a quantidade de ar que permanece nos pulmões após uma respiração basal espontânea, e tem valores de 2,3 litros.[2,7,9] A capacidade vital (CV) é a soma do volume de reserva inspiratório com o volume corrente e com o volume de reserva expiratório, e significa a quantidade máxima de ar que pode ser mobilizada entre uma inspiração e expiração forçadas, com valores de cerca de 4,6 litros. Pode ser resumida como sendo a soma da capacidade inspiratória com o volume residual expiratório.[2,7,9] Por último, a capacidade pulmonar total é a soma da capacidade vital com o volume residual, e indica o volume máximo de expansão pulmonar na respiração forçada, sendo em torno de 5,8 litros. Pode ser descrita também como a soma da capacidade inspiratória com a capacidade residual funcional.[2,7,9]

Tabela 9.1. Capacidades pulmonares

Capacidade pulmonar	Definição	Volume (em litros)
Capacidade inspiratória (CI)	CI = VC + VRI	3,5 litros
Capacidade residual funcional (CRF)	CRF = VRE + VR	2,3 litros
Capacidade vital (CV)	CV = VRI + VC + VRE CV = CI + VRE	4,6 litros
Capacidade pulmonar total (CPT)	CPT = CV + VR CPT = CI + CRF	5,8 litros

FLUXO SANGUÍNEO PULMONAR

Anatomia da circulação pulmonar

Os pulmões são supridos por duas circulações diferentes, e recebem fluxo sanguíneo de volume igual ao débito cardíaco. Os vasos de drenagem e irrigação são as artérias brônquicas, que são encarregadas de suprir com sangue arterial, rico em nutrientes e proveniente da circulação sistêmica, o parênquima pulmonar propriamente dito e seu tecido de sustentação, e as veias brônquicas, que drenam o sangue venoso proveniente dessas estruturas para as veias pulmonares, a partir de onde será levado para o átrio esquerdo do coração.[2,10,11] Os vasos sanguíneos funcionais são representados pelas artérias e veias pulmonares, que possuem fluxo com alto volume, baixa pressão intravascular e baixa resistência e são responsáveis pela hematose e pela oxigenação do sangue que chega ao coração.[2,10,11]

Os pulmões possuem íntima relação com o ciclo cardíaco, e recebem todo o volume sanguíneo ejetado pelo ventrículo direito durante a sístole ventricular por meio das artérias pulmonares. Ao receber o sangue venoso proveniente do retorno venoso ao coração, os pulmões, por meio da hematose que ocorre nos capilares alveolares, são responsáveis pela eliminação do dióxido de carbono e oxigenação do sangue, retornando em seguida o sangue arterial para o átrio esquerdo do coração por meio das veias pulmonares. O sangue oxigenado será distribuído, a partir da câmara ventricular esquerda, para os tecidos periféricos, perfundindo, nutrindo e permitindo o funcionamento dos diversos sistemas corporais.[2,10,11]

Distribuição do sangue pelos pulmões

Os pulmões são importantes reservatórios sanguíneos, visto que grande volume de sangue fica armazenado nas veias, artérias e capilares que constituem a circulação capilar. Em situações patológicas em que há perda de sangue sistêmico, como em hemorragias maciças, o sangue presente nos pulmões é desviado automaticamente para a circulação sistêmica, compensando pelo menos em parte a redução da volemia.[2]

Para que a hematose seja eficiente, é fundamental que o fluxo sanguíneo pulmonar seja direcionado para regiões contendo alvéolos mais ventilados, e isso é favorecido pelo mecanismo de vasoconstrição em resposta à hipóxia. As células epiteliais alveolares possuem a capacidade de reagir a situações de baixa oxigenação alveolar com a produção de substâncias vasoconstritoras, que atuam nas artérias e arteríolas adjacentes aumentando a resistência desses vasos ao fluxo sanguíneo. Isso faz com que o fluxo sanguíneo seja desviado para vasos arteriais adjacentes a alvéolos que recebem um maior volume de ar, resultando em uma oxigenação mais satisfatória do sangue. Essa resposta vasopressora à hipóxia é transitória, sendo revertida quando são alcançadas condições normais de oxigenação.[2,11]

Efeitos da pressão alveolar sobre o fluxo sanguíneo pulmonar

O fluxo sanguíneo dentro dos pulmões pode ser dividido em 3 zonas (zonas de West), sendo as zonas 2 e 3 fisiológicas e a zona 1 patológica (essas zonas e suas características estão resumidas na Tabela 9.2). Isso ocorre, pois, a interferência exercida pelo ar alveolar sobre a circulação dos capilares alveolares é variável em diferentes alturas dos pulmões.[2,10,11] Essa influência é determinada pela diferença entre a pressão alveolar, que tende a comprimir e colabar as paredes externas dos capilares sanguíneos, e a pressão arterial do sangue que circula no interior dos vasos capilares, que mantém o vaso aberto e é diretamente proporcional à pressão hidrostática, ou seja, ao desnível da região pulmonar onde o capilar se localiza em relação ao coração.[2,10]

Logo, quando a pressão alveolar é maior do que a pressão arterial no capilar alveolar em todos os momentos do ciclo cardíaco, ocorre o colapso de suas paredes e a obliteração do fluxo sanguíneo nesse vaso, caracterizando a zona 1 do fluxo sanguíneo pulmonar. Essa zona não ocorre em condições normais, se manifestando unicamente em situações patológicas, como em caso de grandes hemorragias com hipotensão grave ou em altas pressões alveolares.[2,10,11] Por outro lado, nos ápices dos pulmões, a interferência da pressão alveolar sobre o fluxo sanguíneo capilar varia de acordo com a fase do ciclo cardíaco, resultando em um fluxo sanguíneo intermitente. Na sístole, a pressão arterial se torna superior à pressão do ar alveolar, de forma que os capilares alveolares permanecem abertos e o sangue circula normalmente. Porém, durante a diástole cardíaca, a pressão arterial cai para níveis inferiores à pressão do ar dentro dos alvéolos, que comprime as paredes externas dos vasos e interrompe a passagem do sangue. Portanto, a hematose só irá ocorrer durante a fase sistólica do ciclo cardíaco. Esse fenômeno caracteriza a zona 2 do fluxo sanguíneo alveolar, e ocorre em condições normais na região superior dos pulmões, quando é adotada a posição ortostática.[2,10,11]

Tabela 9.2. Zonas de fluxo sanguíneo pulmonar em posição ereta

Zona	Pressão arterial (PA) x Pressão do ar alveolar	Fluxo sanguíneo pulmonar	Situações de ocorrência
Zona 1	PA < pressão do ar alveolar	Sístole: ausente Diástole: ausente	Patológicas
Zona 2	Sístole: PA > pressão do ar alveolar Diástole: PA < pressão do ar alveolar	Sístole: presente Diástole: ausente	Ápices pulmonares
Zona 3	PA > pressão do ar alveolar	Sístole: presente Diástole: presente	Bases pulmonares

Nas bases pulmonares, em posição ereta, o maior desnível em relação ao coração determina uma pressão hidrostática mais elevada e, consequentemente, maiores medidas de pressão arterial nos capilares alveolares. Sendo assim, a pressão no interior dos vasos capilares é superior à pressão exercida pelo ar dentro dos alvéolos, permitindo que os vasos permaneçam abertos e o sangue circule de forma contínua nas regiões inferiores dos pulmões, que constituem a zona 3 do fluxo capilar pulmonar.[2,10,11]

■ RELAÇÃO V/Q

A troca gasosa ocorre nos pulmões entre o ar alveolar e o sangue dos capilares pulmonares. Para que a troca gasosa efetiva ocorra, os alvéolos devem ser ventilados e perfundidos. A ventilação (V) se refere ao fluxo de ar para dentro e para fora dos alvéolos, enquanto a perfusão (Q) se refere ao fluxo de sangue para os capilares alveolares. Os alvéolos individuais apresentam graus diferentes de ventilação e perfusão em diferentes regiões do pulmão. Mudanças na ventilação e perfusão dos pulmões são medidas clinicamente usando a relação ventilação / perfusão (V/Q).[16]

Em condições normais, durante a ventilação, a base do pulmão é tracionada para baixo. Sendo assim, é a região que mais aumenta de volume e, consequentemente, a que tem a melhor ventilação. Durante a perfusão o sangue entra nos pulmões e por meio da ação da gravidade, ele se dirige para a base pulmonar. Portanto, a perfusão é maior na base do que no ápice.[2,16,17] Com isso, a ventilação e a perfusão são maiores na base pulmonar, logo, a quantidade de trocas gasosas é maior na base quando comparada ao ápice.

Nas condições em que há descasamento, é importante avaliar a relação ventilação-perfusão (V/Q) como forma de avaliar quantitativamente as trocas gasosas na condição de desequilíbrio.[2,16,17] Os dois distúrbios da relação V/Q são conhecimentos como efeito espaço morto e efeito shunt. O efeito espaço morto ocorre sempre que a ventilação regional é maior que a perfusão, portanto, a relação V/Q é maior que 1. Este fenômeno pode ser resumido como alvéolos bem ventilados, contudo mal perfundidos. O efeito shunt aparece quando a perfusão regional excede a ventilação, portanto a relação V/Q menor que 1. Este fenômeno é conhecido como alvéolos mal ventilados, mas bem perfundidos.

■ DIFUSÃO E TRANSPORTE DE GASES

A movimentação dos gases pelo sistema respiratório é feita por meio da difusão. Tanto o sistema respiratório quanto o sistema circulatório apresentam características anatômicas e fisiológicas que permitem a difusão de forma facilitada. Uma das características é a curta distância a ser percorrida entre a barreira alveolocapilar, diferença dos gradientes da pressão parcial e gases que possuem propriedades de difusão mais favoráveis.[2,16]

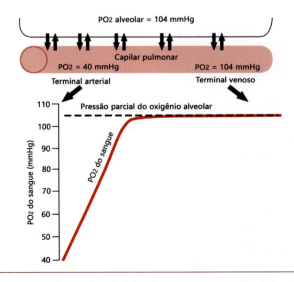

Figura 9.5. Difusão do oxigênio alveolar para o capilar pulmonar. Fonte: Guyton e Hall, 2017.

De acordo com a Figura 9.5, temos um alvéolo com pressão parcial de O_2 = 104 mmHg. O capilar possui na sua entrada uma pressão parcial de O_2 = 40 mmHg. Essa figura demonstra que, à medida que o sangue passa pelo capilar, ele recebe oxigênio por difusão até que a PO_2 no capilar e no alvéolo sejam iguais. Nesse momento, a difusão não ocorrerá mais e a PO_2 no capilar se tornará constante.[2]

O transporte do oxigênio no sangue consiste na sua ligação com a hemoglobina (Hb) e o transporte de dióxido de carbono na forma de bicarbonato. A curva de saturação da hemoglobina descreve a pressão de oxigênio no sangue e a saturação resultante, sendo relacionada a quantidade de oxigênio, em volume, que pode ser transportado. A Figura 9.6 descreve a situação apresentada.[2,10,16]

podem alterar o padrão sigmoide da curva, alterando a saturação de hemoglobina. No entanto, o fator de adaptação da hemoglobina impede que alterações na pressão parcial de oxigênio sejam importantes na captação dele, por isso, nem sempre o indivíduo sentirá sintomas relacionados à hipóxia.[2,13]

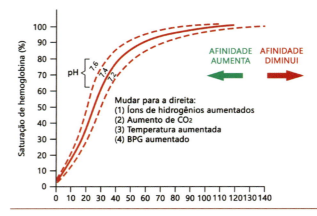

Figura 9.7. Alteração da afinidade do oxigênio pela hemoglobina. Fonte: adaptada de Guyton e Hall, 2011.

Portanto, o oxigênio se difunde para o meio intersticial, e em seguida, para as células, que o utilizam nos processos de geração de energia, produzindo, assim, CO_2, que deverá ser eliminado, difundindo-se para o sangue. Nele, se ligará as substâncias químicas que aumentarão em 15 a 20 vezes a eficiência de transporte do CO_2 dos tecidos ao pulmão.[2,13] O transporte de CO_2 pode ser feito de três formas, dissolvida no plasma, no interior das hemácias e combinado com a hemoglobina. Assim, para a liberação de CO_2 nos alvéolos e a remoção de CO_2 pelo tecido, é necessário entender o efeito Haldane. À medida que a PO_2 aumenta ou diminui no sangue, ocorre uma alteração na afinidade do CO_2, dessa forma, quando há uma PO_2 aumentada, a afinidade pelo CO_2 diminui e vice e versa. Quando o sangue chega aos tecidos, o oxigênio é liberado em direção ao tecido, diminuindo a PO_2 e fazendo com que aumente a afinidade do sangue pelo CO_2, facilitando a remoção dele dos tecidos. Resumidamente, no tecido o efeito aumenta a remoção de CO_2 e no pulmão, aumenta a liberação de CO_2. A Figura 9.8 ilustra a situação descrita.[2,13,15]

Portanto, o efeito Haldane é mais importante que o efeito Bohr, pois ele duplica a capacidade de remoção do CO_2 do tecido, facilitando a liberação para o ar alveolar.[15]

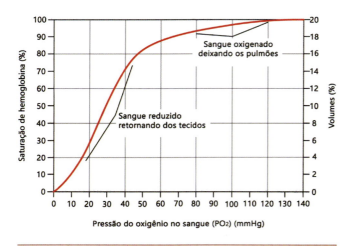

Figura 9.6. relação da saturação de hemoglobina com a pressão de oxigênio sanguíneo. Fonte: Guyton e Hall, 2017.

Para a liberação do oxigênio, dissociando-o da hemoglobina, é feito um estímulo, caracterizado pelo efeito Bohr, o qual estimula a dissociação de ambos. Com isso, quando há uma quantidade de dióxido de carbono elevada, a afinidade da hemoglobina pelo CO_2 diminui, da mesma forma quando a quantidade de CO_2 reduz, na expiração (liberação de CO_2), a afinidade pelo CO_2 diminui, assim, a curva da Figura 6 sofre uma modificação, podendo ser deslocada para direita ou para a esquerda, conforme a afinidade da hemoglobina. Todo esse processo é de suma importância para a liberação do oxigênio aos tecidos. A Figura 9.7 ilustra como o efeito Bohr acontece.[2,10]

Distúrbios na PO_2, causados pela diminuição da área da membrana alveolocapilar (em idosos, por exemplo) e mudanças de altitude, são condições que

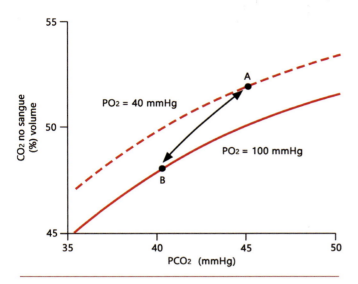

Figura 9.8. Relação de volume e pressão do dióxido de carbono. Fonte: Guyton e Hall, 2017.

REGULAÇÃO DO EQUILÍBRIO ÁCIDO-BASE

Equilíbrio ácido-base

A regulação do equilíbrio ácido-base tem grande importância na manutenção do meio interno constante para o funcionamento fisiológico dos sistemas do organismo. Dessa forma, esse tópico apresentará sobre a participação do sistema respiratório no equilíbrio de ácidos e bases.[2,10,14] Precisa-se entender que o equilíbrio ácido-base é mantido por três mecanismos:

1. Excreção pulmonar de dióxido de carbono, realizado pelo sistema respiratório.
2. Excreção renal de ácido a partir da combinação de íons de hidrogênio com tampões urinários.
3. Sistema tampão de bicarbonato e dióxido de carbono no sangue.

Para entender melhor a mecânica do equilíbrio pelo sistema pulmonar, é preciso saber que os três mecanismos funcionam de forma conjunta, ou seja, quando o sistema respiratório excreta menos dióxido de carbono que o necessário, tanto o sistema tampão sanguíneo quanto a excreção renal de ácido trabalham para compensar esse acúmulo de ácidos no pulmão. Na Figura 9.9 é exemplificado esse mecanismo, mostrando o controle por feedback da concentração de íons de hidrogênio pelo sistema respiratório.[2,10,14]

Figura 9.9. Regulação do sistema ácido-base. Fonte: Guyton e Hall, 2017.

Abaixo está destacada a fórmula do pH e tampão sanguíneo, a fim de exemplificar como o aumento dos íons hidrogênio e da pressão de CO_2 se relacionam para a regulação do equilíbrio de todo o sistema acidobásico.[2]

$$CO2 + H2O \text{ dissolvido} \leftrightarrow H2CO3 \leftrightarrow HCO3^- + H^+$$
$$pH = 6{,}10 + \log([HCO3^-] \div [0{,}03 \times PCO2])$$

A análise da pressão parcial de oxigênio (PCO_2) e os íons bicarbonato, que compõem a fórmula do pH, possui grande importância para o diagnóstico dos distúrbios que podem acometer o sistema, de forma isolada ou conjunta.[2]

É importante lembrar que a compensação respiratória de um distúrbio metabólico começa em minutos, sendo mais rápida em relação à compensação metabólica ao qual pode levar dias para a resposta completa. Assim, os distúrbios metabólicos levam a compensações respiratórias e distúrbios respiratórios levam a compensações metabólicas.

Tabela 9.3. Distúrbios fisiopatológicos que cursam com acidose e alcalose respiratória

Acidose respiratória	Alcalose respiratória
depressão dos centros do controle respiratório	ansiedade
distúrbios neuromusculares	síndrome de hiperventilação
restrição da parede torácica	salicilatos
restrição pulmonar	progesterona
doenças do parênquima pulmonar	asma aguda
obstrução de vias aéreas	embolia pulmonar
	ventilação excessiva com ventiladores mecânicos

Quando existe um desequilíbrio na regulação ácido básico, podemos dizer que há a presença de acidose ou alcalose, podendo ser metabólica ou respiratória, no entanto, esse capítulo se restringirá aos desbalanços respiratórios ácidos e básicos. Na acidose respiratória, haverá um aumento da PCO_2 arterial, causando uma diminuição do pH e na alcalose respiratória, redução da PCO_2 arterial, elevando o pH (as causas responsáveis pela acidose respiratória e alcalose estão ilustradas na Tabela 9.3). Pode também ocorrer distúrbios ácidos-básicos mistos, na presença de duas ou mais anormalidades da regulação do equilíbrio.[10,13]

Gasometria arterial

As concentrações de CO_2 são reguladas por alterações do volume corrente e da frequência respiratória. A diminuição do pH é detectada por quimiorreceptores arteriais e causa aumento do volume corrente ou da frequência respiratória, dessa forma, o CO_2 é exalado e o pH do sangue se eleva. Assim, para identificar alterações que podem estar ocorrendo, é necessário analisar a gasometria arterial.[2,13]

A gasometria arterial é feita através da análise sanguínea de uma artéria (geralmente na artéria radial) em que é possível encontrar distúrbios do equilíbrio ácido-base, pelo desvio do componente respiratório (PCO_2) e do componente metabólico (HCO_3^-). É importante a interpretação em conjunto da resposta compensatória e dos achados da gasometria.[2,13]

Referências bibliográficas

1. Zin WA, Rocco PRM, Faffe DS. Organização Morfofuncional do Sistema Respiratório. In: Aires MM. Fisiologia. 4th ed. Rio de Janeiro: Guanabara Koogan, 2012. 602-4.
2. Guyton AC, Hall JE. Tratado de fisiologia médica. 13th ed. Rio de Janeiro: Elsevier, 2017.
3. Junqueira LC, Carneiro J. Aparelho respiratório. In: Junqueira LC, Carneiro J. Histologia básica. 12th ed. Rio de Janeiro: Guanabara Koogan, 2013. 334-51.
4. Netter FH. Atlas de anatomia humana. 6th ed. Rio de Janeiro: Elsevier, 2014.
5. Knudsen L, Ochs M. The micromechanics of lung alveoli: structure and function of surfactant and tissue components. Histochemistry and Cell Biology 2018; 150:661–76.
6. Zin WA, Rocco PRM, Faffe DS. Movimentos respiratórios. In: Aires MM. Fisiologia. 4th ed. Rio de Janeiro: Guanabara Koogan, 2012. 606-8.
7. Tortora GJ, Derrickson B. Princípios de anatomia e fisiologia. 14th ed. Rio de Janeiro: Guanabara Koogan, 2016.
8. Zin WA, Rocco PRM, Faffe DS. Mecânica respiratória. In: Aires MM. Fisiologia. 4th ed. Rio de Janeiro: Guanabara Koogan, 2012. 620-30.
9. Zin WA, Rocco PRM, Faffe DS. Volumes e capacidades pulmonares. In: Aires MM. Fisiologia. 4th ed. Rio de Janeiro: Guanabara Koogan, 2012. 612-7.
10. Jain V, Bordes S, Bhardwaj A. Physiology, Pulmonary Circulatory System. [Updated 2020 May 24]. In: StatPearls [Internet]. Treasure Island (FL): StatPearls Publishing; 2020 Jan-. Available from: https://www.ncbi.nlm.nih.gov/books/NBK525948/
11. Suresh K, Shimoda LA. Lung Circulation. Comprehensive Physiology 2016; 6: 897-943.
12. Michael Emmett, & MDBiff F Palmer, MD (2020). Simple and mixed acid-base disorders. In Richard H Sterns, MD (Ed.) UpToDate
13. HALL, John Edward; GUYTON, Arthur C. Guyton & Hall tratado de fisiologia médica. 13.ed. Rio de Janeiro: Elsevier, 2017.
14. Boron, Walter F., Boulpaep, Emile L. Fisiologia médica. 2 ed. – Rio de Janeiro: Elsevier, 2015.
15. Amr E Abbas, F.David Fortuin, Nelson B Schiller, Christopher P Appleton, Carlos A Moreno and Steven J Lester. A simple method for noninvasive estimation of pulmonary vascular resistance. Volume 41, Edição 6 , 19 de março de 2003, Páginas 1021-102719 de março de 2003 , páginas 1021-1027
16. Joshua E. Brinkman 1, Sandeep Sharma. In: StatPearls [Internet]. Treasure Island (FL): StatPearls Publishing; Fisiologia Pulmonar. Janeiro de 2020 27 de julho de 2020.
17. J R H Hastings, F L Powell.Physiological dead space and effective parabronchial ventilation in ducks. Appl Physiol (1985). 1986 Jan; doi: 10.1152/jappl.1986.60.1.85
18. Neurotransmitters in central respiratory control. Melvin D. Burton 1 , Homayoun Kazemi, Massachusetts General Hospital, Harvard Medical School, Boston, USA Accepted 3 April 2000.

CAPÍTULO 10

Ventilação Mecânica Intraoperatória: Princípios Básicos

LEONARDO AYRES CANGA
NOEMY MATOS HIROKAWA
LUIZ FERNANDO DOS REIS FALCÃO

■ INTRODUÇÃO

A ventilação mecânica (VM) é um procedimento frequentemente utilizado para manutenção das funções vitais no intraoperatório, visto que durante a indução e manutenção anestésica, diversas medicações deprimem a função e o controle respiratório do paciente, sendo necessária a VM. A ventilação mecânica pode ocorrer de duas formas, mandatória e assistida. Na primeira, o ventilador é responsável pelo disparo do início da inspiração, pela forma da inspiração e momento da ciclagem para expiração. Já na segunda, o paciente participa da respiração, resultando em forças respiratórias criadas pelo paciente e pelo ventilador. Os aparelhos atuais atuam fornecendo uma pressão positiva para deslocar o gás para os pulmões. O fenômeno é dividido em 4 fases: inspiração, mudança de inspiração para expiração (Ciclagem I/E), fase expiratória e ciclagem E/I, como representado na Figura 10.1.

A VM não é isenta de efeitos adversos. A depender da maneira que é configurada seus ajustes, pode ocasionar complicações pulmonares e pior desfecho pós-operatório. Por isso, algumas medidas protetoras são bem estabelecidas, conhecida como ventilação mecânica protetora, ao qual consiste na otimização dos parâmetros ventilatórios intraoperatórios.[1] Essas medidas devem ser utilizadas em todos os pacientes cirúrgicos.

Neste capítulo, serão abordados os princípios da VM perioperatória, as alterações respiratórias ocasionadas pela VM e como configurar os parâmetros ventilatórios.

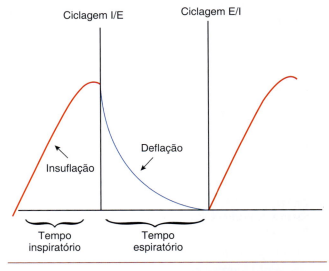

Figura 10.1. Ciclo respiratório com pressão positiva durante a ventilação mecânica.

■ INDICAÇÕES DE VENTILAÇÃO MECÂNICA

A indicação da VM nos pacientes cirúrgicos é o suporte ventilatório perioperatório naqueles submetidos à anestesia geral. Os fármacos anestésicos utilizados para indução e manutenção da anestesia geral alteram o padrão respiratório. Adicionalmente, durante a anestesia geral é muito comum a utilização de bloqueadores neuromusculares, ao qual ocasiona paralisia muscular, impedindo a respiração. O uso do ventilador mecânico substitui a função respiratória normal ao fazer a ventilação alveolar, com o fornecimento de oxigênio e eliminação de dióxido de carbono, garantindo assim a oxigenação sanguínea.

CONCEITOS BÁSICOS EM VENTILAÇÃO MECÂNICA

- *VC (volume corrente):* é a quantidade de ar ofertada pelo ventilador a cada ciclo ventilatório.[2] Nas últimas décadas o valor recomendado vem diminuindo progressivamente. É calculado em mL por kg de peso predito. O peso predito, também conhecido como peso ideal, pode ser calculado de diversas maneiras. A fórmula de Broca talvez represente a forma mais fácil, sendo calculado para o homem como a "altura (cm) – 100" e para as mulheres como a "altura (cm) – 105". Outra fórmula de peso predito classicamente utilizada na ventilação mecânica foi a utilizada no estudo ARDSNet, sendo calculada para os homens como $50 + 0,91 \times$ (altura em cm – 152,4) e para as mulheres como $45,5 + 0,91 \times$ (altura em cm – 152,4).

- *FR (frequência respiratória):* é o número de incursões respiratórias em 1 minuto. Seu valor fisiológico é entre 12 e 20 ipm, podendo ser usado como parâmetro ventilatório. Porém, considerar que a tendência por baixo VC, necessita de uma maior FR. Deve-se visar a $PaCO_2$ entre 35 e 45 mmHg. Em doenças obstrutivas, pode começar com FR mais baixa (< 12 ipm); em doenças restritivas com FR mais alta (> 20 ipm).[3] Na Tabela 10.1 há uma sugestão de FR inicial entre as diferentes idades.

- *Volume minuto (VM):* produto do VC pela FR.

- *Relação I:E:* é a relação entre o tempo inspiratório e expiratório, a qual pode ser alterada diretamente nos ventiladores. Fisiologicamente essa relação é 1:1 a 1:2, a qual pode ser inicialmente usada como parâmetro. Pacientes com doenças obstrutivas se beneficiam de um tempo expiratório maior, podendo ser configurado para 1:2 ou 1:3. Ao contrário de situações com baixa complacência pulmonar, como na síndrome do desconforto respiratório agudo (SDRA)

e pacientes obesos, que se beneficiam de uma relação de 1:1 ou 1,5:1.[2]

- *Fluxo inspiratório (FI):* velocidade de enchimento dos pulmões, a qual varia de acordo com o volume corrente e o tempo inspiratório, por exemplo, o fluxo será o produto do volume corrente vezes o tempo inspiratório. No caso de um fluxo de 30L/min e um tempo inspiratório de 1 s, o volume corrente resultante será de 500 mL. O fluxo é ajustado apenas nos ventiladores de UTI. Para os equipamentos da anestesia, é um parâmetro ventilatório indireto, uma vez que o volume corrente poderá ser configurado diretamente no equipamento.[4]

- *Pplatô (pressão de platô ou pressão de pausa ou pressão alveolar):* pressão de pausa inspiratória (quando ocorre interrupção do fluxo inspiratório), utilizada no modo volume controlado. Seu valor de referência para ventilação protetora é de até $30 \; cmH_2O$.[3] Contudo, menores valores estão relacionados com menor mortalidade intra-hospitalar.[5] À medida que a pressão de platô aumenta, o VC fornecido deve ser diminuído. Manter VC de 6 mL/kg se Pplatô estiver entre 25 e 28 cmH_2O e de 4 a 6 mL/kg se acima de 28 cmH_2O.[4]

- *PEEP (pressão positiva ao final da expiração):* é fisiologicamente causada pelo represamento do ar no sistema respiratório, após o fechamento da glote ao final da inspiração, aferida entre 2 e 4 cmH_2O. Tem a função de impedir a formação de atelectasias. A VM deve fornecer a PEEP, uma vez que os pacientes intubados ou com traqueostomia são incapazes de formar a PEEP fisiológica.[2] Recomenda-se o uso inicial de 5 cmH_2O.

- *Driving pressure:* é a diferença entre a Pplatô e a PEEP, significando a pressão de distensão do alvéolo. O aumento do *driving pressure* está relacionada com morbimortalidade, devido lesão pulmonar. Recomenda-se manter abaixo de 15 cmH_2O.

- *FiO₂ (fração inspirada de O₂):* é a proporção de oxigênio no ar inspirado. No ar ambiente, ao nível do mar, temos uma FiO_2 de 21%. Durante a indução anestésica, deve ser mantida entre 80% e 100% para garantir o período de apneia com oxigenação satisfatória, necessário caso haja necessidade de manipulação da via aérea. Valores maiores fornecem maior segurança, porém valores menores reduz a formação de atelectasia. Na manutenção anestésica, recomenda-se usar o mínimo necessário para manter saturação arterial de O_2 acima de 94%, uma vez que elevadas FiO_2 ocasionam estresse oxidativo e atelectasia por

Tabela 10.1. Frequência respiratória inicial sugerida

Faixa etária	Frequência respiratória
Neonatos	40 a 60 ciclos/minuto
Lactantes	30 a 40 ciclos/minuto
Crianças	20 a 30 ciclos/minuto
Adolescentes	10 a 20 ciclos/minuto

absorção. Sugere-se o emprego de valores entre 40% e 50%.[6] Na extubação também pode ser usada alta concentração de FiO_2. No caso de cirurgias colorretais, o uso de FiO_2 alta está relacionada com redução de infecção na ferida cirúrgica no pós-operatório.[7]

VENTILAÇÃO MECÂNICA PROTETORA

A ventilação mecânica protetora deve ser utilizada em todos os pacientes. Ela tem por objetivo de proteger os pulmões de lesão por hiperdistensão alveolar (causando inflamação pulmonar) ou atelectasia (fechamento dos alvéolos causando hipoxemia). Diversos estudos já demonstraram a redução da morbimortalidade dos pacientes quando submetidos a ventilação mecânica protetora. Os princípios para esta técnica de ventilação são:

- Uso de baixo volume corrente (VC), que resulta na diminuição do estresse e do estiramento cíclico no pulmão anatomicamente heterogêneo, por isso, esse é o principal parâmetro na ventilação protetora.[6] É recomendado usar entre 6 mL/kg (nos pacientes de alto risco e/ou com doença pulmonar) a 8 mL/kg (no intraoperatório dos pacientes sem doença pulmonar) de peso predito.
- Uso de PEEP de 5 cmH_2O em pacientes com pulmões e massa corporal normais. Em pacientes obesos podem ser usados valores superiores.[1] Pacientes com DPOC possuem auto-PEEP (aprisionamento aéreo) e por isso valores menores podem ser usados. A estratégia protetora sugere a utilização de PEEP otimizada, variando de 5 a 15 cmH_2O,[5,6] porém, alterações hemodinâmicas podem ocorrer com PEEP acima de 10 cmH_2O,[1] como concluído no estudo multicêntrico PROVHILO para cirurgias abdominais abertas.[8]
- Uso de FiO_2 baixa, suficiente para obter PaO_2 (pressão parcial de oxigênio no sangue arterial) próximo a níveis fisiológicos ($SatO_2$ acima de 94%).[5] Os valores recomendados, varia de acordo com o período da anestesia.
  1. Indução anestésica: 80%, reduzindo assim o risco de atelectasia por absorção e mantendo a margem de segurança para realizar a intubação traqueal sem a dessaturação.
  2. Durante a manutenção anestésica: valores entre 40% e 50% são adequados na maioria dos pacientes. No caso de comprometimento da oxigenação arterial, os valores poderão ser aumentados.

3. Durante a extubação: pode ser usada altas concentrações de oxigênio, também para evitar atelectasias por absorção.

MODOS DE VENTILAÇÃO MECÂNICA

Os modos mais utilizados no intraoperatório são ventilação controlada a volume e ventilação controlada a pressão. A estratégia mais utilizada pelos anestesiologistas brasileiros (80% dos casos) é a controlada a volume.[9] Na UTI, o modo ventilatório mais utilizado é o assisto-controlado. Neste modo, o paciente pode apresentar ciclo espontâneo, além dos ciclos controlados pelos ventiladores. O modo assisto-controlado pode ser a volume ou a pressão.

Ventilação com volume controlado (VCV)

Neste modo ventilatório o ventilador irá fornecer um fluxo de gás inspirado contínuo até que se atinja um volume pré-determinado pelo anestesiologista, ou seja, é um modo ciclado a volume. Assim que é atingido o volume determinado a inspiração é encerrada, iniciando a expiração (Figura 10.2). A VCV está indicada tanto para adultos quanto para crianças, sendo ela uma maneira muito segura de ventilar o paciente.[1,9] Neste modo ventilatório, os parâmetros ajustáveis são: VC, FR, relação I:E, PEEP e FiO_2.[1]

Ajuste do VC

Deve ser calculado baseando-se no peso predito do paciente. Feito esse cálculo, para um pulmão sem alterações de complacência devemos utilizar um volume de 6 mL/kg, para aqueles com dificuldade de complacência de 3 a 6 mL/kg.[1]

Ajuste da FR

Deve ser calculada através da seguinte fórmula FR = VM/VC, visando sempre atingir um VM de 7L – 8L para adultos. Vale ressaltar, com um aumento da FR o ventilador de forma automática busca aumentar seu fluxo inspirado para garantir o volume fixado.[1]

Ajuste da FiO_2

Inicialmente o ajuste inicial deve ser feito com uma FiO_2 de 100%, após isso, há necessidade de reduzir a FiO_2 para que um dos parâmetros abaixo seja alcançado, garantindo uma boa oxigenação.

a. Pressão parcial de O_2 (PaO_2) > 60 mmHg.
b. $SatO_2$ > 92% ou SpO_2 > 94%.

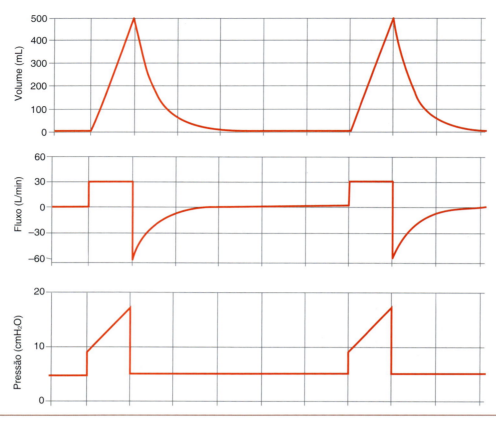

Figura 10.2. Ciclos respiratórios mecânicos do tipo CONTROLADO e CICLADO A VOLUME (VCV). Curvas geradas pelo SDVM (Simulador Didático de Ventilação Mecânica – UFSC).

A redução é importante pois frações elevadas podem gerar lesões alveolares, discutidas mais a frente neste capítulo.

PEEP

Não existe evidência científica mostrando qual o valor ideal para a PEEP, entretanto inicialmente ajusta-se a PEEP para 5 cmH$_2$O, sendo que se necessário o aumento deve ser feito de maneira gradual, assim como seu decréscimo.[1]

A pressão alveolar é reflexo direto do volume alveolar ao final da inspiração, ventiladores atuais permitem adicionar o tempo de pausa inspiratória dentro da fase inspiratória, logo, acaba permitindo maior distribuição do fluxo. Ao final dessa fase, o fluxo é zerado, iniciando a expiração. A elevação do pico de pressão pode ocorrer devido à diminuição da complacência ou devido a um aumento da resistência ao fluxo.[10]

Ventilação por pressão controlada (PCV)

Neste caso o médico anestesiologista estabelece a pressão de pico inspiratória desejada nas vias aéreas, assim, o pico de pressão é alcançado de forma rápido e mantido durante toda a fase inspiratória. No modo ventilatório estudado, o fluxo é diretamente proporcional à diferença de pressão gerada na via aérea e parte interior do pulmão e inversamente proporcional a resistência da árvore brônquica, sendo então denominado de fluxo desacelerado (Figura 10.3), permitindo então que a pressão desejada seja atingida rapidamente. A ciclagem ocorre através da determinação de tempo exato para o fim da fase inspiratória, abrindo, portanto, a válvula expiratória. Logo, quando o fluxo inspiratório chega a zero, significa que a pressão fixada se igualou a pressão dentro do pulmão.[1,11]

Na PCV o VC é calculado de maneira indireta, variam de acordo com o tempo inspiratório, PEEP, além da resistência e complacência. Ou seja, um aumento da pressão das vias respiratórias aumenta o VC e o fluxo inspiratório por exemplo. A pressão alveolar não se altera e muito menos depende da pressão determinada pelo anestesiologista no modo PCV, e sim, pela interação de VC com complacência. Logo na PCV deve-se configurar os seguintes parâmetros: pressão das vias aéreas, tempo inspiratório, frequência respiratória, PEEP e relação I:E.

Tendo vista esse cenário é de extrema importância que alarmes de VC sejam programados, visto que ele não é garantido na PCV e pode sofrer grandes alterações por diversos motivos, inclusive por causas mecânicas

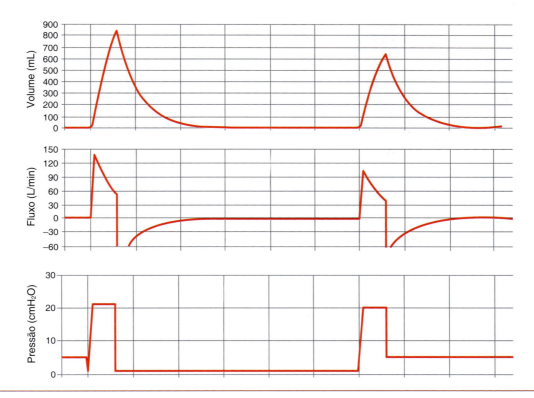

Figura 10.3. Ciclos respiratórios mecânicos do tipo CONTROLADO e CICLADO A TEMPO COM PRESSÃO CONSTANTE (PCV). O "delta" de pressão aplicada acima da PEEP foi mantido constante em 15 cmH$_2$O, gerando uma pressão máxima na via aérea de 20 cmH$_2$O. Curvas geradas pelo SDVM – Simulador Didático de Ventilação Mecânica – UFSC.

durante a cirurgia (peso aplicado sobre o tórax, afastadores, pneumoperitônio da videolaparoscopia).[11]

Durante a inspiração o fluxo será maior visto que as vias aéreas estarão abertas, conferindo menor resistência, fazendo necessária a configuração assertiva do tempo inspiratório para que esse garanta uma distribuição adequada para todas as áreas do pulmão. Vale ressaltar que existe a necessidade de verificar se o fluxo expiratório atingiu o valor zero, para que evite a chamada auto-PEEP (situação gerada por acúmulo excessivo de gases não expirados). Além disso, ressalta-se que a ventilação por PCV favorece uma distribuição do VC de maneira mais rápida e mais uniforme em todo pulmão, podendo favorecer pacientes com lesão respiratória difusa, apesar de não haver evidências fortes na literatura.[11]

Na literatura não consta a vantagem de um modo ventilatório sob outro, logo cabe ao anestesiologista saber individualizar o manejo ventilatório do seu paciente (Tabela 10.2).

Tabela 10.2. Principais diferenças entre os modos PCV e VCV nos ciclos controlados

Modos/parâmetros	A/C-VCV	A/C-PCV
Principais variáveis ajustáveis	Volume, fluxo e Tinsp	Pressão da via respiratória e Tinsp
Tipos de ciclos	Assistidos e controlados	Assistidos e controlados
Disparo	Tempo ou paciente	Tempo ou paciente
Controle de fluxo inspirado	Total, pode-se optar por padrão em rampa (desacelerado)	Indireto
Tempo inspiratório fixo	Sim	Sim, determina a ciclagem
Ciclagem	Volume	Tempo
Principal vantagem	Controle do VC e da pressão alveolar	Melhor distribuição do gás em pulmões heterogêneos. Compensação de fuga aérea
Principal alarme	Pico de pressão na via respiratória	VC, máximo e mínimo

VC: volume corrente; Tinsp: tempo inspiratório; disparo a tempo: ventilador; A/C-VCV: ventilação ciclada à volume assistido-controlado; A/C-PCV: ventilação controlada à pressão assistido-controlado.
Fonte: Valiatti JLS, Amaral JLG, Falcão LFR. Ventilação mecânica: Fundamentos e prática clínica. Rio de Janeiro: Roca, 2016.

Ventilação com pressão de suporte (PSV)

Este modo ventilatório é amplamente utilizado ao final da cirurgia quando o paciente está perto do despertar para auxiliar na transição da ventilação mecânica, para a ventilação espontânea. O modo possui características semelhantes a PCV, entretanto na PSV o próprio paciente deflagra o *trigger* da fase inspiratória, em sequência, a detecção ocorre ou por variação de fluxo, ou da pressão, sendo necessário que o anestesiologista estabeleça essa sensibilidade (Figura 10.4).[1,12]

A única variável definida pelo anestesiologista inicialmente é a pressão de suporte (PS), as demais variáveis vão depender de fatores do paciente, como por exemplo, o VC irá depender do nível da PS, complacência e resistência das vias aéreas, além do esforço respiratório realizado pelo paciente.[12] Após a determinação da PS, o ventilador irá fornecê-la durante um tempo determinado pelo anestesiologista. O fluxo na PSV também é chamado de desacelerado, visando atingir taxas elevadas de pressão precocemente, ele é interrompido ao atingir 25% do fluxo inicial visando fornecer maior conforto para o paciente, impedindo também duplo disparo da ventilação no mesmo ciclo.

Visto que o fluxo na PSV é desacelerado, como PCV, vale ressaltar que no primeiro modo, o ventilador permite que o paciente determine o fim da fase inspiratória, fato este que não ocorre na PCV.[1,12]

Inicia-se, geralmente, com uma pressão equivalente a 30 a 50% da *driving pressure* e esta deve ser diminuída gradativamente até que o VC atinja valores maiores do que desejados, permitindo, portanto, que o paciente seja retirado do ventilador, garantindo o próprio drive respiratório.[1]

A repercussão clínica da PSV é evidenciada no momento que uma pressão positiva é gerada de maneira constante, melhorando a troca gasosa, diminuindo áreas de atelectasias, favorecendo as trocas gasosas. Entretanto, deve-se manter a atenção pois níveis elevados de PS podem levar a alcalose respiratória e à apneia do paciente.[1,12,13]

Ventilação Mandatória Intermitente Sincronizada (SIMV)

Este modo permite que os ciclos obrigatórios (programados pelo anestesiologista) sejam síncronos com ciclos disparados pelo paciente e ciclos totalmente espontâneos

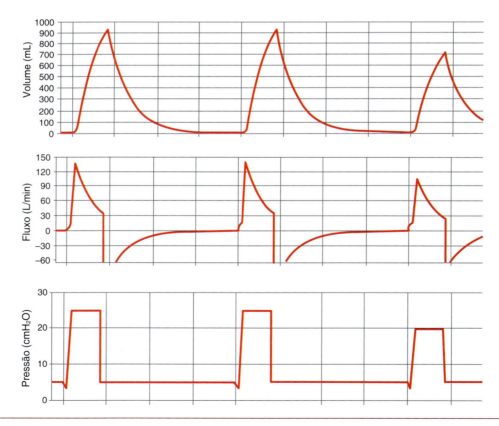

Figura 10.4. Modo PSV. Não há ciclos controlados, apenas assistidos. Ajustes: PS acima da PEEP: 20 cmH$_2$O nos dois primeiros ciclos, sendo reduzida para 15 cmH$_2$O nos demais. Ressalta-se que com a redução da PS implica em mudanças na oferta de fluxo e VC. Curvas geradas pelo SDVM – Simulador Didático de Ventilação Mecânica – UFSC.

do paciente, permitindo (teoricamente) segurança e viabilizando o conforto do paciente no momento do desmame.[1,12,13] Entretanto, a SIMV tem caído em desuso pelo fato de ter demonstrado aumento do tempo de ventilação mecânica. Isso ocorreu devido ao aumento do esforço ventilatório dos pacientes quando realizado ciclos totalmente espontâneos, uma vez que o esforço respiratório precisa ser excessivo para vencer a resistência do tubo orotraqueal e circuito ventilatório.

As principais aplicações seriam em pacientes com doenças clínicas graves como síndrome do desconforto respiratório agudo (SDRA), principalmente em casos dos quais o paciente não está sedado, além disso, em doenças respiratórias restritivas como a doença pulmonar obstrutiva crônica (DPOC).[14] Atualmente, quando utilizado o SIMV, a modalidade PSV é associada para não ocorrer ciclos totalmente espontâneos e desta forma reduzir o esforço ventilatório dos pacientes.

Ventilação com duplo controle

Este modo permite a combinação dos dois mais comuns, VCV e PCV. Cada fornecedor de ventilador mecânico nomeia de forma diferente, entretanto o *modus operandi* é o mesmo, visam entregar o VC estipulado com a menor pressão inspiratória possível. Para isso, o ventilador utiliza um fluxo desacelerado e a cada ciclo respiratório, a pressão inspiratória é readaptada a fim de manter o valor do VC desejado. Não existem evidências mostrando superioridade desse modo em relação aos demais.[14]

■ REPERCUSSÕES DA VENTILAÇÃO MECÂNICA NOS DIVERSOS SISTEMAS

Pulmonar

A pressão positiva excessiva nos alvéolos pode ocasionar hiperdistensão alveolar, com isso, há colabamento dos capilares alveolares por estiramento, sendo o fluxo de sangue dos capilares pulmonares desviados para unidades pulmonares não ventiladas e assim, de forma paradoxal, teríamos um quadro hipoxêmico.[14, 16]

Uma alta taxa de FiO_2 pode ser tóxica, logo evita-se frações acima de 60%.[15] A atelectasia é uma repercussão frequente, caracteriza-se por uma área não ventilada levando ao colapso da estrutura alveolar, sendo que existem diversas causas para este fenômeno no intraoperatório: colapso de pequenas vias aéreas, deficiência de surfactante, compressão de estruturas respiratórias.[14-16]

Cardíaco

A variação constante da pressão intratorácica no intraoperatória decorrente da VM deixa a pressão dentro da caixa torácica majoritariamente positiva. Fato este que. É inverso a fisiologia. Logo as pressões se elevam durante a inspiração e reduzem durante a expiração. Assim, o retorno venoso pode sofrer redução importante caso a pressão positiva da ventilação mecânica seja excessiva.[16] Com a queda do retorno venoso e do enchimento do ventrículo direito, pode ocasionar queda do débito cardíaco. Efeito similar ocorre com a elevação das pressões sobre os capilares alveolares.

Renal

O débito urinário pode reduzir por alguns motivos: queda da perfusão renal devido a queda do DC (explicitada no item acima), elevação do hormônio antidiurético (ADH).[14,16,17]

Neurológico

Com a redução do retorno venoso, o sangue venoso intracraniano tem dificuldade de retornar, aumentando a pressão intracraniana (PIC).[14,17]

■ COMPLICAÇÕES RELACIONADAS À VENTILAÇÃO MECÂNICA

Vale ressaltar que o uso da VM não é um procedimento inóculo, podendo gerar o que chamamos de "lesão pulmonar induzida pela ventilação mecânica (VILI)". Esta complicação é caracterizada pelo infiltrado de células inflamatórios, membrana hialina, aumento da permeabilidade vascular e edema pulmonar[14]. Existem diversos fatores que aumentam o risco do desenvolvimento dessa lesão, como por exemplo altos valores de VC, que acaba gerando hiperdistensão da unidade alveolar; além disso, o recrutamento cíclico das vias aéreas mais periféricas causando lesão por estiramento do epitélio, inativação do surfactante, entre outros diversos fatores.[14]

Barotrauma

É a situação em que há escape de gás para tecido extra-alveolar, como por exemplo, o interstício, tecido subcutâneo, mediastino e demais localidades. Este tipo de lesão ocorre com maior incidência em pacientes com doenças respiratórias prévias, sejam elas de origem infecciosa, inflamatória, degenerativa.[1,14,16,17]

Dessa forma, a VM deve ser ajustada evitando a hiperinsuflação pulmonar no paciente, torna-se importante aumentar o tempo expiratório associada a redução do volume minuto. Recomenda-se um volume corrente entre 5 e 7 mL/kg e manter baixa pressão de via aérea. Essas configurações podem elevar a pressão parcial de gás carbônico ($PaCO_2$), devendo-se avaliar a possibilidade de o paciente tolerar a hipercapnia permissiva.[14]

Atelectrauma

É a lesão alveolar relacionada a tensão de cisalhamento gerada pela abertura e fechamento de áreas de atelectasia de forma recorrente. Este trauma é mais frequente nas margens limites entre regiões ventiladas e atelectasiadas. Mesmo em pulmões saudáveis existe a chance do desenvolvimento da VILI e do atelectrauma propriamente dito.[1,14,16,17]

Fatores como um VC inadequado associado a resposta ao trauma cirúrgico pode potencializar uma resposta inflamatória induzindo a VILI e, portanto, a atelectasia.[1,14] A diminuição da complacência pulmonar e a queda progressiva da oxigenação, presentes no atelectrauma, influenciam o manejo da ventilação mecânica desse paciente, antigamente imaginava-se que com o aumento do VC essa complicação seria resolvida e prevenida, um pensamento que, hoje, sabemos estar errado. Dessa forma, durante o ato anestésico, estratégias como recrutamento alveolar, utilização da PEEP podem contribuir para reversão dessa situação além da sua prevenção.[14]

Desta forma, a ventilação mecânica no intraoperatório deve levar em consideração uma estratégia, a depender do perfil do paciente (alta ou baixa complacência pulmonar) para que possa ser realizados os ajustes de forma individualizada. Entretanto, independente do paciente, todos devem receber uma estratégia de ventilação protetora de sorte a diminuir o risco do desenvolvimento de complicação pulmonar no pós-operatório.

Referências bibliográficas

1. Valiatti JLS, Amaral JLG, Falcão LFR. Ventilação mecânica: fundamentos e prática clínica. Rio de Janeiro: Roca. 2016.
2. Machado FD, Eder GL, Dullius CR et al. Ventilação mecânica: como iniciar. Acta méd. (Porto Alegre). 2014;35(8).
3. Associação de medicina intensiva brasileira (AMIB) – comitê de ventilação mecânica. Sociedade brasileira de pneumologia e tisiologia (SBPT) – comissão de terapia intensiva da SBPT. Diretrizes Brasileiras de Ventilação mecânica. 2013.
4. Azevedo MP, Mattos SLL, Nunes RR. Anestesiologia, dor e medicina paliativa: um enfoque para a graduação. Rio de Janeiro. 2018.
5. Fonseca NM, Martins AVC, Fonseca GG. Ventilação mecânica protetora, utilizar para todos? Rev Med Minas Gerais. 2014;24(Supl 8): S67-S72.
6. Bugedo G, Rematal J, Bruhn A. O uso de níveis altos de PEEP previne a lesão pulmonar induzida pelo ventilador? Rev Bras Ter Intensiva. 2017;29(2):231-237.
7. Belda FJ, Aguilera L, Asunción JG, et al. Supplemental perioperative oxygen and the risk of surgical wound infection: a randomized controlled trial JAMA. 2005;294(16):2035-42.
8. High versus low positive end-expiratory pressure during general anaesthesia for open abdominal surgery (PROVHILO trial): a multicentre randomised controlled trial. The Lancet. 2014;384(9942): 495-503.
9. Parra CA, Carmona MJ, Auler Jr. JO, Malbouisson LM. Ventilatory strategies for hypoxemia during cardiac surgery: survey validation for anesthesiologists in Brazil. Rev Bras Anestesiol. 2010; 60(4):40614.
10. Barbas CSV, Ísola AM, Fariaz AMC (orgs.). Recomendações brasileiras de ventilação mecânica AMIB/SBPT 2013. Parte I. Rev Bras Ter Intensiva. 2014;26(2):89121. Chatburn RL. Classification of ventilator modes: update and proposal for implementation. Respiratory Care. 2007;52(3):30123.
11. Nichols D, Haranath D. Pressure control ventilation. Crit Care Clin. 2007;23:18399.
12. Pinheiro BV, Holanda MA. Ventilação mecânica – avançado. Novas modalidades de ventilação mecânica. São Paulo: Atheneu. 2000;31151.
13. Hess DR. Ventilator modes: where have we come from and where are we going? Chest. 2010;137(6):12568.
14. Felix EA, Bevilacqua FCT. Suporte Ventilatório. In: Bagatini A, Cangiani LM, Carneiro AF et al. (Ed.). Bases do ensino da anestesiologia. Rio de Janeiro: Sociedade Brasileira de Anestesiologia. 2016;1157-88.
15. Ortiz G, FrutosVivar F, Ferguson ND, Esteban A, Raymondos K, Apezteguía C et al. For The Ventila Group. Outcomes of patients ventilated with synchronized intermittent mandatory ventilation with pressure support. A Comparative propensity score study. Chest. 2010;137(6):126577.
16. Tobin MJ. Classification of mechanical ventilators. In: Tobin MJ (editor). Principles and practice of mechanical ventilation. 2nd ed. New York: McGraw-Hill, 2006;37-52.
17. Lumb AB, Nunn JF. Functional anatomy of the repiratory tract. In: Lumb AB (editor). Nunn´s applied respiratory physiology. 7th ed. [S.I.] Churchill Livinstonte Elsevier. 2010;13-26.

CAPÍTULO 11

Anestesia Geral

LEONARDO AYRES CANGA
THALLES SESTOKAS ZORZETO
LUIZ FERNANDO DOS REIS FALCÃO

■ INTRODUÇÃO

Parte fundamental do ato anestésico é compreender tudo que a anestesia geral envolve. Define-se como uma condição reversível de hipnose (ausência de consciência), analgesia, acinesia e diminuição dos reflexos autonômicos, condição esta garantida pela administração de diversos medicamentos.[1] A anestesia geral pode ser realizada através de diversas modalidades, porém todas apresentam quatro pilares em comum: analgesia, hipnose, bloqueio neuromuscular e bloqueio autonômico, sendo este último garantido de forma indireta após um bom manejo da analgesia e hipnose.[1,2]

O presente capítulo tem por objetivo evidenciar as fases da anestesia geral, os cuidados necessários e, principalmente, as drogas utilizadas para garantir o plano anestésico.

■ FASES DA ANESTESIA GERAL

A anestesia geral possui três grandes fases: a indução, manutenção e o despertar.

Indução: pode ser feita com medicações intravenosas ou inalatórias. A primeira quando o paciente permite a venóclise, a segunda realizada principalmente em crianças que normalmente não deixam realizar a venóclise enquanto conscientes. Vale ressaltar que durante a indução venosa são utilizadas três classes de medicamentos, o analgésico, o hipnótico e o bloqueador neuromuscular, necessariamente nessa ordem. Já na indução inalatória esta sequência não necessariamente ocorre.

Manutenção: pode ocorrer tanto por via venosa e/ou inalatória e não depende da forma que foi realizada a indução. A manutenção inalatória é a mais utilizada, visto que os gases anestésicos propiciam hipnose, analgesia durante a anestesia geral. Posteriormente no capítulo entenderemos as propriedades dos gases. A manutenção por via venosa é realizada em situações especiais, pois necessita entre outros fatores, de bombas de infusão alvo-controladas, que continuamente irão infundir as drogas para manter o plano anestésico, além de ser recomendada a monitorização da profundidade anestésica, como o índice biespectral.[2] Vale ressaltar que durante a manutenção da anestesia, pode haver a necessidade de doses adicionais de analgésicos e bloqueadores neuromusculares. Isso irá ocorrer a depender do tempo de cirurgia e características dos pacientes.

Despertar: é um momento que exige extrema atenção na anestesia, pois, para o paciente acordar ele necessita reverter. O bloqueio neuromuscular e retomar o drive respiratório. As medicações que auxiliam na reversão serão comentadas abaixo.[2]

■ MEDICAÇÕES UTILIZADAS
Anestésicos venosos
Analgesia

A analgesia é garantida no paciente submetido a anestesia geral majoritariamente pelo uso de opioides, trabalhando de forma sinérgica com os hipnóticos. A analgesia influencia na resposta metabólica ao trauma cirúrgico, influencia no intraoperatório e, principalmente, no pós-operatório, sendo importante o domínio do tema para melhor manuseio do paciente.[1]

Vale ressaltar que apesar de mais comum, os opioides não são as únicas medicações capazes de gerar a analgesia, existem técnicas de anestesia multimodal denominadas de. "poupadoras de opioides" e "opioide-free", onde uma série de medicamentos com efeitos sinérgicos entre si promovem analgesia sem a necessidade de opioides, ou em menor quantidade. Essas técnicas serão discutidas no capítulo de otimização perioperatória.[1-3]

Opioides: os medicamentos utilizados possuem como base a morfina, porém os fármacos utilizados para gerar analgesia durante a indução/manutenção da anestesia geral, são os fármacos da família das fenilpiperidinas. Cabe dizer que, a dose dos opioides é calculado com base no peso ideal dos pacientes (Altura – 105" para sexo feminino e Altura – 100 para sexo masculino).[1]

Fentanil: opioide sintético 100x mais forte que a morfina e o mais utilizado. Sua dose deve ser titulada e infundida em bolus lentamente. Sua dose inicial é de 2,5 mcg/kg a 5 mcg/kg. Não se recomenda a infusão contínua desta medicação no intraoperatório, pois a mesma apresenta recirculação do fármaco devido alto volume de distribuição, mesmo após a administração ter sido interrompida.[1]

Sufentanil: 5 a 10 vezes mais potente que o fentanil, possui maior afinidade aos receptores opióides, apresenta alto grau de ligação proteica, não deve ser utilizado em infusão continua pois prolonga o despertar. Dose recomendada de 0,5 mcg/kg/h.[1]

Alfentanil: apresenta menor volume de distribuição quando comparado com o fentanil e menor meia-vida, tornando o efeito de recirculação mínimo. A incidência da complicação de rigidez torácica é maior. Sua dose é de 25 mcg/kg a 50 mcg/kg na indução. Seu uso clínico reduziu com o advento do remifentanil.[1]

Remifentanil: opioide metabolizado pela esterase plasmática, tornando a meia-vida extremamente curta, sendo uma droga adequada para infusão contínua, na dose 0,03 a 0,1 μg/kg/min. Não deve ser realizada a dose em bolus de remifentanil pois tem a capacidade de gerar bradicardia importante, assim como hipotensão arterial e rigidez torácica.[1]

Hipnose

Os hipnóticos são as drogas responsáveis pelo estado de hipnose do paciente e são classificados de acordo com a estrutura molecular ou com o efeito produzido (Tabela 11.1). São elas os fenóis (p. ex., propofol), imidazóis (p. ex., etomidato), fenciclidinas (p. ex., cetamina), benzodiazepínicos (p. ex., midazolam).[1,2] O midazolam tem sido pouco utilizado para indução da anestesia geral. Geralmente, o midazolam é utilizado para ansiólise como medicação pré-anestésica.

Propofol

O hipnótico mais utilizado na indução anestésica. Trata-se de um agonista gabaérgico, solúvel em lipídeos e insolúvel em água. Possui uma rápida meia vida e curto tempo de latência. Possui propriedades antieméticas, reduz reflexo das vias aéreas. O propofol é de fácil identificação devido seu aspecto leitoso, diferenciando das demais drogas utilizadas na anestesia. Por haver glicerol em sua fórmula, durante a injeção o paciente pode sentir dor local, a administração prévia de lidocaína pode aliviar essa sensação.[1,4]

As doses de indução são de 1 mg/kg a 2,5 mg/kg. Em pacientes pediátricos a dose deve ser maior, de 2,5 mg/kg a 4 mg/kg. Para manutenção a dose é de 100 mcg/kg/min a 200 mcg/kg/min, com início de ação em 30 segundos durando em média 10 minutos. Vale ressaltar que em pacientes com disfunção hepática ou renal a farmacocinética não é alterada de forma significante.[1,5]

O propofol possui como principal efeito colateral a hipotensão, esta é dose-dependente, relacionada também com depressão miocárdica. Outro efeito colateral é a depressão respiratória em contexto dose-dependente. Uma complicação, pouco frequente, porém mais incidente na população pediátrica, é a síndrome da infusão do propofol que cursa com acidose metabólica, hiperlipidemia e arritmias cardíacas, ocorre devido ao uso prolongado ou em altas doses do mesmo.[1,6]

Etomidato

Fármaco agonista GABAérgico, propriedade hipnótica, possui estrutura lipofílica. É indicado para pacientes com doenças cardiovasculares, hipertensão

Tabela 11.1. Resumo dos principais hipnóticos[1,9,10]

Fármaco	Dose de Indução (mg/kg IV)	Mecanismo de ação	Principal efeito colateral
Propofol	1-2,5	Potencialização da corrente de cloreto mediada pelo complexo de receptores do ácido γ-aminobutírico A (GABA-A) o que promove a hiperpolarização negativa da membrana junto ao bloqueio do canal iônico excitatório no tecido cortical cerebral e dos receptores nicotínicos centrais.	Apnéia; Bradicardia; Hipotensão; Desconforto gástrico; Depressão cardiorrespiratória; Dor a injeção
Etomidato	0,2-0,3	Potencialização de correntes de cloreto mediadas pelo GABA-A,	Náuseas e Vômitos; Convulsões mioclonicas; Apnéia; Depressão ventilatória; Insuficiência adrenal.
Cetamina	1-2	inibição do complexo de receptores N-metil-D-aspartato (NMDA) e agonista opioide.	Alucinações; Midríase; Nistagmo; Sialorreia; Lacrimação; Sonhos em cores vivas; Experiências extracorpóreas; Aumento da distorção da sensibilidade visual, táctil e auditiva. Euforia; Medo; Confusão;

intracraniana, devido ser uma droga que mantém a estabilidade hemodinâmica.

A dose de indução é de 0,2 mg/kg a 0,3 mg/kg, com início do efeito em até um minuto, com duração de até 5 minutos. O etomidato é utilizado apenas para indução anestésica. Esta medicação não é utilizada para manutenção devido sua ação de inibição da síntese de corticoesteroides.[7] Além disso, ele é um agente nauseante, assim não é indicado para ser um hipnótico de rotina. Pode ocorre mioclonias e tosse após sua administração.[1,4]

Cetamina

Um fármaco antagonista não competitivo do receptor NMDA, e também com ação nos receptores opióides, assim a cetamina é uma droga com efeito hipnótico e analgésico. É uma mistura racêmica dos isômeros R(–) e S(+), causa anestesia dissociativa (estado de analgesia e anestesia com manutenção de reflexos protetores) e gera amnésia no paciente.[1,2]

A dose de indução é de 1 mg/kg a 2 mg/kg intravenoso ou 4 mg/kg a 6 mg/kg intramuscular, seu início de ação é de cerca 30 segundos, com declínio em 15 minutos. Apresenta efeito broncodilatador, sendo opção para pacientes portadores de asma e DPOC. Como efeito colateral, apresenta intensa propriedade psicomimética, podendo gerar alucinações, condição essa que pode ser evitada com administração de benzodiazepínicos previamente. É contraindicada em pacientes que demonstram sinais de hipertensão intracraniana pois o uso de cetamina resulta na piora deste quadro. Além de gerar taquicardia, hipertensão e aumento do débito cardíaco, devido a esses efeitos colaterais não se recomenda o uso exclusivo de cetamina para manutenção do estado hipnótico.[1,2,8]

■ BLOQUEIO NEUROMUSCULAR (BNM):

Parte fundamental durante o ato anestésico, é necessário por favorecer a intubação orotraqueal e o manejo cirúrgico adequado. Os bloqueadores neuromusculares são divididos em despolarizantes e adespolarizantes, este dividido em benzoquinolínicos e aminoesteroides.[1,11]

Succinilcolina: é o único bloqueador neuromuscular representante do grupo dos despolarizantes. Tem rápido início de ação, com reversão espontânea do bloqueio em aproximadamente 10 minutos. Muito utilizada na intubação em sequência rápida. A dose é de 1 mg/kg, não deve ser utilizada de forma contínua pois pode levar a hipercalemia. Fato marcante do bloqueio com succinilcolina são as fasciculações que o paciente pode apresentar após administração. Além da hipercalemia, pode haver mialgia, bradicardia, anafilaxia e hipertermia maligna em indivíduos suscetíveis.[1,9,11]

Atracúrio: bloqueador adespolarizante da classe benzoquinolínicos. Tem seu pico de ação em aproximadamente 5 minutos após a administração. Não causa efeitos no sistema cardiovascular de forma direta e libera histamina na circulação. Sua dose na indução é de 0,4 mg/kg a 0,5 mg/kg, a duração do bloqueio independe da função renal e hepática do paciente. Possui reversor inespecífico citado a frente no capítulo.[1,11,12]

Cisatracúrio: bloqueador adespolarizante da classe benzoquinolínicos. Apresenta liberação de histamina em quantidade inferior ao atracúrio. Dose utilizada na indução 0,1 mg/kg, seu pico de ação é dado entre 5 e 7 minutos.[11,12]

Rocurônio: bloqueador adespolarizante da classe aminoesteróides, com dose de indução de 0,6 mg/kg a 1,2 mg/kg. Vale ressaltar que a dose maior implica no início mais precoce do bloqueio, podendo ser utilizado em intubação em sequência rápida. O rocurônio é o único bloqueador neuromuscular que pode substituir a succinilcolina na indução em sequência rápida. Causa pouca repercussão cardiovascular, não libera histamina, porém está associado a uma maior incidência de anafilaxia. Possui reversor específico chamado sugamadex.[11,12]

■ REVERSÃO DO BLOQUEIO NEUROMUSCULAR

Neostigmina

Trata-se de um reversor inespecífico utilizado para auxiliar na reversão do bloqueador neuromuscular adespolarizantes. Age na inibição da atividade da acetilcolinesterase, enzima responsável pela degradação da acetilcolina. Logo, com a inativação dessa enzima, a concentração de acetilcolina na fenda sináptica aumenta competindo com o bloqueador neuromuscular pelo receptor. Possui seu pico de ação em 10 minutos.[13]

Orienta-se utilizar medicação anti-muscarínica (atropina) associada a neostigmina para evitar os efeitos da acetilcolina, como por exemplo, a bradicardia, broncoespasmo.

Sugamadex

É um agente de reversão específico para o rocurônio e vecurônio. Trata-se de uma medicação que é capaz de encapsular o bloqueador circulante inativando-o. Pode causar bradicardia, devendo ser administrado de forma lenta. É capaz de reverter bloqueios profundos de forma rápida. A dose do reversor é baseada na dose empregada de bloqueador, sendo 2 mg/kg para reversão do bloqueio neuromuscular moderado, 4 mg/kg para o bloqueio neuromuscular profundo e 16 mg/kg para bloqueio neuromuscular intenso.[13]

Em síntese essas são as principais medicações utilizadas para indução e manutenção anestésica. A monitorização intraoperatória e o manejo adequado da via aérea devem visar garantir melhor desfecho pós-operatório. Sendo assim, anestesiologista deve guiar de forma assertiva o uso dessas medicações que podem levar a efeitos colaterais não desejáveis.

■ ANESTÉSICOS INALATÓRIOS

Como já mencionado, os anestésicos inalatórios podem ser utilizados na indução em situações indicadas e na manutenção do plano anestésico. São apresentados em forma de líquidos com alta volatilidade e são ofertados ao paciente na forma de gás durante a ventilação mecânica, via vaporizador calibrado acoplado ao equipamento de anestesia.[1,12]

A solubilidade dos gases no sangue e tecidos determinam a velocidade que a concentração alveolar é dada, ou seja, influenciando na indução e no despertar do paciente. Logo, entende-se que a pressão parcial dos anestésicos nos alvéolos determina a dose. Esta pode ser calculada pela monitorização de gases expirados através dos analisadores de gases anestésicos.

Neste contexto, surge o conceito de "concentração alveolar mínima (CAM)" (Tabela 11.2), sendo a

Tabela 11.2. Concentrações alveolares mínimas dos anestésicos inalatórios[11,12]

Anestésico	N_2O	Desflurano	Sevoflurano	Isoflurano
CAM (%)	115	6	2	1,15

concentração necessária que bloqueia resposta secundária a um estímulo doloroso em 50% das pessoas. Com a CAM, o anestesista consegue manejar a dose alvo, sem que haja os efeitos colaterais ou sobredose.[12]

Os anestésicos voláteis possuem como efeito colateral em comum, a hipotensão arterial, náuseas e vômitos, depressão miocárdica e respiratória. Todos os anestésicos voláteis, podem desencadear hipertermia maligna nos pacientes suscetíveis.

Principais agentes utilizados:
Óxido nitroso (N₂O)

Historicamente o mais antigo, também conhecido como gás hilariante. Devido a alta CAM não é viável anestesiar um paciente com uso exclusivo do N2O. Entretanto, o óxido nitroso é associado a outro anestésico inalatório, pois diminui a quantidade necessária deste outros agente, ganhando a função de um "segundo gás". Possui efeitos colaterais indesejáveis como náuseas e vômitos, isquemia miocárdica, complicações visuais entre outras. Não é utilizado rotineiramente.[11,13]

Sevoflurano

Líquido volátil mais utilizado ultimamente por não alterar de forma significativa a frequência cardíaca. É o anestésico inalatório que causa menor irritação das vias aéreas e não possui odor tão marcante, sendo o anestésico ideal para a indução inalatória de crianças.[13] O sevoflurano diminui o fluxo sanguíneo renal e o fluxo cerebral, assim acaba diminuindo a pressão intracraniana.

Desflurano

Líquido volátil que possui forte odor, sendo associado à irritação das vias aéreas. Causa broncoconstrição e pode causar laringoespasmo. Causa hipotensão arterial, porém sem alterar o débito cardíaco. Aumenta o fluxo sanguíneo cerebral e a pressão intracraniana. Apresenta CAM maior que o sevoflurano.[13]

Isoflurano

Líquido volátil que, ao contrário do desflurano, causa relaxamento da musculatura brônquica, inibindo, portanto, a broncoconstrição. Causa hipotensão arterial e leve taquicardia. Pode ter efeito sinérgico com os bloqueadores neuromusculares.[13]

■ DESPERTAR ANESTÉSICO

O despertar da anestesia envolve diversos fatores, um deles, já citado, a reversão do bloqueio neuromuscular. As demais drogas não possuem reversores específicos (com exceção dos opioides em caso de intoxicação). Portanto, para o despertar é importante que o paciente permaneça monitorizado, aguardando a metabolização das medicações administradas. Vale ressaltar que mesmo após a interrupção da infusão, algumas drogas com propriedades lipofílicas podem sofrer o efeito de recirculação, podendo ser um efeito indesejável a depender do momento do despertar, por isso a importância de manter a monitorização contínua do paciente.[14]

A extubação exige que o paciente consiga manter o *drive* respiratório e com bom volume corrente. Em pacientes submetidos a anestesia geral com bloqueadores neuromusculares, a monitorização do bloqueio torna-se fundamental para guiar o momento correto da extubação evitando que ocorra a paralisia residual. Em anestesias com uso do rocurônio e reversão com sugamadex, o risco de paralisia residual é menor, facilitando a extubação, entretanto a monitorização não é descartada.[1,13]

A regressão da anestesia pode ser dividida em imediata, intermediária e tardia. A primeira demora alguns minutos e o paciente volta a consciência, apresenta reflexo nas vias aéreas e movimentação, sendo capaz de responder a estímulos verbais simples, a partir desse ponto o paciente pode ser transferido para a sala de recuperação pós-anestésica (RPA). As principais complicações relacionadas a anestesia no período pós-anestésico imediato se reservam a náuseas e vômitos, obstrução da via aérea superior e hipotensão.

■ CONSIDERAÇÕES FINAIS

A anestesia geral exige bom conhecimento de farmacologia e fisiologia. Ter uma boa avaliação pré-anestésica visando entender quais as medicações mais adequadas para o seu paciente, compreender qual cirurgia será realizada, seus tempos cirúrgicos para, assim, planejar de forma adequada todas as fases da anestesia.

Em todos os momentos (indução, manutenção e despertar), a farmacodinâmica das medicações, as doses, seus efeitos colaterais devem ser respeitados. Individualize a anestesia do seu paciente, buscando sempre o melhor desfecho perioperatório

Referências bibliográficas

1. Jacob AK, Kopp SL, Bacon DR et al. The history of anesthesia. In: Barash PG, Cullen BF, Stoelting RK et al. Clinical anesthesia. 8t ed. Philadelphia; Wolters Kluwer, 2017. p. 52-108.

2. Mashour GA, Pryor KO. Consciousness, memory and anesthesia. In: Miller RD (Ed.). Miller's anesthesia. 8th ed. Philadelphia: Elsevier; 2015; 282-302.

3. Sinner B, Becke K, Engelhard K. General anaesthetics and the developing brain: an overview. Anaesthesia,2014;69:1009-22.

4. Jones RM. Clinical comparison of inhalation anaesthetic agents. Br J Anaesth, 1984;56:575-69s.

5. Shafer A, Doze VA, Shafer SL, White PF. Pharmacokinetics and pharmacodynamics of propofol infusions during general anesthesia. Anesthesiology. 1988; 69:348-56.

6. Rogers WK, McDowell TS. Remimazolam, a short-acting GABA(A) receptor agonist for intravenous sedation and/or anesthesa in day-case surgical and non-surgical procedures. Drugs, 2010; 13:929-37.

7- Wagner RL, White PF. Etomidate inhibits adrenocortical function in surgical patients. Anesthesiology. 1984; 61:647-51.

8- Clements, J. A., Nimmo, W. S., & Grant, I. S. (1982). Bioavailability, pharmacokinetics, and analgesic activity of ketamine in humans. Journal of pharmaceutical sciences, 71(5), 539-542.

9. Vankova ME, Weinger, M. B., Chen, D. Y., Bronson, J. B., Motis, V., & Koob, G. F. (1996). Role central mu, delta-1, and kappa-1 opioid receptors in opioid-induced muscle rigidity in the rat. The Journal of the American Society of Anesthesiologists, 85(3), 574-583.

10. Ahonen J, Olkkola KT, Verkkala K, Heikkinen L, Järvinen A, Salmenperä M. A comparison of remifentanil and alfentanil for use with propofol in patients undergoing minimally invasive coronary artery bypass surgery. Anesthesia & Analgesia, 2000);90(6), 1269-1274.

11. Rang HP, Dale MM, Ritter JM, Flower RJ, Henderson G. Rang & Dale. Farmacologia. 7a edição. Rio de Janeiro, Elsevier, 2012.808 p.

12. Felix EA, Bevilacqua F° CT. Anestesia Inalatória. In: Bagatini A, Cangiani LM,Carneiro AF et al. (Ed.). Bases do ensino da anestesiologia. Rio de Janeiro: Sociedade Brasileira de Anestesiologia, 2016. P.1157-88

13. de Boer HD, Driessen JJ, Marcus MA, et al. Reversão do bloqueio neuromuscular profundo induzido por rocurônio (1,2 mg / kg) por sugamadex: um estudo multicêntrico, para determinação da dose e segurança. Anesthesiology 2007; 107: 239.

14. Bhargava AK, Setlur R, Sreevastava D. Correlation of Bispectral Index and Guedel.s Stages of Ether Anesthesia. Anesthesia & Analgesia, [S.L.], p. 132-134, jan. 2004. Ovid Technologies (Wolters Kluwer Health). http://dx.doi.org/10.1213/01.ane.0000090740.32274.72.

12
CAPÍTULO

Anestesia do Neuroeixo

MARIA EUGENIA MENDES DE ALMEIDA MOURAD
JOÃO VICTOR JI YOUNG SUH
ONÉSIMO DUARTE RIBEIRO JUNIOR

■ ANATOMIA

Para a realização da anestesia do neuroeixo é indispensável conhecimento da anatomia da coluna vertebral. A coluna vertebral estende-se do crânio ao cóccix.[1] As estruturas que a compõem devem ser rígidas o suficiente para suportar o tronco e as extremidades, resistentes para proteger a medula e nervos espinais e ainda flexíveis para permitir o movimento da cabeça e do tronco em múltiplas direções.[2] Quando nos referimos a coluna vertebral estamos também nos referindo ao seu conteúdo e seus anexos, dentre eles, músculos, nervos e vasos com ela relacionados.[3]

Vértebras

A coluna vertebral é composta por 33 vértebras que podem ser divididas em 5 grupos: 7 vértebras cervicais, 12 torácicas, 5 lombares, 5 sacrais e 4 coccígeas. As 5 vértebras que se situam imediatamente abaixo das lombares fundem-se, no adulto, para formar o sacro enquanto as últimas 4 vértebras inferiores se unem para formar o cóccix.[4]

As características anatômicas das vértebras variam de acordo com a região da coluna, entretanto, os componentes básicos são comuns a todas. Vértebras típicas, de maneira geral, são compostas de corpo, processo espinhoso, processos transversos, processos articulares, lâmina, pedículos e forame oval.[1] As vértebras tornam-se gradualmente maiores no sentido craniocaudal atingindo o tamanho máximo na transição lombosacra.[5]

As vértebras cervicais formam o esqueleto do pescoço e estão localizadas entre a base do crânio e as vértebras torácicas. Dentre as 33 vértebras, são as que apresentam menor tamanho, com corpo vertebral pequeno e em geral processo espinhoso bífido e horizontal.[4]

As vértebras torácicas, por sua vez, estão localizadas na parte superior do dorso. A principal característica que as distinguem das demais é a presença das fóveas costais para articulação com as costelas.[1] Nas vértebras torácicas, o processo espinhoso é descendente, pontiagudo e não bifurcado.[4]

As vértebras lombares constituem o último grupo de vértebras móveis. Distinguem-se das vértebras torácicas pelo tamanho do corpo vertebral, pela ausência de fóveas costais e forames transversais, além de apresentarem processos transversais finos e processos espinhosos quadriláteros.[3]

Abaixo das vértebras lombares, encontra-se o sacro, que no adulto, é constituído por cinco vértebras sacrais fundidas. O sacro se encontra entre os dois ossos do quadril garantindo estabilidade e resistência à pelve. Sua metade inferior não sustenta peso, tendo então, um volume bem menor quando comparado à metade superior. O canal vertebral passa a ser chamado de canal sacral e lá, encontra-se a cauda equina, que por sua vez é composta pelo feixe de raízes dos nervos espinais originados abaixo da primeira vértebra lombar e desce após o término da medula espinal.[1]

O hiato sacral é fechado pelo ligamento sacrococcígeo membranáceo. Esse ligamento é perfurado pelo filamento terminal, filamento de tecido conjuntivo que se estende da extremidade da medula espinal até o cóccix. Anteriormente ao ligamento sacrococcígeo, encontra-se o espaço epidural do canal sacral. Esse espaço é preenchido por tecido conjuntivo adiposo. Na anestesia peridural caudal, o anestésico local é injetado na gordura do canal sacral que circunda as partes proximais dos nervos sacrais levando ao bloqueio.

As últimas quatro vértebras fundidas formam o cóccix. Normalmente, as três últimas vértebras se fundem no meio da vida, e com o passar do tempo, a primeira vértebra se une ao sacro. Essa estrutura é um remanescente de esqueleto embrionário e participa da sustentação do peso corpóreo apenas na posição sentada, diferentemente das outras vértebras.[1]

Ligamentos vertebrais

Os ligamentos são responsáveis pela união das vértebras promovendo estabilidade à coluna. Essas estruturas tornam-se guias durante a realização do bloqueio do neuroeixo contribuindo para resposta tátil e auditiva à inserção da agulha. Os ligamentos constituem grande parte dos planos anatômicos da coluna vertebral. A compreensão dos planos é essencial para realização da técnica anestésica. Os planos anatômicos na região lombar são: pele, tecido subcutâneo, ligamento supraespinhoso, ligamento interespinhoso, ligamento amarelo, espaço epidural, dura-máter, espaço subdural, aracnóide, espaço subaracnóide, pia máter e, finalmente, medula espinal[6] (Figura 12.1).

O ligamento supraespinhoso, continuação do ligamento da nuca, une as extremidades dos processos espinhosos desde C7 até o sacro. O ligamento interespinhoso, por sua vez, promove a união das apófises espinhosas. Esse ligamento é localizado posteriormente ao ligamento supraespinhal e anteriormente ao ligamento amarelo.[4] O ligamento amarelo é longo, fino e largo na região cervical, torna-se mais espesso na região torácica e atinge espessura máxima na região lombar.[1] Pode ter até 1 cm de espessura e se estende pelo espaço interlaminar entre as vértebras adjacentes.[7] O ligamento amarelo representa o limite posterior do espaço peridural.

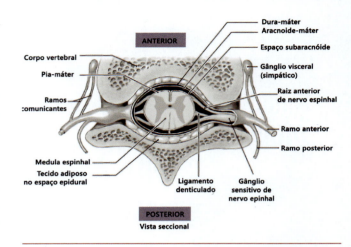

Figura 12.1. Vista seccional da medula espinhal e meninges espinhais. Fonte: Sociedade Brasileira de anestesiologia. Bases do Ensino de Anestesiologia. 4ª edição. Rio de Janeiro: Artmed, 2016.

Canal vertebral

O canal vertebral é o espaço formado pela superposição dos forames vertebrais e é ocupado pela medula espinal, raízes dos nervos espinhais, meninges e as estruturas neurovasculares que as suprem. Estende-se do forame magno ao hiato sacral. O canal vertebral acompanha a curvatura da coluna e apresenta características anatômicas distintas dependendo da região.[3] Em regiões de grande mobilidade como a cervical e a lombar, o diâmetro é maior e detém aspecto triangular enquanto em regiões de menor mobilidade como a torácica, o canal é estreito e redondo.[1] A junção das vértebras forma o canal vertebral, responsável pela proteção da medula.

Medula espinal

A medula espinal é a principal via de condução nervosa entre o corpo e o encéfalo. É uma massa cilindróide formada de tecido nervoso situada dentro do canal vertebral. No indivíduo adulto, a medula mede aproximadamente 42 cm a 45 cm sendo um pouco menor no sexo feminino.[3] Seu calibre não é uniforme, pois apresenta duas dilatações denominadas intumescência cervical e lombar. As intumescências são regiões de conexão da medula com raízes nervosas que formam os plexos braquial e lombossacral, destinadas a inervação dos membros.[8]

A medula é limitada cranialmente pelo bulbo, ao nível do forame magno. O conhecimento do limite caudal é fundamental para a anestesia do neuroeixo devido ao risco de trauma medular durante punções subaracnóideas e peridurais. Na vida fetal, a medula espinal ocupa toda a extensão do canal vertebral, o que se modifica ao longo do tempo devido a assincronia do crescimento entre as duas estruturas.[9] Ao nascimento, a medula termina em L3. No adulto, o limite caudal, é localizado, na maior parte dos casos, na transição entre a primeira e a segunda vértebra lombar. Abaixo deste nível, as meninges e as raízes nervosas dos últimos nervos espinhais estão dispostas em torno do cone medular. Com a discordância de crescimento, as raízes nervosas vão se tornando mais oblíquas. Abaixo de L1, o canal apresenta somente feixes lombossacros e coccígeos, ou seja, a cauda equina.[10]

Meninges

A medula é envolvida por 3 membranas fibrosas denominadas meninges; pia-máter, aracnóide e dura-máter, do centro para a periferia, respectivamente.[8] Essas membranas sustentam e protegem a medula espinal, assim como as raízes dos nervos, inclusive a cauda equina, e contêm o líquido cefalorraquidiano (LCR).[1]

Dentre as meninges, a mais externa é a dura-máter. Trata-se de uma meninge espessa e resistente. É composta por duas lâminas: a camada mais externa, denominada periosteal, e a camada mais interna, que é conhecida como meníngea interna. A camada externa compõe o periósteo do crânio e contém vasos e nervos.[11] A camada externa é limitada ao crânio, se adere à sua face interna, fazendo ligações firmes sobre as suturas. A camada meníngea interna forma alguns anexos responsáveis por dividir os compartimentos cranianos, como por exemplo, o tentório e a foice do cerebelo.[12] A separação das duas camadas da dura-máter é praticamente impossível, exceto nos locais em que há invaginações e seios durais. A separação acontece apenas em situações patológicas, em que se cria um espaço extradural real preenchido por líquido ou sangue.[1]

A nível espinal, a face externa da dura-máter é separada do osso coberto por periósteo e dos ligamentos que formam as paredes do canal vertebral pelo espaço epidural.[12] Esse espaço é preenchido por gordura extradural e pelo plexo de veias vertebrais internas.[1] O espaço subdural, por sua vez, situa-se entre a face interna da dura-máter e a aracnóide. É uma fenda estreita contendo uma pequena quantidade de LCR, responsável por evitar a aderência das paredes[8] (Figura 12.1).

A aracnóide é localizada entre a dura-máter e a pia-máter. É uma membrana serosa que compreende um folheto justaposto à dura-máter por pressão do LCR e um emaranhado de trabéculas, as trabéculas aracnóideas, unidas à pia-máter.[13] O espaço subaracnóideo está localizado entre a aracnóide-máter e a pia-máter. É o espaço mais importante e é o que contém a maior quantidade de LCR.[8] A técnica anestésica de punção dos espaços será abordada posteriormente. Por fim, a pia-máter é a meninge mais delicada e a mais interna. Ela adere intimamente ao tecido nervoso da superfície da medula e penetra na fissura mediana anterior.

Líquido cefalorraquidiano

O líquido cefalorraquidiano é um fluido corporal límpido e incolor produzido no sistema ventricular do encéfalo pelos plexos coróides, epêndima das paredes ventriculares e dos vasos da leptomeninge.[5] O sistema ventricular é composto por dois ventrículos laterais, pelo terceiro e pelo quarto ventrículo. Todos eles têm diferentes localizações: os ventrículos laterais se situam nos lobos do cérebro, o terceiro ventrículo se localiza entre os tálamos, enquanto o quarto ventrículo está sobre a ponte e a medula. Todas essas estruturas se conectam por diferentes forames: o forame interventricular, ou de Monro, está entre os ventrículos laterais e o terceiro ventrículo, o aqueduto cerebral, ou de Sylvius, está entre o terceiro e o quarto ventrículo, o forame de Luschka está entre o quarto ventrículo e a cisterna magna e por fim, o forame de Magendie localiza-se entre o quarto ventrículo e o canal cerebral da medula espinal.

O LCR presente nos ventrículos laterais flui para o terceiro ventrículo e adentra o espaço subaracnóideo, onde por sua vez, circula até que é drenado para o sistema venoso através das granulações aracnóideas.[1] Assim, é estabelecido um sistema de equilíbrio, em que há secreção e reabsorção. Esse líquido se distribui de modo que 20% permaneça circulando entre os ventrículos, e os outros 80% circulem no espaço subaracnóideo.[14] O LCR é distribuído de forma irregular nesse espaço sendo 30% a nível encefálico e 70% a nível espinhal. O volume total de líquor é de 100 mL a 150 mL. Ele se renova completamente em um intervalo de oito horas e ainda são discutidos os fatores que determinam a sua circulação.[5]

Além do líquor promover proteção mecânica do encéfalo e da medula espinal devido a capacidade de amortecimento em traumas, ele permite que o encéfalo não comprima as raízes dos nervos cranianos e os vasos sanguíneos por conta da circulação no espaço subaracnóideo.[1] Outras funções exercidas pelo LCR são o influxo de nutrientes, neurotransmissores e hormônios, promoção da homeostase para fornecer meio ideal para as células do sistema nervoso central e distribuição homogênea de elementos de defesa.[14]

Raízes nervosas espinhais

A medula espinal provê inervação para tronco e membros por meio dos nervos espinais e suas terminações periféricas. Os nervos espinais fazem conexão do organismo com Sistema Nervoso Central (SNC). Existem 31 pares de raízes nervosas que emergem da medula sendo 8 pares cervicais, 12 pares torácicos, 5 pares lombares, 5 pares sacrais e 1 par coccígeo.[1]

A superfície da medula apresenta sulcos longitudinais que percorrem toda a sua extensão: sulco mediano posterior, fissura mediana anterior, sulco lateral anterior e sulco lateral posterior.[8] Nos sulcos lateral anterior e lateral posterior há a conexão de pequenos filamentos nervosos denominadas radículas, que se unem para formar, respectivamente, as raízes anterior e posterior dos nervos espinhais.[13] As raízes cruzam o espaço subaracnóideo e atravessam a dura-máter separadamente unindo-se próximo ao forame intervertebral, originando os nervos espinhais (Figura 12.2).

A raiz anterior é formada por fibras motoras que saem dos corpos das células nervosas, localizados no corno anterior da substância cinzenta da medula espinal, para órgãos efetores situados na periferia. Existem, também, fibras nervosas sensitivas nestas raízes e, em alguns níveis, fibras pré-ganglionares simpáticas. A raiz posterior, por sua vez, é formada por fibras sensitivas dos corpos celulares do gânglio da raiz posterior.[13] Esta estrutura comunica terminações sensitivas periféricas ao corno posterior da substância cinzenta da medula espinal. A correspondência das fibras sensitivas com a área cutânea inervada por cada uma delas é denominada dermátomo.[3] Considera-se que as raízes posteriores contêm apenas fibras sensitivas, somáticas e viscerais, mas elas podem também conter uma pequena quantidade, cerca de 3% de fibras motoras e fibras autônomas vasodilatadoras.[13]

Além disso, a medula contém em seu interior, corpos celulares de todos os neurônios pré-ganglionares, responsáveis pela inervação simpática de músculos lisos, miocárdio e glândulas, e pela inervação parassimpática dos músculos lisos na região distal do

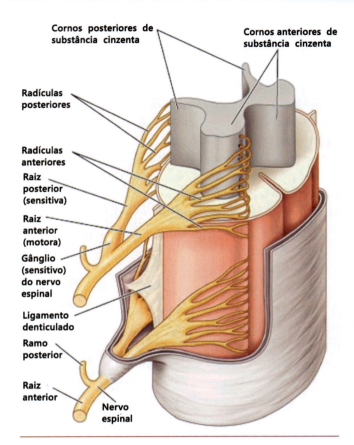

Figura 12.2. Substância cinzenta da medula espinal, raízes espinais e nervos espinais. As meninges são seccionadas e rebatidas para mostrar a substância cinzenta em formato de H na medula espinal e as radículas e raízes posteriores e anteriores de dois nervos espinais. As radículas posteriores e anteriores entram e saem pelos cornos cinzentos posterior e anterior, respectivamente. As raízes nervosas posteriores e anteriores unem-se distalmente ao gânglio sensitivo para formar um nervo espinal misto, que se divide imediatamente nos ramos posterior e anterior. Fonte: Moore, KL, Dalley, AF, Agur, AM. Clinically Oriented Anatomy 6th ed. Philadelphia: Lippincott Williams & Wilkins, 2010.

intestino grosso, das vísceras pélvicas e dos tecidos eréteis dos genitais.[8]

As fibras autonômicas, sensitivas e motoras devido às suas características estruturais quando submetidas aos anestésicos locais no espaço subaracnóideo tendem a ser bloqueadas em ordens diferentes.[4]

1. Fibras tipo C não mielinizadas, responsáveis pela condução de estímulos térmico e dolorosos.
2. Fibras tipo B mielinizadas e finas, autonômicas pré-ganglionares.
3. Fibras tipo Aδ, condutoras de estímulos dolorosos (nocicepção) e térmicos.
4. Fibras tipo Aγ, responsáveis pelo tônus muscular e reflexos.
5. Fibras tipo Aβ, transdutoras de estímulos motor, tátil e de pressão.
6. Fibras tipo Aα, estímulos motor e de propriocepção.

Dermátomos

De modo geral, os dermátomos podem ser definidos como as áreas da pele inervadas pelas fibras sensitivas de um nervo espinal.[1] Eles têm uma grande relevância clínica em diferentes especialidades médicas, e em anestesiologia, se fazem importantes pelo fato de serem testados para determinar os limites sensoriais de anestesias regionais.[15] A fim de estabelecer um padrão comum de inervação cutânea por nervos espinais específicos, foram criados diferentes mapas a partir de lesões de nervos espinais ou de raízes posteriores.[1] No entanto, existe uma quantidade considerável de variações entre os mapas já descritos[14] (Figura 12.3).

■ FISIOLOGIA

Sistema nervoso autônomo

De modo geral, o sistema nervoso autônomo (SNA) é o segmento do sistema nervoso central responsável pelo controle da maioria das funções viscerais do organismo. O SNA é dividido em duas porções: a simpática e a parassimpática. As fibras nervosas simpáticas se originam na medula espinal, junto com os nervos espinais entre os segmentos T1 e L2, e se projetam para as cadeias simpáticas, para depois se direcionarem aos respectivos órgãos alvo. Enquanto as fibras parassimpáticas, deixam o sistema nervoso central a partir dos nervos oculomotor, facial, glossofaríngeo e, em sua grande maioria, através do vago, e atingem o órgão para realizar as suas sinapses.[16]

Tanto a via simpática, quanto a parassimpática, são formadas basicamente por dois neurônios: um pré e outro pós-ganglionar. Entretanto, existem algumas diferenças na distribuição e no percurso dessas fibras. As pré-ganglionares parassimpáticas passam ininterruptamente por todo o percurso até atingir o órgão, onde por sua vez encontram as fibras pós-ganglionares e realizam a sinapse. No sistema nervoso simpático, as fibras pós-ganglionares se localizam majoritariamente nos próprios gânglios da cadeia simpática, e não

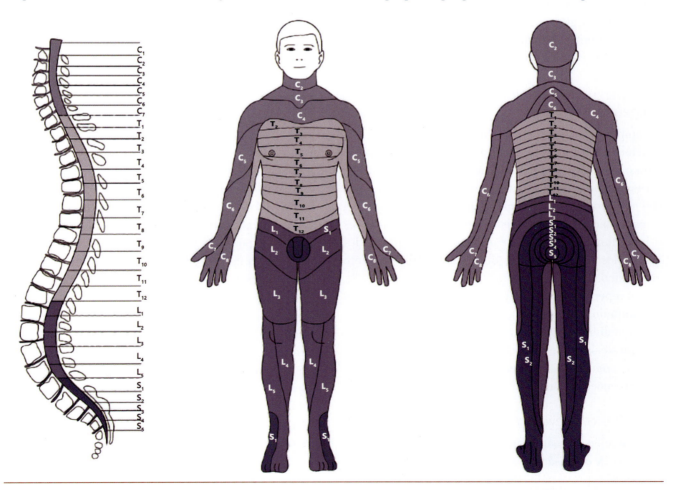

Figura 12.3. Demarcação esquemática dos dermátomos mostrados como distintos segmentos. Fonte: Sociedade Brasileira de anestesiologia. Bases do Ensino de Anestesiologia. 4ª edição. Rio de Janeiro: Artmed, 2016.

no órgão-alvo, assim, realizam as suas sinapses antes de atingirem o órgão a ser excitado.[16] Além disso, as fibras pré-ganglionares simpáticas se distribuem entre as medulas torácica e lombar, enquanto as parassimpáticas estão dentro do crânio e na medula sacral. Pelo fato de as fibras pré-ganglionares simpáticas fazerem as respectivas sinapses com as pós-ganglionares nos gânglios da cadeia simpática, é possível aferir que as pré-ganglionares são curtas, enquanto que as pós-ganglionares são longas, ao passo que, no sistema parassimpático, como as sinapses são feitas no próprio órgão-alvo, as fibras pré-ganglionares são longas e as pós-ganglionares são curtas.[5]

Os neurônios pré-ganglionares, tanto do sistema nervoso simpático quanto do parassimpático, são colinérgicos, ou seja, secretam acetilcolina, que por sua vez, excitará as fibras pós-ganglionares. Essas, no entanto, secretam substâncias diferentes em cada um dos sistemas: a maioria das fibras pós-ganglionares parassimpáticas liberam acetilcolina enquanto as simpáticas são secretoras de noradrenalina, logo são fibras adrenérgicas, salvo algumas exceções. Assim, essas diferentes substâncias agem nos órgãos-alvo causando os efeitos referentes as vias ativadas.[16]

Repercussões fisiológicas do bloqueio do neuroeixo

A compreensão completa das repercussões fisiológicas ocasionadas pelo bloqueio do neuroeixo é essencial para o manejo perioperatório de pacientes submetidos a essa técnica anestésica. A conscientização e atenção aos fatores que potencialmente podem ocasionar a transformação de efeitos fisiológicos em complicações é importante para garantir a seleção e preparo adequado dos pacientes antes de iniciar o procedimento anestésico.[17]

As repercussões fisiológicas das duas modalidades de bloqueio do neuroeixo, raquianestesia e peridural, são semelhantes, com exceção dos níveis sanguíneos dos anestésicos locais. O bloqueio epidural apresenta níveis sanguíneos, suficientemente maiores para produzir reações sistêmicas.[5]

Efeitos cardiovasculares

As repercussões cardiovasculares ocorrem principalmente pela extensão da simpatectomia farmacológica temporária provocada pelo bloqueio do neuroeixo. Hipotensão e bradicardia são efeitos colaterais bem conhecidos. A maior parte das apresentações clínicas

são leves e respondem rapidamente ao tratamento. Entretanto, assistolia e parada cardiorrespiratória podem ocorrer e resultar em morbidade significativa e até mesmo em mortalidade.[18]

Estudos experimentais, em humanos, indicam que a redução no débito cardíaco (DC) e na resistência vascular sistêmica (RVS) contribuem significativamente para a hipotensão induzida pelo bloqueio.[19,20] O bloqueio simpático é dependente da altura do bloqueio anestésico. A simpatectomia farmacológica se estende de 2 a 6 dermátomos acima do bloqueio sensitivo. Ocorre tanto vasodilatação arterial como venosa, prevalecendo a venodilatação.[5] Aproximadamente 60% a 70% do volume sanguíneo está contido no leito venoso. Após denervação simpática induzida por anestésicos locais, o tônus vasomotor torna-se mínimo.[17] O aumento do diâmetro dos vasos ocasiona a redução da RVS e, consequentemente, queda da pressão arterial sistêmica, da pressão venosa central, do retorno venoso, da pré-carga e por fim do débito cardíaco.[21]

O bloqueio das fibras cardioaceleradoras simpáticas de T1 a T5 favorece a atuação do tônus vagal o que, normalmente, resultará em diminuições leves a moderadas na frequência cardíaca. O fator mais significativo na fisiologia da bradicardia é a diminuição acentuada do retorno venoso. Essa diminuição ocasiona redução de estímulos sobre barorreceptores do seio carotídeo, arco aórtico e das grandes veias, além de diminuir o estiramento do átrio direito, importante mecanismo de regulação pressórica.[22]

A profilaxia da hipotensão arterial com hidratação venosa prévia ao bloqueio é uma prática anestésica muito utilizada. Neste ponto cabe um adendo com relação ao exposto. A profilaxia era realizada de rotina antes de cada procedimento anestésico envolvendo os bloqueios espinhais, pois hipovolemia como a hipervolemia aumentam a morbidade e mortalidade perioperatória e, portanto, a avaliação do estado hemodinâmico de cada paciente pode guiar a fluidoterapia adequada. Entretanto, não parece ser mais efetiva do que a hidratação concomitante ao bloqueio.[4] Quando a pressão arterial atinge níveis em que o tratamento se torna necessário, a melhor alternativa é o uso de efedrina como vasopressor.[5] Vasopressores adrenérgicos mistos são muito utilizados atuando na liberação da norepinefrina armazenada nos terminais nervosos e estimulando diretamente os receptores alfa e beta, o que promove aumento da pressão arterial, da frequência cardíaca e do inotropismo miocárdico.[23]

Efeitos respiratórios

Os efeitos respiratórios causados pelos bloqueios de neuroeixo são mínimos. Estudos mostram que a raquianestesia não interfere na frequência respiratória e nem no volume corrente.[17] O plexo cervical, que inerva o diafragma, é preservado, assim, a função inspiratória também se mantém. Por outro lado, a função expiratória, pode sofrer alterações numa raquianestesia, porque acontece uma paralisia abdominal dos músculos necessários para a expiração forçada, resultando assim, no prejuízo de ações que dependem de esforços expiratórios ativos, como por exemplo, a tosse. Isso acontece porque os músculos intercostais inspiratórios recebem inervação de fibras cervicais e torácicas enquanto os expiratórios, somente de fibras torácicas, e dificilmente o bloqueio se estenderá até a altura cervical, sendo assim, o acometimento é maior na fase expiratória.[4]

Pacientes hígidos toleram os efeitos respiratórios, no entanto, indivíduos com doença pulmonar obstrutiva crônica grave, as consequências podem ou não ser mais significativas, portanto, devem ser evitados bloqueios altos nessa situação.[17] A frequente queixa de dispneia sob a raquianestesia acontece devido ao bloqueio sensitivo e proprioceptivo da parede torácica.[4]

Situações de hipoxemia resultam normalmente dos efeitos dos sedativos, e não do bloqueio em si. Além disso, a administração de opióides no líquido cefalorraquidiano durante o bloqueio pode resultar em uma depressão respiratória, portanto é preciso monitorar o estado ventilatório do paciente durante o intra e o pós-operatório. A parada respiratória pós-raquianestesia é muito rara, e acredita-se que ela resulta de uma hipoperfusão do tronco cerebral secundária, e não dos efeitos diretos dos anestésicos locais.[17]

Efeitos gastrointestinais

O bloqueio simpático favorece a predominância da ação do sistema parassimpático sobre o trato gastrintestinal. Devido a essa predominância é observado aceleração do esvaziamento gástrico, aumento do peristaltismo, elevação da produção de secreções, relaxamento esfincteriano e aumento da perfusão vascular visceral.[24] O nervo vago por ter origem no tronco encefálico não é atingido pelo bloqueio subaracnóideo convencional.[4] A atividade vagal, e consequentemente, o aumento do peristaltismo conferem excelente condição cirúrgica e melhor recuperação ao paciente quando comparado a anestesia geral.[5] A incidência de náuseas e vômitos pode estar presente em torno de 20% dos casos. O uso de opióides, principalmente a morfina, na anestesia do neuroeixo está associada ao aumento dessa incidência.[25]

Efeitos genitourinários

Fisiologicamente, a micção acontece quando o músculo detrusor se contrai e o esfíncter uretral relaxa. Os nervos espinais responsáveis por inervar essas estruturas e controlarem esses mecanismos são os provenientes de S1 a S4.[17] Assim, durante o bloqueio de neuroeixo, além de ser possível observar uma atonia vesical e aumento da tonicidade esfincteriana, o reflexo miccional é interrompido, logo, a necessidade de urinar desaparece e a função vesical é perdida até que o bloqueio atinja o terceiro segmento sacral.[26] A retenção urinária, portanto, acontece frequentemente nos bloqueios de neuroeixo. Os rins, por outro lado, têm a sua função preservada sob os efeitos do bloqueio de neuroeixo, e para que a taxa de filtração glomerular e o fluxo sanguíneo renal se mantenham constantes, é necessário que a pressão de perfusão seja mantida entre 80 e 180 mmHg.[4]

Efeitos endócrinos

A desaferentação simpática temporária provocada pela anestesia subaracnóidea constitui um fator redutor da resposta metabólica e hormonal ao estresse cirúrgico. Muitos estudos examinaram o efeito de diferentes técnicas anestésicas na concentração dos níveis de cortisol sérico.[27,28] Os níveis de cortisol, insulina, hormônio do crescimento, catecolaminas, hormônios tireoidianos, renina, aldosterona encontram-se reduzidos.[29]

Em geral, a escolha da técnica anestésica afeta a resposta ao estresse intra operatório e, portanto, afeta significativamente o resultado e a morbidade dos pacientes cirúrgicos inclusive a dor pós-operatória.[28] A atenuação da resposta metabólica endócrina pode reduzir a frequência de complicações pós-operatórias.[30] O bloqueio do neuroeixo, sobretudo a anestesia subaracnóidea, provoca redução da incidência de dor pós-operatória, acelerando o peristaltismo após operações abdominais, reduzindo a incidência de trombose venosa profunda e diminuindo o tempo de internação.[31]

Efeitos termorregulatórios

Os efeitos termorregulatórios intraoperatórios nos bloqueios de neuroeixo são menos frequentes do que na anestesia geral. Eles estão associados a fatores de risco, como idade avançada, altura do bloqueio, baixa temperatura da sala de cirurgia, queimaduras de segundo ou terceiro grau, baixa temperatura corporal antes da indução anestésica, baixo peso e grande perda de sangue.[17]

Apesar de a hipotermia ser uma complicação mais recorrente na anestesia geral, é fundamental a utilização de métodos profiláticos, principalmente na raquianestesia.[17] Em todas as técnicas anestésicas ocorre uma redistribuição de calor do centro para a periferia, e, na raquianestesia em especial, a vasodilatação corpórea abaixo do nível do bloqueio simpático faz com que o corpo perca ainda mais calor.[4]

Durante a primeira hora de anestesia, a redistribuição de calor se mostra mais intensa, e isso é uma das causas mais significativas da hipotermia central. Além disso, a persistência do bloqueio simpático impede a vasoconstrição e os tremores, contribuindo para a progressão da hipotermia.[17] Sendo assim, a monitorização intraoperatória e profilaxia tornam-se medidas essenciais ao longo dos procedimentos que requerem bloqueios de neuroeixo.

■ ANESTESIA SUBARACNÓIDEA

Sítio de ação dos anestésicos locais

A raquianestesia consiste na aplicação de anestésicos locais puros ou com adjuvantes no espaço subaracnóideo. Ao realizar a raquianestesia, usando a abordagem da linha média, as camadas anatômicas que são percorridas, de posterior para anterior, são: pele, gordura subcutânea, ligamento supraespinhal, ligamento interespinhoso, ligamento amarelo, dura-máter, espaço subdural, aracnóide e, finalmente, espaço subaracnóide. Os principais alvos anestésicos são as fibras autonômicas, sensitivas e motoras imersas no LCR.[4]

O espaço subaracnóideo envolve a medula espinal e está localizado entre a pia máter e aracnóide máter. O limite inferior é definido pelo saco dural em S2 e, superiormente, o espaço se comunica com o líquor nas cavidades ventriculares cranianas.[5] O volume e as propriedades bioquímicas do LCR influenciam na altura dos dermátomos atingidos pelos anestésicos locais.[32] Uma vez inseridos no LCR, os anestésicos locais, dispersam-se e entram em contato direto com a medula e raízes dos nervos espinhais.

Indicações

As indicações da raquianestesia estão relacionadas às vantagens do seu uso. Alguns critérios devem ser considerados antes da indicação anestésica como avaliação pré-anestésica, aceitação do paciente, estado fisiológico do doente, enfermidades preexistentes, estado mental e psicológico, alternativas de tratamento da dor pós-operatória, natureza e duração da cirurgia.[4] A raquianestesia quando bem indicada permite uma facilidade de execução, curta latência, bloqueio motor, sensitivo e simpático, diminuição de sangramento, relaxamento abdominal e analgesia pós-operatória.[5]

A raquianestesia costuma ser indicada para realização de procedimentos com duração conhecida que envolvam extremidades inferiores, períneo, pelve ou abdome inferior. Atualmente, há um aumento nas indicações da anestesia espinal incluindo cirurgia da coluna lombar e colecistectomia videolaparoscópica.[33] Pacientes com doença respiratória grave e via aérea difícil podem se beneficiar da anestesia do neuroeixo devido ao risco da anestesia geral.[5]

A analgesia do neuroeixo pode ser realizada através da aplicação de anestésicos locais em dosagens subanetésicas promovendo uma analgesia potente e duradoura. Essa modalidade analgésica contribui para diminuição da dor intraoperatória, pós-cirúrgica ou tratamento da dor crônica intensa associada a doenças malignas.[33]

Contraindicações

As contraindicações podem ser classificadas em absolutas e relativas. Existem poucas contraindicações absolutas do bloqueio subaracnóideo. Pode-se citar como contraindicações absolutas a recusa do paciente, alergia a algum fármaco planejado para administração, incapacidade da realização da técnica devido a hipertensão craniana predispondo a herniação do tronco encefálico ou, por exemplo, agitação do paciente durante a punção com a agulha o que predispõe à lesão traumática de estruturas neurais.[34,35]

As contraindicações relativas precisam ser consideradas com base nos benefícios potenciais do bloqueio do neuroeixo. As contraindicações relativas podem ser divididas em 4 grandes grupos com base no sistema envolvido. Alterações neurológicas como mielopatia, estenose vertebral, cirurgia da coluna vertebral, esclerose múltipla, espinha bífida podem ser fatores limitantes à raquianestesia.[33] Presença de alterações cardíacas podem contraindicar essa modalidade anestésica. Dentre as principais alterações destaca-se a estenose aórtica, débito cardíaco fixo ou vigência de hipovolemia.[36] Pacientes hipovolêmicos podem exibir uma resposta hipotensora exagerada aos efeitos vasodilatadores do bloqueio anestésico.[33] Alterações hematológicas como tromboprofilaxia e coagulopatia hereditária são contraindicações relativas. A tromboprofilaxia pode predispor ao surgimento de casos catastróficos de hematoma espinal causador de paralisia associada à introdução e ao uso de Heparina de Baixo Peso Molecular.[33] Complicações hemorrágicas devido a presença de coagulopatias hereditárias, dentre elas, a doença de von Willebrand, hemofilias ou púrpura trombocitopênica idiopática são raras, porém podem ser um fator passível de contraindicação.[37] Por fim, existem preocupações teóricas baseadas em dados de animais, relatos laboratoriais e de casos em humanos que sugerem implante iatrogênico no neuroeixo no contexto de uma infecção sistêmica.[38]

Técnica anestésica

De maneira didática, dividiremos a técnica anestésica em 4 etapas: preparação, posição, projeção e punção.

Preparação

O primeiro passo da preparação consiste na explicação da técnica anestésica planejada ao paciente. É dever do médico anestesista esclarecer os riscos da anestesia assim como possíveis dúvidas. É necessário obter o consentimento informado com documentação adequada da discussão dos riscos do procedimento anestésico. Antes de iniciar a anestesia deve ser verificado a disponibilidade de equipamento de reanimação. O paciente deve ter acesso venoso adequado, medida da pressão arterial, frequência cardíaca e oximetria de pulso.

A escolha da agulha é um ponto fundamental para realização da punção lombar. As características mais importantes da agulha espinal são o diâmetro e a forma da ponta. A ponta da agulha é classificada em duas categorias principais: as que cortam fibras durais e as que divulsionam. A Quincke-Babcock e a Pitkin são exemplos de agulhas cortantes enquanto a Whitacre e Sprotte são representantes do segundo grupo. O uso de agulhas de menor calibre diminui a incidência de cefaleia pós punção. Entretanto, calibres maiores aumentam a resposta tátil à colocação da agulha facilitando a técnica.[5]

A realização de antissepsia adequada é de extrema importância para redução do risco infeccioso, meningite bacteriana, principalmente por Streptococcus viridans. Podem ser utilizadas soluções como clorexidina ou álcool para assepsia.[33]

Posição

Para facilitar o acesso ao espaço subaracnóideo o posicionamento do paciente é primordial. Existem três posições primárias: decúbito lateral, sentada e decúbito ventral, cada uma delas apresentando vantagens e indicações específicas. Não há consenso sobre a superioridade de uma posição em relação a outra.[34] As diretrizes atuais afirmam que os bloqueios do neuroeixo devem ser realizados com o paciente acordado possibilitando o reconhecimento de sinais de dor ou parestesia se a agulha for inserida próxima a um tecido nervoso.[33]

O paciente posicionado em decúbito lateral facilita a administração da medicação sedativa se necessário. O paciente é colocado com o dorso paralelo a borda da mesa cirúrgica, com coxas flexionadas sobre o abdome sendo o pescoço flexionado para facilitar a introdução da agulha através dos espaços intervertebrais.[4]

A identificação da linha mediana pode ser mais fácil quando o paciente é colocado na posição sentada. Pacientes obesos ou pacientes que possuem escoliose parecem se beneficiar dessa posição pois tais alterações dificultam a identificação anatômica da linha mediana.[33] Além disso, adota-se esse posicionamento quando há necessidade de realização de bloqueios sensitivos baixos, por exemplo, cirurgias perineais e urológicas. Para os bloqueios mais altos, deve-se deitar imediatamente o paciente após a introdução do anestésico e posicionar a mesa adequadamente permitindo difusão para níveis superiores.[5]

Embora pouco frequente, a posição em decúbito ventral, deve ser escolhida quando o paciente for permanecer nesta posição ao longo da cirurgia. Tais casos podem incluir procedimentos retais, perineais ou lombares.

Nível da punção

O posicionamento adequado do paciente causa diminuição da lordose lombar permitindo acesso ao espaço subaracnóideo entre processos espinhosos adjacentes. A medula espinal termina no adulto, mais frequentemente, ao nível de L1-L2 sendo indicada a realização da punção nos interespaços L2-L3, L3-L4 ou L4-L5 diminuindo assim, o risco de trauma medular.[8]

Para identificação das vértebras lombares utiliza-se a técnica de projeção da linha intercrista (linha de Tuffier). Essa técnica consiste em identificar, primeiramente, as cristas ilíacas que servirão de guia anatômico. Após identificação, o anestesiologista projeta uma linha imaginária, a linha intercrista, de maneira que seja transversal a coluna vertebral e tangente à borda superior das cristas ilíacas. O encontro da linha intercrista com a coluna corresponde ao nível do corpo vertebral de L4 ou espaço intervertebral L4-L5.[33]

Punção

Selecionado o espaço intervertebral adequado, realiza-se um botão anestésico subcutâneo para diminuir o desconforto puncional. A abordagem do espaço pode ser mediana, paramediana ou sacral. A abordagem mediana ocorre com a palpação e introdução da agulha na linha mediana da vértebra. A punção do espaço subaracnóide pode ocorrer com o auxílio de um guia ou introdutor. A sequência de posterior para anterior dos planos são, respectivamente, pele, tecido subcutâneo, ligamento supraespinhal, ligamento interespinhal, ligamento amarelo, espaço peridural, dura-máter e espaço subaracnóideo.[1] Essas estruturas tornam-se guias durante a realização do bloqueio do neuroeixo contribuindo para resposta tátil à inserção da agulha. Ao ultrapassar o ligamento amarelo e a dura máter há um discreto estalido e alteração da resistência.[33] Remove-se o mandril e o LCR deve aparecer no orifício interno da agulha. Caso não haja fluxo de LCR deve-se retirar a agulha e reiniciar as etapas para locação correta no espaço subaracnóideo. Após localização do espaço, o dorso da mão não dominante do anestesiologista mantém a agulha alocada enquanto a seringa contendo a dose terapêutica é acoplada.[5]

O acesso paramediano pode ser indicado em contextos que dificultem a abordagem mediana como calcificação difusa do ligamento interespinhal. A introdução da agulha muito distante da linha mediana pode dificultar o acesso ao espaço subaracnóideo devido a presença das lâminas intervertebrais no trajeto de entrada.[4] Assim como no acesso pela linha mediana, a resposta tátil, principalmente, ao ultrapassar o ligamento amarelo e a dura máter conduzem a técnica. Na abordagem paramediana, a agulha não atravessa os ligamentos supraespinal e interespinhal[33] (Figura 12.4).

Técnica contínua

A técnica contínua é uma modalidade da anestesia subaracnóidea que permite incremento adicional de doses de anestésico local. Essa modalidade permite a titulação do bloqueio até um nível apropriado promovendo uma maior estabilidade hemodinâmica quando comparada a uma dose única.[33] É uma estratégia

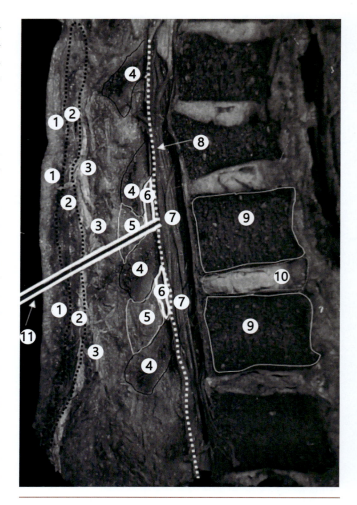

Figura 12.4. Seção sagital das vértebras lombares ilustrando o curso da agulha de punção lombar através da pele (**1**), tecido subcutâneo (**2**), ligamento supraespinhoso (**3**), ligamento interespinhoso (**5**) entre os processos espinhosos (**4**), ligamento amarelo (**6**), dura-máter (**8**), no espaço subaracnóideo e entre as raízes nervosas da cauda equina (**7**). Corpos vertebrais lombares (**9**), disco intervertebral (**10**) e agulha de punção lombar (**11**). Fonte: Boon JM, Abrahams PH, Meiring JH, Welch T. Lumbar puncture: anatomical review of a clinical skill. Clin Anat. 2004.

vantajosa para pacientes idosos, com instabilidade hemodinâmica, situações de difícil execução da anestesia peridural ou na ocorrência de perfuração acidental da dura-máter durante bloqueio epidural.[5] O tempo prolongado de anestesia associado a infiltração de baixas doses de anestésico locais e estabilidade hemodinâmicas constituem os principais benefícios dessa técnica. Deve-se atentar a cefaleia pós-punção e a neurotoxicidade dos anestésicos locais como possíveis complicações.[4]

Para realização da técnica, o acesso pode ocorrer pela linha mediana ou paramediana. Utiliza-se uma agulha que possibilite a passagem de um cateter de vinil para o interior do espaço subaracnóideo. Uma vez identificado o espaço peridural, retira-se o mandril da agulha introduzindo o cateter sem que esse ultrapasse o bisel.[5] Após alocar o cateter no interior da agulha, introduz-se a agulha até o espaço subaracnóideo. Se o posicionamento estiver correto é possível visualizar fluxo de líquor pelo cateter.[4]

Anestésicos locais

Os anestésicos locais são usados para bloquear a transmissão de impulsos nas fibras nervosas, para reduzir ou eliminar a sensação. Os anestésicos locais podem ser usados para analgesia e anestesia neuroaxial, bloqueios de nervos periféricos, infiltração subcutânea e tecidual e anestesia tópica.

Os anestésicos locais inibem reversivelmente a transmissão nervosa ao se ligar aos canais de sódio dependentes de voltagem na membrana plasmática do nervo. Os canais de sódio são proteínas integrantes da membrana, ancoradas na membrana plasmática. Quando os anestésicos locais se ligam ao canal de sódio, eles o tornam impermeável ao sódio, o que impede a iniciação e propagação do potencial de ação.[39] A recuperação do potencial de ação ocorre por difusão lenta e reentrada do anestésico na circulação sistêmica, onde sofrerá biotransformação e excreção renal. O local de ação é exclusivamente espinhal na raquianestesia.[4] Os anestésicos locais utilizados nos bloqueios subaracnóideos são classificados de acordo com sua duração de ação.[5] Iremos abordar nos próximos tópicos os medicamentos mais utilizados para anestesia do neuroeixo, principalmente o bloqueio subaracnóideo.

Lidocaína

A lidocaína é um anestésico local tipo amino-amida, hidrofílico, de início rápido e curta duração que tem sido usada desde a década de 1940 como anestésico espinhal.[40] É utilizada em doses de 50 a 100 mg para procedimentos de curta duração, que não ultrapassem 90 minutos. A lidocaína é frequentemente preparada na concentração de 5% em solução de 7,5% de glicose, tornando esta solução com uma baricidade maior do que o líquor, a qual denominamos de "pesada" ou "hiperbárica".[5] Foi o anestésico de escolha para raquianestesia por muito tempo pelo fato de conferir bloqueio rápido e profundo tanto motor quanto sensitivo. Entretanto, a sua utilização começou a ser associada a lesão nervosa permanente e sintomas neurológicos transitórios.[33]

Procaína

A procaína é um anestésico tipo amino-éster de curta duração que apresenta baixa potência, prolongada latência e curto tempo de ação. Não é comumente usada devido a taxa de falha mais frequente do que a lidocaína e por apresentar mais náuseas e um tempo de recuperação maior.[4] A procaína vem sendo reconsiderada alternativa anestésica em vista as preocupações com os efeitos adversos relacionados ao uso da lidocaína. A procaína é administrada, mais frequentemente, como fármaco hiperbárico em uma dose entre 50 mg e 200 mg na concentração de 10%.[33]

Tetracaína

A tetracaína é um anestésico local tipo amino-éster, com início da ação de 3 a 6 minutos e tem um tempo de duração prolongado, sendo assim utilizada em cirurgias longas.[4] A tetracaína tem apresentação isobárica a 1%. É comumente utilizada misturando solução a 1% com glicose a 10% produzindo uma preparação hiperbárica a 0,5%. A tetracaína geralmente é combinada a um aditivo vasoconstritor uma vez que a duração da tetracaína isolada pode não ser segura. Essa associação pode oferecer até 5 horas de anestesia.[33]

Ropivacaína

A ropivacaína foi introduzida em 1996 e é um anestésico local tipo amino-amida, com alta ligação às proteínas. Embora esteja presente há mais de 20 anos, é um fármaco com poucos estudos clínicos voltados à anestesia subaracnóidea. Alguns estudos mostraram menor toxicidade ao SNC que os demais anestésicos locais utilizados.[33] Comparada a bupivacaína, fármaco que será detalhado mais a frente, os benefícios da ropivacaína via espinal foram menores cardiotoxicidade e maior diferenciação do bloqueio sensitivo e motor, resultando em um menor bloqueio do último. A preparação da ropivacaína é comumente realizada em solução fisiológica apresentando, ao final, uma concentração de 0,5%.[4]

Bupivacaína

A bupivacaína foi introduzida em 1963 e é considerado o fármaco mais usado na raquianestesia. Trata-se de um anestésico do grupo amino-amida com início de ação entre 5 e 8 minutos e com duração 2 a 2,5 horas.[4] A bupivacaína está disponível em soluções isobáricas puras a 0,25%, 0,5% e 0,75%, como também em soluções hiperbáricas a 0,5% e 0,75% contendo 80mg/ml de glicose.[33] Estudos em animais mostraram que a bupivacaína no espaço subaracnóideo diminui o fluxo sanguíneo medular.[41]

Fármacos adjuvantes
Vasoconstrictores

Os vasoconstritores, como a adrenalina, prolongam a duração do bloqueio sensitivo e motor quando adicionado aos anestésicos locais. O mecanismo de ação é a redução da reentrada do anestésico local à circulação sistêmica devido a vasoconstrição mediada por receptores $\alpha 1$. Os anestésicos locais, portanto, permanecem mais tempo no espaço subaracnóideo diminuindo a sua biotransformação sistêmica e excreção renal. Alguns estudos demonstram que os vasoconstritores na anestesia subaracnóidea não são causas de isquemia medular.

Agonistas α2

Os agonistas $\alpha 2$ adrenérgicos como clonidina, dexmedetomidina e adrenalina produzem analgesia por um mecanismo diferente dos opióides, motivo pelo qual podem ser uma alternativa aos pacientes refratários. Os agonistas $\alpha 2$ causam ativação dos receptores pré-sinápticos reduzindo a liberação de neurotransmissor. Os receptores pós-sinápticos também são ativados resultando em hiperpolarização e redução da transmissão do impulso nervoso.[33] Dos agonistas $\alpha 2$ adrenérgicos, a clonidina tem indicação nos bloqueios espinhais. A adrenalina age em todos os tipos de receptores, tanto Alfa quanto Beta, mas sua ação nos receptores $\alpha 2$ fica muito restrita pois as ações nos outros receptores são muito mais evidentes e se sobrepõe aos efeitos $\alpha 2$.

Fatores que alteram a altura do bloqueio

Podemos separar os fatores que alteram a altura do bloqueio subaracnóide em fatores intrínsecos e extrínsecos. Pode-se citar como fatores intrínsecos, ou seja, aqueles relacionados ao paciente, a idade, altura, peso, sexo, pressão intra-abdominal, anatomia da coluna espinal, posição e características do líquido cefalorraquidiano. Enquanto os fatores extrínsecos estão relacionados à técnica anestésica e a característica da solução utilizada para o bloqueio. O local da injeção, direção do bisel da agulha, força de injeção, difusão do fármaco são exemplos de fatores relacionados à técnica. A solução anestésica pode variar em densidade, quantidade utilizada, concentração do anestésico, temperatura e a associação de fármacos.[5]

Baricidade da Solução

A densidade de uma solução se define pelo seu peso em gramas de 1 ml da solução. A densidade do líquido cefalorraquidiano é essencial para que a dispersão liquórica dos anestésicos aconteça adequadamente. Assim sendo, a determinação da baricidade dos anestésicos se dá partir da densidade do líquor.

As soluções anestésicas podem ser classificadas em três grupos: hiperbáricas, isobáricas e hipobáricas. Soluções hiperbáricas são obtidas com o acréscimo de substâncias, como a dextrose, que apresentam densidade superior ao líquido cefalorraquidiano. Esta adição permite que a solução anestésica seja depositada nas regiões inferiores do espaço subaracnóideo. A manipulação da baricidade é um artifício muito utilizado. Tanasichuk *et al.*, em 1961, descreveram uma técnica de raquianestesia para pacientes submetidos a procedimentos ortopédicos em membros inferiores, que denominaram hemianalgesia. A aplicação de solução anestésica hiperbárica seria suficiente para produzir bloqueio unilateral das raízes nervosas apesar da propagação atingir em menor intensidade o lado contralateral. As posições de Trendelenburg e proclive são utilizadas de forma a propagar a solução anestésica e assim alterar a altura do bloqueio.

Soluções isobáricas são utilizadas quando há necessidade de bloqueio anestésico em um nível específico. Atualmente, o fármaco de escolha é a Bupivacaína 0,5%. No momento da execução da técnica, a posição do paciente não interfere na altura do bloqueio, pois o anestésico tende permanecer na altura da injeção.[5]

Por fim, as soluções hipobáricas são obtidas da associação do anestésico local com água ou solução salina. Cirurgias que demandam decúbito ventral, como procedimentos de períneo e reto, são indicações para utilização de solução hipobárica. Quando o anestésico é injetado, a tendência é a migração para região posterior do espaço subaracnóideo e assim promover bloqueio sensitivo. A aplicação dessa solução também pode ser utilizada na técnica da raquianestesia unilateral. O bloqueio, nessa técnica, será o oposto ao decúbito estabelecido.

Complicações
Complicações imediatas

Como vimos anteriormente na seção "Repercussões fisiológicas" a hipotensão arterial é um evento esperado durante a raquianestesia. A hipotensão decorre basicamente da vasodilatação periférica e da diminuição débito cardíaco. A hipotensão está diretamente relacionada à extensão do bloqueio na coluna vertebral. A difusão cranial do anestésico, no espaço subaracnóide, pode resultar em depressão respiratória, hipotensão arterial grave e inconsciência. Deve-se diagnosticar os sintomas rapidamente, iniciando intubação orotraqueal, infusão de líquidos e vasopressores. O colapso cardiovascular tem sido descrito como evento raro. A bradicardia costuma preceder a parada cardiorrespiratória. Para reversão do quadro deve-se seguir o protocolo do Suporte Avançado de Vida em Cardiologia (ACLS).[4]

Complicações tardias

A complicação tardia mais frequente é a cefaleia pós raquianestesia podendo ocorrer em até 25% dos casos.[4] Essa manifestação ocorre alguns dias depois que a dura-máter foi perfurada e a dor se localiza em ambos os lados frontal ou occipitalmente, irradiando frequentemente para pescoço e ombros. Além disso, é comum o paciente relatar que essa cefaleia é diferente das outras que já teve. Ela costuma ser acompanhada por náuseas, vômitos, tonturas ou até sintomas persistentes de nervos cranianos. Normalmente, os sintomas dessa cefaleia se intensificam quando o paciente está com a postura ereta e melhoram em decúbito.

A principal causa da cefaleia pós-punção é a hipotensão cerebral por conta da perda de líquido cefalorraquidiano pelo orifício. Além da vasodilatação cerebral, nota-se uma redução do amortecimento mecânico do cérebro, que por sua vez pode causar um estresse nas estruturas nervosas centrais e meníngeas e uma irritação dos nervos cranianos. Dos nervos cranianos que podem ser acometidos, o abducente costuma ser o mais comum, podendo levar a um quadro de diplopia. Outras alterações visuais e auditivas já foram descritas, no entanto são menos frequentes. Normalmente, todos esses sintomas regridem num período de uma semana, no entanto podem persistir.

É importante fazer o diagnóstico diferencial da cefaleia pós-punção, e dentre eles podemos citar meningite de etiologia viral ou bacteriana, meningite asséptica, hemorragia intracraniana, tumor e trombose. Tanto pacientes jovens quanto com história prévia de cefaleia pós-punção têm mais chances de apresentar essa complicação dependendo da posição da perfuração.[43]

Outras complicações tardias são as lesões neurológicas progressivas e permanentes. A lesão neurológica pode ocorrer após introdução da agulha de raquianestesia na medula ou nos nervos espinhais.[4] Pode-se citar como lesão neurológica a síndrome da cauda equina. É ocasionada pelo trauma direto ou indireto das raízes nervosas, isquemia ou até mesmo por infecções ocasionadas pela punção. A síndrome é caracterizada por disfunção vesical e intestinal, acompanhada da perda de sensibilidade em área de períneo e graus variáveis de fraqueza muscular nos membros inferiores. Os sintomas aparecem após a reversão do bloqueio subaracnóideo, podendo ser permanentes ou apresentar regressão parcial.[43]

■ ANESTESIA PERIDURAL
Sítio de ação dos anestésicos locais

Os anestésicos locais são aplicados no espaço epidural para realização dessa modalidade de bloqueio. O espaço epidural se estende por todo o canal espinal, desde o forame magno até a membrana sacrococcígena que fecha o hiato sacral, e se localiza entre o ligamento amarelo e a dura máter. Os corpos vertebrais e o ligamento longitudinal posterior determinam o limite anterior do espaço epidural, enquanto as lâminas vertebrais e o ligamento amarelo determinam o limite posterior. Os pedículos vertebrais e os forames intervertebrais, por sua vez, determinam o limite lateral. Para atingir o espaço epidural e assim realizar a administração do anestésico, perfura-se a pele, tecido subcutâneo, ligamento supraespinhal, ligamento interespinhal e ligamento amarelo.[4]

No espaço epidural, é possível encontrar tecido conectivo frouxo, plexos venosos vertebrais internos, vasos linfáticos e, inferiormente à L2, raízes revestidas dos nervos espinhais.[1] O plexo venoso vertebral interno é agregado a uma matriz adiposa e diversos estudos mostram que o espaço epidural é heterogêneo e compartimentado pela presença de septos de tecido conjuntivo. Essa matriz adiposa compõe a maior parte do espaço epidural, e, portanto, é importante na farmacologia dos anestésicos utilizados nesse tipo de anestesia.[4]

Indicações

O bloqueio peridural é indicado para anestesias cirúrgicas, controle da dor aguda e crônica e anestesia obstétrica. Pode ser feito de forma única, sendo indicado para procedimentos em membros inferiores, tórax, abdome e região perineal, e também pode ser utilizada combinada a anestesia geral, sendo possível sua administração tanto nos níveis cervicais, quanto nos torácicos e lombares.[4]

Contraindicações

As principais contraindicações da anestesia epidural são recusa do paciente, hipovolemia grave, hipertensão intracraniana, septicemia, tumor, distúrbios de coagulação, malformações graves, alergia ao anestésico local e infecção no local da punção.[4] Na gestante, além das situações citadas, esse tipo de anestesia também é contraindicado quando ela apresenta hipotensão ou hemorragia grave e em caso de sofrimento fetal com indicação de cesárea de urgência.[44] É importante esclarecer para o paciente os riscos e efeitos colaterais da anestesia epidural e levar em consideração os seguintes fatores: dano direto na punção, infecção por sangramento, possibilidade de danos neurológicos como meningoencefalite ou paraplegia, reações alérgicas ao anestésico local, cefaleia pós-punção ou falha do procedimento.[43]

Técnica anestésica
Preparação

É importante explicar ao paciente a técnica de anestesia planejada na preparação. O consentimento informado deve ser obtido e é necessária a documentação da discussão dos riscos do procedimento, sendo o anestesiologista o responsável por esclarecer esses riscos e as eventuais dúvidas que o paciente pode vir a ter. Para iniciar a anestesia, é preciso verificar a disponibilidade de equipamento de reanimação, além de garantir que o paciente esteja com um acesso venoso adequado, oximetria de pulso, frequência cardíaca e pressão arterial aferida.

A escolha da agulha também deve ser feita, porém depende se a técnica anestésica será contínua ou dose única. Existem dois tipos de agulha bastante utilizados: Crawford (em que o bisel se encontra na parte distal) e Tuohy (em que o bisel se encontra lateralmente).[5] Nessa etapa, é importante a seleção adequada dos agentes farmacológicos e da seringa que serão utilizados no procedimento e o método utilizado para identificação do espaço peridural. Com tudo isso estabelecido, é possível posicionar o paciente e iniciar o procedimento.[4]

Posicionamento

O paciente pode estar sentado ou em decúbito lateral para realização da anestesia peridural. Depois de devidamente posicionado, deve ser identificado o local de inserção da agulha, que por sua vez depende do local da cirurgia. É realizada a antissepsia com solução alcoólica ou clorexidina ao redor da área que será puncionada. Normalmente, utilizam-se alguns pontos de referência, como o espaço entre L4-L5, o corpo vertebral de T7 e a vértebra C7. Após identificação e antissepsia, inicia-se a infiltração de lidocaína a 1% na pele e nos ligamentos supra e interespinhal.[4]

Identificação do espaço epidural

O espaço epidural se localiza entre o ligamento amarelo e a dura-máter. A identificação desse espaço pode ser feita de diferentes maneiras. Atualmente, sabe-se que a utilização de ultrassonografia auxilia na estimativa da profundidade desse espaço e na avaliação da anatomia espinhal e fornece maior precisão na identificação do local de punção na pele.[45] A técnica mais utilizada, e que pode ser combinada com o uso do ultrassom, é a de perda de resistência, que por sua vez é obtida quando a agulha ultrapassa a resistência oferecida pelo ligamento amarelo.[5]

Logo após a infiltração da pele com a lidocaína a 1%, a mão dominante do anestesiologista deve se apoiar no dorso do paciente, com o indicador e polegar segurando o canhão da agulha.[4] Introduz-se então a agulha, até que se ultrapasse os ligamentos supraespinhal e interespinhal, e então é preciso retirar o mandril e adaptar a seringa corretamente. O ligamento amarelo, por sua vez, é a estrutura mais resistente, e sabe-se que o espaço epidural foi penetrado quando ele deixa de fornecer resistência. Para pesquisar essa perda de resistência e se certificar que a agulha não está perfurando a dura-máter é preciso aspirar o conteúdo: se houver sangue ou líquor, ela está mal posicionada. Além disso, é possível introduzir uma solução salina ou até mesmo ar para que a dura-máter seja empurrada e evite sua perfuração.[4,5] O uso da ultrassonografia, também reduz a incidência de perfuração das meninges, visto que estabelece de forma precisa a profundidade do espaço epidural.[45] Após a identificação desse espaço, é possível iniciar o procedimento anestésico propriamente dito e, se necessário, depois dessa infiltração, introduz-se um cateter no espaço peridural.[4]

Uso do cateter

A utilização do cateter nos bloqueios epidurais é um importante componente do arsenal anestésico porque é bastante eficaz no controle e manejo da dor.[46] Normalmente esses dispositivos são flexíveis, radiopacos e devem ser feitos de materiais biocompatíveis, como por exemplo nylon ou teflon. Além disso, eles devem ter marcações para que sejam posicionados corretamente e se vierem com estiletes de metal, não devem ultrapassar 3 centímetros antes da extremidade do cateter a fim de evitar perfuração de estruturas adjacentes.[5]

A utilização do cateter permite a realização dos bloqueios cirúrgicos, alívio de dores de origem oncológicas, de parto e pós-operatórias. A princípio, as contraindicações para utilização desse dispositivo são as mesmas para os bloqueios de neuroeixo no geral, sendo as mais importantes: infecção no local de punção, distúrbios de coagulação ou recusa do paciente. Além disso, existem algumas complicações associadas à sua introdução, como abscesso, hematoma espinhal, radiculopatia, nó e quebra do cateter.[46] Em casos de tentativas repetidas e frustradas, a indicação de utilização do cateter deve ser reconsiderada devido ao risco de complicações hemorrágicas.[43]

Fármacos

Na anestesia epidural podem ser administrados anestésicos locais e opióides de forma isolada ou combinados. Apesar de poucas substâncias serem aprovadas para a administração via epidural, ainda é possível o uso de diferentes classes de medicamentos para esse fim. O volume de droga aplicada na anestesia peridural determina a extensão do bloqueio, enquanto na raquianestesia a propagação do volume injetado é praticamente independente da dose do anestésico local administrada. Justamente por isso, as doses administradas na anestesia peridural costumam ser grandes, e isso é uma das desvantagens desse procedimento.[43]

Para a escolha da droga, normalmente leva-se em consideração o tempo de ação, potência do fármaco, tempo cirúrgico e a necessidade de analgesia pós-operatória. As drogas disponíveis costumam ser classificadas pelo seu tempo de ação e quando são combinadas com a adrenalina, tem a capacidade de aumentar esse tempo. Além de adrenalina, os anestésicos locais podem ser combinados com bicarbonato a fim de aumentar o pH da solução e aumentar o campo de difusão e início de ação do bloqueio. A carbonação dos anestésicos também pode ser utilizada para aumentar a velocidade e qualidade do bloqueio, mas isso tem se mostrado desvantajoso.[5] O uso da adrenalina, além de potencializar os anestésicos locais, promove a vasoconstrição que leva a um retardo da absorção do fármaco.[43]

A propagação do bloqueio é individual e é influenciada por alguns fatores como a saída de substância pelo forame intervertebral, largura, conformidade, pressão do espaço epidural, pressão venosa e a drenagem linfática. Quanto maior a dose injetada, mais confiável é o bloqueio motor, no entanto, é desejável que esse bloqueio não persista durante a analgesia pós-operatória, portanto, são utilizadas concentrações um pouco menores.[43]

Lidocaína

A lidocaína é um anestésico local de rápido início de ação e é amplamente utilizado, principalmente nos procedimentos de curta duração. Faz parte do grupo das amidas e costuma ser usado nas concentrações de 1,5% a 2% nos bloqueios peridurais.[5] Ela é recomendada em situações nas quais se faz necessário um rápido estabelecimento da anestesia.[43] O seu efeito começa após 10 a 15 minutos e persiste por 80 a 120 minutos. Quando combinada com adrenalina, a duração passa a ser de 120 a 180 minutos.[4] Essa droga estabelece um bloqueio motor e sensitivo rapidamente, no entanto, esses efeitos também regridem rapidamente, portanto, pode-se dizer que na analgesia pós-operatória a lidocaína não apresenta nenhum efeito significativo.[43]

Bupivacaína

A bupivacaína, diferente da lidocaína, é uma droga com ação mais prolongada. Seu uso é bastante amplo e as concentrações recomendadas variam de 0,5% a 0,75% na anestesia.[5] O seu início de ação varia de 15 a 20 minutos e o efeito persiste por 160 a 220 minutos. Quando combinada com adrenalina, a duração é maior que 180 minutos.[4] Se essa droga for utilizada associada a um opióide para uma analgesia pós-operatória, a concentração de 0,125% é suficiente. Quando administrado em doses excessivas, pode levar a uma cardiotoxicidade.[43]

Ropivacaína

Apesar da ropivacaína equivaler a bupivacaína em início e duração de ação, é uma droga um pouco menos potente. No entanto, ela traz menos riscos de cardiotoxicidade.[5] Seu uso é recomendado em uma concentração de 0,5% a 0,75% e sua duração gira em torno de 140 a 180 minutos. Quando combinada à adrenalina, seu tempo de ação costuma ser um pouco maior.[4] Para uso em analgesia pós-operatória, o seu uso em concentração de 0,2% é suficiente.[43]

Opióides

É possível combinar um opióide com um anestésico local em baixa concentração. Essa combinação permite uma melhora da analgesia pós-operatória e contribui com a redução do bloqueio motor o que resulta em maior mobilidade e menor restrição ao leito. Os opióides injetados nos bloqueios espinhais como o fentanil e a morfina são isentos de conservantes em sua composição.

Clonidina e cetamina

A clonidina é um agonista adrenérgico usado principalmente como anti-hipertensivo. Na anestesia peridural, essa droga pode ser usada como complemento e se liga aos receptores pré e pós-sinápticos do corno posterior da espinha. Ela costuma ser usada em anestesia pediátrica para crianças acima de 6 meses. Além disso, foram descritos alguns efeitos colaterais como hipotensão, bradicardia, sedação e apneia em crianças menores de 6 meses.[43]

A cetamina ou ketamina é uma droga usada combinada a um anestésico local e, como a maioria das substâncias, não pode ser aplicada próxima à medula espinhal. A droga utilizada nesse bloqueio é sem conservante, e apesar de não ter sido notificado nenhum efeito colateral importante até o momento, ainda existe um dilema referente à neurotoxicidade resultante da administração dessa droga principalmente em crianças.[43]

Fatores que influenciam o bloqueio peridural

Existem diferentes fatores que podem influenciar o bloqueio peridural, entre eles características gerais do paciente como idade, peso, altura, gestação, local da punção, velocidade de injeção, posição do paciente e características físico-químicas do fármaco administrado, como volume, concentração, massa e adição de vasoconstritores. Enquanto a extensão do bloqueio é majoritariamente determinada pelo volume injetado e pelo nível da punção. A qualidade do bloqueio normalmente se dá pela massa e concentração do anestésico local. A adrenalina combinada ao anestésico local é administrada para aumentar a profundidade do bloqueio e diminuir a reabsorção local. Ao incrementar a dose do anestésico local, a profundidade da analgesia e a duração da anestesia aumentam. Por outro lado, ao incrementar a concentração do anestésico mantendo o mesmo volume, além de aumentar a duração da anestesia, melhora a frequência de analgesia satisfatória.[4]

Complicações imediatas
Hipotensão arterial

O bloqueio simpático pode desencadear a bradicardia e a perda do tônus vasomotor, levando então a complicação imediata mais frequente: a hipotensão arterial. Os casos mais leves, em que ocorre uma pequena diminuição da pressão arterial média, não precisam de tratamento, porém quando mais grave, se faz necessária alguma intervenção. Nesses casos, recomenda-se expansão volêmica, uso de vasopressores e permanência na posição de cefalodeclive, sendo o uso de drogas vasoativas a opção terapêutica mais promissora.

A hipotensão mais leve apresenta sintomas como náuseas e vômitos, enquanto as mais graves estão associadas a agitação, sonolência, apneia e até mesmo parada cardiorrespiratória. Na hipotensão arterial, as náuseas e os vômitos podem ocorrer pelo uso de opióides e pela tração de vísceras.[4]

Injeção do anestésico no espaço subdural

É uma complicação mais rara, no entanto, quando o anestésico local é injetado entre a aracnóide e a duramáter, o bloqueio sensitivo se instala lentamente, atingindo grande extensão. Costumam ser bloqueios de fraca intensidade e assimétricos, e após 1 hora seus efeitos regridem. Dependendo da quantidade de anestésico injetada, os sintomas podem variar desde dificuldade respiratória e hipotensão arterial até agitação e perda de consciência. Para tratar, é necessário garantir o suporte ventilatório por meio da intubação orotraqueal e correção do quadro hipotenso.[4]

Raquianestesia total

Quando a agulha da anestesia peridural perfura acidentalmente a dura-máter, ela leva a uma raquianestesia total como consequência imediata. Isso pode levar a uma insuficiência respiratória, hipotensão grave e inconsciência.[4] Outros sintomas que podem aparecer são coma, apneia central, hipotensão arterial e até mesmo parada cardiovascular. Além disso, as pupilas podem sofrer midríase e perderem qualquer reação à luz.[43] Assim, se faz necessária a intubação orotraqueal do paciente associada a suporte ventilatório adequado. Líquidos e vasopressores podem ser infundidos a fim de estabelecer um suporte hemodinâmico. A persistência desses sintomas é proporcional a quantidade de anestésico local administrada, e assim que o paciente restabelece a consciência, os efeitos colaterais regridem.[4]

Intoxicação por anestésicos locais

A intoxicação normalmente acontece devido a uma injeção intravascular acidental dos anestésicos locais ou devido a uma absorção excessiva do fármaco administrado no espaço epidural. A toxicidade se manifesta primeiramente no sistema nervoso central, podendo levar a sensações de formigamento da língua, tontura, zumbidos, perturbações visuais, convulsões tônico-clônicas, abalos musculares e tremores. Quando esses sintomas aparecem, a administração de anestésico local é suspensa e deve ser garantido o suporte ventilatório do paciente, e se apresentar convulsões, recomenda-se o uso de anticonvulsivantes. Quanto a cardiotoxicidade, espera-se que a intoxicação leve a bradicardia, bloqueio atrioventricular de grau variado, assistolia, hipotensão, choque até mesmo parada cardiorrespiratória.[4]

Falha no bloqueio

Normalmente, a injeção do anestésico local fora do espaço peridural leva a falha no bloqueio. Porém também pode ser causado por uma migração do cateter peridural, ou até mesmo devido a administração excessiva de ar no espaço peridural durante a realização do teste de perda de resistência, fazendo com que os anestésicos não consigam exercer seus efeitos nas raízes nervosas.[4]

Complicações tardias

Cefaleia pós punção acidental da dura-máter por agulha peridural

A cefaleia pós-punção é uma complicação tardia que acomete até 75% dos casos em que há uma perfuração acidental da dura-máter pela agulha da anestesia peridural. Assim, quando comparada a raquianestesia, a sintomatologia da cefaleia pós-punção é a mesma, no entanto a intensidade costuma ser maior e há necessidade de tratamento imediato.[4]

Infecções e abscessos

As infecções são raras quando a assepsia é feita de modo adequado. Os abscessos epidurais são complicações mais raras ainda. Se não tratados, podem desencadear danos neurológicos irreversíveis. São fatores de risco

para desenvolver abscesso epidural espontâneo, imunidade comprometida, tempo de cateterização, ruptura da coluna vertebral e fontes de infecções. Os sintomas precoces são inespecíficos, no entanto a tríade clássica que leva a pensar em abscesso é composta por: lombalgia, febre e déficit neurológico. Os sintomas podem ser acompanhados de rigidez nucal e, em crianças, desconforto abdominal. No caso dos abscessos pós-anestesia, é possível notar, além dos sintomas acima, uma leucocitose ocorrendo quatro ou mais dias após a instrumentação, além de um foco de infecção no local da punção ou na inserção do cateter. A assepsia, desinfeção da pele do paciente e das mãos do anestesista, e esterilização adequada dos materiais reduzem a incidência de infecções, e, portanto, de abscessos. O tratamento se baseia em descompressão cirúrgica precoce, acompanhada de antibioticoterapia prolongada.[47]

Lombalgia

A lombalgia é umas das complicações mais comuns e ela pode ou não estar associada à punção. Normalmente, quando a dor é localizada, se associa a agulha, no entanto, se for difusa pode ser consequência do posicionamento, relaxamentos dos músculos esqueléticos e tempo do procedimento.[4]

Hematoma peridural

O hematoma peridural é uma complicação tardia relacionada ao número de tentativas de punção. Os fatores de risco para o hematoma após o bloqueio de neuroeixo são distúrbios de coagulação, terapia com anticoagulantes e espondilite anquilosante. Apesar de o uso de anticoagulantes não se qualificar como contraindicações para a realização da anestesia peridural, se o paciente fizer uso de AAS combinado com um inibidor de COX1 ou heparina para profilaxia de trombose, isso deve ser considerado como uma contraindicação relativa. Além disso, a anestesia peridural deve ser feita apenas se a punção for bem sucedida em três tentativas. Caso contrário, um método alternativo deve ser considerado.[43]

Complicações neurológicas

Tanto as manipulações cirúrgicas quanto o trauma direto das raízes nervosas ou medula podem resultar em complicações neurológicas pós-anestesia peridural. O aparecimento de déficit motor e de parestesias costumam regredir entre 10 e 48 horas, podendo se prolongar. A dor durante a punção ou infusão de fármacos e parestesia se relacionam às neuropatias e os sintomas que se perduram por mais de 6 meses podem resultar em sequelas neurológicas que devem ser acompanhadas por especialistas.[4]

Complicações relacionadas ao cateter

A colocação de um cateter no espaço epidural é bastante utilizado por permitir que o bloqueio se estenda, se mantenha e se intensifique. Durante a inserção do cateter, paralisia, canulação venosa e subaracnóidea podem acontecer e levar a complicações transitórias ou permanentes. A cefaleia pós-punção e quadros convulsionais também estão associados a inserção do cateter.[48] Após instalado, o cateter pode ser posicionado erroneamente, remoção acidental no momento da retirada da agulha ou quando o paciente muda de posição, e até mesmo infecções.[4] Ao retira-lo ele pode quebrar devido a um acotovelamento, nó ou aprisionamento pelos ligamentos supra e interespinhosos.[46]

Referências

1. Moore, KL, Dalley, AF, Agur, AM. Clinically Oriented Anatomy 6th ed. Philadelphia: Lippincott Williams & Wilkins, 2010
2. Devereaux MW. Anatomy and examination of the spine. Neurol Clin. 2007; 331-35.
3. Ministério da Saúde. Guia de Vigilância em Saúde, 3.ª Edição. 2019. [741 páginas]. Disponível em: URL: http://bvsms.saude.gov.br/bvs/publicacoes/guia_vigilancia_saude_3ed.pdf
4. Sociedade Brasileira de anestesiologia. Bases do Ensino de Anestesiologia. 4ª edição. Rio de Janeiro: Artmed, 2016.
5. Cangiani LM, Carmona MJC, Torres MLA, et. al. Tratado de anestesiologia SAESP. São Paulo: Atheneu Editora Ltda., 2017.
6. Sobotta, J. Atlas de Anatomia Humana. 21ed. Rio de Janeiro: Guanabara Koogan, 2000.
7. Boon JM, Abrahams PH, Meiring JH, Welch T. Lumbar puncture: anatomical review of a clinical skill. Clin Anat. 2004; 544-553.
8. Machado, AB. Neuroanatomia funcional. 2 ed. São Paulo: Atheneu Editora, 2007.
9. Reimann AF, Anson BJ. Vertebral level of termination of the spinal cord with report of a case of sacral cord. Anat Rec.1944; 127-38.
10. Ridley LJ, Han J, Ridley WE, Xiang H. Cauda equina: Normal anatomy. J Med Imaging Radiat Oncol [serial online] 2018 October [cited 2020 Oct 15]. Disponível em: URL https://pubmed.ncbi.nlm.nih.gov/30309156/.
11. Patel N, Kirmi O. Anatomy and imaging of the normal meninges. Semin Ultrasound CT MR 2009; 559-564.
12. Sehgal I, M Das J. Anatomy, Back, Spinal Meninges. StatPearls [serial online] 2020 Jan [cited 2020 Oct 15]. Available from: https://www.ncbi.nlm.nih.gov/books/NBK547755/
13. Standring S, Gray H. Gray's Anatomy: The Anatomical Basis of Clinical Practice. Edinburgh: Churchill Livingstone/Elsevier, 2008.
14. Adam P, Táborský L, Sobek O, et al. Cerebrospinal fluid. Adv Clin Chem. 2001; 1-62.
15. Lee M, McPhee R, Stringer M. An evidence-based approach to human dermatomes. Clin. Anat 2008; 363-373.
16. Guyton AC, Hall JE. Textbook of Medical Physiology. 11th edition. Philadelphia: Elsevier Saunders, 2006.
17. Salinas FV, Sueda LA, Liu SS. Physiology of spinal anaesthesia and practical suggestions for successful spinal anaesthesia. Best Pract Res Clin Anaesthesiol. 2003; 289-303.
18. McCrae AF, Wildsmith JA. Prevention and treatment of hypotension during central neural block. British Journal of Anaesthesia 1993; 672–680.
19. Atallah MM, Hoeft A, El-Ghorouri MA et al. Does spinal anesthesia affect cerebral oxygenation during transurethral prostatectomy? Regional Anesthesia and Pain Medicine 1998; 119–125.
20. Stanley GD, Pierce ET, Moore WJ. Spinal anesthesia reduces oxygen consumption in diabetic patients prior to peripheral vascular surgery. Regional Anesthesia 1997; 53–58.
21. Bridenbaugh PO, Greene NM, Brull SJ. Spinal (subarachnoid) neural blockade. Neural Blockade in Clinical Anesthesia and Management of Pain 3rd ed. Philadelphia: Lippincott-Raven, 1998.
22. Evans RG, Ventura S, Dampney RAL, Ludbrook J. Neural mechanisms in the cardiovascular responses to acute central hypovolaemia. Clinical and Experimental Pharmacology and Physiology 2001; 479–487.
23. Mon W, Stewart A, Fernando R, et al. Cardiac output changes with phenylephrine and ephedrine infusions during spinal anesthesia for cesarean section: a randomized, double-blind trial. J Clin Anesth 2017; 43-48.
24. Carpenter RL, Caplan RA, Brown D. Incidence and risk factors for side effects of spinal anesthesia. Anesthesiology 1992; 906-16.
25. Borgeat A, Ekatodramis G, Schenker CA. Postoperative nausea and vomiting in regional anesthesia: a review. Anesthesiology 2003; 530-47.
26. Kamphuis ET, Ionescu TI, Kuipers, PW, et al. Recovery of Storage and Emptying Functions of the Urinary Bladder after Spinal Anesthesia with Lidocaine and with Bupivacaine in Men. Anesthesiology 1998; 310-316.
27. Malenkovic V, Labus M, Marinković O. Supresija hormonskog odgovora organizma na stres primenom kombinovane spinalne, epiduralne i opšte anestezije u kolorektalnoj hirurgiji. Anestezija i Intenzivna Terapija 2005; 23-30.
28. Buyukkocak U, Caglayan O, Daphan C, et al. Similar effects of general and spinal anaesthesia on perioperative stress response in patients undergoing haemorrhoidectomy. Mediators Inflamm 2006; 97257.
29. Chaves IMM, Gusman PB. Anestesia subaracnóidea. Anestesiologia: princípios e técnicas. 3. ed. São Paulo: Artmed; 2004. p. 672-95.
30. Chloropoulou P, Iatrou C, Vogiatzaki T, et al. Epidural anesthesia followed by epidural analgesia produces less inflammatory response than spinal anesthesia followed by intravenous morphine analgesia in patients with total knee arthroplasty. Med Sci Monit 2013; 73–80.
31. Milosavljevic SB, Pavlovic AP, Trpkovic SV, Ilic AN, Sekulic AD. Influence of spinal and general anesthesia on the metabolic, hormonal, and hemodynamic response in elective surgical patients. Med Sci Monit 2014; 1833–1840.
32. Carpenter RL, Hogan QH, Liu SS, Crane B, Moore J. Lumbosacral cerebrospinal fluid volume is the primary determinant of sensory block extent and duration during spinal anesthesia. Anesthesiology 1998; 24-9.
33. Miller, R. D. Miller's anesthesia. 7th ed. Philadelphia: Churchill Livingstone/Elsevier, 2010.
34. Neal JM, Bernards CM, Hadzic A, et al. ASRA Practice Advisory on Neurologic Complications in Regional Anesthesia and Pain Medicine. Reg Anesth Pain Med 2008; 404-415.
35. Hilt H, Gramm HJ, Link J. Changes in intracranial pressure associated with extradural anaesthesia. Br J Anaesth 1986; 676-80.
36. McDonald SB. Is neuraxial blockade contraindicated in the patient with aortic stenosis? Reg Anesth Pain Med 2004; 496–502.
37. Choi S, Brull R. Neuroaxial techniques in obstetric and non-obstetric patients with common bleeding diatheses. Anesth Analg 2009; 648-660.
38. Ready LB, Helfer D. Bacterial meningitis in parturients after epidural anesthesia. Anesthesiology 1989; 988–990.

39. Butterworth JF, Strichartz GR. Molecular mechanisms of local anesthesia: a review. Anesthesiology 1990; 72:711.
40. Frisch NB, Darrith B, Hansen DC, Wells A, Sanders S, Berger RA. Single-dose lidocaine spinal anesthesia in hip and knee arthroplasty. Arthroplast Today 2018; 236-239.
41. Kozody R, Ong B, Palahniuk RJ et al. Subarachnoid bupivacaine decreases spinal cord blood flow in dogs. Can. Anaesth. Soc J 1985; 216-22.
42. Ganem EM, Castiglia YM, Vianna PT. Complicações neurológicas determinadas pela anestesia subaracnóidea. Rev. Bras. Anestesiol 2002; 471-480.
43. Gerheuser F, Roth A. Periduralanästhesie [Epidural anesthesia]. Anaesthesist 2007; 499-523.
44. Martins E, Marques MJ; Tomé J. Analgesia Epidural Obstétrica. Revista Portuguesa de Medicina Geral e Familiar 2002; 163-8.
45. Helayel PE, da Conceição DB, Meurer G, Swarovsky C, de Oliveira Filho GR. Evaluating the depth of the epidural space with the use of ultrasound. Rev Bras Anestesiol 2010; 376-82.
46. Hobaika AB. Quebra de cateteres peridurais: etiologia, prevenção e conduta. Rev.Bras. Anestesiol 2008; 227-233.
47. Grewal S, Hocking G, Wildsmith JA. Epidural abscesses. Br J Anaesth 2006; 292-302.
48. Cesur M, Alici HA, Erdem AF, Silbir F, Yuksek MS. Administration of local anesthetic through the epidural needle before catheter insertion improves the quality of anesthesia and reduces catheter-related complications. Anesth Analg. 2005; 1501-5.

13

CAPÍTULO

Anestesia Regional Periférica

BRUNO DENARDI LEMOS
ENZO SCARPA AGUIAR DE PAULA
GABRIEL LUSTRE GONÇALVES

Bloqueio periférico é uma técnica de anestesia regional que consiste na aplicação de anestésico local diretamente sob uma estrutura nervosa, com o uso de uma agulha ou de forma contínua através de cateter, a fim de obter anestesia do local onde foi realizada. É possível utilizar outras medicações adjuvantes com diversos objetivos como diminuir latência e prolongar duração do bloqueio. Essa técnica é geralmente recomendada para cirurgias de extremidades, seja em braço, antebraço, punho, mão ou pernas, joelho, tornozelo e pés e pode também ser uma importante estratégia no manejo de dores agudas ou crônicas.[1]

■ ESTRATÉGIAS AUXILIARES

Para a realização dos bloqueios, a técnica original prevê o uso da parestesia, dita pelo próprio paciente, para localização da estrutura nervosa. Entretanto, algumas estratégias podem ser empregadas visando facilitar a localização dos nervos bem como evitar complicações decorrentes da aplicação incorreta do anestésico, ou da lesão de estruturas próximas ao nervo. As técnicas mais utilizadas para isso são:

Ultrassonografia: estratégia que ganha cada vez mais espaço devido seu baixo custo e a facilidade de sua realização, embora treinamento seja necessário. O uso do USG permite identificar os planos que a agulha atravessa, além de identificar estruturas

nervosas e vasculares, o que torna o bloqueio mais preciso e com menor número de complicações.[1]

Estimulador Nervoso: aparelho que emite uma corrente elétrica na ponta da agulha com objetivo de gerar movimentação da musculatura ou membro estimulado. Através da análise especifica dos movimentos reflexos, é possível distinguir qual nervo está sendo estimulado, por exemplo. A corrente elétrica é controlada pelo anestesista e utilizada em uma intensidade que não acarreta danos ao paciente. É recomendado uso de sedação se possível, devido ao desconforto da técnica. Apesar de ser uma estratégia eficiente, ainda não muito disponível no Brasil para uso.[2]

■ BLOQUEIO DO PLEXO BRAQUIAL

Anatomia do plexo braquial

Os ramos anteriores dos quatro nervos cervicais inferiores (C5, C6, C7 e C8) mais o ramo anterior do primeiro nervo torácico (T1) unidos formam a estrutura conhecida como plexo braquial.[3] O plexo consiste da união dos ramos do quinto e sexto nervo cervical na margem lateral do musculo escaleno médio dando origem ao tronco superior; o tronco inferior se dá pela união dos ramos do oitavo nervo cervical com o primeiro torácico posteriormente ao escaleno anterior; o tronco médio é formado pelo ramo do sétimo nervo cervical. Os troncos formados inclinam-se lateralmente e sofrem bifurcação dando origem a divisões superiores e inferiores. As partes anteriores dos troncos superior e médio dão origem ao fascículo lateral com localização lateral à artéria axilar. Ainda, nas partes anteriores, o tronco inferior desce medialmente a artéria axilar e forma o fascículo medial. As três divisões posteriores do tronco formam o chamado fascículo posterior, o qual localiza-se atrás da artéria axilar[3]. Os nervos derivados desse plexo são:

Nervo axilar: um ramo do fascículo posterior, é constituído pelas raízes C5 e C6. Juntamente aos vasos circunflexos do úmero tem seu caminho posterior e ao redor do colo do úmero. É responsável pela inervação do musculo deltoide e redondo menor juntamente com a pele da região do musculo deltoide.[3]

Nervo radial: constituído pelas raízes C5 a C8 juntamente com T1 e é a continuação do fascículo posterior do plexo braquial. Tem localização no sulco do nervo radial do úmero e segue juntamente a artéria braquial profunda e veias acompanhantes. Penetra dois compartimentos em seu caminho, o compartimento posterior e anterior, nesta ordem, do braço. No primeiro, é responsável pela inervação do musculo tríceps braquial. No segundo, perfura o septo intermuscular lateral seguindo até o a altura do epicôndilo lateral onde da origem ao nervo interósseo posterior, o qual passa pelo musculo supinador e penetra no compartimento extensor do antebraço. Este tem a função de inervar os músculos extensores enquanto o nervo radial faz seu caminho pelo compartimento anterior profundamente ao musculo braquiorradial. Por fim, inerva a região posterior dos polegares, indicador, dedo médio e metade lateral do dedo anular[3].

Nervo musculocutâneo: composto pelas raízes de C5 a C7, é uma continuação do fascículo lateral. Ao mesmo tempo que penetra, inerva os músculos coracobraquial, bíceps braquial e braquial continuando pelo antebraço como nervo cutâneo lateral do antebraço.[3]

Nervo mediano: composto pelas raízes de C6 a C8 juntamente com T1. Sua origem é pela união do ramo terminal dos fascículos lateral e medial. Da origem ao nervo interósseo anterior após penetrar no antebraço entre as duas cabeças do musculo pronador redondo, não possuindo ramificações no braço. Inerva praticamente todos os músculos flexores do antebraço com exceção da metade ulnar do flexor profundo dos dedos e do flexor ulnar do carpo. Ao chegar à palma, após passar profundamente pelo retináculo dos músculos flexores do punho, projeta os ramos motores dos músculos tênares e dois lumbricais radiais. Também dá origem a ramos cutâneos da face palmar dos dedos polegar, indicador e médio e a metade radial do dedo quarto dedo.[3]

Nervo ulnar: constituído pelas raízes de C7, C8 e T1, é uma continuação do fascículo medial. Faz seu caminho pelo compartimento posterior do braço, perfurando o septo intermuscular medial, chega ao antebraço passando pelo epicôndilo medial do úmero e desce profundamente ao flexor ulnar do carpo. Por esse caminho, inerva os músculos flexor ulnar do carpo e a metade ulnar do musculo flexor profundo dos dedos, os quais são os flexores não inervados pelo nervo mediano. Projeta o ramo dorsal próximo ao punho, o qual inerva a pele da face dorsal do dedo mínimo e metade ulnar do dedo anular. Ao atravessar a palma da mão, superficialmente ao retináculo dos músculos flexores do túnel ulnar, se ramifica em parte motora, a qual inerva os músculos hipotênares, intrínsecos da mão (excluindo os dois lumbricais já inervados pelo nervo mediano) e o musculo adutor do polegar e parte sensitiva, que inerva a pele e a face palmar da metade ulnar do dedo anular e o dedo médio.[3]

Bloqueio interescalênico

O bloqueio interescalênico é uma técnica realizada próximo as raízes nervosas, no início da formação do plexo braquial. Trata-se de técnica com baixo risco de pneumotórax, por ser realizada na região cervical, além de apresentar pontos de referência anatômico simples de serem identificados. É indicado para procedimentos nos terços médio e distais da clavícula, porção proximal e lateral do ombro e até a metade proximal do braço. Pode também ser utilizado para manejo de dor, em casos de herpes-zoster, neurite ou síndrome regional complexa.[4]

Para a realização desse bloqueio, o paciente deve estar em decúbito dorsal com a cabeça virada contralateralmente a região onde será esse procedimento, com o queixo elevado permitindo a visualização clara e ampla das estruturas do pescoço que serão pontos de referência para a inserção da agulha. Os principais pontos que devem ser localizados, são: a porção anterior do musculo escaleno e a porção clavicular do musculo esternocleidomastoide, a borda superior da cartilagem cricóidea e a clavícula.[4] Após as estruturas de referência serem determinadas, existem duas formas de realizar o bloqueio interescalênico:

Técnica Clássica (Winnie): para realizar essa técnica é necessário, posicionar os dedos no musculo esternocleidomasteóideo na linha da cartilagem cricoide, e desliza-los até o musculo escaleno anterior; nesse ponto será inserida a agulha para a anestesia.

Inserção interescalênica baixa: a diferença para a técnica de Winnie é que, o ponto interescalênico é mais baixo, sendo um ponto intermediário entre o da técnica clássica e o bloqueio supraclavicular.

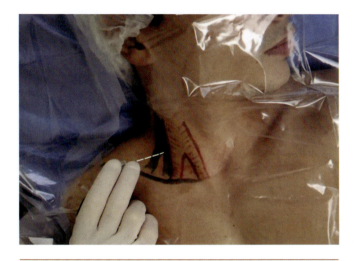

Figura 13.1. Abordagem clássica para o bloqueio interescalênico (agulha perpendicular ao plano da superfície cervical).[2]

Em ambas as técnicas, a agulha penetra de forma perpendicular a pele através dos dedos do anestesista penetrando na fáscia do pescoço. A agulha deve avançar lentamente sempre aspirando o conteúdo até uma contratura dos músculos. Nesse ponto o anestésico local deve ser liberado.[5]

As medicações de escolha alteram de acordo com o a intensidade do bloqueio desejado e a duração. Para procedimentos curtos, a escolha usual é de 20 mL de ropivacaína 0,5% a 0,75%, que garantem até 10 horas de anestesia e 18 horas de analgesia. Essa também é a droga de escolha para o uso em bombas de infusão continua com concentração de 0,25%, com liberação de 5ml/h, permitindo a implementação da *patient-controlled analgesia* (PCA), onde o paciente se desejar pode aumentar a liberação, para até 10 mL/h.[5;6]

As complicações mais comuns dessa técnica são a Síndrome de Horner (ptose, miose e enofitalmia), paralisia ipsilateral do diafragma, paralisia do nervo laríngeo recorrente e o reflexo paradoxal Bezold-Jarisch (bradicardia e hipotensão). Além disso, podem ocorrer também complicações relacionadas a execução incorreta da técnica, sendo elas os hematomas, neurites, punção vascular ou subaracnóidea e intoxicação por anestésico local. Para tal é sempre necessário ter o equipamento de ressuscitação e intubação preparado.[6]

Bloqueio supraclavicular

A técnica do bloqueio supraclavicular, foi publicada em 1928 por Kulenkampff and Persky, e descrita como uma técnica que poderia ser feita inclusive com o paciente sentado, onde com uma aplicação era possível anestesiar as três raízes nervosas do plexo braquial, mas com um alto risco de causar pneumotórax.[7]

Essa técnica é eficiente para procedimentos em membro superior abaixo do ombro, sendo recomendada para cirurgias de cotovelo e mão, além de aliviar a dor de herpes zoster, neurite, síndrome de dor regional complexa e câncer.[7]

A única contraindicação absoluta para essa técnica é caso o paciente tenha um comprometimento da capacidade pulmonar contralateral a cirurgia, devido ao risco de pneumotórax. Já as contraindicações relativas são, infecção no local da injeção e coagulopatia moderada a grave.[4]

Para a realização dessa modalidade de bloqueio é necessário localizar alguns pontos que servirão como referência, sendo eles a porção lateral do musculo esternocleidomastóideo, clavícula e a linha media do paciente.[4]

Para a realização do procedimento, é recomendado o uso prévio de midazolam 1 mg com fentanil 50 mcg IV para evitar que o paciente se movimente aumentando a chance de complicações[7]. Após a preparação, o paciente é colocado na posição semi-sentado, com os ombros abaixados e o braço apoiado sobre o colo, com a palma da mão supinada para caso ocorra algum estimulo na inserção da agulha os movimentos sejam percebidos. A mão que vai manipular a agulha deve ser contraria ao lado que será realizada o procedimento, ou seja, se o procedimento é do lado direito do paciente o operador deve manipular a agulha com a mão esquerda. O ponto de inserção da agulha, é 2,5 cm lateralmente a inserção do musculo esternocleidomastóideo com a clavícula[7]. A agulha deve ser introduzida, sempre aspirado, no sentido caudal e direcionada para ao mamilo contralateral até que se obtenha parestesia, indicando o local correto de aplicação do anestésico local. O anestésico de escolha, nesse caso, é 20 mL a 30mL de ropivacaína 0,5%.

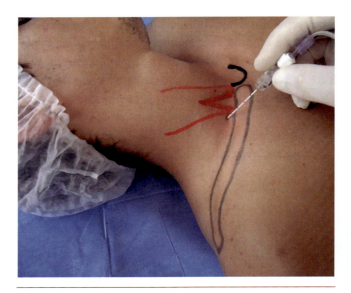

Figura 13.2. Bloqueio do plexo braquial pela técnica supraclavicular.[2]

As principais complicações dessa modalidade de bloqueio são: pneumotórax, bloqueio de nervo frênico, Síndrome de Horner, hematoma local e paralisia de parte do diafragma. Além disso, pode ocorrer toxicidade pelo uso do anestésico e injeção intravascular. O que justifica, sempre, a presença de material para intubação orotraqueal e reanimação.[7]

Bloqueio infraclavicular

O bloqueio infraclavicular é uma técnica alternativa a técnica axilar, descrita pela primeira vez em 1911 por Diedrich Kulenkampff, porém ocorrência frequente de pneumotórax por lesão pleural e por conta dessa complicação, por muito tempo foi deixada de lado. Em 1973, Prithvi Raj alterou o ponto de inserção da agulha o que implicou numa drástica redução da ocorrência dessa complicação.[1]

As indicações, para esse bloqueio são qualquer procedimento em membro superior abaixo do ombro, ou seja, braço, cotovelo, antebraço e mão. Seus benefícios são maiores para o uso de cateteres de longa duração pois não há necessidade de abdução do braço.[4]

As contraindicações a esse procedimento são, infecções no local de punção ou comprometimento do pulmão contralateral ao lado que será realizado esse procedimento. Além disso, a coagulopatia é um risco relativo que necessita ser avaliado os riscos e benefícios.[4]

Para realizar o bloqueio infraclavicular, o paciente é posicionado na posição supina, com a cabeça virada a 90 graus do lado oposto ao procedimento. O membro pode estar estendido ao lado do corpo ou abduzido.[1] A agulha é inserida a 3 cm abaixo do ponto médio da clavícula, e direcionada lateralmente ao pulso da artéria braquial. Quando próximo a porção braquial, ocorrera a parestesia do braço, e nesse ponto o anestésico local deve ser injetado.[1]

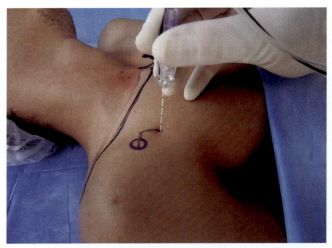

Figura 13.3. Bloqueio do plexo braquial infraclavicular.[2]

As drogas de escolha para esse modelo de bloqueio são, lidocaína 2% para procedimentos de até 3 horas, podendo ser associado com epinefrina para aumentar para 5 horas. Para procedimentos mais demorados, opta-se por bupivacaína 0,25% a 0,5% ou ropivacaina 0,5% que podem durar até 14 horas.[8]

As principais complicações para essa técnica são o pneumotórax, hematoma local, além disso pode ocorrer toxicidade pelo uso do anestésico e injeção intravascular.

Bloqueio axilar

A técnica do bloqueio axilar descrita por Dr. Halstead et al., em 1884, ainda sem o advento de ultrassom ou estimulador nervoso, é um procedimento superficial e com baixa incidência de complicação. Apesar do que o nome indica, ele não inclui o bloqueio do nervo axilar e recebe este nome pois a artéria axilar serve de referência para o procedimento.[9]

Esse bloqueio é eficiente na abordagem de cotovelo e mãos pois afeta os nervos mediano e radial e se associado ao bloqueio do nervo musculo cutâneo, pode ser utilizado também para procedimentos cirúrgicos no antebraço. Ele é considerado uma boa opção para manejo da dor em herpes-zoster, neurite, síndromes regionais e neoplásicas.[4]

Para realizar o procedimento é necessário a monitorização com ECG, oximetria de pulso e PA. O paciente é posicionado em decúbito dorsal o sobre a mesa, com a cabeça voltada para o lado contrário do bloqueio. No membro do procedimento é realizada a abdução, com o braço a 90° graus e com o dorso da mão para baixo. Para evitar possíveis dores pós-operatórias devido ao posicionamento incorreto é importante o apoio do membro sobre uma extensão.[4]

Para realizar a técnica é necessário determinar quais os locais a serem anestesiados, localizando o pulso da artéria axilar a nível do nervo mediano que servirá como referência. A inserção da agulha acima da artéria axilar afetará o nervo mediano promovendo a anestesia da região medial de antebraço e palmar da mão. A inserção da agulha abaixo da artéria axilar afetará o nervo radial anestesiando a região dorsal da mão e lateral do antebraço.[9]

As técnicas para a realização desse bloqueio são:

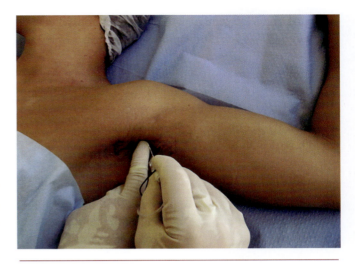

Figura 13.4. Abordagem para o bloqueio axilar.[2]

Técnica de dupla-injeção: inicialmente é feita a inserção acima do pulso da artéria axilar. Ao penetrar a fáscia com a agulha, ocorrerá um "click" e lentamente a agulha é introduzida até que o paciente sinta um choque (devido a parestesia), indicando, assim, onde o anestésico será injetado. Deve-se realizar, concomitantemente, a aspiração para evitar injeção intravascular. A segunda injeção é feita abaixo da artéria, ao se penetrar a fáscia a agulha é introduzida vagarosamente a frente e um pouco acima da artéria axilar, fazendo a aspiração durante todo o trajeto, assim que ocorrer a parestesia, o anestésico e aplicado.[9]

Múltiplas injeções: essa técnica é realizada da mesma forma que a de dupla-injeção, com um acréscimo do bloqueio do nervo musculo cutâneo. A agulha é inserida superior ao pulso da artéria axilar, dentro do musculo coracobraquial, até o paciente relatar a parestesia, nesse momento o anestésico é injetado.[9]

Transarterial: essa estratégia consiste em transpassar a artéria axilar com uma agulha. Após a palpação do seu pulso, se faz a estabilização da artéria com dois dedos. A agulha e inserida diretamente na artéria aspirando continuamente, no momento que tiver retorno de sangue, se aprofunda mais a agulha, até que novamente não tenha mais o retorno. Assim é aplicado o anestésico na porção posterior ao vaso. Após isso, a agulha é retirada lentamente até que, novamente, não tenha mais retorno de sangue a aspiração, faz-se a segunda dose de aplicação do anestésico na porção anterior a artéria.[9]

Os anestésicos locais usados para esse bloqueio variam de acordo com o tempo necessário do bloqueio e da intensidade desejada. Para procedimentos rápidos ou médios, habitualmente usa-se lidocaína 1,5% a 2,0%. Para procedimentos de longa duração, as drogas mais recomendadas são a ropivacaína ou bupivacaína. A ropivacaína possui a vantagem de também poder ser realizada em bomba de infusão continua.[9] Por tratar-se de técnica que exige maior volume anestésico em comparação as anteriores, deve-se calcular e respeitar a dose toxica do anestésico a ser utilizado.

A técnica não apresenta contraindicações absolutas, porém, lesão nervosa local preexistente, uso de anticoagulantes, lesão pulmonar severa, infecção no local da incisão e recusa do paciente, são pontos relativos que devem ser considerados antes da realização do procedimento.[4]

As complicações possíveis desse procedimento são infecção local, sangramento ou formação de hematomas, lesão de nervos, aplicação inadequada da anestesia no leito vascular levando a uma intoxicação sistêmica com anestésico local. Por apresentar múltiplas punções, é uma técnica mais desconfortável para o paciente.

Bloqueio do musculo cutâneo

O bloqueio do musculo cutâneo não é realizado sozinho pois sua anestesia afeta apenas a região lateral do antebraço. Portanto, esse bloqueio é realizado normalmente associado ao bloqueio axilar, tornando mais efetiva a anestesia do antebraço e braço.[4]

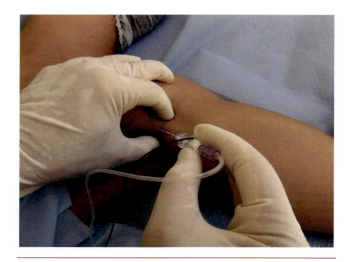

Figura 13.5. Bloqueio do nervo musculocutâneo na região axilar com estimulador de nervos.[2]

A técnica para o bloqueio é a inserção da agulha na parte superior ao pulso da artéria axilar, em direção ao musculo coracobraqueal. O ponto de realização da anestesia, é a obtenção da parestesia ao perfurar o músculo.[4]

Bloqueio do cotovelo

Os bloqueios seletivos da porção inferior do plexo braquial, composto pelos nervos medianos, radial e ulnar são utilizados apenas quando o cirurgião deseja o bloqueio completo dos músculos extensores e flexores do braço ou como segunda opção aos bloqueios superiores, devido aos riscos de complicações e a dificuldade de execução em comparação aos bloqueios da porção superior.[4]

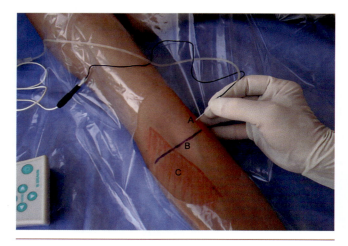

Figura 13.6. Bloqueio do nervo mediano na altura do cotovelo. **A,** Artéria. **B,** Prega de flexão. **C,** Músculo braquiorradial.[2]

Bloqueio do nervo mediano: para a realização desse bloqueio, o braço é abduzido e a mão colocada supinada. A agulha é inserida na porção medial à artéria braquial, na altura do epicôndilo até obter a contratura do punho ou indicador e dedão, assim, indicando o local correto para administrar de 3 mL a 5 mL do anestésico local.[4]

Bloqueio do nervo ulnar: essa técnica é realizada com o paciente com o braço fletido e com a palma da supinada. A inserção da agulha é feita no sulco do nervo ulnar localizado entre o olecrano e o epicôndilo medial do úmero. A agulha deve ser inserida até atingir a parestesia do dedo mínimo, indicando assim o local correto para a aplicação de 2 mL a 3 mL do anestésico local.[4]

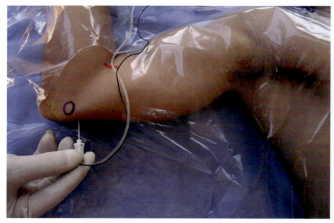

Figura 13.7. Bloqueio do nervo ulnar na altura do cotovelo.[2]

Bloqueio do nervo radial: o paciente é posicionado como braço fletido e a supinada. A agulha é inserida na aproximadamente 1,5 cm lateralmente ao tendão do bíceps a nível do epicôndilo. A inserção dos 3 mL a 5 mL do anestésico local, deve ser feito ao obter a parestesia da mão.[4]

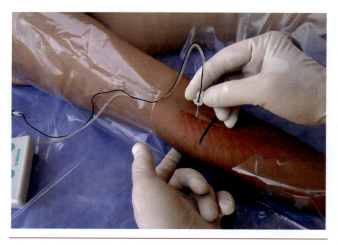

Figura 13.8. Abordagem para o bloqueio do nervo radial na altura do cotovelo.[2]

De forma geral, são técnicas que não possuem contraindicações, porém, são de difícil realização por necessitarem de diferentes bloqueios para sua efetividade. A complicação mais comum dessa técnica é o hematoma e a lesão vascular ao transpassar a agulha pela vasculatura da região.[4]

Bloqueios de punho

Os bloqueios realizados em punho são mais eficientes para pacientes que serão submetidos a cirurgias na mão. Para esse procedimento é necessário o bloqueio dos nervos mediano, ulnar e radial. Esse procedimento pode ser realizado fora de centro cirúrgicos por ser uma técnica de fácil realização e baixa incidência de complicações sistêmicas. As únicas contraindicações a esse procedimento são: alergia a anestésicos locais e infecção nos locais de punção.[10]

Para realiza esse procedimento o paciente deve ser colocado deitado com o braço estendido, a posição da mão varia de acordo com o nervo bloqueado. A localização dos tendões flexores auxilia na identificação da inserção da agulha.[10]

Bloqueio do nervo mediano: o nervo mediano é acessado através da introdução da agulha por entre os tendões do palmar longo e do flexor palmar. A agulha penetra a fáscia profunda, e penetra até atingir o osso, assim recua 3 mm e 5 mL de anestésico local é aplicado.[10]

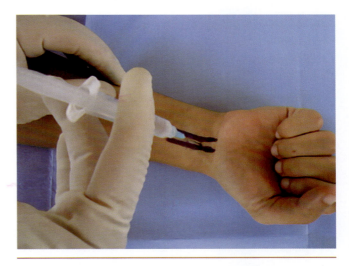

Figura 13.9. Bloqueio do nervo mediano no punho.[2]

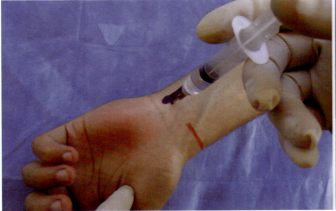
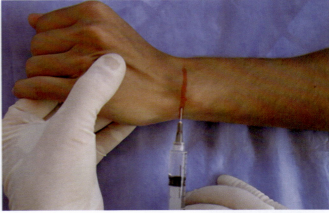

Figura 13.10. A, Bloqueio do nervo ulnar (ramo palmar) na altura do punho. **B**, Bloqueio do nervo ulnar (ramo dorsal) na altura do punho.[2]

Bloqueio do nervo ulnar: O nervo ulnar é anestesiado inserindo a agulha sob o tendão do músculo flexor ulnar do carpo na porção distal, logo acima do processo estiloide da ulna. São injetados 2 mL acima do tendão do musculo e de 3 mL a 5 mL abaixo, após transpassar o tendão.[10]

Bloqueio do nervo radial: o bloqueio do radial é um bloqueio em campo, pois não é possível determinar exatamente a posição do nervo radial. São injetados 5 mL de anestésico local por via subcutânea logo acima do estiloide radial enquanto a agulha avança medialmente, sendo posteriormente estendida lateralmente, aplicando mais 5 mL.[10]

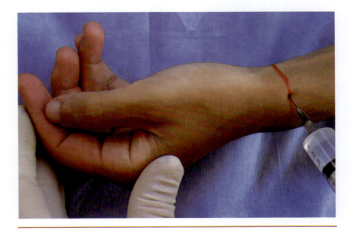

Figura 13.11. Bloqueio do nervo radial no punho.[2]

O anestésico de escolha mais comum é a lidocaína, sendo a bupivacaína a segunda opção para esse tipo de bloqueio.[10]

As complicações mais comuns são infecção local, hematoma, aplicação de anestésico intravascular, lesão de nervos, porem essas complicações são incomuns da ocorrerem.[10]

Bloqueio do musculo cutâneo e intercosto braquial

O bloqueio dos nervos músculo cutâneo e intercosto braquial não são comumente utilizados por sua baixa área de efetividade. Geralmente anestesiam apenas a porção medial e posterior do braço.[4] Utilizado principalmente para anestesia quando há colocação de garrote cirúrgico no braço.

O paciente e deitado com o braço estendido. A agulha é introduzida no nível da linha axilar anterior no subcutâneo da porção superior do musculo bíceps. Geralmente para esse bloqueio são utilizados 5 mL de anestésico local.[4]

As complicações para essa técnica são muito baixas, sendo elas apenas a injeção intravascular, pela técnica inadequada ou hematoma local.[4]

Bloqueio dos digitais

O bloqueio dos nervos digitais é um dos mais frequentemente realizados fora dos centros cirúrgicos, para situação onde se faz necessário o manejo de uma situação dolorosa em dedos. Essa técnica traz como vantagem seu rápido início de ação, uso de pequena quantidade de anestésico e ausência de risco direto no sistema neurovascular.[11]

Existem duas técnicas mais frequentemente realizadas para obter o bloqueio dos nervos.

Bloco dos nervos digitais e dorsal na base do dedo: uma técnica simples onde se é aplicado anestésico local na porção lateral da base do dedo que se deseja anestesiar. A agulha é direcionada a linha lateral da falange onde 1ml de anestésico local e libertado. Lembrar que para a anestesia ser efetiva deve ser realizada em ambos os lados.[11]

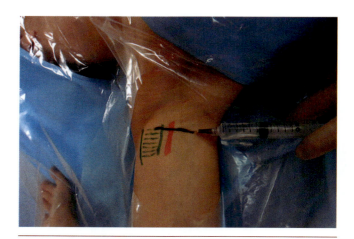

Figura 13.12. Bloqueio do nervo intercostobraquial.[2]

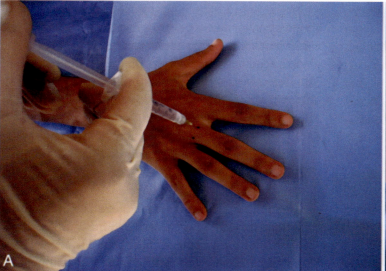
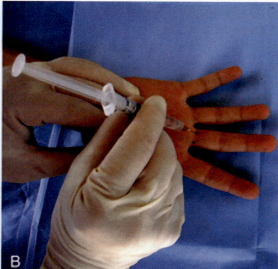

Figura 13.13. A e **B**, Bloqueio dos nervos digitais.[2]

Bloqueio transtacal: para essa técnica, é necessário posicionar a mão do paciente em posição supina e localizar a porção distal do tendão do músculo flexor. A agulha e introduzida a 45° em direção a porção mais distal do tendão até a resistência ao avanço. Nesse ponto, são liberados 2 mL de anestésico local, e a agulha é, suave e lentamente, retirada.[11]

Os anestésicos de escolha, são geralmente dependentes do tempo de duração desejado. Para bloqueios de mais curta duração (3 a 8h), pode ser usada mepivacaína ou lidocaína. Já a ropivacaína e a bupivacaína podem ser utilizadas quando o bloqueio desejado durar de 6 a 24 horas.[11]

A principal e mais temida complicação dessa modalidade de bloqueio é a insuficiência vascular e a gangrena pelo hipofluxo local de sangue. Porem se a técnica e a quantidade de anestésico local forem usadas corretamente a chance dessas complicações são muito baixas.[11]

Bloqueio do plexo femoral
Nervo femoral

Originado das divisões posteriores do segundo ao quarto ramos anteriores lombares, o nervo femoral, constituído pelas raízes de L2 a L4, localiza-se no compartimento anterior da coxa. Caminha através do musculo psoas maior e, em sua borda lateral, passa entre os músculos psoas e ilíaco. O nervo femoral penetra na coxa posteriormente ao ligamento inguinal e lateralmente a bainha femoral. São seus ramos terminais os responsáveis por formal o trígono femoral, que se situa 2 cm distais do ligamento inguinal. Com relação ao abdome, o nervo emite ramos para o musculo ilíaco e parte proximal da artéria femoral. No que diz respeito a inervação sensitiva, é responsável pela parte cutânea anterior e medial da coxa, bem como perna e pé. Por fim, emite ramos para o quadril e joelho.[12]

O bloqueio do nervo femoral é uma técnica utilizada para cirurgias da região anterior da coxa e para a região superficial medial da perna. Também pode ser usado em associação com bloqueios de nervo ciático ou poplíteo afim de anestesiar a parte inferior da perna e tornozelo[13]. Pode ser dividida em uma única injeção ou na infusão continua de anestésico local. É indicada em cirurgias de reparo do tendão do quadríceps femoral, biopsia, retirada da veia safena magna e controle de dor em cirurgias de fêmur e joelho.[14]

Com o paciente em posição supina, o membro ipsilateral é abduzida em torno de 10 a 20 graus e rotacionada externamente com a lateral do pé sobre a mesa. O local de inserção da agulha é a 1 cm lateral ao pulso da artéria femoral, na linha da prega femoral e abaixo da prega inguinal. Após a inserção da agulha, segue-se o caminho pela fáscia lata e ilíaca; utilizando-se de um estimulador nervoso espera-se que, ao chegar ao nervo femoral, ocorra a contração do musculo quadríceps. A posição da agulha é correta quando, com uma corrente entre 0,3 e 0,5 mA ocorre contrações patelares. Após aspiração negativa é injetado de 15 mL a 20 mL de anestésico local.[15]

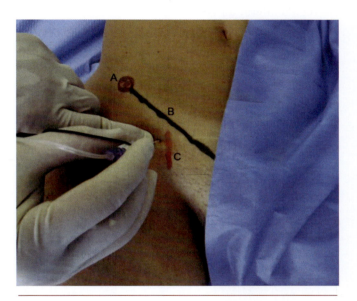

Figura 13.14. Bloqueio do nervo femoral. **A**, espinha ilíaca anterossuperior. **B**, Linha do ligamento Inguinal. **C**, Artéria femoral.[18]

As possibilidades de anestésicos variam de acordo com o tempo necessário de anestesia, com agentes de longa duração como a Bupivacaína 0,5%, Levobupivacaína 0,5% ou ropivacaína 0,5%, ou de media duração como mepivacaína 0,5% ou lidocaína 1,5%.[16]

Em relação as contraindicações absolutas podemos pontuar a recusa do paciente, paciente não cooperativo e alergia severa aos anestésicos locais. Contraindicações relativas incluem infecção ativa no local do procedimento, paciente anticoagulado ou em uso de antitrombóticos e pacientes com distúrbios de coagulação.[17]

Apesar de ser um procedimento relativamente seguro, ainda existem possíveis complicações sendo elas; lesão de nervo, reação alérgica, hematoma, infecção e intoxicação por anestésico.[14]

Nervo cutâneo femoral lateral

Formado pelas raízes de L2 e L3, o nervo cutâneo femoral lateral após atravessar a fáscia ilíaca, adentra a coxa abaixo do ligamento inguinal e medialmente a espinha ilíaca anterossuperior. Cerca de 7 cm a 10 cm abaixo da espinha ilíaca anterossuperior atravessa novamente a fáscia lata, lançando dois ramos; o anterior que tem a função de inervar a pele da região anterolateral da coxa até o joelho; e um posterior, que tem a função de inervar a parte lateral da coxa do grande trocânter até o meio da coxa.[4]

O bloqueio é indicado em regiões que possuem inervação do nervo como: retirada de enxerto de pele da região lateral da coxa e biopsias musculares. Também pode ser utilizado como analgesia pós operatória, em associação com o bloqueio do nervo femoral, em sua área de inervação e nas cirurgias do fêmur.[18]

Após a localização da espinha ilíaca anterossuperior, a 2 cm medialmente e 2 cm abaixo da mesma, faz-se uma marcação. A agulha é introduzida perpendicularmente a pele perfurando a fáscia lata. Essa perfuração pode ser percebida por uma sensação tátil na seringa. Procede-se a aplicação de anestésico em leque, tanto abaixo, quanto acima da fáscia lata. É possível a utilização de um estimulador nervoso para que, por meio da sensação de parestesia, haja a confirmação da localização do nervo.[18]

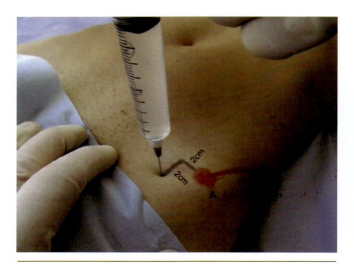

Figura 13.15. Bloqueio do ramo cutâneo lateral femoral. **A**, Espinha ilíaca anterossuperior.[18]

A utilização do ultrassom se mostrou eficiente de acordo com Bodner G *et al.*, devido ao fino calibre do nervo. Utilizando-se do ligamento inguinal como ponto inicial o transdutor, posicionando-o longitudinalmente, é movido até a espinha ilíaca anterossuperior localizando-se o nervo abaixo da fáscia lata. Com uma dose de apenas 0,3 mL de anestésico local foi obtido o bloqueio.[19]

Nervo obturatório

O nervo obturatório, constituído pelas raízes L2 a L4, tem sua origem a partir das divisões anteriores do segundo ao quarto ramos anteriores lombares, descendo através do musculo psoas maior e emergindo de sua borda medial. Em seu caminho, cruza a articulação sacroilíaca posterior a artéria ilíaca comum e de forma lateral aos vasos ilíacos internos. Ainda, penetra na coxa superiormente ao forame obturado, aonde divide-se nos ramos anterior e posterior. Por fim, supre a pele medial da coxa e perna, além de emitir ramos articulares para quadril e joelho.[12]

A técnica de bloqueio do nervo obturador deve ser realizada com a ajuda de um ultrassom e um estimulador de nervos. O paciente deve então ser instruído a permanecer em decúbito supino com a coxa posicionada de maneira levemente abduzida. O tubérculo púbico deve-se ser palpado, e consequentemente o ponto de punção deve ser demarcado cerca de 1 cm a 2 cm abaixo e 1 cm a 2 cm lateralmente a ele. A agulha deve conter cerca de 7 cm de comprimento deve ser inserida de forma perpendicularmente à pele, até entrar em contato com a parte superior do ramo inferior do púbis. A agulha deve atingir uma profundidade de 1,5 cm a 4 cm (dependendo das variações anatômicas do indivíduo), para poder por fim ser recuada, seguindo um avanço lateral em direção cefálica de modo a ficar abaixo do ramo superior do púbis.[18]

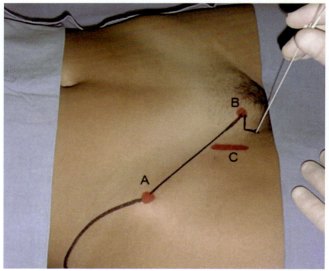

Figura 13.16. Bloqueio do nervo obturatório. **A**, Espinha ilíaca anterossuperior. **B**, Tubérculo púbico. **C**, Artéria femoral.[18]

A entrada no canal obturador, local onde o nervo deve ser encontrado, está localizada cerca de 2 cm a 3 cm deste ponto de contato com o osso. Dessa forma, os primeiros estímulos deverão ser de 1,5 mA, 1-2 HZ, 100 μs. A resposta motora deve ser observada na musculatura adutora da coxa, na qual a manifestação deverá ser de até 0,5 mA. Por fim, a solução de anestésico deve ser feita junto com aspirações contínuas, para que qualquer posicionamento intravascular incorreto seja detectado[18]

Com relação ao volume de anestésico, normalmente varia de 10 mL a 15 mL, dependendo dos objetivos propostos. Entre as complicações, podemos citar a reação tóxica sistêmica ao anestésico, em virtude da injeção do medicamento no intravascular do paciente. Outras complicações a serem citadas incluem formação de hematomas e perfuração de bexiga ou vagina.[18]

Como dito anteriormente, a técnica necessita também da ajuda de um aparelho de ultrassom, sendo assim, após realizar todos os cuidados de assepsia e antissepsia local, um transdutor linear (5 MHz a 10 MHz) deve ser posicionado na prega inguinal a fim de identificar a artéria e veia femorais. O transdutor deve em seguida avançar pela prega inguinal na tentativa de identificar os planos das fáscias musculares do músculo pectíneo e adutores, não sendo obrigatório a visualização do nervo. Na sequência, uma agulha de 75 mm a 100 mm deve ser introduzida, após a anestesia cutânea, no sentido lateral para posteromedial, com o bisel entre os músculos pectíneo e adutor curto, entre o terço medial e posterior da interface fascial. Segue-se a entrada da agulha até o espaço interfascial do músculo adutor curto e adutor magno. O volume de solução anestésica a ser injetado deverá ser o mesmo (cerca de 5 mL a 7 mL). Em resposta aos anestésicos locais, os músculos irão separar-se, confirmando que o bloqueio foi realizado na região correta[18]

Bloqueio paravertebral das raízes lombares

Os nervos espinhais, com origem através dos forames intervertebrais, dividem-se em amo ventral e ramo dorsal. Os quatro primeiros ramos ventrais dos nervos lombares, junto com o décimo segundo nervo torácico, formarão o plexo lombar, enquanto que os ramos dorsais irão se dirigir de forma posterior e invervar a pele e o músculo da região paravertebral.[18]

As indicações para a realização do bloqueio são várias: cirurgias de retirada de enxerto ilíaco, diagnóstico diferencial e localização de condições dolorosas em membros inferiores e região lombar, tratamento da dor na região lombar, região inguinal e da coxa. Para a realização da técnica, objetiva-se realizar através do nervo espinhal, logo em sua emergência do neuroeixo pelo forame intervertebral, pois dessa forma os ramos comunicantes simpáticos branco e cinzento são bloqueados, produzindo analgesia segmentar e unilateral. Importante ressaltar que a execução do bloqueio deve ser supervisionada ou então realizada por anestesista experiente, devido ao grau de dificuldade do processo.[18]

As contraindicações podem incluir deformidades de coluna vertebral, porém nesses casos o uso de imagens torna o procedimento possível. Além disso, outras restrições comuns aos bloqueios periféricos também tornam o processo contraindicado[18]

O paciente deve ser posicionado em decúbito ventral. A lordose lombar deve ser desfeita, então para isso é colocado um travesseiro na região abdominal do paciente. Uma linha de 2,5 cm a 3,0 cm, perpendicular a coluna, deve ser traçada a partir do polo superior do processo espinhoso das vértebras que fazem correspondência com os nervos a serem bloqueados. Na extremidade, a agulha de cerca de 8 cm a 10 cm de comprimento deve ser inserida de forma perpendicular, até atingir contato com o osso do processo transverso da vértebra, que deverá estar a uma profundidade de cerca de 3 cm a 5 cm (dependendo das variações anatômicas do indivíduo). Após esse processo, a agulha deve ser um pouco recuada até o tecido cutâneo, para então ser direcionada em direção caudal de 15 a 20 graus, mergulhando abaixo do processo transverso e avançando cerca de 1 cm a 2 cm além deste.[20]

Para saber se o posicionamento foi correto, deve-se buscar sinais de resposta motora ou parestesia. A dose de anestésico a ser injetada deverá ser de 5 mL para o nervo espinhal.[18]

É necessário ressaltar, que para tornar o processo mais seguro e simples, o uso do ultrassom está indicado. Outro ponto a ser ressaltado é que a agulha não deve ser posicionada muito medialmente, devido ao risco de perfuração da dura-máter ou ainda, injeção peridural.[18]

A injeção deve ocorrer de maneira intermitente, com múltiplas aspirações visando detectar líquor ou sangue. Além disso, não pode ocorrer resistência ao injetar a solução anestésica. Entre as complicações podemos citar: reações tóxicas sistêmicas, injeção subaracnoide ou peridural e injeção intra-abdominal retro ou até intraperitoneal. Como efeito colateral o paciente pode sentir hipotensão e impotência motora no membro homolateral.[18]

Bloqueio do nervo safeno

Quando realizado, normalmente é de forma conjunta ao bloqueio dos demais ramos do nervo isquiático que envolvem procedimentos no pé. O nervo safeno é originado a partir do nervo femoral, sendo possível sua abordagem através do canal adutor, na região medial da perna próximo ao joelho, ou ainda, anteriormente ao maléolo medial.[21]

A técnica geralmente é realizada de forma mais fácil, devido a visualização junto a veia safena. O local é na perna, junto ao côndilo medial da tíbia, podendo ocorrer com auxílio do ultrassom.[18]

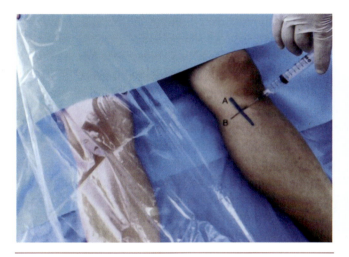

Figura 13.17. Bloqueio do nervo safeno. **A**, Projeção da veia safena. **B**, Eixo de infiltração.[18]

Bloqueio do plexo sacral

Bloqueio do nervo isquiático

O *nervo isquiático*, constituído pelas raízes L4, L5 e S1 a S3, pertence ao compartimento posterior da coxa e, devido a seus grandes ramos, também é responsável por todos os compartimentos do pé e da perna. Sua entrada no membro inferior é através do forame isquiático maior na qual em seguida desce entre o túber isquiático e o trocânter maior. Em seu caminho, ao longo da região posterior da coxa, é cruzado pela cabeça longa do músculo bíceps femoral, o qual divide-se nos nervos tibial e fibular comum. O nível da bifurcação pode sofrer variações anatômicas. Por fim, a articulação do quadril, por sua capsula posterior, e a articulação do joelho são supridas pelos ramos articulares do nervo isquiático.[12]

O bloqueio do nervo isquiático é indicado em casos de necessidade de analgesia ou anestesia da extremidade inferior, podendo abranger tanto a área cirúrgica como não cirúrgica, para dores crônicas ou agudas. Dependendo da região afetada o bloqueio do nervo isquiático pode ser combinado com bloqueios de nervos do plexo femoral afim de atingir uma analgesia/anestesia satisfatória.[22]

Com o paciente em posição prona e a perna em flexão de 45, traça-se uma linha entre a espinha ilíaca anterossuperior e o trocânter maior do fêmur. Perpendicular a mesma, uma nova linha é traçada com cerca de 5 cm caudalmente em seu ponto médio. Ao fim da linha tem-se o ponto de introdução da agulha, que deve ter aproximadamente 10cm e deve ser inserida perpendicularmente a pele. Quando o paciente referir parestesia na região do nervo, inicia-se a aplicação de 20mL de anestésico local.[4]

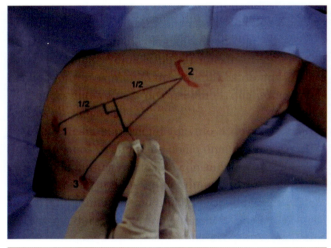

Figura 13.18. Bloqueio do nervo isquiático. **1**, Espinha ilíaca posterossuperior. **2**, Trocanter maior. **3**, Hiato sacral.[21]

Infecção na área de punção é uma contraindicação absoluta. Contraindicações relativas incluem alteração da coagulação, sepse ou infecção isolada. Complicações do procedimento podem incluir sangramento, lesão do nervo e intoxicação local por anestésico.[22]

Não é comum realizar o bloqueio de forma isolada dos nervos tibial e fibular comum em torno do joelho, visto que é mais consistente realizar o bloqueio do nervo isquiático no seu segmento distal. Em abordagens excepcionais, caso seja necessário, o bloqueio poderá ser realizado na região poplítea com a ajuda de um ultrassom. Existem indicações para o bloqueio da região em torno do joelho, como por exemplo: procedimentos que envolvam o tornozelo e o pé, procedimentos complementares a falhas parciais do bloqueio do nervo isquiático e terapêuticas auxiliares nas doenças dolorosas da perna e dos pés.[21]

Bloqueio do nervo tibial

O bloqueio do nervo tibial irá proporcionar anestesia na planta dos pés, além de impedir a flexão plantar do pé do paciente. As indicações podem incluir: métodos complementares de falhas no componente do nervo tibial em bloqueios do nervo isquiático, diagnóstico de miotonias e fisioterapia para tratamento de deformidades em equino, em pacientes pediátricos.[21]

O paciente deverá ser deixado em decúbito ventral e uma linha imaginária deverá ser traçada de forma a unir os dois côndilos femorais. A prega de flexão do joelho deverá coincidir com o ponto médio dessa linha, e a partir disso, deverá ser traçada uma outra linha perpendicular de 5 cm, rumo a direção cefálica. Outra maneira de adquirir o ponto correto, é encontrar o tendão do músculo bíceps e semimembranoso, demarcando o ponto médio entre eles, sobre a prega de flexão do joelho. A agulha deverá conter de 5 cm a 7 cm de comprimento, sendo introduzida em ângulo de 45 a 60 graus após as técnicas de assepsia e antissepsia. O nervo será encontrado a meia distância entre a pele e a superfície posterior do fêmur, superficialmente aos vasos poplíteos. A dose de anestésico deverá ser em torno de 10 mL a 15 mL.[21]

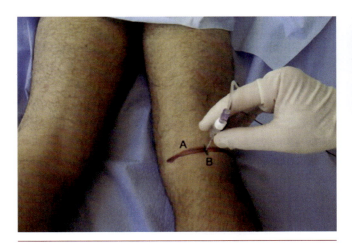

Figura 13.19. Bloqueio do nervo tibial. **A**, Prega de flexão do joelho. **B**, Ponto central entre os tendões do músculo semimembranoso e bíceps femoral.[21]

Bloqueio do nervo fibular comum

O bloqueio do nervo fibular comum será responsável pela anestesia do dorso do pé, nas áreas irrigadas pelo nervo fibular superficial (dorso do pé) e fibular profundo (face de contato entre o hálux e o segundo dedo). Além disso, ocorrerá o bloqueio motor do grupo muscular responsável pela flexão dorsal do pé. Geralmente a abordagem do nervo fibular comum é feita de forma fácil, visto que ele se encontra superficialmente e frequentemente palpável na região posterior da cabeça da fíbula ou no colo da fíbula.[21]

Entre as indicações para a realização da técnica, podemos citar: procedimentos superficiais do pé, complemento de falhas do bloqueio isquiático no segmento fibular e associado a bloqueios ao nível do tornozelo dos nervos tibial, sural e safeno, para procedimentos que envolvam o pé.[21]

Bloqueio no colo da fíbula: para o bloqueio no colo da fíbula, o paciente deverá ser colocado em decúbito dorsal e a perna que irá receber o bloqueio deverá ser posicionada de maneira flexionada. A cabeça da fíbula (na região lateral da perna) deverá ser palpada e cerca de 1 cm a 2 cm abaixo e posteriormente a esta (na altura do colo da fíbula), o nervo será palpado na maioria das vezes.[21]

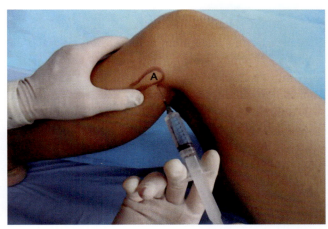

Figura 13.20. Bloqueio do nervo fibular comum. **A**, Cabeça da fíbula.[21]

A introdução da agulha é feita na região póstero-lateralmente, devendo a anestesia ser injetada lateralmente e medialmente ao nervo, após a palpação. Com a ajuda de um estimulador de nervos, deverá ser observada a flexão dorsal do pé. Não está indicada a busca de parestesias, devido ao risco de neurites (isso é apenas nesse caso?). A dose de solução anestésica deverá girar em torno de 5 mL a 8 mL. Como efeito colateral podemos ter a incapacidade de flexão dorsal do pé em casos na qual se pretende dar uma alta precoce ao paciente, sem a necessidade de imobilização do pé.[21]

Bloqueio na região poplítea: sua abordagem é orientada na região lateral ao nervo tibial e com auxílio de ultrassom, no entanto, essa técnica que seria uma alternativa ao bloqueio do nervo fibular comum não é muito utilizada em virtude da dificuldade de precisão dos parâmetros anatômicos.[21]

Bloqueio do nervo tibial posterior

O nervo tibial posterior faz seu caminho pela superfície posterior da tíbia, medialmente ao tendão calcâneo e posterior a artéria tibial posterior. É responsável pela inervação das estruturas profundas do pé, região plantar, superfície dorsal e terminal dos dedos. Para o bloqueio, palpa-se a artéria tibial posterior na altura do maléolo medial, posterior a ambas as estruturas é inserida a agulha injetando-se cerca de 3 mL a 5 mL de anestésico local.[4]

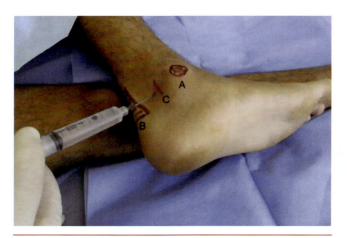

Figura 13.21. Bloquei do nervo tibial posterior. **A**, Maléolo medial. **B**, Tendão calcâneo. **C**, Artéria tibial.[21]

Bloqueio do nervo fibular superficial

O bloqueio do nervo fibular superficial se dá na região entre o maléolo lateral e o ponto médio da face anterior do tornozelo. Nesta região, é injetado, de maneira subcutânea, anestésico local afim de abranger toda a área de atuação do nervo que corresponde a face dorsal do pé e dos dedos com exceção do primeiro e segundo dedo.[4]

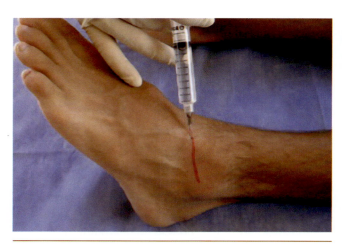

Figura 13.22. Bloqueio do nervo fibular superficial.[21]

Bloqueio do nervo fibular profundo

Com o paciente em decúbito dorsal, deve-se procurar o espaço entre os tendões do musculo extensor longo do hálux e tibial anterior. A agulha é introduzida até o contato com o osso palpando a artéria tibial. Assim, injeta-se de 3 mL a 5 mL de anestésico local. A área afetada pelo bloqueio compreende a superfície do primeiro, segundo dedo e músculos extensores curtos dos dedos.[4,21]

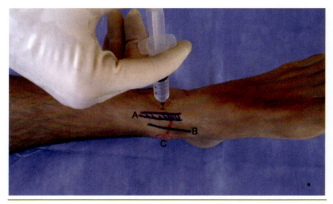

Figura 13.23. Bloqueio do nervo fibular profundo. **A**, Tendão do músculo tibial anterior. **B**, Veia safena. **C**, Maléolo medial.[21]

Bloqueio dos nervos digitais do pé

Esse bloqueio é indicado em caso de procedimentos restritos aos dedos. A técnica consiste na infiltração da base da falange proximal, tanto em região lateral quando medial, da região dorsal rumo a plantar. São aplicados de 3 mL a 4 mL de anestésico local.[21]

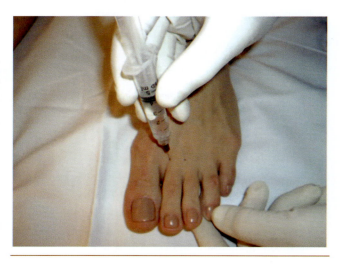

Figura 13.24. Bloqueio dos nervos digitais do pé.[21]

13. Anestesia Regional Periférica

■ REVISÃO RÁPIDA

Tabela 13.1. Localização do bloqueio e suas respectivas áreas afetadas

Local do bloqueio	Área bloqueada
Plexo braquial no espaço interescaleno	Ombro, braço, cotovelo e antebraço
Plexo braqueal no tronco supraclavicular	Braço, cotovelo, pulso e mão
Plexo braqueal na porção infraclavicular	Braço, cotovelo, pulso e mão
Plexo braquial na área axilar	O antebraço, punho, mão e cotovelo, incluindo o nervo musculocutâneo
Nervo mediano	A mão e antebraço
Nervo radial	A mão e antebraço
Nervo ulnar	A parte anterior da coxa, fêmur, joelho e anestesia da pele sobre a face medial da perna abaixo do joelho
Nervo femoral	A parte anterior da coxa, fêmur, joelho e anestesia da pele sobre a face medial da perna abaixo do joelho
Nervo ciático porção subglútea próxima a prega(?) femoral	O aspecto posterior da coxa, e anterior, lateral e posterior da perna, tornozelo e pé
Nervo ciático na porção poplítea	Anterior, lateral e posterior da perna, tornozelo e pé
Bloqueio do tornozelo nos 5 ramos	Bloqueia todo o pé

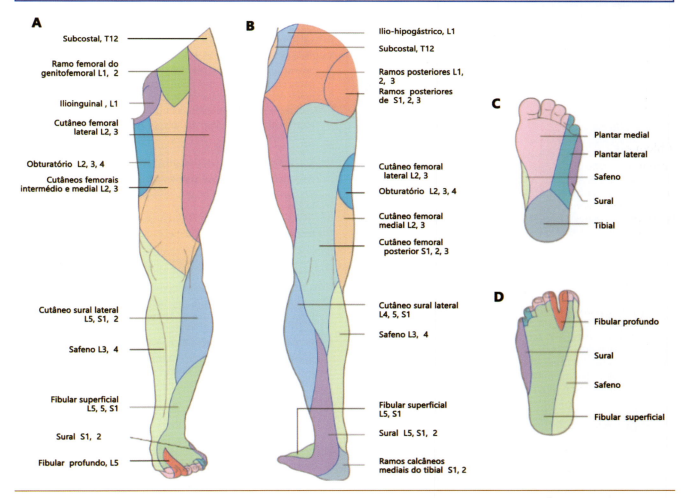

Figura 13.25. Áreas de inervação cutânea do membro inferior e seus segmentos espinais de origem. **A**, Visão anterior. **B**, Visão posterior; **C**, Face plantar; **D**, Dorso do pé.[12]

155

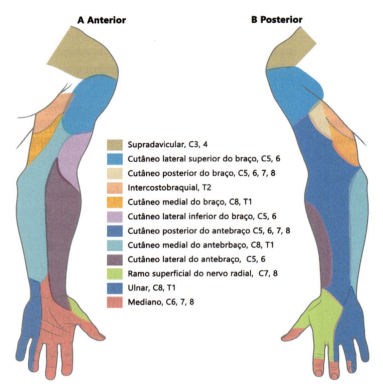

Figura 13.26. Área de inervação da pele pelos nervos cutâneos do membro superior esquerdo.[3]

Referências biblográficas

1. Manica, J. Bloqueios de nervos periféricos guiados por ultrassonografia; Anestesiologia: princípios e técnicas. 4. ed. Porto Alegre: Artmed, 2018;796-851
2. Zugliani, AH. Parte III, Seção I e II. Anestesia em Ortopedia e Bloqueio de Nervos Periféricos. Rio de Janeiro: Elsevier 2016;146 - 259.
3. Standring S. Gray's Anatomia. 40th ed. Rio de Janeiro: Elsevier; 2010. 45; p. 780-790.
4. Yamashita AM, Takaoka F, Junior JOCA, Iwata NH. Bloqueio de Nervos Periféricos. ANESTESIOLOGIA SAESP Sociedade de Anestesiologia do Estado de São Paulo 5a Edição. São Paulo, Rio de Janeiro, Belo Horizonte: ATHENEU 2001; 611-629
5. [Brachial plexus block. Comparison between Winnie's perivascular interscalene technic and Kulenkampf's. Clinical study] - PubMed [Internet]. [cited 2020 Oct 12]. Available from: https://pubmed.ncbi.nlm.nih.gov/5138498/
6. Urmey WF. Interscalene block. Tech Reg Anesth Pain Manag [Internet]. 1999 Aug 25 [cited 2020 Oct 12];3(4):207–11. Available from: https://www.ncbi.nlm.nih.gov/books/NBK519491/
7. D'Souza RS, Johnson RL. Supraclavicular Block [Internet]. StatPearls. StatPearls Publishing; 2020 [cited 2020 Oct 12]. Available from: http://www.ncbi.nlm.nih.gov/pubmed/30085598
8. Williams LM, Cummings A. Infraclavicular Nerve Block. 2019 Sep 9 [cited 2020 Oct 12];1–7. Available from: https://www.ncbi.nlm.nih.gov/books/NBK537016/
9. Chin KJ, Cubillos JE, Alakkad H. Single, double or multiple-injection techniques for non-ultrasound guided axillary brachial plexus block in adults undergoing surgery of the lower arm [Internet]. Vol. 2016, Cochrane Database of Systematic Reviews. John Wiley and Sons Ltd; 2016 [cited 2020 Sep 14]. Available from: https://pubmed.ncbi.nlm.nih.gov/27589694/
10. Kocheta A, Agrawal Y. Landmark Technique for a Wrist Block. JBJS Essent Surg Tech [Internet]. 2018 Mar 28 [cited 2020 Oct 12];8(1):e7. Available from: /pmc/articles/PMC6143305/?report=abstract
11. Tezval M, Spering C. Distal hand block [Internet]. Vol. 32, Operative Orthopadie und Traumatologie. Springer Medizin; 2020 [cited 2020 Oct 12]. p. 23–8. Available from: https://link.springer.com/article/10.1007/s00064-019-00639-6
12. Standring S. Gray's Anatomia. 40th ed. Rio de Janeiro: Elsevier; 2010. 79; p. 1336-1347.
13. Ilfeld BM, Le LT, Meyer RS, Mariano ER, Vandenborne K, Duncan PW, Sessler DI, Enneking FK, Shuster JJ, Theriaque DW, Berry LF. Ambulatory continuous femoral nerve blocks decrease time to discharge readiness after tricompartment total knee arthroplastya randomized, triple-masked, placebo-controlled study. Anesthesiology: The Journal of the American Society of Anesthesiologists. 2008 Apr 1;108(4):703-13. https://pubmed.ncbi.nlm.nih.gov/18362603/
14. Chan EY, Fransen M, Parker DA, Assam PN, Chua N. Femoral nerve blocks for acute postoperative pain after knee replacement surgery. Cochrane Database Syst Rev. 2014 May 13;(5):CD009941. https://pubmed.ncbi.nlm.nih.gov/24825360/
15. Bigeleisen PE, Moayeri N, Groen GJ. Extraneural versus intraneural stimulation thresholds during ultrasound-guided supraclavicular block. Anesthesiology. 2009Jun;110(6):1235-43 https://pubmed.ncbi.nlm.nih.gov/19417603/
16. Becker DE, Reed KL. Local anesthetics: review of pharmacological considerations. Anesth Prog. 2012 Summer;59(2):90-101; quiz 102-3 https://www.ncbi.nlm.nih.gov/pmc/articles/PMC3403589
17. Kasibhatla RD, Russon K. Femoral nerve blocks. J Perioper Pract. 2009 Feb;19(2):65-9. https://journals.sagepub.com/doi/abs/10.1177/175045890901900204
18. Zugliani, AH. Parte III, Seção III. Anestesia em Ortopedia e Bloqueio de Nervos Periféricos. Rio de Janeiro: Elsevier 2016; 276-292.
19. Bodner, G., Bernathova, M., Galiano, K., Putz, D., Martinoli, C. Ultrasound of the Lateral Femoral Cutaneous Nerve: Normal Findings in a Cadaver and in Volunteers. Reg Anesth Pain Med. 2009; 34:265–268. https://pubmed.ncbi.nlm.nih.gov/19587628/
20. Brown, D. L. Lumbar Somatic Block. In: Brown D.L., ed. Atlas of Regional Anesthesia. Philadelphia: Saunders; 1999:253–260.
21. Zugliani, AH. Parte III, Seção III. Anestesia em Ortopedia e Bloqueio de Nervos Periféricos. Rio de Janeiro: Elsevier 2016; 293-315.
22. Rodziewicz TL, Ajib FA, Tunnell DJ. Sciatic Nerve Block. [Updated 2020 Sep 5]. In: StatPearls [Internet]. Treasure Island (FL): StatPearls Publishing; 2020 Jan-. Available from: https://www.ncbi.nlm.nih.gov/books/NBK470391/

14 CAPÍTULO

Reposição Volêmica

ANA BEATRIZ CAMERLENGO MORAGAS
ANA LUIZA GOMES SGARBI
VICTÓRIO DOS SANTOS JÚNIOR

Há muito tempo, um dos assuntos mais discutidos em anestesia é a administração de líquidos no intraoperatório, já que ainda gera muitas dúvidas sem respostas na Medicina. Quanto de volume? Quando é preciso e qual o melhor líquido para repor esse volume? Por quanto tempo devo realizar o procedimento? Existe algum tempo mínimo para que não haja extravasamento de líquido entre os compartimentos? Todo o líquido que for adicionado vai parar onde no paciente?

Nota-se, em um primeiro momento, que na prática não existe como mensurar exatamente a quantidade de volume sanguíneo de um paciente, isto origina o caráter empírico deste procedimento. A partir do comportamento hemodinâmico do paciente é determinada a necessidade de administração de fluidos e, se tal quantidade foi suficiente para repor os fluidos perdidos.[1]

Para compreender sobre a prática da reposição volêmica precisamos entender sobre os líquidos corporais e como estão distribuídos no organismo, qual sua cinética dentro da fisiologia humana.

■ LÍQUIDOS CORPORAIS E SUA FISIOLOGIA

A água corporal total, que representa uma medida do volume corporal total, é de aproximadamente 60% do peso corporal, podendo variar de 50% a 70%, sendo menor nas mulheres que nos homens, pois estes apresentam maior porcentagem de massa muscular – há menor quantidade de água no tecido adiposo em comparação ao muscular.[1,2]

Outros fatores também alteram o volume de água total, como a idade e obesidade. Idosos apresentam perda de massa muscular ao longo do envelhecimento, por isso perdem água também. Consequentemente, mulheres idosas terão ainda mais perda de água. Já os recém-nascidos apresentam maior porcentagem de água no início do desenvolvimento, o que pode elevar esse percentual até a 80% do peso.

■ COMPARTIMENTOS LÍQUIDOS NO ORGANISMO

O volume corporal total, comumente reconhecido como a água corporal total, está distribuído em dois compartimentos principais: o intracelular e o extracelular. Ademais, o extracelular pode ser dividido em vascular e o interstício.

O líquido extracelular corresponde a cerca de 20% e compreende o plasma sanguíneo (cerca de 4,5% do peso corporal), líquido intersticial (15%) e a linfa (1,2%). O líquido intracelular (aproximadamente 66% da água e 40% do peso corporal), é a soma do conteúdo líquido de todas as células do corpo. Existe ainda o líquido transcelular, este compreende os líquidos intraocular, peritoneal, pleural e sinovial, cefalorraquidiano e as secreções digestivas.[2]

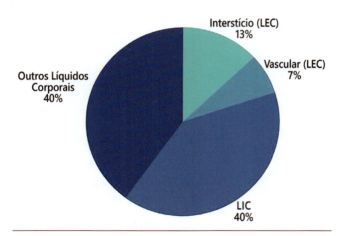

Figura 14.1. Gráficos da Distribuição da água corporal total: Compartimentos corporais. Representação da distribuição dos líquidos corporais de modo proporcional aos espaços intracelular e extracelular (dividido em intravascular e intersticial). Fonte: Tratado de Anestesiologia SAESP.

O compartimento vascular comumente reconhecido como o volume sanguíneo é composto, portanto, pelo volume plasmático e pelas células sanguíneas (hemácias, leucócitos e plaquetas – fragmentos celulares).

Dentro de cada um desses compartimentos aquosos, a distribuição depende da capacidade do líquido de atravessar as barreiras teciduais. A divisão entre o compartimento intracelular e compartimento intersticial é realizada pela membrana plasmática. E a separação entre o compartimento intersticial e o intravascular é feita pela membrana capilar. Dessa forma, a água move-se entre os compartimentos através da membrana celular e do endotélio vascular.[1] De acordo com a Lei de Starling, o fluxo entre a membrana capilar depende do balanço de forças oncóticas e hidrostáticas, também sendo influenciado pela permeabilidade.

A água consegue permear facilmente pelas membranas, devido ao seu potencial. Já os íons dissolvidos no extracelular e intracelular não são permeáveis e, por isso, seu transporte é por meio de bombas ativas.

O sódio é o principal íon do compartimento extracelular e determinante do volume do fluido extracelular. Representa praticamente todo o soluto osmoticamente ativo do plasma e do fluido intersticial. Seu transporte através da membrana celular é ativo, com gasto de energia, ocorrendo pela bomba de sódio-potássio [Na^+/K^+] dependente de ATP. A regulação do volume extracelular ocorre por influência da aldosterona, age nos túbulos distais e túbulos coletores, estimulando a reabsorção do sódio do filtrado glomerular; pelo hormônio antidiurético (ADH) estimula a reabsorção da água nos ductos coletores por meio das aquaporinas-2, aumentando a retenção de água e provocando aumento da pressão hidrostática; e pelo peptídeo natriurético atrial (PNA), liberado pelas células atriais durante a distensão atrial, inibe a reabsorção de sódio nos ductos coletores renais, aumentando a excreção de sódio e água, consequentemente contribuindo para a regulação do volume dos líquidos corporais).

O potássio, o íon predominante no intracelular, predomina no fígado, músculos e eritrócitos. A correta proporção entre as concentrações do intracelular e do extravascular é fundamental para a manutenção do potencial de repouso das membranas celulares. Seu transporte para o interior da célula é dependente da bomba de Na^+/K^+/ATPase. A distribuição aguda do potássio sofre influência de insulina, catecolaminas e do pH extracelular. Enquanto a distribuição crônica de potássio envolve mecanismos renais, a partir da livre filtração do íon nos glomérulos e sofre reabsorção não regulada no túbulo proximal. 10% a 15% atingem o néfron distal, onde sua reabsorção ou secreção é finamente controlada.

Devido às suas cargas negativas, as proteínas plasmáticas ligam-se aos íons sódio e potássio de modo que quantidades extras desses cátions permaneçam no plasma, justificando um valor de líquido intersticial em torno de 2%, inferior ao observado no plasma. Considerando a estabilidade dos íons nos meios intracelular e extracelular, os valores da osmolaridade também se mantém estáveis, em torno de 285 mOsm/kg e 295 mOsm/kg.

A mudança na movimentação de íons causa um movimento de água de um compartimento de menor concentração de solutos para outro de concentração maior, equilibrando as concentrações. Este processo é conhecido como osmose e ocorre sem gasto de energia.

Como acontece a distribuição dos líquidos infundidos? Entende-se que a previsão do comportamento clínico desse líquido no corpo humano, ao ocasionar uma expansão de volume plasmático, advém do pensamento de que os espaços (intracelular e extracelular) sejam estáticos. Contudo, deve-se lembrar que o volume não será distribuído de forma equilibrada, quando na verdade será adicionado a um sistema que controla rigorosamente a pressão e os volumes (LIC, LEC, sendo o LEC dividido em intersticial e vascular).[2] Dessa forma, enquanto há a infusão ocorre movimentação de líquido de um espaço menos concentrado até que as concentrações iônicas se tornem equilibradas.

Ao longo do dia, ocorrem perdas de água, por meio do suor advindo da transpiração, da respiração, da urina e fezes, entres outros processos fisiológicos. Sua reposição ocorre pela ingestão oral do líquido, água ou chás, sucos, refrigerantes e também de alimentos ricos em água, como frutas, verduras ou ainda pela respiração a partir da umidade presente no ar inalado. A água retida no organismo fica acumulada no interior dos espaços já discutidos neste capítulo. Quando há perda de água, da corrente sanguínea, há compensação a partir da transferência dos espaços intracelular e intersticial para o vascular. Como resposta a um déficit de água, ocorre ativação de sistemas devido à manutenção do estado de hidratação corpóreo, por exemplo mecanismo da sede para aumentar a ingesta hídrica ou ainda, o aumento da atividade do ADH, já que o hormônio possui ação antidiurética, aumentando a retenção corporal de água.

Por isso, há a necessidade de reposição da água, sódio e potássio, dado que estes são os principais responsáveis pela regulação dos fluidos nos espaços. A água tem sua ingestão calculada a partir do peso corporal, sendo aproximadamente 35ml por quilo corporal.

Já a conservação de sódio pelos rins é altamente eficiente, devido aos seus mecanismos intraluminais de reabsorção. Assim, necessidade diária média de manutenção para um adulto equivale a aproximadamente 75 mEq. Não ocorrem também perdas significativas de potássio e, portanto, para sua manutenção é necessário ingestão diária média de 40 mEq. Além disso, estudos apontam que diurese fisiológica acarreta perda obrigatória de no mínimo 10 mEq de potássio para cada 1.000 mL de urina.[2]

■ INFUSÃO DE LÍQUIDOS PERIOPERATÓRIA

A reposição volêmica, administração de fluidos e transfusão, é decorrente da avaliação do paciente aliada a decisão do médico, que advém do conhecimento e de experiências passadas com pacientes de risco elevado, avaliação da perfusão tecidual, uso de diretrizes e protocolos por meio do monitoramento hemodinâmico da microcirculação e macrocirculação, ao observar à responsividade dos fluidos.[3,9,14-16]

Faz-se essencial entender que um procedimento cirúrgico é um estresse ao corpo, podendo ser comparado a uma lesão tecidual. Isso gera um estado inflamatório, com liberação de citocinas, as quais causam aumento da permeabilidade capilar, com extravasamento de líquido para o extravascular, além da ativação do SRAA e ADH, ocasionando retenção de líquido também para o extravascular. O estresse cirúrgico aumenta a liberação de cortisol, glucagon e epinefrina, por ativação adrenérgica em resposta ao dano tecidual, ocasionando ainda uma maior retenção de líquido para o extravascular e, por consequência destes mecanismos, a diminuição do volume circulante no intravascular (Figura 14.2). O pico da translocação de fluidos acontece cinco horas após o procedimento cirúrgico e persiste até 72 horas.[4]

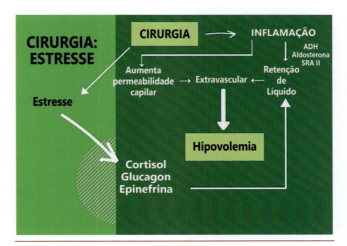

Figura 14.2. Esquema da ativação de vias inflamatórias e adrenérgicas pelo estresse cirúrgico.

Logo, o estresse cirúrgico aumenta as necessidades de líquidos intravenosos, dado que a hipovolemia contribui para a instabilidade hemodinâmica, além de suas complicações, como redução da oxigenação e da boa perfusão tecidual (principalmente no sítio cirúrgico), aumento do risco de infecção, o que piora, dessa forma, não só o intraoperatório, mas também o pós-operatório do paciente. Contudo, a administração de líquidos em excesso pode causar translocação excessiva de líquidos pelos espaços, levando a perda da barreira endotelial vascular. Em análise ampla, a movimentação do intravascular para o intersticial é algo que demanda atenção do anestesista, contudo, o retorno desse líquido também, na medida que em este líquido reabsorvido pode causar aumento abrupto da volemia e, portanto, sobrecarga cardíaca ou ainda edema pulmonar.[4]

Diante disso, as recomendações atuais orientam a reposição de líquido pelo tipo de procedimento, reposição do sangue perdido no procedimento e de outras perdas contínuas de líquidos e a prevenção da vasoconstrição por meio da administração de líquidos.

Além disso, tem-se buscado utilizar fluidos que previnem ou diminuem a formação de edema, a partir de suas propriedades. A partir de diretrizes padronizadas,[3] os critérios para reposição volêmica do paciente no intraoperatório advém de a necessidade de líquidos ser equivalente ao déficit somado a manutenção, ou seja, volume basal mais reposição.[2] Realizar ajustes se houver intercorrências, hemorragia durante a cirurgia, febre, drenagem nasogástrica volumosa, preparação intestinal. Repor o sangramento estimado a 3:1 com cristaloide e 1:1 com coloide.[2]

Ademais, podem ser utilizados critérios que direcionam as quantidades de acordo com os procedimentos realizados, então no traumatismo cirúrgico superficial (cirurgia dos membros) estima-se 1 mL/kg/h a 2 mL/kg/h, se caso a cirurgia cause trauma cirúrgico mínimo (cirurgia de cabeça e pescoço, hérnia, joelho) 3 mL/kg/h a 4 mL/kg/h, enquanto traumatismo cirúrgico moderado (cirurgia de grande porte sem exposição do conteúdo abdominal) 5 mL/kg/h a 6 mL/kg/h ou ainda cirurgias graves de grande porte com exposição do conteúdo abdominal 8 mL/kg/h a 10 mL/kg/h.[2]

■ OBJETIVOS DA INFUSÃO DE LÍQUIDOS PERIOPERATÓRIA

O princípio da reposição volêmica é a manutenção da oferta total de oxigênio para os tecidos.[1] Essa oferta de oxigênio (DO_2) é dada pela relação direta com o débito cardíaco (DC) e com o conteúdo arterial de oxigênio (CaO_2), segundo a fórmula:

$$DO_2 = DC \times CaO_2$$
$$\text{e ainda: } CaO_2 = 1,34 \, [Hb] \times SaO_2 = 0,0031 \, PaO_2$$

Sendo [Hb] é a concentração sanguínea de hemoglobina, SO_2 é a saturação arterial de oxigênio e PaO_2 é a pressão parcial de oxigênio arterial.

De acordo com o exposto acima, os principais objetivos da reposição volêmica são manter a volemia, otimizar a pré-carga e a capacidade de transportar oxigênio.[4,8] Além de manter a estabilidade hemodinâmica, os níveis pressóricos do paciente, o balanço hidroeletrolítico e equilíbrio acidobásico, promover melhora das trocas gasosas, garantindo a oxigenação tecidual[4,5,7,8] e

prevenindo o acúmulo de lactato, alteração na microcirculação, ativação contínua da cascata inflamatória.

■ TIPOS DE FLUIDOS

Os coloides são substâncias homogêneas não cristalinas, constituídos por grandes moléculas que não atravessam as membranas e permanecem no plasma. A glicose é rapidamente metabolizada, sendo a água restante distribuída por toda a H_2O corporal e mais de 90% vão para o espaço intracelular. Por definição os cristaloides são soluções aquosas de íons inorgânicos e pequenas moléculas orgânicas. Os cristaloides contêm o íon sódio (Na+) distribuem-se no espaço extracelular, sendo que 80% vão para o interstício e 20% permanecem no espaço intravascular.[4] Logo, uma solução coloidal se distribui pelo plasma, mantendo a pressão coloidosmótica e aumentando a pressão capilar. A partir disso, ocorre aumento da transfiltração. Enquanto no caso da infusão de cristaloides, ocorre uma diminuição da pressão coloidosmótica em contrapartida a um aumento ainda maior da pressão capilar, consequentemente há um aumento maior desse fluxo transcapilar.[2]

CRISTALOIDES

Em seu conceito, os fluidos cristaloides são uma solução na qual o solvente é a água e o soluto, uma substância de baixo peso molecular, como um sal inorgânico dissociável, como o cloreto de sódio. Podem ser classificados segundo sua osmolaridade em: hipotônicos, isotônicos e hipertônicos em relação a osmolaridade plasmática[1] (Tabela 14.1).

Existem quatro tipos de soluções cristaloides isotônicas, são elas: salina a 0,9%, Ringer simples, ringer com Lactato e Plasma-lyte®. Conforme a farmacocinética, as soluções isotônicas atravessam facilmente a barreira endotelial e se acumulam preferencialmente no interstício. Estudos demonstram que após 1hora apenas 20% a 25% do volume infundido permanece no intravascular, isso predispõe uma reposição necessária de 3 a 4 vezes o volume perdido.

Salina a 0,9%

Como vantagens, possui o baixo risco de efeitos adversos, dado seu caráter fisiológico, reduzido custo. Entretanto, a maior desvantagem da infusão de cloreto de sódio a 0,9% é sua concentração elevada de íons cloreto (154 mMol.L-1), o que pode causar uma acidose metabólica hiperclorêmica.

14. Reposição Volêmica

Tabela 14.1. Classificação dos cristaloides conforme a osmolaridade

Classificação	Solução	Osmolaridade (mOsm.L-1)
Hipertônico	Salina a 7,5%	2566
	Salina a 3,5%	1025
Isotônico	Salina a 0,9%	308
	Ringer	275
	Ringer com lactato	309
	Plasma-lyte (marca registrada)	
Hipotônica	Salina a 0,45%	154

Fonte: adaptada de Tratado de Anestesiologia SAESP.

Ringer simples

O ringer simples apresenta limitação semelhante a salina a 0,9% dado sua alta disponibilidade de cloreto (156 mMol.L-1), apesar de possuir uma composição mais balanceada de eletrólitos, com introdução de íons potássio (4 mMol.L-1) e cálcio (2,7 mMol.L-1). Pode ainda causar risco de super hidratação, devido a amplas quantidades que são utilizadas.

Ringer com Lactato

A introdução do lactato possibilitou uma redução dos íons, cloretos (130 mMol.L-1), pois a partir do potencial negativo do lactato, ocorre manutenção da eletroneutralidade da solução. Porém, é necessário cautela em pacientes chocados ou traumatizados, pois pode estar diminuída a capacidade de metabolização do lactato pelos rins e fígado, ocasionando piora da acidose.

Plasma-lyte®

Solução de eletrólitos composta por cloreto de sódio, gluconato de sódio, acetato de sódio tri-hidratado, cloreto de potássio e cloreto de magnésio. Composição mais próxima do plasma, então tem atividade parecida, diminuindo o edema gerado. Possui atividade oncótica, mantendo o líquido no interior do vaso.

A solução cristaloide relaciona-se a menores taxas de mortalidade cirúrgica e sepse. Com base na sua composição de eletrólitos, diminui significativamente o risco de acidose hiperclorêmica, menor risco de hipomagnesemia distúrbios eletrolíticos e o risco de lesão renal aguda, não aumentando o risco de lactatemia em pacientes submetidos à ressecção hepática ou em estados de choque. Há ainda contraindicações relativas ao seu uso, como insuficiência cardíaca congestiva, insuficiência renal grave, edemas com avaliação laboratorial de retenção de sódio, uso de drogas poupadores de potássio (iECA), hipercalemia, imunossupressores, insuficiência hepática grave, hipervolemia, pacientes em uso de corticoides, gestantes (categoria de risco C), alcalose metabólica ou respiratória.

As soluções salinas hipertônicas principais são a salina a 7,5% e a 3,5%, essas soluções são capazes de a partir de pequenos volumes gerarem grandes expansões de volume intravascular. Em decorrência disso, há elevação da pressão arterial e do débito cardíaco, favorecendo o fluxo do interstício para o intravascular. Estão indicadas soluções hipertônicas no choque hemorrágico ou pacientes politraumatizados. Entretanto, possuem desvantagens como efeito benéfico temporário, podendo causar flebite em vasos de pequeno calibre ou ainda, hipernatremia, hipercloremia e hiperosmolaridade dependendo da dose administrada. Por isso, a solução a ser utilizada pelo médico deve ser raciocinada levando em consideração os prós e contras de cada uma das soluções apresentadas, considerando o estado do paciente, sua volemia e riscos.

Observe a tabela que compara os principais cristaloides e suas respectivas osmolaridades e concentrações de eletrólitos, bem como o pH da solução (Tabela 15.2).

COLOIDES

Existem dois tipos de soluções coloidais, os naturais – ou proteicas, por exemplo a albumina, e sintéticas (não proteicas, como gelatinas, dextrans e amidos). Enquanto os coloides naturais são administrados em plasma fresco ou congelado, sangue total, concentrado de albumina, os sintéticos são infundidos em solução salina.[18] São considerados expansores plasmáticos

Tabela 15.2. Composição dos cristaloides e pH apresentados por cada solução

	Plasma-lyte	NaCl 0,9%	Ringer Lactato	Ringer Simples	Plasma
Osmolaridade	294	308	<278	>309	285-295
Ca2+	0	0	3	>4,5	2,2-2,6
Mg2+	3	0	0	0	1,5-30
K+	5	0	4	4	3,5 - 4,5
Na+	140	154	130	147,5	135- 145
Cl-	98	154	109	156	95 - 105
Lactato	0	0	28	0	HCO3
Acetato	27	0	0	0	22-32
Gluconato	23	0	0		
pH	7,4	5,0	5,5-6		7.35 - 7.45

Fonte: adaptado de Grocott *et al.*, 2005.

mais eficientes, pois provocam menor perda capilar, por serem moléculas maiores, e menor chance de edema pulmonar como complicação. Além disso, reduzem a expressão de citocinas inflamatórias, aumentam a oxigenação tecidual e melhoram a microcirculação. Entretanto, mesmo apresentando vantagens, também possuem desvantagens, efeitos colaterais.[4]

Albumina

É um coloide natural, utilizado para repor volume plasmático e no tratamento de hipoalbuminemia. Como vantagem a albumina não possui significativos riscos de infecção, sendo utilizado principalmente em cirurgias pediátricas, porém é o "substituto do plasma" mais caro.[4] Ainda, possui contraindicações, tais como alergia, estados hipervolêmicos, aumentando o risco de disfunção cardíaca grave com edema pulmonar e hipocoagulação dilucional.[4,17] A recomendação atual demonstra preferência de coloides mais modernos para reposição de volume. Dentre elas, a Albumina 5% promove expansão plasmática de cerca de 70% do volume administrado, por apresentar pressão oncótica (PO) de 20. Seu efeito possui duração entre 12 e 18 horas. Já a Albumina 25%, consegue promover expansão plasmática de quatro a cinco vezes o volume administrado, devido a PO de 70.[4] Em contrapartida, pode causar danos renais pelo grande volume de líquido para ser filtrado. Portanto, não é indicada em situações de hipovolemia, sendo somente indicado para repor albumina.

Dextran

É um coloide sintético composto por polímeros de glicose. Nesse sentido o Dextran 40 apresenta PO de 40, promovendo expansão de 1 a 1,5 vez o volume infundido e tem duração de efeito de 6h. Como as suas moléculas têm baixo peso, são rapidamente eliminadas da circulação e, em consequência, três a quatro horas após a infusão o aumento da volemia é correspondente ao volume infundido.[1,13] O dextran 70 tem poder oncótico de 70, promove expansão de 0,8 vez o volume administrado e possui 12 horas de duração do seu efeito.[4] A capacidade de retenção de água do dextran 70 é de 20 mL/g a 25 mL/g do polímero que permanece na circulação, sendo considerada superior à albumina humana. Esta apresentação é, portanto, indicada para reposição do volume intravascular de caráter duradouro.[1]

Dessa forma, entende-se que, inicialmente, o aumento da volemia é proveniente da passagem de líquido do espaço extravascular para o intravascular, devido ao gradiente coloidosmótico. Esse processo ocorre na microcirculação, promovendo melhora do fluxo sanguíneo. Logo, a indicação da dextran 40 é justamente nas patologias que comprometem a microcirculação, por exemplo choque, doenças vasculares periféricas, insuficiência vascular cerebral e síndrome da hiperviscosidade,[1] pelo caráter dilucional.

Problemas relacionados a sua utilização incluem inibição da agregação plaquetária, interferência com o fator VII e prova cruzada, fibrinólise, insuficiência renal aguda e anafilaxia. Assim, as dextranas possuem efeito antitrombótico,[1] atuam diminuindo a adesividade plaquetária, deprimindo a atividade do fator VIII, somado à facilitação do sistema fibrinolítico sobre os trombos. Apesar de interferirem nos mecanismos de coagulação, esses efeitos aparecem de forma mais evidente em doses superiores a 1,5 g/kg/dia.[1,19]

Gelatinas

São soluções coloidais sintetizadas a partir da hidrólise do colágeno bovino. Existem três tipos: as oxipoligelatinas, as gelatinas fluidas modificadas (GFM) e as gelatinas ligadas à ureia. Essas de 1ª geração, devido a sua carga negativa mínima e baixa PO, foram relacionadas a quadros anafiláticos. As GFM são resultado do aquecimento e hidrólise do colágeno e os polímeros decorrentes da hidrólise são agrupados em complexos maiores, enquanto a gelatina ligada à ureia é formada a partir de ligações de ureia, comumente chamadas de pontes, aos polímeros.[1] São ainda iso-oncóticas em comparação com o plasma e têm meia vida de 4 horas. Além disso, as modificações aumentaram a PO, pois são maiores de tamanho – mais alongadas. Ademais, não possuem em sua formulação potássio e cálcio, por isso não é incompatível com sangue e possui efeito reduzido na coagulação. A GFM tem concentração de 40 g/L (4%), ph de 7,4 e osmolaridade de 274 mOsm.L-1.

Hidroxietilamido (HEA)

São coloides também sintéticos derivados do amido de milho ou da batata, sendo formadas por junções de moléculas de glicose. Para ser utilizado, precisa passar por um processo químico conhecido como hidroxietilação, que diminui a quebra do amido pela enzima amilase e proporciona maior poder de expansão plasmática, portanto. É um macropolímero, semelhante ao glicogênio, que possui metabolismo pela alfa-amilase.

São características apresentadas pelos amidos a concentração (g/L); peso molecular (PM), e, assim, quanto maior o PM maior a PO; a substituição molar (MS) e coeficiente C2/C6 (quanto o carbono 2 foi mais substituído que o 6).[4]

As moléculas de HEA têm interferência direta na cascata de coagulação e plaquetas, pois causam redução o fator VIII e fator de Von Willebrand, com aumento de sangramento perioperatório (hipocoagulação). Ainda, hiperbilirrubinemia pode ocorrer com amido derivado da batata. Já acúmulo nos tecidos é comum, sendo o prurido a manifestação clínica mais evidente. Alteração da função renal é fator limitante ao uso dos HES e estes são considerados fator independente de risco para insuficiência renal aguda (IRA). Isto porque os HEA de 1ª e 2ª geração foram associados a inúmeros efeitos adversos, especialmente IRA, sangramento e estoque nos tecidos, o que vem limitando seu uso. Os HEA de 3ª geração são apresentados pela literatura como "mais seguros" do que a gerações anteriores, embora não se saiba qual é a dose segura para a função renal.[4,12] Finalmente, os efeitos comuns das diferentes soluções coloidais artificiais podem ser evitados a partir da monitorização contínua do paciente, com manutenção dos níveis pressóricos, com ajuste da velocidade de infusão[1] e solicitação de exames no pré-operatório e no intraoperatório em casos de cirurgias de grande porte, como cardiovasculares, para acompanhar os eletrólitos e os parâmetros relacionados à coagulação. Deve-se compreender que se a permeabilidade vascular estiver normal, as soluções eletrolíticas isotônicas, cloreto de sódio ou Ringer lactato distribuem-se entre os espaços intra e extravascular, enquanto as soluções coloidais preferencialmente expandem o espaço intravascular. Cada grama de coloide atrai água de acordo com a sua estrutura química.[1,19]

■ ESCOLHA DO FLUIDO

Para realizar a escolha do fluido infundido na reposição o médico deve levar em consideração as condições hemodinâmicas do paciente, qual fluxo entre os compartimentos cada solução proporciona, a permeabilidade capilar e integridade vascular, o tempo sem ingesta oral (jejum), a duração, não só do procedimento cirúrgico, mas também da reposição, a fim de evitar sobrecargas por expansões plasmáticas em excesso, além de conhecer os riscos do paciente atrelado às suas comorbidades e o trauma endotelial/perdas envolvidas nos diferentes tipos de cirurgias. A infusão de líquidos visa à restauração dos parâmetros circulatórios e da diurese dentro dos parâmetros de 30 mL/h a 50 mL/h.[1]

Nas condições de perdas isotônicas, o líquido de escolha é o ringer lactato, mas nas condições de déficit de sódio ou de cloro a escolha recai sobre a solução de cloreto de sódio a 0,9%, observando cautelosamente uma possível acidose hiperclorêmica. Quando são empregadas soluções cristaloides, ditas isotônicas (cloreto de sódio a 0,9% e Ringer lactato), o volume administrado distribui-se no espaço extracelular (intra e extravascular). Como o espaço intravascular equivale apenas a 25% deste volume, a quantidade a ser infundida deve ser equivalente a quatro vezes o déficit volêmico.[1]

Quando a escolha for por cristaloide, deve-se lembrar que o endotélio não representa barreira à sua passagem e a água tende a distribuir-se entre os diferentes compartimentos. Neste caso, há necessidade de um volume maior de cristaloides para a reposição de um determinado volume de sangue perdido. Por isso, este é um fator restritivo frente à necessidade de pronta restauração da volemia. Em função do maior volume administrado, ocorre maior repercussão sobre a temperatura corpórea, principalmente se os líquidos forem infundidos à temperatura ambiente.[1] Os coloides são utilizados em menor quantidade, cerca de 50% a 75% do volume de cristaloide necessário para repor o mesmo volume de sangue perdido; mas devem ser considerados o alto custo destas soluções, especialmente dos coloides naturais, e a possibilidade de desencadearem reações alérgicas.[1,4,10]

Por outro lado, o aumento da osmolaridade plasmática promovido pelos coloides aliados à capacidade de reter água mobiliza a água do compartimento extravascular para o intravascular, podendo agravar ou desencadear desidratação celular. Assim é recomendável a utilização simultânea de coloides e cristaloides.[1] Portanto, como citado na parte de infusão de líquidos perioperatória, a reposição do sangramento estimado a 3:1 com cristaloide e 1:1 com coloide.[2]

Como os cristaloides são utilizados em grandes volumes, é frequente o aparecimento de edema após grandes reposições, sua formação mantém relação com a diluição do conteúdo proteico plasmático decorrente da hemodiluição que se instala. Pode ser minimizado pela diminuição da pressão coloidosmótica do interstício e pela translocação de proteínas para o intravascular. O edema modifica a oxigenação tecidual e, pode interferir com o fechamento da ferida cirúrgica, retardando a cicatrização[1] e aumentando o risco de infecções. Pode também alterar a absorção ou a motilidade intestinal no pós-operatório. O uso de grandes volumes de soluções cristaloides está associado a alterações de eletrólitos plasmáticos. Após a administração de grandes volumes de Ringer lactato (28 mEq de lactato/L) ocorre alcalose discreta em consequência da metabolização do lactato com formação de bicarbonato.[1] Nas mesmas condições, o uso de soro fisiológico pode levar à hipercloremia. Nos pacientes com função renal preservada estas alterações desaparecem rapidamente.[1]

Conforme parâmetros descritos, alguns critérios podem ser utilizados:

1. Quando o déficit primário é de água ou de eletrólitos, ou de ambos, a opção inicial deve ser por cristaloide. Esta conduta não é muito eficaz em pacientes com hemorragias graves ou choque traumático.

2. Nas hemorragias graves quando são necessários alguns litros para a correção da volemia ou se a pressão coloidosmótica estiver muito baixa, deve-se associar solução coloidal.

3. Nas condições que se acompanham de grande aumento da permeabilidade capilar (choque séptico, anafilaxia etc.), as soluções coloidais são úteis na manutenção da estabilidade hemodinâmica.

■ REGIME RESTRITIVO X LIBERAL

Sobre a forma do regime de reposição volêmica, os estudos não chegaram a uma conclusão, por isso é tão importante a monitorização contínua do paciente, a fim de mensurar a responsividade do paciente. Além disso, a falta de padronização entre os regimes nos diferentes estudos leva a dificuldade de comparação.

A partir de análise dos estudos existentes, para procedimento cirúrgico de médio porte o regime liberal 30 mL/kg/h a 40 mL/kg/h (4L) foi superior ao restritivo 10 mL/kg/h a 15 mL/kg/h (1,5 L), melhorando a função pulmonar, diminuindo a incidência de náusea e vômito do pós-operatório (NVPO), diminuindo a resposta hormonal (liberação ADH, angiotensina II e aldosterona) e a permanência hospitalar.[4,20] Já nos procedimentos abdominais de grande porte, o regime restritivo (2,7 L) está associado a menos morbidade e permanência hospitalar que o regime liberal (5,38L).[4,21,22] Enquanto as primeiras horas do choque por sepse e resposta inflamatória sistêmica se beneficiaram de reposição mais agressiva.

A escolha da terapia fluida deve ser individualizada e, na verdade, a terapia restritiva é a simples reposição das perdas.

■ TERAPIA GUIADA POR METAS

Goal Direct therapy (GDT) ou Reposição Volêmica Guiada por Metas propõe infusão de fluidos guiada por metas, com objetivos específicos e individualizados, de preferência pós-fixados e segundo parâmetros específicos, embora estudo de Kimberger *et al.*[32] tenha utilizado valores prefixados, sendo a meta atingir saturação venosa mista (SvO_2) acima de 60%.[1,4] No intraoperatório é associado à diminuição de náuseas, vômitos, íleo, morbidade e permanência hospitalar.[4,23,24] GDT com coloides parece melhorar a perfusão da microcirculação mais que a terapia restritiva. A adequada reposição fluida sugere melhorar a função pulmonar após cirurgias maiores e o excesso de fluido deve ser evitado após essas cirurgias, evitando possíveis sobrecargas cardíacas.

As propostas atuais sugerem que a GDT deve levar em conta pelo menos três aspectos importantes, sendo o tipo de líquido usado para a reposição, a monitorização da volemia, e a responsividade do paciente, podendo ser indicado ou não o uso adjunto de vasopressores.[1] Para a criação de um protocolo de condutas, é essencial que o nível pressórico esteja incluído nos parâmetros observados e tem como alvo principal de pressão arterial média > 65 mmHg, quando o indivíduo é normotenso,[1] evitando a hipotensão e, consequentemente, a hipoperfusão.

■ CONCLUSÃO

Portanto, é possível concluir que a prática de reposição volêmica decorre da avaliação multifatorial do médico, levando em conta o estado hemodinâmico do paciente, as suas experiências em casos semelhantes, o tipo de procedimento realizado, a quantidade de perda que este paciente tem demonstrado, se houve ou não complicações durante a cirurgia, que agravam a hipovolemia do paciente. Assim, torna-se necessária a reflexão da necessidade da administração de líquidos, sendo essa prática deve ser evitada quando não há indicação. Quando possível utilizar a terapia guiada por metas, entretanto, se não for possível, dar preferência a fluidoterapia restritiva,[1] visando minimização da reposição volêmica.

Referências bibliográficas

1. Cangiani Dr. Luiz Marciano. Tratado de Anestesiologia SAESP. 8th ed. São Paulo: Secretaria de Anestesiologia do Estado de São Paulo; 2017.
2. Barash Paul G. Manual de Anestesiologia Clínica. 7th ed. atual. e aum. Porto Alegre: Artmed; 2015.
3. Silva Enis Donizetti, Perrino Albert Carl, et al. Consenso brasileiro sobre terapia hemodinâmica perioperatória guiada por objetivos em pacientes submetidos a cirurgias não cardíacas: estratégia de gerenciamento de fluidos – produzido pela Sociedade de Anestesiologia do Estado de São Paulo (SAESP). Manual de Anestesiologia Clínica. 2016
4. Reposição volêmica perioperatória (Perioperative volemic repositioning) Michelle Nacur Lorentz, Revista Médica de Minas Gerais (RMMG) Volume: 20. (4 Suppl.1).
5. Grocott MP, Mythen MG, Gan TJ. Perioperative Fluid Management and Clinical Outcomes in Adults. Anest Analg. 2005; 100:1093- 106.
6. Javier Ripollés, Angel Espinosa, Eugenio Martínez-Hurtado, Alfredo Abad-Gurumeta, Rubén Casans-Francés, Cristina Fernández-Pérez, Francisco López-Timoneda, José María Calvo-Vecino

Intraoperative goal directed hemodynamic therapy in noncardiac surgery: a systematic review and meta-analysis
7. Brazilian Journal of Anesthesiology (English Edition), Volume 66, Issue 5, September–October 2016, Pages 513-528
8. Subramaniam B, Subramaniam K, Park KW. Volume Replacement Strategies and Outcome. Int Anesthesiol Clin. 2010; 1:115-25.
9. Chappell D, Jacobb M, Hofman KK, Conzen P, Rehm M. A rational approach to perioperative fluid management. Anaesthesiology. 2008; 109:723-40.
10. Kirov MY, Kuzkov VV, Molnar Z. Perioperative haemodynamic therapy. Curr Opin Crit Care. 2010;16:384---92.
11. Marik PE, Lemson J. Fluid responsiveness: an evolution of our understanding. British Journal of Anaesthesia 2014; 112: 617–20
12. Holte K, Sharrock NE, Kehlet H. Pathophysiology and clinical implications of perioperative fluid excess. Br J Anaesth. 2002; 89: 622-32.
13. Sakr Y, Payen D, Reinhart K, Zavala E, Bewley J, Max G, et al. Effects of Hydroxyethyl Starches administration on renal function in critical ill patients. Br J Anaesth. 2007; 98:216-24
14. Messmer KFW. The use of plasma substitutes with special attention to their side effects. World J Surg, 11:69-74, 1987.
15. Cecconi M, Corredor C, Arulkumaran N, et al. Clinical review: goal- -directed therapy-what is the evidence in surgical patients? The effect on different risk groups. Crit Care. 2013;17:209
16. Michard F, Boussat S, Chemla D, et al. Relation between respiratory changes in arterial pulse pressure and fluid responsiveness in septic patients with acute circulatory failure. Am J Respir Crit Care Med. 2000;162:134---8.
17. Hamilton MA, Cecconi M, Rhodes A. A systematic review and meta- -analysis on the use of preemptive hemodynamic intervention to improve postoperative outcomes in moderate and high-risk surgical patients. Anesth Analg. 2011;112:1392---402.
18. Peri-operative fluid management to enhance recovery R. Gupta1 and T. J. Gan2 1 Assistant Professor, 2 Professor and Chairman, Department of Anaesthesia, Stony Brook University School of Medicine, Stony Brook, New York, USA
19. Raghunathan K, Miller TE, Shaw AD. Intravenous starches: is suspension the best solution? Anesthesia and Analgesia 2014; 119: 731–6.
20. Prough DS. Perioperative fluid management: the uses of crystalloid, colloid and hypertonic solutions. ASA Refresher Course Lectures, 223:1-7, 1994.
21. Holte K, Sharrock NE, Kehlet H. Pathophysiology and clinical implications of perioperative fluid excess. Br J Anaesth. 2002; 89: 622-32.
22. Brandstrup B, Tonnesen H, Beier-Holgersen R, Hjortso E, Ording H, Lindorfi-Larsen K, et al. Effects of intravenous fluid restriction on pos operative complications. Comparison of two perioperative fluid regimens – A radomized assessor blinded multicenter trial. Ann Surg. 2003; 238:641-8.
23. Rahhari K, Zimmermann JB, Schmidt T. Meta-analysis of standard, restrictive and supplemental fluid adiministration in colorrectal surgery. Br J Surg. 2009; 96:331-41.
24. Kimberger O, Amberger M, Brandt S, Plock J, Sigurdsson G, Kurz A, Hitlebrand L. Goal-directed colloid administration improves de microcirculation of healthy and perianastomotic colon. Anesthesiology. 2009; 110:496-504.
25. Giglio MT, Marucci M, Testini M, Brienza N. Goal-directed haemodynamic therapy and gastrointestinal complications in major surgery: a meta-analysis of randomized controlled trials. Br J Anaesth. 2009; 103:637-46.
26. Perel A, Habicher M, Sander M. Bench-to-bedside review: functional hemodynamics during surgery. Should it be used for all high-risk cases? Crit Care. 2013;17:203.

15

CAPÍTULO

Complicações Relacionadas a Anestesia

LUCAS MAGALHÃES BARBOSA
RODRIGO CORRÊA FALCÃO RODRIGUES ALVES
MATHEUS FACHINI VANE

Evento adverso em anestesia é definido como uma situação que pode resultar em complicações, decorrendo de erro humano, falha de equipamento ou reação individual.[1] Neste aspecto, os avanços tecnológicos na anestesiologia permitiram expandir as fronteiras no cuidado com o paciente cirúrgico. Novas abordagens, tanto em anestesia geral quanto em anestesia regional, viabilizaram o manejo de pacientes com condições fisiológicas e anatômicas complexas (via aérea difícil, por exemplo) e de pacientes mais críticos e em extremos de idade. No início da especialidade, apenas alguns fármacos e equipamentos eram disponíveis, os quais eram relativamente precários se comparados ao que se tem disponível atualmente. Oxímetros de pulso, capnógrafos e cardioscópios, que hoje são itens obrigatórios, simplesmente não eram disponíveis. Novos fármacos, novas modalidades ventilatórias e alarmes incorporados aos aparelhos de anestesia, dispositivos de manejo de via aérea, cateteres maleáveis com menor risco de lesão, agulhas específicas para bloqueio de neuro-eixo, agulhas com capacidade de neuroestimulação, incorporação de novos equipamentos, como o uso de ultrassonografia para guiar a passagem de acessos vasculares, monitores do nível de consciência e da junção neuromuscular, além da incorporação de protocolos de manejo de crise desenvolvidos com base em evidências científicas, que permitem um melhor domínio dos equipamentos e maior segurança aos pacientes. Assim, quando comparada com a década de

1980, esses avanços resultaram em redução próxima 10x na incidência de parada cardíaca perioperatória (o pior evento adverso potencialmente reversível), principalmente quando se trata de casos emergenciais.[2]

No entanto, apesar da maior segurança em relação aos equipamentos, o fator humano ainda é fator de risco para muitas complicações em anestesiologia. Em 1978, pela primeira vez, houve uma publicação na qual as complicações anestésicas foram sistematicamente analisadas e notado que erros humanos eram muito mais comuns que falhas de equipamentos.[3] Neste mesmo estudo, os autores mostraram que 82% eram erros inadvertidos, como trocas de seringas ou desconhecimento da situação clínica ou do equipamento. Desde então, diversos estudos repetidamente reportaram que falha na checagem, na comunicação e desatenção estão presentes na maioria dos eventos adversos.[4,5] Felizmente, a maioria dos eventos adversos são benignos, mas em um subgrupo pequeno, danos significativos e incapacitantes podem ser originados, tornando a vigilância e atenção um evento importantíssimo na prevenção das complicações.[6]

Assim, pouco adianta se conhecer as complicações, saber tratá-las adequadamente, se a prevenção ficar em segundo plano. O bom anestesiologista é aquele que busca eficazmente situações de riscos potenciais e busca a melhor forma eliminá-los antes de se tornarem uma complicação ou evento adverso. Para tanto, o passo inicial é conhecer as principais complicações e como ocorrem, para, então, preveni-las.

■ CONSCIÊNCIA INTRAOPERATÓRIA

Introdução

A anestesia geral, de maneira a proporcionar condições cirúrgicas ideais, deve prover hipnose, analgesia, um grau adequado de relaxamento muscular e bloqueio adequado das respostas do sistema nervoso autônomo em face do estresse cirúrgico.[7]

O despertar durante a anestesia, com memória intraoperatória, ocorre quando o paciente é capaz de processar informações e emitir respostas específicas a vários estímulos. A experiência de consciência não é igual para todos os pacientes, podendo ser agrupadas como lembranças (percepção auditiva, sensação tátil, sensação de paralisia e dificuldade de se mover e respirar, sensação de desamparo, pânico, ansiedade, medo crônico e do ato médico, insônia e pesadelos recorrentes) e neurose, conhecida como transtorno de estresse pós-traumático, necessitando tratamento psiquiátrico.

A memória constitui-se em mecanismo complexo e parcialmente conhecido, classificada em dois tipos: a memória chamada explícita (consciente) e a memória implícita (inconsciente). Na memória consciente, o paciente é capaz de lembrar- se, de forma consciente, dos eventos e episódios vividos. Na memória inconsciente, ao contrário, lembranças são inconscientes e sem intenção. Porém, ela tem influência em mudanças de comportamento e atitudes causadas por experiências prévias sem lembrança consciente. Pacientes submetidos à anestesia geral podem apresentar os dois tipos, sendo a memória implícita mais grave pela dificuldade do diagnóstico e pelo fato de resultar em sequelas de difícil tratamento.[9]

Um fato observado, cuja causa ainda permanece obscura, é que parte dos pacientes desenvolve transtorno de estresse pós-traumático como consequência a episódios de consciência durante seus atos cirúrgicos, sob anestesia geral, ao passo que, para outros com experiências semelhantes, o problema inexiste. Alguns fatores já foram elencados para justificar essa observação, como personalidade, predisposição a transtornos mentais, estado emocional diante da doença, motivo do ato cirúrgico, entre outros.[9]

Estudos relataram que a maioria dos episódios de consciência são de curta duração e costumavam ocorrer antes de iniciado o ato cirúrgico, ou ao seu término.

Durante os episódios de consciência, todavia, são raras as queixas de dor.[9]

O despertar durante a anestesia não é frequente e há certa dificuldade na coleta de dados sobre a incidência deste evento, tornando-se difícil estabelecer medidas preventivas eficazes, assim como identificar e avaliar os riscos, os fatores causais e as sequelas psicossociais.[10]

Causas de consciência durante a anestesia

Algumas situações podem ser apontadas como possíveis causas para o paciente apresentar episódios de consciência durante procedimentos cirúrgicos sob anestesia geral, outras permanecem obscuras, difíceis de identificar, seja pelo fato de serem pouco investigadas, seja pela dificuldade de compreender exatamente o que ocorreu, tanto por parte dos profissionais envolvidos quanto dos próprios pacientes.[9,10]

Entre as ocorrências mais frequentes, destacam-se (sem que uma exclua a outra) anestesia superficial, defeitos ou erros no uso dos aparelhos de anestesia e diferenças individuais dos pacientes quanto aos efeitos dos anestésicos.[9,11]

A anestesia superficial (devido a doses reduzidas de anestésicos) é apontada como uma das causas mais comuns de muitos relatos de consciência durante procedimentos cirúrgicos[9], e geralmente ocorre por causa da intolerância hemodinâmica dos fármacos anestésicos ou durante os procedimentos em que a dose anestésica é mantida deliberadamente baixa, tal como no parto por cesariana ou cirurgia cardíaca aberta. As doses anestésicas reduzidas podem ser necessárias para uma melhor fisiologia e a segurança em pacientes hipovolêmicos ou naqueles com reserva cardíaca limitada.[9,11]

Atualmente, a monitorização da profundidade anestésica é possível de ser realizada pelo índice bispectral (BIS). O BIS é um complexo parâmetro composto pela combinação de tempo, frequência e componentes de ordem espectral derivados de informações clínicas que medem o componente hipnótico da anestesia.[12]

A utilização do BIS na manutenção da anestesia geral previne consciência e despertar intraoperatório, permite titular a quantidade de anestésicos adequada para promover rápida recuperação da anestesia e evitar efeitos adversos da superdose dos fármacos.[12]

Problemas com o mau funcionamento dos equipamentos de anestesia ou mesmo a pouca familiaridade do profissional que os manipula podem resultar em administração insuficiente de anestésicos ao paciente.

Fatores de risco

Os fatores de risco para o despertar intraoperatório, de acordo com estudos epidemiológicos, podem ser classificados em três grupos principais: relacionados ao paciente, relacionados com o tipo de operação, relacionados com a técnica anestésica[10].

Paciente

A consciência durante o procedimento cirúrgico pode ser até três vezes maior entre mulheres do que entre homens; além disso, as mulheres lembram mais facilmente do ocorrido do que os homens. Os pacientes com menos de 60 anos podem exibir maior incidência de consciência durante o ato anestésico-cirúrgico. Os pacientes usuários de substâncias lícitas ou ilícitas, como anfetaminas, álcool, tabaco, opioides, em geral, necessitam de doses maiores de anestésicos para que se obtenham efeitos satisfatórios. Isso ocorre devido ao desenvolvimento do fenômeno da tolerância. Desse modo, são candidatos mais prováveis de apresentar o problema de consciência durante a anestesia intraoperatória.[8,10,11]

Procedimentos cirúrgicos

Em algumas situações, existe a necessidade de redução das doses dos anestésicos para evitar efeitos adversos graves, em razão da condição clínica dos pacientes, como instabilidade hemodinâmica em politraumatizados graves, em estados sépticos ou hipotermia. Classicamente, a anestesia cardíaca, sobretudo com circulação extracorpórea, é apontada como fator de alto risco para consciência. Outro exemplo bastante comum são as operações cesarianas sob anestesia geral, quando doses de anestésicos são diminuídas devido ao receio de dano ao feto. O uso de bloqueadores neuromusculares ocupa também lugar de destaque nos relatos de consciência durante procedimentos cirúrgicos, pois impede movimentos involuntários (ou mesmo voluntários) dos pacientes, movimentos estes que indicariam ao anestesiologista que o paciente pode estar desperto.[9,10]

Técnica anestésica

Qualquer situação relacionada à técnica anestésica que determine doses insuficientes de fármacos anestésicos ao paciente é considerada fator de risco para o surgimento da consciência intraoperatória. O mau funcionamento dos equipamentos anestésicos, ou seu uso incorreto, pode ser causa direta.[8,10]

A anestesia venosa total aparece com mais frequência nos relatos de consciência durante os atos cirúrgicos. Na verdade, as concentrações-alvo, indicadas pelos sistemas alvo-controlado, são falsas garantias, uma vez que não representam a concentração em tempo real dos fármacos no órgão-alvo do paciente durante a anestesia venosa total.[8,10]

A prática de superficializar o plano anestésico, pela diminuição das doses dos anestésicos, ou muitas vezes a própria supressão deles antes do final completo do ato cirúrgico para agilizar a recuperação, são fatores que guardam estreita relação com muitos dos episódios de consciência relatados pelos pacientes. Aliás, a maioria dos relatos ocorreu nos momentos que antecederam o ato cirúrgico propriamente dito ou um pouco antes do seu término.[8,9]

Consequências do despertar intraoperatório

Como visto, alguns pacientes que vivenciaram a experiência do despertar no intraoperatório podem evoluir para um transtorno psicológico. A mais temida complicação do despertar é o transtorno do estresse pós-traumático (TEPT), caracterizado como um transtorno psíquico que pode se manifestar diante de uma situação de estresse específica, havendo assim um comprometimento psíquico, funcional e social que pode persistir por vários meses ou, quando não tratado adequadamente, evoluir para um distúrbio psíquico crônico.[8,9]

No TEPT, o indivíduo tem dificuldade de manter o sono, ansiedade, irritabilidade, distúrbios que envolvem a concentração, distúrbios do humor, medo de anestesia, depressão e pesadelos. O paciente deve ser orientado a buscar ajuda psicológica e/ou psiquiátrica.[8,9].

Considerações finais

O despertar intraoperatório pode trazer efeitos imprevisíveis para o paciente e os resultados a longo prazo são imensuráveis. Entre as ocorrências mais frequentes, observa-se a anestesia superficial, defeitos ou erros no uso dos aparelhos de anestesia e diferenças individuais dos pacientes quanto aos efeitos dos anestésicos.

Os fatores de risco para o despertar intraoperatório podem ser estudados em três categorias: relacionados ao paciente, relacionados com o tipo de operação, relacionados com a técnica anestésica.

Assim, monitorar o paciente durante o ato cirúrgico é dever indispensável do médico anestesiologista, a fim de evitar que a consciência intraoperatória aconteça e possa gerar efeitos adversos imensuráveis ao paciente.

■ REAÇÕES ANAFILÁTICAS

Introdução

Na prática anestésica, os pacientes são expostos a vários medicamentos dentro de um período de tempo relativamente curto, e cada um desses medicamentos têm o potencial de induzir uma reação de hipersensibilidade. Portanto, é prudente que o anestesiologista esteja vigilante ao observar os pacientes para possíveis reações alérgicas, pois os sintomas podem ser mascarados por agentes anestésicos, bem como pelo campo cirúrgico.[13]

Pelo seu caráter imprevisível e pela magnitude das respostas clínicas que podem causar, as reações alérgicas durante a anestesia estão entre as complicações mais temidas. Elas são o resultado de uma resposta anormal do sistema imune, em face de um agente, com liberação, a partir dos mastócitos e basófilos, de mediadores químicos responsáveis pelo desencadeamento do quadro clínico.[14]

As inúmeras drogas empregadas atualmente em anestesia podem levar a uma grande variedade de reações adversas, previsíveis ou não. Essas reações são de diversas naturezas: i) efeitos farmacológicos excessivos ou tóxicos (sobredose absoluta ou relativa), ii) erro na via de administração, iii) maior sensibilidade do paciente, iv) ações colaterais previsíveis da droga (depressão respiratória pelos opioides), v) idiossincrasias (reações inesperadas por peculiaridades genéticas), vi) interação de drogas e vii) reações alérgicas ou de hipersensibilidade.[15]

A reação alérgica pode ser entendida como um efeito colateral da ação de nosso sistema imunológico. Ao tentar nos proteger contra substâncias ou microrganismos estranhos, ele pode provocar danos a tecidos por gerar uma resposta excessiva e prolongada ou por dirigir esta resposta contra autoantígenos. A reação alérgica pode surgir mesmo quando não há história de contato prévio com a droga envolvida. A explicação tem como base o conhecimento dos múltiplos mecanismos que tomam parte em uma reação anafilática, bem como pela possibilidade de ocorrência de sensibilização cruzada entre substâncias quimicamente similares, incluindo alimentos.[15]

A anafilaxia fatal é uma condição rara, com risco de vida na população em geral de 1,6%.[13,16] Embora o agente causador nem sempre possa ser determinado na anafilaxia perioperatória, agentes desencadeadores comuns têm sido determinados como: bloqueadores neuromusculares (NMBDs) (50% a 70%), seguido por látex (12% a 16,7%) e antibióticos (15%) em populações adultas.[13,17] No entanto, em um estudo de farmacovigilância que incluiu 266 crianças (< 18 anos), 122 dessas crianças desenvolveram uma doença mediada por IgE ao seguinte: 41,8% reagiram a látex, 31,97% reagiram ao NMBD e 9,02% reagiu aos antibióticos.[13]

Mediadores da anafilaxia

As reações anafiláticas se caracterizam por início súbito, em geral de dois a 30 minutos após a administração da droga, podendo pôr em risco a vida do paciente. A anafilaxia pode ser causada por mecanismos imunológicos (IgE mediada ou não IgE mediada), mecanismos não imunológicos ou ser idiopática. Uma pequena quantidade de alérgeno é suficiente para estimular células do sistema imunológico e causar a reação de hipersensibilidade.[15]

Mecanismos imunológicos de anafilaxia envolvem a produção de imunoglobulinas. Anafilaxia mediada por IgE é causada por uma reação cruzada de IgE, resultando em degranulação de mastócitos e basófilos. Ao ser exposto ao alérgeno, há a ativação de células TH2, as quais estimulam a produção de anticorpos IgE. O IgE liga-se ao receptor FcεRI presente na superfície de mastócitos e basófilos sensibilizando estas células. A sensibilização inicial não possui manifestação clínica.[18,19] Ou seja, existiu apenas a exposição prévia ao agente ou à substância quimicamente similar.

O gatilho para a reação é a próxima exposição ao alérgeno, resultando em alterações de membrana com influxo de cálcio e degranulação dos mastócitos e basófilos. A degranulação libera mediadores como histamina, prostaglandinas, leucotrienos, proteoglicanos, citocinas e ativação plaquetária, levando a manifestações da anafilaxia.[18,19]

A histamina é sem sombra de dúvida o mais importante mediador e a única substância essencial para que a anafilaxia ocorra. Agindo nos receptores H1, ela provoca aumento da permeabilidade capilar (contração endotelial), broncoconstrição e aumento da motilidade gastrintestinal. Os efeitos oriundos da estimulação no receptor H2 incluem o aumento da secreção gástrica e alterações cardíacas (bloqueio atrioventricular e arritmias). Foi recentemente proposta a existência de uma nova classe de receptores (H3) que, uma vez estimulados pela histamina, promoveriam uma autorregulação negativa do processo, inibindo sua síntese e liberação. A vasodilatação induzida pela histamina parece depender da ação combinada H1 e H2.[15]

Já na anafilaxia não mediada por IgE, a reação de hipersensibilidade é estimulada através de outros mecanismos, incluindo caminhos cuja mediação por IgG e sistema imune complemento. O mecanismo não imunológico de anafilaxia, por sua vez, não envolve imunoglobulinas e deve-se a estimulação direta de mastócitos pelo agente causal, como por exemplo, drogas, frio e exercício. De forma semelhante, há degranulação de mastócitos e liberação de mediadores (histamina).[18]

A anafilaxia idiopática somente é tida como diagnóstico quando nenhum alérgeno específico pode ser identificado pela história ou testes cutâneos e não há aumento dos níveis séricos de IgE específico. O diagnóstico e o manejo são os mesmos, independentemente do mecanismo que a causou.[15,18]

Agentes e drogas desencadeadoras

As reações alérgicas desencadeadas pelos medicamentos podem ter origem na droga em si, no seu veículo, ou ainda no conservante. A literatura é farta na descrição de acidentes com inúmeras substâncias, nenhuma droga pode ser considerada 100% segura.[20]

Como visto anteriormente, os agentes desencadeadores mais descritos na literatura incluem: bloqueadores neuromusculares (NMBDs), antibióticos (mais comuns os betalactâmicos) e látex. Não tão usualmente, a anafilaxia pode ser provocada por clorexidina, coloides, corantes azuis (isosulfano, azul patente V), heparina, protamina e oxitocina. A Clorexidina pode ser encontrada em diversos produtos, tais como produtos para preparação da pele e lenços, gel lubrificantes e impregnada em cateteres venosos.

Portanto, todos esses itens acima listados deveriam ser evitados por pacientes com alergia a clorexidina documentada. É raro que opioides e agentes hipnóticos (barbitúricos, propofol e etomidato) sejam a causa da anafilaxia.[19]

O diagnóstico de alergias ao látex deve começar com uma história clínica questionando sobre a existência de dermatite atópica prévia, rinite alérgica e exposição a cirurgia e/ou látex e reações anteriores, como por exemplo, com brinquedos de balão ou borracha. A suspeita de alergia ao látex pela história clínica deve ser confirmada com testes laboratoriais específicos.

Dois testes estão disponíveis, teste cutâneo e detecção de IgE para proteína de látex.[19]

As drogas bloqueadoras neuromusculares (NMDBs) têm sido os medicamentos mais comumente associados com anafilaxia perioperatória em adultos.[21,22] Um estudo de farmacovigilância realizado na França, foi observado que o NMBD foi o segundo mais comum antígeno associado à anafilaxia. Do NMDBs, a literatura atual indica que rocurônio tem maior probabilidade de causar reações anafiláticas em comparação com outros NMBDs, como por exemplo succinilcolina e vecurônio.[13]

Os antibióticos são a terceira causa mais frequente de anafilaxia relacionada a medicamentos com uma incidência relatada de 9%, o que é preocupante na área da anestesia, considerando que quase todos os pacientes submetidos a cirurgia recebem antibióticos para profilaxia cirúrgica. Os agentes mais comuns são penicilinas e cefalosporinas.[13]

Manifestações clínicas

As manifestações clínicas podem apresentar-se com início agudo e generalizado, de 2 a 30 minutos, indo de sinais mucocutâneos, comprometimento respiratório (broncoespasmo) e instabilidade cardiovascular (hipotensão, taquicardia), podendo apresentar-se de forma isolada ou combinados. A depender dos sinais apresentados, a severidade da anafilaxia pode ser graduada de mais suave, com sinais mucocutâneos generalizados, até mais graves, com comprometimento cardiorrespiratório. Sinais cutâneos podem não ser evidentes em todas as reações anafiláticas e aparecerem apenas após a hipotensão ter sido tratada e a perfusão cutânea restaurada.[14,20]

Em princípio, as manifestações independentes do mecanismo que as gerou, e derivam da ação dos mediadores químicos liberados. Os achados clínicos mostram ainda variações de intensidade e qualidade, dependendo de vários fatores: quantidade da droga administrada, reatividade de mastócitos, basófilos e músculos lisos, subpopulação de mastócitos afetada e atividade do sistema nervoso autônomo. Acredita-se que pacientes alérgicos apresentem um desequilíbrio persistente entre as atividades α-adrenérgica, β-adrenérgica e colinérgica do sistema nervoso autônomo, predispondo-os a reações com maior frequência e gravidade.[15,19].

Tratamento

A administração de qualquer droga anestésica ou possíveis antígenos devem ser interrompida de imediato.

Os meios de monitorização disponíveis devem ser empregados. Simultaneamente, administra-se oxigênio suplementar e adrenalina endovenosa. A adrenalina é fundamental no tratamento, sendo considerada como o antagonista natural da histamina.[13] Seu efeito rápido e salvador se deve à redução da liberação de mediadores químicos (aumento do cAMP intracelular), ao combate ao broncoespasmo (efeito $\beta2$ na musculatura lisa brônquica) e redução da vasodilatação acentuada ($\alpha1$) até que a reposição volêmica tenha sido efetiva.[15,20]

Medidas adicionais podem ser adotadas, caso a resposta ao tratamento inicial seja insatisfatória: o uso de anti-histamínicos, especialmente a difenidramina endovenosa pode bloquear receptores H1 ainda não ocupados. Drogas α- adrenérgicas eventualmente são necessárias para manter a pressão circulatória de perfusão até a restauração do volume intravascular, especialmente quando o componente de vasodilatação é preponderante.[15,19] A Tabela 15.1 resume as medidas iniciais e secundárias no manejo das reações anafiláticas.

Todo paciente que experimentou uma reação anafilática séria deve ser monitorizado por 24 horas em unidade de terapia intensiva, já que, não raro, recrudescências ocorrem após um tratamento inicial bem-sucedido.[14]

Considerações finais

Anafilaxia é uma complicação potencialmente fatal com diversas formas de apresentação clínica. A habilidade de reconhecê-la e tratá-la durante uma cirurgia é obrigatória a todos os anesthesiologistas.

As reações de hipersensibilidade podem ser desencadeadas por mecanismos imunes, com prévia exposição do paciente ao alérgeno, ou serem idiopáticas, com manifestações clínicas abruptas, aparecendo num lastro temporal de 2 a 30 minutos.

Ao perceber a reação anafilática, a administração de qualquer droga anestésica ou possíveis antígenos devem ser interrompida de imediato e simultaneamente, administra-se oxigênio suplementar e adrenalina endovenosa. A adrenalina é fundamental no tratamento, pois é considerada o antagonista natural da histamina.

■ POSICIONAMENTO DO PACIENTE E NEUROPATIA PERIFÉRICA

Introdução

Os anestesistas compartilham uma responsabilidade muito importante em relação ao posicionamento apropriado dos pacientes na sala de operação.[23] A posição operatória deve ser considerada um compromisso entre as necessidades cirúrgicas e a tolerância fisiológica do paciente anestesiado.[24]

O posicionamento apropriado requer a cooperação dos anestesistas, cirurgiões e enfermeiros para assegurar o bem-estar e a segurança do paciente, permitindo a exposição cirúrgica. Durante a cirurgia, os pacientes devem ser colocados em posições que suportariam enquanto acordados sempre que possível. As extremidades das juntas periféricas devem ser protegidas com almofadas e a curvatura natural da espinha lombar deve ser sustentada.[25]

Tabela 15.1. Tratamento das reações anafiláticas.

Imediato	
1. Interromper a administração de anestésicos	
2. Interromper a administração de antígenos	
3. Manter a ventilação com O_2 a 100%	
4. Expansão volêmica – cristalóides 1-3 litros	
5. Adrenalina – 5µg/kg EV	
Secundário	
1. Anti-histamínicos	Difenidramina 0,5-1,0mg/kg EV
2. Aminofilina	Broncoespasmo persistente 5-6mg/kg/hora manutenção
3. Simpaticomiméticos	Adrelina – 0,02-0,2µg/kg/min EV Noradrenalina – 0,02-0,2µg/kg/min Isoproterenol – 0,5 a1,0g EV
4. Corticosteróides Metilprednisolona – 1g EV	Hidrocortisona – 0,5 a1,0g EV
5. Anticolinérgicos	Atropina – 1mg EV
6. Bicarbonato de sódio	0,5-1mEq/kg se necessário

Fonte: Pereira, AMSA. Reações anafiláticas e anafilactóides. In: Yamashita, AM, editores. Anestesiologia T. Sociedade de Anestesiologia do Estado de São Paulo. 5ª ed. São Paulo: Atheneu, 2001; 1057-72.[15]

A cabeça deve ser mantida em sua posição anatômica, sem extensão ou flexão. A depender do tempo da cirurgia, o paciente pode ter que permanecer na mesma posição por longos períodos; portanto, a prevenção de problemas relacionados ao posicionamento frequentemente necessita de comprometimento e bom senso. A duração de posições mais extremas, quando necessárias, deve ser limitada o quanto possível.[25]

A principal consequência do posicionamento inadequado do paciente é a neuropatia periférica. Muitos de nós podemos desenvolver sintomas leves de neuropatia ao dormir por cima do braço e despertarmos com um formigamento na distribuição do nervo ulnar, por exemplo. O despertar e o movimentar conscientes reduzem o estiramento tissular e as forças de compressão que causaram os sintomas de neuropatia.[26]

Pacientes anestesiados ou sedados têm sua capacidade de sentir atenuada pelo uso de fármacos para impedi-los de acordar ou se mover. Assim, a imobilização prolongada de tecidos leva ao desenvolvimento de edema intersticial e inflamação. Esses dois fatores exacerbam as forças de compressão e estiramento e, ao longo de um período de tempo suficiente, podem causar isquemia e outros danos teciduais significativos. A perda da capacidade dos pacientes sedados ou anestesiados de responder a estímulos dolorosos por meio de movimentos é o fator mais importante nos problemas posicionais perioperatórios e, por essa razão, os anestesiologistas recebem ensinamentos básicos em seu treinamento abordando questões posturais.[26]

Antes de falarmos sobre as principais neuropatias que ocorrem devido ao mal posicionamento do paciente, é importante sabermos as posições que o paciente pode ficar durante a cirurgia.

Principais posições específicas
Supina ou decúbito dorsal horizontal

A posição mais comum para as cirurgias é a posição de supina, ou em decúbito dorsal horizontal. Uma vez que todo o corpo é mantido ao nível do coração, a estabilidade hemodinâmica é mais facilmente mantida. No entanto, como os mecanismos compensatórios estão reduzidos pela anestesia, mesmo pequenos graus de inclinação são suficientes para causar alterações cardiovasculares significativas. Para prover maior conforto do paciente é indicado oferecer coxins que promovam ou uma pequena elevação da cabeça, principalmente em pacientes idosos[27] (Figura 15.1).

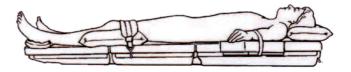

Figura 15.1. Posição em decúbito dorsal. Fonte: Carneiro AF. Posicionamento. In: Bagatini A, editores. Bases do ensino da anestesiologia. Rio de Janeiro: Sociedade Brasileira de Anestesiologia/SBA, 2016;118-29.[22]

A abdução dos membros superiores deve ser limitada a 90° para minimizar o risco de lesão do plexo braquial por pressão caudal na axila pela cabeça do úmero. A mão e o antebraço são mantidos em supinação ou em posição neutra com a palma da mão na direção do corpo para reduzir a pressão externa e o estiramento sobre o nervo ulnar.[22,28] A região ulnar, próxima ao epicôndilo medial do úmero, deve sempre estar livre a fim de evitar compressões diretas sobre o nervo ulnar.

Litotomia

A posição de litotomia (Figura 15.2) é frequentemente utilizada durante cirurgias ginecológicas, retais e urológicas. Os quadris são flexionados de 80 a 100 graus do tronco e as pernas abduzidas de 30 a 45 graus da linha média. Os joelhos são flexionados até que a parte de baixo das pernas fique paralela ao tronco e as pernas são mantidas por suportes ou perneiras. Se os braços estiverem na mesa de operação ao longo do corpo do paciente, as mãos e dedos podem ficar próximos à extremidade rebaixada da mesa.[25]

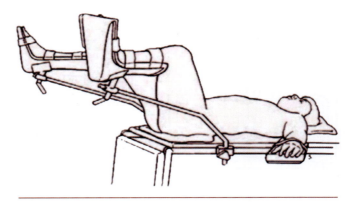

Figura 15.2. Posição de litotomia. Fonte: Carneiro AF. Posicionamento. In: Bagatini A, editores. Bases do ensino da anestesiologia. Rio de Janeiro: Sociedade Brasileira de Anestesiologia/SBA, 2016;118-29.[22]

Para se iniciar a posição de litotomia é necessário que os membros inferiores sejam posicionados coordenadamente por dois assistentes para evitar torção da coluna lombar. Ambas as pernas devem ser elevadas ao mesmo tempo, flexionando os quadris e joelhos simultaneamente. Deve-se acolchoar os membros inferiores para prevenir compressão contra as perneiras, principalmente na região da cabeça da fíbula. Após a cirurgia, deve-se retomar o paciente à posição supina também de maneira coordenada. As pernas devem ser removidas dos apoios simultaneamente, os joelhos trazidos juntos na linha média e as pernas esticadas lentamente e rebaixadas até a mesa de operação.[25]

A posição de litotomia pode causar alterações fisiológicas significativas. Quando as pernas são elevadas, há aumento do retorno venoso, causando um aumento transitório no débito cardíaco. Além disso, a posição de litotomia faz com que as vísceras abdominais se desloquem no sentido cefálico, reduzindo a complacência pulmonar e o volume corrente. Finalmente, a curvatura lordótica da coluna lombar é perdida na posição de litotomia, agravando dor lombar anterior.[22]

Decúbito lateral

A posição em decúbito lateral é mais frequentemente usada em cirurgias que envolvam o tórax, cirurgia urológica e do quadril. Todo órgão ou estrutura que fica próximo à cama cirúrgica é chamado de dependente, e o contralateral, de não dependente. O paciente repousa sobre um dos lados e é equilibrado com os apoios anterior e posterior e com a perna dependente flexionada. Os braços são geralmente posicionados na frente do paciente. O braço dependente repousa sobre um suporte almofadado perpendicular ao tronco. O braço não dependente é muitas vezes suspenso com um apoio de braços ou travesseiro[22] (Figura 15.3).

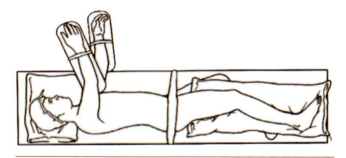

Figura 15.3. Posição decúbito lateral esquerdo. Fonte: Carneiro AF. Posicionamento. In: Bagatini A, editores. Bases do ensino da anestesiologia. Rio de Janeiro: Sociedade Brasileira de Anestesiologia/SBA, 2016;118-29.[22]

O posicionamento de um paciente na posição de decúbito lateral requer a cooperação de toda a equipe cirúrgica para evitar possíveis lesões. A cabeça do paciente deve ser mantida em uma posição neutra para evitar a rotação lateral excessiva do pescoço e estiramento danoso do plexo braquial. Para evitar a compressão do plexo braquial ou dos vasos sanguíneos, é colocado um coxim entre a parede torácica e a cama, próximo à axila. O objetivo do coxim é assegurar que o peso do tórax seja suportado pela parede do tórax e que a axila não seja comprimida. O pulso no braço dependente deve ser monitorado para a detecção precoce de compressão de estruturas neurovasculares axilares. Leitura de saturação baixa pode ser um sinal de alerta precoce da circulação comprometida.[29] Hipotensão medida no braço dependente pode ser consequência da compressão arterial axilar.

Quando há necessidade de acesso ao rim, o coxim deve ser colocado sob a crista ilíaca dependente. Por último, um travesseiro é geralmente colocado entre os joelhos com a perna dependente flexionada para minimizar a pressão excessiva sobre proeminências ósseas e estiramento dos nervos dos membros inferiores.

Em um paciente que é ventilado mecanicamente, a combinação do peso lateral do mediastino favorece a hiperventilação do pulmão não dependente. Ao mesmo tempo, o efeito da gravidade faz com que o fluxo sanguíneo pulmonar seja feito preferencialmente para o pulmão dependente. Consequentemente, a relação ventilação-perfusão piora, afetando a troca gasosa e ventilação.[30]

Prona

A posição prona ou em decúbito ventral é usada principalmente para o acesso cirúrgico à fossa posterior do crânio, à coluna vertebral e às nádegas. A cabeça pode ser apoiada com coxins macios, ou pode ser virada para o lado caso o procedimento seja rápido. Muita atenção deve ser dada para evitar a compressão do globo ocular, o que pode causar cegueira. Os dois braços podem ser posicionados ao lado do paciente na posição neutra ou colocados próximo à cabeça em suportes acolchoados (posição do super-homem). Cobertura extra sob o cotovelo é necessária para evitar a compressão do nervo ulnar. Os braços não devem ser colocados em posição superior a 90° para não distender excessivamente o plexo braquial.[22,25] (Figura 15.4).

Todos os acessos intravasculares e a intubação endotraqueal são realizados na maca com o paciente ainda em decúbito dorsal. O tubo endotraqueal deve estar bem fixado para evitar extubação acidental.[25,31]

Com a cooperação de toda a equipe cirúrgica, o paciente é, então, virado para a mesa cirúrgica, mantendo o pescoço alinhado com a coluna vertebral durante o movimento. O anestesiologista é o principal responsável pela coordenação do movimento e deve ficar responsável pela cabeça. O posicionamento do tubo endotraqueal e a ventilação são imediatamente avaliados e a monitoração prontamente restabelecida após o giro do paciente.[25]

Figura 15.4. Posição de pronação ou decúbito ventral. Fonte: Carneiro AF. Posicionamento. In: Bagatini A, editores. Bases do ensino da anestesiologia. Rio de Janeiro: Sociedade Brasileira de Anestesiologia/SBA, 2016;118-29.[22]

A cabeça do paciente pode ser virada para o lado quando a mobilidade do pescoço é adequada, porém, na maioria dos casos, a cabeça é mantida em posição neutra usando um encosto de cabeça em forma de ferradura. Os olhos devem ser frequentemente verificados para evitar compressão externa, pois a posição pronada é o principal fator para a perda visual perioperatória.[22]

Coxins firmes e almofadados colocados ao longo de cada lado da clavícula até a crista ilíaca geralmente suportam o peso do tronco. Todos os dispositivos servem para minimizar a compressão abdominal pela mesa cirúrgica e para manter a complacência pulmonar normal. Para evitar lesões de genitália masculina e de seios femininos, esses devem estar livres de compressões.[31]

Neuropatias periféricas comuns

A depender da posição cirúrgica a ser utilizada no paciente anestesiado ou sedado, os nervos periféricos poderão sofrer estiramento ou compressão.

Em nervos periféricos, as arteríolas se anastomosam profundamente para formar uma rede intraneural ininterrupta. Com o estiramento do tecido nervoso, especialmente para mais de 5% de seu comprimento de repouso, pode haver a redução dos lúmens das arteríolas e vênulas de drenagem. Esse fenômeno pode levar à isquemia direta decorrente da redução do fluxo sanguíneo arteriolar; isquemia indireta decorrente de congestão venosa, aumento da pressão intraneural e necessidade de altas pressões de condução do fluxo sanguíneo arteriolar, ou ambas. Períodos prolongados de isquemia podem causar lesão nervosa transitória ou permanente.[26]

A compressão, por sua vez, ocorre por pressão direta sobre os tecidos moles e nervosos, podendo haver redução do fluxo sanguíneo local e prejudicar a integridade celular, resultando em edema tecidual, isquemia e, quando prolongada, necrose. O impacto é especialmente prejudicial aos tecidos moles passíveis de isquemia.[26]

Neuropatia ulnar:

A neuropatia ulnar é a neuropatia perioperatória mais comum e pode se apresentar com perda sensorial e/ou motora. A etiologia da neuropatia ulnar perioperatória é complexa e não é completamente compreendida. O nervo ulnar se localiza superficialmente no cotovelo. Apesar da baixa incidência, a neuropatia, se permanente, resulta em inabilidade de abduzir ou opor o quinto dedo, sensibilidade reduzida no quarto e quinto dedo e atrofia eventual do músculo intrínseco da mão, levando a mão em "forma de garra".[25,26]

Anteriormente pensava-se que a lesão era associada à hiperflexão do cotovelo causada pela mesa de operação, contudo, o consenso atual é que a etiologia da paralisia do nervo ulnar é multifatorial e nem sempre pode ser prevenida.[25]

Em uma grande revisão retrospectiva de neuropatia ulnar perioperatória, com duração maior que 3 meses, o início dos sintomas da neuropatia ulnar ocorreu mais de 24 horas após a operação em 57% dos pacientes, 70% > eram homens e 9% tiveram sintomas bilaterais. Pacientes muito magros ou obesos tinham maior risco, assim como aqueles com repouso prolongado no leito após a operação. Não houve associação à posição do paciente durante a operação ou à técnica anestésica.[25]

A grande predominância de lesões ulnares em pessoas do sexo masculino pode ser explicada por diferenças anatômicas. Os homens têm o retináculo dos flexores mais desenvolvido e espesso, com menos tecido adiposo protetor e um tubérculo maior (1,5x) do processo coronoide que pode causar predisposição à compressão no túnel cubital. Outros fatores de risco, incluindo diabetes melito, deficiência de vitaminas, alcoolismo, tabagismo e câncer, necessitam de mais estudos para serem substanciados.[25]

A neuropatia ulnar que se manifesta apenas pela perda sensorial tem um bom prognóstico. A maioria se resolve espontaneamente em alguns dias ou meses. Quarenta por cento das neuropatias ulnares puramente sensoriais se resolvem dentro de cinco dias; 80% se resolvem dentro de seis meses. Algumas poucas neuropatias ulnares sensoriais e motoras combinadas se resolvem em cinco dias; apenas 20% se resolvem dentro de seis meses, e a maioria resulta em disfunção motora permanente e dor.[26]

Plexopatia braquial

O plexo braquial é suscetível a danos por estiramento e compressão devido ao seu longo curso superficial na axila entre dois pontos de fixação, a vértebra e a fáscia axilar, em associação à clavícula e ao úmero móveis. O paciente geralmente se queixa de déficit sensoriais na distribuição do nervo ulnar. A lesão é associada mais frequentemente à abdução do braço em mais de 90 graus, rotação lateral da cabeça, retração assimétrica do esterno para dissecção da artéria mamária interna durante cirurgia cardíaca e trauma direto.[24,26]

Para evitar lesão no plexo braquial, os pacientes devem ser idealmente posicionados com a cabeça na linha média, braços mantidos ao lado do corpo e cotovelos ligeiramente flexionados, e o antebraço em supinação. O paciente com lesão geralmente se queixa de déficit motor sem dor na distribuição dos nervos radial e mediano.[24,26]

Neuropatia das extremidades inferiores:

As lesões mais comuns envolvem os nervos ciático e fibular e ocorrem mais frequentemente na posição de litotomia. Devido a sua fixação entre a fissura ciática e o pescoço da fíbula, o nervo ciático pode ser estirado com rotação externa da perna. A hiperflexão dos quadris ou extensão dos joelhos também pode agravar o estiramento nervoso nessa posição. Mais frequentemente, pacientes que sofrem lesões se queixam de caimento nos pés e a inabilidade de estender os dedos dos pés na direção dorsal ou realizar eversão dos pés.[25]

Os nervos femoral e obturador também podem sofrer lesões, e geralmente ocorrem durante procedimentos cirúrgicos do baixo abdome com retração excessiva. O nervo obturador também pode ser lesado durante um parto com fórceps especialmente difícil ou por flexão excessiva da coxa em relação à virilha. Uma neuropatia femoral tem como sintomas flexão reduzida dos quadris, extensão reduzida do joelho ou perda da sensibilidade no aspecto superior da coxa e lado medial/anteromedial da perna. Uma neuropatia do obturador tem como sintomas a incapacidade de adução da perna e sensibilidade reduzida na coxa medial.[25]

Considerações finais

Apesar da baixa incidência, as lesões de nervos periféricos são uma complicação perioperatória significativa e uma carga expressiva de responsabilidade da equipe operatória, com principal atenção do médico anestesiologista.

Assim, a posição escolhida para o ato cirúrgico deve reproduzir a mais natural possível: uma posição na qual o paciente aguentaria confortavelmente se acordado e não sedado durante um período prolongado do procedimento cirúrgico.

■ LESÃO DENTÁRIA

Introdução

Lesões em dentes são complicações perioperatórias potencialmente comuns, decorrentes principalmente da laringoscopia e da intubação orotraqueal[32]. Estudos retrospectivos indicam a incidência entre 0,02% e 0.07%, enquanto análises prospectivas reportam índices maiores que variam de 12,1% a 25%.[32] Estima-se que um em cada 4.500 pacientes que tenham via aérea superior manipulada em procedimentos anestésicos seja acometido por algum dano dental.[33]

É valido ressaltar que esse tipo de trauma compreende um terço de todos os processos médicos relacionados à anestesiologia.[32]

Dada sua importância, é vital que médicos, especialmente aqueles envolvidos na anestesiologia, tenham ciência da anatomia dos dentes e das complicações que os envolvem, assim como o conhecimento de como proceder nessas situações.

Tabela 15.2. Fatores de risco para lesão dentária

Fatores Dentais	Doenças dentárias Tratamentos restaurativos prévios
Fatores anestésicos	Laringoscopia e intubação orotraqueal Preditores de via aérea difícil Abertura oral limitada Mobilidade da cabeça e pescoço limitados Incisivos centrais superiores proeminentes
Fatores paciente	Crianças de 5 a 10 anos Adultos de 50 a 70 anos Obesidade
Doenças	HIV, diabetes gastroesofágico
Drogas	Antipsicóticos e antidepressivos

Fatores de risco e principais acometimentos

De maneira geral, pacientes que sejam difíceis de intubar tem cerca de vinte vezes mais chance sofrerem danos dentários, o que faz da via aérea difícil um importante fator de risco.[34] Outras condições envolvem: dentição em más condições, presença de restaurações dentárias preexistentes, cirurgia de emergência, ASA ≥ 3, Mallampatti ≥ 3, abertura oral reduzida, extensão do pescoço reduzida ou prejudicada, entre outros.[32,33]. A Tabela 15.2 resume os principais fatores de risco.

Embora os dados sobre os principais dentes acometidos e tipos de lesões sejam escassos, alguns estudos trazem os dentes anteriores da arcada dentária superior (incisivos centrais) como os maiores alvos, conforme resume a Figura 15.5.[25,26] Dentre as injúrias mais comuns, destaca-se a fratura do esmalte. Todavia, luxações, intrusões, lacerações e avulsões também podem acontecer.

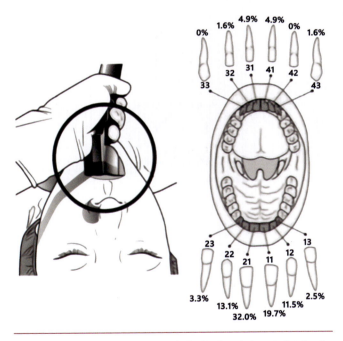

Figura 15.5. Localizações comuns de lesão dental durante intubação. Fonte: Basavaraju A, Slade K. Dental damage in anaesthesia. Anaesthesia and intensive care medicine 2017;438-41.[33]

Manejo

A lesão tem grande impacto na qualidade de vida do paciente, uma vez que pode alterar aspectos funcionais, bem como visuais e estéticos.[8]

O tratamento imediato inclui localizar e retirar fragmentos de dentes, usando, por exemplo, o fórceps de Magill,[33] além de ser imprescindível o acionamento do odontologista. Para a localização dos fragmentos, está indicado raio X ou tomografia. No entanto, algumas próteses não são visíveis ao raio X.[33,34] Eventualmente, é necessário broncoscopia para acessar a árvore traqueal e brônquios. O manejo também pode ser classificado de acordo com a lesão:

Fraturas: quando pequenas, o paciente deve ser aconselhado a consultar com o dentista de rotina. Quando maiores, avaliação imediata do dentista deve ser solicitada.
Luxações: requerem avaliação do profissional dentista.
Avulsões: são emergências e precisam de rápido tratamento, a fim de manter o dente viável e permitir a adequada reposição.

Prevenção

Identificar os fatores de risco e modificá-los quando possível, assim como realizar uma avaliação pré-anestésica completa, que inclua história e condição dentárias, exame dos dentes e da cavidade oral e identificação de patologias pregressas são bons instrumentos preventivos.[33] Além disso, perguntar sobre consultas recentes ao dentista pode fornecer dados complementares sobre o paciente.

Considerações finais

Lesões dentárias ocorrem devido à combinação de condições patológicas e forças externas, as quais comumente advêm do manejo anestésico das vias aéreas.[33] Ressalta-se que esse tipo de complicação pode ocorrer tanto na presença de profissionais experientes como iniciantes, e também na presença de intubações fáceis ou difíceis.[33]

É sempre papel do profissional anestesista, na presença de complicações, relatar em prontuário e, principalmente, conversar extensivamente com o paciente, oferecendo instruções e todo auxílio possível. Anestesistas em treinamento ou estudantes devem informar o médico responsável para que ações sejam tomadas corretamente. Finalmente, é prudente se desculpar pelo incidente, tendo consciência que o pedido de desculpas difere de admissão de responsabilidade.

■ INTOXICAÇÃO POR ANESTÉSICO LOCAL

Introdução e breve histórico

Anestésicos locais são drogas que geram a perda da sensação em uma certa área do corpo, sendo aplicados para analgesia e anestesia em diversos procedimentos cirúrgicos e não cirúrgicos.[35,36] De maneira geral, bloqueiam reversivelmente a condução de impulsos das vias nervosas.[35,36] A história da anestesia local remonta períodos remotos, com o uso da folha de coca, a qual contém um alcaloide conhecido como cocaína.[37]

Seu primeiro uso data de 700 anos A.C, alguns relatos sugerem 5.000 anos A.C, por povos de onde hoje se localiza a Bolívia e a região dos Andes, mas, o isolamento do que hoje chama-se de cocaína, foi posterior, em 1860, pelo químico alemão Albert Niemann.[37] A partir de então, diversos pesquisadores exploraram a substância e a relacionaram com efeitos anestésicos e, em 1884, o oftalmologista vienense Carl Koller, realizou a primeira cirurgia usando a cocaína como anestésico local em um paciente com glaucoma.[37]

Após o pioneirismo de Koller, o uso da cocaína como anestésico local se disseminou e, por conta disso e de seu uso em grandes doses, os efeitos colaterais começaram a ser reportados, entre eles, toxicidade, grande potencial aditivo, potencial irritante, entre outros[36,37]. Tais efeitos levaram à pesquisa de outras substâncias que pudessem substituir com maior segurança a cocaína, mas foi somente em 1904 que a novocaína foi desenvolvida, um anestésico que apresentava segurança e eficácia, e logo se tornou muito usada.[36,37] A novocaína, durante a I Guerra Mundial, foi rebatizada, nos Estados Unidos, como procaína, nome pela qual é conhecida até atualmente. A procaína é considerada o primeiro anestésico local injetável eficiente e, por isso, é tida como o protótipo da classe. Posteriormente, desenvolveu-se a lidocaína, um fármaco que logo teve seu uso disseminado e abriu espaço para outros anestésicos j aminoamidas (a cocaína e a procaína são éster) serem produzidos.[36]

Mecanismo de ação dos anestésicos locais

Fisiologicamente, a membrana neural em repouso tem potencial negativo, gerado pela ida de sódio para o extracelular e de potássio para o intracelular. Essa membrana é, de certa forma, permeável aos íons potássio e impermeável aos íons sódio. Ao se excitar, o nervo tem a permeabilidade da membrana aumentada para o sódio e, se o limiar de excitação for alcançado, ocorrerá um influxo de sódio, gerando a despolarização e a transmissão do impulso nervoso.[36,38]

Para que o sódio passe pela membrana, ele depende da existência de canais, chamados de canais iônicos de sódio voltagem-dependente. A condutância desses canais depende de sua conformação, a qual depende da voltagem[39]. Existem três conformações possíveis do canal: aberta, fechada e inativada. A forma aberta permite a passagem do sódio, enquanto as formas fechada e inativada não permitem.[39]

Os anestésicos locais inibem o estímulo nervoso justamente bloqueando tais canais, e têm afinidade pela conformação inativada, o que é benéfico, uma vez que estabilizam os canais nessa forma inativada, não permitindo o influxo de sódio e, portanto, impedindo a condução do impulso nervoso.[38,39] Um panorama geral do mecanismo de ação pode ser visualizado na Figura 15.6.

Dito isso, pode-se afirmar que o bloqueio dos canais é proporcional à frequência da despolarização, pois quando mais impulsos houver, mais canais se abrem, fecham- se e se inativam; ou seja, mais canais inativados aparecem, possibilitando que mais anestésico se ligue a eles.[38,39] A esse evento, denomina-se bloqueio uso ou frequência dependente.

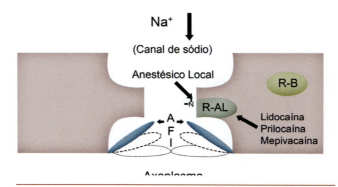

Figura 15.6. Mecanismo de ação. Fonte: Carvalho JCA. Farmacologia dos Anestésicos Locais. Rev Bras Anestesiol. 1994;75-82.[38]

Farmacocinética

Os anestésicos locais são hidrofílicos e lipofílicos, característica que permite sua passagem por membranas citoplasmáticas e intracelulares.[40] A droga atinge diversos órgãos e tecidos, fato que diminui a quantidade da substância no seu principal sítio – o sistema nervoso. Quanto mais vascularizado o local de aplicação, maior é seu nível plasmático. Por isso, na ausência de contraindicações, usa-se vasoconstritor, o qual, inclusive, reduz os fenômenos de intoxicação por diminuir a concentração do anestésico no sangue e, consequentemente, outros órgãos.[39-40]

O passo seguinte à absorção é a ligação da droga com proteínas plasmáticas e a distribuição para os tecidos.[39]

Toxicidade

Ocorre quando o anestésico local atinge outros órgãos e tecidos em quantias suficientes para exercer efeitos principalmente em canais de sódio voltagem-dependente, mas possivelmente também em outros alvos.[39,40]

As manifestações clínicas dependem da concentração plasmática e da velocidade pela qual essa concentração é atingida, e variam desde formigamentos de lábios e língua, zumbidos, distúrbios visuais, abalos musculares, convulsões, inconsciência, até o coma.[39,40]

Fatores de risco

As propriedades intrínsecas das drogas como potencial vasoativo, ligação às proteínas plasmáticas dão a elas maiores ou menores efeitos tóxicos.[38] Por exemplo, a lidocaína tem menor ação vasodilatadora do que a bupivacaína, o que permitiria concluir que a segunda atingiria maior nível plasmático. Entretanto, a lipossolubilidade da bupivacaína é muito maior, fazendo com que sua distribuição no tecido gorduroso seja grande, e menos fármaco fique disponível no sangue.

Outros fatores incluem a idade do paciente (os extremos de idade têm mais chance de intoxicação), gestação, patologias cardíacas, doenças renais e disfunções hepáticas.[38]

Prevenção

A *American Society of Regional Anesthesia and Pain Medicine* (ASRA) faz algumas recomendações visando a prevenção da intoxicação por anestésicos locais.[41] São elas:

- Não há medida única que possa prevenir a intoxicação na prática clínica.
- Usar a menor dose efetiva de anestésico local.
- Aspirar a agulha ou cateter antes de cada injeção.
- O uso do ultrassom pode reduzir a frequência de injeções intravasculares, mas a redução da intoxicação permanece ainda sem confirmação.

Toxicidade sistêmica

Acontece quando o anestésico atinge concentrações plasmáticas excessivas, geralmente por injeção intravascular acidental. Torna-se significante quando existem manifestações em sistema nervoso central (SNC) e cardiológicas.[36]

No SNC, os efeitos são de dormência, formigamento facial, inquietação, vertigem, zumbido e fala arrastada, além de possivelmente convulsões e coma.[36,38-40]

Neste momento, vale recordar que os anestésicos são classicamente depressores do sistema nervoso, mas, em alguns momentos, o efeito depressor se dá sobre os mecanismos inibitórios nervosos, deixando a excitação livre. A consequência disso são as manifestações excitatórias, como a convulsão; mas isso se deve apenas ao desequilíbrio gerado pela intoxicação, e o resultado esperado é que, em algum momento, os efeitos depressores se sobreponham globalmente, e o quadro clínico de inibição do sistema nervoso central prevaleça.[36,39]. A Figura 15.7 ilustra como esse desequilíbrio se dá nos diversos momentos da toxicidade.

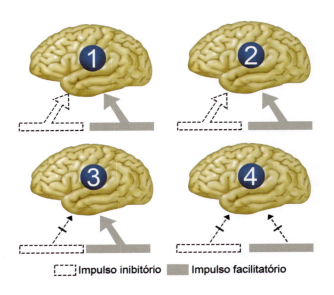

Figura 15.7. O número 1 representa o equilíbrio inibitório e excitatório. 2 e 3 representam o momento em que há a depressão dos sistemas inibitórios, e os sistemas excitatórios se prevalecem. Finalmente, 4 ilustra o momento final, em que o anestésico deprime tanto o sistema inibitório como o sistema excitatório. Fonte: Carvalho JCA. Farmacologia dos Anestésicos Locais. Rev Bras Anestesiol 1994;75-82.[39]

A intoxicação também afeta o coração que, embora resista mais aos efeitos tóxicos, pode cursar com hipotensão profunda pelo relaxamento da musculatura lisa vascular e pela própria depressão miocárdica.[36-40] Neste contexto, o conceito de bloqueio uso ou frequência dependente se torna primordial. A taquicardia, hipóxia e acidose intensificam a despolarização celular e, consequentemente, agravam a intoxicação, pois quanto mais despolarização, mais canais inativados são fornecidos, ampliando os sítios de ligação do anestésico.[36-39]

A Figura 15.8. faz um apanhado dos sintomas principais e os mecanismos envolvidos, de acordo com a concentração plasmática de um anestésico local.

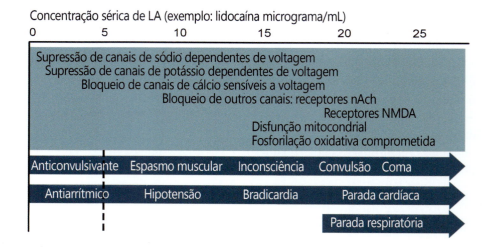

Figura 15.8. Mecanismos e sintomas da intoxicação por anestésico local. Fonte: Sekimoto K, Tobe M, Saito S. Local anesthetic toxicity: acute and chronic management. Acute Med Surg 2017;152-60.[40]

Tratamento

As bases do tratamento seguem o *guideline* estabelecido pela ASRA. Inicialmente, na suspeita de intoxicação, os sinais vitais devem ser estabilizados, garantindo a estabilidade do paciente bem como prevenindo que a potencial intoxicação se agrave.[40,41] O *guideline* estabelece 7 recomendações principais:

1. Se ocorrerem sinais e sintomas de intoxicação sistêmica por anestésico local, o manejo pronto e eficaz da via aérea é crucial para prevenir hipóxia e acidose, potencializadores da intoxicação.
2. Se ocorrerem convulsões, devem ser rapidamente tratadas com benzodiazepínicos. Na ausência desses, pequenas doses de proprofol ou tiopental são aceitas.
3. Mesmo o propofol podendo cessar convulsões, doses maiores podem deprimir ainda mais a função cardíaca; e deve ser evitado quando existem sinais de comprometimento cardiovascular. Na persistência das convulsões, independentemente do uso de benzodiazepínicos, pequenas doses de succinilcolina ou um bloqueador muscular devem ser consideradas, a fim de minimizar a acidose e a hipoxemia.
4. Se houver parada cardíaca, recomenda-se ACLS com as seguintes modificações:
   - Se epinefrina for usada, prefere-se pequenas doses iniciais;
   - A vasopressina não é recomendada;
   - Evitar bloqueadores do canal de cálcio e bloqueadores beta-adrenérgicos.
5. Tratamento com emulsão lipídica. Considerar essa terapia já nos primeiros sinais de intoxicação, após o manejo de via aérea.
6. O propofol não é um substituto para emulsão lipídica.
7. A falta de resposta à emulsão lipídica ao tratamento e ao tratamento vasopressor deve levar à pronta instalação de *Bypass cardiopulmonar*.

Considerações finais

A intoxicação por anestésicos locais existe desde quando o uso da cocaína para esse fim foi disseminado na prática clínica.[41] Desde então, diversas drogas surgiram, com características distintas entre si e os efeitos tóxicos foram, muitas vezes, diminuídos.[36] Entretanto, ainda hoje, essa complicação é grande causa de morbidade e mortalidade, e corresponde a um terço das mortes ou danos cerebrais associados à anestesia regional.[41]

Muitos avanços já foram conquistados no entendimento dos mecanismos da intoxicação, assim como em relação ao melhor tratamento, e certamente maiores progressos virão e permitirão a prevenção de eventuais complicações.[39,40]

No aguardo de novas tecnologias que incrementem a segurança do paciente e mitiguem as complicações, cabe aos estudantes e profissionais o entendimento que, no contexto de intoxicação por anestésicos locais, o atendimento rápido e sistematizado, com medidas que garantam a estabilidade dos sinais vitais e reduzam o agravamento da condição, é ponto-chave para o desfecho e sobrevida adequados do paciente.

■ BRONCOASPIRAÇÃO

Introdução

Broncoaspiração ou, ainda, aspiração pulmonar, é a inalação de conteúdo orofaríngeo ou gástrico na laringe e trato respiratório, e potencialmente pode causar hipóxia por obstrução física ou pneumonites, no caso de aspiração de fluidos gástricos.[42] A incidência de broncoaspiração grave é baixa, mas o risco existe e é considerável.[43] Na Inglaterra, estima-se que a incidência de aspiração pulmonar fatal, relacionada à anestesia, seja de 1 em 350.000 e, em contrapartida, os números historicamente variam entre 1 em 45.000 a 1 em 240.000.[42]

Fisiologicamente, existem fatores que protegem o organismo da broncoaspiração, como a junção gastroesofágica, o esfíncter esofágico superior e os reflexos da laringe.[42] Todavia, durante a manipulação anestésica, principalmente em relação aos fármacos, os mecanismos protetores tendem a ficar inibidos ou atenuados, fato que deixa o paciente mais susceptível à aspiração.

Fatores de risco

Como dito, as técnicas anestésicas atenuam os mecanismos protetores e isso, somado a outros fatores como profundidade da anestesia inadequada, respostas inesperadas ao estímulo cirúrgico e condições do próprio paciente criam um ambiente propício para a intercorrência.[42] Além disso, erros de julgamento, falha técnica de manejo de vias aéreas e preparo inadequado do paciente também contribuem para a aspiração pulmonar.[42,43]

De maneira geral, os fatores de risco são classificados como: fatores do paciente, fatores operatórios, fatores anestésicos e fatores relacionados à dispositivos, conforme resume o Quadro 15.1.

Manejo e prevenção

Caso a broncoaspiração ocorra, o tratamento inicial envolve dar suporte necessário ao paciente, e deve-se aspirar a traqueia, caso a via aérea esteja segura.[42] Igualmente importante, os anestesistas devem sempre suspeitar de broncoaspiração e reconhecê-la prontamente.[42] A suspeita de aspiração torna obrigatória a monitoração por 24 a 48 horas a fim de detectar eventual pneumonites ou complicações.[44]

Não existem referências suficientes que sustentem o uso de drogas específicas na ocorrência da aspiração, e nenhum fármaco é totalmente confiável para prevenir o risco, entretanto, o uso rotineiro de alguns medicamentos é indicado, bem como a devida proteção das vias aéreas[43]. Dentre os possíveis fármacos, destacam-se:

1. Antagonistas do receptor 2 de histamina H_2:
   - *Cimetidina:* não exerce nenhum efeito sobre o líquido gástrico remanescente.
   - *Ranitidina:* mais potente e específico e de ação maior que a cimetidina.

Quadro 15.1. Resumo dos fatores de risco para broncoaspiração.

Fatores do paciente	
a.	Estômago cheio: cirurgias de emergência, jejum inadequado, obstrução gastrointestinal.
b.	Esvaziamento gástrico retardado: doenças sistêmicas, como o diabetes mellitus, uso de opioides, hipertensão intracraniana, cirurgia gastrointestinal prévia, gravidez, doenças hepáticas, obesidade mórbida, dentre outras.
c.	Esfíncter esofágico inferior disfuncional: hérnia de hiato, regurgitação crônica, doença do refluxo gastroesofágico, gravidez.
d.	Doenças esofágicas: neoplasias, megaesôfago, dentre outras.
Fatores operatórios	
a.	Cirurgia gastrointestinal alta.
b.	Posição litotômica.
c.	Laparoscopia.
d.	Colecistectomia.
Fatores anestésicos	
a.	Anestesia superficial.
b.	Via aérea supra-glótica.
c.	Ventilação com pressão positiva.
d.	Duração > 2 h.
e.	Via aérea difícil.
Fatores relacionados à dispositivos	
a.	Dispositivos supra-glóticos de 1ª geração.

Fonte: retirado e adaptado de: Robinson M, Davidson A. Aspiration under anaesthesia: risk assessment and decision-making. Continuing Education in Anaesthesia Critical Care & Pain 2014;171-5.[42]

ANESTESIOLOGIA PARA GRADUAÇÃO

Tabela 15.3. Recomendação de jejum (em horas) de acordo com a substância ingerida

Substância ingerida	Período Mínimo de Jejum (para todas as idades) (h)
Líquidos claros (água, suco de fruta sem polpa, bebidas carbonatadas, chá claro e café)	2
Leite materno	4
Fórmulas para lactentes	6
Leite não humano	6
Refeição leve (pão torrado e líquidos claros)	6

Fonte: Barash PG, Cullen BF, Stoelting RK, Cahalan MK, Sotck MC, Ortega R. Manual de anestesiologia clínica. 7ª ed. Porto Alegre: Artmed, 2014; 341.[36]

- *Famotidina:* meia-vida mais longa que cimetidina e ranitidina.
2. Antiácidos: aumentam o pH do líquido gástrico.
3. Inibidores da bomba de prótons: suprimem a secreção de líquidos gástricos e diminuem a acidez.
4. Agentes gastrocinéticos:
   - Metoclopramida: melhora o esvaziamento gástrico, é antiemético.

Além do uso dos fármacos acima, a prevenção inclui outras técnicas, como a redução do volume gástrico, através do jejum ou da aspiração nasogástrica; uso da anestesia local (quando possível); redução do pH gástrico; proteção da via aérea, seja por intubação traqueal ou uso de dispositivos de 2ª geração; prevenção da regurgitação, por pressão na cartilagem cricoide ou sequência rápida de intubação e, finalmente, extubação com o paciente acordado e com adequados reflexos, em posição correta.[42] A tabela a seguir resume o jejum necessário, a depender da substância ingerida.

Conclusão

Considerando que erros de julgamento, falha técnica de manejo de vias aéreas e preparação inadequada do paciente são grandes contribuintes potencialmente modificáveis para ocorrência de broncoaspiração, é viável que o profissional em treinamento e/ou anestesista estejam preparados para avaliar de antemão possível risco da intercorrência, e a perceber o mais rápido possível, a fim de priorizar o tratamento adequado.[43]

Nesse sentido, o 4º Projeto de Auditoria do *Royal College of Anaesthetists* do Reino Unido formulou nove recomendações relacionadas à broncoaspiração.[44]

1. Todos os pacientes devem ser avaliados quanto ao risco de aspiração antes da cirurgia (especialmente em casos de urgência e emergência).

2. As estratégias de manejo de via aérea devem estar de acordo com o risco identificado.
3. O equipamento e as habilidades para detectar e controlar a regurgitação e a aspiração devem estar sempre presentes.
4. A sequência rápida de intubação continua sendo a técnica padrão para proteger as vias aéreas.
5. Aqueles que aplicam pressão cricoide devem estar treinados e praticar regularmente a técnica.
6. Em casos em que a intubação traqueal não é indicada, mas existe chance de aspiração, o uso de dispositivos supraglóticos de 2ª geração devem ser considerados.
7. Estratégias devem ser usadas para reduzir a aspiração na emergência.
8. Os anestesistas devem conhecer a prevenção, detecção e o tratamento da aspiração de coágulos sanguíneos.
9. Na presença de sangue próximo às vias aéreas e de um traçado plano de capnografia, medidas ativas devem ser tomadas.

Referências:

1. Staender S. Incident reporting in Anaesthesiology. Best Practise & Research Clinical Anaesthesiology 2011; 207–14
2. Vane, MF et al. Perioperative cardiac arrest: an evolutionary analysis of the intra- operative cardiac arrest incidence in tertiary centers in Brazil. Rev. Bras. Anestesiol 2016; 176-82.
3. Cooper JB, Newbower RS, Long CD, McPeek B. Preventable anesthesia mishaps: a study of human factors. Anesthesiology 1978; 399–406.
4. O'Shea E. Factors contributing to medication errors: a literature review. J Clin Nurs 1999; 496–504.
5. Bowdle TA. Drug administration errors from the ASA Closed Claims Project. ASA Newsl 2003; 11–3.
6. Steadman J, Catalani B, Sharp C, et alLife-threatening perioperative anesthetic complications: major issues surrounding perioperative morbidity and mortality. Trauma Surgery & Acute Care Open 2017.
7. Udelsman A. Complicações anestésicas. In: Yamashita, Americo Massafuni, editores. Anestesiologia T. Sociedade de Anestesiologia do Estado de São Paulo. 5ª ed. São Paulo: Atheneu, 2001; 1029-55.
8. Nunes RR, Porto VC, Miranda VT, Andrade NQ, Carneiro LMM. Fatores de risco para o despertar intraoperatório. Revista Brasileira de Anestesiologia, 2012.

9. Conceição MJ. Consciência intraoperatória. In: Manica J. Anestesiologia: princípios e técnicas. 4ª ed. Porto Alegre: Artmed, 2018; 1342-8.

10. Carvajal T, Misra L, Molly M, Koyyalamudi V. Awareness. In: Fox Charles J, editors. Catastrophic Perioperative Complications and Management. Switzerland: Springer, 2019; 45-59.

11. Domino KB, Cole DJ. Consciência sob anestesia. In: Miller RD, Pardo MC, editores. Bases da Anestesia. 6ª ed. Rio de Janeiro: Elsevier, 2012; 716-24.

12. Avidan MS, Zhang L, Burnside BA, et al. Anesthesia awareness and the bispectral index. N Engl J Med 2008; 1097-108.

13. Gennuso SA, Hart B M, Komoto H, Parker-Actlis T. Catastrophic Complications in Pediatric Anesthesiology. In: Fox Charles J, editors. Catastrophic Perioperative Complications and Management. Switzerland: Springer, 2019; 269-74.

14. Udelsman A. Complicações anestésicas. In: Yamashita, Americo Massafuni, editores. Anestesiologia T. Sociedade de Anestesiologia do Estado de São Paulo. 5ª ed. São Paulo: Atheneu, 2001; 1029-55.

15. Pereira, AMSA. Reações anafiláticas e anafilactóides. In: Yamashita, AM, editores. Anestesiologia T. Sociedade de Anestesiologia do Estado de São Paulo. 5ª ed. São Paulo: Atheneu, 2001; 1057-72.

16. Simons FER, Ardusso LRF, Dimov V, Ebisawa M, El-Gamal, YM, Lockey RF, et al. World allergy organization anaphylaxis guidelines: 2013 update of the evidence base. Int Arch Allergy Immunol 2013; 193–204.

17. Mertes PM, Lambert M, Gu RM, Gu JL. Perioperative anaphylaxis. Immunol Allergy Clin N Am 2009; 429–51.

18. FE Simons. Anaphylaxis. J Allergy Clin Immunol 2010; 161-81.

19. Oliveira, CRD. Complicações da anestesia. In: Bagatini, A., editores. Bases do ensino da anestesiologia. Rio de Janeiro: Sociedade Brasileira de Anestesiologia/SBA 2016; 431-4.

20. Shimabukuro D, Liu LL. Ressuscitação cardiopulmonar. In: Miller RD, Pardo MC, editores. Bases da Anestesia. 6ª ed. Rio de Janeiro: Elsevier, 2012; 690.

21. Warner MA. Positioning of the head and neck. In: Martin JT, Warner MA. Positioning in anesthesia and surgery. 3ª ed. Philadelphia: Saunders, 1997. 223-33.

22. Carneiro AF. Posicionamento. In: Bagatini A, editores. Bases do ensino da anestesiologia. Rio de Janeiro: Sociedade Brasileira de Anestesiologia/SBA, 2016. 118- 29.

23. Cheney FW, Domino KB, Caplan RA, et al: Netve injuty associated with anesthesia: a closed claims analysis. Anesthesiology 1999; 1062-9.

24. Udelsman A. Complicações anestésicas. In: Yamashita, Americo Massafuni, editores. Anestesiologia T. Sociedade de Anestesiologia do Estado de São Paulo. 5ª ed. São Paulo: Atheneu, 2001. 1029-55.

25. Lee JL, Cassorla L. Posicionamento do paciente e riscos associados. In: Miller RD, Pardo MC, editores. Bases da Anestesia. 6ª ed. Rio de Janeiro: Elsevier, 2012. 280-96.

26. Warner ME. Posicionamento do paciente e lesões potenciais. In: Barash PG, editores. Fundamentos de anestesiologia clínica. Porto Alegre: Artmed, 2017. 413-26.

27. Warner MA. Positioning of the head and neck. In: Martin JT, Warner MA. Positioning in anesthesia and surgery. 3ª ed. Philadelphia: Saunders, 1997. 223-33.

28. American Society of Anesthesiologists. Task Force on Prevention of Perioperative Periphernl Neuropathies: Practice advisory for the prevention of perioperative peripheral neuropathies: An updated report by the American Society of Anesthesiologists Task Force on Prevention of Perioperative Peripheral Neuropathies, Anesthesiology, in Press, 2011.

29. Tuncali BE, Tuncali B, Kuvaki B et al. Radial nerve injury after general anaesthesia in the lateral decubitus position. Anaesthesia 2005; 602-4.

30. Dunn PF. Physiology of the lateral decubitus position and one-lung ventilation. Int Anesthesiol Clin 2000; 25-53.

31. Marrin JT: The ventral decubitus (prone) positions. In Martin JJ: Wamer MJ, editors: Positioniug in Anestesia and Surgery. 3ª ed. Philadelphia, 1997.

32. Tan Y, Loganathan N, Thinn KK, Liu EHC, Loh NW. Dental injury in anaesthesia: a tertiary hospital's experience. BMC Anesthesiol 2018; 108.

33. Basavaraju A, Slade K. Dental damage in anaesthesia. Anaesthesia and intensive care medicine 2017; 438-41.

34. Stackhouse RA, Infosino A. Manuseio das vias aéreas. In: Miller RD, Pardo MC, editores. Bases da Anestesia. 6ª ed. Rio de Janeiro: Elsevier, 2012. 226.

35. Becker DE, Reed KL. Review of Pharmacological Considerations. Anesth Prog 2012; 90-102.

36. Drasner K. Anestésicos locais. In: Miller RD, Pardo MC, editores. Bases da Anestesia. 6ª ed. Rio de Janeiro: Elsevier, 2012. 122-9.

37. Calatayud J, González A. History of the development and evolution of local anesthesia since the coca leaf. Anesthesiology 2003; 1503-8.

38. Boghdadly K, Pawa A, Chin KJ. Local anesthesic systemic toxicity: current perpectives. Local Reg Anesth 2018; 35-44.

39. Carvalho JCA. Farmacologia dos anestésicos locais. Rev Bras Anestesiol 1994; 75-82.

40. Sekimoto K, Tobe M, Saito S. Local anesthetic toxicity: acute and chronic management. Acute Med Surg 2017; 152-60.

41. Neal JM, Bernards CM, Butterworth JF, Gregorio G, Drasner K, Hejtmanek MR et al. ASRA practice advisory on local anesthetic systemic toxicity. Region Anesth Pain M 2010; 152-61.

42. Robinson M, Davidson A. Aspiration under anaesthesia: risk assessment and decision- making. Continuing Education in Anaesthesia Critical Care & Pain 2014; 171-5.

43. Barash PG, Cullen BF, Stoelting RK, Cahalan MK, Sotck MC, Ortega R. Manual de anestesiologia clínica. 7ª ed. Porto Alegre: Artmed, 2014; 341, 428, 912.

44. Cook T, Woodall N, Frerk C. Major complications of airway management in the United Kingdom. The Royal College of Anaesthetists and The Difficult Airway Society 2011.

16
CAPÍTULO

Suporte Avançado de Vida em Anestesia (SAVA)

KAINÃ RODRIGUES PIRES
CAMILA IBELLI BIANCO
MATHEUS FECCHIO PINOTTI

■ INTRODUÇÃO

O anestesiologista é o profissional responsável por manter a vitalidade dos sistemas orgânicos durante uma cirurgia. Sendo assim, ele deve ser capacitado para realizar uma ressuscitação cardiopulmonar (RCP) e cerebral de qualidade. Nesse panorama, criou-se o Suporte Avançado de Vida em Anestesia (SAVA), um dos mais importantes projetos educacionais do Núcleo Vida da Sociedade Brasileira de Anestesiologia (SBA). O SAVA foi desenvolvido na forma de um curso teórico-prático presencial para qualificação em prevenção, diagnóstico e tratamento de situações críticas que ameaçam a vida durante o período perioperatório. Os anestesiologistas e médicos em formação na especialidade são o público alvo e, desde a sua criação em 2000, foram capacitados mais de 3500 profissionais.[1,2]

■ INTRODUÇÃO À PARADA CARDIORRESPIRATÓRIA (PCR)

A PCR é definida como a cessação súbita da atividade ventricular e ventilatória em indivíduos, com expectativa de restauração das funções vitais. Sendo assim, a RCP consiste em um coletivo de procedimentos realizados após uma PCR com o objetivo de manter a circulação sanguínea de forma artificial para os órgãos vitais, até o retorno da circulação espontânea (RCE).[1,3,6]

■ SUPORTE BÁSICO DE VIDA (SBV)

Os sinais indiretos de uma parada cardiorrespiratória (PCR) são: irresponsividade da vítima, respiração agônica ou abolição dos movimentos respiratórios. Diante dessa situação, o Serviço Médico de Emergência (SME) deverá ser acionado imediatamente. Além disso, o socorrista deverá iniciar as manobras da cadeia de sobrevivência (Figura 16.1). O SBV é formado por uma sequência de procedimentos indispensáveis durante a primeira etapa do atendimento às vítimas de PCR. É importante ressaltar que essas manobras visam estabelecer condições mínimas necessárias para manter ou recuperar a perfusão cerebral. Esse processo é fundamental para um bom prognóstico clínico, aumentando significativamente as chances de sobrevivência da vítima. Sendo assim, o plano terapêutico deverá ser formulado de acordo com as prioridades de cada paciente. Com o intuito de sistematizar o atendimento, criou-se o mnemônico CABD:[1,3,4]

- C = circulação artificial (*circulation*);
- A = abertura das vias aéreas (*airway*);
- B = ventilação (*breathing*);
- D = diagnóstico e desfibrilação (*diagnosis and defibrillation*).

> As diretrizes mais recentes de RCP recomendam a utilização da cadeia de sobrevivência com o intuito de garantir a qualidade do atendimento. Ela é formada por elos interdependentes e pode ser aplicada em qualquer ambiente, seja ele extra-hospitalar (PCREH) ou intra-hospitalar (PCRIH). Lembrando que essas condutas se iniciam na abordagem da vítima e terminam somente na implementação dos cuidados pós-PCR.[1,3]

Cadeia de Sobrevivência de Atendimento Cardiovascular de Emergência (ACE) Adulto da AHA

Os elos na nova Cadeia de Sobrevivência de ACE Adulto da AHA são:

1. Reconhecimento imediato da PCR e acionamento do serviço de emegência/urgência.
2. RCP precoce com ênfase nas compressões torácicas.
3. Rápida desfribilação.
4. Suporte avançado de vida e ficaz.
5. Cuidados pós-PCR integrados.

Figura 16.1. Cadeias de sobrevivência de ACE no adulto. Fonte: reproduzida de Amaral, Geretto, Tardelli, Machado, Yamashita.[3]

Circulação artificial

A ausência de pulso é considerada um gatilho para o início imediato das compressões torácicas (CT). A presença de pulso deverá ser avaliada em um tempo inferior a 10 segundos para não retardar o início e continuidade da massagem cardíaca. A vítima deverá estar em decúbito horizontal dorsal, apoiada em uma superfície rígida durante toda a manobra, o que favorece a transmissão da força de compressão para todo o tórax. A posição ideal para o reanimador é ao lado da vítima com os braços totalmente estendidos. Assim, seu quadril funcionará como uma alavanca durante a massagem cardíaca. As mãos do reanimador deverão estar posicionadas em paralelo, uma sobre a outra e com a região hipotenar apoiada sobre uma linha imaginária intermamilar, no centro do tórax e sobre o osso esterno (Figura 16.2). É muito importante permitir o retorno completo do tórax à posição inicial durante a manobra de ressuscitação. Este é um cuidado fundamental que permite o retorno venoso e o enchimento ventricular. A frequência ideal a ser mantida deverá ser na faixa de 100 a 120 CT por minuto, obedecendo a regra de 30 compressões para 2 ventilações, enquanto o paciente não estiver intubado. Deve-se reavaliar a presença de pulso ou respiração espontânea a cada 2 minutos. Esse processo deverá ser repetido até o retorno do ritmo cardíaco ou a disponibilização de um desfibrilador.[1-3]

Figura 16.2. Técnica correta para compressão torácica. Fonte: reproduzida de Kaji.[5]

Abertura e controle das vias aéreas

Durante o estado de inconsciência ocorre a redução do tônus muscular e queda da língua, facilitando a ocorrência de obstrução da via aérea superior (VAS). A técnica recomendada para evitar essa complicação é a hiperextensão da cabeça com elevação do mento (Figura 16.3). No entanto, ela não deverá ser realizada em pacientes com suspeita de trauma cervical. Para esses casos, utiliza-se somente a elevação do ângulo da mandíbula (Figura 16.4). É importante ressaltar que na impossibilidade de ventilação adequada, a técnica habitual deve ser executada pela condição emergencial da situação.[1-3,6]

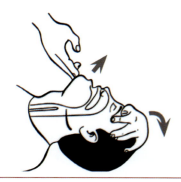

Figura 16.3. Manobra para a abertura das vias aéreas. Fonte: reproduzida de Amaral, Geretto, Tardelli, Machado, Yamashita.[3]

16. Suporte Avançado de Vida em Anestesia (SAVA)

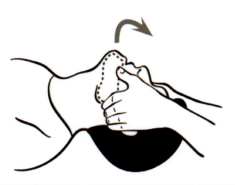

Figura 16.4. Manobra para a abertura das vias aéreas com deslocamento anterior da mandíbula. Fonte: reproduzida de Amaral, Geretto, Tardelli, Machado, Yamashita).[3]

Ventilação

A RCP somente com compressões torácicas é recomendada para os socorristas não treinados. Sendo assim, espera-se que os profissionais de saúde executem a manobra de ressuscitação completa, com compressões e ventilações eficientes. O procedimento correto para a ventilação requer a desobstrução da via aérea, oclusão das narinas e a total vedação da boca da vítima. A inspiração do socorrista e a insuflação do pulmão do paciente devem ocorrer em um segundo cada. Esse padrão respiratório tem o intuito de prevenir a vertigem no reanimador e evitar a hiperinflação dos pulmões da vítima. A ventilação inicial também poderá ser realizada com um dispositivo bolsa-valva-máscara (BVM). Com ele, é possível promover uma ventilação com pressão positiva (VPP) mesmo na ausência de via aérea avançada. É importante lembrar que a máscara deverá ser hermeticamente adaptada no rosto do paciente com o intuito de evitar escape de ar. Para isso, os dedos da mão do socorrista devem estar em formato de "C/E" (Figura 16.5). A ventilação com BVM é uma técnica que exige muita habilidade do socorrista, pois esse dispositivo pode favorecer a distensão gástrica e aumentar o risco de broncoaspiração.[1-3,6]

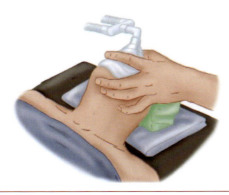

Figura 16.5. Manobra do "C/E" para garantir melhor vedação com BVM. Fonte: reproduzida de Butterworth, Mackey, Wasnick).[7]

> Obstrução da via aérea superior por corpo estranho (OVACE): A OVACE é considerada uma emergência e pode ser fatal. Sendo assim, o SME deverá ser acionado rapidamente diante de qualquer suspeita. Os principais sintomas são dispneia, cianose e perda da consciência. Vale ressaltar que o reconhecimento rápido do quadro é extremamente importante para o sucesso terapêutico. Nos casos de obstrução moderada, a vítima deve ser instruída a tossir vigorosamente. Outro ponto importante é que a manobra de desobstrução só deverá ser iniciada quando o paciente apresentar sinais de obstrução grave – inconsciência, estridor, dispneia progressiva e tosse não ruidosa. A exploração manual da cavidade oral é contraindicada, pelo risco de introduzir ainda mais o corpo estranho e piorar a obstrução das vias aéreas. A manobra clássica de desobstrução é a de Heimlich (Figura 16.6). Em caso de vítima inconsciente, o socorrista deverá iniciar as manobras de RCP.[1,2]

Figura 16.6. Manobra de Heimlich para tratamento de OVACE. (Fonte: reproduzida de Butterworth, Mackey, Wasnick).[2]

Desfibrilação

Os ritmos mais frequentes de PCREH em adultos são fibrilação ventricular (FV) e taquicardia ventricular (TV) sem pulso. Em ambos há indicação formal de desfibrilação precoce. Essa conduta tem sido discutida em diversos *guidelines* e treinamentos de SBV, pois possui um impacto importante na sobrevida dos pacientes. Existem duas classes de desfibriladores: monofásicos e bifásicos. Antes de utilizar o equipamento, recomenda-se verificar a carga de energia sugerida pelo fabricante, pois a intensidade da corrente varia conforme o tipo. Nos monofásicos preconiza-se carga de 360 J no primeiro choque e nos bifásicos a carga pode variar de 120 a 200 J segundo a recomendação do fabricante. Caso desconheça essa recomendação, deve-se sempre utilizar a carga máxima do aparelho. Além disso, o posicionamento correto das pás permite que a corrente elétrica atravesse o miocárdio e tenha uma maior distribuição pelo eixo cardíaco. Isso garantirá maior sucesso na desfibrilação. A posição mais utilizada é a anterolateral (Figura 16.7). A sequência correta para a utilização do DEA/desfibrilador é mostrada abaixo:[1-3,7]

- Ligue o DEA ou desfibrilador manual.
- Aplique as pás ou adesivos no tórax da vítima.
- Siga as instruções do aparelho e analise o ritmo cardíaco.
- Reinicie as CT imediatamente após o choque, minimizando interrupções.

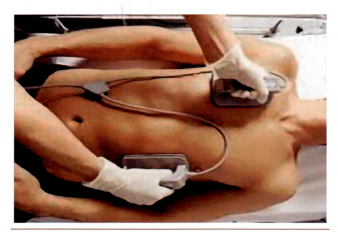

Figura 16.7. Posição anterolateral dos eletrodos: infraclavicular direita e inframamária esquerda. Fonte: reproduzida de Silva, Ferez, Mattos, Nunes, Lima, Lima.[1]

■ SUPORTE AVANÇADO DE VIDA (SAV)

O SAV ou *Advanced Cardiac Life Support* (ACLS) possui um grande impacto no atendimento às vítimas de PCR. Os recursos disponíveis nessa fase do atendimento são monitorização cardíaca, uso de medicamentos, acesso vascular intravenoso (IV) ou intraósseo (IO), desfibriladores, equipamentos especiais para ventilação invasiva, marca-passo e cuidados pós-reanimação. É importante lembrar que o SAV deverá ser aplicado imediatamente após o SBV ter sido bem realizado. O algoritmo convencional de SAV para PCR foi simplificado para demonstrar a importância da RCP de alta qualidade (Figura 16.8). Vale ressaltar que tais medidas são consideradas secundárias quando comparadas às adotadas no SBV, exceto a desfibrilação, uma vez que ela é um tratamento imprescindível e não deve ser retardada na presença de um ritmo de chocável.[1,3,4]

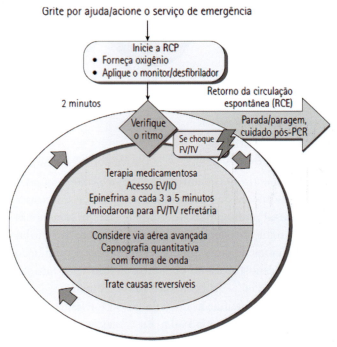

Figura 16.8. Algoritmo convencional de SVA para PCR. Fonte: Amaral, Geretto, Tardelli, Machado, Yamashita.[3]

Ritmos de PCR

Assistolia: É caracterizada pela ausência de qualquer atividade elétrica ventricular em pelo menos duas derivações eletrocardiográfica (Figura 16.9). É considerado o mecanismo de parada mais comum no âmbito hospitalar e possui um prognóstico ruim.[2,4,6]

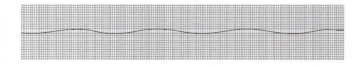

Figura 16.9. ECG de assistolia. Fonte: reproduzida de Amaral, Geretto, Tardelli, Machado, Yamashita.[3]

Atividade elétrica sem pulso (AESP): É definida pela ausência de pulso e presença de atividade elétrica organizada. Nesses casos, o traçado eletrocardiográfico não apresenta um padrão. Sendo assim, ele pode ou não apresentar alterações (Figura 16.10).[6,8]

Figura 16.10. ECG de AESP sem ritmo idioventricular. Fonte: reproduzida de Amaral, Geretto, Tardelli, Machado, Yamashita).[3]

É de extrema importância lembrar que a assistolia e a AESP não são ritmos chocáveis. Sendo assim, o plano terapêutico de ambas envolverá somente a realização de RCP e administração de fármacos vasoativos. A medicação de escolha é a adrenalina. O tratamento definitivo baseia-se no diagnóstico e correção da causa secundária.[3,6]

Fibrilação ventricular (FV): Trata-se de uma atividade elétrica desorganizada com distribuição caótica dos impulsos nervosos. Diante disso, haverá contração fascicular e ineficaz do miocárdio e consequentemente uma insuficiência cardíaca. É considerada a modalidade mais comum de PCR fora do ambiente hospitalar. O traçado eletrocardiográfico apresenta ondas irregulares, com amplitudes e durações variáveis (Figura 16.11).[1,3,4]

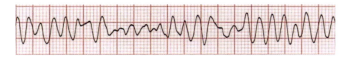

Figura 16.11. ECG de fibrilação ventricular (FV). Fonte: reproduzida de Silva, Ferez, Mattos, Nunes, Lima, Lima.[1]

Taquicardia ventricular (TV) sem pulso: É definida pela presença de batimentos ventriculares ectópicos em uma frequência superior a 100 bpm. Nesses pacientes, não é possível palpar o pulso arterial. Além disso, será possível observar no eletrocardiograma (ECG) uma repetição de complexos QRS alargados, não precedidos por onda P (Figura 16.12).[3,7]

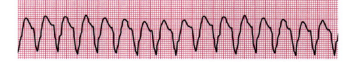

Figura 16.12. ECG de taquicardia ventricular (TV) sem pulso. Fonte: reproduzida de Silva, Ferez, Mattos, Nunes, Lima, Lima).[1]

A FV e a TV sem pulso são tratadas com desfibrilação. Em caso de refratariedade ao choque, as manobras de ressuscitação deverão ser reiniciadas. Somente após 5 ciclos (30:2) ou dois minutos de RCP pode-se realizar uma nova descarga elétrica. No entanto, se houver insucesso nas duas tentativas, recomenda-se a instalação de uma via aérea avançada. A capnografia pode ser utilizada para determinar a eficiência das CT. É importante lembrar que uma PETCO2 inferior a 20 mmHg sugere que a manobra está insuficiente. Na presença de valores entre 35 a 40 mmHg ou uma elevação súbita de seus valores, há possibilidade de RCE. Também deve-se estabelecer um acesso venoso calibroso para a administração de medicações. É importante lembrar que elas sempre deverão ser realizadas em bolus ou flush de líquido (SF 0,9% ou AD, 20 mL). Além disso, o membro puncionado deverá ser elevado com o intuito de facilitar o retorno venoso.[1,3]

Medicações

Apesar da vasopressina ser um potente vasoconstritor sistêmico, não oferece vantagem terapêutica. Por isso, foi retirada do algoritmo de PCR. No Quadro 16.1,

Quadro 16.1. Principais medicações utilizadas durante uma RCP.

Adrenalina	Facilita o RCE através da reversão do ritmo de perfusão. É considerada um vasopressor de primeira linha. Pode ser utilizada em qualquer tipo de PCR. Seu mecanismo de ação consiste em ativar os receptores α-adrenérgicos promovendo vasoconstrição, garantindo aumento da pressão de perfusão coronariana e cerebral. A dose recomendada é de 1 mg IV/IO a cada 3-5 minutos. Vale lembrar que a administração precoce de adrenalina durante as PCR com ritmos não chocáveis (assistolia e AESP) está associada a um aumento das taxas de sobrevida.
Amiodarona	É um dos antiarrítmicos de escolha nas FV/TV sem pulso refratárias. Seus principais efeitos colaterais são a bradicardia e a hipotensão arterial. Tem meia vida longa e pode levar de 30-40 horas para ser eliminada completamente do organismo. Recomenda-se uma dose inicial de 300 mg IV/IO. Caso necessário, pode-se administrar uma dose 150 mg IV/IO após 3-5 minutos da primeira aplicação. A medicação deverá ser mantida por aproximadamente 24 horas após o RCE. Deverá ser feita em bomba de infusão contínua (BIC) na dose de 900 mg, sendo 360 mg nas primeiras 6 horas e 540 mg nas 18 horas que se sucedem.
Lidocaína	A lidocaína passou a ser considerada alternativa à amiodarona e foi inserida no algoritmo do SAV para o tratamento de FV/TV sem pulso refratária ao choque. A dose inicial é de 1 a 1,5 mg/kg por via IV. A medicação poderá ser repetida em uma posologia de 0,5 a 0,75 mg/kg a cada 5-10 minutos. A dose máxima é de 3 mg/kg.
Sulfato de magnésio	Atua como vasodilatador e é um importante cofator na regulação do fluxo de sódio, potássio e cálcio através das membranas celulares. É a medicação de escolha nos casos de *Torsades de Pointes*, com intervalo QT longo. Administra-se 1 a 2 g IV/IO, diluído em 10 ml de soro glicosado 5%.

Fonte: adaptada de Silva, Ferez, Mattos, Nunes, Lima, Lima.[1]

estão listados os principais fármacos utilizados durante uma RCP e suas respectivas dosagens.[1,3]

Via aérea avançada

O controle definitivo das vias aéreas é feito durante o SAV. As principais técnicas são a intubação orotraqueal (IOT) e a inserção de dispositivos supraglóticos (DSG) – máscara laríngea, Combitube® e tubo laríngeo. É importante dizer que todos esses métodos são adequados para o controle da via aérea durante uma PCR. A partir desse momento, os ciclos de 30 compressões para 2 ventilações serão interrompidos. As CT passarão a ser contínuas e com ventilação simultânea. Recomenda-se verificar o correto posicionamento imediatamente após a inserção da via aérea avançada, com a mínima interrupção das CT. A avaliação consiste na ausculta do epigástrio e do tórax do paciente. Vale ressaltar que a capnografia é o método mais confiável para confirmação e monitorização da IOT.[2,3,6]

Combitube®: As vantagens deste dispositivo são semelhantes às do tubo traqueal (TT) – isolamento da via aérea, menor risco de broncoaspiração, ventilação com pressão positiva (VPP) mais confiável. As complicações relacionadas a essa técnica incluem trauma esofágico, e enfisema subcutâneo.[1]

Tubo laríngeo: Sua inserção é mais simples quando comparado ao Combitube®. Pode ser facilmente utilizado quando há acesso limitado ao paciente, instabilidade da coluna cervical e impossibilidade de posicionamento adequado para IOT. O treinamento e a prática para utilização desse dispositivo são essenciais. Além disso, é importante lembrar de sempre ter uma estratégia alternativa para o controle da via aérea.[1,2]

Tubo traqueal (TT): Foi por muito tempo considerado o método ideal para o controle da via aérea durante a PCR. No entanto, várias tentativas de IOT por socorristas não treinados podem causar graves complicações. Em caso de falha na primeira tentativa de IOT pode-se tentar uma segunda vez, mas é aconselhável considerar precocemente o emprego de DSG.[2,6]

Marcapasso de emergência

O marcapasso cardíaco transcutâneo (TCP) é um método não invasivo utilizado para tratar rapidamente arritmias provocadas por distúrbios de condução ou formação anormal do impulso. Trata-se de uma terapia provisória. Sendo assim, esse dispositivo será usado até a colocação do marcapasso transvenoso ou instituição de um tratamento definitivo. Os pacientes conscientes deverão receber sedação, pois as contrações da musculatura esquelética causam desconforto importante.[6]

■ PCR EM ANESTESIA:

Define-se como PCR perioperatória qualquer PCR neste período. Ela poderá ser classificada como total (principal) ou parcial (contributivo) quando associada a outro fator como – patologia/condição do paciente ou à própria cirurgia. O reconhecimento rápido dos pacientes com risco elevado, a adoção de medidas preventivas e o início precoce das manobras de reanimação são fundamentais para um bom prognóstico. Os principais fatores de risco poderão ser observados no Quadro 16.2. Entre as causas mais comuns, destacam-se os "8 Ts" e "8 Hs" apresentados no Quadro 16.3.[1,9]

Quadro 16.2. Fatores de risco para PCR por fator anestésico.

Sexo	Feminino
Idade	< 1 ano > 65 anos
Classificação do estado físico	Asa ≥ III
Tipo de atendimento	Situações de emergência
Técnica anestésica	Geral
Especialidade cirúrgica	Cirurgia cardíaca

Fonte: Goveia, Tardelli, Albuquerque, Nunes, Curi.[9]

Quadro 16.3. Os 8 Ts e 8 Hs das causas de PCR perioperatória.

8 Hs	8 Ts
Hipóxia	Toxinas
Hipovolemia	Tensão no tórax (pneumotórax)
Hipo/Hipercalemia	Trombose pulmonar
H⁺(acidose)	Trombose coronariana
Hipotermia	Tamponamento cardíaco
Hipervagal	qT longo
Hipertermia maligna	HiperTensão pulmonar
Hipoglicemia	Trauma

Fonte: Goveia, Tardelli, Albuquerque, Nunes, Curi.[9]

Os anestésicos foram apontados como os principais responsáveis pela incidência de PCR perioperatória por muito tempo. No entanto, a abordagem inadequada das vias aéreas passou a ser considerada a principal etiologia deste quadro atualmente. Intubação difícil, obstrução do TT, aspiração pulmonar, incapacidade para ventilar, perda da via aérea durante o transporte até a Sala de Recuperação Pós-Anestésica (SRPA) e problemas com a passagem do tubo de duplo lúmen são fatores mais citados na literatura. Os distúrbios cardiovasculares, sobrecarga hídrica, reações de hipersensibilidade tipo I e superdosagem de medicamentos são causas menos frequentes.[1]

Intoxicação sistêmica por anestésicos locais (ISAL)

A ISAL é considerada um evento raro, de difícil tratamento e potencialmente fatal. Sua principal causa é a administração intravascular imprudente ou a absorção sistêmica de grandes volumes de anestésicos locais (AL). Classicamente, ela é caracterizada como uma piora progressiva de sinais e sintomas neurológicos, culminando em convulsões e coma. Em casos extremos, o paciente poderá apresentar sinais de instabilidade hemodinâmica, PCR e óbito. O risco de desenvolvimento deste quadro está relacionado a vários fatores: características gerais dos pacientes (idade, gênero, grau de desnutrição e presença de comorbidades), o anestésico escolhido, o local do bloqueio e técnica utilizada. O sistema nervoso central (SNC) e o sistema cardiovascular (SCV) apresentam limiares diferentes de toxicidade para AL, sendo o primeiro mais vulnerável. Diante disso, alguns sintomas premonitórios chamam a atenção. Entre eles estão disartria, dormência perioral, confusão mental, tonturas e zumbidos. O paciente com ISAL grave apresentará hipertensão, taquicardia e arritmias ventriculares. A evolução do quadro poderá gerar bradicardia, hipotensão e colapso cardiovascular.[1,9]

O tratamento baseia-se em reconhecer precocemente os sinais de toxicidade grave e tomar as medidas adequadas imediatamente. A recomendação das últimas diretrizes é reduzir a dose de epinefrina para menos de 1 μg/kg. O controle imediato das vias aéreas é essencial para prevenir hipoxemia, hipercapnia e acidose. Está indicado suplementação de oxigênio a 100% por máscara facial. Caso necessário, deve-se instalar um dispositivo supraglótico ou tubo traqueal. Também é recomendado estabelecer um acesso venoso calibroso para iniciar a terapia com emulsão lipídica (EL), como mostrado no Quadro 16.4. As convulsões deverão ser controladas com benzodiazepínicos em pequenas doses – Midazolam 1 a 2 mg IV. Se houve sinais ou sintomas graves de ISAL, o paciente deverá ser encaminhado para um serviço especializado para a realização de um *by-pass* cardiopulmonar (CEC). Em caso de arritmias ventriculares, a amiodarona será o antiarrítmico de primeira escolha. Os bloqueadores dos canais de cálcio e bloqueadores beta-adrenérgicos deverão ser evitados, pois eles poderão gerar hipotensão arterial sistêmica grave.[6,9]

A terapia de resgate lipídico (*lipid rescue*) é recomendada para o tratamento de ISAL com repercussões graves. Seu mecanismo de ação é aumentar a captação de ácidos graxos pelas mitocôndrias, interferir na ligação do AL com seus sítios efetores e alterar o *shunt* do AL. Desta forma, sua distribuição será mantida longe do SCV e SNC.[9]

Anafilaxia:

Trata-se de uma resposta sistêmica do organismo a alérgenos. Esse tipo de hipersensibilidade normalmente é mediado por imunoglobulinas E mastócitos. Os sinais clínicos podem ser observados poucos minutos após a exposição ao antígeno. No entanto, reconhecer uma anafilaxia em um paciente anestesiado pode ser uma tarefa difícil - além dele estar incapaz de referir seus sintomas, o campo cirúrgico pode comprometer a visualização de alguns sinais. A graduação de gravidades das reações de hipersensibilidade depende

Quadro 16.4. Tratamento da ISAL com emulsão lipídica a 20%

Paciente > 70 kg	Paciente < 70 kg
• *Bolus* de 100 mL de emulsão lipídica a 20% rapidamente em 2 a 3 minutos.	• *Bolus* de 1,5 mL/kg de emulsão lipídica a 20% rapidamente em 2 a 3 min.
• Infusão de emulsão lipídica a 20% (200 mL a 250 mL) em 15 a 120 min.	• Infusão de emulsão lipídica a 20% ~ 0,25 mL/kg/min (peso corporal ideal)
Se o paciente permanecer instável:	
• Repetir o *bolus* 1 ou 2 vezes com a mesma dose e dobrar a infusão contínua. A dose limite é de 12 mL/kg.	
• O volume total da emulsão lipídica pode se aproximar de 1 L em ressuscitações prolongadas (p. ex., > 30 minutos).	

Fonte: Goveia, Tardelli, Albuquerque, Nunes, Curi.[9]

dos sinais e sintomas (Quadro 16.5). Considera-se anafilaxia somente a partir do grau 3.[9,12,14]

Quadro 16.5. Graduação de gravidade das reações alérgicas sistêmicas

Graus	Sinais e sintomas
1	*Rash* cutâneo, edema periférico e prurido
2	Hipotensão arterial leve, sibilos (geralmente sem necessidade de tratamento, acompanhado ou não de sintomas de grau 1).
3	Sintomas mais graves, podendo haver edema de vias aéreas.
4	Quadro clínico que demanda RCP.
5	Casos fatais

Fonte: Goveia, Tardelli, Albuquerque, Nunes, Curi.[9]

Os agentes desencadeantes de anafilaxia mais comuns no ambiente cirúrgico são os bloqueadores neuromusculares e os produtos derivados do látex. Após a exposição, o alérgeno (antígeno) se liga a receptores IgE de mastócitos ou basófilos circulantes levando à liberação de histamina, leucotrienos, prostaglandinas, interleucinas e fator de ativação plaquetária. Essa cascata estimulará a vasodilatação e o aumento da permeabilidade capilar, levando ao extravasamento vascular (choque distributivo). Com isso, haverá redução da pré-carga e hipovolemia. A evolução desse quadro culminará em arritmias graves ou PCR por isquemia do músculo cardíaco.[6, 14]

Em todo paciente com sinais de reação anafilática deve-se suspender imediatamente os potenciais agentes causadores e manter a perviedade das vias aéreas. Em muitos casos, uma via aérea artificial é necessária (TT ou DSG por exemplo). A epinefrina intramuscular (IM) é a medicação de escolha. A dose prescrita será de 0,2 mg a 0,5 mg (1:1000). Pode-se repetir a conduta a cada 5 a 15 minutos quando não houver melhora clínica. A epinefrina agirá interrompendo a cascata de vasodilatação e o extravasamento vascular. A administração de anti-histamínicos e corticosteroides está indicada mesmo não havendo nível elevado de evidência de sua eficácia na fase aguda da anafilaxia, pois ambos os medicamentos possuem grande importância secundária no controle do quadro alérgico. A reposição volêmica é utilizada como estratégia para manter a pressão arterial sistólica acima de 90 mmHg. Nos casos de hipotensão refratária à reposição de fluidos, é necessário iniciar à infusão endovenosa continua de epinefrina (dose inicial 50 μg/min) ou norepinefrina (dose inicial 0,5 μg/kg/min). Em caso de ausência de pulso deve-se iniciar a RCP e seguir o SAV. Por fim, pode-se considerar o uso de vasopressina em caso de anafilaxia com ou sem PCR se não houver resposta à epinefrina.[9-12]

■ PCR ASSOCIADA A DISTÚRBIOS HIDROELETROLÍTICOS (HE)

Os distúrbios HE são frequentemente observados em pacientes críticos. É importante saber que essas alterações podem ser fatais se não corrigidas rapidamente. Sua apresentação clínica pode ser assintomática ou cursar com instabilidade hemodinâmica grave.[1,6,8]

Distúrbios do potássio

Entre os distúrbios HE encontrados na prática clínica, os relacionados ao potássio (K^+) são os mais frequentes e muitas vezes representam uma emergência clínica. Isso porque ele é o cátion mais abundante no corpo humano. Sua concentração sérica pode variar de 3,5 mEq/L a 5,0 mEq/L. Por ser essencialmente intracelular, calcular a dimensão de seu déficit através de exames laboratoriais é algo bem difícil. O Quadro 16.6 expõe os principais fatores que controlam o transporte celular, sendo essenciais para manutenção dos níveis séricos normais.[1,8]

Quadro 16.6. Fatores que controlam o transporte celular do potássio.

pH	A acidose (pH < 7,35) promove o movimento do K^+ do meio intracelular para o extracelular, induzindo hipercalemia. O fenômeno contrário ocorre na alcalose (pH > 7,45).
Insulina	Exerce papel importante no funcionamento da bomba Na^+/K^+/ATPase, contribuindo para a manutenção da distribuição sérica normal do íon. A insulina aumenta a atividade da bomba, deslocando o potássio para o meio intracelular.
Aldosterona	Irá estimular a formação de canais de sódio no ducto coletor e a atividade da bomba Na^+/K^+/ATPpase. Com isso, haverá um aumento na reabsorção de Na^+ e secreção de K^+.
Agentes β-2-adrenérgicos	Atuam estimulando diretamente a bomba Na+/K+/ATPase. Sendo assim, haverá entrada de K^+ e saída de Na^+ na célula. Esse efeito é mediado pelos receptores β-2-adrenérgicos e é mais evidente com o uso de adrenalina.

Fonte: Adaptado de Silva, Ferez, Mattos, Nunes, Lima, Lima. [1]

Hipocalemia

É definida como uma concentração de potássio sérico inferior a 3,5 mEq/L. É considerada a anormalidade HE mais encontrada na prática clínica, acometendo cerca de 50% de pacientes sobreviventes após ocorrência de FV. O aparecimento dos sinais e sintomas ocorre somente quando a deficiência é significativa. Eles são oriundos das alterações na polarização das membranas celulares, principalmente nos tecidos neural e muscular.[1,6,8]

As alterações de condução cardíaca são as anormalidades mais importantes. Os sintomas de depleção costumam ser evidentes somente quando os níveis séricos de K^+ estão inferiores a 3,0 mEq/L. As alterações de ECG (Figura 16.13) mais comuns são: achatamento ou inversão das ondas T, desenvolvimento de ondas U proeminentes, depressão do segmento ST e alargamento do QRS. Esse quadro também pode colaborar com o aumento da sensibilidade aos digitálicos, levando a arritmias potencialmente graves (TV e FV) e consequentemente o óbito.[8,10]

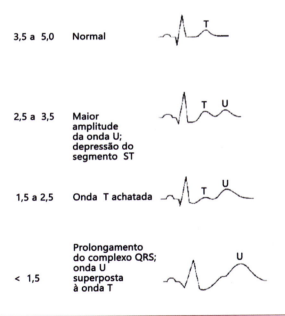

Figura 16.13. Alterações eletrocardiográficas associadas a hipocalemia. Fonte: reproduzida de Silva, Ferez, Mattos, Nunes, Lima, Lima.[1]

Para a maioria dos autores o tratamento por via IV deve ser instituído somente quando os níveis séricos de K^+ estiverem entre 2,5 mEq/L e 3,0 mEq/L ou quando o paciente apresentar sintomas associados à hipocalemia. A etiologia do quadro deve ser revertida o mais rápido possível. A reposição de potássio por via venosa é uma causa comum de hipercalemia intra-hospitalar. Sendo assim, a reposição por via venosa não deve ultrapassar 20 mEq/h. Sugere-se a diluição de solução fisiológica a 0,45% com uma concentração máxima de 40 mEq/L de cloreto de potássio em acesso periférico e 60 mEq/L em acesso central. A monitorização cardíaca é fundamental durante a reposição de potássio. Em arritmias graves pode-se recorrer a infusões mais rápidas.[1,11]

Hipercalemia

É definida como a concentração plasmática do íon K^+ acima de 5,0 mEq/L. Esse quadro acomete cerca de 1,3% dos pacientes internados e está associado a um mau prognóstico. O Quadro 16.7 mostra as causas possíveis de hipercalemia. Quando a PCR é secundária a hipercalemia, terapias adicionais podem ser utilizadas. Nas Figuras 16.14 e 16.15 são observadas as alterações eletrocardiográficas causadas pelo aumento sérico do potássio.[1,6,8]

Quadro 16.7. Causas de hipercalemia

Redistribuição	Retenção
Acidose	Falência renal
Hipoinsulinemia	Aumento do potássio exógeno
Betabloqueadores	Aumento do potássio endógeno
Succinilcolina	Esmagamento
Infusão de arginina	Hemólise
Intoxicação digitálica	Hipercatabolismo
	Hipocortisolismo
	Hipoaldosteronismo
	Doença tubular renal
	Ureterojejunostomia
	Diuréticos poupadores de potássio

Fonte: reproduzida de Silva, Ferez, Mattos, Nunes, Lima, Lima.[1]

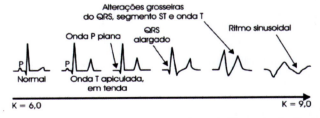

Figura 16.14. Alterações no ECG causadas pela hipercalemia. Fonte: reproduzida de Silva, Ferez, Mattos, Nunes, Lima, Lima.[1]

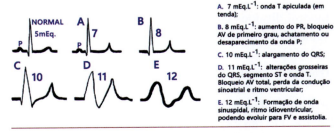

A. 7 mEq.L⁻¹: onda T apiculada (em tenda);

B. 8 mEq.L⁻¹: aumento do PR, bloqueio AV de primeiro grau, achatamento ou desaparecimento da onda P;

C. 10 mEq.L⁻¹: alargamento do QRS;

D. 11 mEq.L⁻¹: alterações grosseiras do QRS, segmento ST e onda T. Bloqueio AV total, perda da condução sinoatrial e ritmo ventricular;

E. 12 mEq.L⁻¹: Formação de onda sinuspidal, ritmo idioventricular, podendo evoluir para FV e assistolia.

Figura 16.15. Principais alterações no ECG de acordo com os níveis séricos de K^+. Fonte: reproduzida de Silva, Ferez, Mattos, Nunes, Lima, Lima.[1]

As principais linhas de tratamento são baseadas em:

- Antagonismo direto sobre os efeitos do K^+ na membrana celular:

Efeito observado durante a infusão venosa em *bolus* do gluconato de cálcio e do cloreto de cálcio. O cálcio é o elemento de escolha quando houver alterações eletrocardiográficas ou na PCR por hipercalemia. A dose utilizada é de 10 mL de gluconato de cálcio 10% por via IV, em infusão lenta (2 a 3 minutos). A medicação poderá ser repetida após 5 minutos, caso as alterações eletrocardiográficas persistam. Nos pacientes em uso de digitálicos, deve-se infundir o cálcio com extremo cuidado. Além disso, a dose deve ser diluída em 100 ml de solução glicosada (SG) 5% e infundida em um tempo de 20 a 30 minutos para evitar intoxicação digitálica.[1,11]

- Redistribuição do K^+:

Bicarbonato de sódio: em caso de acidose, deve-se calcular o déficit de bicarbonato por meio de seu volume de distribuição. Para isso, utiliza-se a fórmula de Ash (peso x BE x 0,3). A infusão deverá ser feita por via venosa em 15 a 20 minutos. As contraindicações para o uso do bicarbonato são edema pulmonar e hipocalcemia. O efeito da medicação inicia-se após 5 a 10 minutos da administração e persiste por aproximadamente 2 horas.[1,3,8]

Solução polarizante: a infusão de insulina aumenta a captação de K^+ pelas células musculares. Para evitar hipoglicemia, deve-se utilizar 4 g a 5 g de glicose para cada 1 UI de insulina regular. Geralmente, prepara-se uma solução contendo 100 mL de glicose 50% + 10 UI de insulina regular. Esse volume deverá ser administrado em infusão contínua, por via venosa, por 5 a 10 minutos. Pacientes com hiperglicemia intensa podem ser medicados somente com insulina. O início da ação ocorre por volta dos 30 minutos, tem seu pico aos 60 minutos e persiste por aproximadamente 4 a 6 horas.[1,6] Agentes β-2-adrenérgicos: também atuam aumentando a captação de K^+ pelas células. Pode ser administrado por via inalatória (10 mg a 20 mg de albuterol diluídos em 5 mL de SF 0,9%) ou por infusão venosa (0,5 mg de albuterol diluído em 100 mL de SG 5%). O pico de ação ocorre em 90 e 30 minutos, respectivamente.[7,11]

- Eliminação do K^+:

Resinas de troca iônica: seu mecanismo de ação consiste em trocar o K^+ intracelular por Ca^{+2} ou Na^+ extracelular, sendo o primeiro eliminado nas fezes.

Atualmente, a resina mais usada é o poliestirenossulfonato de cálcio (Sorcal®). Seu efeito inicia-se 1 ou 2 horas após a administração e pode durar por até 6 meses. Os pacientes que não puderem usar a medicação por via oral serão tratados por enema de retenção. O principal efeito colateral é a obstipação intestinal, que necessita ser tratada com catárticos (manitol ou sorbitol).[1,11]

Diuréticos de alça: atuam aumentam a excreção renal de K^+. As drogas de escolha são furosemida (40 mg a 80 mg) ou bumetanida (1 mg a 2 mg), ambas administradas por via IV. Os pacientes com insuficiência renal moderada a grave (*clearence* de creatinina entre 10 mL/min e 15 mL/min) poderão fazer uso dessas medicações, mas a resposta não é tão boa quanto naqueles com função renal normal. Os doentes com insuficiência renal terminal não apresentam resposta satisfatória.[1]

Diálise: é um tratamento muito efetivo. A normalização dos níveis séricos de K^+ costuma ocorrer entre 15 e 30 minutos após o início do tratamento. É indicada em casos de insuficiência renal aguda ou crônica. A única desvantagem desse método é o tempo necessário para a preparação do material e a instalação de um acesso adequado.[10,11]

> Antes de indicar a diálise, deve-se tentar todas as medidas terapêuticas apresentadas acima.[1]

Distúrbios do magnésio

O magnésio (Mg^{+2}) é o quarto cátion mais abundante no organismo, e o segundo cátion mais prevalente no meio intracelular. Trata-se de um componente essencial para o funcionamento celular normal. Os níveis séricos normais do Mg^{+2} estão na faixa de 1,7 mg/dL a 2,4 mg/dL. Valores < 1,0 e > 4,9 mg/dL são considerados críticos.[1,6,8]

Hipomagnesemia

Definida como concentração sérica de magnésio inferior a 1,7 mg/dL. É uma condição clínica relativamente comum, que ocorre em aproximadamente 12% dos pacientes hospitalizados. A incidência chega aos 60% em Unidades de Terapia Intensiva (UTI). Os dois principais mecanismos que levam à hipomagnesemia estão relacionados no Quadro 16.8. As principais manifestações clínicas incluem: hiperexcitabilidade neuromuscular, complicações cardiovasculares, alterações no metabolismo do cálcio e hipocalemia. A complicação mais temida do distúrbio são as arritmias ventriculares

Quadro 16.8. Causas associadas a hipomagnesemia

Renais	Gastrointestinais	Redistribuição	Endócrinas
Diuréticos Ciclosporina Aminoglicosídeos IBP Diurese pós-obstrutiva Síndromes genéticas tubulares	Má absorção Vômitos Fístula intestinal Desnutrição Drenagem nasogástrica	Síndrome da fome óssea Pancreatite aguda Transfusão sanguínea Tratamento com insulina	Hiperparatireoidismo Hipertireoidismo SSIADH Hiperaldosteronismo Diabetes Alcoolismo crônico

IBP: inibidor da bomba de prótons; SSIADH: síndrome de secreção inapropriada do hormônio antidiurético. Fonte: reproduzido de Dutra.[8]

como o *Torsades de Pointes* (Figura 16.16). Como em outros distúrbios HE, o tratamento deverá corrigir a doença ou causa base. A reposição do Mg^{+2} depende da gravidade do quadro clínico. Pacientes com quadro clínico grave devem receber Mg^{+2} por via venosa com monitorização cardíaca. Já os pacientes assintomáticos e ambulatoriais podem fazer reposição por via oral. Recomenda-se administrar 1 a 2 g de sulfato de magnésio (MgSO4) em infusão venosa na presença de hipomagnesemia associada à taquicardia ventricular polimórfica (*Torsades de Pointes*).[1,8]

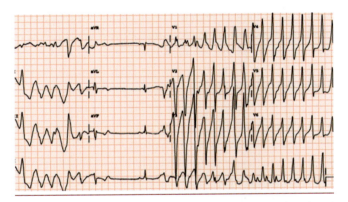

Figura 16.16. Taquicardia ventricular polimórfica (torsades de pointes) decorrente de hipomagnesemia. Fonte: reproduzida de Silva, Ferez, Mattos, Nunes, Lima, Lima.[1]

Hipermagnesemia

Definida como concentração sérica de magnésio superior a 2,4 mg/dL, ocorre em duas situações: administração de uma carga excessiva de magnésio (por via oral, venosa e enema) ou quando o indivíduo não consegue eliminar o Mg^{+2} do organismo. A toxicidade do sistema nervoso central e manifestações neuromusculares são as complicações mais comuns. Os sintomas podem variar desde sonolência até paralisia muscular e coma. Também poderão ocorrer alterações cardiovasculares como hipotensão e bradicardia, associadas a alterações no ECG (prolongamento nos intervalos PR e QT e alargamento do QRS).[6,8]

> Muitos casos de hipermagnesemia podem ser evitados por antecipação. Para isso, basta ter cuidado na administração de medicamentos que contenham Mg^{+2} em pacientes com função renal deficiente.[1]

Nos casos mais graves de hipermagnesemia, a diálise é imprescindível. No entanto, nas emergências pode-se recorrer à utilização de cálcio intravenoso com o intuito de reverter os efeitos cardíacos e neuromusculares da elevada concentração de Mg^{+2} sérico. Sua administração na forma de cloreto de cálcio 10% (5 mL a 10 mL) ou gluconato de cálcio 10% (15 mL a 30 mL) em infusão de 2 a 5 minutos deve ser considerada durante a PCR associada à hipermagnesemia.[1,8]

Distúrbios do cálcio

Os níveis de cálcio sérico são mantidos em torno de 8,5 mg/dL a 10,5 mg/dL. Sua associação com a PCR é rara. Sendo assim, sua correção durante a RCP não é recomendada. Ele somente é utilizado em casos de hipercalemia ou hipermagnesemia, como visto anteriormente.[1,8]

> A concentração do Ca^{+2} sérico total diminui ao redor de 0,8 mg/dL para cada 1 g/dL de redução da concentração de albumina sérica. Mesmo com a concentração de albumina sérica normal, mudanças no pH sanguíneo alteram o equilíbrio do complexo cálcio-albumina. Desta forma, a acidose irá reduzir a ligação e a alcalose aumentá-la.[1]

Alterações plasmáticas do cálcio e ECG:

Hipercalcemia:

A principal alteração nessa situação é a redução do intervalo QT. A duração da onda T não é afetada, mas a do segmento ST está reduzida. Nas hipercalcemias severas, pode-se observar a formação de ondas J e haver alterações compatíveis com infarto agudo do miocárdio (IAM) com supra desnivelamento do segmento

Quadro 16.9. Medicações que podem causar intoxicação e os seus antídotos

Opioides	Para reverter a overdose usa-se imediatamente ventilação assistida e o antagonista naloxona que, entretanto, não tem indicação durante manuseio da PCR. Deve-se usar doses de 0,04 mg a 0,4 mg por via intramuscular, IV ou inalatória até o limite de 2 mg.
β-bloqueadores	Levam a bradirritmias, o antídoto é o glucagon, insulina em altas doses (1 UI/kg) ou gluconato de cálcio. Usa-se glucagon em *bolus* de 3 mg a 10 mg, por via IV, de 3 a 5 min, seguido de 3 mg/h a 5 mg/h.
Cocaína e derivados	Pode cursar com taquicardia, hipertermia e insuficiência coronariana aguda que é uma das principais complicações. Deve ser tratada com nitratos, bloqueadores a-adrenérgicos (fentolamina), benzodiazepínicos (lorazepam, diazepam) e antagonistas de cálcio (verapamil) para controle da hipertensão e agitação. Não se indica administração de betabloqueadores por facilitar vasoespasmo de óstios coronários.
Antidepressivos tricíclicos (ADT)	Pode cursar com hipotensão, convulsões, arritmias e febre. Usa-se o bicarbonato de sódio 1 mEq/kg a 2 mEq/kg para tratar as arritmias induzidas por ADT
Pesticidas agrícolas (organofosforados)	Pode cursar com vômitos, diarreia, dores abdominais, bradicardia, taquicardia e convulsões. Para tratamento usa-se a atropina e a pralidoxima.

Fonte: adaptado de Silva, Ferez, Mattos, Nunes, Lima, Lima.[1]

ST. As mortes súbitas durante as crises de hiperparatireoidismo podem ser causadas por episódios de FV. Também pode ocorrer o desenvolvimento de bloqueios AV de segundo e de terceiro graus nos pacientes com hipercalcemia severa.[1,11]

Hipocalcemia:

A hipocalcemia provoca o prolongamento do segmento ST e do intervalo QT. Esse fenômeno ocorre pois a duração do segmento ST é inversamente proporcional à concentração de Ca^{+2} no plasma. Assim, a polaridade da onda T pode permanecer inalterada, contudo, pode se tornar plana ou inverter ligeiramente a polaridade nas derivações com complexos QRS positivos. Em caso de intervalo QT prolongado secundário a hipocalcemia, a onda U quase sempre estará ausente ou não é reconhecível (Figura 16.17).[1,6]

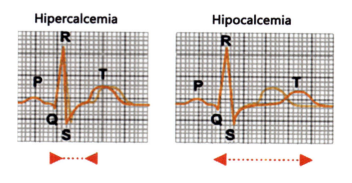

Figura 16.17. Alterações plasmáticas do cálcio no ECG. Fonte: reproduzida de Silva, Ferez, Mattos, Nunes, Lima, Lima.[1]

PCR ASSOCIADA A INTOXICAÇÃO EXÓGENA

Substâncias tóxicas podem causar lesão celular, alterar receptores, canais iônicos e organelas e levar a outras disfunções. O plano terapêutico deverá seguir o tratamento padrão adotado no SBV e SAV além do uso de antídotos ou intervenções específicas como a hidratação e o suporte vasopressor para evitar a hipotensão induzida pelos fármacos. No caso de diminuição do nível de consciência deve-se optar pela intubação traqueal como forma de proteger o trato respiratório da aspiração do conteúdo gástrico. A gasometria arterial, dosagem de eletrólitos, glicemia e aferição da temperatura são parâmetros importantes a serem monitorados. Após o RCE, recomenda-se o contato com os centros de tratamento de intoxicação para orientações gerais.[1,3,10,12]

Quando não há um antídoto disponível e o tempo da intoxicação é inferior a 1 hora, pode-se administrar carvão ativado por lavagem em dose única. Essa conduta não está indicada em casos de intoxicações por substâncias cáusticas, metais e hidrocarbonetos. Os principais efeitos colaterais são vômitos e obstipação.[6,12.]

No Quadro 16.9 há uma lista com algumas intoxicações específicas e os seus melhores antídotos:

PCR DURANTE CATETERISMO CARDÍACO

A PCR durante a intervenção coronariana percutânea (ICP) é rara e geralmente é revertida com a instituição de manobras de RCP. Deve-se atentar aos pacientes que tem maior risco de complicações durante o procedimento devido a condições clínicas e anatômicas como idade avançada e comorbidades associadas:[6,12]

Caso o paciente curse com FV recomenda-se desfibrilação imediata, antes mesmo de se iniciar as CT. Tal conduta associa-se a altas taxas de sobrevida. Em caso de FV refratária, deve-se iniciar ciclos de CT e ventilações. Além disso, está indicado a realização de uma nova angiografia coronária com intuito de afastar componente obstrutivo. Em caso de PCR por ritmo não chocável, o ecocardiograma transtorácico imediato poderá ser utilizado para diagnosticar de tamponamento cardíaco ou outra causa de PCR.[6,10]

Arritmias cardíacas

Arritmias cardíacas são recorrentes dentro de centros cirúrgico e unidades de terapia intensiva (UTI). Seu impacto depende da condição clínica e cardiovascular do paciente, determinando se o tratamento é de urgência ou não.[3]

Bradiarritmias

Podem ser absolutas ou relativas, dependendo da frequência cardíaca (FC) do paciente – inferior ou superior a 60 bpm, respectivamente. Mesmo apresentando uma frequência dentro dos parâmetros de normalidade, os pacientes com bradicardias relativas apresentam de sinais e/ou sintomas de baixo débito. Elas também são classificadas em dois grandes grupos: disfunções do nó sinusal (DNS) e bloqueios atrioventriculares (BAV). Seu diagnóstico é feito com base na anamnese, exame físico e exames complementares, sendo o eletrocardiograma fundamental para diferenciar os tipos de bradiarritmias. Já os exames laboratoriais, buscam determinam sua etiologia e fator desencadeante. Outros exames podem ser necessários para esclarecer a causa e a fisiopatologia da bradiarritmia. No entanto, eles não fazem parte da abordagem imediata em situações de urgência/emergência.[3,4]

Bradicardia sinusal: Morfologia normal no traçado eletrocardiográfico (onda P, complexo QRS, intervalo PR, segmento ST e onda T), porém com frequência cardíaca inferior a 60 bpm. O tratamento deverá ser instituído somente quando houver sinais de instabilidade hemodinâmica, como sonolência, hipotensão, dispneia ou dor torácica. Para esses casos, indica-se o uso de atropina. Outras alternativas terapêuticas são o marca-passo ou o isoproterenol (Figura 16.18).[1,4]

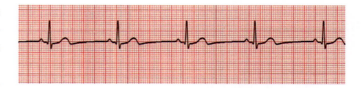

Figura 16.18. Bradicardia sinusal. Fonte: reproduzida de Silva, Ferez, Mattos, Nunes, Lima, Lima.[1]

Bloqueio AV DE 1o GRAU: Todos os complexos QRS são precedidos de uma onda P. No entanto, o intervalo PR tem duração superior a 0,20 segundos e o complexo QRS inferior a 0,12 segundos. Não há necessidade de tratamento específico para esse tipo de bloqueio, salvo em casos de bradicardia sintomática (Figura 16.19).[3,4]

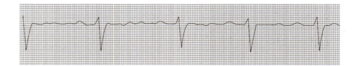

Figura 16.19. Bloqueio AV de 1º grau: alargamento do intervalo PR. Fonte: reproduzida de Amaral, Geretto, Tardelli, Machado, Yamashita.[3]

Bloqueio AV de 2º grau

- **Mobitz I ou Wenckebach:** é observado aumento progressivo do intervalo PR até a ocorrência de uma onda P bloqueada (sem QRS correspondente), iniciando novamente com o PR mais curto. Também não necessita de tratamento imediato, apenas em situações de risco (Figura 16.20).[3]

Figura 16.20. Bloqueio AV de 2º grau Mobitz I ou Weckenbach: alargamento do intervalo PR e P bloqueado. Fonte: reproduzida de Amaral, Geretto, Tardelli, Machado, Yamashita.[3]

- **Mobitz II:** possui mau prognóstico, indicando-se a instalação de marca-passo externo provisório mesmo em aparente estabilidade hemodinâmica. Geralmente, existem duas ou mais despolarizações atriais para cada complexo QRS. Por fim, este apresenta duração inferior a 0,12 segundos (Figura 16.21).[1,3]

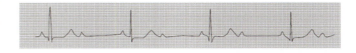

Figura 16.21. Bloqueio AV de 2º grau Mobitz II. Fonte: reproduzida de Amaral, Geretto, Tardelli, Machado, Yamashita.[3]

Bloqueio AV de 3o grau ou BAVT: há dissociação entre os átrios e os ventrículos, com frequência atrial superior a ventricular. É indicação indiscutível para marca-passo provisório na urgência, se o paciente apresentar instabilidade ou frequência ventricular muito baixa. Em traçados eletrocardiográficos nos quais o complexo QRS aparece com morfologia normal, pode-se assumir que o estímulo é gerado no nó AV ou no feixe de His. Sendo assim, a despolarização e a repolarização dos ventrículos ocorrem normalmente (onda T sem alterações). Se o complexo QRS é alargado, indica que o estímulo elétrico é gerado após o feixe de His. Desta forma, a despolarização e a repolarização são irregulares (onda T alterada). O prognóstico é considerado pior nesses casos. Sendo assim, a recuperação da condução normal é mais difícil (Figura 16.22).[3]

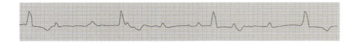

Figura 16.22. BAVT com estímulo abaixo do feixe de His, complexo QRS alargado e alteração da repolarização (onda T invertida). Fonte: reproduzida de Amaral, Geretto, Tardelli, Machado, Yamashita).[3]

A presença de sinais e sintomas de instabilidade hemodinâmica, guiará a formulação de um plano terapêutico. É importante lembrar que em caso de diagnóstico de bradicardia instável as seguintes condutas deverão ser tomadas (Figura 16.23).[3]

Taquiarritmias

As taquicardias são definidas como uma FC acima dos limites de normalidade determinados para cada faixa etária. Em paciente adulto considera-se uma frequência superior a 100 bpm. Os sinais e sintomas causados pelas taquiarritmias podem ser inespecíficos variando de acordo com a idade do paciente. Os mais frequentes são palpitações, tontura, fadiga e síncope. Para facilitar o diagnóstico e a formulação de um plano terapêutico, o examinador deverá levar em consideração as seguintes questões:[6,14]

- Há sintomas ou instabilidade hemodinâmica?
- Estão sendo causados pela taquicardia?
- Existe despolarização atrial (onda P)?
- Para cada despolarização atrial, há um complexo QRS correspondente?

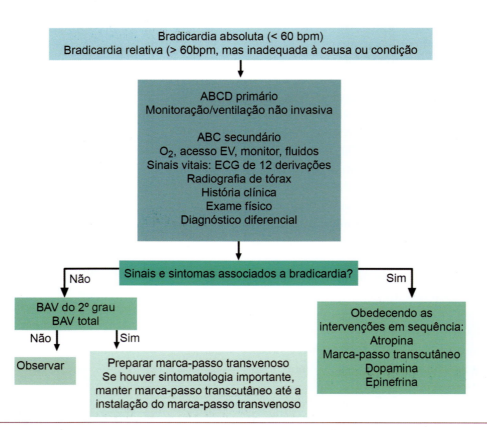

Figura 16.23. Tratamento das bradiarritmias. Fonte: reproduzida de Amaral, Geretto, Tardelli, Machado, Yamashita.[3]

16. Suporte Avançado de Vida em Anestesia (SAVA)

> O ECG de 12 derivações é primordial para o diagnóstico das taquiarritmias. No entanto, a sua realização não deve retardar as medidas terapêuticas na presença de instabilidade hemodinâmica. Exames auxiliares como a radiografia de tórax e o ecocardiograma transtorácico podem auxiliar no diagnóstico tratamento adequados.[3,12,13]

As taquiarritmias são classificadas anatomicamente com base na origem do estímulo elétrico em:[13]

Taquicardia supraventricular (TSV):

As TSV se originam nos átrios ou na junção atrioventricular. São originadas e mantidas por estruturas localizadas acima da bifurcação do feixe de His. Normalmente apresentam o complexo QRS estreito. As TSV são recorrentes, ocasionalmente persistentes e com elevada incidência nos setores de urgência/emergência. Os sintomas mais comuns são palpitações, ansiedade, poliúria, dor torácica, escotomas e dispneia. O ECG de 12 derivações é crucial no diagnóstico das taquiarritmias. No entanto, sua realização não deve retardar as medidas terapêuticas na presença de instabilidade hemodinâmica. Nessas situações, a cardioversão elétrica (CVE) sincronizada é mandatória para a resolução da arritmia. Vale ressaltar que a anamnese, exame físico e exames laboratoriais são essenciais para elucidar a etiologia do quadro.[6,12]

Taquicardia sinusal: é a mais frequente de ser encontrada no pós-operatório imediato, e é causada pelo aumento da descarga simpática resultante da dor, ansiedade, hipovolemia, anemia, hipóxia e hipercarbia. Também se observa morfologia normal no traçado eletrocardiográfico (onda P, complexo QRS, intervalo PR, segmento ST e onda T). No entanto, a frequência cardíaca é superior a 100 bpm. Habitualmente, a etiologia é extracardíaca, sendo a hipovolemia uma das causas mais comuns. O tratamento é baseado na correção da causa. Medicamentos com atividade parassimpática ou β-bloqueadores poderão ser utilizados eventualmente no controle da FC. É importante lembrar que alguns pacientes não toleram frequências mais elevadas, como aqueles com doença coronariana ou estenose mitral (Figura 16.24).[11,13]

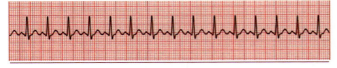

Figura 16.24. Taquicardia sinusal. Fonte: reproduzida de Silva, Ferez, Mattos, Nunes, Lima, Lima.[1]

Fibrilação atrial (FA): é a arritmia mais frequente na população geral sendo que sua ocorrência tende a aumentar com a idade. Suas causas mais frequentes são as doenças cardíacas estruturais, valvopatias mitrais, miocardiopatias e cardiopatias isquêmicas. Caracteriza-se por batimentos irregulares na ausculta cardíaca e pela presença de pulso com amplitudes variadas. No ECG, é possível observar ausência de onda P; ritmo irregular com intervalos entre as ondas R que variam de um ciclo para o outro, presença de onda f (ondas fibrilatórias) devido a atividade atrial irregular e frequência atrial entre 350 bpm a 700 bpm (Figura 16.25). É muito importante diferenciar a FA aguda da crônica, pois nesta ocorre lentidão do fluxo sanguíneo favorecendo a formação de trombos cavitários. A migração destes, podem gerar embolização em territórios arteriais em outros segmentos (cerebral, mesentérico e membros). No caso de FA aguda a cardioversão química é uma alternativa à CVE. O medicamento de escolha é a amiodarona, 150 mg IV em 10 minutos. Essa conduta poderá ser repetida a cada 10 minutos. A dose máxima é de 2,2 g por dia. No caso de CVE, opta-se por iniciar com 100 J após a sedação do paciente. Caso ocorra dúvida no tempo de instalação da FA, deve-se realizar anticoagulação oral por 3 a 4 semanas antes de realizar a cardioversão. O ecocardiograma sem evidências de trombos atriais pode auxiliar na decisão pela CVE imediata.[6,11,13]

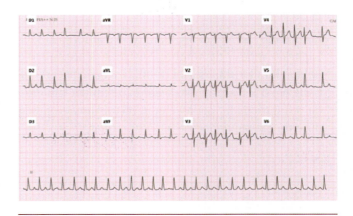

Figura 16.25. Fibrilação atrial. Fonte: reproduzida de Friedmann.[13]

Flutter atrial: a atividade atrial encontra-se mais organizada do que na FA, no entanto a FC é mais baixa (em torno de 300 por minuto). Observam-se ondas F (negativas em D2, D3 e AVF), regulares com aspecto serrilhado e intervalos RR constantes ao EGC como mostrado na Figura 16.26. É uma condição frequente em pacientes com aumento de átrio direito. A insuficiência cardíaca e o tromboembolismo são complicações possíveis. A terapêutico baseia-se na oxigenação, sedação e realização de CVE sincronizada, iniciando-se com cargas de 50 J.[6,10,13]

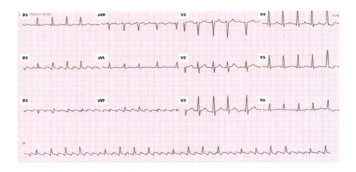

Figura 16.26. *Flutter* atrial. Fonte: reproduzida de Friedmann.[13]

Taquicardia paroxística supraventricular (TPSV): tem início e término súbitos. A FC normalmente varia de 150 a 250 bpm. É causada por mecanismo de reentrada. Isso deve-se ao fato de as fibras de condução rápida estarem muito próximas as de condução lenta do nó AV. O ECG desses pacientes tende a ser normal, mas pode-se observar o término da onda P na porção final do QRS, simulando uma onda S nas derivações D2, D3 e AVF. Tais ondas aparecem durante o período de taquicardia e desaparecem em ritmo sinusal (Figura 16.27). Pode-se tentar a reversão do quadro com manobras vagais – compressão unilateral do seio carotídeo, manobra de Valsalva e estimulação do reflexo de vômito. Na falha delas, opta-se pela administração de adenosina em *bolus* rápido de 6 mg em 3 a 5 segundos, seguido de fluído. Em caso de refratariedade, pode-se administrar uma segunda dose de 12 mg, também em *bolus* rápido.[2,6]

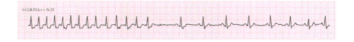

Figura 16.27. Taquicardia paroxística supraventricular. Fonte: reproduzida de Friedmann.[13]

Taquicardia atrial (TA): nesse caso, a onda P assumirá orientação espacial e morfologia diferente das ondas P sinusais (Figura 16.28). A frequência atrial permanecerá entre 150 e 250 bpm. As principais causas são sobrecargas, alterações de metabolismo, hipóxia e isquemia. O início e término, diferente das anteriores, são graduais.[11,13]

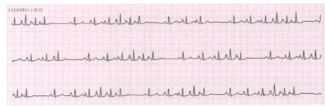

Figura 16.28. Taquicardia atrial. Fonte: reproduzida de Friedmann.[13]

Taquicardia multifocal

O protótipo desse exemplo é a taquicardia juncional. Neste caso, as células de marca-passo da junção AV assumem o comando cardíaco. Geralmente, observa-se uma FC que varia entre 40 bpm e 110 bpm. A onda P é ausente ou anormal (invertida e localizada após o complexo QRS) pela condução retrógrada aos átrios. O complexo QRS, o intervalo ST, a onda T e o intervalo RR são normais. É um ritmo comum durante o ato anestésico, sobretudo quando se emprega o halotano. Geralmente, não necessita de tratamento e o ritmo é revertido de forma espontânea. Em caso de hipotensão e baixa perfusão indica-se a utilização de atropina ou efedrina, aumentando a atividade do nó sinusal (Figura 16.29).[6,12,13]

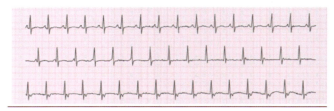

Figura 16.29. Ritmo juncional. Fonte: reproduzida de Friedmann.[13]

Taquicardias ventriculares (TV)

Possuem o QRS alargado e a origem do estímulo é nos ventrículos. É comum em portadores de cardiopatias, embora possam ocorrer em indivíduos com o coração estruturalmente normal. Quando prolongadas podem levar a hipotensão e choque, além de morte súbita. Os critérios diagnósticos são listados abaixo:[3]

- Três ou mais complexos QRS alargados, precoces e consecutivos.
- QRS não precedidos de onda P;
- Frequência cardíaca > 100 bpm.

As TV podem ser divididas em sustentadas ou não sustentadas, dependendo de sua duração. A TV de longa duração é denominada de sustentada e costuma ser sintomática. Já as TV de curta duração (< 30 s) podem ser assintomática. As principais causas são o infarto agudo do miocárdio (IAM), miocardiopatias e outras cardiopatias.[9,13]

Quadro 16.10. Apresentações clínicas da síndrome coronariana aguda

SCA com supradesnivelamento do segmento ST	IAM com supradesnivelamento do segmento ST (IAMCSST)	Oclusão total de uma artéria coronária.
SCA sem supradesnivelamento do segmento ST	Angina instável	Oclusão parcial de uma artéria coronária. Apresenta-se na forma de síndrome miocárdica típica, mas sem elevação dos marcadores de necrose.
	IAM sem supradesnivelamento do segmento ST (IAMSSST)	Oclusão parcial de uma artéria coronária levando a alterações nos marcadores de necrose.

Fonte: adaptada de Bernoche, Timerman, Polastri, Giannetti, Siqueira, Piscopo et al.[12]

> É importante destacar a presença do QRS alargado, também pode aparecer em taquiarritmia supraventricular com aberrância de condução. Tal fato é importante pois o tratamento e o prognóstico são diferentes em cada caso.[9,13]

Taquicardia ventricular monomórfica (um ponto de origem) sustentada: trata-se da modalidade mais frequente de taquicardia ventricular. O nome 'monomórfica' vem do fato de todos os complexos QRS alargados terem a mesma morfologia. Nesse caso, a FC situa-se entre 100 bpm e 200 bpm. Para o tratamento opta-se pela amiodarona na dose de 150 mg IV, em 10 minutos. A medicação poderá ser repetida se necessário, em intervalos de 10 minutos (dose máxima de 2,2 g/dia). Se não houver sucesso após a terceira dose, é indicada CVE.[12,13]

Taquicardia ventricular polimórfica (dois ou mais pontos de origem): nesse caso os complexos QRS de origem ventricular tem diferentes morfologias. Trata-se de uma condição mais grave que a TV monomórfica em que o ritmo é muito irregular e a FC mais elevada. Seu tratamento é a desfibrilação com carga máxima.[6,13]

■ SÍNDROMES CORONARIANAS AGUDAS (SCA)

Condições clínica causada pela diminuição repentina do fluxo sanguíneo nas artérias coronárias. É causada pela ruptura de uma placa coronariana instável. Isso favorecerá a formação de trombos intraluminais e consequentemente a obstrução do vaso em diferentes graus. A importância do estudo das SCA pela anestesiologia é devido ao alto índice de mortes por IAM durante o intra e pós-operatório tardio de cirurgias não cardíacas. O prognóstico desses pacientes depende fundamentalmente da rapidez da reperfusão coronariana. O diagnóstico de SCA é realizado a partir do quadro clínico, alterações eletrocardiográficas e elevação dos marcadores bioquímicos. As diferentes apresentações da SCA serão mostradas no Quadro 16.10.[1,11,14,15]

O principal sintoma de SCA é a dor torácica. Pacientes com dor torácica em repouso com duração superior a 20 minutos, angina de início recente que limita atividades e angina em crescente devem ser prontamente encaminhados à emergência. Entretanto, nem todos os pacientes apresentam a dor torácica como sintoma de SCA. Diabéticos, idosos ou pacientes em pós-operatório podem manifestar outros sintomas. Entre eles estão dispneia, náuseas/vômitos, taquicardia e síncope. A ausência de dor torácica é um fator de pior prognóstico, pois há possibilidade de falha ou atraso no diagnóstico/terapêutico. Abaixo algumas ferramentas para diagnóstico de SCA:[12,14]

Para se estabelecer o diagnóstico de IAM, dois dos três critérios abaixo devem estar presentes:

- Sintomas isquêmicos prolongados.
- Alterações no eletrocardiográficas sugestivas.
- Elevação plasmática de marcadores de necrose.[10,11]

Eletrocardiograma (ECG)

Diante de um quadro de sintomas variados e inespecíficos e a tardia elevação de marcadores de necrose, o ECG é ferramenta primordial para diagnóstico de SCA e deve ser realizado de forma seriada nas primeiras 24 horas após os sintomas e ser repetido diariamente. O ECG permite classificar o paciente em dois grupos:[6]

- Infarto Agudo do Miocárdio com supradesnivelamento do seguimento ST (IAMCSST) há elevação do segmento ST ou bloqueio de ramo esquerdo (BRE) novo ou supostamente novo.[1,12]
- Síndrome Coronariana Aguda sem supradesnivelamento do seguimento ST (SCASST). Posteriormente será classificado em infarto agudo do miocárdio sem supradesnivelamento do segmento ST (IAMSST) ou angina instável (AI) baseando-se nos resultados dos marcadores de necrose miocárdica.[1,12]

Marcadores de necrose miocárdica:

São marcadores de lesão miocárdica de modo que indicam a quantidade de tecido miocárdico que sofreu necrose. Não devem ser utilizados sozinhos sem realizar a estratificação de risco.[6,12]

Isoenzima MB da Creatinoquinase (CK-MB): é o marcador mais disponível e mais específico. Eleva-se de 4 a 6 horas após o episódio, atingindo seu pico em 12 a 24 horas e retornando aos níveis normais em 48 horas. Pode-se medir a atividade de CK-MB ou então a massa de CK-MB, esse último com mais acurácia. Quando a relação CKMB e creatinofosfoquinase (CPK) fica menor que 4%, há suspeita de lesão muscular; valores superiores a 25% sugerem presença de outras enzimas simulando essa atividade; valores entre 4% e 25% estabelecem o diagnóstico de lesão miocárdica.[1,12,13]

Troponina: é o marcador mais sensível quando comparada à CK-MB de modo que é o marcador de escolha para o diagnóstico de SCA.[12]

Troponinas ultrassensíveis: permite uma detecção mais precoce de IAM, principalmente os de curta duração, sendo que tem sensibilidade de 100% para detectar dor torácica de 3 horas correspondente a IAM. Recomenda-se ao menos duas medidas seriadas de troponina ultrassensível para definir IAM, com intervalo de pelo menos 7 horas.[10,12]

Estratificação de risco

A estratificação precoce permite realizar triagem para decidir qual a melhor conduta para o paciente de modo a alcançar o melhor prognóstico. O IAMCST possui diversos parâmetros para sua estratificação sendo que necessita de uma intervenção imediata seja mecânica ou farmacológica e em fase muito inicial. Já o prognóstico das SCASST depende muito da conduta e a estratificação é definitiva para direcioná-la. O prognóstico é certamente melhor na angina instável quando comparada com o IAM. Os escores mais comuns para estratificação de risco são o TIMI (*Thrombolysis in Myocardial Infarction*) e GRACE. Quando comparados, para decisão terapêutica deve-se considerar o que apontar maior risco sendo que aos pacientes de baixo risco as terapêuticas devem ser mais conservadoras. Por outro lado, pacientes de médio e alto risco geralmente são encaminhados para realizar cinecoronariografia precoce em até 24 horas.[1,12,16]

TIMI: utilizam-se 7 variáveis independentes e, para cada variável é atribuído o valor 1 quando está presente e o valor 0 quando está ausente. Quando elevado, está relacionado a aumento do número de eventos em 14 dias, como mortalidade por todas as causas, IAM novo ou recorrente, isquemia grave com necessidade de revascularização. Assim, cria-se um escore que varia de 0 até 7 (sendo 7 o maior risco). Os pacientes com escores de 0 a 2 são de baixo risco e de 5 a 7 são os de alto risco. As variáveis avaliadas são:[1,15]

- Idade $\geq$ 65 anos.
- Presença de pelo menos três fatores de risco para doença arterial coronariana.
- Estenose coronariana prévia $\geq$ 50%.
- Presença de desnivelamento do segmento ST no ECG da admissão.
- Ao menos 2 episódios anginosos nas 24 horas prévias.
- Biomarcadores cardíacos de necrose miocárdica séricos elevados.
- Uso de AAS (ácido acetil salicílico) nos últimos 7 dias.

GRACE: baseia-se na presença de fatores de risco independentes aos quais são atribuídos pontos para estimar o risco de mortalidade intra-hospitalar, de morte ou reinfarto em 1 ano. As variáveis avaliadas são: idade, classificação de Killip (estima a probabilidade de morte em 7 dias), pressão arterial sistólica (PAS), presença de infradesnivelamento de segmento ST, parada cardíaca durante apresentação, creatinina sérica, biomarcadores de necrose miocárdica elevados, frequência cardíaca.[1,4]

Tratamento da SCA

O tratamento para SCA busca fazer o ajuste entre oferta e consumo de oxigênio além de promover alívio da dor, impedir a propagação do trombo estabilizar a placa ateromatosa vulnerável. Outro objetivo é o de identificar o paciente de alto risco que precisará de revascularização coronariana precoce (isso é feito por meio dos escores já citados TIMI ou GRACE).[14]

Oxigenoterapia: aumenta a oferta de oxigênio reduz a hipóxia no local da isquemia. Deve ser empregada em pacientes com dispneia, hipóxia, choque ou edema de pulmão. Recomenda-se o uso em pacientes com hipoxemia (SpO2 < 90% ou pressão parcial de oxigênio (PaO2) < 60 mmHg.[7,15]

Nitratos: utilizado principalmente em pacientes hipertensos, para a melhora de sintomas (angina), não interferindo no prognóstico. Age promovendo dilatação coronária de modo a reverter a obstrução por vasoespasmo coronariano ou redução da isquemia nas SCASST. Deve-se evitar em quadros de hipotensão ou após uso de inibidores de fosfodiesterase. Opioides são uma opção caso não ocorra melhora da dor.[10]

Morfina: tem efeito analgésico e promove redução do consumo de oxigênio, sem impactar no prognóstico. Recomendado para alívio da dor em portadores de SCA com ou sem elevação de ST.[12,15]

Anti-inflamatório não esteroidal: pode ser benéfico sempre priorizando o ácido acetilsalicílico (AAS) em dose anti-inflamatória ou naproxeno.[15]

Antiagregantes plaquetários: são fundamentais no tratamento. O AAS atuará bloqueando a ativação plaquetária e devendo ser usado na dose de 100 mg a 325 mg em todo paciente com SCA. Associado a ele, o clopidogrel tem efeito benéfico já que diminui os desfechos cardiovasculares desfavoráveis. Caso o paciente tenha menos de 75 anos deve-se usar a dose de 600mg para aqueles que receberão conduta intervencionista e 300 mg para estratégia não intervencionista ou trombólise. A dose para menores de 75 anos fica entre 75 mg e 600 mg. Deve-se utilizar 300mg quando o paciente é intolerante ao AAS. O prasugrel tem vantagem na associação com o AAS quando comparado com o clopidogrel já que tem ação mais intensa e de início mais rápido. Porém aumenta o risco de sangramento devendo ser evitado em pacientes idosos com mais de 75 anos ou que pesam menos de 65 Kg e naqueles que já apresentaram AVC ou isquemia cerebral transitória.[1,3,15]

Anticoagulantes: são usados na fase aguda das SCA e agem inibindo a atividade da trombina evitando, assim, eventos trombóticos. A heparina não fracionada é usada amplamente nas SCA com ou sem supra de ST. É recomendado dose de ataque de 60 UI/kg a 70 UI/kg por via endovenosa (máximo de 5000 UI) seguida de infusão contínua de 12 a 15 UI/kg/h (máximo de 1000 UI/h) caso haja necessidade de heparinização contínua. Deve-se manter o tempo de tromboplastina parcialmente ativada (TTPa) de 1,5 a 2,5 vezes o valor de controle. A enoxaparina (heparina de baixo peso molecular) na maior parte dos pacientes a dose terapêutica é de 1 mg/kg/dose

duas vezes ao dia exceto aqueles com *clearance* de creatinina < 30 mL/min em que é administrada a dose apenas uma vez ao dia e naqueles com *clearance* de creatinina < 15 mL/min, nos quais não se deve administrar.[1,2,12,15]

Inibidores do sistema renina-angiotensina-aldosterona: são os inibidores da enzima conversora de angiotensina (IECA) e os bloqueadores do receptor de angiotensina (BRA). Devem ser usados logo nas primeiras 24 horas em todos os pacientes após SCA, exceto aos que possuírem contraindicações. Tem melhores efeitos em pacientes acometidos com IAM anterior, congestão pulmonar e fração de ejeção < 40%. Caso o paciente seja intolerante ao IECA, deve-se utilizar BRA.[1,6]

β-bloqueadores: quando não houver contraindicações, iniciar nas primeiras 24 horas em todos os pacientes com suspeita de SCA.[12]

Estatinas: deve-se considerar nas primeiras 24 horas para atingir valores de LDL-colesterol < 70 mg/dL, salvo contraindicações. Deve-se fazer pré-tratamento com 80 mg de atorvastatina, 12 horas antes da ICP na SCA e logo antes do procedimento aumentar em 40 mg.[1,6]

Terapias de reperfusão: o melhor método de reperfusão será eleito a partir da análise da apresentação clínica e, dependendo dos recursos do serviço que der o atendimento inicial do IAMCST. A fibrinólise busca a diminuição ou até resolução do trombo de modo a retomar o fluxo coronário fazendo a reperfusão do músculo cardíaco. Dentre os fibrinolíticos utilizados estão a estreptoquinase, a alteplase e a tenecteplase. Já a ICP é considerada a estratégia de escolha quando disponível em tempo adequado (início de sintomas < 12 h). Para angioplastia primária considera-se adequado o tempo previsto porta-balão, iniciado no primeiro minuto em que o paciente adentra o serviço de saúde até a restauração do fluxo coronariano, de até 90 minutos para pacientes em hospitais com serviços de hemodinâmica e de 120 minutos caso seja necessária transferência. No caso da fibrinólise, considera-se adequado o tempo porta-agulha inferior a 30 minutos, iniciado no primeiro minuto de contato com o serviço médico até o início da infusão do fibrinolítico. Em todos os casos, a janela de salvamento é de 12 horas. A angioplastia de resgate deve ser usada imediatamente quando há falência da terapia fibrinolítica, constatada em sinais clínicos e eletrocardiográficos.[7,12]

■ CHOQUE HEMORRÁGICO

O trauma é a causa mais frequente de morte em indivíduos com idade entre 1 e 44 anos, sendo mais prevalente na faixa etária dos 10 aos 24 anos, onde representa 40,5% das mortes. O aperfeiçoamento do tratamento às vítimas de trauma representa queda na taxa de mortalidade desses pacientes gravemente feridos para os quais o anestesista tem papel crucial na ressuscitação aguda e no tratamento.[7,10]

Fisiopatologia do choque hemorrágico

O choque hemorrágico é a principal causa de morte em pacientes que sofreram trauma grave e a hipotensão é o principal aspecto desse quadro. De início, os valores de pressão arterial podem dar uma ideia enganosa da hemorragia precoce. Isso porque, após o início da hemorragia, os mecanismos compensatórios (vias simpáticas, baroceptores do seio carotídeo e do arco aórtico e sistema renina angiotensina aldosterona) são ativados. Todos esses mecanismos possibilitam uma vasoconstrição simpática das arteríolas que leva ao aumento da resistência vascular periférica, aumento do retorno venoso e da frequência cardíaca, compensando os níveis pressóricos. O choque hemorrágico é dividido em: fase compensada e fase progressiva. Na primeira, os mecanismos compensatórios são capazes de manter a perfusão sanguínea sem intervenção clínica. Conforme a perda sanguínea continua, ocorre diminuição progressiva da perfusão podendo levar à necrose tecidual, disfunção cardíaca, acidose metabólica e falência múltipla de órgãos. Progressivamente ao choque hemorrágico e hipoperfusão de tecidos, começa a ocorrer disfunções celulares que podem levar a deficiência de fatores de coagulação, hiperfibrinólise e disfunção plaquetária causando uma coagulopatia traumática aguda após a lesão. Por fim, à coagulopatia associam-se a hipotermia e a acidose (tríade letal), mostrando que o choque hemorrágico pode se tornar irreparável apesar de esforços para evitar suas consequências.[7,11,17]

Tratamento do choque hemorrágico

À medida que cada trauma tem um modo único de acontecimento e apresentação, cabe à padronização do atendimento, avaliação e tratamento iniciais dos pacientes com grandes traumas. Esse tratamento inicial tem interferência direta no cuidado intraoperatório. Os sinais de choque decorrem da hipoperfusão tecidual levando a alterações do nível de consciência, taquicardia, taquipneia e hipotensão. Segundo diretrizes do ATLS (*Advanced Trauma Life Support*) a hemorragia traumática pode ser classificada em 4 classes com base no exame clínico e alteração de sinais vitais (Quadro 16.11). De acordo com essa classificação pode-se prever a perda estimada de sangue baseada na condição do paciente e propor a reanimação com cristaloides ou concentrado de hemácias [14,16]

No choque hemorrágico o objetivo primordial é identificar o local da hemorragia para seu correto controle e prevenção de mais perda sanguínea. Ao mesmo tempo, busca-se restaurar o volume circulante para restabelecer uma correta perfusão de órgãos vitais de modo a evitar ou minimizar a hipóxia tecidual. Na avaliação da via aérea deve-se fornecer oxigênio suplementar de modo a manter a saturação acima de 94%.[11]

Quadro 16.11. Perda estimada de sangue baseada na condição inicial do paciente

	Classe I	Classe II	Classe III	Classe IV
Perda sanguínea (mL)	Até 750	750-1500	1500-2000	>2000
Perda sanguínea (%volume sangue)	Até 15%	15-30%	30-40%	>40%
Frequência de pulso (em um minuto)	<100	100-120	120-140	>140
Pressão arterial	Normal	Normal	Diminuída	Diminuída
Pressão de pulso	Normal ou aumentada	Diminuída	Diminuída	Diminuída
Frequência Respiratória	14-20	20-30	30-40	>35
Diurese (mL.h)	>30	20-30	5-15	Desprezível
Estado mental	Levemente ansioso	Moderadamente ansioso	Ansioso, confuso	Confuso, letárgico
Reposição volêmica	Cristaloide	Cristaloide	Cristaloide e sangue	Cristaloide e sangue

Fonte: reproduzido de Advanced Trauma Live Support (ATLS).[17]

A restauração do volume efetivo circulante e consequentemente, da perfusão tecidual, tem como base a reanimação por via venosa podendo ser usados combinações de fluidos e hemoderivados. Nesse processo pode ser necessário incluir vasopressores e antifibrinolíticos para corrigir a coagulopatia traumática aguda. Em todo esse processo deve-se ficar atento aos efeitos de sobrecarga de fluidos, síndrome compartimental abdominal, acidose metabólica e reações transfusionais que podem estar associadas ao processo de reanimação. No ato da punção deve ser colhida amostra de sangue para tipagem sanguínea, dosagem de hemoglobina (a meta é manter Hb entre 7 e 9 g/dL), amilase, lactato, beta-HCG e exames toxicológicos.[1,11,12]

Exames de imagem são recomendados para detectar a presença de líquido livre nas cavidades abdominal ou torácica dos pacientes com trauma grave. Se houver sangramento significativo em cavidades, o paciente deve ser submetido a cirurgia de urgência. A tomografia computadorizada é sugerida quando o paciente está hemodinamicamente estável.[1]

Para reposição volêmica no paciente traumatizado com hemorragia e hipotensão recomenda-se iniciar soluções cristaloides isotônicas. Sugere-se evitar o uso de grandes volumes de NaCl 0,9%, prevenindo a acidose metabólica hiperclorêmica. Em pacientes com TCE grave, volumes excessivos de soluções hiposmolares como o Ringer lactato podem agravar o edema cerebral. Preconiza-se uma reposição inicial de 1L, e volumes subsequentes devem ser baseados na resposta do paciente. A reposição adequada restabelece o débito urinário em torno de 0,5 mL/kg/h. A infusão contínua de volume para tentar normalizar a pressão arterial, não substitui o controle da hemorragia, mas é a estratégia para alcançar os alvos de pressão até que o sangramento seja controlado. As metas de pressão sistólica são de 80 mmHg a 90 mmHg. Caso seja paciente com trauma cranioencefálico, manter PAM maior ou igual a 80 mmHg.[1,10,12]

Para controle da hemorragia pode-se usar agentes hemostáticos como auxiliares. Pode-se recorrer ao ácido tranexâmico (ATX) com dose inicial de 1 g durante 10 minutos, em seguida faz-se infusão contínua intravenosa de 1 g ao longo de 8 horas. O ATX deve ser administrado nas primeiras 3 horas após a lesão.[3]

Para reposição de sangue, utilizar plasma fresco congelado (PFC) e concentrado de hemácias (CH) numa proporção de 1 PFC: 2 CH ou então utilizar concentrado de fibrinogênio e CH de acordo com os valores de hemoglobina. Recomenda-se administração de plaquetas para manter a contagem acima de 50.000/mm³ e a manutenção acima de 100.000/mm³.[3,12]

A homeotermia é fator fundamental no prognóstico desses pacientes. Deve-se aplicar medidas para manutenção da temperatura para alcançar a normotermia e prevenção de hipotermia. Além disso, devido à possibilidade de coagulopatia deve-se dosar o tempo de protrombina, tempo de tromboplastina parcial ativada e contagem de plaquetas. Por fim, para o paciente que não responde às medidas de reanimação deve-se obter avaliação precoce do cirurgião para controle da hemorragia.[3,14]

■ CHOQUE SÉPTICO:

Consiste em uma situação de má perfusão tecidual, associada à presença de uma infecção. Atualmente, entre 10 e 15% dos pacientes internados em centros de terapia intensiva podem desenvolver o quadro de choque séptico, com taxas de mortalidade superiores a 50% no Brasil. Acredita-se que um dos determinantes da alta taxa de mortalidade no Brasil seja a dificuldade de acesso ao sistema de saúde associada ao diagnóstico tardio da doença. Para a compreensão do choque séptico, são necessárias algumas definições, dentre elas: síndrome da resposta inflamatória sistêmica (SRIS), sepse e, por fim, choque séptico.[6,18]

Síndrome da resposta inflamatória sistêmica (SRIS)

A SRIS consiste na resposta elaborada pelo sistema imunitário humano perante a presença de um estímulo, geralmente, um agente exógeno. São necessários, no mínimo, dois dos quatro critérios abaixo para o diagnóstico de SRIS:[18,19]

- Temperatura > 38ºC ou < 36ºC.
- Frequência cardíaca acima de 90 bpm.
- Frequência respiratória > 20 irpm ou PaCO2 < 32mmHg.
- Leucócitos > 12.000/mm³ ou < 4000/mm³ ou > 10% de células imaturas (desvio à esquerda).

Os sinais e sintomas aqui avaliados estão presentes de maneira geral nos pacientes hospitalizados, incluindo àqueles que não possuem infecção. Pacientes que sofreram traumas, queimaduras ou qualquer processo inflamatório na presença ou não de infecção, possuem resposta adaptativa de inflamação sistêmica.[18]

Tal resposta ocorre após o contato com um agente infeccioso, determinando liberação de moléculas que ativam receptores e induzem a produção de citocinas (IL-1B, IL-6, IL-8, TNF, IFN), ativação do sistema complemento e coagulação. Os leucócitos então ativados pelas citocinas inflamatórias, dirigem-se ao sítio infeccioso e induzem a produção de mais células de defesa. Tanto o local da infecção, quanto a circulação sistêmica, pela presença de moléculas antigênicas, possui maior quantidade de citocinas inflamatórias, o que leva à produção de óxido nítrico (NO), que atua na vasodilatação e aumento da permeabilidade vascular. O sangue então é mal distribuído e começam a surgir trombos na microvasculatura, determinando fenômenos isquêmicos. A hipóxia tecidual se instaura e inicia-se a respiração anaeróbia para suprir as necessidades calóricas dos tecidos, o que gera lactato e, em última instância, insuficiência orgânica. Quanto maior a disfunção orgânica, maior o risco de mortalidade do paciente. A partir do momento em que esta situação não responde mais à reposição de volume, podemos chamá-lo de choque séptico.[20]

Sepse

Definimos este quadro pela presença de uma disfunção orgânica com risco de morte, causada por uma resposta desregulada do hospedeiro frente à uma infecção. Tal conceito, segundo a o Consenso Sepsis-3 de 2016, enfatiza a primazia da resposta não homeostática do hospedeiro à infecção, a letalidade da situação e a necessidade de reconhecimento rápido. Vale ressaltar que mesmo com uma disfunção orgânica mais branda, quando associada a um foco infeccioso, já possui piores desfechos para o paciente (cerca de 10% a mais de chances de mortalidade intra-hospitalar). Dessa forma, o foco é o diagnóstico precoce. Para isso, temos ferramentas de rápido acesso, mais conhecidos como SOFA (*Sequential Organ Failure Assessment*) e qSOFA (Quadro 16.12), que são comparados no Quadro 16.13.[18,20]

Quadro 16.12. Critérios do qSOFA

Critérios qSOFA
Frequência respiratória ≥ 22 irpm
Alteração do estado de consciência ECG ≤ 15
PAS ≤ 100 mmHg

Fonte: reproduzido de Singer, Deutschman, Seymour.[18]

Ambos são utilizados no diagnóstico de sepse, no entanto, diferem na necessidade de exames laboratoriais. Assim, o QuickSofa, por ter como base critérios clínicos, desempenha o papel de triagem ao ser evidenciada pontuação ≥ 2, sendo utilizado principalmente fora das unidades de terapia intensiva. Porém, é importante ressaltar a necessidade da utilização de ambos para o diagnóstico da disfunção orgânica do paciente avaliado.[6,18]

Quadro 16.13. SOFA

SOFA X qSOFA						
	Escore	0	1	2	3	4
SOFA	PaO2/FiO2	≥400	<400	<300	<200 com suporte ventilatório	<100 com suporte ventilatório
	Plaquetas (10³)	≥150	<150	<100	<50	<20
	Bilirrubina	<1,2	1,2-1,9	2-5,9	6-11,9	≥12
	Cardiovascular	PAM ≥70	PAM <70	Dopamina <5 ou dobutamina (qualquer dose)	Dopamina (5,1-15) ou adrenalina ≤0,1 ou noradrenalina ≤0,1	Dopamina >15 ou adrenalina>0,1 ou noradrenalina >0,1
	Glasgow	15	14-13	12-10	9-6	<6
	Creatinina ou Débito urinário (mL/dia)	<1,2	1,2-1,9	2-3,4	3,5-4,9 ou DU <500	>5 ou DU <200

Fonte: reproduzido de Singer, Deutschman, Seymour.[18]

Quadro 16.14. Repercussões sistêmicas do choque séptico

Sistema	Repercussões
Cardiovascular	Hipovolemia Tempo de enchimento capilar normal Débito cardíaco elevado Taquicardia Extremidades quentes (estado hiperdinâmico) Alargamento das câmaras cardíacas e redução da fração de ejeção (até 2 semanas após o início)
Renal (elevada mortalidade quando presente)	Dano isquêmico ao túbulo renal Oligúria Aumento de ureia e creatinina
Pulmonar	Ocorre secundária à lesão da vasculatura pulmonar: Edema intersticial – desequilíbrio entre a ventilação e a perfusão pulmonar Infiltrador pulmonares na radiografia PaO2/FiO2 menor que 200, caracterizando síndrome do desconforto respiratório agudo (SDRA)
Neurológica (encefalopatia associada à sepse)	Déficit de atenção Distúrbio cognitivo Obs.: Considera-se este diagnóstico como de exclusão em virtude da existência de outros acometimentos como delirium, distúrbios hidroeletrolíticos, doenças do sistema nervoso central e uso de drogas com quadro clínico similar.
Coagulação (estado de pró-coagulação)	Coagulação intravascular disseminada (CIVD) Redução da atividade de Anticoagulação e fibrinólise Consumo de plaquetas, determinando plaquetopenia Fenômenos microtrombóticos Aumento do Tempo de protrombina e Tromboplastina parcial ativada Diminuição do fibrinogênio Aumento do produtor de degradação da fibrina

Fonte: reproduzido de Azevedo, Taniguchi, Ladeira, Martins, Velasco.[20]

Choque

Finalmente, o choque séptico, é definido pela sepse associada a presença de sepse associada à hipotensão não responsiva à reposição de fluídos, sendo o alvo pressórico avaliado a partir da pressão arterial média (PAM) que deve estar acima de 65mmHg. Assim, o choque séptico se define pela presença de infecção, associado à pontuação maior ou igual a dois no SOFA com hipotensão que não responde à reposição de volume. Nesses pacientes, pode-se necessitar de vasopressores para estabilização.[18]

Avaliação inicial do paciente

O quadro clínico do paciente em sepse decorre do processo inflamatório decorrente da infecção, através dos mecanismos apresentados já anteriormente. Esses mecanismos culminam na disfunção orgânica e em sintomas ainda mais proeminentes. Assim, os sinais e sintomas que o paciente apresenta são determinados pelo órgão acometido, associado ao acometimento sistêmico da resposta inflamatória. Embora não haja no momento um teste diagnóstico para sepse, a avaliação

clínica do paciente, associada aos exames laboratoriais disponíveis, possibilitam o diagnóstico da sepse. Para isso, utiliza-se os critérios apresentados anteriormente, SOFA e qSOFA. No Quadro 16.14 podemos observar as repercussões de acordo com o acometimento de cada órgão durante o choque séptico.[20]

Tratamento

O tratamento do paciente deve ser iniciado o quanto antes, independentemente do local em que se encontre. Deve-se monitorizar o paciente, iniciar ressuscitação volêmica, suporte hemodinâmico e das disfunções orgânicas e tratamento do foco infeccioso.[17]

O primeiro passo é a ressuscitação volêmica de 30 mL/kg, buscando aumentar a pressão arterial em virtude da hipovolemia e a vasodilatação do paciente. O volume intravascular aumentado, determina maior débito cardíaco que, pela lei de Lei de Frank-Starling, determina maior força de contração pela maior distensão das fibras cardíacas, aumentando a pressão do paciente. Com relação à escolha da solução para a ressuscitação volêmica, a preferência é pelo uso de cristaloides, principalmente do Ringer lactato, dado

Quadro 16.14. Manejo medicamentoso no choque séptico

Medicamento	Indicação, dose e esquema	Efeitos colaterais
Adrenalina	Suporte inotrópico e vasopressor na sepse. Efeito inotrópico potente. Não existe dose máxima	Piora de fluxo esplâncnico, coronariano e renal; elevação do lactato; taquiarritmias; hiperglicemia. Uso limitado em pacientes que não responderam às terapias convencionais
Vasopressina	0,01 U/min a 0,04 U/min (utilizada em associação à noradrenalina)	Redução da perfusão esplâncnica e aumento de necrose de pele; redução do débito cardíaco
Dobutamina	Suporte inotrópico em sepse com falência miocárdica. Doses escalonadas de 2,5 µg/kg/min com aumentos de 2,5 µg/kg/min a cada 30 min até atingir 20 µg/kg/min	Taquicardia; arritmia cardíaca; hipotensão; aumento do consumo de oxigênio do miocárdio. Deve ser evitada em pacientes hipotensos a despeito de suporte vasopressor
Noradrenalina	Suporte vasopressor na sepse. Dose: 0,01 µg/kg/min inicial. Não existe dose máxima	Aumento do consumo de oxigênio miocárdico, vasoconstrição renal
Dopamina	Suporte inotrópico e vasopressor na sepse. Dose dopaminérgica até 2,5 µg/kg/min. Dose beta-agonista até 10 µg/kg/min e dose alfa-agonista acima de 10 µg/kg/min. Dose máxima de 20 µg/kg/min	Necrose isquêmica da pele; náuseas e vômitos; taquiarritmias; condução cardíaca aberrante; supressão dos hormônios da hipófise anterior. Proscrita quando utilizada com objetivo de nefroproteção

Fonte: reproduzido de Azevedo, Taniguchi, Ladeira, Martins, Velasco.[19]

que a reposição com soro fisiológico pode determinar o aparecimento de acidose metabólica hiperclorêmica pela grande quantidade necessária, além aumentar a resposta inflamatória e piorar a função renal. Já as soluções coloides (albumina, por exemplo), reduzem a necessidade de grandes aportes de volume. Possuem esta vantagem por permanecerem mais tempo no espaço intravascular, garantindo melhor qualidade na expansão, necessitando de menos volume. Entretanto, os hidroxietilamidos são coloides sintéticos que não devem ser usados em pacientes sépticos pois mostraram piora da função renal nesses pacientes.[17,20]

O uso de vasopressores deve ser considerado para manter a pressão arterial média de 65 mmHg (valor mínimo para manter a adequada oferta de oxigênio) refratária à reposição de fluídos, podendo ainda adiantar o seu início de acordo com a gravidade do paciente. O fármaco de primeira escolha é a noradrenalina segundo os estudos mais recentes. Em situação de PAM estável, porém persistência de má perfusão tecidual avaliadas por meio do tempo de enchimento capilar elevado ou débito cardíaco reduzido, os fármacos de escolha são os inotrópicos, em busca da elevação da oferta de O2 para os tecidos, sendo a dobutamina a primeira escolha por conta do seu agonismo em receptores beta 1 (inotrópicos).[19,20]

As doses e principais efeitos colaterais das medicações estarão expressas no Quadro 16.14.[18,19]

A escolha do antibiótico também deve ser rápida, dado que o atraso no início da terapia ou erro na escolha, pode determinar piores desfechos. No momento da abordagem inicial, a coleta de culturas deve ser prévia ao uso do antibiótico, de preferência endovenoso (hemoculturas), e com acesso exclusivo. Sua coleta não deve atrasar a antibioticoterapia. Alguns pontos importantes a serem levados em consideração na escolha do antibiótico são: utilização de antibioticoterapia de amplo espectro inicialmente, história prévia do paciente (se foi hospitalizado recentemente, por exemplo), comorbidades e história de uso recente de antibióticos. Geralmente possui duração de 7 a 10 dias, devendo ser avaliada a necessidade de abordagem cirúrgica e a reavaliação segundo o resultado das culturas.[6,20]

A corticoterapia, quando paciente não responde à expansão volêmica e está em uso de altas doses de vasopressores, é indicada, sendo a dose recomendada de 200-300mg de hidrocortisona por dia. Lembrar que deve ser suspensa assim que as medicações vasopressoras não forem mais necessárias.[19]

Com relação ao controle glicêmico, valores abaixo de 180 mg/dL possuem melhor prognóstico e menores índices de hipoglicemia. Nos pacientes em uso de bomba de insulina, glicemia de hora em hora deve ser realizada e o aporte calórico na forma de glicose igualmente calculado, de modo a evitar a hipoglicemia.[6,19]

CUIDADOS PÓS-REANIMAÇÃO

O paciente que se recuperou de uma PCR independente da etiologia, deve ser tratado logo nos primeiros minutos com fármacos vasoativos, reposição de fluidos, se necessário, e, monitorização logo que possível. Os cuidados pós-reanimação visam identificar e tratar a etiologia da PCR, evitar lesões de isquemia-reperfusão em especial, no território cerebral, evitar lesões secundárias de órgãos e, ainda, estimar o prognóstico do paciente após a alta hospitalar.[1,12]

Como exames complementares após o RCE, deve-se realizar a gasometria arterial e dosagem de lactato (para confirmar a adequada perfusão tecidual), glicemia, radiografia de tórax, dosagem de eletrólitos, hemograma e marcadores de necrose miocárdica e TP/TTPa. Alguns pontos chave para os cuidados pós-reanimação são citados abaixo.[1,21]

Via aérea e ventilação

Após PCR de curta duração e RCE, os pacientes que evoluem com bom padrão respiratório e nível de consciência adequado devem receber oxigênio suplementar se a oximetria de pulso for < 94% devendo sempre evitar a hiperventilação. Pacientes que apresentem algum desconforto respiratório ou rebaixamento do nível de consciência devem receber suporte ventilatório, titulando a FiO2 a fim de manter a SpO2 entre 94 e 99%. É recomendada a capnografia para certificar-se do correto posicionamento do tubo traqueal.[21]

Circulação

Deve ser realizado um ECG de 12 derivações imediato para verificar possível lesão coronária como causa da PCR, observando a presença ou não de elevação de segmento ST e, se necessário, indicar a terapia de reperfusão coronária.[12,21]

Manejo hemodinâmico e pressão arterial

Após o RCE, pode ocorrer instabilidade hemodinâmica e distúrbios de ritmo secundários ao processo de isquemia-reperfusão. Nesse caso, associa-se a reposição de fluidos e indica-se fármacos vasoativos. Caso persista a instabilidade considera-se suporte circulatório como o balão intra-aórtico e ECMO. A pressão arterial sistólica deve ser mantida em torno de 90 mmHg ou a pressão arterial média acima de 65 mmHg.[4,6]

Controle da temperatura pós-PCR

A modulação terapêutica da temperatura é conduta que se mostra eficaz para melhora na recuperação neurológica em pacientes comatosos, uma vez que a hipotermia atua como supressora das vias responsáveis pela apoptose celular e morte cerebral. Além disso, a hipotermia diminui o metabolismo cerebral de oxigênio. Assim, adultos após PCR no ritmo de TV/FV fora do ambiente hospitalar, que após RCE permanecerem comatosos devem ter a temperatura controlada entre 32ºC e 36ºC, mantendo a mesma temperatura por 24 horas. Para outros ritmos e para eventos intra-hospitalares, a hipotermia terapêutica é considerada opcional. Esse controle de temperatura é contraindicado no caso de infecção sistêmica grave e coagulopatia preexistente.[1,21]

Para atingir os valores de temperatura desejados, o paciente deve estar sedado e pode-se utilizar o resfriamento passivo (mantendo-se o paciente sem cobertores); compressas com álcool gelado a 4ºC; gelo em axilas, pescoço e região inguinal; infusão de NaCl 0,9% em acesso venoso central (30 mL/kg em 30 minutos, máximo de 3 litros); colchões térmicos; e o dispositivo de circulação extracorpórea.[1,21]

Controle glicêmico

No período pós-PCR deve-se evitar a hipoglicemia como forma de proteção do tecido nervoso. Sendo assim, recomenda-se manter os valores de glicemia entre 140 e 180 mg/dL.[1]

Sedação

A sedação após PCR permite a instituição do suporte ventilatório além do controle da temperatura. Nesse caso, podem ser usados benzodiazepínicos ou propofol, titulando os fármacos por escala de sedação, evitando o efeito acumulativo.[21]

Referências bibliográficas

1. Silva WV, Ferez D, Mattos SLL, Nunes RR, Lima KHN e, Lima RM e. SAVA – Suporte Avançado de Vida em Anestesia. 2 ed. Rio de Janeiro: Sociedade Brasileira de Anestesiologia, 2018.
2. Butterworth JF, Mackey DC, Wasnick JD. Morgan & Mikhail's – Clinical Anesthesiology. 5 ed. Mc Graw Hill Education Lange, 2013.
3. Amaral JLG do, Geretto P, Tardelli MA, Machado FR, Yamashita AM. Guias de Medicina Ambulatorial e Hospitalar da UNIFESP – Anestesiologia e Medicina Intensiva. Barueri, SP: Manole, 2011.
4. ACLS - American Heart Association, Suporte Avançado de Vida Cardiovascular – Manual para profissionais de saúde.4 ed. 2015
5. Kaji, AH. Parada Cardíaca. Merck Sharp & Dohme Corp. Kenilworth – EUA [publicação on line], 2018. [acesso em 06 out 2020].

Disponível em: https://www.msdmanuals.com/pt/casa/les%-C3%B5es-e-envenenamentos/primeiros-socorros/parada-card%C3%ADaca

6. Miller RD, Cohen NH, Eriksson LI, Fleisher LA, Wiener-Kronish JP, Young WL. Miller Anestesia. 8ed. Rio de Janeiro: Elsevier, 2019.

7. Silva Junior JM. Situações de risco em anestesia. São Paulo: Atheneu, 2012

8. Dutra V de F, Tallo FS, Rodrigues FT, Vendrame LS, Lopes RD, Lopes AC. Desequilíbrios hidroeletrolíticos na sala de emergência. Rev Bras Clin Med São Paulo. 2012;10(5):410–9.

9. Goveia CS, Tardelli MA, Albuquerque MAC de, Nunes RR, Curi EF. Complicações e eventos adversos em anestesia. Sociedade Brasileira de Anestesiologia/SBA. Rio de Janeiro, 2020.

10. Gaba MD, Fish KJ, Howard SK, Burden AR. Situações Críticas em anestesiologia. 2 ed. Rio de Janeiro: Elsevier, 2016.

11. Pardo MC, Miller RD. Bases de Anestesia. 7 ed. Rio de Janeiro: Elsevier, 2019.

12. Bernoche C, Timerman S, Polastri TF, Giannetti NS, Siqueira AWDS, Piscopo A, et al. Atualização da diretriz de ressuscitação cardiopulmonar e cuidados cardiovasculares de emergência da sociedade brasileira de cardiologia - 2019. Arq Bras Cardiol. 2019;113(3):449–663.

13. Friedmann AA. Eletrocardiograma em 7 aulas: temas avançados e outros métodos. 2 ed. Barueri, SP: Manole, 2016.

14. Bagatini A, Cangiani LM, Carneiro AF, Nunes RR. Bases do ensino da Anestesiologia. Rio de Janeiro: Sociedade Brasileira de Anestesiologia/SBA, 2017.

15. Pesaro AEP, Campos PCGD, Katz M, Corrêa TD, Knobel E. Síndromes coronarianas agudas: tratamento e estratificação de risco. Rev Bras Ter Intensiva. 2008;20(2):197–204.

16. Lavonas EJ, Drennan IR, Gabrielli A, Heffner AC, Hoyt CO, Orkin AM, et al. Special Circumstances of Resuscitation. Part 10. American Heart Association guidelines Update for Cardiopulmonary Resuscitation and Emergency Cardiovascular Care, 2015; 132: S501-S518

17. Americam College of Surgeons.Committee on Trauma. Advanced trauma life support, ATLS. 9th ed. Chicago: American College of Surgeons, 2012.

18. Singer M, Deutschman CS, Seymour CW, et al. The Third International Consensus Definitions for Sepsis and Septic Shock (Sepsis-3). *JAMA*. 2016;315(8):801–810. doi:10.1001/jama.2016.0287

19. Rhodes A, Evans LE, Alhazzani W, Levy MM, Antonelli M, Ferrer R, et al. Surviving Sepsis Campaing: international guidelines for management of sepsis and septic shock. Intensive Care Medicine, 2017; 43: 304-377.

20. Azevedo LCP de, Taniguchi LU, Ladeira JP, Martins HS, Velasco IT. Medicina intensiva: abordagem prática. 2018

21. Pereira JCRG. Abordagem do paciente reanimado, pós-parada cardiorrespiratória. Rev Bras Ter Intensiva. 2008;20(2):190–6.

17

CAPÍTULO

Recuperação Pós-Anestésica

ISABELA ARAUJO VILLAVERDE
RENAN DO CARMO MACHADO DE ALMEIDA
ORLANDIRA COSTA ARAUJO

■ INTRODUÇÃO

A unidade de recuperação pós-anestésica (RPA) é o local destinado aos pacientes que foram submetidos a procedimentos cirúrgicos e anestésicos, no qual ficam sob cuidados intensivos e monitorizados para se ter uma regressão segura do pós-operatório. Esse período de recuperação é compreendido a partir do momento da interrupção da administração dos anestésicos até sua estabilização e controle dos sinais vitais.[1]

Na maioria das vezes essa regressão ocorre de maneira tranquila, porém em algumas situações eventuais podem ocorrer complicações graves que necessitam de atenção e cuidados imediatos por uma equipe multidisciplinar.[2]

Os principais objetivos e vantagens da Sala de Recuperação Pós-Anestésica é a detecção precoce de uma possível complicação grave, uma equipe treinada e especializada, um suporte e uma maior segurança ao paciente assistido, além de técnicas terapêuticas especializadas num ambiente já preparado para isso.

Os primeiros dados documentados de uma Sala de Recuperação Pós-Anestésica (SRPA) começaram nos anos de 1800 na Inglaterra, no qual foram descritas duas salas perto do Centro Cirúrgico que visavam atender pacientes submetidos a cirurgias de grande porte ou pacientes em estado grave. Após esse advento, em meados do século XIX, Florence Nightingale teve uma grande influência e defendeu a criação de salas especializadas nos pós cirúrgico-anestésico.[3]

Depois de já amplamente difundida essa ideia de acompanhamento do paciente em uma sala para sua recuperação, em 1942 nos EUA o anestesiologista Donald Stubbs treinou uma equipe e determinou uma área de observação para pacientes pediátricos pós cirurgia e assim surgiu a primeira Sala de Recuperação Pós-Anestésica.[3]

O grande ápice veio com a explosão da Segunda Guerra Mundial, no qual inúmeras cirurgias eram feitas e para melhor atender aos pacientes, eles eram colocados em salas de Recuperação Pós-Anestésica para serem supervisionados e acompanhados. Com esse advento a prática pôde ser aprofundada, estudada e especializada cada vez mais com os conhecimentos obtidos nesse período.[3]

■ NORMAS DE SEGUIMENTO

Atualmente a existência das SRPA nos centros cirúrgicos é determinada por lei. No Brasil, desde 1977 foi estabelecido pelo Ministério da Saúde e determinada pela portaria n. 400 a obrigatoriedade da existência de uma Sala de Recuperação Pós Anestésica (SRPA). A partir dessa norma nacional, o Conselho Federal de Medicina (CFM) determinou alguns artigos e regras que sustentam tal prática no ambiente do anestesiologista. São elas:

- *Art. 6º Após a anestesia, o paciente deverá ser removido para a sala de recuperação pós anestésica*

(SRPA) ou para o Centro de Terapia Intensiva (CTI), conforme o caso, sendo necessário um médico responsável para cada um dos setores (a presença de médico anestesista na SRPA).

- *Art. 7º Nos casos em que o paciente for encaminhado para a SRPA, o médico anestesista responsável pelo procedimento anestésico deverá acompanhar o transporte.*
- §1º. Existindo médico plantonista responsável pelo atendimento dos pacientes em recuperação na SRPA, o médico anestesista responsável pelo procedimento anestésico transferirá ao plantonista a responsabilidade pelo atendimento e continuidade dos cuidados até a plena recuperação anestésica do paciente.
- §2º. Não existindo médico plantonista na SRPA, caberá ao médico anestesista responsável pelo procedimento anestésico o pronto atendimento ao paciente.
- §3º. Enquanto aguarda a remoção, o paciente deverá permanecer no local onde foi realizado o procedimento anestésico, sob a atenção do médico anestesista responsável pelo procedimento.
- §4º. É incumbência do médico anestesista responsável pelo procedimento anestésico registrar na ficha anestésica todas as informações relevantes para a continuidade do atendimento do paciente na SRPA pela equipe de cuidados, composta por enfermagem e médico plantonista alocados em número adequado.
- §5º. A alta da SRPA é de responsabilidade exclusiva de um médico anestesista ou do plantonista da SRPA.
- §6º. Na SRPA, desde a admissão até o momento da alta, os pacientes permanecerão monitorizados e avaliados clinicamente, quanto:

a) à circulação, incluindo aferição da pressão arterial e dos batimentos cardíacos e determinação contínua do ritmo cardíaco por meio da cardioscopia;
b) à respiração, incluindo determinação contínua da saturação periférica da hemoglobina;
c) ao estado de consciência;
d) à intensidade da dor;
e) ao movimento de membros inferiores e superiores pós-anestesia regional;
f) ao controle da temperatura corporal e dos meios para assegurar a normotermia; e
g) ao controle de náuseas e vômitos.

■ MONITORIZAÇÃO E ÁREA FÍSICA

As salas de Recuperação Pós-Anestésicas por serem obrigatoriedade no Brasil segundo o Ministério da Saúde (MS) e fazerem parte do Centro Cirúrgico (CC), acabam seguindo um padrão e tendo algumas características singulares que facilitam o trabalho da equipe.

A sala deverá ter uma localização estratégica dentro do Centro Cirúrgico com portas grandes e amplas para que seja facilitado tanto o transporte dos pacientes quanto a entrada de equipamentos, se necessário.

Número de leitos - a relação usada é a de 1,5 leito para cada sala de cirurgia, podendo aumentar essa relação para 2 onde há grande número de cirurgias ambulatoriais.[4]

O ambiente - deverá ter iluminação e ventilação adequada, com preferência de luz natural e artificial;

Medicamentos - devem estar disponíveis (de preferência algumas variedades de soluções venosas, drogas de uso rotineiro e de reanimação cardiopulmonar) de fácil acesso e dentro do prazo de validade;

Componentes do leito - os leitos devem conter pontos de oxigênio, ar comprimido e vácuo, além de tomadas, esfigmomanômetro, suporte para soro, agulhas, cateteres, curativos e coletores de amostras laboratoriais;

Monitores de eletrocardiograma - também devem estar disponíveis, se necessário também deve ter monitores de pressão invasiva, débito cardíaco e capnografia. Além da oximetria de pulso;

Aparelhos de ventilação mecânica - são necessários, sendo alguns com recursos de PEEP, CPAP e IMV (ventilação mandatória intermitente), também devem constar no arsenal de equipamentos;

Carro de emergência - deve estar sempre preparado, contendo equipamentos, tais como, cânulas oro e nasofaríngeas, traqueais e de traqueostomias, e dispositivos para acesso de via aérea difícil, tipo sonda trocadora, guia Bougie, laringoscópio convencional e articulado (Maccoy). Videolaringoscópio para intubação de via aérea normal e complexa em situação de emergência de forma rápida e segura.

Outros artefatos - Desfibriladores, marcapasso, bandejas de pequena cirurgia e materiais para drenagem torácica devem estar disponíveis para uso imediato. Além de outros equipamentos para ventilação manual como AMBÜ, reservatório bolsa válvula, nebulizadores, bombas de infusão, cânulas de Guedel, sondas traqueais e máscaras laríngeas de diversos tamnhos.[2,1]

FASES DE RECUPERAÇÃO

A recuperação pós-anestésica é um processo singular, que varia em relação ao organismo, a técnica médica e as drogas que foram utilizadas durante o procedimento cirúrgico-anestésico. Durante esse período podemos observar algumas fases (Figura 17.1) que irão se processar conforme a recuperação e volta da homeostase naquele paciente. São elas:[5]

Estágio I ou despertar da anestesia: normalmente acontece em minutos e ainda dentro da sala de cirurgia, na qual o paciente retoma a consciência, apresenta os reflexos das vias aéreas superiores e já se movimenta. Quando o paciente consegue responder a estímulos verbais, como por exemplo abrir os olhos, levantar a cabeça ou falar o próprio nome é porque alcançamos esse primeiro estágio de recuperação. Sendo assim, poderá se transferir o paciente para a SRPA acompanhado do anestesiologista. O paciente deverá apresentar funções respiratórias e hemodinâmicas estáveis, com as vias aéreas desobstruídas e saturação periférica de oxigênio normal (com ou sem administração de O2).

Estágio II ou recuperação precoce/imediata: essa fase se dá em um período entre minutos e algumas horas, sendo essencial a retomada da coordenação motora e atividade sensorial e acontece já dentro da sala de recuperação pós-anestésica. Dentro deste estágio o paciente já está acordado e alerta, com suas funções vitais próximas às do período pré-operatório, vias aéreas pérvias, reflexos de tosse e deglutição presentes, saturação de oxigênio acima de 92% em ar ambiente, além de apresentar mínimo efeito colateral. Apesar de ser nessa fase em que geralmente ocorre a dor pós-operatória, náuseas e vômitos, calafrio, retenção urinária e sangramentos anormais, por isso a identificação e tratamento desses sintomas é fundamental para o bem-estar, conforto e segurança do paciente, para que as outras etapas de recuperação aconteçam dentro da normalidade. Até atingir esse estágio o paciente permanece na SRPA, quando então ele não necessitará mais de cuidados intensivos, podendo ser transportado para SRPA-2 na unidade ambulatorial (pacientes ambulatoriais) ou para a enfermaria (pacientes internados).

Estágio III ou recuperação intermediária: ocorre dentro de algumas horas e nesse período é necessário que o paciente tenha voltado a sua normalidade motora e sensorial, já estando apto a andar. Deve apresentar diurese espontânea e realimentação já instituída, além dos efeitos colaterais como náuseas, vômitos, tontura, hipotensão ortostática e dor devem estar ausente ou bem toleráveis. A recuperação por completa nesse estágio poderá ocorrer na enfermaria ou em casa nos casos de pacientes ambulatoriais.

Estágio IV ou recuperação completa: Nesse período ocorre a metabolização dos resíduos anestésicos que foram utilizados durante o ato cirúrgico e a atividade do sistema nervoso central e autônomo é retomada. Progressivamente, as funções psicomotoras e cognitivas se normalizam até que os pacientes possam voltar às suas atividades habituais.

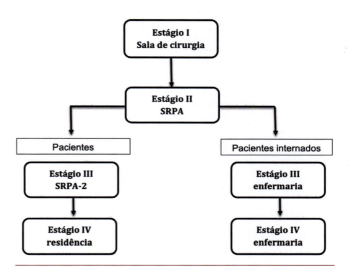

Figura 17.1. Estágios de recuperação da anestesia. Fonte: disponível em: Porto AM. Estágios da Recuperação da Anestesia Aspectos Clínicos e Critérios de Alta. In: Cangiani LM, Carmona MJC, Torres MLA, Bastos CO, Ferez D, Silva ED, Duarte LTD, Tardelli MA. Tratado de Anestesiologia SAESP. 8ª ed. Rio de Janeiro: Editora Atheneu. 2017; 2198

Do ponto de vista clínico, podemos utilizar o índice de Aldrete e Kroulik modificado em 1995[6] (Tabela 17.1), que tem como objetivo a avaliação das condições fisiológicas dos pacientes em recuperação pós-anestésica de forma simples e objetiva, na qual se avaliam 5 parâmetros graduados em notas de 0 a 2 conforme a resposta obtida.[7]

O índice de Aldrete e Kroulik também pode ser usado como critério de alta da sala de recuperação pós anestésica. Na qual se espera para anestesias gerais um total acima ou igual a 8 pontos para que seja permitida a alta ou 10 pontos para as anestesias regionais. Além desse índice, outros critérios clínicos têm sido sugeridos para que o paciente ambulatorial possa ser transferido da SRPA para a unidade ambulatorial ou para a enfermaria: acordado e alerta; dor bem controlada; frequência respiratória normal; Índice de Aldrete-Kroulik entre 9 e 10; mínima náusea e vômito; mínima tontura ou sonolência; pressão arterial e frequência cardíaca estáveis; sem complicações cirúrgicas; saturação periférica de oxigênio > 92% em ar ambiente; tosse e deglutição preservados; vias aéreas livres.

Tabela 17.1. Índice de Aldrete e Kroulik, modificada

Item	Especificação	Nota
Atividade	Move 4 membros Move 2 membros Move 0 membro	2 1 0
Respiração	Profunda, tosse Limitada, dispneia Apneia	2 1 0
Consciência	Completamente acordado Desperta ao ser chamado Não responde ao ser chamado	2 1 0
Circulação (PA)	20% do nível pré-anestésico 21-49% do nível pré-anestésico 50% do nível pré-anestésico	2 1 0
Saturação (SpO$_2$)	Mantém SpO$_2$ > 92% em ar ambiente Mantém SpO$_2$ > 90% com O$_2$ Mantém SpO$_2$ < 90% com O$_2$	2 1 0

■ FATORES QUE PODEM INFLUENCIAR NA REGRESSÃO DA ANESTESIA

A recuperação de uma anestesia está ligada a fatores pré-operatórios, intraoperatórios e pós-operatórios, na qual podem interferir diretamente na sua regressão.

As medicações feitas antes do procedimento cirúrgico também têm interferência no tempo e na qualidade da recuperação do paciente, por isso hoje se tem dado cada vez mais preferências às drogas de meia vida curta e técnicas anestésicas balanceadas ou combinadas com anestesia regional e/ou bloqueios periféricos com emprego de analgesia multimodal.[8,9]

Na anestesia geral, faz-se o uso de hipnóticos, opioides e relaxantes musculares que podem retardar a recuperação do paciente dependendo do tempo decorrido da última dose, quantidade total de fármacos administrados, função renal e hepática[8,10]. Os bloqueadores da junção neuromuscular também mantêm influência da temperatura corporal, do equilíbrio acidobásico e hidroeletrolítico, interações medicamentosas além da dose e das propriedades anticolinesterásicas empregadas. Estima-se que 33% a 64% dos pacientes apresentam recuperação inadequada do bloqueio neuromuscular na admissão da SRPA, a despeito de aplicação de técnicas que procuram limitar o grau de paralisia residual, tais como a reversão farmacológica e o uso de bloqueadores neuro musculares de duração intermediária.

Na anestesia inalatória, o tempo de recuperação é diretamente proporcional a solubilidade, a concentração e o tempo de administração do fármaco usado. E guarda relação inversa com a ventilação alveolar.

As anestesias regionais têm sua reversão ligada à técnica, ao tipo de anestésico local empregado (lidocaína, bupivacaína, levo-bupivacaína, ropivacaína), à concentração e dose total, utilização de vasoconstritores e adjuvantes, tais como, opioides (fentanil, sufentanil, morfina) e alfa agonistas (clonidina). Nas anestesias espinhais, a regressão ocorre após o término do bloqueio simpático, que pode ser de minutos a horas.[2]

■ COMPLICAÇÕES FREQUENTES NA SRPA

Em geral, toda cirurgia, por seu caráter invasivo, possui determinados riscos e estão sujeitas a complicações. Tais complicações podem advir de drogas anestésicas, condições clínicas pré-operatórias, extensão e tipo de cirurgia e por iatrogenia. O fator de risco mais importante relacionado com o paciente é representado pela idade avançada e pela classificação da ASA (*American Society of Anesthesiologist*) em decorrência de comorbidades. O efeito da idade avançada se torna particularmente notável a partir de 60 anos.

A população pediátrica é considerada especial no que diz respeito aos cuidados na SRPA. Embora a anestesia pediátrica seja relativamente segura, eventos adversos respiratórios no perioperatório são uma das maiores causas de morbidade e mortalidade, com ocorrência de cerca de um terço de todas as paradas cardíacas nessa população, além de um quinto de todas as paradas cardíacas perioperatórias ocorrerem durante a emergência da anestesia ou na SRPA.[11] Portanto, depende de fatores intrínsecos do paciente que podem ser conhecidos ao se realizar uma avaliação pré-anestésica adequada, e de fatores extrínsecos que são passíveis de treinamentos, supervisão e inspeção periódica de aparelhos e equipamentos, incorporados à rotina de *check list* ou cirurgia segura.[2]

Um estudo que teve acompanhamento pós anestésico por nove anos em um grande hospital universitário, descreveu uma incidência de complicações no período intraoperatório de 7,6% a 10,6% e no pós-operatório de 3,1% a 5,9%.[12] Ainda que as complicações anestésicas não fatais, intraoperatórias, na sala de recuperação e pós-operatórias, foram raras, entende-se que a experiência anestésica, embora associada a baixas taxas de mortalidade, ainda está associada a uma significativa taxa de morbidade.[12]

Neste capítulo, iremos descrever as complicações sistêmicas mais frequentes na SRPA (fluxograma 17.2) e citar as complicações mais prevalentes divididas por aparelhos (fluxograma 17.3).

Dor

A dor é a complicação com maior incidência na SRPA. Em 1999, o maior sistema de saúde integrado dos Estados Unidos, o *Veterans Health Administration*, desenvolveu o "quinto sinal vital" para garantir que a avaliação apropriada da dor fosse realizada de forma consistente. Vários fatores influenciam a severidade da dor, tais como sensibilidade individual, ansiedade pré-operatória, preceitos culturais, técnica anestésica, tipo e quantidade de drogas e principalmente o local e a extensão da cirurgia.[12]

A presença de dor na SRPA pode ser considerada uma falha no planejamento analgésico como parte do plano da técnica anestésica. A satisfação do paciente está diretamente relacionada com o manejo da dor e dos efeitos colaterais do tratamento. Nos Estados Unidos a satisfação do paciente é uma importante ferramenta para a disputa de mercado, e a remuneração do profissional é realizado baseado na performance favorável.[13]

A dor pode ser quantificada em relação a uma escala de 0 a 10, sendo 0 sem dor e 10 a dor mais excruciante. A dor também pode ser investigada a partir da aplicação do decálogo da dor (Tabela 17.2), com base em 10 perguntas que ajudam a compreender a dor do paciente. Tais avaliações são necessárias para a elaboração de um plano terapêutico e singular.

O tratamento da dor se baseia em atenuar respostas fisiológicas e psicológicas do trauma cirúrgico, melhorar a evolução pós-operatória e prevenir uma possível dor crônica. A oxigenioterapia possui grande valor para melhora da dor, já que o consumo de oxigênio nestas condições aumenta demasiadamente.

O plano terapêutico da analgesia para o paciente cirúrgico na SRPA envolve o emprego de opioides. Morfina e fentanil são os fármacos mais largamente

Tabela 17.2. Decálogo da dor

1.	Localização
2.	Irradiação
3.	Intensidade
4.	Caráter
5.	Duração
6.	Evolução
7.	Relação a funções fisiológicas
8.	Sinais e sintomas concomitantes
9.	Fatores desencadeantes ou agravantes
10.	Tratamento realizado

Fonte: Acervo do autor.

usados para prover rápida e efetiva analgesia para pacientes com moderada e intensa dor pós operatória. Analgésicos não opioides são adjuvantes frequentemente associados aos opioides. Em nosso país, a dipirona, ou metamizol, são os principais representantes, juntamente com outros fármacos como o cetoprofeno, parecoxib, tenoxicam e mais recentemente paracetamol injetável, entre outros. Em algumas situações empregam-se também além de bloqueios periféricos, técnicas de analgesia multimodal com anestésicos venosos, a-2-agonistas e cetamina.

Náuseas e vômitos

As causas de náuseas e vômitos no período pós-operatório são variadas. Atualmente, apesar dos novos agentes anestésicos e antieméticos, as náuseas e vômitos persistem em 20% a 30% dos pacientes.[14]

O vômito está intrinsecamente relacionado com a duração da anestesia, a quantidade de anestésicos utilizados e os tipos de anestésicos e medicamentos associados. Pode-se relacionar também com acidose, hipoxemia, hipercapnia, hipotensão arterial, hipoglicemia, hipercalemia, distensão gástrica, estimulação da orofaringe e cirurgias do ouvido médio e da musculatura extrínseca do olho.

Náuseas e vômitos acontecem com maior frequência em pacientes jovens, obesos, sexo feminino e com história positiva em cirurgias anteriores. Além do desconforto, traz risco para aspiração pulmonar em pacientes não totalmente despertos.[2]

As comorbidades com possível impacto são: diabetes, insuficiência renal crônica e tratamento quimioterápico e/ou radioterápico prévios.

Esta complicação pode implicar em broncoaspiração em situações que o paciente não se encontra em total estado de alerta, pode trazer riscos para as incisões cirúrgicas e aumento da pressão intracraniana e ocular. Os cuidados são feitos em sua maioria com a administração de antieméticos e protocolos específicos de cada instituição.

Tendo em vista os fatores de risco para náuseas e vômitos no pós-operatório (NVPO), foi elaborado um modelo preditivo de escore para avaliação da probabilidade de ocorrência de NVPO e eventual estratégia profilática com uso de antieméticos. Apfel et al., publicaram um modelo preditor inicial em 1998.[15] Este modelo de escala teve seu uso disseminado e até hoje é amplamente usada por ter fácil aplicabilidade clínica. A escala de Apfel simplificada, avalia a presença de quatro fatores de risco para NVPO que são: sexo feminino, não tabagismo, histórico prévio de cinetose ou NVPO e uso de opioides no pós operatório. Se nenhum destes fatores de risco presente, a incidência de NVPO é de 10%, se apenas um fator de risco presente a probabilidade de ocorrência é de 21%, se dois fatores de risco presente, chance de 39% de ocorrência e se três ou quatro destes fatores de risco presentes, a incidência de NVPO é de 61% e 79%, respectivamente.[15] Os autores recomendam o uso de alguma estratégia antiemética profilática se o paciente tiver probabilidade igual ou maior que 39%.

Evidências atuais sugerem que a profilaxia deve envolver diferentes antieméticos, especialmente em pacientes de alto risco, naqueles submetidos a anestesia geral com uso de anestésicos voláteis ou uso de óxido nitroso. O uso de dois ou mais antieméticos de diferentes grupos diminui o risco de náuseas e vômitos mais efetivamente.

Hipotensão

Os fatores que contribuem para a hipotensão arterial podem estar associados à hidratação inadequada durante o período anestésico-cirúrgico e aos efeitos da anestesia, bem como às disfunções cardíacas, como infarto do miocárdio, tamponamento e embolia.[1]

A hipotensão é uma complicação pós-operatória comum, definida como queda maior do que 20% da pressão arterial basal ou presença de sinais de hipoperfusão[1]. Dentre os sinais clínicos desta complicação, destacamos pulso rápido e filiforme, desorientação, sonolência, oligúria, pele fria e pálida.

A hipotensão arterial por diminuição da resistência periférica pode ser decorrente de efeito residual dos anestésicos gerais ou dos bloqueios regionais espinhais. Em geral, a conduta a ser tomada inicialmente são medidas mecânicas para melhorar o retorno venoso, como mudança de posição, seguida de reposição hídrica com cristaloides e prova de volume. Segue-se nova avaliação, se não houver resposta favorável, pode estar acontecendo sangramento cirúrgico. Coleta de exames complementares como eletrólitos, glicemia capilar, hematócrito e hemoglobina estão indicados, além de observação rigorosa e avaliação da equipe cirúrgica. Fármacos vasoconstritores podem ser empregados.

Hipertensão

Em relação ao sistema cardiovascular, as complicações mais prevalentes na SRPA foram: hipertensão, taquicardia e bradicardia. Em dois centros nos EUA, de 185 pacientes classificados pela *American Society of Anesthesiologist* (ASA I) submetidos a cirurgia, 16 apresentaram arritmias registradas na SRPA, incluindo taquicardia e bradicardia sinusal.[16] Dentre os fatores que contribuem para a hipertensão arterial na SRPA, podemos destacar aqueles ligados a uma hipertensão arterial de base, bem como fatores associados a dor, medo, realização de inspirações profundas e associação de fármacos.

As oscilações pressóricas podem ocorrer em diferentes momentos do ato cirúrgico, podendo elevar-se durante a indução anestésica, diminuir com o aprofundamento da anestesia e aumentar novamente no período da recuperação. A extubação é outro momento em que é esperado a elevação da pressão arterial. No paciente hipertenso, estas variações podem ocasionar presença de arritmias, isquemia do miocárdio, isquemia cerebral e infarto do miocárdio. Portanto é de extrema importância a avaliação pré-anestésica, na qual será identificado eventuais comorbidades e planejadas as estratégias necessárias a fim de reduzir incidentes no intraoperatório.

Os pacientes com hipertensão prévia não controlada são os mais propensos a apresentar alterações da pressão arterial na SRPA, mas a hipertensão também pode ocorrer devido à hipotermia, aumento excessivo de líquidos perioperatórios, retenção de CO_2, dor na área cirúrgica, retenção urinária e agitação ou delírio. No tratamento da hipertensão, deve-se diagnosticar a causa e tratá-la adequadamente.

As hipertensões mais acentuadas e de causas não identificadas devem ser tratadas com fármacos de eliminação rápida. Podem ser empregados beta bloqueadores, como esmolol e o metoprolol, ou vasodilatadores como a hidralazina ou nitoprussiato de sódio ou nitroglicerina de forma individualizada.

Delirium

O delírio pós operatório é uma causa comum e potencialmente prevenível de morbidade, pode se apresentar como delírio de emergência, e episódio de delírio hiporreativo. O delírio pós-operatório pode ocorrer de horas a dias após o procedimento cirúrgico, sendo em geral transitório e flutuante, aumenta o tempo de permanência hospitalar, reduz a qualidade de vida e interfere na dependência de atividades básicas.

Os fatores de risco incluem idade, comorbidades complexas, deficiência cognitiva prévia e distúrbios do sono, e tipo de cirurgia. Tem havido evidências crescentes acerca de estratégias anestésicas preventivas para o delírio pós-operatório, incluindo o acompanhamento da profundidade anestésica e fármacos específicos. O delírio foi identificado em 19% dos 400 pacientes estudados em recente revisão. Os sinais foram detectados no momento da admissão, após 30 min, 1 hora e na alta da SRPA. Os fatores de risco identificados para o delírio de emergência foram: jejum pré-operatório prolongado, maior risco cirúrgico, pontuações mais elevadas na escala de dor, náuseas e vômitos frequentes e administração de opioides na SRPA. Correlacionando idade e especialidade cirúrgica, estudos indicam mais prevalência em pacientes acima de 70 anos e as especialidades ortopedia e urologia apresentam mais casos.[17]

O tratamento do delírio consiste em estabilizar o paciente com relação ao balanço hidroeletrolítico e gasometria, e descartar causas infecciosas e descompensação de doenças crônicas que necessitem de tratamento específico. Tratar a dor e em caso de agitação empregar haloperidol ou clorpromazina. Em caso de abstinência, utilizar benzodiazepínico ou a-2-agonista, como dexmedetomedina.

Hipoxemia

As complicações respiratórias são as maiores causas de morbimortalidade na SRPA, com relatos de 0,8% a 6,9% resultando em hipoxemia (saturação periférica de oxigênio < 90%), hipoventilação (frequência respiratória < 8 respirações por minuto). Problemas relacionados com vias aéreas superiores resultam em estridor, que requerem intervenção médica ou farmacológica de imediato, tais como, inserção de cânula oral, Guedel, ventilação assistida ou manual, intubação orotraqueal, antagonismo de opioides ou reversão de relaxantes musculares.

A hipoxemia que se manifesta na SRPA, na maioria das vezes está relacionada à anestesia. Geralmente, quando a hipoxemia se manifesta nas primeiras horas no pós operatório em pacientes hígidos, relacionamos esta condição com a anestesia administrada. A incidência de dessaturação, na chegada à SRPA, foi de 19,2% quando os pacientes eram transferidos sem suplementação de oxigênio e de 0,8% com suplementação. Os resultados sugerem que o mais importante preditor de dessaturação na SRPA foi o transporte de oxigênio.[18]

O paciente apresenta depressão respiratória pela ação residual dos opioides e bloqueadores neuromusculares, perda de reflexos vasoconstritores, aumento de consumo de oxigênio e tremores musculares fato que pode ocasionar rebaixamento do sistema nervoso central e cursar com sonolência, redução do débito cardíaco e alteração da relação ventilação/perfusão.[19] Em situações que a hipoxemia aparece mais tardiamente, pensamos no quadro de atelectasia. Esta condição é definida como o colapso pulmonar que ocorre após indução anestésica e que é clinicamente caracterizado por redução da complacência pulmonar e comprometimento da oxigenação arterial. A atelectasia tem incidência ainda maior em cirurgias que interferem com a capacidade de respirar ou naquelas que acarretam imobilidade no leito (cirurgias cardíacas e do abdome superior).[2]

A *American Society of PeriAnesthesia Nurses* (ASPAN) recomenda a admissão do paciente na SRPA, sistematizada em três etapas, denominada avaliação do ABC, sendo *Airway* (vias aéreas), *Breathing* (respiração) e *Circulation* (circulação). Na avaliação das vias aéreas, as intervenções recomendadas são a observação da perviedade, a administração de oxigênio umidificado e a colocação da oximetria de pulso, com a finalidade de prevenção de hipoxemia.[20]

O principal objetivo da terapia suplementar de oxigênio na SRPA é manter a PaO2 > ou igual a 60 mmHg, porque qualquer decréscimo adicional de PaO2 pode resultar em marcante queda na SaO2.

A hipoxemia na hipoventilação alveolar não é usualmente grave e é facilmente revertida mediante uso de oxigênio complementar. Os principais objetivos são o reconhecimento e tratamento das causas subjacentes, tais como obstrução das vias aéreas superiores, queda de língua, edema de traqueia, hematoma ou

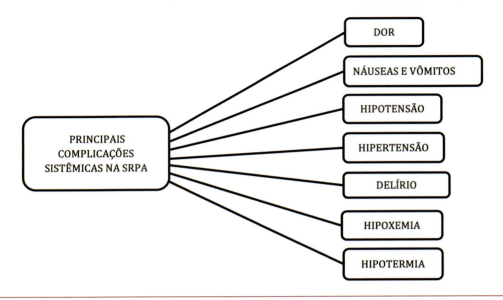

Figura 17.2. Acervo do autor.

sangramento de cirurgia das vias aéreas superiores e região cervical, broncoespasmo e nas situações específicas em pacientes com antecedentes de apneia obstrutiva do sono com ou sem dependência de ventilação não invasiva ou CPAP. As condutas devem ser individualizadas e os tratamentos iniciados imediatamente.

Hipotermia

Hipotermia é caracterizada por temperatura sanguínea central inferior a 36°C e pode estar presente em 53-85% dos adultos que chegam à Sala de Recuperação Pós anestésica (SRPA).[21] Muitos pacientes na SRPA apresentam-se hipotérmicos, devido a ação de anestésicos no mecanismo central da termorregulação somado a fatores externos como a temperatura da sala cirúrgica, infusão venosa de líquidos frios e ventilação artificial com gases não aquecidos.[2] Outra condição que pode levar a um quadro hipotérmico no pós-operatório é o tipo de cirurgia, sendo que nas intervenções com maior tempo de duração e maior exposição das cavidades e órgãos centrais pode haver maior perda de calor.

O tremor é o mecanismo fisiológico compensatório à hipotermia, porém tem um alto custo metabólico, aumentando demasiadamente o consumo de oxigênio, em até 700%, e se não for devidamente corrigido poderá haver hipoxemia arterial e instabilidade cardiovascular, comprometendo a oxigenação sistêmica e tissular. Além de estar envolvido no mecanismo compensatório à hipotermia, o tremor está associado também à desinibição de reflexos medulares, dor, menor atividade simpática e liberação de pirogênios.[2] Em pacientes sadios é detectado a elevação do débito cardíaco, mas sem comprometimento hemodinâmico.

O hipotálamo é o principal centro regulador da temperatura corporal, assegurando o equilíbrio entre a perda e a produção de calor. Pacientes obesos têm menor incidência de hipotermia perioperatória, pois possuem menor diferença da temperatura central para a periférica devido a sua maior quantidade de tecido adiposo e maior produção de calor.

A anestesia e o procedimento cirúrgico causam alterações térmicas substanciais. A hipotermia pode causar complicações cardiovasculares, distúrbios da coagulação, alterações imunológicas e hidroeletrolíticas, além de diminuir o metabolismo de fármacos aumentando o período de recuperação pós-anestésica. O mecanismo fisiológico compensatório da hipotermia é a vasoconstrição cutânea em todo o corpo que diminui a perda de calor em 25%, seguida de piloereção, calafrios, tremores, excitação simpática da produção de calor e secreção de tiroxina.

Como medidas preventivas deve-se estar atento ao aquecimento da sala cirúrgica, das soluções venosas inclusive em bombas com equipos de infusão para aquecimento de hemoderivados e fluídos (tipo 3M Ranger™) e da mistura gasosa. Além do uso de colchão e manta térmicos. Manta térmica é o método de aquecimento não invasivo mais efetivo disponível atualmente para o tratamento de hipotermia já instalada. Em um estudo que havia como objetivo comprovar a eficácia da manta térmica, foi evidenciado que os pacientes que utilizaram a manta tiveram uma redução significativa do tempo de permanência na SRPA.[22]

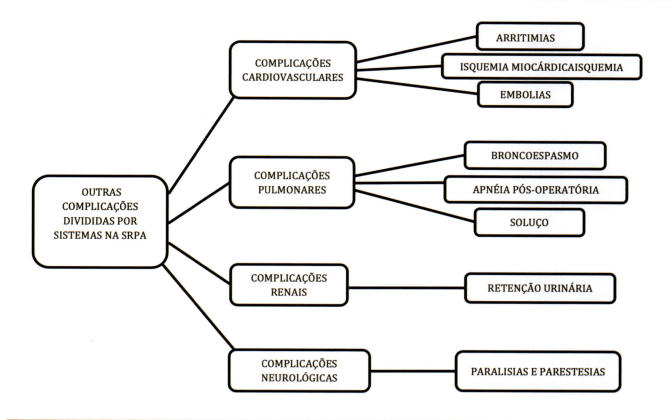

Figura 17.3. Acervo do autor.

■ CRITÉRIOS DE ALTA

Segundo a Resolução CFM nº 1363/93, que trata da segurança em anestesia, diz, no artigo VIII, que "os critérios de alta do paciente no período de recuperação pós anestésica são de responsabilidade intransferível do anestesista". Portanto, o médico anestesista deve fornecer uma avaliação criteriosa e documentada no prontuário do paciente. Os critérios de Alta da SRPA podem variar de acordo com a anestesia utilizada, mas em geral o paciente deve apresentar estabilidade dos sinais vitais, estar orientado em tempo e espaço, dor controlada, não deve haver sangramentos, náuseas, vômitos ou retenção urinária. A escala de Aldrete e Kroulik (Tabela 17.1) tem sido amplamente empregada como critério de alta. Esta escala tem como proposta a avaliação dos sistemas cardiovascular, respiratório, nervoso central e muscular[7]. Essa escala tem seu uso ampliado devido os parâmetros clínicos serem de fácil verificação, como frequência respiratória, pressão arterial, saturação periférica de oxigênio dentre outros. Estão aptos para a alta aqueles pacientes que pontuarem no mínimo 8 na escala de Aldrete e Kroulik.

Em pacientes que foram submetidos a anestesias regionais como raquianestesia ou anestesia peridural, podemos utilizar a escala de Bromage (Tabela 17.3). Essa escala possui maior precisão para avaliar o bloqueio motor.[23] O paciente está apto à alta quando sua condição estiver equivalente aos graus 1, 2 e 3 e todos os outros critérios discutidos acima estiverem dentro do esperado.

Tabela 17.3. Escala de Bromage

Grau	Critério	Grau de bloqueio
1	Movimento livre de pernas e pés	Zero (0%)
2	Apenas capaz de flexionar os joelhos com o movimento livre dos pés	Parcial (33%)
3	Incapaz de flexionar os joelhos, mas com movimento livre nos pés	Quase completo (66%)
4	Incapaz de mover as pernas ou pés	Completo (100%)

■ CONSIDERAÇÕES FINAIS

A sala de recuperação pós anestésica é destinada a pacientes que se encontram sob efeitos anestésicos. A assistência prestada ao paciente nesta unidade requer cuidados até o retorno da consciência e homeostase, necessitando de monitorização constante e prevenção de intercorrências.

Nos atuais guidelines, além dos monitores usuais exigidos pela legislação vigente, recomenda-se o emprego de equipamentos de monitorização do nível de consciência BIS (índice bispectral) como parâmetro multifatorial que permite acompanhar o componente hipnótico da anestesia e fornece medidas quantificáveis de anestésicos no cérebro que correlacionam com a profundidade da anestesia, e monitor da junção neuromuscular, tipo *train-of-four* (TOF) para garantir a segurança da reversão dos relaxantes musculares. Estudos demonstraram significativa disfunção de musculatura da faringe com relação de TOF < 0,9, sugerindo que o bloqueio neuromuscular residual talvez seja o principal fator para obstrução de vias aéreas na SRPA e complicações respiratórias com elevação da morbidade e mortalidade pós-operatória. A paralisia residual foi a causa mais comum de insuficiência respiratória. Dados do total de 8372 relatos de eventos adversos, no estudo AIMS (*Anesthetic Incident Monitoring Study*), 419 (5%) ocorreram na SRPA, dos quais apresentaram problemas relacionados às vias aéreas cerca de 43%, e cardiovasculares 24%. Evoluíram para óbito 37,2% e 18,6% com danos graves à saúde dos pacientes. Importante destacar que os fatores que contribuíram para os eventos foram: erros de julgamento (18%), falha de comunicação (14%) e inadequado preparo pré-operatório (7%). Fatores que minimizaram esses eventos foram: experiência prévia (23%), detecção pela monitorização (17%) e assistência especializada (13%).[24] Outros equipamentos também são recomendados para uso profilático de eventos trombóticos, tais como o uso de meias compressivas e equipamentos de pressurização intermitente de membros inferiores em pacientes e procedimentos cirúrgicos de risco, com duração estimada acima de 90 minutos. Esses equipamentos devem ser instalados no início, durante a anestesia e devem permanecer nos pacientes na SRPA. E se indicados acompanhar o paciente após a alta.

Uma questão muito importante deve ser destacada, considerando cada vez mais a judicialização da medicina. A responsabilidade jurídica decorrente de reivindicações , no estudo CRICO (*controlled Risk Insurance Company*), por erros ou eventos não esperados, resultou em pagamento de 48, 8% das queixas , dos quais 69% por injúria e 37% por morte (p=0,04), com comprometimento respiratório em 32,6% dos casos , sendo os resultantes das vias aéreas os mais comuns (11,6%) e lesões nervosas correspondendo a 16,3%. Dentre as especialidades cirúrgicas a cirurgia ortopédica envolveu 48,8%. Nesse estudo os erros ou atrasos nos diagnósticos resultaram em 56,3% dos desfechos em mortes dos pacientes.[25]

Equipe médica e profissionais especializados associados a infraestrutura da SRPA necessita ser apoiada com educação continuada e garantia de padrões de qualidade desenvolvidos para garantir que eventos adversos possam ser reduzidos cada vez mais no futuro. Diante da alta incidência de complicações pós-operatórias ocorridas nas SRPA e de poucos dados disponíveis em nossos país há necessidade de criação de base de dados integrada aos diversos serviços de anestesiologia para que possamos atuar juntos à enfermagem com intervenções planejadas e maior sucesso nos desfechos.

Referências bibliográficas

1. Falcão LFR, Amaral JLG. Recuperação pós-anestésica. In: Amaral JLG, Tardelli MA, Machado FR, Yamashita AM. Anestesiologia e medicina intensiva: Guia de Medicina Ambulatorial e Hospitalar da UNIFESP - EPM. Barueri: Editora Manole. 2011; 97-99

2. Cardoso AR. Recuperação pós-anestésica. In: Yamashita AM, Takaoka F, Junior JOCA, Iwata NM editores. Tratado de anestesiologia SAESP. 5ª ed. São Paulo: Editora Atheneu. 2001; 1129-31

3. Sousa CS. Contexto histórico da recuperação anestésica. Rev enferm UFPE on line. 2018; 1117-21

4. Shapiro G. Postanesthesia Care Unit Problems: preface. Anesthesiol Clin North Am, 8(2): ix, 1990.

5. Porto AM. Estágios da Recuperação da Anestesia Aspectos Clínicos e Critérios de Alta. In: Cangiani LM, Carmona MJC, Torres MLA, Bastos CO, Ferez D, Silva ED, Duarte LTD, Tardelli MA. Tratado de Anestesiologia SAESP. 8ª ed. Rio de Janeiro: Editora Atheneu. 2017; 2197-2204.

6. Aldrete JA. The post-anesthesia recovery score revisited. J Clin Anesth. 1995; 89-91.

7. Castro FSF, Peniche ACG, Mendoza IYQ, Couto AT. Temperatura corporal, índice de Aldrete e Kroulik e alta do paciente na unidade de recuperação pós anestésica. Rev Esc Enferm USP. 2012; 872-6

8. Mecca RS. Postoperative Recovery. In: Barash PG, Cullen FB, Stoelting RK, eds. Clinical Anesthesia, 3rd Ed. Philadelphia, Lippincott-Raven, 1279-303, 1997.

9. Gandhi K, Baratta JL, Heitz JW, Schwenk ES, Vaghari B, Viscusi ER. Acute pain management in the postanesthesia care unit. Anesthesiol Clin. 2012; 1-15.

10. Whalley DG, Lewis B, Bedocs NM. Recovery of neuromuscular function after atracurium and pancuronium maintenance of pancuronium block. Can J Anaesth. 1994; 31-5.

11. Oden RV. Acute postoperative pain: incidence, severity and etiology of inadequate treatment. Anesthesiol Clin North Am.1989; 1-15.

12. Cohen MM, Duncan PG, Pope WD, Wolkenstein C. A survey of 112,000 anaesthetics at one teaching hospital (1975-83). Can Anaedth Soc J. 1986; 22-31.

13. Centers for Medicare & Medicaid Services (CMS), HHS. Medicare program; hospital inpatient value-based purchasing program. Final rule. Fed Regist. 2011; 26490-547

14. Lages N, Fonseca C, Neves A, Landeiro N, Abelha JF. Náuseas e vômitos no pós-operatório: uma revisão do "pequeno grande" problema. Rev Bras Anestesiol. 2005; 575-85

15. Silva HBG. Avaliação de fatores preditivos para náusea e vômito no pós-operatório de pacientes oncológicos. Tese (doutorado) Faculdade de Medicina da Universidade de São Paulo. São Paulo, 2015.
16. Daley K, Huff S. Incidence of arrhythmias in ASA I patients in the phase I PACU. J Perianesth Nurs. 2010; 281-5
17. Campos MPA, Dantas DV, Silva SL, Santana JFNB, Oliveira DC, Fontes LL. Complicações na sala de recuperação pós-anestésica: uma revisão integrativa. Rev SOBBEC.2018; 160-168.
18. Siddiqui N, Arzola C, Teresi J, Fox G, Guerina L, Friedman Z. Predictors of desaturation in the postoperative anesthesia care unit: an observational study. J Clin Anesth. 2013; 612-7
19. Koch TM, Aguiar DCM, Moser GAS, Hanauer MC, Oliveira D, Maier SRO. Momento anestésico-cirúrgico: transitando entre o conhecimento dos(as) enfermeiros(as) e o cuidado de enfermagem. Revista SOBECC. 2018; 7-13.
20. American Society of PeriAnesthesia Nurses – ASPAN. Perianesthesia nursing standarts, practice recommendations and interpretative statements. Cherry Hill: ASPAN; 2012-14
21. Zappelini CEMZ, Sakae TM, Bianchini N, Brum SPB. Avaliação de hipotermia na sala de recuperação pós-anestésica em pacientes submetidos a cirurgias abdominais com duração maior de duas horas. Arquivos Catarinenses de Medicina. 2008; 25
22. Panossian C, Simões CM, Milani WRO, Baranauskas MB, Margarido CB. O uso de manta térmica no intra-operatório de pacientes submetidos à prostatectomia radical está relacionado com a diminuição do tempo de recuperação pós-anestésica. Rev. Bras. Anestesiol. 2008; 220-226.
23. Sadeghi M, Yekta RA, Azimaraghi O, Barzin G, Movafegh A. Avaliação do tempo de bloqueio da raquianestesia com bupivacaína a hiperbárica 0,5%, com ou sem sufentanil, em usuários crônicos de opioides: um estudo clínico randômico. Rev. Bras. Anestesiol. 2016; 346-350
24. Kluger MT, Bullock MF. Recovery room incidents: a review of 419 reports from the Anaesthetic Incident Monitoring Study (AIMS). Anaesthesia. 2002; 1060-6
25. Kellner DB, Urman RD, Greenberg P, Brovman EY. Analysis of adverse outcomes in the post-anesthesia care unit based on anesthesia liability data. J Clin Anesth. 2018; 48-56.

18
CAPÍTULO

Anestesia em Pacientes Idosos

KLEBER GOIA NISHIDE
MARIA ANGELA TARDELLI
DAVID FEREZ

■ INTRODUÇÃO

A compreensão e os estudos acerca das especificidades decorrentes do envelhecimento nos diversos campos do conhecimento vêm se tornando cada vez mais relevantes com o aumento absoluto e relativo da população idosa ao redor do mundo,[1] trazendo consigo uma série de peculiaridades nos campos da cirurgia e da anestesiologia no que diz respeito ao seu cuidado e tratamento.

Estudos recentes realizados nos EUA e em países europeus indicam que, na atualidade, a incidência de pacientes com idade acima de 65 anos na população cirúrgica gira em torno de 40% a 50%, sem diferença significativa entre essas regiões,[2] o que revela a importância do conhecimento acerca dos cuidados específicos a serem tomados em relação a essa população. As principais cirurgias em pacientes geriátricos realizadas estão relacionadas a doenças cardiovasculares, oncologia e ortopedia.[2]

Em comparação à população geral, a população cirúrgica geriátrica apresenta uma maior prevalência de condições cardiovasculares, respiratórias e metabólicas. Tal dado é de enorme valia, uma vez que o fator que mais influencia na redução crítica da tolerância dos pacientes idosos ao estresse cirúrgico é a combinação do processo do envelhecimento e suas diversas repercussões com comorbidades, principalmente quando apresentado em padrão de multimorbidades.[2]

Este capítulo tem como objetivo discorrer sobre os cuidados perioperatórios relacionados à anestesia em pacientes idosos.

■ PRINCIPAIS ALTERAÇÕES CLÍNICAS E FISIOLÓGICAS OBSERVADAS NO ENVELHECIMENTO

Um conceito importante ao tratarmos do envelhecimento diz respeito à diferenciação entre os termos "idade biológica" e "idade cronológica", os quais, embora pareçam sinônimos, apresentam concepções distintas.[2]

Enquanto a idade cronológica nos revela simplesmente quanto tempo se passou desde o nascimento, é a idade biológica que nos indica o quão saudável é o indivíduo, e assim, sua capacidade de lidar com estressores externos. Este é o principal fator relacionado com a redução dos níveis da reserva funcional observada nos idosos.[2] Nem sempre a idade biológica de um indivíduo é compatível com sua idade cronológica.

■ ALTERAÇÕES CLÍNICAS GERAIS

O envelhecimento implica em diversas modificações na fisiologia do corpo humano. É comum ser observado em pacientes de idade mais avançada alterações em seu estado nutricional, tanto para a perda de peso e desnutrição quanto para a obesidade. As primeiras se associam a um maior índice de morbidade e mortalidade e podem estar relacionadas a alterações dos cinco sentidos e comprometimentos da cavidade oral ou do trato gastrointestinal. Na obesidade há um risco aumentado para diversas doenças, como diabetes, hipertensão, dislipidemia, entre outros.[3]

Nos pacientes idosos há uma maior prevalência de osteoporose, osteoartrite e sarcopenia, as quais alteram o estado funcional e limitam a mobilidade resultando em diminuição da qualidade de vida, incapacidade física e aumento do risco de quedas, hospitalizações e mortalidade.[3] As articulações artríticas podem interferir para o adequado posicionamento para a cirurgia. A pele atrofiada requer cuidado com fitas adesivas, eletrodos do eletrocardiograma e placa de eletrocautério. As veias frequentemente são frágeis e se rompem com facilidade nos acessos periféricos.

■ SÍNDROME DA FRAGILIDADE

Uma condição comumente observada que decorre diretamente do envelhecimento é a síndrome da fragilidade, a qual, embora não haja ainda um consenso definitivo em relação à sua definição, pode ser entendida como um estado clínico em que há um aumento da vulnerabilidade do paciente, redução da reserva fisiológica e maior propensão à ocorrência de eventos adversos relacionados à saúde quando exposto a agentes estressores endógenos ou exógenos[1,4]

Em 2001, Fried *et al.* descreveram o fenótipo da síndrome da fragilidade pela presença de pelo menos três dos seguintes componentes: perda de peso não intencional, fraqueza (medida pela força de aperto), exaustão auto aferida, lentidão da velocidade de marcha e baixo nível de atividade física. Tais índices de fragilidade têm se provado ferramentas importantes na avaliação pré-operatória e na tomada de decisões nos cuidados perioperatórios de paciente idosos, sendo bons preditivos para quedas, hospitalização, debilidade, outras complicações e morte.[3,4]

■ ALTERAÇÕES DO SISTEMA NERVOSO E DA FUNÇÃO COGNITIVA

Disfunções cognitivas e delirium apresentam grande relevância no que diz respeito aos cuidados perioperatórios, uma vez que pacientes idosos são particularmente mais vulneráveis a essas complicações pós-operatórias.[2] Alguma das principais alterações estruturais relacionadas a essa maior vulnerabilidade são:

Redução do volume cerebral: aproximadamente aos 45 a 50 anos de idade se inicia um declínio progressivo da massa cerebral, tanto de matéria branca quanto cinzenta. O declínio no total do volume cerebral, porém, não pode ser explicado puramente por essa perda havendo uma etiologia multifatorial associada, como por exemplo a presença de comorbidades.[5]

Alteração do padrão de permeabilidade da barreira hematoencefálica: com o envelhecimento, ocorre redução da densidade microvascular, do tamanho do lúmen dos capilares e do número de mitocôndrias por célula endotelial, o que contribui para a ocorrência de alterações na permeabilidade da barreira hematoencefálica. Alguns fatores de risco relacionados à aceleração dessas alterações são hipertensão, dislipidemia, diabetes mellitus e reações adversas relacionadas a fármacos. Essas alterações na barreira hematoencefálica podem causar mudanças na resposta à isquemia e à entrada de medicações no sistema nervoso central.[5]

Redução da neurogênese: nos seres humanos, células tronco neurais são constitutivamente ativas no giro denteado hipocampal e nas regiões subventriculares dos ventrículos laterais, proliferando-se em progenitores que se diferenciam em neurônios em todas as faixas etárias. A neurogênese no giro denteado é responsável pela promoção de neuroplasticidade relacionada às funções cognitiva e emocional. Com o avanço da idade ocorre redução gradual na neurogênese, limitando a capacidade de aprendizado e contribuindo para o declínio cognitivo do indivíduo.[5]

Inflamação: sinais iniciados no sistema imune periférico podem resultar em respostas inflamatórias no SNC por meio de sinais mediados por citocinas. No cérebro de indivíduos idosos pode ocorrer uma produção exagerada ou prolongada de citocinas em resposta a estímulos do sistema imune periférico, consequente a falha no *feedback* anti-inflamatório, promovendo assim maiores graus de inflamação, os quais podem estar relacionados com mudanças no comportamento cognitivo.[5]

Declínio cognitivo: o envelhecimento promove basicamente dois principais tipos de mudanças na cognição. A primeira delas se relaciona aos conhecimentos adquiridos, como o vocabulário, que apresenta melhora até os 60 anos de idade, e então entra em declínio; já a outra diz respeito à velocidade de processamento, incluindo raciocínio, memória e habilidades cognitivas espaciais, as quais entram em um declínio linear a partir do início da idade adulta.[5]

Queda da reserva cognitiva: a reserva cognitiva pode ser dividida em passiva ou ativa. A reserva passiva diz respeito ao tamanho cerebral e à contagem neuronal, sendo medida por meio do volume cerebral, contagem sináptica ou ramificações dendríticas. Já a reserva ativa está relacionada com a integridade cognitiva funcional, encontrando-se mais preservada em pessoas de classe social mais elevada e com maiores níveis de escolaridade, apesar de não existirem bons meios de medir esse tipo de reserva. A queda das reservas funcionais se manifesta em dificuldades na realização de tarefas do dia a dia, aumento da sensibilidade a agentes anestésicos e aumento do risco para delirium e disfunção cognitiva pós-operatórios.[5]

As alterações no sistema nervoso autônomo incluem diminuição da atividade parassimpática e aumento da atividade simpática.[6] As catecolaminas plasmáticas aumentam 60% entre 20 e 70 anos. Esses dados explicam a hipotensão mais intensa no idoso com técnicas anestésicas associadas a bloqueio farmacológico do sistema nervoso simpático.

ALTERAÇÕES DO SISTEMA CARDIOVASCULAR

Pacientes geriátricos costumam apresentar uma redução da resposta beta-adrenérgica e possuem prevalência aumentada de anormalidades de condução, bradiarritmias e hipertensão, e resposta reduzida dos barorreceptores.[7]

Infiltrações fibróticas nas vias de condução cardíacas deixam os idosos mais propensos a apresentarem atrasos de condução e ectopias atriais e ventriculares. Há uma dependência aumentada do mecanismo de Frank-Starling para o débito cardíaco o que exige cuidado adicional durante a administração de fluidos.[7]

O coração envelhecido também é menos complacente com diferentes graus de disfunção diastólica, e assim, pequenas variações no retorno venoso acabam por produzir grandes alterações na pré-carga ventricular e no débito cardíaco. Transfusões sanguíneas são mal toleradas e hipovolemias são mal compensadas devido à redução da complacência vascular e à disfunção diastólica.[7] É difícil prever clinicamente a disfunção diastólica. A disfunção sistólica pode ser prevista na anamnese quando há história de angina, infarto do miocárdio e doenças valvares. Não há correlação entre disfunção diastólica e sistólica.

ALTERAÇÕES DO SISTEMA RESPIRATÓRIO

Dentre as principais alterações observadas neste sistema estão a redução da complacência da caixa torácica, do recolhimento elástico pulmonar, do volume expiratório forçado em 1 segundo e da capacidade vital forçada, bem como redução da área alveolar funcional, dos cílios do epitélio respiratório e da capacidade de tossir.[3,7] Ocorre aumento do volume de fechamento e do volume residual. Estas alterações evidenciam um padrão obstrutivo com aumento do trabalho da respiração, do shunt pulmonar fisiológico e da diferença alvéolo arterial de oxigênio. A pressão parcial de oxigênio arterial pode ser calculada segundo a fórmula: $PaO2 = 103 - (0,54 \text{ x idade em anos}) \text{ mmHg}$.

A diminuição da resposta ventilatória à hipóxia e à hipercarbia e dos reflexos protetores de vias aéreas predispõe à hipoventilação e broncoaspiração.

Há uma maior incidência de infecções respiratórias, sendo que pneumonia, apneia do sono e doença pulmonar obstrutiva crônica (DPOC) são muito comuns nesses pacientes.[3,7]

ALTERAÇÕES DO SISTEMA EXCRETOR

Com o passar dos anos, ocorre uma redução do fluxo e do parênquima renal. Os níveis de creatinina sérica permanecem estáveis devido à redução da massa muscular, não sendo um parâmetro confiável para avaliar a função renal no idoso. O melhor indicador do ritmo de filtração glomerular é o *Clearance* de creatinina.

Dificuldades de regulação de sódio, de concentração e capacidade de diluição tornam os pacientes idosos mais predispostos a sofrerem de desidratação e sobrecarga de fluidos.[7]

A redução do aporte sanguíneo renal em conjunto com uma redução da massa de néfrons nesses indivíduos faz com que haja um risco aumentado de ocorrência de insuficiência renal aguda no período pós-operatório,[7] sendo esse um importante fator a ser levado em consideração.

ALTERAÇÕES FARMACOCINÉTICAS E FARMACODINÂMICAS

As alterações nos compartimentos corporais no idoso que incluem diminuição da água corporal, da massa muscular, do volume sanguíneo e aumento do tecido gorduroso, resultam em alteração dos volumes de distribuição dos fármacos, com diminuição para os hidrossolúveis e aumento para os lipossolúveis. A diminuição da concentração sérica de albumina tem como consequência o aumento de substância livres e de sua ação farmacológica, como ocorre com o propofol.

A redução da função renal associada à diminuição do fluxo sanguíneo hepático são responsáveis pelo aumento das meia-vidas de eliminação dos fármacos excretados por essas vias o que retarda a recuperação da anestesia.

A sensibilidade aos anestésicos pode estar aumentada pela perda neuronal e diminuição dos neurotransmissores o que implica em diminuição da dose a ser administrada.

ANESTESIA E O PACIENTE IDOSO

Os pacientes, particularmente os idosos, frequentemente têm receio da anestesia e a consideram como fonte de complicações pós-operatórias, pelo fato de ocorrerem após sua administração. As complicações intra e pós-operatórias decorrem, em sua maioria, de uma combinação de uma série de fatores de risco, e não simplesmente do procedimento anestésico *per se*.[2] Ao contrário, considera-se a anestesia e o controle adequado da dor pós-operatória como uma medida de prevenção às complicações pós-operatórias, pelo bloqueio das vias aferentes da dor reduzindo assim a resposta endocrinometabólica à agressão do ato operatório com consequente diminuição da ocorrência de eventos adversos a ele relacionados.[2]and the anticipation of possible complications while optimizing and planning preventive strategies. Data obtained by Comprehensive Geriatric Assessment (CGA

Pacientes idosos, no entanto, apresentam risco aumentado de apresentar complicações relacionadas aos anestésicos uma vez que sistemas que antes permitiam uma metabolização e recuperação completa dos agentes anestésicos passam a ter sua capacidade limitada. Além disso, o cérebro do idoso possui uma menor reserva cognitiva e, portanto menor resiliência ao estresse neurológico.[8]

AVALIAÇÃO PRÉ-ANESTÉSICA E CUIDADOS COM O PACIENTE IDOSO

A avaliação pré-anestésica é um importante instrumento que alerta para as condições fisiológicas indicando as decisões necessárias no controle perioperatório para reduzir os riscos de desfechos desfavoráveis relacionados ao procedimento anestésico-cirúrgico. Ela reduz o nível de ansiedade dos pacientes e direciona o planejamento da anestesia e do pós-operatório. No paciente idoso, ela deve contemplar quatro aspectos inter-relacionados que são a história e exame físico incluindo estado funcional, a estratificação de risco, os exames laboratoriais e a necessidade de otimização pré-operatória. Desta forma, deve ser pesquisado a presença de polifarmácia, uso inapropriado de medicações, os estados funcional, cognitivo e sensorial e a presença de síndrome da fragilidade devido ao maior impacto causado pelas comorbidades e fatores de risco associados ao processo de envelhecimento e a subsequente vulnerabilidade ao estresse cirúrgico. Também devem ser antecipadas as possíveis complicações e realizado o planejamento e otimização com estratégias preventivas. As causas mais comuns de complicações pós-operatórias, como metabólicas, respiratórias ou cardiovasculares, são bastante influenciadas pela condição de saúde do paciente e associadas à condição pela qual a cirurgia se fez necessária e ao tipo de procedimento cirúrgico ou anestésico realizado.[2]

É preciso avaliar a possibilidade de complicações como delirium pós-operatório, incontinência urinária, úlceras de pressão, declínio funcional e quedas no perioperatório, sendo necessário que haja uma orientação específica relacionada à prevenção desses possíveis eventos para que a ocorrência de complicações pós-operatórias não minimizem ou até mesmo anulem os ganhos do procedimento cirúrgico.2and the anticipation of possible complications while optimizing and planning preventive strategies. Data obtained by Comprehensive Geriatric Assessment (CGA O Quadro 18.1 resume os itens que devem constar da avaliação pré-anestésica do idoso.

ANESTESIA REGIONAL X GERAL NO PACIENTE IDOSO

Existem controvérsias quanto à existência ou não de diferenças significativas no uso de anestésicos regionais ou gerais em pacientes idosos no que diz

Quadro 18.1. Itens recomendados a serem pesquisados na avaliação pré-anestésica do idoso[2]

Função cognitiva e capacidade mental de tomada de decisões
Depressão
Fatores de risco de delirium pós-operatório
Abuso de álcool ou outras substâncias
Avaliação cardíaca em concordância com as diretrizes da ACC/AHA e ESA/ESC para cirurgias não-cardíacas
Risco de complicações respiratórias pós-operatórias e adoção de estratégias preventivas
Estado funcional e risco de queda
Fragilidade
Estado nutricional e correção de déficits nutricionais
Medicamentos de uso crônico, identificação de drogas potencialmente inapropriadas e gestão de medicamentos perioperatório
Metas do tratamento cirúrgico e sua concordância com as expectativas do paciente
Disponibilidade da família e de suporte social

respeito à ocorrência de eventos adversos no período pós-operatório, em especial em relação aos transtornos mentais, como delirium ou disfunção cognitiva pós-operatória.

Intuitivamente, tem-se a ideia de que pacientes idosos apresentariam menores prejuízos com o uso de anestésicos regionais, por permitirem uma menor exposição sistêmica a agentes anestésicos neurotóxicos, maior estabilidade hemodinâmica, recuperação mais rápida, menor interação medicamentosa, dentre outros. Diversos estudos, porém demonstraram resultados similares de incidência de disfunção cognitiva pós-operatória, mortalidade e morbidade nos pacientes quando comparados os usos de técnicas regionais ou gerais, não havendo diferenças significativas.[9-11]

O trauma cirúrgico ou as doenças subjacentes por si parecem ter maior relevância no que diz respeito ao surgimento de tais complicações.[5]

Apesar disso, a anestesia regional costuma ser mais frequentemente recomendada para pacientes idosos com base em observações clínicas de que pacientes com um mínimo grau de sedação permanecem orientados e retornam à sua funcionalidade normal muito mais rapidamente. Além disso, as técnicas de anestesia regional também demonstraram algumas vantagens em relação à anestesia geral como diminuição da incidência de eventos trombóticos e da perda de sangue, particularmente após cirurgias de quadril.[10]

A anestesia regional propicia um melhor controle da dor no pós-operatório, aumentando o conforto do paciente e reduzindo a ocorrência de eventos cardíacos adversos nesse período. Ela permite também retorno da função intestinal e da integridade do sistema imune de maneira mais rápida no pós-operatório, vantagens essas particularmente relevantes no cuidado de pacientes idosos.[10]

A despeito de todos esses potenciais benefícios da anestesia regional em relação à geral, controvérsias a respeito dos resultados obtidos nos pacientes ainda permanecem, possivelmente pelo fato de existirem relativamente poucas situações clínicas em que uma técnica apresente vantagens absolutas sobre a outra. Isso porque há muitos fatores concomitantes como as condições médicas e mentais do paciente, o tipo, duração e grau de invasão do ato operatório e a habilidade do cirurgião. Uma anestesia regional inadequadamente conduzida pode ser muito mais catastrófica num paciente idoso do que uma anestesia geral bem conduzida.[10] A escolha da técnica anestésica mais adequada deve ser guiada por uma série de fatores, como exigência do procedimento cirúrgico, doenças associadas, necessidade de prevenção de complicações pós-operatórias, preferência do paciente e experiência do anestesiologista.[3] Quando o procedimento requer anestesia geral, sempre que possível deve-se associar alguma técnica de anestesia regional. Tal modalidade de anestesia, denominada anestesia combinada, se baseia no fato de que o bloqueio regional reduz o estímulo doloroso proveniente dos sítios cirúrgicos para o cérebro. Ao reduzir a magnitude do sinal nociceptivo para o sistema nervoso central uma quantidade menor de fármacos de ação central, como opioides ou agentes anestésicos se fazem necessários durante e após a cirurgia.[11]

ANESTESIA REGIONAL

Devido ao processo fisiológico do envelhecimento, pacientes idosos apresentam alterações na absorção sistêmica, distribuição e eliminação dos anestésicos locais quando comparados à população mais jovem.[10,11]

No idoso, além dos fatores gerais que influenciam a absorção sistêmica do anestésico local como as características do anestésico, seu local de injeção, a dose administrada, e a presença de fármacos adjuvantes, ela é afetada pela perfusão tecidual reduzida relacionada à idade. O resultado é um atraso no tempo de absorção o que implica em maior variabilidade nos picos de concentração plasmática.[10,11]

Considerando que os anestésicos locais são lipossolúveis e com o aumento de gordura na composição corporal do idoso, resulta em maior volume de distribuição destes fármacos com consequente variação nos picos e duração da concentração plasmática o que torna menos previsível a toxicidade destes fármacos nesta população.[10] O metabolismo hepático dos anestésicos tipo amida é um importante fator para sua eliminação. A redução do fluxo hepático, da massa e da função celular dos hepatócitos no idoso diminui a depuração destes fármacos.

A implicação prática destas alterações farmacocinéticas dos anestésicos locais é o cuidado adicional ao serem administradas doses repetidas e infusões contínuas destes agentes em pacientes idosos para evitar o acúmulo e consequente toxicidade pelos níveis plasmáticos elevados.[10,11]

ANESTESIA SUBARACNÓIDEA (RAQUIANESTESIA) E EPIDURAL

A utilização da raquianestesia combinada com algum método de sedação é uma opção segura e bem sucedida para pacientes idosos submetidos a cirurgias dos membros inferiores, de quadril, urológicas, entre outras.[10,11] A anestesia epidural com colocação de cateter oferece um controle da dor tanto no intraoperatório quanto no pós-operatório.[10] Diversos estudos relataram os benefícios da anestesia epidural na função pulmonar no pós-operatório.[10,11]

Devido ao envelhecimento, a coluna de pacientes idosos impõe ao anestesista desafios únicos, pelo fato de o alinhamento anatômico da coluna lombar e torácica estar alterado, e pela dificuldade de adequado posicionamento dos pacientes para a aplicação da anestesia regional. Alterações como calcificações da cartilagem, diminuição da flexibilidade e alterações osteoartríticas contribuem também para a dificuldade técnica enfrentada na administração da raqui e da epidural no paciente idoso. Técnicas como realização do bloqueio neuroaxial guiado por ultrassom e abordagem paramediana são algumas das opções viáveis para contornar tais problemas.[10,11]

Estudos demonstraram que na raquianestesia e na epidural os níveis alcançados foram de três a quatro segmentos mais alto do que em pacientes não idosos. O bloqueio tem início de ação é mais rápido, maior intensidade e duração de ação prolongada consequentes às mudanças promovidas pelo processo de envelhecimento. Na epidural, níveis mais altos com volumes menores ocorrem pela redução do extravasamento do anestésico local por estreitamento do forame vertebral e mudanças no tecido conjuntivo que altera a complacência do espaço epidural e a permeabilidade da dura-máter. Estas alterações resultam em imprevisibilidade da dispersão do anestésico local.[11]

BLOQUEIOS NERVOSOS PERIFÉRICOS

O uso das técnicas de bloqueio nervoso periférico (BNP) vem se tornando cada vez mais comum nos pacientes idosos como uma ferramenta de manejo multimodal tanto no intraoperatório quanto no pós-operatório. Técnicas guiadas por ultrassom permitiram uma maior segurança e sucesso na realização desse tipo de anestesia. Graças ao controle efetivo da dor promovido por esses bloqueios, pacientes idosos podem receber alta mais precocemente após uma grande cirurgia ortopédica, por exemplo, possibilitando maior satisfação por parte do paciente e menores custos hospitalares relacionados aos seus cuidados.[11]

Alguns dos benefícios relacionados ao BNP são a sua especificidade de atuação regional, controle da dor no pós-operatório sem o uso de opioides e a ausência das complicações e limitações associadas aos bloqueios no neuroeixo.[11] Os pacientes idosos com complicações cardiovasculares apresentam um maior risco de eventos cardíacos e cerebrovasculares devido à hipotensão causada pelo bloqueio do sistema nervoso simpático provocada ela raquianestesia e pela epidural. O BNP é uma opção por promover melhor estabilidade hemodinâmica e redução da exposição ou mesmo da necessidade do uso de sedativos e analgésicos, possibilitando uma melhor recuperação cognitiva, a qual representa grande relevância para esse tipo de paciente.[11]

SEDAÇÃO NA ANESTESIA REGIONAL

A sedação é um componente importante durante a cirurgia de pacientes submetidos a anestesia regional. As alterações na farmacocinética e farmacodinâmica decorrentes do envelhecimento levam a menor necessidade de sedativos e opioides na sedação destes pacientes.[10,11]

Outro fator importante a ser levado em consideração são as interações medicamentosas. Efeitos sinérgicos ocorrem quando sedativos são utilizados em conjunto com outros fármacos que afetem o sistema nervoso central, como opioides e agentes utilizados na anestesia geral. O resultado é que mesmo pequenas doses de sedativos podem resultam em depressão respiratória, instabilidades hemodinâmicas e estados mentais alterados.[11]

Os agentes sedativos devem, idealmente, ter curta ação, ser fáceis de administrar, e ter uma ampla margem de segurança e um baixo perfil de efeitos adversos. Benzodiazepínicos de longa ação e barbitúricos devem ser evitados nos pacientes idosos. Uma sedação efetiva pode ser obtida com propofol, midazolam, remifentanil ou uma combinação desses fármacos. Independentemente de qual o agente escolhido, é preciso estar atento com as mudanças fisiológicas relacionadas à idade que afetam a farmacocinética e a farmacodinâmica de cada um deles.[10]

A monitorização constante da oxigenação, da perfusão cerebral e do grau de profundidade da sedação durante o ato cirúrgico são fundamentais para garantir redução das taxas de complicações cognitivas pós-operatórias nos pacientes idosos.[5]

Estudos demonstram que maiores graus de sedação com o valor do índice bispectral (BIS) abaixo de 50 estão diretamente relacionados a uma maior ocorrência de transtornos cognitivos no pós-operatório. Isso implica em rígido cuidado na sedação durante bloqueios e no plano da anestesia geral.[8]

ANESTESIA GERAL

A anestesia geral é utilizada em cirurgias de grande porte, quando o paciente recusa ou não colabora para a realização de bloqueios ou quando estes estão contraindicados. Ela pode ser administrada por via intravenosa ou por via inalatória com o auxílio de máscara facial, máscara laríngea ou intubação traqueal. O objetivo da anestesia geral é promover inconsciência, amnésia, analgesia, imobilidade e bloqueio de respostas autonômicas.[12]

Todos os anestésicos podem ser utilizados nos pacientes idosos, porém a dose deve ser cuidadosamente ajustada de acordo com as condições clínicas, uma vez que esses pacientes apresentam uma grande variabilidade em relação à sensitividade aos fármacos, especialmente aos hipnóticos. As doses necessárias dos agentes venosos e inalatórios para os idosos são muito mais baixas do que para os adultos mais jovens.[13] Também deve ser considerado que esses pacientes apresentam frequentemente utilizam diversos medicamentos o que acaba por aumentar o risco da ocorrência de reações adversas relacionadas às possíveis interações medicamentosas com os fármacos a serem administrados no perioperatório. Assim, é bastante comum que pacientes geriátricos acabem recebendo doses excessivas de anestésicos, que levam a quadros de depressão hemodinâmica e a um tempo de recuperação prolongado. Tal erro se relaciona diretamente com o maior tempo para que ocorra o início dos efeito dos agentes anestésicos nesses pacientes, o que pode levar a uma suplementação desnecessária da dose de indução.[13]

As alterações fisiológicas do idoso explicam os motivos pelos quais necessitam de doses menores de anestésicos quando comparados a indivíduos mais jovens. Na farmacocinética, o menor volume de distribuição resulta em uma maior concentração plasmática do que em indivíduos mais jovens e a maior sensibilidade na farmacodinâmica explica porque uma mesma concentração de fármaco produz uma maior resposta.[13]

Em relação aos agentes endovenosos, no idoso o propofol deve ter a dose de indução reduzida em cerca de 20% de 2,0 mg.kg^{-1} a 2,5 mg.kg^{-1} para 1,5 mg.kg^{-1} a 1,8 mg.kg^{-1}. Se a indução for guiada por monitorização cerebral a dose total pode ser reduzida ainda mais. A dose do etomidato e do tiopental deve ser reduzida de 50 a 75%. Quanto ao midazolam, doses de 0,03 mg.kg^{-1} são seguras no idoso, enquanto que doses maiores (0,05 mg.kg^{-1} a 0,07 mg.kg^{-1}) estão associadas a confusão mental. A cetamina, por seus efeitos colaterais como taquicardia, hipertensão, hipotensão nos pacientes depletados de catecolaminas e aumento da pressão intraocular deve ser uma opção cuidadosamente avaliada no idoso. Ela, como adjunto anestésico, tem sido recomendada como dose única de 0,5 mg.kg^{-1}. Os opioides apresentam o dobro da potência comparada aos jovens. A dose necessária de fentanil tem uma redução de 10% para cada década depois dos 30 anos.[14]

Em relação aos agentes anestésicos inalatórios, a concentração alveolar mínima (CAM) necessária para se alcançar determinado plano de anestesia diminui em 6% para cada década após os 40 anos de idade, enquanto para o óxido nitroso tal diminuição é de 8% por década. Há também um decréscimo, na mesma proporção, para a CAM de despertar. O óxido nitroso deve ser evitado nos idosos por ser capaz de diminuir o índice cardíaco em 10% a 15%.[14]

■ CUIDADOS NO INTRAOPERATÓRIO

As alterações decorrentes do avançar da idade aumentam o risco de morbimortalidade nos idosos impondo a importância de cuidados adicionais além da monitorização básica intraoperatória.

Monitorização da profundidade da anestesia e da sedação

Devido à menor necessidade e a variabilidade de respostas às doses de anestésicos, destaca-se a importância da realização de monitorização da profundidade anestésica no paciente idoso ao longo da indução e manutenção da anestesia. Para tanto, existem uma série de métodos que avaliam o grau de hipnose, como o eletroencefalograma, o BIS, o monitor de entropia, o Índice de Consciência (IOC) e os potenciais evocados auditivos.[13]

Monitorização da função neuromuscular

As alterações fisiológicas do idoso propiciam duração prolongada do bloqueio neuromuscular adespolarizante. É fundamental a monitorização da função neuromuscular, particularmente na recuperação da anestesia para que seja evitado o bloqueio neuromuscular residual.

Hipotermia

Pacientes idosos apresentam um risco aumentado de experimentarem hipotermia, devido à capacidade reduzida de controle da temperatura corporal relacionada diminuição da massa muscular, da taxa metabólica e da reatividade vascular. A hipotermia perioperatória é muitas vezes subestimada no idoso e relaciona-se com aumento da morbidade. Sistemas de aquecimento ativos, como aquecimento forçado de ar e dos fluidos endovenosos e de irrigação são métodos eficientes para contornar esse problema.[13] Durante o procedimento anestésico a temperatura deve ser avaliada de forma contínua ou intermitente a cada 15 ou 30 minutos.

Posicionamento

O posicionamento na mesa cirúrgica do paciente idoso deve se adequar à sua condição musculoesquelética. A restrição do movimento articular pode levar à dificuldade de posicionamento para a anestesia e/ou cirurgia e a manipulação excessiva pode causar dor intensa no pós-operatório. Cuidado também com lesões de nervos periféricos e úlceras de pressão, que são mais prevalentes nos idosos, particularmente nos procedimentos mais prolongados.

■ COMPLICAÇÕES E CUIDADOS NO PÓS-OPERATÓRIO DO PACIENTE IDOSO

As principais causas de morbidade pós-operatórias nos pacientes idosos são devidas a atelectasias (17%), bronquite aguda (12%), pneumonia (10%), insuficiência cardíaca e/ou infarto do miocárdio (6%), delirium (7%) e sinais neurológicos focais (1%).[15]

O modelo tradicional de cuidado pós-operatório, ainda em uso em diversas instituições, inclui jejum e descanso prolongados, cateterização urinária e supressão em caso de agitação. Uma alternativa a este modelo é o programa ERAS (do inglês *Enhanced Recovery After Surgery*), tem contribuído diretamente com o aumento das chances de uma boa recuperação pós-operatória e baseia-se em mobilização e ingestão de alimentos de maneira precoce, e otimização do controle da dor. A possibilidade de tal abordagem nos pacientes idosos pode fornecer novos elementos no processo de planejamento perioperatório.[2]

Avaliação e manejo da dor

A dor é um sintoma muito comum no pós-operatório, porém de difícil diagnóstico nos pacientes idosos devido a fatores relacionados à idade, como demência, alterações da nocicepção e outros distúrbios cognitivos, o que a faz ser negligenciada em muitos casos.[13,15] A utilização de escalas visuais ou numéricas pode ser problemática, pois pacientes idosos podem ter dificuldades em compreender tais tarefas, principalmente quando há prejuízo cognitivo. Além disso, pode também haver algum prejuízo na habilidade do paciente em reportar a dor. A escala de dor MOBID (do inglês *"Mobilization – Observation – Behavior – Intensity – Dementia"*) foi desenvolvida para a avaliação ser independente do paciente. Ela se baseia na observação do comportamento do paciente durante o descanso e o movimento. Tal escala é capaz de revelar a dor que ocorre durante a movimentação a qual geralmente não é detectada com os métodos tradicionais de avaliação da dor. A escala MOBID é especialmente útil na avaliação da dor em pacientes demenciados.[13]

Tendo em mente as especificidades relacionadas ao envelhecimento, o tratamento da dor aguda nos pacientes idosos deve ser realizado seguindo-se os seguintes itens:[15]

1. Incorporação de analgesia multimodal, a fim de se melhorar a eficácia e reduzir o risco de toxicidade.
2. Utilização de analgesia sítio-específica.
3. Utilização de fármacos anti-inflamatórios não esteroidais quando possível, a fim de se poupar o uso de opioides, melhorar a analgesia e reduzir os mediadores inflamatórios.

Nos pacientes idosos em que o risco de complicações gástricas, renais ou relativas a hemostasia não for significante, os anti-inflamatórios podem ser utilizados por tempo limitado. Nos pacientes mais susceptíveis a desenvolverem complicações, a dose deve ser reduzida em 25% a 50% da dose do adulto jovem e os intervalos entre as doses devem ser aumentados.

A utilização de opioides pode se mostrar necessária, não havendo impeditivos. É preciso, no entanto, atentar-se na avaliação quanto ao tipo e à dosagem apropriada para cada paciente.[15]

Avaliação da cognição

As principais complicações cognitivas que ocorrem no período pós-operatório, relacionadas aos pacientes idosos, são o delirium pós-operatório (DPO) e a disfunção cognitiva pós-operatória (DCPO).[13]

Delirium pós-operatório

O DPO pode ser caracterizado por um distúrbio flutuante e transitório da cognição com prejuízo na atenção e no pensamento, bem como um nível de consciência alterado.[13,16] Algumas de suas manifestações clínicas incluem: delírio, desorientação, dificuldade na linguagem, prejuízo no aprendizado e na memória. Ilusão, alucinação e distúrbios emocionais também podem estar presentes.[16] No idoso é mais comum o delírio hipoativo.

A incidência de DPO pode variar de acordo com o tipo de procedimento realizado. Após intervenções cirúrgicas cardíacas de grande porte, por exemplo, a incidência é de 47%, após procedimentos de cirurgia geral, 10%, enquanto que após o tratamento cirúrgico de fratura de quadril nos idosos, tal incidência pode chegar a 62%. Há indícios de que a circulação extracorpórea apresente fortes relações com o comprometimento da função cognitiva no período pós-operatório.[16]

A mortalidade associada ao DPO é de 13%, e relaciona-se a aumento do tempo de internação hospitalar, das complicações, dos custos, e com um impacto negativo na qualidade de vida dos pacientes idosos.[16]

Alguns dos fatores de risco associados com o delirium, além da circulação extracorpórea e da idade avançada, são demência, alterações glicêmicas, anestesia geral, história de abuso de álcool, mal estado cognitivo e funcional, uso de fármacos com atividade anticolinérgica, depressão, psicose, deficiência nutricional, hipotermia, dor, baixo nível educacional, complicações respiratórias, desidratação, privação sensorial e ansiedade.[13,16]

O diagnóstico se dá por meio da história clínica, que deve ser complementada com exame físico, solicitação de exames complementares para a exclusão das causas associadas a doenças e a intoxicação medicamentosa, e com o auxílio de escalas para avaliação do estado cognitivo, sendo a mais utilizada a CAM (*Confusion Assessment Method*), apresentada no Quadro 16.2. A presença dos itens 1 e 2 com os itens 3 ou 4 já fazem o diagnóstico de *delirium*.[16]

Quadro 16.2. Itens para avaliação do delirium, segundo *Confusion Assesssment Method* – CAM[16]

Início agudo e flutuação dos sintomas
Distúrbios de atenção
Pensamento desorganizado
Alteração da consciência
Agitação ou retardo psicomotor
Desorientação
Prejuízo na memória
Distúrbio da percepção
Alteração no ciclo sono-vigília

O tratamento do DPO tem como foco principal a identificação de fatores precipitantes, a administração de medicamentos deve ser reservada apenas para os casos mais graves.[13]

◼ DISFUNÇÃO COGNITIVA PÓS-OPERATÓRIA

Enquanto no delirium há uma alteração do estado de consciência, isso não ocorre no quadro de disfunção cognitiva pós-operatória (DCPO).[13] A Sociedade Internacional da Disfunção Cognitiva Pós-operatória define o quadro de DCPO quando são observados déficits pós-operatórios no paciente em uma ou mais áreas do estado mental, como atenção, concentração, função executiva, memória, capacidade da visão espacial e velocidade psicomotora. Tal condição se desenvolve dentro de semanas ou até meses após o procedimento anestésico-cirúrgico, apresentando longa duração.[17]

É muito comum que tal disfunção passe despercebida até o momento da alta do paciente, uma vez que sua detecção requer testes neuropsicológicos bastante sensíveis.[13]

Até os dias atuais, diversos estudos tentaram investigar a DCPO, porém sua fisiopatologia ainda não está completamente elucidada e existem diversas perguntas sem resposta, mas é muito provável que tal condição tenha uma origem multifatorial.[13,17]

O tratamento da DCPO apresenta duas principais vias de abordagem:

- Exclusão de qualquer outra doença grave que possa cursar com síndromes psíquicas orgânicas que podem se apresentar de forma parecida com a DCPO.
- Tratamento dos sintomas da DCPO com terapias de suporte como oxigenação e suporte hemodinâmico e intervenções não farmacêuticas, como a mensuração regular dos sinais vitais e comunicação frequente da equipe de saúde com o paciente. O posicionamento de relógios, calendários e TVs com noticiário podem ajudar na reorientação do paciente, bem como a manutenção de iluminação adequada no quarto, com variações da intensidade da luz, podem ajudar na recuperação do ciclo circadiano.[17]

Quanto à participação da anestesia nas alterações cognitivas do pós-operatório, metanálise recente concluiu que há incerteza se a manutenção da anestesia com propofol e agentes venosos ou com agentes inalatórios afeta a incidência de DPO. E demonstrou também que há baixa evidência de que a manutenção com anestesia intravenosa total possa reduzir a incidência de DCPO.[18]

Referências bibliográficas

1. Cesari M, Calvani R, Marzetti E. Frailty in Older Persons. Clin Geriatr Med [Internet]. 2017;33(3):293–303. Available from: http://dx.doi.org/10.1016/j.cger.2017.02.002
2. Bettelli G. Preoperative evaluation of the elderly surgical patient and anesthesia challenges in the XXI century. Aging Clin Exp Res [Internet]. 2018;30(3):229–35. Available from: http://dx.doi.org/10.1007/s40520-018-0896-y
3. Gondin A, Filho J, Filho J. Repercusões Clínicas do Envelhecimento. In: Albuquerque M, Mattos S, Nunes R, editors. Educação continuada em Anestesiologia. Rio de Janeiro: Sociedade Brasileira de Anestesiologia/SBA; 2018. p. 13–24.
4. Tov LS, Matot I. Frailty and anesthesia. Curr Opin Anaesthesiol. 2017;30(3):409–17.
5. Strøm C, Rasmussen LS, Sieber FE. Should general anaesthesia be avoided in the elderly? Anaesthesia. 2014;69(SUPPL. 1):35–44.
6. Hotta H, Uchida S. Aging of the autonomic nervous system and possible improvements in autonomic activity using somatic afferent stimulation. Geriatr Gerontol Int. 2010;10(SUPPL. 1):127–36.
7. Kanonidou Z, Karystianou G. Anesthesia for the elderly. Hippokratia. 2007;11(4):175–7.
8. Cottrell JE, Hartung J. Anesthesia and Cognitive Outcome in Elderly Patients: A Narrative Viewpoint. J Neurosurg Anesthesiol. 2020;32(1):9–17.
9. Evered L, Scott DA, Silbert B. Cognitive decline associated with anesthesia and surgery in the elderly: Does this contribute to dementia prevalence? Curr Opin Psychiatry. 2017;30(3):220–6.
10. Tsui BCH, Wagner A, Finucane B. Regional Anesthesia in the Elderly: A Clinical Guide. 2004;21(14):895–910.
11. Lin C, Darling C, Tsui BCH. Practical Regional Anesthesia Guide for Elderly Patients. Drugs and Aging [Internet]. 2019;36(3):213–34. Available from: https://doi.org/10.1007/s40266-018-00631-y
12. American Society of Anesthesiologists [Internet]. Types of Anesthesia: General Anesthesia. [cited 2020 Oct 9]. Available from: https://www.asahq.org/whensecondscount/anesthesia-101/types-of-anesthesia/general-anesthesia/
13. Steinmetz J, Rasmussen L. The elderly and general anesthesia. Minerva Anestesiol. 2010;76(9):745–52.
14. Carraretto A. Anestesia Balanceada. In: Albuquerque M, Mattos S, Nunes R, editors. Educação continuada em Anestesiologia. Rio de Janeiro: Sociedade Brasileira de Anestesiologia/SBA; 2018. p. 77–90.
15. Curi E. Cuidados Pós-operatórios. In: Albuquerque M, Mattos S, Nunes R, editors. Educação continuada em Anestesiologia. Rio de Janeiro: Sociedade Brasileira de Anestesiologia/SBA; 2018. p. 109–18.
16. Barbosa FT, Cunha RM da, Pinto ALCLT. Delirium pós-operatório em idosos. Rev Bras Anestesiol. 2008;58(6):665–70.
17. Pappa M, Theodosiadis N, Tsounis A, Sarafis P. Pathogenesis and treatment of post-operative cognitive dysfunction. Electron Physician. 2017;9(January):3592–7.
18. Miller D, Lewis SR, Pritchard MW, Schofield-Robinson OJ, Shelton CL, Alderson P, et al. Intravenous versus inhalational maintenance of anaesthesia for postoperative cognitive outcomes in elderly people undergoing non-cardiac surgery. Cochrane Database Syst Rev. 2018;2018(8).

19
CAPÍTULO

Anestesia na Gestante e Suas Particularidades

MARIANA MARINS VIEIRA
MARIANA FAVARO DE SANTANA
DAVID FEREZ

■ INTRODUÇÃO

O anestesiologista deve analisar as condições necessárias e particulares de cada paciente obstétrica; deve ser considerado se o procedimento cirúrgico será obstétrico ou não. Desta forma, é imprescindível o conhecimento das alterações fisiológicas e anatômicas que ocorrem durante a gravidez e das alterações farmacocinéticas e farmacodinâmicas evitando, assim, um parto prematuro nas cirurgias não obstétricas e, nas intervenções obstétricas, diminuir a depressão fetal durante o intraparto.

■ ALTERAÇÕES DA GESTAÇÃO

Na gravidez e durante o parto, a mulher passa por diversas adaptações e mudanças anatômicas e fisiológicas. Para o melhor acompanhamento dessas pacientes e para planejar a opção mais adequada de analgesia e anestesia é necessário conhecer essas alterações bem como suas implicações na prática anestésica. Entender essas modificações bem como a forma como interagem com doenças e quais os fatores de risco permitem um melhor acompanhamento clínico da parturiente no período intraparto.

Alterações no sistema cardiovascular e hematológico

As alterações no sistema cardiovascular visam atender a demanda do metabolismo fetal bem como preparar a paciente para o momento do parto no qual ocorre uma perda sanguínea considerável.

O volume de sangue aumenta de forma progressiva a partir da 6ª a 8ª semana de gestação atingindo o máximo de 45% próximo a 30ª semana quando fica estável até o momento do parto. Tal aumento representa uma expansão de 1.000 mL a 1.500 mL no volume sanguíneo da paciente. Com o aumento do volume sanguíneo, ocorre um aumento do débito cardíaco (DC = FC x VS) que pode influenciar diretamente nas gestantes com doença cardíaca que apresentam uma dificuldade maior de se adaptar com o aumento desse volume. É esperado também um aumento da frequência cardíaca tornando as gestantes levemente taquicárdicas. No final da gestação, por volta da 36ª semana a resistência vascular periférica pode diminuir a pressão arterial, impactando mais a pressão diastólica do que a sistólica.[1]

O aumento do volume plasmático (40% a 50%) é relativamente maior que o aumento da massa das células vermelhas (20% a 30%) ocorrendo uma hemodiluição e um resultado de hematócrito mais baixo nos exames laboratoriais (Hb 11 mg/dL como valor normal de Hb na gestação) o que aponta para uma anemia dilucional durante a gestação.[1-3]

Para melhor acomodar o aumento do volume plasmático e por estimulação de fatores placentários que aumentam a liberação de óxido nítrico, ocorre uma vasodilatação periférica.

Durante a gravidez também é esperado uma leucocitose relativa, secundária ao aumento do número de neutrófilos e segmentados, podendo apresentar uma contagem da série branca entre 8.000 e 9.000 células/mL.[1] Ocorrem mudanças nos sistemas fibrinolítico e de coagulação, durante a gestação a mulher apresenta um aumento da maioria dos fatores de coagulação e, ao mesmo tempo, os níveis de proteínas anticoagulantes caem deixando a mulher em um estado compensado de hipercoagulabilidade. Tais mudanças favorecem a mulher pois evitam grandes perdas sanguíneas no momento do parto todavia aumentam os riscos de tromboembolismo.[3]

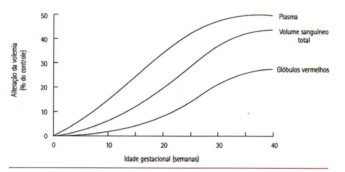

Figura 19.1. Alterações de volume sanguíneo durante a gestação. Fonte: adaptada de Guia de Anestesiologia e Terapia Intensiva, 2011.

No exame físico da paciente é possível encontrar alterações decorrentes de mudanças estruturais e fisiológicas no coração e da elevação do diafragma tais como a acentuação da primeira bulha, um leve sopro sistólico de ejeção e a presença de terceira e quarta bulhas, achados que podem não ter significado clínico patológico mas devem ser investigados.[3] Além disso, pela elevação do diafragma decorrente do aumento do volume abdominal, a gestante pode apresentar uma discreta alteração de eixo cardíaco no eletrocardiograma para a esquerda.

Ainda no sistema cardiovascular pode-se notar a presença de edemas. Com o crescimento uterino ocorre a compressão das veias (que não possuem camada média e são mais fáceis de comprimir). Com essa compressão progressiva, nota-se um aumento progressivo da pressão venosa femoral por conta da compressão da veia cava inferior, sendo que a drenagem venosa tem uma compensação pelo plexo venoso vertebral e pela veia ázigos pois drenam para veia cava superior.

O débito cardíaco pode variar conforme a posição da gestante principalmente a partir da 28ª semana, observa-se importante redução na posição de decúbito dorsal horizontal por compressão da veia cava inferior e diminuição do retorno venoso. A queda do retorno venoso promove diminuição na pressão arterial.[1]

Outras implicações de tais alterações no sistema cardiovascular e hematológico são diversas. A paciente apresenta um aumento na pré-carga devido ao aumento do volume de sangue, diminuição da pós-carga por alteração da viscosidade (hemodiluição) e por diminuir a resistência vascular periférica, aumentando assim o trabalho cardíaco e deixando-a em um estado hiperdinâmico. Tais fatores são de extrema importância pois no intraparto o anestesiologista pode diminuir o trabalho cardíaco por meio da analgesia que irá aliviar a dor e assim também diminuirá toda resposta orgânica relacionada a ela. Além disso, a compressão da aorta e da cava no final da gestação podem levar a síndrome hipotensiva aortocava que em conjunto com algumas modalidades de anestesia (como a anestesia peridural ou raquianestesia) as quais causam bloqueio simpático, essa condição pode ser agravada. Como conclusão, é sendo necessário mitigar a posição supina no trabalho de parto.

A compensação aorto-cava também é responsabilizada pelo desvio de fluxo sanguíneo para a veia ázigos e plexo venoso vertebral. Estes desvios podem interferir diretamente a pressão do espaço liquórico e peridural e interferem diretamente na dispersão do anestésico local no espaço.[1]

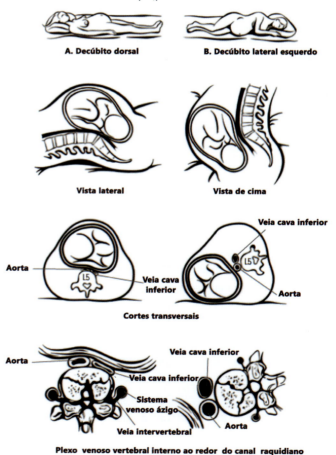

Figura 19.2. Efeitos do útero gravido sobre a veia cava inferior e a aorta no decúbito dorsal e a descompressão na posição de decúbito lateral esquerdo. Fonte: Adaptado de Guia de Anestesiologia e Terapia Intensiva, 2011.

Alterações no sistema respiratório

Durante a gestação com o crescimento uterino ocorre aumento do volume abdominal e um aumento da pressão abdominal, elevando o diafragma e diminuindo sua amplitude de movimento, forçando uma expansão da caixa torácica lateralmente. Ocorre a diminuição da capacidade residual funcional e do volume de reserva expiratório, favorecendo a rápida dessaturação, quadro que apresenta agravo na posição supina. Ao mesmo tempo o consumo de oxigênio e a ventilação-minuto aumentam e a entrega de oxigênio para o feto deve ser facilitada e isso ocorre por meio do desvio da curva de dissociação da hemoglobina para a direita, diminuindo a afinidade da hemoglobina pelo oxigenio.[2]

A gestante apresenta um ingurgitamento vascular e edema de vias aéreas que as tornam friáveis e favorecem o sangramento durante a intubação, sendo indicado o uso de tubos para intubação orotraqueal de menor calibre.[1] A maioria das mulheres alteram o volume-minuto associado ao aumento do volume de sangue pulmonar, anemia fisiológica e congestão nasal podem apresentar uma dispneia fisiológica. Desta forma a gasometria arterial mostra queda da pressão arterial de oxigênio (PaO2) e os rins excretam mais bicarbonato para compensar essa alcalose respiratória decorrente da hiperventilação. A gestante pode apresentar uma alcalose respiratória crônica associada a acidose metabólica compensatória.[3]

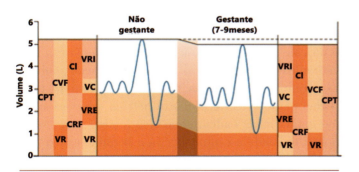

Figura 19.3. Comparação entre os componentes volumétricos respiratórios entre gestantes no terceiro trimestre e não gestantes. Fonte: adaptada de Zugaib Obstetrícia, 2016.

O manejo da via aérea difícil é uma preocupação com as gestantes, é essencial uma avaliação completa da via aérea da paciente incluindo: teste de Mallampati, medida das distâncias mento-tireoidiana e mento esternal, protrusão mandibular, mobilidade cervical, distância dos interincisivos e protrusão dos incisivos. Em cirurgias eletivas e com via aérea difícil a anestesia neuroaxial deve ser uma opção.[3]

Importante ressaltar que o ritmo do metabolismo e o consumo de oxigênio se elevam na gestação e ocorre uma elevação ainda maior no período do parto.

A ventilação alveolar aumenta intensamente em consequência da dor no período do parto, a hiperventilação durante a contração e hipoventilação no período de relaxamento que podem ser evitados com analgesia.[1]

Alterações no sistema gastrointestinal

Sintomas de náuseas e vômitos são queixas constantemente encontrada em grávidas, entretanto, eles podem diminuir ou desaparecer na 20[a] semana da gravidez e pode prevalecer cerca de 10% a 20% de náuseas, vômitos e pirose até o final da gravidez. Entre elas, de 0,5% a 3% desenvolvem hiperêmese gravídica; essa é a forma mais grave dos achados comentados; há frequente desidratação, desequilíbrio eletrolítico, cetonúria, perda de peso e deficiência de vitaminas e minerais. Sendo que ao chegar nesse caso, é de extrema importância a complementação de vitaminas e fluido intravenoso.

Visto que o feto se desenvolve com a progressão da gestação, a mulher passa a ter simultaneamente alterações fisiológicas; deslocamento o eixo estomacal, aumento da pressão intra-gástrica, que por conseguinte, diminui o tônus do esfíncter esofágico, devido ao crescimento uterino, predispondo mais os sintomas mencionados.[4]

Durante o trabalho de parto, em constância da dor e do estresse, diminui o tempo de peristaltismo gástrico e motilidade intestinal desacelerando o seu esvaziamento. Caso seja administrada drogas depressoras, torna-se um sistema somatório e haverá maior retardo no esvaziamento, tornando um ambiente propício para que tenha um acúmulo de suco gástrico. Com isso, acaba aumentando a chance de possíveis regurgitações e aspiração de conteúdo gástrico. Desta forma, pode tornar-se um obstáculo à intubação orotraqueal, sendo uma das alarmantes causas de mortalidade materna relacionada à anestesia.[1]

Alterações no sistema urinário

Os rins tem sua importância no ambiente hormonal na evolução da gravidez, capaz de contribuir para as mudanças necessárias. A taxa de filtração glomerular aumenta em torno de 70%, na gestante a termo,[1] subsequentemente, essa alteração leva a diminuição nos valores de creatinina séria, ureia e ácido úrico. O limiar para sede decai, sendo assim, igualmente dos hormônios antidiuréticos, diminuindo a osmolaridade e níveis séricos de sódio.[5]

Caso, os níveis estejam no mesmo nível de não gestante, deve suspeitar de comprometimento renal. A proteinúria ortostática é apresentada em situações normais, eventualmente por conta do aumento da pressão venosa e dos vasos renais. A glicosúria de 1 g/dia a 10 g/dia é um achado comum e é uma indicação denotada em 90% das gestantes normais.[1]

Essas variações fisiológicas, contribuem para a diminuição aproximadamente de 10 mmHg de pressão arterial no segundo trimestre. O sistema renina-angiotensina-aldosterona (SRAA) é ativado, aumentando a concentração de aldosterona sérica e paralelamente, um ganho em torno de 1.000 mg de sódio. Para proporcionar essa alteração e prevenir hipocalemia, os níveis de progesterona são aumentados de forma protetiva.

As mulheres grávidas tem o risco de 80% para apresentar uma hidronefrose fisiológica, por conta do aumento de comprimento e volume dos rins.[5]

Esse aumento do trato urinário, gera um aumento de todo complexo relacionado (pelve renal, das cálices e ureteres), tornando um tônus muscular diminuído.

Tabela 19.2. Comparação entre os valores de referência dos diferentes testes para avaliação da função renal entre gestantes e não gestantes.

Teste de função renal	Valores de referência em não gestantes	Valores de referência em gestantes
Ureia	20-40 mg/dL	7-30 mg/dL
Creatinina	0,7-1,2 mg/dL	0,5-0,9 mg/dL
Clearance de creatinina	90-120 mL/min	135-155 mL/min
Microalbuminúria	Negativa	5-30 mg em 24 horas
Proteinúria	<0,05 mg/dL em amostra isolada ou negativa em 24h	Até 300 mg em 24 horas

Fonte: adaptada de Zugaib Obstetrícia, 2016.

Alterações neurológicas

A adaptação cerebral frente a gravidez tem um mecanismo diferente dos outros órgãos, uma vez que, a sua demanda de irrigação sanguínea é constante. O aumento da demanda hemodinâmica altera o mecanismo de coagulação gerando um relativo perigo para eventos de edema, e acidente vascular cerebral; uma vez o cérebro é intolerante ao aumento drástico do volume sanguíneo. Entretanto, a gravidez pode manejar e reverter através da remodelação interna hipertensiva das artérias cerebrais, ocasionada provavelmente pela modulação e regulação negativa do receptor tipo da angiotensina.

É comum a apresentação de sonolência, principalmente no terceiro trimestre. Os altos níveis de progesterona que é um hormônio depressor do sistema nervoso central (SNC) juntamente com a alcalose respiratória decorrente da hiperventilação podem estar relacionados com a sonolência. Alterações vasculares das artérias cerebrais média (ACM) e posterior podem levar a progressiva lentificação do SNC.[7]

■ FISIOLOGIA DA DOR NO TRABALHO DE PARTO

A dor no trabalho de parto tem impactos fisiológicos importantes decorrentes de um caráter visceral e somática, impactando de forma negativa a gestante e feto. O médico anestesiologista pode atuar visando melhorar o desconforto da paciente e também diminuindo esses efeitos com repercussão negativa, evitando ao mesmo tempo que os efeitos dos fármacos utilizados atinjam diretamente o feto e promovam um efeito depressor.[3]

No parto vaginal, a dor pode ser dividida em estágios, sendo que o primeiro estágio ocorre com a dilatação e distensão do colo uterino além da tração que ocorre durante o período de contração uterina, sendo uma dor visceral, transmitida por fibras simpáticas nos segmentos T10-T12 e L1. As contrações uterinas podem resultar em isquemia miometrial, levando a liberação de potássio, bradicinina, histamina e serotonina. Já a distensão do segmento inferior do útero e do colo uterino estimulam mecanorreceptores. Tais estímulos seguem as fibras nervosas que acompanham as terminações nervosas simpáticas, seguindo pela região paracervical e do plexo pélvico e hipogástrico até entrarem na cadeia simpática lombar pelo corno dorsal da medula espinhal.[2,8] Já o segundo estágio de dor ocorre por conta da distensão pélvica e perineal que são inervadas pelo nervo pudendo das fibras somáticas S2 a S4 envolvendo os dermátomos entre T10 e S4.[2] Um bloqueio em diferentes níveis pode aliviar o componente visceral da dor do parto.

Durante o trabalho de parto, a paciente com dor tem um consumo de oxigênio maior quando comparada com a paciente que recebeu analgesia. A oximetria de pulso, avaliação do ritmo cardíaco pelo monitor cardíaco e a aferição da pressão arterial não invasiva com intervalo menos que 3 minutos fazem parte da monitoração essencial da parturiente sendo que em casos de anestesia geral faz-se necessária a capnografia.[1]

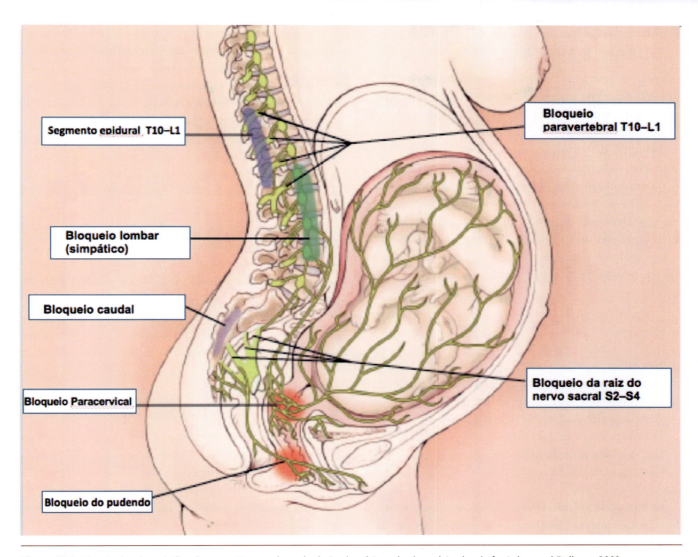

Figura 19.4. Vias da dor do trabalho de parto. Fonte: adaptada de Regional Anesthesia and Analgesia for Labor and Delivery, 2003.

Para aliviar a dor do trabalho de parto existem medidas farmacológicas e não farmacológicas, sendo que no Brasil dentre os farmacológicos os mais utilizados são a peridural contínua, peridural combinada (raquiperidural) e raquianestesia.[1]

A escolha da técnica deve depender do desejo da paciente, condições fetais e maternas e das indicações.

Dentre as opções não farmacológicas podemos citas terapias complementares como acupuntura, hipnose, banhos terapêuticos, massagens, psicoprofilaxia entre outros. Importante ressaltar que essas terapias complementares não farmacológicas promovem uma analgesia, mas não bloqueiam a estimulação nociva do parto.[1]

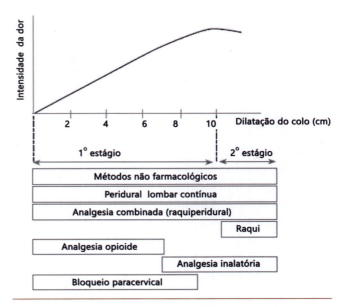

Figura 19.5. Métodos de analgesia e grau de dilatação do colo uterino. Fonte: adaptada de Guia de Anestesiologia e Terapia Intensiva, 2011.

ALTERAÇÕES FARMACOLÓGICAS DURANTE A GESTAÇÃO

Durante a gestação ocorre diversas alterações na fisiologia do corpo materno e com isso ocorrem impactos terapêuticos decorrentes de mudanças na farmacodinâmica e farmacocinética afetando diretamente a absorção, distribuição, metabolismo e excreção de fármacos. Além disso, alguns medicamentos podem ultrapassar a barreira placentária e atingirem o feto.

A difusão simples é um dos processos passivos em que depende do gradiente de concentração para a passagem da droga por uma membrana. Não há gasto energético e também não necessita de carreadores. Esse processo é explicado pela lei de Fick.[1]

$$Q/T = K \frac{A\,(Cm - Cf)}{D}$$

Em que:
Q/T = quantidade da difusão da substância/tempo;
K = constante difusão da substância;
A = superfície atingida pela difusão;
D = espessura da membrana;
Cm = concentração materna;
Cf = concentração fetal.

O feto pode sofrer repercussões por hipotensão ou depressão materna. Importante ressaltar que no feto também ocorre o efeito de primeira passagem e da diluição progressiva.[1]

Devido ao aumento do volume plasmático e da hemodiluição, drogas hidrofílicas podem não atingir o nível terapêutico e ser necessário um ajuste de dose. O mesmo ocorre com as drogas de excreção renal, devido ao aumento do clearance renal, pode ser necessário um ajuste de dose ou ajuste no intervalo entre as doses para atingir o nível terapêutico. Com a compressão da aorta e da veia cava e da compensação pela veia ázigos e plexo vertebral e o aumento da pressão do espaço liquórico e peridural podem ser necessários ajustes na anestesia peridural e raquianestesia.[3]

O metabolismo materno, da placenta, do feto e mudanças intraparto podem alterar as concentrações maternas e fetais de medicamentos. A lipossolubilidade, ligação proteica, pH, pKa e fluxo sanguíneo interferem na transferência do medicamento através da placenta. Se uma medicação é muito lipossolúvel pode ter facilidade de cruzar a barreira placentária, mas também pode reter essa medicação no tecido intraplacentária.

A concentração materna e fetal de proteínas pode alterar a ligação proteica com algumas substâncias e podem variar com a idade gestacional e presença de alguma comorbidade ou doença. A acidose fetal eleva a transferência de medicamentos via barreira placentária por conta da relação pKa e pH, podendo afetar a transferência de drogas como anestésicos locais e opióides causando o fenômeno de ion trap. Já os anestésicos inalatórios e alguns dos endovenosos para indução anestésica são lipossolúveis e ultrapassam a barreira placentária de forma passiva, fato que pode interferir na tabela de Apgar do recém-nascido caso o intervalo entre indução e pinçamento do cordão seja prolongado, neste caso é necessário um planejamento nos casos que a anestesia geral for necessária visando um intervalo de indução-parto o mais curto possível.[3]

Os agentes anestésicos podem atravessar a placenta e ter ação no feto, contudo se administrados em dose adequada apresenta pequenas repercussões clínicas para o feto.[1]

PLANEJAMENTO DA ANESTESIA

O planejamento da anestesia é um importante passo que previne algumas possíveis complicações, garantindo uma técnica segura para gestante e feto. A anamnese e o exame físico são essenciais para o planejamento e devem ser sempre o primeiro passo, exceto em urgências e emergências.[1]

Avaliação da via aérea, da abertura bucal, distância mento-hioidea e tireo-hioidea (3-3-2), Mallampati, mobilidade do pescoço e da dentição são passos importantes na primeira abordagem do exame físico. Se a anestesia regional for uma possibilidade, é importante avaliar o dorso da paciente. Exames laboratoriais e outros exames complementares também podem ser solicitados e avaliados nesta primeira avaliação.[1]

O controle do jejum de acordo com a anestesia planejada também deve ser realizado. Se for uma anestesia regional, podem ingerir líquidos sem resíduos até 2 horas antes do parto.[1]

Uma das primeiras medidas que deve ocorrer é deixar essa paciente com acessos vasculares, sendo o usual em pacientes sem sangramento anormal o uso de cateter calibre 18 G ou 20 G. A monitoração da pressão arterial, oximetria de pulso e ritmo cardíaco é essencial. A expansão volêmica deve ser realizada antes do bloqueio e para analgesia infundir 10mL.Kg de solução salina ou ringer lactato, em caso de jejum prolongado adicionar 5 g.h a 7 g.h de glicose.[1]

ANALGESIA PARA PARTO NORMAL (VAGINAL)

O anestesista é fundamental no processo de humanização do atendimento ao parto, uma vez que ele faz a promoção e a assistência de um parto sem dor para a gestante. Desta forna, é importante a consulta pré-anestésica para orientar sobre as possíveis técnicas analgésicas não farmacológicas e farmacológicas, afim de propor uma melhor assistência a mulher e ao feto.[9]

Não farmacológica

A exploração dos métodos não farmacológicos para o alívio da dor pode ser usada como uma das ferramentas complementares e auxiliares no ciclo gravídico de um parto normal.

O uso de imersão ou aspersão em água quente (não excedendo a 37,5°C), pode proporcionar consideravelmente vasodilatação corpórea, capaz esta, de causar uma resposta na via simpática, desta forma, pode reverter alguns casos de ansiedade e dor. Além de, proporciona um aumento fisiológico da perfusão uterina, e no auxílio da liberação de endorfina e ocitocina, favorecendo a satisfação materna.[10,11]

Métodos de deambulação e mudanças na posição materna, favorecem a aceleração no trabalho de parto por trazer mudanças no formato da pelve, além de proporcionarem maior conforto e acalmar moderadamente a mulher e consequentemente, seus músculos, sendo capazes de reduzir a sensação dolorosa da contração uterina.[10]

A aplicação de óleos essenciais (lavanda) pela forma inalatória ou tátil, através da pele; é postulada afim de reduzir a ansiedade para aumentar a produção de neurotransmissores sedativos, estimulantes e relaxantes ao corpo através da aromaterapia.[11]

Uma das técnicas da medicina chinesa, a acupuntura, envolve pela inserção de agulhas finas ou a pressão em áreas pré determinadas a serem estimuladas. Essa técnica faz a estimulação das fibras do toque, que geram certo bloqueio nos impulsos de dor da medula espinal, desta forma, há uma alteração na liberação de endorfina, modulando a percepção da dor.[10]

Farmacológica
Analgesia neuroaxial

Esse método é um dos preferidos quando o assunto é analgesia para parto normal ou anestesia para parto através da cesariana, que será visto mais a frente, devido a sua capacidade de proporcionar a consciência materna no momento do parto. Ressalta-se que proporciona a diminuição de riscos a exposição fetal aos fármacos administrados. Portanto, para a utilização dessa técnica deve ser analisada as circunstâncias e o estado clínico da paciente e do feto.

Raquianestesia

Conhecida por produzir rápida instalação da anestesia e por ter uma passagem de pequena parcela de anestésico local para o feto. A raquianestesia é uma técnica aplicada via cateter em caso de parto normal mas, realizada na maioria das vezes em partos de cesariana. Commumentemente empregada com a associação de um anestésico local (bupivacaína) e opióide (morfina ou fentanil); estabelecem um rápido bloqueio do sistema simpático, promovendo altas chances da mulher apresentar uma hipotensão arterial. A hipotensão induzida é uma reação adversa frequente no uso dessa técnica, para isso, o conhecimento do manejo anestésico é necessário para a preveção e, se necessário, realizar manobras para rever casos de hipotensão arterial.[1]

Peridural

A anestesia peridural é utilizada para analgesia do parto normal como também na anestesia para o parto por via cesariana. Os anestésicos locais (bupivacaina ou ropivacaína) em conjunto com os opioides (morfina, fentanil ou sufentanil) são largamente empregados. Agentes considerados como lipossolúveis (fentanil ou sufentanil) tem a capacidade de reduzir o volume anestésico local, desta forma, é gerado uma analgesia intraoperatória adequada. Entretanto, o uso de opioides hidrossolúveis (morfina), proporciona longa duração de analgesia no pós-operatório. Sua realização pode ser feita em pacientes em decúbito lateral ou sentados a modo que a punção seja realizada de maneira mais eficiente possível com anestésico local (lidocaína) entre L3 e L4 ou L2 e L3, para melhor acesso ao espaço peridural, a ferramenta da ultrassonografia permite um acesso e identificação mais eficaz do espaço para punção peridural nos casos de dificuldade dessa. O anestésico pode ser injetado na agulha se a pretensão for de anestesiar em 10 a 15 min, se não, é realizada em um cateter que é introduzido neste espaço peridural.[1,3]

Pesquisas mostraram que a inserção precoce do cateter peridural em mulheres grávidas com a administração de anestésicos via cateter conforme a necessidade de analgesia, reduz a frequência de complicações graves e também diminui a necessidade de realizar anestesia geral.[3]

Bloqueio combinado raquiperidural

Esse método preserva característica de ambas técnicas, a raquianestesia e a anestesia peridural. O uso do cateter peridural possibilita um procedimento analgésico e, proporciona uma anestesia integra. Desta forma, a técnica permite um alivio efetivo da dor com uso menor de massa anestésica, independente da fase de parto. Sua efetividade é considera consistente por ter o controle da dor rapidamente com a anestesia espinal, pelos anestésicos locais e opioides. Por conseguinte, é realizada a punção peridural, onde é introduzido o cateter peridural, proporcionando a alternativa de fazer doses em bôlus ou infusão contínua subsequente. Por proporcionar uma analgesia mais lenta, causa como consequência um rápido bloqueio simpático mais lento, diminuindo a ocorrência de hipotensão arterial sistêmica. A disponibilização analgésica adequada e a possibilidade de ser ofertada primários do trabalho de parto, torna essa técnica recomendável.[2,9]

Analgesia subaracnóidea em dose única

Marcada por ser administrada em dose única, esse tipo de analgesia é reservada para gestantes que evoluem em escalas de dores intensas e também pode ser indicada em casos quando as demais técnicas neuroaxiais não puderam ser realizadas.[3]

Analgesia controlada pelo Paciente (PCA)

Essa modalidade permite melhor satisfação da parturiente, maior qualidade de analgesia, uso menor de doses das drogas anestésicas e consequentemente, menor a ocorrência de efeitos colaterais maternos e para o feto por haver menor índice de transferência placentária. A analgesia é controlada pela paciente através de um botão que, de acordo com a sua necessidade é ativada; desta forma, as substâncias analgésicas (fentanil ou remifentanil) são liberadas pela via intravenosa através de infusões de bomba . As concentrações das drogas utilizadas são pré-estabelecidas indivudualmente pelo anestesista para evitar super dosagens.[12]

Analgesia peridural controlada pela paciente (PCEA)

A analgesia peridural controlada pela paciente (PCEA), possiblita a administração da medicação analgésica adicional a peridural quando há desconforto ou dor. O anestesiologista predispoem a peridural a fim de dispor um nível básico do alívio da dor através de bomba infusora de medicamentos.

Os benefícios potenciais dessa forma de controle pelo paciente sobre a administração intravenosa convencional há uma redução no consumo total de opióides com a consequência da diminuição de efeitos adversos (depressão respiratória, sedação, confusão, alucinações) e é estabelecido um controle limite, prevenindo formas excessivas de fármacos.[13]

Devido ao prolongamento de latência e depressão respiratória causada pela morfina, essa abordagem é preferencialmente realizada com a escolha de opioides lipofílicos, devido a diminuição de efeitos adversos e analgesia eficaz, já o uso de fentanil, bupivacaína e epinefrina ou a combinação de sufentanil com bupivacaína, produzem boa analgesia e uma redução dos efeitos colateriais quando comparados a morfina como náuseas e sonolência no pós operatório. Pesquisas demonstraram que a ação multimedicamentosa dessa via analgésica é superior ao uso de opióides isoladamente.[14]

Analgesia sistêmica

A analgesia inalatória entra como um dos aportes de analgesia sistêmica; ela pode ser usada quando a mulher estiver no grau mínimo de dilatação uterina de 7cm. Entretanto, a analgesia inalatória é mais usada em casos específicos de contraindicação absoluta para o bloqueio regional, sendo pouco empregada na analgesia em parto.[1]

O oxido nitroso, atua suprimindo a atividade e disponibiliza a liberação de endorfinas endógenas, corticotrofinas e dopamina momentaneamente; de meia vida média de 2 a 3 minutos, é eliminado rapidamente pelos pulmões. Os efeitos adversos comuns encontrados nessa analgesia são tontura, náuseas, vômitos e com menor frequência, alucinações. Esse gás é manejado na proporção de 20% a 60% de oxigênio, sendo desta forma, isoladamente, suficiente para a primeira etapa do parto sem obter o comprometimento da atividade uterina e fetal.[9,11]

Outra disponiblidade analgésica dessa classe, é a analgesia venosa. Realizada escala considerável devido ao baixo valor de custo, e ter efeito de analgesia de 3 a 4 horas, a meperidina é utilizada em alguns serviços obstétricos. Seu metabólito ativo é a normeperidina, potente depressor respiratório, com prazo de meia vida longa; sendo relacionado aos achados dos efeitos adversos (excitabilidade maior do sistema nervoso central, depressão respiratória, bradicardia fetal, diminuição da contração uterina e portanto, um prolongamento da fase ativa do trabalho de parto). Essa droga é mais indicada para partos de previsão para o nascimento maior que 4 horas.[9]

Outras drogas administradas pela via intravesosa são as da classe dos opiódes (remifentanil/fentanil), conhecidos por terem ação rápida e ser 800 vezes mais potente que a meperidina. O remifentanil apresenta meia vida de até 3 minutos, devido a sua metabolização rápida pelas esterases plasmáticas em metabólitos inativos, permitindo desta forma, uma ação mais prolongada e sem acúmulo. Apesar de transferir pela barreira placentária ao feto, apresenta grande volume de distribuição e metabolização acelerada. Sua dose deve ser usada de forma consciente e com monitorização contínua, para evitar efeitos colaterais de depressão respiratória para a mãe e bradicardia fetal. Outros efeitos adversos comuns do remifentanil abrange sinais e sintomas de prurido materno, náuseas e vômitos. Há certa diversidade de regime de dosagens, variando entre as políticas locais, mas geralmente é usado uma dose em bolus de remifentanil de 0,15 a 1 mg/kg com bloqueio de 2 minutos já, na infusão de 0,025 mg/kg a 0,05 mg/kg/min.[9,11]

Bloqueio locorregional

O bloqueio locorregional, é uma maneira de fazer a analgesia seletiva. A utilização correta desta técnica, não interfere na progressão do trabalho de parto, preservando a mãe e a saúde fetal. Desta forma, o bloqueio do nervo do pudendo (S2 a S4), bilateralmente. Sua execução é indicada na realização da episiotomia (Figura 19.6)

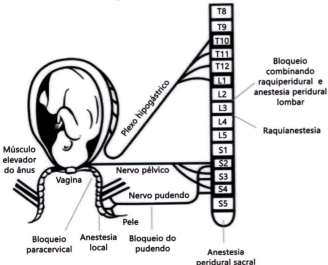

Figura 19.6. Vias da dor do parto e as técnicas de bloqueios regionais.
Fonte: adaptada de Guia de Anestesiologia e Terapia Intensiva, 2011.

■ ANESTESIA E ANALGESIA PARA PARTO VIA CESARIANA

A analgesia durante a cesárea deve incluir a gestão da dor durante a cirurgia e também no pós-cirúrgico.[8]

O bloqueio regional é a técnica mais utilizada para cesáreas. A raquianestesia permite um início de ação mais rápido do que a peridural e um bloqueio profundo mais rápido também, além de utilizar menos quantidade de drogas que diminui os riscos. Dentre as opções para raquianestesia, a bupivacaína hiperbárica é bastante utilizada e a dose recomendada varia entre 8 mg e 15 mg. Pode-se associar ao fentanil ou sufentanil que são opioides que diminuirão o desconforto interescapular durante o intra-parto, já para a dor pós-operatória, uma opção é utilizar um opioide hidofílico, como a morfina.[3]

É comum o uso de fenilefrina, metaraminol ou efedrina, vasopressores empregados frente a hipotensão induzida pela raquianestesia durante o parto por via cesariana. Estudos demonstraram que esses fármacos tiveram resultados eficazes na prevenção e no tratamento da manutenção do equilíbrio hemodinâmico, entretanto, a fenilefrina demonstrou ter efeito menos prejudicial no pH da artéria umbilical, em comparação a efedrina. Como outra alternativa para essa técnica, mas, com menor eficácia, pode ser utilizada a norepinefrina ou metaraminol.[12]

Há circunstâncias como alterações hemodinâmicas, recusa por parte da paciente aos bloqueios espinhais, transtornos neurológicos ou psiquiátricos graves, coagulopatia congênita ou adquirida, sepse, contra indicações obstétricas e infecções na área onde seria feita a anestesia que fazem com que a anestesia geral seja a escolha.

Nesse caso, o cuidado pré-anestésico é redobrado e diferenciado pois, é separado em: profilaxia da aspiração do material gástrico para evitar possível broncoaspiração, possibilidade de via aérea difícil, permanência do fluxo sanguíneo uteroplacentário e por último, o plano anestésico mais adequado. Lembrando que o uso de coxins sob os ombros tem grande importância para manter estabilidade e a posição olfativa na intubação de pacientes consideradas obesas.

A preservação do fluxo contínuo de oxigênio é fundamental, por isso, manter uma ventilação materna em normocapnia através de 30 mmHg a 32 mmHg, impedem uma hiperventilação e, consequentemente uma vasoconstrição uteroplacentária e hipóxia fetal. Em compensação, quando a paciente entra em hipoventilação, poderá causar taquicardia na gestante.

A indução anestésica pode ser realizada por drogas hipnóticas (tiopental sódico, propofol), continuamente de bloqueadores neuromusculares (succinilcolina ou rocurônio) para a realização da intubação efetiva. Para manter a conservação, a manutenção é importante no momento da cirurgia e é realizada através de fármacos inalatórios (óxido nitroso). Já o uso de opióides hidrossolúveis, tem seu papel durante o parto pois, permite a melhora na qualidade da anestesia e promove uma analgesia regular no pós-operatório.[16]

■ PARTICULARIDADES E ANESTESIA EM GESTANTES:

Durante a gestação, o organismo da mãe passa a reagir de formas singulares e fisiológicas afim de equilibrar as mudanças realizadas. Entretanto, em algumas situações as mulheres encontram alguma patologia antecipadamente a fecundação e a formação fetal ou ela acaba desenvolvendo juntamente com as alterações corpóreas que ocorrem no período gestacional.

Gestante com distúrbios hipertensivos

A hipertensão gestacional tem início após a 20ª semana de gestação em pacientes que não apresentavam proteinúria e eram normotensas antes da gestação com PAS > 140 mmHg ou PAD > 90mmhg. A pré-eclâmpsia é caracterizada por gestantes após a 20ªsemana de gestação com PAS > 140 mmHg ou PAD > 90mmhg associada a proteinúria, sendo que suas formas graves se apresentam nas pacientes com síndrome HELLP (hemólise, elevação enzimas hepáticas e plaquetopenia) ou na eclâmpsia que é quando associado com o quadro de hipertensão e proteinúria a paciente apresenta convulsões.

Para essas gestantes o planejamento anestésico pode se beneficiar de exames laboratoriais como hemograma completo, ureia, creatinina e testes de função hepática, sendo necessária uma avaliação cuidadosa da via aérea. Se a contagem de plaquetas estiver acima de 100.000 mm³ é considerada suficiente para administração de anestésicos regionais, se estiver entre 100.000 e 50.000 o bloqueio deve ser avaliado considerando benefícios e riscos e abaixo de 50.000 bloqueios neuroaxiais estão contraindicados.[2]

Nas parturientes que apresentam uma rápida velocidade de queda das plaquetas, deve ser considerado o momento de iniciar um bloqueio pois a redução das plaquetas de forma abrupta tem relação com o risco de hematoma neuroaxial.[2]

Para o controle da pressão arterial a hidralazina IV é a droga de escolha sendo que a pressão arterial deve ser reavaliada em intervalos menores do que 5 minutos. Para prevenir ou tratar as convulsões o sulfato de magnésio IV é utilizado com uma dose de ataque seguida de infusão de manutenção, sendo necessária a constante avaliação dos reflexos patelares, nível de consciência, debito urinário e atividade respiratória para evitar a parada respiratória decorrente de uma hipermagnesemia (>13 mEq.L). Em casos de hipermagnesemia, deve-se suspender o sulfato de magnésio, bem como administrar o gluconato ou cloreto de cálcio.[1]

Pacientes com pré-eclâmpsia ou eclâmpsia geralmente precisam de expansão volêmica pois apresentam hipovolemia e hemoconcentração, utiliza-se solução salina ou ringer lactato para manter a pressão venosa.[1]

A analgesia para essas pacientes deve ter início precocemente visando diminuir a dor e seus efeitos cardiovasculares e hiperventilação. A peridural contínua ou o bloqueio combinado podem ser benéficos para essas pacientes no primeiro e segundo período do parto. As parturientes cardiopatas se beneficiam de uma inserção precoce de acesso vascular e cateter de peridural, mesmo que a analgesia não seja realizada por essa via.[1]

Anestesia na gestante com cardiopatia

Gestantes cardiopatas não são um grupo homogêneo de pacientes, é necessário conhecer as particularidades de cada cardiopatia. A avaliação minuciosa e precoce da paciente bem como um acompanhamento pré-natal multiprofissionais e o planejamento do parto em um centro especializado podem fazer a diferença no prognóstico materno e fetal. A cardiopatia de base da gestante, evolução durante a gestação, estado clínico, idade gestacional e exames complementares auxiliam no manejo e escolha da técnica anestésica. Em geral o parto vaginal é a escolha exceto em casos de doença aórtica grave, hipertensão pulmonar grave ou síndrome de Eisenmenger em que a cesárea é a melhor opção.[2,3]

A anestesia foca em estabilizar hemodinamicamente as grávidas cardiopatas e diminuir a resposta neuroendócrina-metabólica e a dor. A estratificação do risco deve ser feita por anamnese, exame físico, eletrocardiograma, ecocardiograma, hemograma, eletrólitos e dependendo da cardiopatia, uma gasometria arterial.[1,3]

A analgesia deve ser realizada como forma de diminuir a liberação de catecolaminas e o consumo de oxigênio. As técnicas de anestesia espinal oferecem uma analgesia eficiente e rápida, sem grandes repercussões cardiovasculares.[1]

A técnica anestésica a ser escolhida irá depender da doença da paciente, condições maternas, condições hemodinâmicas, via de parto e dados laboratoriais. Em decorrência das alterações cardiovasculares da gravidez, é preciso ter cautela com a pré carga da paciente. Na maioria das vezes as parturientes com cardiopatia são menos tolerantes à sobrecarga de volume no intraparto fazendo com que o uso de vasopressores como a efedrina sejam o tratamento de escolha para a hipotensão arterial.[1,17]

Anestesia na gestante com diabete melito

Pacientes com diabete melito apresentam maior risco (30-40%) de diminuição do fluxo sanguíneo uteroplacentário, e com isso necessitam de um controle muito rígido da hipotensão arterial materna. A condição também prolonga o esvaziamento gástrico e aumenta o risco de aspiração pulmonar, no entanto necessitam de um nível de glicemia entre 70 mg/dL a 110 mg/dL pois reduz o risco de óbito fetal. O preparo para o parto deve incluir a infusão de glicose a 5% 100 mM a 200 mM 1 hora antes da indução anestésica.

Para o parto vaginal a peridural continua ou o duplo bloqueio são as técnicas de escolha para analgesia, já para a cesariana a anestesia regional é a melhor escolha.[1]

■ URGÊNCIAS OBSTÉTRICAS

Urgências obstétricas demandam um preparo do profissional e conhecimento prévio das principais situações de urgência em gestantes. Já as intercorrências não obstétricas durante o período gestacional só devem ter intervenção quando forem necessários para o bem-estar fetal, materno ou de ambos. As urgências obstétricas que iremos tratar são: descolamento prematuro de placenta (DPP), atonia uterina e hipotensão.

Hemorragia obstétrica pós-parto - atonia uterina

A atonia uterina leva a uma hemorragia obstétrica pós parto (HPP) que é a perda volêmica superior a 500 mL no parto vaginal ou 1.000 mL na cesárea. Ao ser identificada a HPP é necessário iniciar medidas de suporte e terapêuticas. O anestesista deve realizar dois acessos venosos periféricos calibrosos, iniciar o monitoramento com oximetria de pulso, debito urinário e cardioscopia além de colher amostras de sangue para realizar hemograma e coagulograma. O profissional também deve se antecipar e solicitar reserva de hemoderivados. O tratamento multidisciplinar deve focar inicialmente na manutenção do volume intravascular, da oxigenação e perfusão dos tecidos sempre repondo, quando necessário, volume circulante com cristaloides, coloides ou hemoderivados. Nestes casos a conduta e opção de tratamento deve ser conduzido em conjunto com o obstetra.[3]

Descolamento prematuro de placenta (DPP)

A DPP é a separação precoce da placenta e está associada a graves complicações como choque hipovolêmico e óbito. As pacientes apresentam sangramento genital e dor abdominal intensa e abrupta, podendo apresentar um descolamento parcial ou total da placenta sendo que a área de descolamento determina o sofrimento fetal. Para a escolha da técnica anestésica, considera-se a gravidade da DPP e também a urgência do parto. Se a parturiente se apresenta estável, a raquianestesia, anestesia combinada ou a peridural podem ser administradas. Já nos casos mais graves a indicação é de anestesia geral. O propofol pode agravar o quadro uma vez que adianta a hipotensão, desta forma, o etomidato é a opção de escolha.[3]

Hipotensão obstétrica

A síndrome taquicardia postural ortostática é uma condição fisiologicamente encontrada durante a gravidez, e em uma mulher saudável, poderá amplificar essa diminuição da pressão sistêmica sob condição anestésica ser amplificada sob a condição anestésica por haver um bloqueio vasomotor simpático causado este pela raquianestesia.[18] A hipotensão aguda reduz a perfusão cerebral, é capaz de induzir isquemia transitória do tronco cerebral e ativa o centro do vômito e náuseas, um dos principais sintomas maternos durante a raquianestesia. Entretanto, a complementação de oxigênio para a paciente, pode prevenir e aliviar esses sintomas além disso, o uso de vasopressores profiláticos podem contribuir com a incidência de náuseas e vômitos no momento da anestesia. Sintomas de tontura, e diminuição do nível de consciência (falta de cooperação), podem seguir subsequentemente à hipotensão materna grave e prolongada, entretanto, torna-se incomum quando a pressão arterial é tratada pelo anestesiologista no momento. No sistema cardíaco, teremos captação pelos barorreceptores que, por compensação, aumenta a frequência cardíaca e o volume

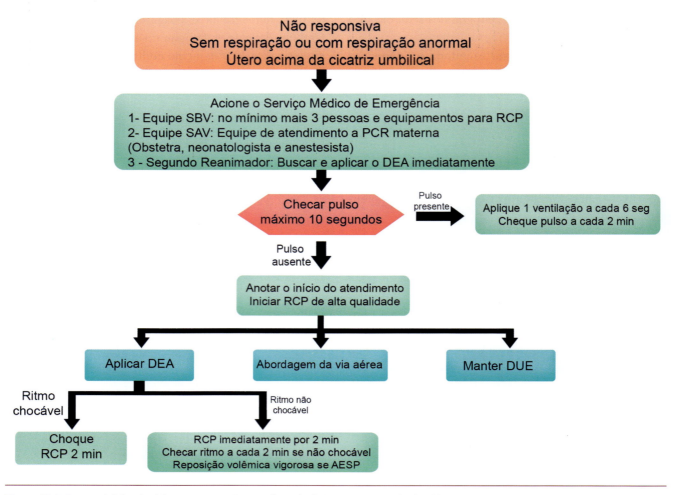

Figura 19.8. Suporte básico de vida na gestante. Fonte: adaptada de Suporte Avançado de Vida em Anestesia, 2018.

sistólico, consequentemente, aumento do débito cardíaco e a frequência respiratória.[19]

Já nos recém-nascidos de mulheres que tiveram o caso de hipotensão induzida pela coluna vertebral, tiveram significativa acidose metabólica concluindo-se que a duração da hipotensão, pode ser mais importante que a gravidade.[20]

Entretanto, a complementação com carga de fluídos, tem demonstrado resultados satisfatórios quando utilizado com fármacos adequados para a anestesia. Desta forma, a prevenção e o tratamento da hipotensão pós-espinhal (PSH) é constituída carga de fluidos e vasopressores.[21]

■ REANIMAÇÃO EM GESTANTES

A parada cardiorrespiratória (PCR) em gestantes demanda uma intervenção rápida e multidisciplinar que demanda um conhecimento das alterações na anatômicas e fisiológicas que ocorrem durante a gravidez e é uma situação em que feto e gestante estão envolvidos.[22]

A identificação precoce e a estratificação do risco da gestante podem fazer diferença. É imprescindível que as gestantes tenham um acesso venoso, acima do diafragma visando que a medicação administrada não tenha comprometimento de fluxo pela compressão dos vasos pelo aumento uterino, logo no momento da admissão e algumas medidas podem melhorar o atendimento da paciente. Para diminuir a compressão aortocava pode posicionar a paciente em decúbito lateral esquerdo, administrar oxigênio 100% para prevenir hipoxemia.[22]

As gestantes, por conta das alterações no sistema cardiovascular e respiratório, têm alta probabilidade de complicações hemodinâmicas e de hipoxemia. Para iniciar um suporte básico de vida o mais rápido possível e de forma eficiente são necessários, no mínimo, quatro socorristas na PCR.[22]

Em caso de PCR em gestantes, o algoritmo do SBV deve guiar o atendimento para realizar a massagem cardíaca, as mãos devem estar na mesma posição de não gestantes para as compressões torácicas. Já a posição durante a Ressuscitação cardiopulmonar (RCP)

O débito cardíaco aumenta durante a gestação como resultado da elevação do volume sistólico e da frequência cardíaca. Esse acréscimo é ainda maior durante o parto e o trabalho de parto.
A partir da metade da gestação, a posição supina está elacionada à compressão da veia cava inferior e da aorta pelo útero grávido, o que pode resultar em diminuição do débito cardíaco e da perfusão uteroplacentária.
O volume sanguíneo aumentado na gestação permite à parturiente tolerar a perda sanguínea com mínima alteração hemodinâmica.
O tônus simpático é maior, se comparado com o da mulher não grávida.
Gestantes são menos responsivas aos vasopressores doque não gestantes.
O fluxo sanguíneo uterino na gestante a termo é de cerca de 700 mL minuto[4]. Sangramento uterino não controlado pode rapidamente levar à hemorragia grave.
Diminuição da capacidade residual funcional e aumento do consumo de oxigênio tornam a gestante um paciente de risco para hipóxia significativa durante períodos de apneia.
A ventilação minuto está aumentada. Não é incomum a ocorrência de dispneia.
A gestação incorre em estado de alcalose respiratória parcialmente compensada.
Alterações na via aérea, como edema e aumento na vascularização, aumentam o risco de falha da intubação traqueal.
Volume, esvaziamento e pH gástricos estão inalterados, mas o tônus do esfíncter esofágico inferior pode estar reduzido, elevando o risco de refluxo gastroesofágico. O esvaziamento gástrico pode estar alterado em condições como obesidade, ingestão recente de alimentos e uso de opioides por via venosa ou neuroaxial.
A gestação incorre em estado de hipercoagulabilidade compensado, no qual a maioria dos fatores de coagulação está aumentada e a parturiente se torna um paciente de alto risco para doença trombótica.
O ritmo de filtração glomerular e o fluxo sanguíneo renal estão aumentados. Em circunstâncias normais, a creatinina sanguínea diminui significativamente; portanto, nível sérico considerado normal em não gestantes pode representar queda da função renal da gestante.

Figura 19.7. Alterações de importância na PCR da gestante. Fonte: adaptada de Suporte Avançado de Vida em Anestesia, 2018.

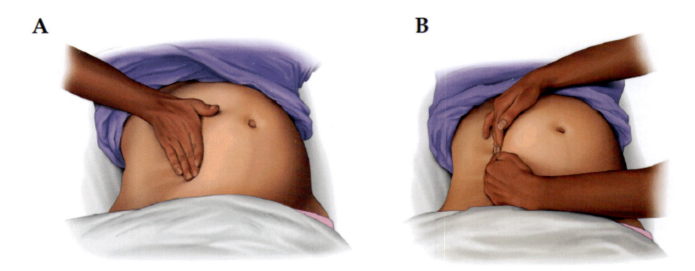

Figura 19.9. Deslocamento uterino manual para a esquerda. A) técnica realizada com uma das mãos. B) técnica realizada com ambas mãos durante RCP. Fonte: adaptada de Suporte Avançado de Vida em Anestesia, 2018.

é diferente pois a compressão aortocava pode interferir no retorno venoso, DC e volume sistólico, desta forma deve-se deslocar o útero para a esquerda manualmente nas pacientes acima de 20 semanas de gestação (Figura 19.9).

Devido ao maior risco de hipoxemia, a via aérea e a ventilação devem ser garantidas o mais breve possível, sendo necessária uma pressão de oxigênio elevada, usando-se O2 a 100% sob a máscara facial.[22]

Uma vez iniciado o tratamento para suporte básico de vida, deve-se notificar o suporte avançado de vida que irá assumir após o primeiro atendimento.

Importante destacar que além da equipe de atendimento de PCR em adultos, no caso da gestante é necessário a presença de obstetra e auxiliar, anestesiologista, neonatologista e equipe.

No caso de PCR materna, recomenda-se a terapêutica medicamentosa utilizada em adultos em geral,

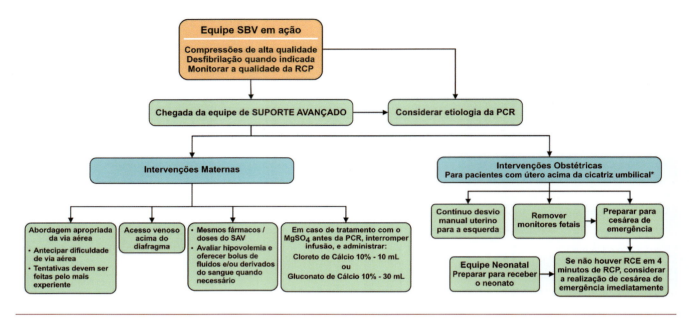

Figura 19.10. Suporte avançado de vida na gestante. Fonte: adaptada de Suporte Avançado de Vida em Anestesia, 2018.

todos os fármacos devem ser administrados nas doses recomendadas e o risco fetal com o uso dessas drogas não deve ser considerado no caso de PCR materna. O foco é a gestante e não deve ser realizada a avaliação fetal no momento da parada.[22]

Referências bibliográficas

1. Schor, Nestor; Gomes do Amaral, José Luiz; Geretto P. Guia de Anestesiologia e Terapia Intensiva [Internet]. Vol. 342, Lancet (London, England). 1993. 867 p. Available from: http://www.ncbi.nlm.nih.gov/pubmed/8104294
2. W. Garmermann, Patrícia; Cadore Stefani, Luciana; A. Felix E. Rotinas em anestesiologia e medicina perioperatória. 2017. 600 p.
3. Bagatini A, Cangiani LM, Carneiro AF, Nunes RR. Bases Do Ensino Da Anestesiologia. 2016. 1218 p.
4. Soma-Pillay P, Nelson-Piercy C, Tolppanen H, Mebazaa A. Physiological changes in pregnancy. Cardiovasc J Afr. 2016;
5. Cheung KL, Lafayette RA. Renal Physiology of Pregnancy. Advances in Chronic Kidney Disease. 2013.
6. Cipolla MJ. The adaptation of the cerebral circulation to pregnancy: Mechanisms and consequences. Journal of Cerebral Blood Flow and Metabolism. 2013.
7. Zugaib M. Zugaib Obstetrícia. Zugaib Obstetrícia. 2016.
8. Eltzschig HK, Lieberman ES, Camann WR. Regional anesthesia and analgesia for labor and delivery. New England Journal of Medicine. 2003.
9. Freitas JF de, Meinberg S. Analgesia de parto: bloqueios locorregionais e analgesia sistêmica. Rev Médica Minas Gerais. 2009;
10. Santos CB, Marçal RG, Voltarelli A, Silva RP de M, Sakman R. Métodos não farmacológicos de alívio da dor utilizados durante o trabalho de parto normal. Glob Acad Nurs J. 2020;
11. Alleemudder DI, Kuponiyi Y, Kuponiyi C, McGlennan A, Fountain S, Kasivisvanathan R. Analgesia for labour: an evidence-based insight for the obstetrician (Mel's Note: Review (but for obsetricians)). Obstet Gynaecol. 2015;
12. Xu C, Liu S, Huang YZ, Guo XW, Xiao HB, Qi DY. Phenylephrine vs ephedrine in cesarean delivery under spinal anesthesia: A systematic literature review and meta-analysis. International Journal of Surgery. 2018.
13. Heesen M, Rijs K, Hilber N, Ngan Kee WD, Rossaint R, van der Marel C, et al. Ephedrine versus phenylephrine as a vasopressor for spinal anaesthesia-induced hypotension in parturients undergoing high-risk caesarean section: meta-analysis, meta-regression and trial sequential analysis. Int J Obstet Anesth. 2019;
14. Singh PM, Singh NP, Reschke M, Ngan Kee WD, Palanisamy A, Monks DT. Vasopressor drugs for the prevention and treatment of hypotension during neuraxial anaesthesia for Caesarean delivery: a Bayesian network meta-analysis of fetal and maternal outcomes. British Journal of Anaesthesia. 2020.
15. José Penna, Francisco; Freitas, Helton; Gouvea Teixeira M. Revista médica de mina gerais - RMMG. 2008;10–3.
16. Fernando Lima Castro, Luis; Ferreira de Oliveira Jr., Elio; Farias de Aragão F. Anestesia em revista. Sociedade Brasileira de anestesiologia. 2018;17–24.
17. Rich 3 S, Braunwald E, Grossman, Andrade J, Avila, Walcoot G, et al. Diretriz da Sociedade Brasileira de Cardiologia para Gravidez na Mulher Portadora de Cardiopatia. Arq Bras Cardiol Eur Hear J São Paulo Atheneu Am J Med Peacock AJ Prim Pulm Hypertens Thorax Acta Physiol Scand. 2009;
18. Morgan K, Chojenta C, Tavener M, Smith A, Loxton D. Postural Orthostatic Tachycardia Syndrome during pregnancy: A systematic review of the literature. Autonomic Neuroscience: Basic and Clinical. 2018.
19. Van De Velde M. Low-dose spinal anesthesia for cesarean section to prevent spinal-induced hypotension. Current Opinion in Anaesthesiology. 2019.
20. Kinsella SM, Carvalho B, Dyer RA, Fernando R, McDonnell N, Mercier FJ, et al. International consensus statement on the management of hypotension with vasopressors during caesarean section under spinal anaesthesia. Anaesthesia. 2018;
21. Hasanin A, Mokhtar AM, Badawy AA, Fouad R. Post-spinal anesthesia hypotension during cesarean delivery, a review article. Egyptian Journal of Anaesthesia. 2017.
22. Vieira Silva, Waston; Ferez, Davi; Luiz do Logar Mattos S. Suporte Avançado de Vida em Anestesia. Vol. 2ª edição, Sociedade Brasileira de Anestesiologia. 2018. 434 p.

20

CAPÍTULO

Hipertermia Maligna

ANDRESSA DIB
RAFAELA MALTA MARADEI
GUILHERME ERDMANN SILVEIRA

■ DEFINIÇÃO

Descrita em 1960 por Denborough e Lovell, a Hipertermia Maligna (HM) é uma desordem farmacogenética rara, potencialmente fatal, que se manifesta com crises hipermetabólicas durante ou após exposição a um anestésico deflagrador em indivíduos suscetíveis. Dentre suas principais características estão a elevação da temperatura corpórea – daí seu nome – acompanhada de elevação do gás carbônico expirado, rigidez muscular e aumento da frequência cardíaca. Tais manifestações, que podem parecer de fácil controle pelo anestesista, trata-se de reação fatal, exigindo reconhecimento precoce e tratamento imediato.[2,10,12,14,20]

A crise de HM ocorre em ambos os sexos, em todas as etnias e regiões do mundo, com a frequência de uma crise a cada 10 mil anestesias em crianças ou 50 mil anestesias em adultos; esses números variam ao depender da população estudada e das práticas anestésicas locais. Por outro lado, a frequência do gene mutado na população é bem maior, podendo chegar a um indivíduo com mutação a cada 2 mil pessoas.[7]

Durante uma crise de HM, os anestésicos inalatórios, os relaxantes musculares despolarizantes (succinilcolina) ou uma atividade física extrema em ambientes quentes são os gatilhos para desencadear um imenso acúmulo de cálcio (Ca^{2+}) no mioplasma, o que leva a uma aceleração do metabolismo e atividade contrátil do músculo esquelético. Esse estado hipermetabólico pode levar à hipoxemia, acidose metabólica e rabdomiólise.[1]

■ CAUSAS E FISIOPATOLOGIA

A suscetibilidade à HM pode se manifestar de forma variável, desde em um indivíduo assintomático, que apresente crise durante anestesia com agentes desencadeantes, até em um paciente com atrofia e fraqueza muscular.[20]

Essa suscetibilidade da HM é herdada como uma doença autossômica dominante com penetrância variável.[5] A literatura descreve 6 genes que podem apresentar mutações predispondo o indivíduo ao desenvolvimento da HM: *MHS1* (gene do receptor rianodina – RYR1, presente no lócus cromossômico 19q13.1), *MHS2* (gene do canal de sódio – Na^+ – do musculoesquelético adulto, presente no lócus cromossômico 17q11.2-q24), *MHS3* (gene da subunidade alfa2/delta do receptor di-hidropiridina – DHPR – presente no lócus cromossômico 7q21-q22), *MHS4* (gene ainda não identificado, lócus cromossômico 3q13.1), *MHS5* (gene da subunidade alfa1 do receptor DHPR, presente no lócus cromossômico 1q32) e *MHS6* (gene ainda não identificado, lócus cromossômico 5p)[4,6] (Tabela 20.1).

As variantes de penetrância do gene RYR1 – gene que codifica o esqueleto isoforma muscular do

Tabela 20.1. Resumo da Classificação das Mutações Genéticas Associadas à Suscetibilidade para a Hipertermia Maligna

Mutação	Localização	Comentários
MSH1	Mutação cromossômica ao gene RyR1 no lócus cromossômico 19q13.1.	Mutação mais frequentemente descrita (>50%).
MSH2	Mutação associada ao lócus cromossômico 17q11.2-q24, relacionado ao canal de sódio dependente de voltagem do músculo esquelético. Possível gene: SCN4A	Descrita em famílias norte-americanas e sul-africanas.
MSH3	Mutação associada ao lócus cromossômico 7q21-q22, correspondente ao sítio que codifica a subunidade α2/Δ do receptor dipropiridina, sensor de voltagem do túbulo-T para o RyR. Possível gene: CACNL2A.	Os genes causadores ainda não foram localizados.
MSH4	Mutação associada ao lócus cromossômico 3q13.1.	Os genes causadores ainda não foram localizados.
MSH5	Mutação associada ao gene codificador da subunidade α1 do receptor dipropiridina no lócus cromossômico 1q32. Gene: CACLN1A3P.	Presente em 1% dos casos de Hipertermia Maligna.
MSH6	Mutação associada ao lócus cromossômico 5p.	A validade para a mutação MSH6 precisa ser confirmada.

Fonte: adaptação de Gómez, Litman et al.

receptor de rianodina – podem ocorrer em pacientes que anteriormente experimentaram anestesia e não tiveram complicações com anestésicos de ativação de HM.[3] Além disso, as mutações neste receptor RYR1 se mostraram responsáveis por cerca de metade dos casos de HM. Devido à discordância entre a baixa incidência de HM e a alta prevalência de mutações, pode-se observar em um estudo multicêntrico caso-controle atual que a expressão clínica de HM nesses pacientes é influenciada pela faixa etária e pelo anestésico utilizado, sem a possibilidade de afirmar relação direta com a penetrância do gene.[10]

Tais mutações neste receptor resultam em regulação alterada de Ca^{2+} no músculo esquelético na forma de efluxo aumentado de Ca^{2+} do retículo sarcoplasmático no mioplasma. Agentes anestésicos de inalação halogenados (halotano, enflurano, isoflurano, desflurano e sevoflurano) e relaxantes musculares despolarizantes (succinilcolina e suxametionina) causam uma elevação na concentração do Ca^{2+} mioplásmico em pacientes geneticamente suscetíveis (Tabela 20.2). O halotano é citado por diversos autores como a droga volátil de maior potencial para desencadear um episódio de HM, porém sem provas claras a respeito e com diminuição progressiva de seu uso em qualquer procedimento anestésico. Em relação à succinilcolina, há questionamentos sobre seu uso sem os anestésicos voláteis.[1,2,9,11,20]

Um indivíduo suscetível à HM e exposto a um anestésico deflagrador, com a liberação anormal de Ca^{2+}, sofrerá uma cascata de eventos bioquímicos intracelulares com a ativação prolongada dos filamentos de músculo, culminando em rigidez e hipermetabolismo. A glicólise descontrolada e o metabolismo aeróbico dão origem à hipóxia celular, acidose láctica progressiva e hipercapnia. A ativação muscular contínua com esgotamento da adenosina trifosfato (ATP) resulta em geração excessiva de calor. Se não forem tratadas, a morte de miócitos e a rabdomiólise resultam em hipercalemia e mioglobulinúria. Por fim, desenvolvem-se coagulopatia disseminada, insuficiência cardíaca congestiva (ICC), isquemia intestinal e síndrome compartimental.[1,6]

Em relação às doenças subjacentes, Litman *et al.*[1] discutem sucinta e clinicamente sobre os pacientes que devem ser considerados suscetíveis à HM. Embora a maioria desses pacientes pareça fenotipicamente normal, certos fenótipos relacionados a variantes RYR1 podem predispor os pacientes à HM.[4] É necessário ter em mente que o teste genético isolado não afasta o diagnóstico de suscetibilidade à HM, devido à heterogeneidade genética dessa síndrome e à presença de mais de uma mutação em algumas famílias.[20]

A determinação do status de suscetibilidade à HM deve ser individualizado e baseado na história e exame físico.[15-17] Pacientes com história pessoal ou familiar sugestiva de HM ou evento semelhante, sendo ou não confirmado por teste genético ou biópsia muscular, deve ser considerado suscetível à HM. Os pacientes podem apresentar uma história de comorbidade com alta probabilidade de estar associada com HM – por exemplo alguns distúrbios neuromusculares, como doença do núcleo central, síndrome

20. Hipertermia Maligna

Tabela 20.2. Agentes anestésicos e HM

Agentes desencadeantes	Agentes seguros
Relaxantes musculares despolarizantes (Succinilcolina)	Relaxantes musculares adespolarizantes (Atracúrio, Cisatracúrio, Rocurônio, Pancurônio)
	Óxido nitroso
Agentes inalatórios halogenados (Sevoflurano, Desflurano, Isoflurano)	Propofol
	Etomidato
Álcool	Benzodiazepínicos (Midazolan)
	Barbitúricos
Ectstasy	Vasopressores
	Opioides
4-m-cresol	Cetamina
	Anestésicos locais

Fonte: adaptada de Projeto Diretrizes – Hipertermia Maligna. Sociedade Brasileira de Anestesiologia.

de King Denborough, miopatia minicore, miopatia congênita com núcleos e bastonetes, miopatia centronuclear, desproporção do tipo de fibra congênita e miopatia nativa americana.[17] Além disso, parece haver uma associação potencial entre suscetibilidade à HM e rabdomiólise por esforço.[18]

■ DIAGNÓSTICO

Como dito anteriormente, as manifestações clínicas da HM podem se manifestar durante ou imediatamente após a administração de um anestésico geral deflagrador, não são uniformes e variam em seu início e gravidade (Tabela 20.3). Alguns pacientes manifestam

Tabela 20.3. Manifestações iniciais e tardias de crises de hipertermia maligna

Iniciais	
Clínicas	**Laboratoriais**
Taquicardia	Hipercapnia (acidose respiratória)
Elevação progressiva de CO_2 exalado	
Taquipneia	Acidose metabólica
Rigidez muscular localizada	
Cianose	Hiperlacticidemia
Arritmias	Hiperpotassemia
Hipertermia	Dessaturação venosa central
Sudorese profusa	

Tardias	
Clínicas	**Laboratoriais**
Febre acima de 40°C	Mioglobulina
Cianose	Elevação de creatino-cinase plasmática
Má perfusão cutânea	Elevação da creatininemia
Instabilidade Pressórica	Coagulação intravascular disseminada (CIVD)
Rigidez muscular generalizada	

Fonte: adaptada de Projeto Diretrizes – Hipertermia Maligna. Sociedade Brasileira de Anestesiologia.

a forma abortiva de HM (por exemplo taquicardia, arritmia, temperatura elevada, acidose), outros, após intubação com succinilcolina, demonstram perda de contração espasmódica na estimulação neuromuscular e desenvolvem rigidez muscular. A incapacidade de abrir a boca como resultado de espasmo do músculo masseter é um sinal patognomônico precoce e indica suscetibilidade à HM. Outras manifestações no período perioperatório incluem aumento progressivo nos níveis de dióxido de carbono exalado, hipercarbia, taquipneia, suor, inchaço, hipercapnia, rubor da pele, hipoxemia, hipotensão, hipertermia e anormalidades eletrolíticas como hipercalemia e mioglobinúria podendo até chegar em um caso de rabdomiólise (Tabela 20.4).[2,15,20]

Indivíduos suscetíveis não têm condições médicas incomuns, mas podem apresentar um histórico familiar esquecido de suspeitas a eventos anestésicos. Ao realizar questionamentos aos pacientes no pré-operatório sobre suas experiências com anestésicos significativos de complicações, não podemos esquecer que a experiência anterior de um anestésico geral normal não exclui a possibilidade de suscetibilidade à HM.

Por esse motivo, em caso de ocorrência durante uma anestesia, o diagnóstico deverá ser confirmado por meio de biópsia muscular. Em caso positivo, o fato deverá ser comunicado a equipe cirúrgica sempre que houver necessidade de nova anestesia, tanto a esse paciente como a seus familiares mais próximos.[4]

O teste de contratura muscular in vitro (TCIV) em resposta ao halotano-cafeína é o padrão-ouro internacional para diagnosticar uma possível suscetibilidade do paciente à HM. Para esse teste existem dois protocolos para a pesquisa de suscetibilidade: do *European Malignant Hyperthermia Group* (EMHG) e do *North American Malignant Hyperthermia Group* (NAMHG).[20]

Já em relação ao pós-operatório, a suspeita de HM pode ocorrer tardiamente, mesmo quando há interrupção do agente desencadeante e com o paciente em ventilação mecânica adequada, ainda assim apresentando aumento de gás carbônico e taquicardia. Por conta disso, a observação cuidadosa e o monitoramento devem continuar na unidade de recuperação pós-anestésica (RPA), mesmo na ausência do evento intraoperatório. Alguns mecanismos são sugeridos como possíveis

Tabela 20.4. Processos fisiopatológicos e indicadores de Hipertermia Maligna

Processo fisiopatológico	Indicadores
Rigidez muscular	Generalizada (exceto calafrio) Espasmo de masseter após succinilcolina CPK > 20 000 UI com succinilcolina
Destruição muscular	CPK > 10 000 UI sem succinilcolina Urina escura Mioglobinúria > 60 mcg.L-1 Mioglobinemia > 170 mcg.L-1 Potassemia > 6 mEq.L-1
Acidose respiratória	$PETCO_2$ > 55 mmHg em ventilação controlada adequada $PETCO_2$ > 60 mmHg em ventilação espontânea $PaCO_2$ > 60 mmHg em ventilação controlada adequada $PaCO_2$ > 65 mmHg em ventilação espontânea Hipercarbia inapropriada Taquipneia inapropriada
Acidose metabólica (acidemia)	BE arterial < -8 mEq.L-1 pH arterial < 7,25
Hipertermia	Elevação rápida e inapropriada da T T > 38,8°C (inapropriada)
Ritmo cardíaco	Taquicardia sinusal (inapropriada) Taquicardia ou fibrilação ventricular
Dantrolene e acidose	Reversão rápida
Antecedente familiar	Em familiar de 1° grau Em família outro que não de 1° grau
Antecedente familiar e pessoal	História familiar positiva para HM e outro indicador pessoal sugestivo em experiência anestésica prévia
Bioquímica pré-operatória	CK elevada em repouso (em paciente com antecedentes familiar de HM)

Fonte: adaptado de Projeto Diretrizes – Hipertermia Maligna. Sociedade Brasileira de Anestesiologia.

causas para o surgimento tardio do quadro, como o agente ter pouco poder desencadeante da síndrome.[3,15]

Por fim, não há evidências para recomendar uma permanência prolongada e o paciente pode ter alta quando os critérios usuais de alta para cirurgia ambulatorial são atendidos. É aconselhável educar pacientes e seus famílias ou cuidadores para que sejam vigilantes e procurem atendimento de emergência, se necessário.[15]

■ PREVENÇÃO

Pacientes considerados suscetíveis à HM devem ter a temperatura central monitorada, além do padrão ASA – monitoramento recomendado.[15] Além do monitoramento, a estação de trabalho de anestesia deve estar preparada para reduzir ou prevenir a exposição do paciente suscetível à HM a drogas anestésicas voláteis. Existem algumas medidas para essa redução: remover os vaporizadores da máquina e substituir todos os descartáveis (por exemplo, circuito respiratório, bolsa reservatório, carbono absorvente de dióxido, linha de dióxido de carbono e coletores de água) e usar filtros de carvão ativado no circuito inspiratório e expiratório, que devem reduzir significativamente as concentrações do agente volátil, entretanto esse recurso ainda não está disponível no Brasil.[14,15,20]

A Associação de Hipertermia Maligna dos Estados Unidos fornece recomendações sobre como eliminar concentrações residuais de anestésicos voláteis das máquinas para garantir uma anestesia totalmente livre de anestésicos voláteis. Essas recomendações são: lavar e preparar o ventilador que será usado, utilizar filtros de carvão ativado, ter um ventilador limpo dedicado a esses casos e usar, se possível, um ventilador que não tenha sido exposto a anestésicos voláteis.[11,14,15,20] Perante a concentração de resíduos de anestésicos voláteis considerada segura a esses pacientes, deve-se ter em mente uma margem segura, buscando sempre a concentração residual mínima possível. A concentração dessas drogas, para ser considerada segura, deve ser inferior a 5 ppm.[11,14]

Dentre as medicações anestésicas não desencadeantes que podem ser usadas para indução anestésica estão barbitúricos, benzodiazepínicos, etomidato, propofol, cetamina, opioides, óxido nitroso e relaxantes musculares não despolarizantes (Tabela 20.2). Entretanto, mesmo na ausência de anestésicos desencadeantes, 0,46% dos pacientes suscetíveis à HM poderiam teoricamente apresentar algum sinal clínico sugestivo de HM; por esse motivo, o anestesiologista

Tabela 20.5. Tratamento da hipertermia maligna

Tratamento Hipertermia Maligna	
1	Descontinuar medicações desencadeantes
2	Aumentar o oxigênio para 100% (alto fluxo – 10L/min)
3	Interromper o procedimento cirúrgico o mais breve possível
4	Aumentar ventilação por minuto
5	Preparar e administrar o Dantrolene (de 1 mg/kg até 10 mg/kg)
6	Resfriar o paciente (até 38°C)
7	Monitorizar débito urinário e fluidoterapia
8	Solicitar leito de UTI
9	Se acidose metabólica: Bicarbonato de Sódio (1 a 2 mEq/kg)
10	Se hipercalemia (ou ECG suspeito): Gluconato de Cálcio (3 mg/kg) Glicose 50% + Insulina Regular 10 ui
11	Tratar arritmia caso surja
12	Solicitar exames (Gasometria arterial, Potássio, Cálcio, CPK, Mioglobina, Coagulograma, Lactato)
13	Avaliar manutenção do Dantrolene por 24 horas (0,25 mg/kg/h)
14	Contactar HOTLINE

Fonte: adaptada de Stanford Anesthesia Cognitive Aid Group and Henry Rosenberg.

deve dispor dos meios para diagnóstico e tratamento adequados.[20]

Estudos sugerem ser segura a anestesia ambulatorial para pacientes suscetíveis à HM, sendo que o tempo necessário recomendado para observação de eventos adversos graves tem caído ao longo dos anos, de quatro horas para até uma hora, a depender do procedimento e local de observação.[20]

■ TRATAMENTO

Com o avanço de padrões de monitoramento, o que permite a detecção precoce, a disponibilidade de medicação e o aumento do uso de testes de suscetibilidade, a mortalidade por HM foi reduzida a menos de 10% nos últimos 15 anos. Ainda assim eventos de HM estão associados a eventos significativos com taxas de morbidade que variam de 20 a 35%, sendo de suma importância a atenção diante de uma suspeita da doença.[2,4]

O protocolo de tratamento da HM delineado na tabela 5 é internacionalmente recomendado, baseado na interrupção da exposição a agentes desencadeantes, na administração de medicação específica (dantrolene sódico) e em medidas de suporte ou destinadas à prevenção de complicações associadas.[2]

Health Canada (Ottawa, Ontário) e a US Food and Drug Administration – FDA (Silver Spring, Maryland) aprovaram o dantrolene intravenoso para tratamento de MH em 1974 e 1979, respectivamente.[9] Em 1979 essa droga contribuiu para redução na taxa de mortalidade por HM, passando de 80% para aproximadamente 6%.[12,20] Isso devido à disseminação do uso do dantrolene (único medicamento que trata especificamente a HM) e ao aumento do conhecimento dos médicos em relação a diagnóstico e tratamento precoces.[20]

O dantrolone sódico é um relaxante muscular derivado hidantoínico que inibirá a liberação de cálcio do retículo sarcoplasmático, mantendo a recaptação inalterada. A formulação para uso intravenoso, que é considerado o componente ideal para a reação à HM, é apresentada contendo 20 mg de dantrolene, 3g de manitol e hidróxido de sódio suficientes para elevar o pH a 9,5 após diluição (Figura 20.1). O conteúdo de cada frasco-ampola deve ser diluído em 60 ml de água estéril (há dificuldade em diluir este agente em outras soluções) e ser infundido em um equipo com filtro. Para cada atraso de 10 minutos na administração de dantrolene, complicações podem aumentar substancialmente, existindo assim relação entre atraso na administração do fármaco [ao reconhecer a HM] com o aumento de morbidade.[4,9,12]

Figura 20.1. Diluição do Dantrolene Fonte: arquivo dos autores.

As doses estabelecidas da medicação foram de 1 mg/kg inicialmente e dose máxima de 10 mg/kg. Diretrizes e análises recentes sobre o assunto recomendam uma dose inicial mais alta e sem um máximo cumulativo.[13] Idealmente, a dosagem usada de dantrolene é baseada no peso corporal ideal, com dose limitada de 300 mg.[12] Ademais, as diretrizes da Associação de Hipertermia Maligna dos Estados Unidos (MHAUS; Sherburne, New York) afirmam que dantrolene deve estar disponível dentro de 10 minutos da decisão para tratar HM em todos os locais de anestesia/sedação onde são usados agentes desencadeadores de HM. MHAUS recomenda uma dose inicial de 2,5 mg/kg de dantrolene, repetida até uma resposta adequada.[9,15,19]

Após reverter o episódio de HM com uma dose de ataque de dantrolene, não é recomendada infusão contínua desse fármaco, nem intermitente em bolus, estando associado a tromboflebite e fraqueza muscular. Suas concentrações plasmáticas terapêuticas se mantêm por aproximadamente 6 horas e, na maioria dos casos, após esse período, mais dantrolene não se mostra necessário. Caso haja necessidade, é recomendada uma dose adicional de 2 a 2,5 mg/kg até os sinais regredirem novamente.[12]

Há evidências de que succinilcolina é usada frequentemente em muitos locais de anestesia e sedação. A succinilcolina administrada sem anestésicos voláteis dispara eventos de HM que são tratados com dantrolene de forma eficaz.[9] Recomenda-se que o dantrolene esteja disponível em todos os locais onde a succinilcolina é usada rotineiramente.[12]

Também, para entrar em uma base de dados para índices epidemiológicos, existe, ainda, o Hotline de Hipertermia Maligna, que se trata de um serviço de informação telefônica 24h para o atendimento emergencial da crise de HM, através do cadastramento dos pacientes e suas famílias, com orientações e investigações. O telefone para contato está disponível a todos no site da Sociedade Brasileira de Anestesiologia.[21]

Por fim, é possível concluir que a sobrevivência do paciente de uma crise de HM requer reconhecimento precoce, tratamento imediato e oportuna transferência para uma instalação com recursos de cuidados intensivos.[15]

Fonte: www.sbahq.org/hotline-hipertermia-maligna/

■ CASO CLÍNICO

Jovem, 15 anos, será submetido a amigdalectomia. Sua mãe apresenta-se preocupada, pois fiz haver vários relatos de morte em familiares submetidos a anestesia geral para procedimentos diversos. A anestesia foi realizada com fentanil, propofol, atracúrio e após a intubação foi administrado vapor de sevoflurano. Após dez minutos observou-se elevação abrupta e intensa da PETCO2, taquicardia, rigidez muscular de masseter e acidose metabólica a gasometria arterial. Para tratar a rigidez torácica repetiu-se metade da dose de atracúrio, sem sucesso. Neste momento fez-se o diagnóstico clínico de hipertermia maligna.[22]

Perguntas:

1. Quais outras situações clínicas devem ser excluídas como diagnóstico diferencial?
2. A que se deve a contratura muscular mantida após o uso do atracúrio?
3. Explique a fisiopatologia da hipertermia maligna.
4. Qual a conduta inicial diante de uma crise hipertermia maligna?
5. Quais as orientações devem ser seguidas para o manejo tardio da hipertermia maligna, após a crise ter sido debelada?[22]

Gabarito:

1. O diagnóstico diferencial da hipertermia maligna sem rigidez do masseter se faz com: tireotoxicose, sepse, feocromacitoma, aquecimento iatrogênico, síndrome anticolérgica, hiperventilação, hipnose e analgesia inadequadas. Havendo rigidez de masseter, o diagnóstico diferencial se faz com: síndrome neuroléptica maligna, encefalopatia hipóxica, hemorragia intracraniana, contraste iônico no SNC, uso de cocaína, anfetamina, *ecstasy* e salicilatos.
2. A contratura muscular mantida se dê ao aumento do cálcio no citosol muscular oriundo do retículo sarcoplasmático e não do extracelular, local onde o bloqueador da junção neuromuscular adespolarizante atua.
3. Sob condições normais, os níveis de Ca^{++} no mioplasma são controlados pelo receptor rianodina do reticulo sarcoplasmático, pelo receptor dihidropiridina do túbulo transverso e pelo sistema Ca^{++}-adesonosina trifosfatase (Ca^{++2}-ATPase). Porém, o principal fator do processo de excitação-contração do músculo esquelético é a liberação de cálcio através dos canais de cálcio do reticulo sarcoplasmático (canais de rianodina). Em portadores de mutação no gene para o receptor de rianodina, há um desarranjo da homeostase intracelular do Ca^{++} que pode ser desencadeada por anestésicos halogenados ou succinilcolina.
4. A abordagem inicial da hipertermia maligna inclui: interrupção imediata da inalação do anestésico volátil; hiperventilação com oxigênio 100%; injeções intravenosas de dantrolene sódico na dose de 2 mg/kg^{-2}, repetidas até o controle das manifestações clínicas; administração de bicarbonato de sódio intravenoso conforme o bicarbonato sérico; resfriamento ativo obtido por colchão hipotérmico, aplicação de gelo na superfície corporal, NaCl 0,9% gelado por via intravenosa, para lavagem gástrica, vesical retal e das cavidades (peritoneal ou torácica); tratamento das arritmias cardíacas evitando bloqueadores do canal de cálcio; tratamento da hiperpotassemia com hiperventilação, bicarbonato de sódio, solução polarizante (0,15 UI/kg^{-1} de insulina simples em 1 mL/kg^{-1} de glicose 50%) e manutenção do débito urinário acima de 2 mL/$kg^{-1}.h^{-1}$ através de hidratação, manitol ou furosemida.
5. A abordagem tardia da hipertermia maligna inclui: observação em unidade de terapia intensiva por pelo menos 24 h devido ao risco de recidiva; manutenção de dantrolene sódico por via intravenosa na dose de 1 mg.kg^{-1} a cada 6 horas durante 48 horas; controle rigoroso da temperatura e a cada 6 h com gasometria arterial, níveis sanguíneos de cratinino fosfoquinase (CPK), potássio e cálcio,

coagulograma, mioglobina sérica e urinária; orientação do paciente e familiares acerca da doença e da importância da confirmação do diagnóstico através da biópsia muscular.[22]

Referências bibliográficas

1. Correia ACC, Silva PCB, Silva BA. Hipertermia Maligna: Aspectos Moleculares e Clínicos. Revista Brasileira de Anestesiologia 2012; 62: 6: 820-837

2. Townsend CM, Beauchamp RD, Evers BM, Mattox, KL. Sabiston tratado de cirurgia - A base biológica da prática cirúrgica moderna: Elsevier, 2017.

3. Shaw MA, Hopkins PM. Mission Impossible or Mission Futile?: Estimating Penetrance for Malignant Hyperthermia. Anesthesiology. 2019 Nov;131(5):957-959. doi: 10.1097/ALN.0000000000002884. PMID: 31335544.

4. Larach MG. A Primer for Diagnosing and Managing Malignant Hyperthermia Susceptibility. Anesthesiology. 2018 Jan;128(1):8-10. doi: 10.1097/ALN.0000000000001879. PMID: 28926348.

5. Visoiu M, Young MC, Wieland K, Brandom BW. Anesthetic drugs and onset of malignant hyperthermia. Anesth Analg. 2014 Feb;118(2):388-96. doi: 10.1213/ANE.0000000000000062. PMID: 24445637.

6. da Costa WP, Menezes TM, Bomfá GGN, Souza RL, Menezes PJM, Motta LR. Hipertermia maligna: revisando aspectos importantes. Rev Med Minas Gerais 2017; 27 (Supl 2): S67-S73. DOI: 10.5935/2238-3182.20170018.

7. da Silva HCA, Ferreira G, Rodrigues G, dos Santos JM, Andrade PV, et al. Perfil dos relatos de suscetibilidade à hipertermia maligna confirmados com teste de contratura muscular no Brasil. Rev. Bras. Anestesiol. vol.69 no.2 Campinas Mar./Apr. 2019.

8. Sociedade Brasileira de Anestesiologia [Internet], 2009 Set. Hipertermia maligna. Projeto diretrizes. [cited 2020 Sep 8]; Available from: https://diretrizes.amb.org.br/_BibliotecaAntiga/hipertemia-maligna.pdf

9. Green Larach Marilyn, T. Klumpner Thomas, W. Brandom Barbara, et al. Succinylcholine Use and Dantrolene Availability for Malignant Hyperthermia Treatment. Anesthesiology, Journal of the American Society of Anesthesiologists. 2019 Jan; 130 : 41-54.

10. A. Ibarra Moreno Carlos, Hu Sally, Kraeva Natalia, et al. An Assessment of Penetrance and Clinical Expression of Malignant Hyperthermia in Individuals Carrying Diagnostic Ryanodine Receptor 1 Gene Mutations. Anesthesiology, Journal of the American Society of Anesthesiologists. 2019 Nov; 131 : 983-991.

11. Thoben Chistian, Dennhardt Nils, Kraub Terence, et al. Preparation os anaesthesia workstation for triggerfree anaesthesia. European Journal os Anaesthesiology. 2019 Sep 16; 36:851-856.

12. P. E. Glahn Klaus, Bendixen Diana, Girard Thierry, et al. Availability of dantrolene for the management of malignant hyperthermia crises: European Malignant Hyperthermia Group guidelines. British Journal of Anaesthesia. 2020 Apr 30:125 : 133-140.

13. Riazi Sheila, Kraeva Natalia, M. Hopkins Philip, et al. Updated guide for the management of malignant hyperthermia. Canadian Journal of Anesthesia. 2018 Mar 29;65 : 709–721.

14. Manuel Neira Victor, Al Madhoun Waleed, Ghaffar Kamyar, et al. Efficacy of Malignant Hyperthermia Association of the United States–Recommended Methods of Preparation for Malignant Hyperthermia-Susceptible Patients Using Dräger Zeus Anesthesia Workstations and Associated Costs. Journal of the International Anesthesia Research Society. 2019 Jul 01:129: 74-83.

15. D. Urman Richard, Rajan Niraja, Belani Kumar, et al. Malignant Hyperthermia–Susceptible Adult Patient and Ambulatory Surgery Center: Society for Ambulatory Anesthesia and Ambulatory Surgical Care Committee of the American Society of Anesthesiologists Position Statement. Journal of the International Anesthesia Research Society. 2019 May 01;129 : 347-349.

16. Hopkins PM, Rüffert H, Snoeck MM, et al; European Malignant Hyperthermia Group. European Malignant Hyperthermia Group guidelines for investigation of malignant hyperthermia susceptibility. Br J Anaesth. 2015;115:531–539. 5.

17. Litman RS, Griggs SM, Dowling JJ, Riazi S. Malignant hyperthermia susceptibility and related diseases. Anesthesiology. 2018;128:159–167.

18. Kraeva N, Sapa A, Dowling JJ, Riazi S. Malignant hyperthermia susceptibility in patients with exertional rhabdomyolysis: a retrospective cohort study and updated systematic review. Can J Anesth. 2017;64:736–743.

19. Larach MG. A primer for diagnosing and managing malignant hyperthermia susceptibility. Anesthesiology. 2018;128:8–10.

20. Cristina Almeida da Silva Helga, Shinji Onari Elton, de Castro Isac, et al. Anestesia durante biópsia muscular para teste de suscetibilidade à hipertermia maligna. Revista Brasileira de Anestesiologia. 2019 Apr 30; 69: 335-341.

21. Sociedade Brasileira de Anestesiologia [Internet], 2015 Jan 01. Hotline Hipertermia Maligna ; [cited 2020 Sep 8]; Available from: https://www.sbahq.org/hotline-hipertermia-maligna/.

22. Magalhães E, Nunes CEL. Sociedade Brasileira de Anestesiologia. Anestesia Casos Clínicos. 2010.

21
CAPÍTULO

Otimização Perioperatória – Como o Anestesista Pode Atuar?

BRUNO VALÉRIO CAMARGO ORTIZ
IAGO CESPEDE VILLAR
PAULO GUILHERME MOLICA ROCHA

■ INTRODUÇÃO

O paciente cirúrgico eletivo é um indivíduo que será submetido a um trauma, porém com dia e hora marcada. Diante do trauma cirúrgico, o corpo responde energicamente, via resposta endócrino e metabólica, objetivando restabelecer o equilíbrio fisiológico que havia antes da incisão. Dessa forma, a função do anestesiologista é garantir essa homeostase, por meio de uma adequada otimização perioperatória. Isso é feito por meio da correção ou melhoria das condições clínicas do paciente pré-operatórias; proteção e otimização das funções dos órgãos no intraoperatório e, por fim, reabilitação otimizada e retorno acelerado do paciente as suas atividades diárias no pós-operatório.

Nas últimas décadas, diversos trabalhos científicos foram realizados com objetivo de avaliar os resultados da aplicação de protocolos de otimização perioperatória. No final da década de 90 foi apresentado o ERAS (*Enhanced Recovery After Surgery*) que inicialmente foi implementado em cirurgias colorretais. Desde então foram criados e aprimorados protocolos para reduzir os fatores de risco que culminavam no aumento do tempo de internação e recuperação dos pacientes. Em 2011, a Sociedade ERAS foi criada com a intuito de desenvolver protocolos perioperatórios tendo a medicina baseada em evidencias como principal fator.[1,2]

O objetivo dos protocolos é aumentar a qualidade da assistência que será ofertada ao paciente, com isso tem-se maior segurança nas cirurgias, haja vista que com esse pacote de medidas (Figura 21.1) as chances de complicações são reduzidas e consequentemente o tempo de recuperação será mais rápido. Dessa forma tem-se uma eficiência operacional, reduzindo a demanda de leitos para internação. No caso dos hospitais privados, a aplicação dos protocolos pode gerar economia e levar competitividade ao mercado.[3-5]

Esses aspectos visam: reduzir o trauma e o estresse cirúrgico, minimizar a dor pós-operatória, reduzir as possíveis complicações e o tempo de internação hospitalar. Os elementos básicos do protocolo ERAS são apresentados na Tabela 21.1.

Figura 21.1. Aspectos básicos do protocolo ERAS. Fonte: https://academiamedica.com.br/blog/saude-baseada-em-valor-o-exemplo-do-protocolo-eras-no-perioperatorio).

Tabela 21.1. Elementos básicos do ERAS

Elemento	Ação
Pré-admissão	Avaliação pré-anestésica abordando a orientação e otimização de comorbidades
Cuidados ativos	Profilaxia com antibióticos, prevenção de náuseas e vômitos, manutenção da normotermia e tromboprofilaxia.
Redução do dano cirúrgico	Uso de agentes anestésicos de curta ação Anestesia peridural torácica em procedimentos abertos Evitar uso de sonda nasogástrica e drenos Remoção precoce do cateter urinário
Redução do íleo pós-operatório	Uso de analgesia não opioide Uso de anti-inflamatórios e anestesia regional Evitar a sobrecarga hídrica
Resposta metabólica	Evitar o jejum prolongado Uso de soluções de carboidratos Realimentação precoce
Auditoria	Verificar se os protocolos estão sendo aderidos e quais estão resultados estão sendo obtidos

Fonte: adaptada de Scott e Miller.[6]

21. Otimização Perioperatória – Como o Anestesista Pode Atuar?

Figura 21.2. Principais condutas abordadas no projeto ACERTO. Fonte: www.periop.com.br.

No Brasil, em 2005 foi criado o Projeto ACERTO (ACEleração da Recuperação TOtal Pós-operatória) que é baseado no Protocolo ERAS, sendo constituído de medidas multimodais educativas que visam acelerar a recuperação pós-operatória dos pacientes.

■ PERÍODO PRÉ-OPERATÓRIO

A primeira etapa do protocolo consiste na informação, educação, aconselhamento e aprimoramento no pré-operatório.

O papel do anestesista nesse momento está em realizar uma boa *avaliação pré-anestésica*.

Deve-se realizar uma entrevista para definir a melhor técnica anestésica com objetivo principal de acelerar a recuperação e reduzir o medo e a ansiedade do paciente.

1. HDA: motivo da indicação do procedimento proposto, comorbidades e doenças crônicas, medicações de uso contínuo, e histórico de alergias.
2. Cirurgias prévias, complicações prováveis, histórico de câncer e necessidade de eventual transfusão sanguínea.
3. Hábitos e vícios.
4. História familiar dando ênfase em complicações relacionadas a anestesia.
5. Avaliação de todos os sistemas, com ênfase no cardiovascular investigando possível dispneia associada.
6. Exame físico básico, como sinais vitais, IMC, avaliação da via aérea com a escala de Mallampati, ausculta cardiovascular e pulmonar, e exame neurológico.
7. Descrição de exames laboratoriais e de imagem.
8. Indicar interconsulta com outras especialidades se necessário (p. ex., cardiologista, neurologia).
9. Sugerir e explicar a técnica anestésica recomendada, avaliar a continuidade ou suspensão de medicamentos, orientar o jejum pré-operatório salientando o uso de maltodextrina 2 a 3 horas antes da cirurgia, e concluir a consulta liberando ou não o paciente para o procedimento.
10. Aplicação do Termo de Consentimento da Anestesia e de Transfusão de Sangue, este se necessário.

■ PERÍODO INTRAOPERATÓRIO

Antibióticoprofilaxia

A determinação do antimicrobiano se dá pelo tipo do procedimento, levando em conta a probabilidade de patógenos mais frequentes no sítio cirúrgico se houver, classificando em tipos de ferida, se é limpa, limpa-contaminada, contaminada, suja e infectada.

Deve ser administrado entre 30 minutos e 1 hora antes da incisão e dependendo do tempo do procedimento e meia vida do fármaco é necessário a reaplicação do antibiótico. No geral é comum infecção por *Staphyloccocus* e bacilos Gram-negativos, podendo ser profilático o uso de Cefazolina, Cefuroxina, Vancomicina e até mesmo Metronidazol dependendo de cada procedimento. Podemos ainda manter no pós-operatório sob orientação do cirurgião para evitar infecção posterior. Em geral, a antibioticoprofilaxia é prescrita por 24 horas.

Manejo anestesico

A anestesia tem como objetivo preservar o equilíbrio fisiológico do paciente durante o trauma cirúrgico. Isso é possível por meio da proteção de órgãos, principalmente, no período intraoperatório. Dessa forma, baseado no conhecimento de fisiologia, fisiopatologia e farmacologia o anestesiologista busca evitar complicações pós-operatórias. (Tabela 21.2).

Tabela 21.2. Fatores evitáveis e órgãos relacionados

Órgãos	Fatores evitáveis
Cérebro	*Delirium*, intensa profundidade anestésica, hipóxia; hipotensão
Coração	Hipo/hipertensão, taqui/bradicardia,
Pulmão	Ventilação mecânica não protetora, hipervolemia, dor pós-operatória (atelectasia)
Rim	Anemia, acidose metabólica, hipovolemia, hipotensão, uso de coloides na hidratação, nefrotoxinas (contrastes venosos, aminoglicosídeos)

Analgesia multimodal

A analgesia ideal visa otimizar o conforto do paciente, recuperação funcional precoce e minimizar os efeitos colaterais dos opioides.

A analgesia multimodal é uma associação de medicamentos com efeito sinérgico ou aditivo. Dessa forma é possível otimizar a analgesia utilizando menor dose de cada fármaco e, por sua vez, gerar menores efeitos colaterais. Além disso, utiliza-se de técnicas (p. ex., bloqueios regionais) e medicações que atuarão em diversas vias da dor (Figura 21.3).

Anestesia poupadora de opioides

Os opioides são medicamentos derivados do ópio e apresentam efeitos notáveis em relação à analgesia, contudo apresentam muitos efeitos adversos e grande potencial de dependência. As reações adversas mais comuns são encontradas na Figura 21.4.

A ausência de opioides nas cirurgias podem contribuir para:

- Recuperação pós-operatória precoce.
- Melhora na cicatrização.
- Menos danos de supressão no sistema imunológico.

A antiga forma de tratamento se baseava nos opioides para o controle da dor e os adjuvantes não

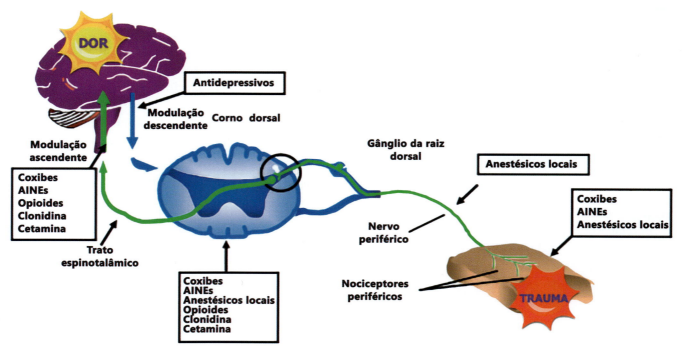

Figura 21.3. Local de ação dos fármacos analgésicos e adjuvantes. Fonte: adaptada de Gottschalk A, Smith DS. New concepts in acute pain therapy: preemptive analgesia. Am Fam Physician. 2001;63:1979-1984.

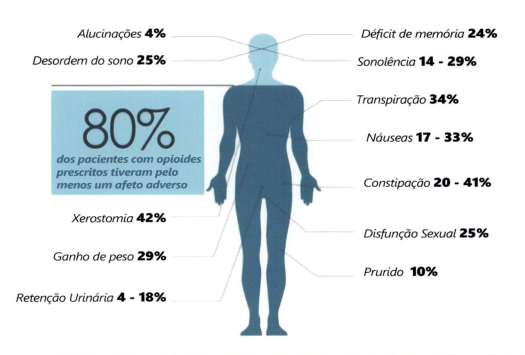

Figura 21.4. Efeitos adversos dos opioides. Fonte: adaptada do Dr. Luiz Fernando Falcão.

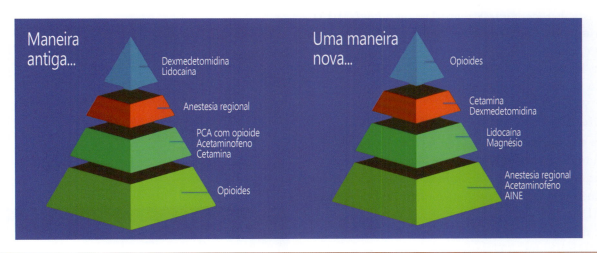

Figura 21.5. Novo paradigma no manejo da analgesia. Fonte: The rising tide of opioid use and abuse: the role of the anesthesiologist.

opioides eram adicionados se houvesse necessidade. Na nova forma o manejo da dor inicia-se com técnicas não opioides, baseadas em evidências, e dessa forma é possível reduzir o uso de opioides (Figura 21.5).[7]

A dor no pós-operatório depende de diversos fatores relacionados a cirurgia e a técnica anestésica utilizada, além dos fatores associados ao paciente. A seguir apresenta-se alguns medicamentos que podem ser utilizados na anestesia multimodal e suas vantagens em relação aos efeitos adversos dos opioides.

Dexmedetomidina

Classe: agonista do receptor a-2.
Propriedades: sedativas, hipnóticas, simpaticolíticas e analgésicas.
Vantagem: ausência de depressão respiratória durante a indução anestésica.

Em casos de pacientes obesos e com apneia obstrutiva do sono pode evitar uma obstrução respiratória mecânica.
Dose: a dose de indução de dexmedetomidina equivalente a 0,5 µg/kg administrado por via intravenosa

em 10 minutos seguida por uma dose de manutenção de 0,1 a 0,4 μg/kg/h ou uma infusão contínua única de 0,2 a 0,8 μg/kg/h, iniciada 3 a 5 minutos antes da indução da anestesia, são preparações possíveis.

Contraindicação: Choque, bradiarritmia ou hipovolemia.

Lidocaína, magnésio, cetamina e gabapentina

– Administrados de maneira multimodal

Lidocaína intravenosa

Classe e propriedade: anestésico local e um antiarrítmico da classe I (subgrupo 1B).
Vantagem: efeito analgésico, anti-hiperalgésico e anti-inflamatório. Além disso, promovem um retorno precoce da função intestinal.
Dose: de 1 mg/kg a 1,5 mg/kg em bomba de infusão contínua de forma lenta é a recomendada atualmente.

Magnésio

Classe: antagonista fisiológico natural do cálcio – antagonista de receptores N-metil-D-aspartato (NMDA).
Propriedade e vantagem: Anticonvulsivantes, sedativas e analgésicas.
Dose: 40 mg/kg, de forma intravenosa, na primeira hora antes da incisão cirúrgica.

Cetamina

Classe e propriedade: derivado da ciclohexanona utilizado para a indução da anestesia.
Vantagem: reduzir a sensibilização central por intermédio de seu efeito antagonista dos receptores NMDA.
Dose: a cetamina na dose de 0,5 mg/kg como bolus único intravenoso complementa a técnica com uso de lidocaína.

Gabapentina e pregabalina – gabapentinoides

Classe e propriedade: fármacos antiepilépticos também com significativa eficácia no tratamento da dor neuropática e dor no pós-operatório
Vantagem: efeito antialodínico central e inibem a transmissão da dor
Dose: 150 mg a 300 mg pode ser administrada por via oral como medicação pré-anestésica, continuando no primeiro dia de pós-operatório.

Dessa forma observa-se que a anestesia poupadora de opioide, além de evitar os efeitos adversos dos opioides, podem auxiliar a evitar a hiperalgesia após a cirurgia e contribuírem para a estabilidade hemodinâmica do paciente. Com a estratégia multimodal diminui-se o risco de desenvolvimento de dor crônica e promove-se a alta precoce desse paciente, medida preconizada pelos protocolos de otimização operatória.

Anestesia regional

Na anestesia geral e sedação, sempre que possível, é associado um bloqueio anestésico. Esse bloqueio local ou regional permite a incisão cirúrgica do território anestesiado sem a percepção da dor pelo paciente, além de promover analgesia pós-operatória.

Com o advento do ultrassom e seu uso cada vez mais frequente pelos anestesiologistas, novas técnicas de bloqueios de plexos nervosos surgiram. Além disso, tornou-se possível otimizar a analgesia multimodal e garantir a segurança do bloqueio graças a visualização direta da agulha e do plexo nervoso que será infiltrado com anestésicos locais (Figuras 21.6 e 21.7).

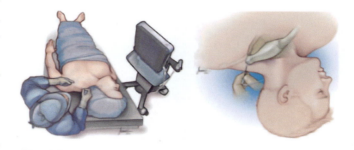

Figura 21.6. Paciente posicionado para o bloqueio supra clavicular guiado por ultrassom

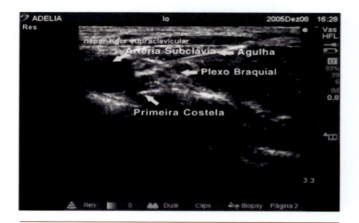

Figura 21.7. Bloqueio do plexo braquial por via supraclavicular. Observa-se a agulha com sua ponta na proximidade das divisões do plexo braquial, que se apresenta com nódulos hipoecoicos (*pretos*) com bordas hiperecoicas (*brancas*) atrás da artéria subclávia, em corte transversal. Observa-se a primeira costela (hiperecoica) e sua sombra acústica posterior.

Cada fator de risco representa 1 ponto:	Cada fator de risco representa 2 pontos:
Idade 41-60 anos Cirurgia *minor* plancada História de cirurgia major prévia (<1 mês) Veias varicosas Doença Inflamatória Intestinal (DII) Edema nos membros inferiores (atual) Obesidade (IMC>25kg/m²)	Idade 60-74 anos Doença neoplásica (atual ou prévia) Cirurgia major (>45 minutos) Cirurgia laparoscópica (>45 minutos) Previsão de alcctuamento > 72horas Imobilização por gesso (<1 mês) Acesso Venoso Central
Cada fator de risco representa 3 pontos:	**Cada fator de risco representa 5 pontos:**
Idade 75 anos História de TEV/TEP História familiar de trombose Cirurgia major com fatores de risco adicionais (Enfarte Agudo Miocárdio, Insuficiência Cardíaca Congestiva (ICC), sépsis, doença pulmonar grave ou função pulmonar anormal) Trombofilias congénitas ou adquiridas	Artroplastia major eletiva dos membros inferiores (MI) Fratura da anca, pélvis ou MI Acidente Vascular Cerebral (AVC) (<1 mês) Politraumatismo (<1 mês) Traumatismo agudo da medula espinal (< 1 mês)
	Se mulher, cada fator representa 1 ponto:
	Contracetivos ou terapia hormonal de substituição Gravidez ou pós-parto História de nado-morto, aborto espontâneo, parte prematuro com toxémia ou insuficiência placentária

Figura 21.8. Fonte: adaptada de *score* elaborado por Caprini (RAMCA), atualizado em 2005.

Tromboprofilaxia

O tromboembolismo venoso é a principal causa de morte intra-hospitalar passível de prevenção. O paciente deve ser classificado quanto ao risco seguindo a escala de Caprini, com objetivo de adotar a melhor profilaxia contando com meias de compressão elástica, e compressão pneumática, além de Heparina de baixo peso molecular ou Heparina não fracionada.[8,9]

Prevenção da hipotermia

Pode-se dizer que todos os anestésicos podem prejudicar a termorregulação e aumentam a susceptibilidade à hipotermia, somado ainda com fluidos intravenosos não aquecidos, sala fria, com grande área cirúrgica exposta, além de transfusões sanguíneas.

Como consequência da hipotermia, temos o aumento da vasoconstricção e da pressão arterial sistêmica, e de maior risco de sangramento. Para manter o paciente estável, os métodos mais utilizados é hidratação com fluidos aquecidos e utilização da manta térmica afim de regular a temperatura próximo dos 36°C.[10-15]

Manejo hemodinâmico intraoperatório

Ficou estabelecido que a sobrecarga hídrica torna a recuperação mais lenta do trato gastrointestinal e aumenta o risco de complicações, e assim foi reduzido o tempo de jejum afim de reduzir a quantidade de fluidos intraoperatórios.

Para a realização de transfusão é necessário ver os níveis séricos de lactato, saturação venosa central e comorbidades do paciente.[16,17]

A monitorização hemodinâmica é de suma importância para reconhecimento precoce do problema vigente e ações preventivas, antes que o problema se instale.

Prevenção de náuseas e vômitos no pós-operatório

Náuseas e vômitos ocorrem em 25% a 35% de pacientes cirúrgicos e são motivos para o aumento do tempo de internação.

O objetivo principal é a realimentação precoce para acelerar a recuperação, assim o ideal é ter o tempo mínimo de jejum pré-operatório, uso de maltodextrina, hidratação com fluidos adequados como solução ringer com lactato, uso profilático com antieméticos, e anestesia venosa total. Para saber o risco que o paciente corre, é realizar o escore de Apfel em que vai se somando os positivos do paciente como sexo feminino, não tabagismo, história de cinetose e uso de opioides.[15]

Minimização do Uso de Tubos e Cateteres

A remoção dos tubos e cateteres o mais precoce demonstra redução em possíveis complicações no pós--operatório.

O uso da sonda deve ser restrito ao período intraoperatório e deve ser retirada no pós-operatório

Tabela 21.3. Funções do anestesista nos protocolos de otimização

Etapa	Função do anestesista
Avaliação pré-anestésica	Instruir o paciente sobre seu papel na cirurgia, além de entender e ajudar no medo e ansiedade sobre o procedimento. Avaliar as comorbidades, estados nutricionais, anemia e capacidade funcional. Realizar medidas para interromper o tabagismo semanas antes da cirurgia .
Jejum e soluções de carboidrato	Instruir o paciente sobre o tempo correto de jejum e sobre a importância das soluções de carboidrato pré-operatórias.
Profilaxia antibiótica	Quando indicada deve ser realizada dentro de 1 hora antes do procedimento e o anestesista deve atentar-se para a dosagem e meia-vida do fármaco.
Anestésicos	Uso de anestésicos inalatórios e intravenosos de curta ação e evitar o óxido nitroso.
Monitorização	Sempre monitorar a profundidade anestésica para evitar hiperdosagem e dessa forma minimizar os efeitos colaterais.
Analgesia Intraoperatória	Reduzir o uso de opioides, preferir por técnicas de anestesia regional e utilizar adjuvantes para otimizar a analgesia
Manejo Hemodinâmico	O menor tempo de jejum junto a realimentação precoce diminuem a quantidade de fluídos de reposição Uso de soluções como Ringer lactato devem ser primeira opção
Profilaxia de N/V	Permite a realimentação precoce
Analgesia Pós-operatória	Priorizar a abordagem multimodal com o objetivo de promover uma anestesia eficiente e reduzir o uso de opioides e efeitos colaterais

Fonte: adaptada de Baldini e Fawcett.

(antes do despertar do paciente). A manutenção da sonda nasogástrica pode causar desconforto e aumento no tempo de realimentação. Já o uso de cateter está indicado por 1 a 2 dias. A retirada precoce pode ajudar a reduzir o risco de infeções urinárias.[17]

PERÍODO PÓS-OPERATÓRIO

Nutrição prévia e mobilização precoce

A dieta líquida pode ser administrada algumas horas após a cirurgia podendo ser suplementada com soluções proteicas.

Os protocolos propõem o início da dieta até 4 horas após a cirurgia. A nutrição prévia é segura e reduz complicações no pós-operatório visto que reduz os danos causados por um jejum prolongado.

A mobilização precoce deve ser implementada para evitar o aumento da resistência à insulina, diminuição da força muscular, piora da função respiratório e até mesmo risco de tromboembolismo.

Analgesia pós-operatória

O manejo da dor no pós-operatório é preconizado em todos os protocolos e deve-se optar, assim como no intraoperatório, por uma abordagem multimodal que tem como foco o uso de analgésicos não opioides e técnicas para minimizar o uso desses medicamentos. Ao aumentar o número de modalidades não opioides no manejo da dor, o controle mais eficaz da dor é alcançado com redução no uso de opioides e efeitos colaterais relacionados a eles.[2]

O PAPEL DO ANESTESISTA

O anestesista possui um papel fundamental para que os protocolos obtenham bons resultados. Ele poderá otimizar o paciente no pré-operatório, conduzir as condutas padronizadas no intraoperatório e contribuir na integração dos setores para o adequado pós-operatório. Além disso, o manejo anestésico deve ser efetivo para garantir que o paciente obtenha uma cirurgia segura e desperte rapidamente com pouca dor, sem náuseas e vômitos e com a homeostase preservada.

Esse conjunto de fatores tem como objetivo prevenir o estresse e trauma cirúrgico fazendo com que o paciente não evolua para danos secundários. Dessa forma, o anestesista faz com que o paciente tenha capacidade de deambular e se realimentar precocemente, reduzindo assim as complicações associadas a esses dois fatores.

Na Tabela 21.3 citamos as medidas do protocolo ERAS e qual é a atuação do anestesista:[18]

Referências bibliográficas

1. Kehlet H, Wilmore DW. Evidence-based surgical care and the evolution of fast-track surgery. Ann Surg. 2008;248(2):189-98.
2. Gustafsson UO, Scott MJ, Schwenk W, Demartines N, Roulin D, Francis N, et al. Guidelines for perioperative care in elective colonic surgery: Enhanced Recovery After Surgery (ERAS!) Society Recommendations. World J Surg. 2013; 37(2):259-84.

3. Wilmore DW, Kehlet H. Management of patients in fast track surgery. BMJ. 2001;322(7284): 473-6.
4. . Ricciardi R, MacKay G. Fast-track protocols in colorectal surgery [Internet]. Waltham: UpToDate, Inc.; c2016 [atualizado em 10 fev. 2016; capturado em 28 fev. 2016]. Disponível em: http://www.uptodate.com/contents/fast-track-protocols-in-colorectal-surgery
5. Carli F, Charlebois P, Baldini G, Cachero O, Stein B. An integrated multidisciplinary approach to implementation of a fast-track program for laparoscopic colorectal surgery. Can J Anaesth. 2009;56(11):837-42.
6. Scott MJ, Miller TE. Pathophysiology of major surgery and the role of enhanced recovery pathways and the anesthesiologist to improve outcomes. Anesthesiol Clin. 2015;33(1):79-91.
7. Koepke, E.J., Manning, E.L., Miller, T.E. et al. The rising tide of opioid use and abuse: the role of the anesthesiologist. Perioper Med 7, 16 (2018). https://doi.org/10.1186/s13741-018-0097-4
8. Baldini G, Fawcett WJ. Anesthesia for colorectal surgery. Anesthesiol Clin. 2015;33(1):93-123.
9. Geerts WH, Bergqvist D, Pineo GF, Heit JA, Samama CM, Lassen MR, et al. Prevention of venous thromboembolism: American College of Chest Physicians Evidence-Based Clinical Practice Guidelines (8th edition). Chest. 2008;133(6 Suppl):381-453S.
10. Geerts WH, Bergqvist D, Pineo GF, Heit JA, Samama CM, Lassen MR, et al. Prevention of venous thromboembolism: American College of Chest Physicians Evidence- Based Clinical Practice Guidelines (8th edition). Chest. 2008;133(6 Suppl):381-453S.
11. Billeter AT, Hohmann SF, Druen D, Cannon R, Polk HC Jr. Unintentional perioperative hypothermia is associated with severe complications and high mortality in elective operations. Surgery. 2014;156(5):1245-52.
12. Forbes SS, Eskicioglu C, Nathens AB, Fenech DS, Laflamme C, McLean RF, et al. Evidence-based guidelines for prevention of perioperative hypothermia. J Am Coll Surg. 2009;209(4):492-503.e1.
13. Wakeling HG, McFall MR, Jenkins CS, Woods WG, Miles WF, Barclay GR, et al. Intraoperative oesophageal Doppler guided fluid management shortens postoperative hospital stay after major bowel surgery. Br J Anaesth. 2005;95(5): 634-42.
14. Lenhardt R, Marker E, Goll V, Tschernich H, Kurz A, Sessler DI, et al. Mild intraoperative hypothermia prolongs postanesthetic recovery. Anesthesiology. 1997;87(6):1318-23.
15. Baldini G, Fawcett WJ. Anesthesia for colorectal surgery. Anesthesiol Clin. 2015;33(1):93-123.
16. Wakeling HG, McFall MR, Jenkins CS, Woods WG, Miles WF, Barclay GR, et al. Intraoperative oesophageal Doppler guided fluid management shortens postoperative hospital stay after major bowel surgery. Br J Anaesth. 2005;95(5): 634-42.
17. Nelson R, Edwards S, Tse B. Prophylactic nasogastric decompression after abdominal surgery. Cochrane Database Syst Rev. 2007 Jul 18;(3): CD004929.
18. Mayo NE, Feldman L, Scott S, Zavorsky G, Kim do J, Charlebois P, et al. Impact of preoperative change in physical function on postoperative recovery: argument supporting prehabilitation for colorectal surgery. Surgery. 2011;150(3):505-14.
19. Vaz Pedro Silva, Duarte Liliana, Paulino Aida. Risco e Profilaxia do Tromboembolismo Venoso em Doentes Cirúrgicos. Rev. Port. Cir. [Internet]. 2012 Dez [citado 2020 Out 15] ; (23): 23-32.
20. Helayel Pablo Escovedo, Conceição Diogo Brüggemann da, Oliveira Filho Getúlio Rodrigues de. Bloqueios nervosos guiados por ultra-som. Rev. Bras. Anestesiol. [Internet]. 2007 Fev [citado 2020 Out 15] ; 57(1): 106-123. Disponível em: http://www.scielo.br/scielo.php?script=sci_arttext&pid=S0034-70942007000100012&lng=pt. https://doi.org/10.1590/S0034-70942007000100012.
21. Vaz Pedro Silva, Duarte Liliana, Paulino Aida. Risco e Profilaxia do Tromboembolismo Venoso em Doentes Cirúrgicos. Rev. Port. Cir. [Internet]. 2012 Dez [citado 2020 Out 15] ; (23): 23-32. Disponível em: http://www.scielo.mec.pt/scielo.php?script=sci_arttext&pid=S1646-69182012000400007&lng=pt.
22. Koepke, E.J., Manning, E.L., Miller, T.E. et al. The rising tide of opioid use and abuse: the role of the anesthesiologist. Perioper Med 7, 16 (2018). https://doi.org/10.1186/s13741-018-0097-4.
23. De-Marchi Jacqueline Jéssica, De-Souza Mardem Machado, Salomão Alberto Bicudo, Nascimento José Eduardo de Aguilar, Selleti Anyelle Almada, de-Albuquerque Erik et al . Cuidados perioperatórios em cirurgia bariátrica no contexto do projeto ACERTO: realidade e o imaginário de cirurgiões em um hospital de Cuiabá. Rev. Col. Bras. Cir. [Internet]. 2017 June [cited 2020 Oct 15] ; 44(3): 270-277. Available from: http://www.scielo.br/scielo.php?script=sci_arttext&pid=S0100-69912017000300270&lng=en. http://dx.doi.org/10.1590/0100-69912017003009.
24. Davrieux CF, Palermo M, Serra E, Houghton EJ, Acquafresca PA, Finger C, Giménez ME. Etapas e fatores do "processo perioperatório": pontos em comum com a indústria aeronáutica. ABCD Arq Bras Cir Dig. 2019;32(1):e1423. DOI: /10.1590/0102-672020180001e1423.
25. Blumenthal RN. ERAS: Roteiro para uma jornada segura no perioperatório. Boletim da APSF. 2019;34:22-24.
26. Mortensen, K. et al. and the Enhanced Recovery After Surgery (ERAS®) Group. Consensus guidelines for enhanced recovery after gastrectomy: Enhanced Recovery After Surgery (ERAS®) Society Recommendations. British Journal of Surgery, Volume 101, Issue 10, pages 1209–1229, September 2014. DOI: 10.1002/bjs.9582.
27. GAMERMANN, P. W.; STEFANI, L. C.; FELIX, E. A. (Org.). Rotinas em anesthesiologia e medicina perioperatória. Porto Alegre: Artmed, 2017.
28. MANICA, J; Anestesiologia. Sociedade Brasileira de Anestesiologia, Artmed, 4ª edição.
29. CURI, F.E, ALBUQUERQUE, C.A.M, TARDELLI, A.M; Update em Anestesia. Rio de Janeiro: Sociedade Brasileira de Anestesiologia/SBA, 2019.

22
CAPÍTULO

Anestesia em Pediatria

GRAZIELA PANIZZON
MARIA ANGELA TARDELLI
DAVID FEREZ

■ INTRODUÇÃO

A anestesia na população pediátrica foi um grande desafio na história da anestesiologia devido ao desconhecimento inicial sobre às diferenças estruturais, fisiológicas e metabólicas da criança em relação ao adulto. Ao longo do tempo foram desenvolvidos avanços nas várias vertentes o que possibilitou tornar a anestesia pediátrica eficiente e segura.

Previamente à discussão sobre as múltiplas diferenças entre crianças e adultos, deve-se ressaltar que a responsabilidade ética e legal em anestesia pediátrica difere ligeiramente daquela nos adultos pois, o paciente pediátrico é incapaz de compreender um procedimento médico, ficando seus interesses abrigados ao seu representante legal, que podem ser os pais, outros parentes ou até mesmo uma autoridade judicial. Como consequência dessa incompreensão da criança, os atos anestésicos em pediatria devem ser informados de forma clara e objetiva, a fim de embasar a decisão consciente e obter consentimento dos representantes legais da mesma.[1]

■ PARTICULARIDADES ANATÔMICAS E FISIOLÓGICAS EM ANESTESIA PEDIÁTRICA[2]

Desde a concepção até atingir a idade adulta, o corpo humano está em constante desenvolvimento e apresenta enormes mudanças anatômicas, fisiológicas e farmacológicas. O nascimento é mais uma dessas etapas de transição em que ocorrem importantes modificações anátomo-fisiológicas e que influenciam diretamente os procedimentos médicos e, especialmente, na anestesia

Altura, peso e superfície corporal.

O crescimento da criança aparenta uma curva sigmoide desde sua concepção e um neonato de termo com 37 a 40 semanas de gestação terá aproximadamente entre 3000 a 4.000 gramas.

Uma das mais grosseiras diferenças entre a criança e o adulto é o seu tamanho contudo, mesmo entre os vários subgrupos pediátricos (neonatos, infantes, crianças e adolescentes) deve-se tomar cuidado com generalizações, em especial generalizações fisiológicas e farmacológicas porque existem intensas diferenças entre estas propriedades e o peso da criança.

Crawford *et al.*, em 1950, abordou este problema, um neonato de 3.000 g tem 1/3 do comprimento de um adulto porém, 1/9 de sua superfície corpórea e apenas 1/21 de seu peso.[3] Dessas diferenças a mais respeitável é a superfície corporal pois, se correlaciona em paralelo com o metabolismo corporal.

Existem várias formulações para o cálculo da superfície corporal (BSA), Gehan e George, em 1970[4] propuseram a fórmula que se segue:

$$BSA(m^2) = 0,0235.altura^{0,42246}.peso^{0,51456}$$

Um neonato de termo tem em média apenas $0,2$ m^2 enquanto um adulto tem $1,75$ m^2 de superfície corporal.

A criança ganha aproximadamente 20 g de peso por dia entre o nascimento até os 6 meses de idade e 15 g de peso por dia entre os 6 meses e 12 meses de vida. Assim, a criança deve duplicar de peso aos 4 meses de vida, triplicar aos 12 meses de vida e quadruplicar aos 2 anos de vida. Próximo da adolescência deve ganhar entre 2 kg e 2,5 kg por ano.

É importante lembrar que proporcionalmente a superfície da cabeça é maior que a de um adulto, estas circunstâncias levam a criança a perder muita temperatura por essa região.[5]

Compartimentos da água corporal

A água corporal de um neonato de termo é de aproximadamente 75 a 80% de seu peso onde seu maior componente encontra-se no líquido extracelular e em menor parte no intracelular. Com o passar da idade observa-se uma contração do líquido corporal total estabilizando-se após o primeiro ano de vida em aproximadamente 60% do peso corporal total. Observa-se também uma inversão quanto a grandeza dos compartimentos do líquido intra e extracelular, enquanto antes do primeiro ano de vida o líquido extracelular era seu maior componente, após o primeiro ano de vida o líquido intracelular predomina (^{2}/3) com relação ao extracelular (^{1}/3) semelhante ao adulto.

O sistema cardiovascular

A circulação fetal do recém-nascido passa por transformações enormes, os desvios e canais que a formavam ainda intraútero, na qual ambos ventrículos bombeavam para a circulação sistêmica, se obliteram de forma a estabelecer a circulação em série. A então conhecida circulação fetal se transforma para a nova circunstância devido ao novo ambiente.

O ducto arterioso que comunica a aorta do recém--nascido com a veia pulmonar acaba se fechando entre aproximadamente 10 a 15 horas após o nascimento; observa-se também o fechamento do forame oval, porém somente alguns dias após o nascimento; e o ducto venoso tem seu fechamento funcional em torno do 3º ao 7º dia. Determinadas doenças cardíacas impedem o fechamento natural desses desvios.[2]

Além dessas modificações estruturais, a eletrofisiologia do neonato, cujo tempo de condução atrioventricular é menor, determina uma frequência cardíaca mais elevada do que nos adultos. Alguns anestésicos interagem com as correntes iônicas voltagem dependentes do miocárdio, como Kanaya *et al.* e outros pesquisadores demonstraram o efeito depressor do miocárdio pela diminuição da sensibilidade ao cálcio induzida pelos agentes inalatórios: sevoflurano, isoflurano e halotano.[6,7]

Zhou *et al.* demonstrou também que o propofol inibe a corrente de cálcio, agindo semelhante a um bloqueador do canal, levando de forma semelhante aos inalatórios a desproporcional depressão cardíaca nos neonatos.[8] Essas constatações são de importância na detecção precoce de sinais de depressão cardiovascular em pacientes pediátricos que são submetidos aos anestésicos inalatórios e/ou com propofol, obrigando ao anestesiologista atenção e monitorização diligente nestes cenários.

Sistema respiratório

O sistema respiratório do paciente pediátrico está em franco desenvolvimento desde a fase intrauterina até aproximadamente os oito e dez anos de vida.

O início da formação pulmonar começa em torno da quarta semana de gestação, tornando-se compatível com a vida extrauterina após a vigésima sexta semana. A maciça formação alveolar tem início na trigésima sexta semana pós conceptual e continua após o nascimento. Os pneumócitos tipo II, responsáveis pela produção do surfactante pulmonar, começam sua produção ao redor da vigésima quarta semana da gestação.

O gradeado costal da criança é mais cartilaginoso e horizontalizado em relação ao adulto, o que leva os músculos acessórios da respiração nessa configuração contribuir pouco com a ventilação pulmonar, levando uma dependência e grande esforço diafragmático.[5]

O arcabouço do tórax muito cartilaginoso faz com que ele se mova para dentro na inspiração, especialmente na presença de obstrução na via aérea superior. Essa elevada complacência do gradeado vai diminuindo com o envelhecimento e desenvolvimento dos músculos torácicos.[5]

Destaca-se que a menor quantidade de elastina pulmonar leva ao recolhimento pulmonar alentecido que, por sua vez, permite o colapso das vias aéreas antes do final da expiração e aumentando do shunt e do gradiente alvéolo-capilar de oxigênio, facilitando o estado de hipóxia.

A dependência do musculo diafragma torna-se mais preocupante uma vez que ele é ainda imaturo, apresenta uma baixa densidade de fibras musculares do tipo 1, as quais tem alta capacidade glicolítica e são resistentes à fadiga. No neonato o diafragma tem aproximadamente 25% somente de fibras tipo 1 enquanto no adulto essa porcentagem é de 50%. O impacto dessa característica é a rápida fadiga desse musculo frente a uma dificuldade respiratória.[5]

A capacidade pulmonar total por quilo de peso de um adulto é muito maior do que de uma criança, porém a capacidade residual funcional por quilo de peso é próxima. A capacidade residual funcional da criança é 40% da capacidade pulmonar total devido ao tempo expiratório mais prolongado que apresentam. Especialmente em crianças até um a dois anos de idade a capacidade de oclusão das vias aéreas é elevada e maior que a capacidade residual funcional, o que impacta em atelectasias das pequenas vias aéreas durante a fase expiratória. Contrariamente no adulto sadio a capacidade de oclusão é menor que a capacidade residual funcional, não ocorrendo atelectasias espontâneas.[5]

As mudanças de número de vasos e dos alvéolos, do tamanho, da forma e da composição das vias aéreas, entre outras, exigem uso de diferentes técnicas de manuseio de vias aéreas além de equipamentos adaptados a essas diferenças.

As vias aéreas nas crianças apresentam uma resistência aos fluxos inspiratórios e expiratórios maior que no adulto pois tem menor diâmetro, apesar de menor comprimento. Somando isso à diferente composição torácica, com arcos costais não calcificados e musculatura acessória menos desenvolvida observa-se um trabalho respiratório muito mais intenso que no adulto e, por consequência, uma susceptibilidade maior à fadiga respiratória.

As respostas fisiológicas à hipercarbia e hipoxemia nas primeiras 3 semanas de vida não são eficientes. Inicialmente para ambos estímulos o recém-nascido aumenta a ventilação, no entanto, para estados mais elevados de PCO2 o aumento não é efetivo e, para estados de PO2 diminuída, o aumento de ventilação é transitório, seguido por depressão respiratória permanente e na presença de hipotermia o aumento inicial nem mesmo acontece.[9]

Anatomicamente, muitas são as diferenças entre as vias aéreas superiores (VAS) da criança e do adulto. Como visto a cabeça tem proporções aumentadas em relação ao resto do corpo, dificultando o alinhamento dos eixos oral, laríngeo e faríngeo na intubação orotraqueal. O pescoço curto apresenta a distância tireohioidea diminuída. A laringe tem mucosa e tecido linfático mais espesso, com maior vascularização, sendo mais susceptíveis a edema e sangramento quando manipuladas. Na língua o músculo genioglosso hipotônico que em conjunto com as adenoides e o palato proporcionalmente maiores induz a uma cavidade oral que dispõe de pouco espaço livre, dificultando a visualização da epiglote. A epiglote é longa, flácida e com ângulo de inserção que prejudica a visualização da glote durante a laringoscopia direta.

Observa-se grande facilidade de colapso da orofaringe, da faringe e da entrada da laringe, nessa especialmente das pregas ariteno-epiglóticas quando os músculos perdem o tônus. A cartilagem cricoide é outro ponto crítico por ser o ponto mais estreito da laringe e ser susceptível a edema, obstruindo facilmente a VAS durante uma manipulação exagerada.[5]

Destaca-se que o edema mínimo na via aérea superior irá acarretar uma queda importante no fluxo aérea devido ao aumento exponencial da resistência ao fluxo.

Sistema neurológico

O sistema nervoso central (SNC) do neonato é imaturo e incompleto, no entanto, se desenvolve rapidamente a ponto de estar maduro em aproximadamente um ano. As fontanelas anterior e posterior, formadas pela ossificação parcial do crânio, permitem esse crescimento e ao mesmo tempo podem ser utilizadas como vias de acesso para monitorização intracraniana, cuja pressão normal encontra-se entre 2 mmHg e 4 mmHg.

A medula espinhal e o saco dural do neonato são mais caudais que os do adulto e terminam na segunda ou terceira vértebras lombares e a quarta vértebra sacral respectivamente. Por isso uma punção lombar segura deve ser feita nos espaços L4-L5 ou L5-S1. Ao completar um ano de vida, a distribuição dessas estruturas assemelha-se ao do adulto e a punção pode ser realizada entre L3 e L4.

O líquido cefalorraquidiano na criança tem volume entre 40 mL e 60 mL, mas com um volume relativo ao peso de 4 mL/kg, ou seja, o dobro de um adulto mediano. Além desse maior volume relativo de líquor, a rica vascularização espinhal e a maior área de exposição dos tecidos nervosos determinam maiores captação e velocidade de depuração dos anestésicos locais.[5] Destaca-se que em crianças, os anestésicos locais possuem maior risco de toxicidade do que nos adultos, isso é resultado do elevado débito cardíaco, ao metabolismo hepático ineficiente e às menores concentrações de proteínas plasmáticas que permitem uma maior fração livre de anestésico circulante.[9]

Sistema renal

A função do rim não é apenas diferente entre o feto e o neonato, mas continua a "amadurecer" e se adaptar no neonato enquanto esse se desenvolve. Durante o período de desenvolvimento intrauterino a placenta é a principalmente responsável pela formação do fluido fetal, homeostase dos eletrólitos, equilíbrio ácido-base e excreção dos metabólitos do feto.

Os rins do feto durante este período estão amplamente envolvidos na manutenção do nível de líquido amniótico e regulando a pressão sanguínea fetal. A produção de urina está presente quando o feto atinge a 16ª semana de idade gestacional. A nefrogênese irá se completar entre a 34ª e a 36ª semana de gestação; no entanto, a maturação do rim continua durante o período pós-natal.

Na fase intrauterina o rim do neonato apresenta um estado hiperreninêmico devido a perfusão renal diminuída e baixas pressões arteriais. Seguindo o nascimento, há um aumento rápido em filtração glomerular e diminuição da resistência vascular renal em resposta a um aumento na pressão arterial média do sangue.

Como muitos outros sistemas, a função renal do neonato é imatura e irá se completar após o nascimento, o rim do neonato não responde satisfatoriamente ao ADH, consequentemente tem pouca capacidade de concentração de urina, sendo por isso muito sensível à desidratação. Ao mesmo tempo, esse rim imaturo tem maior capacidade de excretar água livre, levando a melhor tolerância das situações de sobrecarga hídrica moderada.[10]

■ AVALIAÇÃO PRÉ-ANESTÉSICA EM PEDIATRIA

A avaliação pré-anestésica busca identificar as condições clínicas de risco e estratificar o mesmo durante e após a cirurgia.[5] Também é nessa etapa do ato cirúrgico que o anestesista tem a oportunidade de repassar informações sobre os cuidados perioperatórios e auxiliar no preparo afetivo-emocional da criança e dos pais, diminuindo a ansiedade em relação ao futuro procedimento.

Anamnese

Como em qualquer consulta clínica, na anamnese pré-anestésica encontra-se uma peculiaridade do atendimento: muitas vezes as informações são de uma fonte terceira, dessa forma deve-se redobrar a atenção para não subestimar a relevância do que está sendo relatado. Essa entrevista deve levantar a doença atual, doenças crônicas subjacentes, alergias (em especial a medicamentos e ao látex), intolerâncias, uso de medicações, condições da gestação e do parto como: internação e necessidade de ventilação mecânica. Outros pontos não menos importante como: vacinas, condições de vida como tabagismo passivo, erros inatos do metabolismo e doenças genéticas. Particularmente relevantes são as informações sobre procedimentos anestésicos e cirúrgicos anteriores no paciente, complicados ou não, as complicações anestésicas em familiares e a história de sangramento para investigação de distúrbios de coagulação.

■ EXAME FÍSICO

O exame físico comtempla as mesmas etapas como de um adulto, com especial atenção aos sistemas neurológico, cardiovascular e respiratório. O sopro cardíaco é frequente na população pediátrica, na maioria das vezes funcional, diminuindo e desaparecendo com a idade.

A avaliação das vias aéreas deve ser sempre cuidadosa pois, suas características e anormalidades são preditoras de dificuldades na intubação. Observar parâmetros como abertura da boca, macroglossia, micrognatia, extensão do pescoço, mobilidade temporomandibular, dentição, tipo de respiração se nasal ou oral que pode ser sinal de hipertrofia de adenoides e merecem especial atenção na respiração espontânea ou na retirada do tubo traqueal. Quando possível, a avaliação pela escala de Mallampati em pacientes pediátricos prediz de forma eficaz uma via aérea difícil.[9]

■ EXAMES LABORATORIAIS

Exames complementares podem ser solicitados na investigação de condições detectadas na anamnese e no exame físico. Sinais como cianose, dispneia e síncope, por exemplo, devem ser investigados com um ecocardiograma e até mesmo com uma interconsulta cardiológica, quando necessário. Hematócrito e hemoglobina tem indicações específicas como nos casos de doenças crônicas, lactentes menores de um ano, prematuros, entre outros. Testes de coagulação são importantes quando há possibilidade de distúrbios hemostáticos, nas hepatopatias e no uso de medicamentos que possam interferir na coagulação. No entanto, estudos sobre a solicitação de exames de rotina, com objetivo de triagem pré-operatória, demonstraram não haver benefícios nessa prática.

Algumas situações clínicas podem causar dilema quanto à viabilidade da cirurgia. Nas infecções de vias aéreas superiores, por exemplo, não existe consenso de conduta. Na prática, o estado geral do paciente e a exuberância dos sinais e sintomas, assim como a urgência do procedimento cirúrgico, são os parâmetros que influenciam o adiamento ou não o procedimento.[5]

JEJUM PRÉ-OPERATÓRIO

O jejum pré-operatório tem como objetivo principal reduzir o risco de aspiração broncopulmonar do conteúdo digestivo. Por outro lado, prolongar a suspensão da ingesta alimentar aumenta a ansiedade, a sede, a fome, leva ao desequilíbrio hidroeletrolítico, pode induzir à hipoglicemia e, consequentemente, cetoacidose. Esses problemas nas crianças acontecem muito mais rápido devido ao alto metabolismo e a menor reserva hepática e muscular de glicogênio.[6] Estudos correlacionam estados pós cirúrgicos de náusea, vômitos e cefaleia ao jejum prolongado. As diretrizes das Sociedades Americana e Europeia recomendam o esquema 8-6-4-2, descrito na Tabela 22.1.

Tabela 22.1.

Jejum pré-operatório em pediatria	
Tipo de alimento	Tempo de jejum (horas)
Líquidos sem resíduos	2
Leite materno	4
Fórmula infantil ou leite não humano	6
Refeição leve	6
Refeição completa	8

PREPARO CIRÚRGICO

Preparo não farmacológico

A ansiedade é manifestada de forma diferente em cada faixa etária. Até os seis meses de idade, a criança aceita ser manipulada por estranhos e não se lembra de situações desconfortáveis, no entanto, é a idade de maior apreensão para os pais frente às intervenções cirúrgicas. Dos seis meses em diante, as crianças desenvolvem ansiedade frente à separação dos pais, não compreendem os procedimentos médicos e são capazes de se recordar de eventos desagradáveis. Somente após os seis anos, progressivamente, desenvolvem capacidades de compreensão e de comunicação do medo, da dor e da morte. A necessidade de informações, de privacidade e de se sentir no controle são inerentes dos adolescentes.

O estresse e a ansiedade devido à cirurgia podem estar associados a complicações pós cirúrgicas, reduzir a tolerância à dor e causar mudanças comportamentais negativas. A fim de minimizar essas consequências, anestesiar uma criança estressada e não cooperativa pode requerer intervenções, quer seja de forma não farmacológica quer seja por meio de fármacos. Podem ser usadas, alguns dias antes, a depender da idade e da capacidade cognitiva, técnicas como visita ao centro cirúrgico, demonstrações com materiais cirúrgicos, encenação do procedimento e fornecimento de meios de enfrentar o desconforto, como distrações, controle da respiração, entre outros. Essas estratégias não farmacológicas podem proporcionar uma indução anestésica com menos intercorrências.[5]

Preparo farmacológico

A estratégia farmacológica traz, além da possibilidade de manejo emocional, benefícios como amnésia, redução de secreções de vias aéreas, bloqueio de reflexos do sistema autonômico e prevenção de arritmias cardíacas. Entre as medicações mais usadas para este fim estão o midazolam, que muitas vezes é associado à cetamina, produzindo amnésia, analgesia e hipnose. A clonidina proporciona menor alteração hemodinâmica durante a intubação endotraqueal e leva a menor utilização de isoflurano e fentanil para manutenção de níveis pressóricos no transoperatório.[5]

ACESSOS VENOSOS E MONITORIZAÇÃO INTRAOPERATÓRIA

Acessos Venosos

Os acessos periféricos são os mais seguros e rápidos de se obter. Comumente as veias dos membros superiores são as mais utilizadas como na mão e no braço, As veias basílica, cefálica e mediana no antebraço também são boas alternativas. Nos membros inferiores são usadas as veias safenas magna e parva no pé ou na perna. Já no pescoço, a jugular externa é a mais utilizada; enquanto na cabeça as veias temporal superficial e temporal média, são empregadas excepcionalmente devido ao maior risco de trombose do seio cavernoso.

A escolha é feita de acordo com o tipo e o porte da cirurgia, além de como será posicionado o paciente na mesa cirúrgica. Os calibres dos cateteres mais recomendados para cirurgias de grande porte são 24 G ou 22 G para neonatos até 6 meses; 20 G ou 22 G dos 6 meses aos 3 anos; 20 G ou 18 G dos 3 anos até os 12 anos e adolescentes. Os cateteres 16 G a 14 G raramente são necessários.[6]

O acesso venoso central deve ser usado na impossibilidade de acesso periférico, em cirurgias com previsão de grandes perdas de sangue, na administração de fármacos lesivos ao endotélio vascular e para monitorar pressão venosa central e débito cardíaco. A punção de veias tributárias da veia cava superior como a jugular interna e a subclávia proporcionam o acesso central da veia cava superior. Por outro lado, o acesso central pela veia femoral, que apesar de baixo risco e facilidade de punção, oferece risco de posição inadequada do cateter devido ao grande trajeto até o sítio central.

Outra via de acesso central, usada principalmente para a longa permanência do cateter é a *percutaneously inserted central catheters* (PICC), são as veias periféricas como as cefálica ou basílica no braço, as quais são puncionadas com auxílio de ultrassom e através da técnica de Seldinger realiza-se a introdução de um cateter silicone até a cava superior.[11,12] O PICC é uma via de infusão de fármacos muito usada em UTIs, no entanto, devido ao calibre limitado é inadequada para infusões rápidas e de grandes volumes.[12]

Quando outras vias se tornam inacessíveis resta o acesso intraósseo e a dissecção venosa, que geralmente são realizados pelo cirurgião pediátrico com o paciente inconsciente.[13,14]

A radiografia de tórax é considerada padrão ouro para verificar o correto posicionamento do cateter central, no entanto, é demorada e muitas vezes indisponível dentro da sala cirúrgica. Por outro lado, numerosos estudos demonstram que o acesso venoso central guiado por ultrassom, quer seja na modalidade simples quer seja com doppler, aumenta a probabilidade de sucesso e diminui o tempo e também o número de punções, sendo considerado por especialistas cuidado básico na punção venosa e arterial.[15]

Monitorização intraoperatória
Oximetria de pulso

A monitorização da saturação de oxigênio periférica é obrigatória em todas as anestesias gerais e nas sedações conscientes e até mesmo durante a recuperação pós-anestésica, seja de adultos ou crianças. A monitorização calcula a saturação durante a sístole que equivale à saturação arterial por meio da diferença de saturação da hemoglobina entre o sangue oxigenado e não oxigenado.

A utilidade do oxímetro de pulso na prevenção e diagnóstico de grandes eventos de dessaturação foi demonstrada por Coté *et al.* em dois estudos que posteriormente influenciaram na adoção da medida de saturação periférica como parâmetro obrigatório de monitorização pediátrica.[16,17] Além da saturação de oxigênio e da frequência cardíaca, a oximetria de pulso pode detectar pulso paradoxal ou perda de pulso periféricos em pacientes hipovolêmicos.[9]

Muitas vezes os locais usuais para a alocação do dispositivo de mensuração podem estar indisponíveis devido a queimaduras, traumas, cirurgias ou malformações congênitas. Nestes casos, o sensor pode ser colocado no lóbulo da orelha, na ponte do nariz, na mucosa bucal ou na língua. Em neonatos com menos de 3 kg, por exemplo, é aconselhável posicionar o sensor em torno do pulso ou nos pés, que são locais mais seguros e estáveis que os minúsculos dedos. Locais de leitura mais centrais como mucosa bucal, língua e nariz podem detectar alterações da saturação mais cedo que nas leituras em posições distais como pés ou mãos.[2] Em cirurgias nas quais as principais estruturas cardiovasculares podem ser ocluídas é prudente posicionar mais de um sensor, geralmente em membros superiores e inferiores, para o caso da perda do pulso de um dos pontos de leitura.

Apesar da monitorização de forma contínua com equipamentos cada vez mais precisos, existe um lapso de informação, pois, a saturação arterial se mantém mesmo em PaO2 < 70 mmHg. Desse modo, a oximetria de pulso não alerta o anestesiologista em episódios em que ocorre uma dessaturação rápida. Além disso, outras limitações como episódios de choro e a movimentação de neonatos e lactentes podem causar modificações de fluxo venoso que passa a assemelhar ao fluxo pulsátil das artérias levando a erro de leitura do oxímetro.[2] Os sensores devem ser colocados sem pressão que possa causar congestão venosa pulsátil ou estenose arterial e também devem ser inspecionados e mudados frequentemente de lugar para evitar queimaduras no uso prolongado. A monitorização fetal por meio da oximetria de pulso pode ser prejudicada, pois o sangue fetal tem baixa concentração de oxigênio, e SatO2 entre 30% e 70%.

As situações citadas anteriormente chamam a atenção para que os dados colhidos pela oximetria de pulso devem ser interpretados juntamente com as condições clínicas do paciente para uma monitorização mais eficiente.

Capnografia

A capnografia é a representação gráfica contínua da fração expirada de CO2, sendo um parâmetro que auxilia na avaliação do metabolismo, do débito cardíaco e da eliminação do CO2 pela ventilação pulmonar. Auxilia também para identificar obstrução ou desconexão do circuito ventilatório, confirma se a intubação traqueal foi correta e muitos outros diagnósticos.

Os capnógrafos podem ser classificados de acordo com a localização do sensor em aspirativos ou *sidstream* e não-aspirativos ou *mainstream*.

O sistema de capnografia *mainstream* (Figura 22.1) ou não-aspirativa usa um detector em série no sistema ventilatório e próximo ao tubo endotraqueal, o seu sistema requer calibração manual. Como vantagens, apresenta tempo de resposta curto e não aspira gás do circuito ventilatório. Como desvantagens, o sensor é grande e pode tensionar o tubo endotraqueal e, como visto, requer calibração manual.

Os capnógrafos *sidestream* (Figura 22.1) aspiram gás do circuito respiratório na conexão distal à peça "Y". Como vantagens, o tubo de aspiração é leve e de pequeno diâmetro e não requer calibração manual, pois é realizada pelo sistema de forma automática. As desvantagens são o tempo de resposta que é lento e o potencial de aspiração de grandes volumes de gás, o que em crianças pequenas e ventilação com baixos fluxos pode ser problemático.[2]

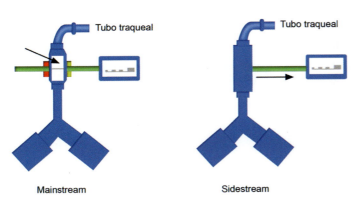

Figura 22.1. Capnógrafos *mainstream* e *sidestream*.

Os parâmetros que podem ser analisados por meio da capnografia são: presença ou ausência de CO2 no gás exalado, comparação entre o CO2 expirado e o arterial e o padrão do gráfico obtido. O padrão normal do traçado capnográfico depende, como visto, do: metabolismo, débito cardíaco, ventilação pulmonar e da relação ventilação-perfusão pulmonar.

A curva capnográfica (Figura 22.2) é composta de quatro fases:

- A linha basal é pressão parcial de CO2 no gás inspirado, ou seja, o gás do espaço morto anatômico, que em condições normais tem valor de zero.
- A linha ascendente corresponde o início da expiração onde se observa o aumento do CO2 devido ao esvaziamento alveolar e a mistura desse gás com o presente no espaço morto anatômico (zero de CO2) até alcançar e estabilizar somente com o gás alveolar, entrando a terceira fase do platô alveolar. Esta fase 2 é normalmente é verticalizada, mas em neonatos com frequência expiratória alta, ela pode ser inclinada devido ao tempo de resposta do capnógrafo lenta em relação à frequência expiratória alta.
- A fase do platô expiratório ou platô alveolar corresponde à pressão parcial de CO2 expirado presente nos alvéolos.
- Linha descendente correspondente à pressão parcial de CO2 na mistura do gás alveolar presente do platô alveolar com o gás inspirado (CO2 de zero) até alcançar a linha de base inspiratória novamente.

A capnometria é a medida do CO2 mais próxima do valor alveolar real e que corresponde ao último valor antes de entrar na fase 4 e é chamado de *End Tidal do CO2* (EtCO2).

Baixos valores do EtCO2, ou seja, baixos valores do CO2 expirado, podem ser decorrentes de: estados de baixo metabolismo como a hipotermia; de baixo fluxo pulmonar como estenose da artéria pulmonar, *shunt* cardíaco direita-esquerda, choque e parada cardíaca; alterações da relação ventilação/perfusão como na insuficiência respiratória e, por fim, hiperventilação pulmonar.

Os valores altos do EtCO2 do platô alveolar estão associados a condições do aumento de produção de CO2 como hipertermia maligna, transfusões de sangue e sepse.[18]

A interpretação cuidadosa do capnograma monitora a ventilação adequada, e, por meio do registro da pressão de CO2, pode ajudar o anestesista a evitar estados prejudiciais de hipercapnia e hipocapnia.

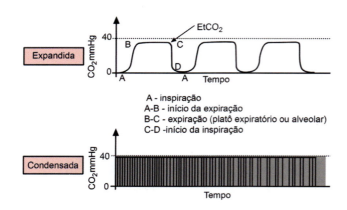

Figura 22.2. Curva capnográfica normal.

Associada à monitorização do CO2 também pode ser realizada a monitoração das concentrações dos gases anestésicos inspirados e expirados individualmente. Após a estabilização entre os gases inspirados e expirados, a concentração expirada é utilizada para se ter uma porcentagem da medida da CAM. Essa mensuração complementa a avaliação da profundidade anestésica do paciente que é realizada por meio eletroencefalografia (EEG).

Monitorização cardíaca – cardioscopia

A cardioscopia nos neonatos e crianças menores é realizada com o cardioscópio de três derivações e eletrodos infantis. O correto posicionamento, se o sítio cirúrgico não for impeditivo, é importante para uma correta avaliação. No padrão internacional o eletrodo vermelho (RA) deve ser posicionado no ombro direito, o eletrodo amarelo (LA) no ombro esquerdo e o eletrodo verde (LL) na região infra mamária esquerda. A derivação mais comumente acompanhada é a D2 (Figura 22.3).[9]

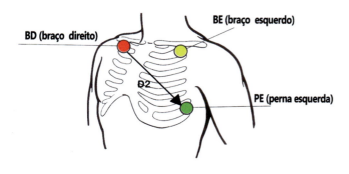

Figura 22.3. Posicionamento dos eletrodos para cardioscopia.

A interpretação dos aspectos morfológicos de uma eletrocardiocopia normal ao longo das idades foge ao escopo desse capítulo, porém deve ser lembrado que os neonatos apresentam frequências elevadas e débito cardíaco muito dependente dessa frequência. As crianças que desenvolve bradicardia para a sua idade, devem ter atenção redobrada para o diagnóstico precoce da causa e tratadas rapidamente. Em crianças a bradicardia, mesmo a mais tênue, é um sinal premonitório de parada cardíaca iminente.[9]

Pressão arterial[5,9]

Em crianças e neonatos, a monitorização da pressão sanguínea arterial de forma não invasiva fornece valores precisos e tem relação com o volume de sangue circulante, sendo um bom guia para casos de reposição volêmica.

Tabela 22.2.

Pressão arterial normal em pediatria		
Idade	Pressão arterial sistólica (mmHg)	Pressão arterial diastólica (mmHg)
Neonatos	60 - 90	20 – 60
Crianças	95 - 105	53 – 66
Escolares	97 - 112	57 - 71

Para uma leitura correta o manguito deve estar com as medidas adequadas, cobrindo ao menos 2/3 do comprimento e metade da circunferência do braço. Manguitos largos fornecem valores subestimados de pressão, enquanto manguitos estreitos fornecem valores maiores que a pressão do paciente. Em crianças hemodinamicamente instáveis a medida da pressão arterial não invasiva perde a precisão e se indica a monitorização de pressão intra-arterial.

Tabela 22.3.

Tamanho do manguito para detecção adequada da Pressão arterial em pediatria		
	Largura (cm)	Comprimento (cm)
Neonatos	2,5 – 4,0	5,0 – 9
Crianças	4,6 – 6,0	11,5 – 18
Escolares	7,5 – 9,0	17 – 19

A monitorização da pressão arterial pode ser feita por cateter arterial, de maneira invasiva, e está indicada para crianças hemodinamicamente instáveis, em cirurgias de grande porte ou nos casos que há necessidade de repetições de coleta de sangue para gasometria arterial.[5]

Usualmente se insere o cateter na artéria radial no local onde a pulsação é mais intensa, após verificar se a circulação é adequada pelo teste de Allen. O caráter pulsátil do fluxo arterial confirma se a punção foi executada corretamente e então a cânula é inserida e posteriormente conectada ao transdutor de pressão. Em caso de impossibilidade de punção na artéria radial, outras opções são as artérias braquial, dorsal do pé, e, em último caso, a femoral. Entre as complicações mais comuns da cateterização arterial estão infecção local e sistêmica, obstrução, embolização, trombose e necrose.[9]

A monitorização da pressão venosa central em crianças está indicada nos casos de cirurgias com grandes perdas volêmicas, nas cirurgias que requerem circulação extracorpórea ou em pacientes com insuficiência renal e cardíaca congestiva. Usualmente a inserção do cateter ocorre nas veias subclávia e jugular, sendo a ultrassonografia uma boa ferramenta para guiar a punção e o posicionamento do cateter, cuja ponta deve estar alocada na veia cava superior ou na junção da veia cava com o átrio direito.[19] Muitos riscos estão associados a este procedimento como trombose venosa, perfuração da parede do átrio, tamponamento cardíaco, embolia gasosa caso a criança se mova ou inspire profundamente, por isso a recomendação de executá-lo sob anestesia geral.[20,21]

Temperatura

Pacientes pediátricos lactentes têm dificuldade de manter a temperatura corporal quando enfrentam perdas discretas e contínuas de calor, pois contam apenas com os mecanismos de vasoconstrição e da metabolização de gordura marrom como termorreguladores. Esses mecanismos são incapazes de fazer frente às grandes perdas cutâneas devido à relação superfície/massa corporal aumentada e à exposição dos tecidos que ocorre, por exemplo, durante uma cirurgia.[2,5]

A hipotermia inferior à 34°C pode causar distúrbios de coagulação, alterações respiratórias e alongar o tempo de recuperação pós-anestésica, deixando os pacientes pediátricos mais suscetíveis a maior tempo de hospitalização, maior risco de infecções e de morte.[22]

O local onde a temperatura deve ser monitorada depende do tipo de perda de calor que é mais significativa durante o procedimento cirúrgico. Sensores na nasofaringe e tímpanos representam com proximidade a temperatura cerebral, enquanto sensores colocados na parte distal do esôfago refletem bem a temperatura

central. A temperatura axilar, por sua vez, é uma das mais utilizadas devido a não ser invasiva e ser aproximadamente 1°C menor que a central.

As temperaturas de colchões térmicos e umidificadores de gases inspiratórios e da própria sala de cirurgia também devem ser rigorosamente monitorizadas a fim de se evitar queimaduras ou a hipertermia no paciente.[9]

Débito urinário[9]

Por meio da inserção de cateter ureteral é possível a drenagem vesical e a monitorização da produção de urina. Esse parâmetro está intimamente ligado a condição hemodinâmica do paciente como volume intravascular, estado de hidratação e débito cardíaco. A monitorização do débito urinário é recomendada em cirurgias com mais de 3 horas de duração ou nas quais grandes alterações hemodinâmicas e desvios vasculares estejam previstos. Perdas de mais de 20% do volume sanguíneo, ou reposição do terceiro espaço maior que 50% e circulação extracorpórea são exemplos de situações em que é necessário essa monitorização.[5]

Em crianças, considera-se boa perfusão renal a produção de urina acima de 1 mL/kg/h. Baixa ou ausência de produção de urina podem indicar obstrução do cateter ou hipovolemia, mais frequentemente. Produção excessiva de urina pode indicar hipervolemia, hiperosmolaridade da urina (como na hiperglicemia, por exemplo), ação de diuréticos ou de agentes osmóticos.[5]

A observação da cor da urina também pode trazer informações valiosas como: hematúria nos casos de reação transfusional, urina escura devido hemoglobinúria nos casos de hipertermia maligna.

Em neonatos, a cateterização vesical pode ser feita com sonda gástrica 5 ou 8 que não possui balão e diminui o trauma da sondagem. Neles a capacidade limitada de compensar aumento ou perda de volume circulante devido à imaturidade renal é um fator que determina que a reposição volêmica intraoperatória seja feita com a máxima precisão. E embora seja pouco invasiva, a cateterização vesical prolongada aumenta riscos de complicações como cistites e trauma do esfíncter vesical.[9]

■ CONTROLE DE VIAS AÉREAS E VENTILAÇÃO MECÂNICA
Controle de Vias aéreas[9]

O controle da via aérea em pediatria depende do conhecimento anátomo-fisiológico do desenvolvimento das vias aéreas e de habilidades práticas para o controle físico da via aérea. A via aérea superior é composta pelo sistema de condução de ar entre as narinas e a carina e está em constante desenvolvimento na primeira década de vida.[23]

Na criança estruturas como a cabeça e o pescoço tem anatomia e proporções diferentes que no adulto e posições clássicas de intubação como a *sniffing position* podem não ser eficazes para a laringoscopia. Alguns fatores como o ângulo entre o ramo e o corpo da mandíbula ser mais obtuso nos bebês torna a intubação menos complicada do que nos adultos.[5,23] O nariz das crianças é mais facilmente obstruído devido ao menor diâmetro da passagem de ar, e a língua ocupa maior espaço na cavidade oral em comparação com os adultos. Em recém nascidos a faringe torna-se suscetível a colapsar durante a apneia, a flexão cervical, a obstrução nasal e hipotonia muscular faríngea que ocorre durante sedação e anestesia. Em crianças entre 4 e 7 anos de idade o fator mais comum de obstrução de VAS (vias aéreas superiores) durante a anestesia é a hipertrofia das adenoides.[5,23]

Durante a avaliação pré-anestésica é necessário investigar a existência de dentes decíduos ou faltantes os quais devem ser documentados. A remoção daqueles que estiverem frouxos deve ser discutida com os pais, e os dentes devem ser removidos logo após a anestesia ou a intubação para evitar a aspiração pulmonar. Crianças em tratamento ortodôntico deve ter seus aparelhos removidos sempre que possível antes do manejo da via aérea.

Doenças como tumores de cabeça e pescoço e condições como radiação prévia da cabeça e pescoço podem causar alterações da anatomia local, tornar os tecidos friáveis e favorecer o sangramento, sendo consideradas condições de via aérea difícil.[5,23]

A avaliação pré-anestésica visa identificar casos de difícil ventilação com máscara ou de difícil intubação. As informações de anamnese e exame físico subsidiam a escolha do método de indução anestésica e da estratégia para manter a via aérea patente e ajudam a identificar potenciais condições de complicações anestésicas. Contudo, existem condições anatômicas que são consistentemente relacionadas a uma intubação pediátrica difícil, como limitações na abertura da boca e na mobilidade do pescoço, hipoplasia mandibular e maxilar e condições de redução de reduzido espaço submandibular.[23]

Neonatos e crianças abaixo da idade escolar têm dificuldade em cooperar com o exame físico das vias aéreas, em muitos casos ficando esse exame limitado à parte externa. Nesses casos mover um objeto colorido que para avaliar a mobilidade do pescoço e avaliar a abertura da boca durante o choro podem ser estratégias uteis na avaliação da VAS. O uso da ultrassonografia é valido no caso de avaliar possíveis alterações anatômicas internas da via aérea.[23]

Todo o equipamento relacionado à intubação e à anestesia do paciente deve estar organizado na sala cirúrgica previamente a chegada do paciente. Isso inclui máscaras faciais, cânulas orofaríngeas, laringoscópio e lâminas, tubo traqueal, cateter de sucção todos de tamanho adequado. Se estiver previsto uso da máscara laríngea, esta deve estar previamente lubrificada e pronta para inserção. A Succinilcolina 1 mg/kg a 2 mg/kg deve estar pronta para injeção intramuscular no caso de obstrução de VAS.

A posição adequada da máscara facial durante a indução anestésica auxilia a manter a via aérea patente e facilita a laringoscopia direta. Uma máscara de tamanho adequado deve cobrir nariz e a boca e não cobrir olhos ou passar do mento. Um erro comum é pressionar a extremidade cefálica da máscara no meio do nariz obstruindo o fluxo de ar, quando o correto é posicionar a máscara na ponte do nariz sem pressionar as órbitas. Permitir a criança ter contato com a máscara antes do procedimento pode ajudar a familiarização e a mensuração do tamanho adequado de máscara pelo anestesiologista.

Existem vários tipos de máscaras faciais, algumas minimizam o espaço morto em pacientes pequenos. Manobras simples como a elevação do queixo ou a protusão mandibular (*jaw thrust*) podem restaurar a patência por meio do aumento do diâmetro de uma via aérea obstruída. A combinação dessas duas técnicas com a aplicação de 10 cmH2O no CPAP é a técnica de desobstrução inicial. Quando houver suspeita de obstrução superior ao nível da faringe pode ser usada a via nasofaríngea para restaurar a VAS. Uma desvantagem desta via é a ocorrência de epistaxes, que podem ser minimizadas com uso de lubrificantes durante a inserção da cânula e de vasoconstritores tópico antes do procedimento.

Dispositivos supraglóticos como a máscara laríngea são usados em procedimentos rápidos sem anormalidades de via aérea ou risco de aspiração.[23] Ela é constituída por um tubo com um balão elíptico inflável em sua extremidade distal. Quando o manguito é inflado ele veda a abertura esofágica impedindo o refluxo de conteúdo gástrico. As vantagens da máscara laríngea são facilidade de inserção, não requerer relaxamento muscular, poder ser inserida com níveis superficiais de anestesia e não causa alterações hemodinâmicas. Por sua vez o posicionamento inadequado da máscara laríngea pode levar à ventilação inadequada, trauma de via aérea e insuflação gástrica.[23]

A indicação de intubação traqueal é determinada pelo tipo de procedimento cirúrgico e pelo risco de aspiração de conteúdo gástrico. Como regra geral está indicada nas cirurgias abertas abdominal, torácica ou intracraniana, nos casos que requeiram controle do CO2 expirado e quando o anestesiologista tem acesso limitado a via aérea como nos procedimentos em decúbitos lateral, dorsal e posição prona.[23]

A laringoscopia direta é o método mais comum de intubação traqueal em crianças. Em lactentes e recém nascidos a lâmina recomendada é a reta de Miller e em crianças maiores e adolescentes a recomendação é a lâmina curva. Em situações em que a visualização da glote estiver dificultada é possível melhorar por manipulação externa da cartilagem tireoide aplicando pressão em sequência para trás, para cima e para a direita, conhecida como manobra BURP. Antes da indução anestésica lâminas de vários formatos e tamanhos devem estar preventivamente disponíveis, bem como os cabos de laringoscópio. Na laringoscopia pediátrica o laringoscópio deve ser empunhado na conexão entre cabo e lâmina e não apenas no cabo como nos adultos, liberando o quinto dedo para pressionar a cartilagem cricoide trazendo a glote para o campo de visão, sem muita pressão na mandíbula do paciente.

A correta escolha do tubo traqueal é imprescindível para o sucesso da intubação. Existem vários métodos para auxiliar na seleção adequada e uma estimativa acurada pode ser obtida utilizando-se fórmula baseada na idade ou fórmula de Cole modificada que para a escolha de tubos sem balonete o diâmetro interno é calculado por 4 + idade/4 (mm) e para tubos com balonete o diâmetro interno é dado por 3 + idade/4 (mm). Deve ser escolhido o maior tubo traqueal (TT) que possa ser suavemente inserido sem comprimir a mucosa da traqueia pois o maior diâmetro reduz a possibilidade de oclusão da luz do tubo com secreções, permite uso de cateteres de sucção maiores, reduzem o vazamento e aumentam a proteção contra a aspiração de conteúdo gástrico. Na prática seleciona-se três TT para estarem disponíveis antes da indução: o do tamanho calculado pela fórmula, um de tamanho menor e outro de tamanho maior. A profundidade de inserção varia de acordo com o comprimento da traqueia,

muitos TT sem balonete possuem uma linha preta que serve de parâmetro de profundidade, quando as cordas vocais estão na altura dessa linha o TT está aproximadamente na metade da traqueia.

A intubação em sequência rápida é particularmente mais desafiadora em recém nascidos e lactentes pois eles têm taxa de consumo de oxigênio maiores, capacidade residual funcional (CRF) reduzida e volumes de colabamento alveolar mais elevados que os adultos. Por isso muitos anestesiologistas utilizam a sequência rápida modificada em que uma ventilação com máscara facial a baixa pressão (10 cmH2O a 15 cmH2O) e suave pressão na cartilagem cricoide é aplicada até obter o bloqueio neuromuscular completo e liberada somente após a laringoscopia para intubação. Em pré-adolescentes e adolescentes consegue-se prolongar o tempo de apneia sem intensificar a queda da oxi-hemoglobina aplicando um alto fluxo de oxigênio humidificado por meio de cânula nasal antes da laringoscopia com a criança em *jaw thrust* para manter a patência da via aérea.

Em pacientes pediátricos a intubação traqueal por laringoscopia pode levar a taquicardia, hipertensão, aumento da pressão intracraniana e bradicardia.

Ventilação Mecânica[24,25]

A ventilação mecânica controlada ou assistida é responsável por aliviar o trabalho respiratório do paciente e a fadiga do músculo diafragma, quando feita de forma correta, pode otimizar a ventilação espontânea, atuar de forma protetora prevenindo atelectasias.

Nos recém nascidos e lactentes a capacidade residual funcional (CRF) é mantida por mecanismos que previnem o colapso pulmonar ao final da expiração como manutenção de frequência respiratória elevada e estreitamento glótico durante a expiração.

O volume do espaço morto (VD) representa um terço do volume total, por isso o aumento do VD causado pelo uso de extensores, conectores ou válvulas acopladas ao circuito respiratório podem levar à diminuição da ventilação alveolar. Na criança a indução anestésica é rápida devido a maior relação entre a ventilação alveolar (VA) aumentada e a CRF diminuída.

Deve ser lembrado que as crianças têm baixa tolerância ao esforço respiratório por possuírem menos fibras musculares tipo I diafragmáticas. Dessa forma o aumento da resistência ao fluxo aéreo como nas obstruções e resistência do circuito respiratório devem ser preventivamente monitoradas.

Na ventilação espontânea medidas preventivas para evitar a obstrução de via aérea devem ser adotadas como uso de pressão positiva continua e o correto posicionamento da cabeça do paciente. Dessa forma é possível ventilar espontaneamente uma criança com máscara laríngea e pressão positiva contínua de até 20 cmH2O.

A ventilação mecânica deve ser adotada em procedimentos com mais de 40 minutos de duração, nos intracavitários e em crianças menores de 2 anos. Em pediatria ainda não existem estudos que demonstrem a superioridade entre os modos ventilatórios controlados à pressão ou a volume, mas mais frequentemente o modo ventilatório controlado a pressão é utilizado em neonatos e lactentes e o modo controlado a volume e usado em crianças com mais de 20 kg de peso.

No modo ventilação controlada a volume (VCV) o ventilador fornece o volume corrente previamente selecionado. É um modo simples de ajustar no ventilador em que podem ser inseridos o volume corrente (VC), a frequência respiratória (FR) e a relação de tempo de inspiração e de expiração (I:E). A partir desses parâmetros o ventilador busca ajustar o fluxo inspiratório de modo a garantir o volume determinado (VC). Quando a se reduz a relação I:E, ou seja, diminui o tempo inspiratório, aumenta a pressão nas vias aéreas aumentando risco de distribuição alveolar inadequada. As crianças naturalmente têm menor complacência pulmonar que os adultos e, quando apresentam secreção, broncoespasmo ou aumento do volume abdominal a VCV não consegue manter uma distribuição uniforme do fluxo aumentando o risco de barotrauma. A pausa inspiratória é um recurso que pode ser utilizado para melhorar a distribuição do fluxo nos alvéolos.

A ventilação controlada a volume (VCV) tem como vantagens garantir o volume desejado, no entanto o VC deve ser ajustado com parcimônia adotando uma estratégia ventilatória protetora, de preferência com pausa inspiratória em que a pressão nas vias aéreas não seja excessiva para que o gás possa ser distribuído de maneira uniforme no parênquima pulmonar.

O modo ventilação controlada a pressão PCV é o mais usado em anestesia pediátrica, nesse modelo a pressão inspiratória é constante (Ppi) e é o parâmetro a ser fixado. No modelo PCV podem ser determinados, além da Ppi, a FR, o tempo inspiratório ou a relação I:E. São esses parâmetros que determinam o VC a ser fornecido ao paciente. Ao se selecionar o modo PCV deve-se levar em consideração as variáveis fisiológicas da criança como peso, idade, complacência e resistência pulmonar.

A principal vantagem da PCV é um fluxo inspiratório "desacelerado", isto é, no início na inspiração o fluxo é máximo e quando a Ppi programada é atingida e o volume pulmonar aumenta o fluxo diminui gradualmente até que o gás seja distribuído uniformemente nos alvéolos. Como desvantagem a PCV não garante um VC constante, isto é, com alterações da complacência pulmonar devido a abertura do tórax ou do abdome, e até mesmo numa laparoscopia, por exemplo, pode ocorrer aumento ou diminuição do VC o qual deve ser constantemente monitorizado.

A ventilação mandatória intermitente sincronizada (SIMV) intercala ventilação espontânea desencadeada pelo impulso inspiratório do paciente e quando o paciente não tem esse impulso o ventilador assume com ciclos volumétricos ou pressóricos conforme programação prévia do aparelho. Esse tipo de ventilação permite o desmame gradual do ventilador sem hipoxemia e com hipercapnia progressiva após uma anestesia geral.

No modo ventilação com pressão de suporte (PSV) o suporte também é parcial e a respiração deve ser iniciada e terminada pelo paciente portanto é empregada quando há um impulso inspiratório neuromuscular. O ventilador assiste à inspiração até detectar a diminuição do fluxo inspiratório que ao atingir um limite mínimo preestabelecido é entendido como pausa inspiratória e início da expiração, que também é assistida pelo ventilador. O VC final depende da complacência respiratória, do esforço respiratório e do nível de suporte selecionado. Como vantagens a PSV apresenta redução de atelectasias, melhora da oxigenação e diminuição do trabalho respiratório.

O modo pressão positiva continua nas vias aéreas (CPAP) pode ser utilizado quando o paciente está em ventilação espontânea e tem capacidade de manter o padrão respiratório, o pico de fluxo, e o volume corrente de cada respiração. Como vantagem esse modelo ventilatório diminui a probabilidade de colapso, melhora a troca gasosa, diminui o trabalho respiratório e o risco de fadiga. Em crianças, CPAP com níveis de pressão entre 5 cmH2O e 10 cmH2O diminuem o estridor, mas em casos de hipertrofia adenoamigdaliana níveis superiores à 10 cmH2O podem ser necessários. Por outro lado, em crianças pressão acima de 20 cmH2O pode causar distensão gástrica além disso os lactentes não toleram mais de 10 cmH2O devido à imaturidade do tônus do esfíncter esofágico inferior.

ANESTESIA COM AGENTES INALATÓRIOS E ENDOVENOSOS[2]

Agentes Inalatórios

São anestésicos gerais com objetivo de insensibilidade à dor e de hipnose, muito usados na indução anestésica. Permitem o controle da administração e da eliminação, bem como da profundidade anestésica por meio da fração expirada do agente inalatório.

A concentração alveolar mínima (CAM) é a medida da potência de um anestésico inalatório e decresce com a idade.[2,5]

Tabela 22.4.

Concentração Alveolar Mínima - CAM				
	Halotano	Isoflurano	Sevoflurano	Desflurano
Adulto	0,75%	1,15%	2,0%	7%
Neonato	0,87%	1,60%	3,20%	9,20%

Sevoflurano

Utilizado na indução anestésica em diferentes combinações, com oxigênio a 100% ou com óxido nitroso, até a perda da consciência. Sendo a associação mais utilizada a de sevoflurano a 8% com óxido nitroso a 50% ou 60%, por ser rápida e menos associada a agitação na indução.[5] O metabolismo do anestésico é hepático em torno de 3% a 5% e sua eliminação é por via respiratória. Considerado seguro e rápido, o sevoflurano, em neonatos, pode ser danoso ao sistema cardiovascular por diminuir a contratilidade em concentrações maiores que 1,5 CAM.[5]

Halotano

Agente anestésico muito potente, de alta solubilidade no sangue levando a uma indução anestésica menos rápida que o sevoflurano. Tem 20% de metabolismo hepático e a eliminação é pulmonar. É cada vez menos usado devido à depressão cardiovascular e o risco de memória imunológica para hepatite. Como outros agentes halogenados é depressor da contratilidade cardíaca e levando a bradicardia a partir de 1CAM.[5]

Isoflurano

Substituto do halotano por sensibilizar menos as fibras miocárdicas causando menos bradicardia durante a manutenção. Está contraindicado para indução da anestesia por causar irritação de vias aéreas. Na retirada do tubo traqueal em paciente acordado pode causar complicações respiratórias, fato que não é observado em plano profundo de anestesia.[5]

Desflurano

É pouco solúvel no sangue e pouco potente, no entanto, por ser irritante das vias aéreas e causar tosse e laringoespasmo, é contraindicado para a indução anestésica em crianças. Apresenta despertar rápido e possível agitação pós-anestésica. É considerado um agente seguro por ser pouco depressor do sistema respiratório.

Óxido nitroso

Possui baixa solubilidade no sangue, que leva à rápida elevação da fração alveolar e da pressão parcial no sangue. É pouco potente, por isso é administrado com segundo gás de forma a elevar a pressão parcial desse segundo gás potencializando sua ação.[5] É inodoro, não irritante de vias aéreas e por isso bem aceito na indução anestésica em pediatria.

Agentes Intravenosos

Os agentes mais utilizados são propofol, remifentanil, sufentanil, cetamina, midazolam, dexmedetomidina e tiopental. Esses agentes apresentam vantagens como menos tosse, náuseas e vômitos ao despertar, rápido início de ação, menos complicações respiratórias, menos dor pós-operatória, ausência de toxicidade renal e hepática. No entanto, a necessidade de acesso venoso, a dor à injeção do anestésico, necessidade de dispositivos eletrônicos para infusão e algumas reações metabólicas raras, como pancreatite aguda, acidose lática e hipertrigliceridemia, são desvantagens do uso.[5]

Esses agentes estão indicados em casos de suscetibilidade a hipertermia maligna e rabdomiólise e em pacientes com elevado de náuseas e vômitos pós-operatórios.

Referências bibliográficas

1. Johnson LM, Church CL, Metzger M, Baker JN. Ethics consultation in pediatrics: long-term experience from a pediatric oncology center. Am J Bioeth. 2015;15(5):3-17.
2. Coté CJ. Pediatrics Anesthesia. In: Miller RD, editor. Miller's anesthesia. Eighth edition. ed. Philadelphia, PA: Elsevier/Saunders; 2015. p. 2 volumes (xxx, 3270, I-122 pages).
3. Crawford JD, Terry ME, Rourke GM. Simplification of drug dosage calculation by application of the surface area principle. Pediatrics. 1950;5(5):783-90.
4. Gehan EA, George SL. Estimation of human body surface area from height and weight. Cancer Chemother Rep. 1970;54(4):225-35.

5. Gottlieb EG, Andropoulus DE. Pediatrics. In: Miller RD, Pardo M, Stoelting RK, editors. Basics of anesthesia. 6th ed. Philadelphia, PA: Elsevier/Saunders; 2011. p. xii, 817 p.

6. Kanaya N, Hirata N, Kurosawa S, Nakayama M, Namiki A. Differential effects of propofol and sevoflurane on heart rate variability. Anesthesiology. 2003;98(1):34-40.

7. Kanaya N, Kawana S, Tsuchida H, Miyamoto A, Ohshika H, Namiki A. Comparative myocardial depression of sevoflurane, isoflurane, and halothane in cultured neonatal rat ventricular myocytes. Anesth Analg. 1998;87(5):1041-7.

8. Zhou W, Fontenot HJ, Liu S, Kennedy RH. Modulation of cardiac calcium channels by propofol. Anesthesiology. 1997;86(3):670-5.

9. Andropoulos DB, Gregory GA. Gregory's pediatric anesthesia. Sixth edition. ed. Hoboken, NJ: Wiley-Blackwell; 2020. pages cm p.

10. Sulemanji M, Vakili K. Neonatal renal physiology. Semin Pediatr Surg. 2013;22(4):195-8.

11. Rainey SC, Deshpande G, Boehm H, Camp K, Fehr A, Horack K, et al. Development of a Pediatric PICC Team Under an Existing Sedation Service: A 5-Year Experience. Clin Med Insights Pediatr. 2019;13:1179556519884040.

12. LaRusso K, Schaack G, Fung T, McGregor K, Long J, Dumas MP, et al. Should you pick the PICC? Prolonged use of peripherally inserted central venous catheters in children with intestinal failure. J Pediatr Surg. 2019;54(5):999-1004.

13. Stewart FC, Kain ZN. Intraosseous infusion: elective use in pediatric anesthesia. Anesth Analg. 1992;75(4):626-9.

14. Neuhaus D, Weiss M, Engelhardt T, Henze G, Giest J, Strauss J, et al. Semi-elective intraosseous infusion after failed intravenous access in pediatric anesthesia. Paediatr Anaesth. 2010;20(2):168-71.

15. He C, Vieira R, Marin JR. Utility of Ultrasound Guidance for Central Venous Access in Children. Pediatr Emerg Care. 2017;33(5):359-62.

16. Cote A, Barter J, Meehan B. Age-dependent metabolic effects of repeated hypoxemia in piglets. Can J Physiol Pharmacol. 2000;78(4):321-8.

17. Cote A, Porras H. Respiratory, cardiovascular, and metabolic adjustments to hypoxemia during sleep in piglets. Can J Physiol Pharmacol. 1998;76(7-8):747-55.

18. Dassios T, Williams EE, Greenough A. Waveform capnography in neonatal intensive care: is it unreliable? Arch Dis Child Fetal Neonatal Ed. 2020.

19. Crenshaw NA, Briones P, Gonzalez JM, Ortega J. A Review of Central Venous Access Using Ultrasound Guidance Technology. Adv Emerg Nurs J. 2020;42(2):119-27.

20. Tian L, Li W, Su Y, Gao H, Yang Q, Lin P, et al. Risk Factors for Central Venous Access Device-Related Thrombosis in Hospitalized Children: A Systematic Review and Meta-Analysis. Thromb Haemost. 2020.

21. Hofmann S, Goedeke J, Konig TT, Poplawski A, Muensterer OJ, Faber J, et al. Multivariate analysis on complications of central venous access devices in children with cancer and severe disease influenced by catheter tip position and vessel insertion site (A STROBE-compliant study). Surg Oncol. 2020;34:17-23.

22. Akers JL, Dupnick AC, Hillman EL, Bauer AG, Kinker LM, Hagedorn Wonder A. Inadvertent Perioperative Hypothermia Risks and Postoperative Complications: A Retrospective Study. AORN J. 2019;109(6):741-7.

23. King MR, Jagannathan N. Best practice recommendations for difficult airway management in children-is it time for an update? Br J Anaesth. 2018;121(1):4-7.

24. Fiorito B, Checchia P. A review of mechanical ventilation strategies in children following the Fontan procedure. Images Paediatr Cardiol. 2002;4(2):4-11.

25. Willis LD. The Current State of Home Mechanical Ventilation in Children. Respir Care. 2020;65(12):1936-8.

23
CAPÍTULO

Anestesia Ambulatorial

LUÍS HENRIQUE CANGIANI
ALICE JIMENEZ KOYAMA
GIOVANA SUPPIONI ROMANO

■ INTRODUÇÃO

Anestesia ambulatorial é o atendimento a pacientes sob anestesia geral, locorregional ou combinada, com indicações de intervenção cirúrgica, exames diagnósticos, ou procedimentos terapêuticos, que permanecem sob controle médico até a plena recuperação das funções físicas e psíquicas, tendo alta para casa sem pernoitar no hospital.[1] Algumas definições limitam o tempo de permanência no hospital em 12 horas e não consideram procedimentos realizados em consultórios apenas sob anestesia local.[2]

A quantidade de procedimentos ambulatoriais tem aumentado constantemente devido à uma grande evolução nas técnicas anestésicas, como anestesia regional, agentes anestésicos de ação ultrarrápida com menores efeitos adversos, além de uma monitorização adequada e eficiente, permitindo a condução do ato anestésico com segurança. Na Tabela 23.1 estão listadas as vantagens da anestesia ambulatorial. Importante ressaltar, no entanto, que a anestesia ambulatorial não pode comprometer a segurança do paciente, necessitando, portanto, de uma conduta criteriosa na seleção de pacientes, dos atos médicos, das técnicas anestésicas, e critérios rígidos de alta hospitalar, para que se possa aproveitar todas as vantagens desse tipo de atendimento.[3,4]

A mortalidade e morbidade associadas diretamente com procedimentos ambulatoriais tem uma incidência bastante baixa.[4] O atendimento ao paciente

Tabela 23.1. Vantagens da anestesia ambulatorial

Vantagens de procedimentos ambulatoriais
Permite retorno breve ao lar
Oferece maior conforto ao paciente e ao acompanhante
Menor custo hospitalar
Menor risco de infecção hospitalar
Libera leitos hospitalares
Melhora relação médico-paciente

no regime ambulatorial também proporciona menores taxas de cancelamentos, menores tempo de espera, custos hospitalares e risco de infecções hospitalares.[5]

Os procedimentos em que a anestesia ambulatorial pode ser aplicada são diversos e podem ser encontrados na maioria das especialidades cirúrgicas.[6-8] Alguns exemplos dos procedimentos que podem ser incluídos no regime ambulatorial são as cirurgias oftalmológicas, cirurgias artroscópicas de joelho, adenoamigdalectomias, descompressões de nervos periféricos, hérnias inguinais ou femorais, cirurgias de reparo articular, cirurgias de ressecção de pele ou mama, procedimentos de tendões, músculos e tecidos moles, reparo de hérnias umbilicais e colecistectomias.[9]

■ RESPONSABILIDADES MÉDICAS[7,9]

Para o atendimento ao paciente em regime ambulatorial é necessário que as unidades ambulatoriais atendam as determinações contidas na resolução 1886/2008 do Conselho Federal de Medicina (CFM). Nessa resolução está descrito que:

1. A indicação da cirurgia ou procedimento com internação de curta permanência no estabelecimento apontado é de inteira responsabilidade do médico executante.
2. Toda a investigação pré-operatória do paciente (realização de exames laboratoriais, radiológicos, consultas a outros especialistas etc.) para diagnóstico da condição pré-operatória/pré-procedimento do paciente é de responsabilidade do médico e/ou da equipe médica executante
3. A avaliação pré-operatória dos pacientes a serem selecionados para a cirurgia/procedimento de curta permanência exige no mínimo:

   ASA I: história clínica, exame físico e exames complementares
   ASA II: história clínica, exame físico e exames complementares habituais e especiais, que cada caso requeira.

4. O médico deverá orientar o paciente ou o seu acompanhante, por escrito, quanto aos cuidados pré e pós-operatório necessários e complicações possíveis, bem como a determinação da Unidade para atendimento das eventuais ocorrências.
5. Após a realização da cirurgia ou procedimento, o médico anestesiologista é o responsável pela liberação do paciente da sala de cirurgia e da sala de recuperação pós-anestésica. A alta do serviço será dada por um dos membros da equipe médica responsável. As condições de alta do paciente serão as estabelecidas pelos seguintes parâmetros:

   • Orientação no tempo e espaço.
   • Estabilidade dos sinais vitais há pelo menos 60 minutos.
   • Ausência de náuseas e vômitos.
   • Capacidade de ingerir líquidos.
   • Capacidade de locomoção como antes, se a cirurgia permitir
   • Sangramento ausente ou mínimo;.
   • Ausência de dor importante.
   • Sem retenção urinária.

6. A responsabilidade do acompanhamento do paciente, após a realização da cirurgia/procedimento até a alta definitiva, é do médico e/ou da equipe médica que realizou a cirurgia/procedimento.

■ CLASSIFICAÇÃO DOS ESTABELECIMENTOS[8,9]

A resolução 1886/2008 do CFM define a classificação das unidades ambulatoriais.

Os estabelecimentos de saúde que realizam procedimentos clínico-cirúrgicos de curta permanência, com ou sem internação, deverão ser classificados em:

Unidade tipo I: é o consultório médico, independente de um hospital, destinado à realização de procedimentos clínicos, ou para diagnóstico, sob anestesia local, sem sedação, em dose inferior a 3,5 mg/kg de lidocaína (ou dose equipotente de outros anestésicos locais), sem necessidade de internação

Unidade tipo II: é o estabelecimento de saúde, independente de um hospital, destinado à realização de procedimentos clínico-cirúrgicos de pequeno e médio porte, com condições para internações de curta permanência, em salas cirúrgicas adequadas a essa finalidade.
– Deverá contar com salas de recuperação ou de observação de pacientes.
– Realiza cirurgias/procedimentos de pequeno e médio porte, sob anestesia locorregional (com exceção dos bloqueios subaracnóideo e peridural), com ou sem sedação.
– O pernoite, quando necessário, será feito em hospital de apoio.
– É obrigatório garantir a referência para um hospital de apoio.

Unidade tipo III: É o estabelecimento de saúde, independente de um hospital, destinado à realização de procedimentos clínico-cirúrgicos, com internação de curta permanência, em salas cirúrgicas adequadas a essa finalidade.
– Deverá contar com equipamentos de apoio e de infraestrutura adequados para o atendimento do paciente.
– Realiza cirurgias de pequeno e médio porte, sob anestesia locorregional, com ou sem sedação, e anestesia geral com agentes anestésicos de eliminação rápida.

– Corresponde a uma previsão de internação por, no máximo, 24 (vinte e quatro) horas, podendo ocorrer alta antes desse período, a critério médico.

– A internação prolongada do paciente, quando necessária, deverá ser feita no hospital de apoio.

– Estas unidades obrigatoriamente terão de garantir a referência para um hospital de apoio.

Unidade tipo IV: Unidade anexada a um hospital geral ou especializado, que realiza procedimentos clínico-cirúrgicos com internação de curta permanência, em salas cirúrgicas da unidade ambulatorial, ou do centro cirúrgico do hospital, e que pode utilizar a estrutura de apoio do hospital (Serviço de nutrição e dietética, centro de esterilização de material e lavanderia) e equipamentos de infraestrutura (central de gases, central de vácuo, central de ar comprimido, central de ar-condicionado, sistema de coleta de lixo etc.)

– Realiza cirurgias com anestesia locorregional com ou sem sedação e anestesia geral com agentes anestésicos de eliminação rápida.

– Não está prevista a internação do paciente nesta Unidade por mais de 24 horas. Nesse caso, a internação ocorrerá no hospital e somente na presença de complicações.

■ SELEÇÃO DOS PACIENTES PARA O ATENDIMENTO NO REGIME AMBULATORIAL

Os fatores limitantes para incluir procedimentos cirúrgicos no regime ambulatorial devem considerar o risco de perda sanguínea, o tipo e a duração do procedimento e as consequências e alterações da homeostasia que serão provocadas no paciente.[10]

A Resolução CFM 1886/2008 também abrange quais são os critérios para inclusão dos pacientes no regime ambulatorial. O estado físico, tipo de cirurgia e indicações sobre a relação médico paciente são abordadas e definidas diante do atendimento do paciente em regime ambulatorial. Para que um paciente possa ser submetido a cirurgia ou procedimento com internação de curta permanência, é necessário que esteja classificado nas categorias ASA I e ASA II da *American Society of Anesthesiologists* (1962), como mostrado na tabela II, deve também estar acompanhado de pessoa adulta, lúcida e responsável e deverá aceitar o tratamento proposto a ele. A extensão e a localização do procedimento a ser realizado devem permitir que o tratamento sugerido posso ser realizado com internação de curta permanência, sem haver necessidade de procedimentos especializados de maior complexidade e com controles estritos e específicos no período pós-operatório.

Os pacientes estado físico ASA III, com doença pré-existente mal controlada, não é possível assegurar a sua liberação dentro da rotina ambulatorial, devendo-se sempre prever a possibilidade de permanência no hospital. A liberação do paciente para cirurgia ambulatorial depende de uma eficiente avaliação pré-operatória, que inclui história, exame físico e relevantes exames laboratoriais.

Ao liberar paciente para cirurgia ambulatorial com importante doença pré-existente, é necessário verificar se o paciente está nas melhores condições para submeter-se ao procedimento proposto, se a doença está controlada, se é possível realizar uma técnica anestésica com mínimo impacto sobre o organismo, quais os cuidados perioperatórios devem ser seguidos para que o paciente realmente se beneficie do tratamento em regime ambulatorial.[7,9]

Tabela 23.2. Classificação do estado físico de acordo com Sociedade Americana de Anestesiologistas

ASA I: paciente normal e hígido, não-tabagista, sem ingesta de álcool ou com ingesta mínima
ASA II: paciente com doença sistêmica de grau leve
ASA III: paciente com doença sistêmica grave
ASA IV: paciente com doença sistêmica grave que é uma ameaça constante à vida
ASA V: paciente moribundo, sem expectativa de sobrevivência sem cirurgia
ASA VI: paciente com morte cerebral cujos órgãos serão removidos para fins de doação

Algumas condições clínicas têm maior importância para pacientes ambulatoriais e devem ser avaliadas com maior cudado.[7,10]

A obesidade está associada a diversas complicações intraoperatórias e no pós-operatório imediato (tendo um limite máximo de IMC 40 kg/m^2, permitindo-se 50 kg/m^2 em alguns casos).

A diabetes não é um preditor independente de mortalidade ou morbidade no contexto ambulatorial.

O diagnóstico de apneia obstrutiva do sono (AOS) (ou seu diagnóstico presumido) impede que pacientes sejam admitidos no regime ambulatorial caso não tenham suas comorbidades controladas. Pacientes portadores de AOS são mais difíceis de intubar quando comparados a pacientes sem AOS e possuem maior frequência de admissão e complicações na SRPA.

■ SELEÇÃO DE TÉCNICAS[7,9]

Ao analisar detalhadamente todas as técnicas de anestesia e o conceito atual de anestesia ambulatorial, nota-se que muitas técnicas podem perfeitamente ser enquadradas dentro do regime ambulatorial. Existem entre elas vantagens e desvantagens no que diz respeito a morbidade, e ao tempo de permanência hospitalar, as atividades do paciente no pós-operatório, assim como a analgesia pós-operatória. Na escolha da técnica anestésica, deverá ser planejada a analgesia pós-operatória.

Benzodiazepínicos

Os benzodiazepínicos, midazolam e diazepam, são muito empregados em anestesia ambulatorial, como medicação pré-anestésica ou como sedativos em bloqueios anestésicos.

O midazolam apresenta vantagens em relação ao diazepam para o uso ambulatorial, uma vez sendo um potente ansiolítico e sua injeção é menos dolorosa, não é irritante para os vasos e apresenta uma metabolização e eliminação mais rápida. Apresenta desvantagem apenas com relação a administração oral em relação ao diazepam, porque até 60% da dose é metabolizada na primeira passagem pelo fígado, o que diminui sua biodisponibilidade. O ajuste da dose, pode reduzir este efeito. O midazolam provoca amnésia anterógrada e o tempo de amnésia é dose-dependente. Raramente provoca amnesia retrograda. O efeito deve ser observado na alta para verificar se o paciente não esqueceu as orientações pré-operatórias.

O diazepam tanto por via oral como por via sistêmica apresenta efeito prolongado, retardando muitas vezes a alta hospitalar. Sua curva de eliminação bifásica e o fato de produzir metabólitos ativos limita o seu emprego em anestesia ambulatorial.

Tiopental

O tiopental é um excelente hipnótico, com rápido início de ação e mínimos efeitos hemodinâmicos em pacientes hígidos. No entanto, baixas doses na indução podem provocar fenômenos excitatórios proporcionando o surgimento de tosse e laringoespasmo.

Por este motivo doses de 4 a 5 mg.kg são preconizadas para diminuir a latência e evitar tais fenômenos. Essa dose prolonga o tempo de despertar e deixa o paciente sonolento por muito tempo, aumentando sua permanência na recuperação pós-anestésica, além de provocar o fenômeno da ressaca. Sua grande vantagem é o baixo custo.

Propofol

O propofol é um hipnótico com ótimas características para o emprego em anestesia ambulatorial. Induz rapidamente o sono, tem curto tempo de ação, não apresenta o fenômeno da ressaca. Apresenta propriedades antieméticas, com baixa incidência de náuseas e vômitos no pós-operatório. Tem pouco efeito cumulativo quando administrado em infusão continua não retardando sua notável propriedade de plena recuperação da psicomotricidade. Potencializa o relaxamento muscular proporcionado pelos agentes inalatórios, constituindo-se em excelente coadjuvante quando se deseja proceder intubação traqueal sem o concurso de bloqueadores neuromusculares. Esta propriedade é particularmente importante em crianças, ressalvados os efeitos hemodinâmicos em lactentes. Constitui-se também num bom agente quando em associação com opioides ou anestésicos inalatórios para a inserção da máscara laríngea.

Entretanto, deve ser orientado que o propofol produz significativa queda da pressão arterial por vasodilatação e depressão direta do miocárdio. Esse efeito é dose-dependente e limita o seu emprego em paciente ASA III com doença cardiovascular.

O propofol tem sido utilizado em anestesia ambulatorial como agente indutor, na anestesia venosa total associado a opioides e, em pequenas doses, como sedativo para realização de bloqueio periféricos.

Etomidato

O etomidato também apresenta rápido início de ação e rápida recuperação. Ele tem sido utilizado em associação com opioides para procedimentos de curta duração. Em relação ao tiopental e ao propofol tem vantagem de não produzir significativa depressão miocárdica, estando indicado para aqueles pacientes estado físico ASA III com doenças cardiovasculares.

Apresenta como complicações dor à injeção, mioclonias e, especialmente quando associado a opioides, maior incidência de náuseas e vômitos no pós-operatório.

Cetamina

A cetamina tem como vantagem a possibilidade de ser empregada como agente único quer pelas vias venosa ou muscular. Apresenta rápido início de ação e também despertar rápido sem efeitos residuais. As limitações a seu emprego ficam por conta de seus efeitos colaterais, que são os seguintes: hipertensão arterial, taquicardia, alucinações, delírios, hipersialorreia e hipertonia. A ocorrência de alucinações pode ser diminuída ou abolida pela administração prévia de um benzodiazepínico, como midazolam ou diazepam.

Opioides

Os opioides tem grande utilidade na anestesia ambulatorial, tanto na indução como na manutenção, além da analgesia pós-operatória.

Na indução eles são utilizados com a finalidade de abolir as respostas cardiovasculares aos estímulos nociceptivos e diminuir a necessidade de altas concentrações de agente inalatória ou venoso.

O efeito analgésico residual dos opioides propicia despertar mais tranquilo, sem agitação pós-operatória.

Apesar dos benefícios, os opioides possuem alguns efeitos adversos como aumento da incidência de náuseas e vômitos, depressão ventilatória, retenção urinaria, prostração e prurido.

Os opioides de escolha para o ambulatorial são alfentanil, remifentanil, fentanil e sufentanil. Quando administrados em doses equipotentes e em bolus tem demonstrado boas condições no peri-operatório assim como na recuperação da anestesia. É necessário considerar o tempo de ação de cada um deles e o tempo dos procedimentos cirúrgicos para a escolha de um desse agentes. Desse modo, o alfentanil, remifentanil ou fentanil estariam indicados nos procedimentos de curta duração, o sufentanil nos procedimentos de longa duração. Nenhum deles apresenta vantagens com relação a incidência e náuseas e vômitos no pós-operatório.

Anestesia Venosa Total

Considerando a farmacocinética dos agentes venosos, especialmente o propofol e dos opioides, a anestesia venosa total pode ser empregada para pacientes em regime ambulatorial.

O hipnótico de escolha é o propofol pelas características já apresentadas e pela possibilidade de manutenção em infusão contínua sem efeito cumulativo. A dose inicial recomendada é de 1 mg.kg-1 a 2,5 mg.kg-1 e a dose de manutenção é de 75 g.kg-1.min a 200 g.kg-1.min.

A anestesia venosa total implica necessariamente no uso combinado de analgésicos potentes, como alfentanil, fentanil e sufentanil.

As características antieméticas do propofol podem diminuir as náuseas e vômitos provocados pelos opioides.

Além do rápido despertar a analgesia no pós-operatório imediato conferida pelos opioides, pode ser de grande valia, na dependência do procedimento realizado.

Quando necessários bloqueadores neuromusculares (atracúrio, vencurônio e rocurônio) podem ser empregados em bolus ou em infusão continua sendo que nesta última opção a adequada monitorização da função neuromuscular deve ser realizada.

Bloqueadores Neuromusculares

Todos os bloqueadores neuromusculares, de ação curta ou intermediária, sempre que necessários, podem ser empregados como adjuvantes da anestesia ambulatorial. A succinilcolina tem como inconveniente a presença de miofasciculações, que levam à dor muscular no pós-operatório. Este fato é particularmente importante nos pacientes ambulatoriais que não ficam acamados por muito tempo. A incidência e o grau de miofasciculações pode ser diminuída por indução anestésica adequada ou por pré-curarização com um bloqueador neuromuscular adespolarizante.

O atracúrio apresenta o mesmo problema com relação a liberação de histamina e qualquer história de atopia contraindica seu uso.

O vencurônio é um bloqueador neuromuscular de ação intermediária que depende de metabolização hepática para sua eliminação. Não apresenta efeitos sistêmicos indesejáveis, entretanto tem seu efeito prolongado em idosos e crianças, para os quais a dose deve ser diminuída.

O rocurônio tem perfil semelhante ao vencurônio, ou seja, metabolização hepática, ação intermediaria e tem seu efeito prolongado em idosos.

Com as opções apresentadas é importante escolher um bloqueador neuromuscular cuja duração do efeito seja compatível com o tempo da cirurgia, procurando evitar a descurarização ao final. A associação de atropina e neostigmina causa taquicardia e aumento da incidência de náuseas e vômitos. Deve ser considerado também que a neostigmina pode desencadear broncoespasmo em pacientes asmáticos.

Quando necessários bloqueadores neuromusculares (atracúrio, vencurônio e rocurônio) podem ser empregados em bolus ou em infusão continua sendo que, se utilizados de modo contínuo, é necessária a adequada monitorização da função neuromuscular.

Anestesia Subaracnóidea

A anestesia subaracnóidea tem várias vantagens e pode ser realizada em procedimentos ambulatoriais em situações em que esteja indicada. Trata-se de uma técnica simples, que utiliza baixas doses e volumes de anestésico local, de fácil controle, baixo custo, com curto tempo de latência, promove bom relaxamento muscular, baixa incidência de náuseas e vômitos e pequena mortalidade. Por outro lado, também apresenta algumas desvantagens como a ausência de analgesia pós-operatória e a possibilidade de ocorrência de cefaleia pós-punção da dura mater. Quando possível, infiltração local da ferida operatória, com bupivacaína ou ropivacaína ou a realização de bloqueios regionais guiados por ultrassonografia, pode suprir o problema da analgesia pós-operatória.

Muitos estudos têm demonstrado significativa diminuição da incidência de cefaleia pós-raquianestesia com o uso de agulhas de fino calibre, o que tem possibilitado seu uso em anestesia ambulatorial. Considerando esse aspecto, a agulha de eleição é a agulha calibre 27G com ponta de Whitacre, principalmente em pacientes menores de 50 anos, já que, nessa população, a incidência maior de cefaleia pós-punção é maior.

Os casos de cefaleias leves e moderadas podem ser tratados clinicamente com repouso no leito, utilização de analgésicos comuns associados ou não a cafeína, anti-inflamatórios não-hormonais e hidratação por via endovenosa ou oral. O emprego de tampão sanguíneo peridural fica reservado para os casos graves e incapacitantes. Nesse caso, o de sangue infetado no espaço peridural varia em torno de 10 mL a 20 mL.

Anestesia Peridural

A anestesia peridural pode ser realizada em regime ambulatorial. Quando comparada com a anestesia subaracnóidea, apresenta maior tempo de latência, menor relaxamento muscular com baixas concentrações anestésicas e são administrados maiores volumes e dose de anestésico local.

O grande problema é a possibilidade de perfuração acidental da dura-máter. Em regime ambulatorial, se ocorrer, o paciente deverá ficar internado, em repouso e convenientemente tratado. Muitas vezes, principalmente em pacientes mais jovens, é bastante provável que o tampão sanguíneo tenha que ser feito. É importante que o paciente seja avaliado por profissional experiente em intervalos regulares por pelo menos 12 horas após a realização do tampão sanguíneo peridural. A eficácia do tampão sanguíneo peridural é alta, chega a ser resolutivo em até 80% dos casos, porém não é isento de problemas, por isso é necessário observar o paciente em regime de internação. As complicações decorrentes do tampão sanguíneo peridural são: dor lombar, febre, meningismo, infecção e há o risco de se realizar uma nova perfuração acidental da dura mater.

Outro problema é o tempo de permanência hospitalar. O bloqueio peridural com quando realizado com soluções de bupivacaína e ropivacaína é mais lento e pode ser irregular, o que pode dificultar a previsão de alta. Por esse motivo, a preferência recai sobre a lidocaína, salientando que a analgesia pós-operatória também ficará prejudicada.

Bloqueios de Nervos Periféricos

Os bloqueios de nervos periféricos (BNP) podem ser utilizados para procedimentos ambulatoriais, tanto como técnica anestésica principal, quanto como adjuvantes de anestesia geral ou dos bloqueios neuroaxiais ou da anestesia regional intravenosa, com o objetivo de proporcionar a analgesia pós-operatória. São utilizadas técnicas com punção e injeção única observando apenas referências anatômicas preferencialmente guiadas por ultrassom. Levando em conta as devidas indicações e contraindicações podem ser realizados bloqueios dos nervos da cabeça, pescoço, membros superiores e inferiores, parede torácica, abdominal e genitália. Caso seja necessário um bloqueio mais prolongado, pode-se utilizar bupivacaína ou ropivacaína, sempre orientando o paciente em relação à duração da analgesia e do bloqueio motor. As vantagens do uso dos bloqueios periféricos são a redução da dor pós-operatória, da necessidade de opioides e da incidência de náuseas e vômitos.

■ CRITÉRIOS PARA A ALTA HOSPITALAR

A alta hospitalar dependerá da recuperação do paciente da obediência aos critérios de alta. É necessário observar intercorrências anestésico-cirúrgicas para que seja possível prever problemas com relação a alta hospitalar. A extensão da cirurgia é um fator mais importante do que o tempo cirúrgico.

Os fatores que mais comumente atrasam a alta hospitalar são a dor, náuseas e vômitos. O uso de analgesia multimodal é interessante para minimizar efeitos adversos de grandes doses de opioides, proporcionar controle efetivo da dor pós-operatória e facilitar o processo de recuperação do paciente. Trata-se do uso de diversas modalidades de analgésicos como anestésicos locais, AINES, opioides e analgésicos comuns.[11,12]

A incidência de náuseas e vômitos pós-operatórios (NVPO) é influenciada pelos agentes anestésicos utilizados, pelo tipo de procedimento e pelo uso de opioides. Os fatores relacionados aos pacientes são: pacientes com idade menor que 50 anos, sexo feminino, história prévia e pacientes não fumantes. Outros fatores de risco são obesidade, fase do ciclo menstrual, dor, ansiedade, estado de hidratação. O escore de pontuação entre os fatores de risco indica a forma de execução da quimioprofilaxia para náuseas e vômitos pós-operatórios. A hidratação adequada, o uso racional de opioides, evitar uso de oxido nitroso e agentes para reversão de bloqueio neuromuscular, como a neostigmina, são algumas das medidas utilizadas para se evitar NVPO. O uso de antieméticos profilaticamente é útil na prevenção da ocorrência de náuseas e vômitos.[12]

Desse modo, quando for necessária a utilização de opioides no pós-operatório ou outras formas mais complexas para o alívio da dor, o paciente deverá ficar internado. Grande perda de sangue no peri-operatório e a possiblidade de sangramento no pós-operatório imediato exigirão melhor controle e vigilância continuada, implicando também na permanência do paciente no hospital. A presença de infecções que impliquem a prescrição de antibióticos por via venosa, troca frequente de curativo e observação da evolução de fenômenos flogísticos implicará também em maior tempo de permanência hospitalar[9].

Na Resolução do Conselho Federal de Medicina (CFM). No 1886/2008[13] para a alta hospitalar, o paciente ambulatorial deve apresentar os seguintes parâmetros:

- Orientação no tempo e no espaço.
- Estabilidade dos sinais vitais há pelo menos 60 minutos.
- Ausência de náuseas e vômitos.
- Ausência de dificuldade respiratória.
- Capacidade de ingerir líquidos.
- Capacidade de locomoção como antes, se a cirurgia o permitir.
- Sangramento ausente ou mínimo.
- Ausência de dor importante.
- Sem retenção urinária.

Quando o paciente for submetido há um bloqueio de neuroeixo, torna-se necessária a observação de alguns aspectos específicos da recuperação. Para que esse paciente possa receber alta é necessário que se tenha capacidade de deambular sem ajuda, recuperação da sensibilidade perineal e apresentar micção espontânea. Além disso, caso a anestesia tenha sido subaracnóidea, torna-se necessário orientar esse paciente para a ocorrência de cefaleia, devendo retornar à unidade ambulatorial ou ao hospital de apoio para ser avaliação e adequadamente tratado.

■ RECUPERAÇÃO DO PACIENTE[7]

A recuperação do paciente após ato anestésico acontece em 4 fases, que estão descritas na Tabela 23.3.

Alguns minutos após o final da cirurgia, ainda na sala de operação, ocorre o estágio I, caracterizado pelo despertar do paciente. Nesse estágio da recuperação, o paciente consegue responder à comandos verbais, mantém vias aéreas desobstruídas, funções hemodinâmicas e respiratórias estáveis e saturação de hemoglobina pelo oxigênio normal, mesmo que com auxílio de oxigênio suplementar. Quando todas essas condições forem preenchidas, o paciente poderá ser transportado para a sala de recuperação anestésica (sala de recuperação I).

Quando o paciente estiver acordado e alerta, podendo se comunicar com a equipe de enfermagem da sala de recuperação anestésica, inicia-se o estágio II da recuperação. Nessa fase, os efeitos colaterais devem ser mínimos (sonolência, tontura, dor, náuseas, vômitos e sangramento), a saturação de oxigênio normal em ar ambiente, as vias aéreas continuam pérvias, funções vitais estáveis com valores próximos ao período pré-operatório e os reflexos de tosse e deglutição presentes. Ao final desse estágio, paciente poderá receber alta do centro cirúrgico para ala ambulatorial (sala de recuperação II). Caso o procedimento permita e os critérios clínicos já estiveram preenchidos dentro da sala de operação, o paciente poderá ser transferido diretamente para a ala ambulatorial na sala de recuperação II, sem necessidade de passar pela sala

Tabela 23.3. Estágios de recuperação pós-anestesia geral

Estágio de recuperação	Local onde ocorre	Características
Estágio I (Despertar da anestesia)	Na sala de operação	Responde comandos verbais, mantém via aérea pérvia, SpO2 > 94%, mínimas ou sem complicações
Estágio II (Recuperação precoce)	Sala de recuperação I	Sinais vitais estáveis, SpO2 normal em ar ambiente, reflexos de proteção normais, acordado e alerta, sem complicações cirúrgicas
Estágio III (Recuperação intermediária e alta hospitalar)	Sala de recuperação II	Preenche critérios de alta, levanta e anda sem auxílio, ausência de complicações
Estágio IV (Recuperação tardia)	Em casa	Retorno das funções psicológicas e psicomotoras Retorno às atividades diárias

de recuperação I. Essa prática que recebe o nome de *"fast-tracking"*[10].

Para que o paciente possa receber alta para casa é necessário que o estágio III da recuperação esteja finalizado e que esteja acompanhado por um adulto. Os efeitos colaterais devem estar ausentes, o paciente deve conseguir se levantar e caminhar sem auxílio e a realimentação precisa ser bem-sucedida e seguir os critérios de alta tanto gerais, quanto específicos à instituição.

A recuperação completa (estágio IV) é mais demorada e acontece por completo quando o paciente já estiver em casa. As funções psicológicas e psicomotoras voltam ao padrão normal, tendo o organismo já eliminado os resíduos anestésicos. Os pacientes e seus acompanhantes devem estar cientes de possíveis efeitos colaterais e informados de cuidados gerais, preferencialmente por escrito.

Anestesia ambulatorial é um campo em constante crescimento graças às melhorias tecnológicas cirúrgicas e anestésicas. Com suas particularidades, a anestesia ambulatorial apresenta diversas vantagens para o hospital e para o paciente, sem deixar de lado a segurança do paciente que está assegurada por meio de protocolos e resoluções do CFM.

Referências bibliográficas

1. Oliva Filho AL. Anestesia para pacientes de curta permanência hospitalar. Rev Bras Anestesiol, 1983; 33:51-62.
2. Winter A. Comparing the mix of patients in various outpatient surgery settings. Health Aff. 2002; 21:215-21.
3. White P. Ambulatory Anesthesia and Surgery: Past, Present and Future, em White P. Ambulatory Anesthesia and Surgery, 1st Ed, Philadelphia, WB Saunders, 1997; 3-34.
4. Shnaider I, Chung F. Outcomes in day surgery. Curr Opin Anaesthesiol 2006; 19: 622-9.
5. Smith I, Cooke T, Jackson I, Fitzpatrick R. Rising to the challenges of achieving day surgery targets. Anaesthesia 2006; 61: 1191-9.
6. Wong T et al. Non-Operating Room Anesthesia: Patient Selection and Special Considerations. Local and Regional Anesthesia 2020: 13 1-9.
7. Cangiani LM, Cangiani LH. Anestesia Ambulatorial, em Cangiani LM, Carmona MJC, Torres MLA, Bastos CO, Ferez D, Silva ED, Duarte LTD, Tardelli MA. Tratado de Anestesiologia SAESP.7 ed. Rio de Janeiro: Atheneu; 2017.
8. Youn AM et al. Anesthesia and sedation outside of the operating room. Korean J Anesthesiol 2015; August 68(4): 323-331.
9. Manica J. Anestesia em cirurgia ambulatorial, em Manica J. Anestesiologia: princípios e técnicas. 4 ed. Porto Alegre: Artmed; 2018.
10. Santos KM et al. Fast-tracking em Anestesia Ambulatorial. Rev Med Minas Gerais 2010; 20(2 Supl 3): S46-S54.
11. Chung F, Ritchie E, Su J. Postoperative pain in ambulatory surgery. Anesth Analg 1997; 85:808-16.
12. Vlymen MAV, White PFB. Fast-track concept for ambulatory anesthesia. Curr Opin Anaesthesiol. 1998; 11(6):607-13.
13. Conselho Federal de Medicina. Resolução No1886 de 2008. [. Citado em 2020 Out. 10]. Disponível em: http://www.sba.com.br/defesa/188608.asp.

24

CAPÍTULO

Anestesia em Emergências

FERNANDA FERREIRA DE MORAIS
PLÍNIO TAKAHIRO KATAYAMA
RENATA DE PAULA LIAN

■ ANESTESIA EM EMERGÊNCIA

Conceito e epidemiologia

Os eventos que culminam no paciente politraumatizado podem ser definidos por agravos de causas externas. Estes são danos físicos de dois ou mais órgãos produzidos pela troca de energia mecânica, sendo que os efeitos são perceptíveis e repentinos ao organismo que os sofrem.[1] Essas lesões podem ter origem tanto intencional, que é o caso de negligência, violência e abuso, quanto não intencional, como quedas, acidentes automobilísticos, acidentes provocados por animais, queimaduras, afogamentos, dentre outros.[1]

O estudo epidemiológico de causas externas tem dificuldade de diferenciar as diversas enfermidades que ele compõe, por isso, os métodos tradicionais dos estudos convencionais não são aplicáveis aos estudos do paciente politraumatizado.[1] Nesse sentido, algumas pautas são analisadas para caracterizar a epidemiologia do trauma: momento da lesão, do local, do mecanismo e da vítima da lesão.

As lesões por causas externas são problemas de saúde pública no mundo todo, elas são enfrentadas principalmente no mundo industrializado devido ao aumento da exposição a máquinas, violência e negligência. Atualmente, mata mais homens jovens e compõe a 5ª maior causa de morte da população geral, sendo que perde para doenças cardiovasculares, câncer, doença cerebrovascular e doença pulmonar obstrutiva

crônica.[1] Em todo o mundo, 10% das mortes são devido ao trauma; os traumas não intencionais são os que mais matam até os 35 anos.[1]

No perfil sócio demográfico, as causas externas agrupam população jovem, nos países em desenvolvimento, e dentro dos fatores de risco, encontram-se pobreza, mãe solteira e jovem, baixo nível educacional materno, habitações precárias, famílias numerosas e o uso de álcool e drogas pelos responsáveis familiares.[1] Cerca de 90% dos óbitos por causas externas ocorrem em países subdesenvolvidos.[1] No Brasil, as causas externas ocupam o terceiro lugar na classificação de causas de óbito desde 1980, ficando atrás apenas de doenças cardiovasculares e de neoplasias.[1]

Pensando globalmente, os acidentes de trânsito (AT) são responsáveis pelo óbito de aproximadamente 1,3 milhão de pessoas e faz de 20 a 50 milhões vítimas não fatais todos os anos.[2] Do total de 1,3 milhões de mortes, 46,0% são pedestres, ciclistas ou motociclistas, considerados mais vulneráveis no trânsito.[2] Segundo dados da OMS, países de média e baixa renda apresentam taxas de mortalidade por AT mais altas (21,5/100 mil habitantes) que os países desenvolvidos (10,3/100 mil habitantes).[2] Enquanto nos países de média e baixa renda, os AT têm vitimado principalmente os pedestres, os ciclistas e os motociclistas, nos países desenvolvidos, as principais vítimas são os ocupantes de veículos de passeio principalmente, os automóveis convencionais.[2]

O Brasil, sendo um país emergente, tem a taxa de mortalidade estimada pelo relatório da OMS de 15 pessoas para cada 100 mil habitantes. Em relação aos eventos não fatais, observa-se um grande número de internações, atendimentos em serviços de emergência e sequelas permanentes. Todo esse contexto, reflete em altos custos para a sociedade em relação a vítimas, óbitos e custos financeiros.

No Brasil, o serviço de atendimento pré-hospitalar, antes implantado de forma heterogênea nas grandes cidades e voltado principalmente para o atendimento de vítimas de lesões traumáticas, foi reformulado em 2003, constituindo-se o Serviço de Atendimento Móvel de Urgência (SAMU), que inclui o atendimento às urgências clínicas.[2] Este serviço consiste em uma das primeiras instâncias da Saúde a sofrer os impactos causados pelos AT, no atendimento às suas vítimas.[2]

ABCDE do Trauma

O ABCDE do trauma é uma série de procedimentos e métodos para proteger o paciente traumatizado e evitar danos secundários.[3] Essa sequência de procedimentos deve ser seguida em sua completude e com o máximo rigor. Vale ressaltar, que não se destina apenas aos profissionais da saúde, mas por qualquer pessoa orientada e que se destine a socorrer a vítima quando não houver outros mais preparados no local.

É o método mais utilizado desde 1970, o ano de sua criação, e proporciona rapidez, agilidade e segurança às vítimas.

A sequência ABCDE têm origem de palavras em inglês e são elas:[3]

- A: airway (via aérea e coluna cervical)
- B: breathing (respiração/ ventilação)
- C: circulation (circulação)
- D: disability (incapacidade)
- E: exposure (exposição)

É importante compreender que se deve avaliar, identificar e executar cada etapa.

Procedimento A

Deve-se examinar a coluna cervical e sua sustentação em relação à vertebral. Além disso, verificar obstrução das vias aéreas superiores.[3] Por vezes é necessário obter uma via aérea definitiva através de um tubo orotraqueal.[3] Esse dispositivo é conectado a um aparelho de oxigenação, que pode ser uma bolsa-válvula-máscara ou ventilação mecânica.

A obtenção de via aérea definitiva é indicada em casos de: apneia; insuficiência respiratória; traumatismo cranioencefálico (TCE) com Glasgow menor ou igual a 8; lesões de vias aéreas superiores; fraturas complexas de face, hematoma cervical expansivo como em casos de tiro, facada cervical, ferimentos penetrantes; e queimadura de vias aéreas.[3]

Em casos de hematoma cervical expansivo e queimadura de vias aéreas, a intubação deve ser precoce, pois são grandes as chances de que estes pacientes evoluam com edema de via aérea levando a insuficiência respiratória. A manipulação de via aérea edemaciada ou com alterações anatômicas decorrentes de hematomas compressivos, podem dificultar a intubação orotraqueal e necessitar de via aérea cirúrgica.

Existem alguns tipos de via aéreas definitivas e são eles:

- Intubação orotraqueal.
- Intubação nasotraqueal – contraindicada em casos de fratura de base de crânio.
- Cricotireoidostomia.
- Traqueostomia – por ser demorada sua realização não deve ser usada em paciente com insuficiência respiratória aguda que não foi intubado.

Procedimento B

O objetivo é verificar se a vítima consegue respirar, isso se faz através da observação da movimentação do tórax, por ausculta dos pulmões e verificação dos murmúrios vesiculares. Com relação à percussão, podemos diferenciar um hemotórax de um pneumotórax e assim otimizar nossa conduta; um hemotórax tem som maciço, já um pneumotórax tem som hipertimpânico. Em casos de lesão torácica, a ventilação estará prejudicada devido a hemotórax ou pneumotórax.[3]

Hemotórax é a presença de sangue no espaço pleural restringindo a expansão pulmonar nos movimentos inspiratórios. Caso o sangue permaneça na cavidade pleural, gera um processo inflamatório e promove uma aderência entre as pleuras, propiciando infecções e formação de abscessos.[3]

O hemotórax pode ser:
- *Simples:* lesão pequena, na qual é feita a drenagem do tórax e os pulmões cicatrizam sem a necessidade de outras intervenções.

- *Maciço:* possui volume maior que 1,5 litros – deve-se realizar toracotomia para verificar a causa do sangramento e estancar o mesmo.

O pneumotórax é a presença de ar na cavidade pleural. Essa lesão pode ter origem no parênquima pulmonar, com ar que sai de dentro dos pulmões ou na parede torácica por comunicação com o meio externo, o que permite a entrada de ar exterior para o interior da cavidade pleural.[3]

Existem alguns tipos de pneumotórax e são eles:
- *Simples:* linha pleural que define até onde encontra-se o pulmão colabado
- *Aberto:* abertura na parede do tórax com mais de ⅔ do diâmetro da traqueia
- *Hipertensivo:* situação em que se apresenta o mecanismo da válvula unidirecional, na qual o ar apenas sai do pulmão para o espaço pleural, mas não volta para os pulmões.

Procedimento C

Deve-se identificar a perda de sangue do interior dos vasos.

As hemorragias podem ser:
- Externas:
  - Lesão de partes moles.
  - Lesão de grandes vasos.
- Interna:
  - Dentro de cavidades potenciais:
    - Cavidade pleural.
    - Cavidade peritoneal.
    - Espaço retroperitoneal.
    - Perda de sangue para o interstício, associado a fraturas não expostas.

O paciente chocado é aquele que tem uma perfusão tecidual inadequada, ou seja, o sangramento prejudica o transporte de oxigênio aos tecidos, resultando em metabolismo anaeróbico com prejuízo na produção de ATP e acúmulo de lactato.[4]

Além da compensação da hipoperfusão tecidual por metabolismo anaeróbico, ocorre ativação do sistema nervoso simpático a fim de ocasionar vasoconstrição periférica, desviando o fluxo sanguíneo para os órgãos nobres (cérebro e coração). Observa-se as seguintes alterações:[4]
- *Sistema respiratório:* taquipneia em resposta à hipóxia.
- *Sistema nervoso simpático:* é ativado:
  - Vasoconstrição periférica e gastrointestinal.
  - Aumento da frequência cardíaca e da força de contração cardíaca.
- *Resposta hormonal:* retenção de sódio e de água a fim de compensar a hipovolemia, ocasionando diminuição da diurese.

Em relação aos tipos de choque temos:
- Choque hemorrágico, que é classificado em classes[4]

Pode-se compreender que o paciente em choque hemorrágico tem hipotensão decorrente da perda sanguínea e estado mental desde ansioso até letárgico.

O principal tratamento desses pacientes é a reposição do volume de sangue perdido.

Choque neurogênico: é a lesão do sistema nervoso simpático e com isso, tem-se um aumento do tônus parassimpático.

O paciente que é acometido pelo choque neurogênico apresenta:

Tabela 24.1. Classificação de perdas sanguíneas baseada na apresentação inicial do paciente

	Classe I	Classe II	Classe III	Classe IV
Perdas (mL)	até 750	750-1500	1500-2000	>2000
Perdas (% da volemia)	até 15%	15-30%	30-40%	>40%
FC (bpm)	<100	100-120	120-140	>140
PA sistólica	normal	normal	diminuída	diminuída
PP	normal ou aumentada	diminuída	diminuída	diminuída
FR	14-20	20-30	30-40	>35
Diurese (mL/h)	>30	20-30	5-15	desprezível
Estado mental	levemente ansioso	moderadamente ansioso	ansioso, confuso	confuso, letárgico
Reposição volêmica inicial	cristaloides	cristaloides	cristaloides e sangue	cristaloides e sangue

*para um homem de 70Kg: FC; frequência cardíaca, PA: pressão arterial, PP: pressãod e pulso, FR: frequênciarespiratória. Fonte: adaptado de ATLS, 2012. [6]

1. perda do tônus vascular, o que desencadeia vasodilatação.
2. Hipovolemia relativa, já que não há perda sanguínea nesses casos.
3. Pele avermelhada, quente e seca abaixo do nível da lesão, uma vez que o sangue se encontra represado na periferia.
4. atividade parassimpática sem oposição.
5. bradicardia que desencadeia hipotensão.

O tratamento para este tipo de choque é o uso de droga vasoativa.

Choque séptico: é decorrente de infecções graves em que substâncias pró- inflamatórias são liberadas pela infecção e promovem vasodilatação e extravasamento capilar. Estes últimos, favorecem a passagem do líquido do meio intracelular para o interstício (terceiro espaço) o que desencadeia o edema. Por essa razão, uma hipovolemia relativa é gerada, uma vez que é perdido volume para o terceiro espaço.

Os sinais clínicos de um paciente em quadro de choque séptico são:

1. Febre.
2. Pele quente e avermelhada.
3. Taquicardia.
4. Hipotensão.

O tratamento baseia-se na reposição de volume, antibioticoterapia e uso de drogas vasoativas:

Choque cardiogênico: complicação cardiovascular que é caracterizada por uma hipoperfusão tecidual devido à incapacidade de o miocárdio gerar força de ejeção para débito cardíaco adequado às necessidades metabólicas do organismo.

As causas podem ser classificadas em:
1. Causas intrínsecas:
   - Lesão do miocárdio com redução da frequência cardíaca ou do volume sistólico.
   - Arritmia com redução da frequência cardíaca ou só volume sistólico.
   - Lesão da valva com redução do volume sistólico.
2. Causas extrínsecas:
   - Tamponamento de pericárdio, que reduz o volume sistólico com perda da capacidade diastólica de enchimento ventricular, o que reduz o volume sistólico.

Tabela 24.2. Escala de coma de Glasgow

Escala de Coma de Glasgow		
Parâmetro	Resposta obtida	Pontuação
Abertura ocular	Espontânea	4
	Ao estímulo sonoro	3
	Ao estímulo de pressão	2
	Nenhuma	1
Resposta verbal	Orientada	5
	Confusa	4
	Verbaliza palavras soltas	3
	Verbaliza sons	2
	Nenhuma	1
Resposta motora	Obedece comandos	6
	Localiza estímulo	5
	Flexão normal	4
	Flexão anormal	3
	Extensão anormal	2
	Nenhuma	1
Trauma leve	Trauma moderado	Trauma grave
13-15	9-12	3-8
Reatividade pupilar		
Inexistente	Unilateral	Bilateral
-2	-1	0

- Pneumotórax hipertensivo com redução do volume sistólico.

Procedimento D

Refere-se à incapacidade. Faz-se o exame neurológico através da Escala de Coma de Glasgow (ECG).[5] Avalia-se a abertura ocular, resposta verbal e resposta motora. Essas características são pontuadas e então somadas e assim pode-se enquadrar o paciente em trauma leve, moderado e grave.[3,5] Vale ressaltar, que o paciente com pontuação 8 ou menor deve ser intubado.

Existe ainda a Escala de Coma de Glasgow atualizada em que se avalia a reatividade pupilar. Essa avaliação se dá por estímulo luminoso sobre as pupilas e então é avaliada sua dilatação ou contração, podendo ser isorreagentes, fotorreagentes, anisocóricas e apresentar midríase ou miose.

Procedimento E

Trata-se do paciente no ambiente, ele deve ser exposto, todas as suas vestimentas devem ser retiradas, incluindo calçados e acessórios, sendo que o paciente que estiver de capacete em casos de acidentes de trânsito, não podem tê-lo retirado antes de chegar no hospital e após a realização de exames de imagem que excluam lesões cerebrais.

O objetivo deste item é a avaliação de outras lesões que o paciente possa apresentar como hematomas, tiros, facadas. Após essa avaliação a vítima deve ser coberta.

Considerações específicas para a anestesia do trauma

Preparo de Sala Cirúrgica

O anestesiologista tem importante papel em evitar lesões secundárias ao trauma, sendo fundamental que obtenha informações do paciente repassadas pelo SAMU precocemente. Em cirurgia de trauma, o fator tempo é primordial a fim de evitar que hipotermia, acidose e coagulopatia se desenvolvam.[6,7] A comunicação com o banco de sangue para acionar o protocolo de transfusão maciça deve ser feita ainda no atendimento pré-hospitalar.[6]

No preparo da sala cirúrgica, deve-se checar ventilador pulmonar e monitor multiparamétrico com cardioscópio, oximetria de pulso, capnografia, pressão arterial não invasiva, e termômetro.[6] Monitorização invasiva pode se fazer necessária, mas não deve postergar o início da cirurgia devendo ocorrer concomitante a mesma.[6,7]

Material para via aérea difícil deve estar disponível nos centros de trauma, visto que muitos pacientes apresentam trauma de face e fazem uso de colar cervical, o que pode dificultar o manuseio da via aérea.[6] Na escassez de material, o acesso cirúrgico da via aérea pode ser necessário na impossibilidade de intubação.[6] Aspirador com sonda orotraqueal se faz necessário para retirar sangue e retorno de conteúdo gástrico que podem dificultar a visualização da glote.[6]

Em caso de instabilidade hemodinâmica, o anestesiologista deve requisitar bombas de infusão contínua, drogas vasoativas, soluções cristaloides aquecidas, material para acesso venoso central, pressão arterial invasiva e cateterização vesical.[6,7] Quando disponível aparelho de ultrassonografia, ecocardiografia, monitores de débito cardíaco, são recursos de grande valia, auxiliando na obtenção de acessos venosos e guiando reposição volêmica.[6]

Aparelhos de gasometria e tromboelastografia quando disponíveis no centro cirúrgico, oferecem informações importantes sobre acidose, perfusão periférica, anemia, distúrbios eletrolíticos e coagulopatias.[6]

Mantas térmicas, e *rapid infuser* para aquecimentos de líquidos contribuem para evitar a hipotermia.[6,7]

Indução anestésica

Na sala cirúrgica proceder à identificação do paciente quando o mesmo estiver consciente, monitorização com cardioscópio, oxímetro, pressão arterial não invasiva e termômetro, verificar a existência de acesso venoso ou intraósseo obtido no atendimento pré-hospitalar.[6] Cuidado no posicionamento do paciente, sobretudo, quando há lesão cervical ou instabilidade de pelve, para garantir imobilização. Os braços do paciente devem ficar abduzidos de modo a garantir um fácil acesso ao membro a partir do início da cirurgia.

Realizar antibioticoprofilaxia e preparo de medicações simultaneamente a pré-oxigenação do paciente, que pode ser otimizada, quando conscientes, através de inspirações forçadas.

A indução anestésica deve garantir analgesia, hipnose e relaxamento muscular. No contexto do trauma é importante escolher os medicamentos com menor repercussão hemodinâmica e realizar ajuste de dose de acordo com o quadro clínico do paciente.[6,7]

A analgesia é obtida através do uso de opioides, sendo o fentanil o mais utilizado em virtude de causar pouca instabilidade cardiovascular quando comparado ao alfentanil, sufentanil e remifentanil.[8] Doses baixas de fentanil como 1 μg/kg a 2 μg/kg não provocam hipotensão arterial relevante e possui tempo de latência pequeno sendo seguro seu uso no trauma.[8] Morfina pelo seu início de ação lento, não deve ser utilizada na indução, mas tem papel importante em analgesia pós-operatória.[8] Os demais opioides podem ser utilizados, mas cursam com diminuição da frequência cardíaca e hipotensão arterial devendo-se utilizar doses pequenas e preparar vasopressores caso seja necessário.[8]

A Hipnose frequentemente é obtida com propofol ou etomidato.[6] O propofol na dose de 1 mg/kg a 2 mg/kg reduz a resistência vascular periférica podendo levar a hipotensão arterial importante nos casos de choque hipovolêmico,[6] mas tem como vantagem início de ação rápido, proteção contra êmese, diminuição do metabolismo cerebral e não ocasiona supressão adrenal. A administração de etomidato resulta em queda mínima da resistência vascular periférica, mas pode cursar com espasmos musculares involuntários e supressão adrenal.[6]

A cetamina na dose de 1 mg/kg confere analgesia e hipnose mantendo o paciente hemodinamicamente estável devido sua atividade simpática, pode ocasionar aumento da frequência cardíaca e hipertensão arterial.[6] Pode ser utilizada de forma isolada, ou em conjunto com o fentanil e propofol para promover estabilidade hemodinâmica. A cetamina provoca alucinações e aumento discreto na pressão intracraniana em pacientes respirando espontaneamente,[6] isso é reduzido quando o paciente está em ventilação controlada com níveis adequados de CO2, e com outros sedativos associados. Os benzodiazepínicos como o midazolam na dose de 0,1 mg/kg reduz a ansiedade, provoca amnésia e inibe os efeitos adversos dos psicotrópicos.

A imobilidade do paciente é feita através dos bloqueadores neuromusculares. A succinilcolina (1 mg/kg) é um relaxante muscular despolarizante que produz condições de intubação em 30 a 45 segundos.[6] Entretanto, seu uso está contraindicado quando há suspeita de hipercalemia decorrente de queimaduras extensas, esmagamentos de membros com rabdomiólise e insuficiência renal.[6] O rocurônio (1 mg/kg a 1,2 mg/kg) é um relaxante muscular a despolarizante que possui uma latência curta, não ocasiona contrações musculares involuntárias (o que predispõe a broncoaspiração),

sendo uma opção segura para pacientes com hipercalemia suspeita.

A sequência rápida de indução, seguida por laringoscopia direta e intubação orotraqueal mitiga o risco de broncoaspiração sendo o procedimento mais seguro na aquisição de uma via aérea definitiva no trauma.[7]

Manutenção anestésica

A manutenção anestésica pode ser feita através da infusão contínua de propofol ou através de anestésicos inalatórios,[7] sendo o sevoflurano bastante utilizado por apresentar mínima repercussão hemodinâmica quando comparado ao isoflurano.

Reposição volêmica, drogas vasoativas e hemoderivados podem ser necessários para manter pressão arterial média (PAM) acima de 55 mmHg, e favorecer a oferta de oxigênio aos tecidos, prevenindo lesão renal aguda e miocárdica.[6,7]

Pacientes com trauma cranioencefálicos associados necessitam de PAM acima de 80 mmHg para garantir pressão de perfusão cerebral adequada contrapondo o aumento da pressão intracraniana.[4] Devemos corrigir disglicemia e hiponatremia a fim de evitar piora do edema cerebral.[4]

É fundamental que o anestesiologista tente distinguir a hipotensão arterial decorrente de choque hipovolêmico onde, temos aumento da frequência cardíaca compensatória para manter o débito cardíaco, da hipotensão ocasionada por agentes anestésicos que cursa com bradicardia associada. Da mesma forma, há necessidade de verificar se o aumento da frequência cardíaca decorre de hipovolemia ou de dor decorrente de analgesia inadequada, o que nem sempre é fácil, visto que pacientes hipovolêmicos não vão cursar com hipertensão arterial na vigência de dor.[8]

Cuidado deve ser tomado, para não manter o plano anestésico superficial em decorrência do choque hipovolêmico, o que pode resultar em memória implícita do paciente. Quando disponível, a monitorização do índice biespectral fornece parâmetros sobre profundidade da anestesia e atividade cerebral.

Alterações hemodinâmicas devem ser corrigidas com mínimo de cristaloide e drogas vasoativas, da mesma forma de quando suspeitarmos de dor devemos fornecer mais opioides.

Durante a manutenção é oportuno coletar hemograma, coagulograma, fibrinogênio, e gasometria arterial seriada que servem de parâmetros para verificar se estamos atingindo os objetivos propostos e otimizarmos a perfusão tecidual.

Transferência de cuidados pós-operatórios

Pacientes vítimas de trauma, frequentemente necessitam de mais de uma cirurgia, visto que cirurgias longas estão associadas a piores desfechos por acentuar a acidose, hipotermia e distúrbio de coagulação. O conceito de damage control, descreve cirurgia curta com controle da hemorragia através do tamponamento abdominal, seguida de cuidados intensivos com objetivo de corrigir alterações fisiológicas, otimizar os valores hemodinâmicos e controlar infecções decorrentes de contaminação, e por último, a cirurgia reparadora definitiva, realizada após a resolução do edema e da hemorragia, a fim de evitar síndrome compartimental abdominal.[4]

O transporte do paciente da sala cirúrgica para a unidade de terapia intensiva requer cuidado, visto que muitos pacientes ainda necessitam de infusão contínua de droga vasoativa e ventilação mecânica. Sendo assim, o anestesiologista deve acompanhar o transporte do paciente e relatar todo plano terapêutico realizado e programado ao intensivista para que o mesmo dê continuidade aos cuidados do paciente.[7]

O intensivista tem importante papel na medida que a TRALI (do inglês *transfusion related acute lung injury*), uma lesão pulmonar aguda relacionada à transfusão, pode ocorrer em virtude de transfusão maciça. A TRALI se apresenta com sintomas de angústia respiratória como dispneia devido ao edema agudo de pulmão e se inicia em até 6 horas após a reposição sanguínea. Cabe ao intensivista adotar estratégias de ventilação protetora pulmonar.[6,7]

Reposição volêmica do trauma

A reposição volêmica no trauma visa manter a perfusão tecidual a fim de ofertar O2 aos tecidos. De forma que:
- Oferta de oxigênio = Débito cardíaco x Conteúdo arterial de O2 (CaO2)
- CaO2 = (Hb x 1,39 x SaO2) + (0,003 x PaO2)
- Débito cardíaco = Frequência cardíaca x Volume sistólico

Durante o trauma ocorrem vários fatores que contribuem em maior ou menor grau para uma inadequada oferta de oxigênio aos tecidos.[4,9] O sangramento não controlado provoca hipotensão arterial, diminuindo a pressão de perfusão de diversos órgãos, além da diminuição dos níveis de hemoglobina que é a principal forma pela qual o organismo transporta o O2. Com a lesão vascular, temos perda da integridade do endotélio do vaso sanguíneo constituído principalmente pela glicocálix, estrutura responsável pela manutenção dos fluidos no intravascular.[9] A queda dos níveis de hemoglobina, fatores de coagulação, fibrinogênio, e plaquetas, provoca hipotermia que associada a acidose, decorrente da hipóxia tecidual, ocasiona um distúrbio de coagulação.[4,9]

A tríade letal é constituída por acidose, hipotermia, coagulopatia e deve ser corrigida o mais precoce possível.[4]

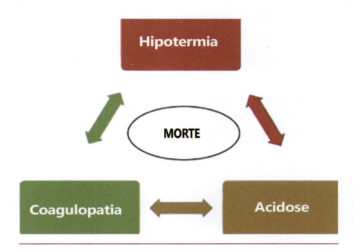

Figura 24.1. Tríade letal.

A hipotensão arterial, apesar de acarretar diminuição da perfusão tecidual, pode ser utilizada no manejo anestésico desses pacientes a fim de diminuir o sangramento intraoperatório, desde que o paciente não tenha trauma crânio encefálico associado.[4]

A hidratação no politrauma deve ser guiada por metas a fim de manter a volemia.[4,9] Restringir volume pode provocar acidose metabólica e insuficiência renal. Hidratação vigorosa, considerando um glicocálix comprometido, pode ocasionar aumento da pressão abdominal, edema pulmonar, edema cerebral e coagulopatia dilucional.[9]

A reposição volêmica deve ser guiada por marcadores de perfusão tissular como lactato, bicarbonato, diferença de conteúdo arterial e venoso de CO2, acidose, saturação venosa central de O2, delta pp.[9] Após estabilizados estes parâmetros com soluções cristaloides, deve-se introduzir droga vasoativa caso seja necessário para manter a pressão arterial.

ANESTESIOLOGIA PARA GRADUAÇÃO

Tabela 24.3. Composição dos fluídos plasmáticos: cristaloides e coloides

Solute	Plasma	Colloids				Crystalloids			
		4% albbumin	6% HES 130/0,4	Dextran	Gelatin	Normal saline	Ringer's lactase	Hartmann's solution	Plasma-Lyte
Na⁺	135 to 145	148	154	154	154	154	130	131	140
K⁺	4,0 to 5,0	0	0	0	0	0	4,5	5	5
Ca2+	2,2 to 2,6	0	0	0	0	0	2,7	4	0
Mg2+	1,0 to 2,0	0	0	0	0	0	0	0	1.5
Cl⁻	95 to 110	128	154	154	120	154	109	111	98
Acetate	0	0	0	0	0	0	0	0	27
Lactate	0,8 to 1,8	0	0	0	0	0	28	29	0
Gluconate	0	0	0	0	0	0	0	0	23
Bicarbonate	23 to 26	0	0	0	0	0	0	0	0
Osmolarity	291	250	286 to 308	308	274	308	280	279	294
Colloid	35 to 45	20	60	100	40	0	0	0	0

A coagulopatia do trauma decorre principalmente de queda do fibrinogênio e os coloides apresentam maior impacto na polimerização do coágulo, além de predispor a disfunção renal, sendo de pouca utilidade no manejo de pacientes de trauma.[9]

Cristaloides podem ocasionar coagulopatia diluicional, mas devem ser utilizados racionalmente até restaurar a perfusão tissular.[4,9] Solução de NaCl 0,9% ou hipertônicas devem ser preferidas no Trauma Crânio Encefálico (TCE) por diminuir a pressão intracraniana favorecendo a perfusão cerebral, entretanto podem ocasionar acidose hiperclorêmica.[4] Ringer lactato e PlasmaLyte são preferíveis em reverter a acidose decorrente da perfusão tissular inadequada.[8]

O comportamento tanto dos coloides quanto dos cristaloides em permanecer no intravascular, vão estar alterados na vigência de lesão do glicocálix podendo ocasionar edema tissular importante se utilizados em grandes quantidades.[9]

Reposição de hemoderivados

Discutiremos neste capítulo apenas o uso de hemoderivados no cenário do trauma, o qual difere das indicações clínicas na qual temos estabilidade hemodinâmica. A relação entre Concentrado de Hemácias (CH), Plasma Fresco Congelado (PFC) e Concentrado de Plaquetas (CP) deve ser incorporada em um contexto de ressuscitação hemostática, no qual fornecemos hemoderivados de forma precoce, restringimos o uso de cristaloides de forma racional e realizamos prevenção, investigação e tratamento precoce de coagulopatias[9,10].

Sangramento agudo em grande quantidade pode provocar instabilidade hemodinâmica, necessitando de drogas vasoativas e reposição volêmica com cristaloides ou hemoderivados. Hemorragia maciça corresponde a troca do volume de sangue circulante em 24 horas ou perda de 50% do volume sanguíneo em 1 hora ou transfusão de mais de 10 concentrados de hemácias, existindo para essas situações um protocolo de transfusão maciça.

O protocolo de transfusão maciça visa retornar a fisiologia normal, corrigindo acidose, hipotermia e coagulopatia.[10] Após 2 unidades de hemácias transfundidas, para cada unidade subsequente transfundida preconiza 1 unidade de PFC, 1 aférese de plaquetas (6 a 8 unidades) e crioprecipitado ou fibrinogênio quando não responsivo.[10]

Alvo 1 CH: 1 PFC: 1 aférese de plaquetas reduz a necessidade de sangue, reduz a mortalidade e reverte a coagulopatia associada ao trauma.[9] Crioprecipitado pode ser necessário para corrigir baixos índices de fibrinogênio na vigência de sangramento ativo.

Algumas medidas visando controlar o sangramento podem ser instituídas ainda no atendimento pré-hospitalar como o uso de agentes antifibrinolíticos.[9,10] O uso do ácido tranexâmico está associado à redução da mortalidade devido sangramento no trauma quando utilizado em até 3 horas pós--trauma.[9,10]

A coagulopatia do trauma decorre de trombocitopenia, de aumento da trombomodulina solúvel,

294

aumento da proteína C ativada, inativação dos fatores V e VIII e inibição do inibidor de ativação do plasminogênio (IAp-1), todas essas alterações vão levar a um estado de hiperfibrinólise dificultando a coagulação.[9]

Técnicas e métodos para redução de transfusão alogênica devem ser preferidas quando temos disponibilidade do concentrado de fibrinogênio, e complexo protrombínico. Em virtude de o sistema enzimático da coagulação ser ph e temperatura dependente, os testes viscoelásticos são mais fidedignos do que o coagulograma para guiar reposição de concentrado de fibrinogênio, complexo protrombínico, concentrado de plaquetas, Plasma Fresco Congelado (PFC) e Crioprecipitado.[9]

O uso de PFC no cenário transfusional pós-traumático tem participação positiva na reorganização do glicocálix endotelial, entretanto possui baixa concentração de fatores de coagulação, em especial de fibrinogênio.[9] Em sangramento ativo pós trauma é preconizado atividade dos fatores de coagulação em torno de 30%, o que ocasiona necessidade de grandes volumes após a indicação em torno de 15 mL/kg a 30 mL/kg visto que 1 mL/kg de PFC aumenta em 1% os fatores de coagulação(9). No manejo de politrauma quando disponível pode optar-se por complexo protrombínico ou crioprecipitado para repor os fatores de coagulação.

Plaquetas estão indicadas quando ocorre incongruência entre EXTEM e FIBTEM (testes viscoelásticos) e em protocolos de transfusão maciça, muito comum após trauma.

Os concentrados de hemácias devem ser utilizados de acordo com a necessidade clínica do paciente a fim de garantir o transporte de oxigênio aos tecidos. Não há nenhum *guideline* que embase transfusão de CH para Hb maior ou igual a 10 g/dL, existem guidelines que colocam Hb menor que 8 g/dL como gatilho transfusional. Devemos sempre ponderar riscos e benefícios da transfusão e considerar a clínica do paciente e comorbidades como cardiopatias e Trauma Crânio Encefálico associados, situações onde uma queda acentuada do Hb piora o prognóstico.

Ao realizarmos anestesia em pacientes politraumatizados temos como meta:
- Ausência de sangramento ativo ou de necessidade para mais CH.
- Temperatura maior que 35°C.
- pH > 7,3.
- Hemoglobina 8 a 10 g/dL.

- Cálcio > 1 mmol/L.
- TEG ou ROTEM dentro dos limites de normalidades.
- Lactato seriado diminuído.
- Saturação venosa de O2 maior de 70%.
- INR < 1,5.
- TEG ou ROTEM dentro dos limites de normalidades.
- Gap de CO2 até 6 mmHg.

■ CONCLUSÃO

A medicina não deve limitar-se apenas à visão técnica e científica de suas pacientes, deve-se tomar como primeira instância o conhecimento da população, suas condições socioeconômicas, políticas, suas necessidades e motivações. Por isso, antes de abordarmos os procedimentos a serem realizados no paciente do trauma, temos um olhar epidemiológico.

O trauma é uma importante causa de morte não só no Brasil, mas no mundo. Pode-se inclusive delimitar as principais causas desses agravos em países subdesenvolvidos dos desenvolvidos, àqueles competem a violência e nestes, acidentes com automóveis. É importante ressaltar que em países em desenvolvimento, a violência contra a mulher compõe a causa de pacientes politraumatizados, o que chama a atenção para uma visão extra médica, a visão social, que também cabe ao médico ciência e plena compreensão. Os fatores de risco como álcool, drogas, fome, moradias precárias são primordialmente encontrados em países mais pobres e em desenvolvimento, que enquadram os maiores números de agravos de causas externas.

O atendimento pré- hospitalar é fundamental, pois para o paciente do trauma, o tempo é vida e por isso, quanto mais ágil e eficiente for a equipe que o atende, mais chances ele tem de recuperar-se sem muitas sequelas e evitar o óbito. Para isso, o sistema ABCDE do trauma é utilizado a fim de estabilizar, via a via, as prioridades vitais do indivíduo. A via aérea, por exemplo, é a prioridade junto da estabilização da coluna vertebral, a equipe nunca deve intubar um paciente traumatizado sem antes colocar o colar cervical, por exemplo e assim, sucessivamente.

O anestesista tem a função de evitar lesões secundárias causadas pelo trauma e para isso, evitar que o paciente evolua com a tríade letal: hipotermia, acidose e coagulopatia. Esse médico é um fundamental intermédio entre o SAMU e a equipe cirúrgica, ele é responsável pela estabilização de todos os sinais vitais do paciente e por isso, deve monitorá-lo constantemente. Ele deve contar com monitor multiparamétrico com cardioscópio, oximetria de pulso, capnografia, pressão arterial não invasiva e termômetro.

A partir de então, o anestesista é responsável pela profilaxia, com uso de antibióticos, indução e manutenção anestésica, drogas como opioides, propofol, cetamina e bloqueadores neuromusculares são administradas e garantem analgesia, hipnose e relaxamento muscular, importantes para equipe cirúrgica e paciente. A sequência rápida de indução é seguida de laringoscopia direta e intubação orotraqueal.

Somente então, a equipe de cirurgiões entra e pode realizar os procedimentos. Mesmo assim, o anestesista acompanha toda a cirurgia do paciente a fim de garantir a manutenção anestésica, com propofol inalatório por exemplo e contorno possíveis desvios de pressão, contração cardíaca, níveis de consciência e assim por diante. Seu trabalho continua no pós- operatório com os mesmos auxílios, agora, no processo de passagem dos efeitos dos fármacos anestésicos e analgésicos.

Referências bibliográficas

1. Imamura, J.H. Epidemiologia dos traumas em países desenvolvidos e em desenvolvimento. 2012. Dissertação de Mestrado apresentada à Faculdade de Medicina da Universidade de São Paulo para Obtenção de Título de Mestre em Ciências (Mestrado pediatria) - FMUSP, [S. l.], 2010. Disponível em: https://www.teses.usp.br/teses/disponiveis/5/5141/tde-18092012-161930/publico/JaneteHondaImamura.pdf.

2. SOARES, R.A.S. et al. Caracterização das vítimas de acidentes de trânsito atendidas pelo Serviço de Atendimento Móvel de Urgência (SAMU) no Município de João Pessoa, Estado da Paraíba, Brasil, em 2010. Epidemiol. Serv. Saúde, [s. l.], 2012. DOI http://dx.doi.org/10.5123/S1679-49742012000400008. Disponível em: http://scielo.iec.gov.br/scielo.php?script=sci_arttext&pid=S1679-49742012000400008.

3. ATENDIMENTO ao Paciente Politraumatizado: Diretrizes Clínicas. [S. l.: s. n.], 2018. Disponível em: https://saude.es.gov.br/Media/sesa/Consulta%20P%C3%BAblica/Diretriz%20Trauma%2013%2008%20_2_.pdf

4. BRANDAO, P.F. Hemorrhagic shock and trauma. Brief review and recommendations for management of bleeding and coagulopathy, Revista medica de minas gerais, p. 1-9, 10 dez. 2017. DOI http://www.dx.doi.org/10.5935/2238-3182.20170041. Disponível em: http://rmmg.org/artigo/detalhes/2201

5. ESCALA de Coma de Glasgow – importância e atualização de 2018. Ufjf neurologia, [S. l.], p. 1-2, 11 dez. 2018. Disponível em: https://www2.ufjf.br/neurologia/2018/12/11/escala-de-coma-de-glasgow-importancia-e-atualizacao-de-2018/

6. TOBIN, J.M. et al. A Checklist for Trauma and Emergency Anesthesia. Anesthesia & Analgesia, [s. l.], 10 nov. 2013. Disponível em: https://journals.lww.com/anesthesia-analgesia/Fulltext/2013/11000/A_Checklist_for_Trauma_and_Emergency_Anesthesia.21.aspx.

7. ANESTHESIA for Trauma Patients. A method of anesthesia that incorporates the induction and maintenance of anesthesia into an ongoing resuscitation during surgery for a trauma patient in extremis, JOINT TRAUMA SYSTEM CLINICAL PRACTICE GUIDELINE, 23 jun. 2016

8. MILLER, R.D. Bases da anestesia. 6 edição. ed. [S. l.]: GEN Guanabara Koogan, 6/09/2012

9. STENSBALLE, J. et al. Early haemorrhage control and management of trauma-induced coagulopathy. The importance of goal-directed therapy, [s. l.], dez. 2017

10. JOINT TRAUMA SYSTEM. JOINT TRAUMA SYSTEM CLINICAL PRACTICE GUIDELINE: Damage Control Resuscitation.,18 dez. 2004.

25
CAPÍTULO
Acessos Venosos

GIOVANNA COSTA MOURA VELHO
OLÍVIA ANTUNES CARVALHO
LUIZ FERNANDO DOS REIS FALCÃO

■ CATETERIZAÇÃO INTRAVASCULAR

Define-se cateterização ou cateterismo intravascular como a inserção de cateteres cuja ponta se localiza em um vaso de grosso calibre, que pode ser uma artéria – acesso arterial – ou uma veia – acesso venoso[1]. O acesso venoso e o acesso arterial podem ser realizados por meio de dissecção cirúrgica do vaso a ser cateterizado ou por meio de punção percutânea. A técnica de punção percutânea é mais prescrita e utilizada por médicos anestesiologistas e intensivistas; por esse motivo, aprofundaremos essa forma de acesso durante o capítulo.[1]

Os procedimentos de acesso venoso e arterial têm se tornado rotineiro nas unidades de terapia intensiva (UTI) nas últimas décadas, devido principalmente ao desenvolvimento industrial e tecnológico que ocorreu nesse período. Isso permitiu a disponibilização no mercado de cateteres de maior biocompatibilidade e desenhados especialmente para facilitar os procedimentos de canulação vascular, o que favoreceu a diminuição dos tão temidos riscos de complicações a curto e longo prazo.[1]

No entanto, vale ressaltar que a evolução dos dispositivos intravasculares não é suficiente para garantir um resultado adequado e benéfico para o paciente. Alguns pontos fundamentais, que dependem exclusivamente de ação humana, não devem ser esquecidos pelos profissionais operadores. De modo geral, podemos citar o conhecimento da anatomia vascular e de estruturas subjacentes, os critérios de indicação para o procedimento, a aplicação precisa da técnica adequada e a prática rigorosa dos métodos de antissepsia e assepsia na sua execução.[1]

■ CONCEITOS BÁSICOS

Para melhor compreender os conteúdos que serão apresentados durante este capítulo, iremos começar pela abordagem de alguns conceitos básicos fundamentais, como as diferenças entre artérias e veias, e também entre sangue arterial e sangue venoso.

Artérias e veias

As artérias e as veias são estruturas pertencentes ao sistema vascular sanguíneo (Figura 25.1), mais especificamente à macrocirculação, uma vez que são os vasos mais calibrosos do corpo humano. As artérias consistem em uma série de vasos que se tornam menores à medida que se ramificam, e sua função, na circulação sistêmica, consiste em levar o sangue rico em nutrientes e em oxigênio do coração para os tecidos. As veias, por sua vez, resultam da convergência dos vasos capilares em um sistema de canais que se torna cada vez mais calibroso à medida que se aproxima do coração, para onde transporta o sangue proveniente dos tecidos.[2]

Na circulação pulmonar, as artérias pulmonares são responsáveis por levar o sangue pobre em oxigênio do coração aos pulmões, e as veias pulmonares têm como objetivo retornar o sangue que sofreu hematose nos pulmões – rico em oxigênio – para o coração.[2]

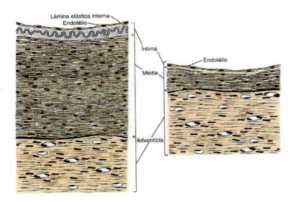

Figura 25.1. Diagrama comparando a estrutura de uma artéria muscular (esquerda) e sua veia acompanhante (direita). Fonte: Junqueira LC, Carneiro J. Histologia Básica. 12th ed. Guanabara Koogan, 2013.

As estruturas dos vasos sanguíneos, como quantidade de material elástico, quantidade de tecido muscular e permeabilidade, podem ser intimamente relacionadas às características da circulação sanguínea, como a pressão exercida pelo sangue dentro do vasos. Isso será de extrema relevância para identificar quando estamos realizando uma punção arterial ou uma punção venosa.[2]

Na punção arterial, de forma geral, a seringa pulsa com o sangue em seu interior, indicando uma pressão elevada. No entanto, isso pode não ser percebido em pacientes hipoxêmicos ou hipotensos. Já em uma punção venosa, não são percebidos pulsos rítmicos no sangue que está sendo direcionado para a seringa.[3]

Na Figura 25.2 é possível observar a relação entre as estruturas dos vasos – artérias de grande calibre, artérias de médio calibre, arteríolas, capilares, vênulas e veias – e algumas características da circulação sanguínea.[2]

A distinção entre veias e artérias também é fundamental para compreender um dos métodos utilizados para auxiliar o profissional a puncionar o acesso, que é o ultrassom (USG).[3] Com essa técnica, é possível aumentar a precisão da punção em uma artéria ou uma veia de desejo. Na Tabela 25.1, observe as comparações entre características de veias e artérias que podem ser avaliadas durante a utilização do ultrassom (Figura 25.3 A e B).

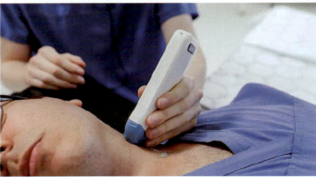
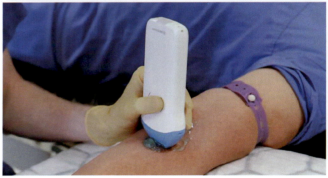

Figura 25.3 A e B. Ultrassom utilizado para escanear pescoço e braço de pacientes, respectivamente, com gel aplicado. Fonte: Forsyth JM, Shalan A, Thompson A. Venous Access Made Easy. 1st ed. CRC Press: Taylor & Francis Group, 2019.

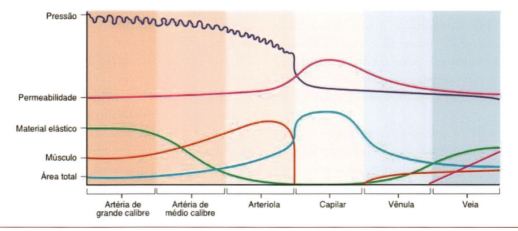

Figura 25.2. Gráfico que mostra a relação entre as características da circulação sanguínea (*eixo y*) e a estrutura dos vasos sanguíneos (*eixo x*). Fonte: Junqueira LC, Carneiro J. Histologia Básica. 12th ed. Guanabara Koogan, 2013.

Tabela 25.1. Características de veias e artérias durante a utilização de aparelho de USG

	VEIA	**ARTÉRIA**
Aparência/Cor	Preta	Preta
Movimento	Nenhum	Pulsátil
Compressibilidade	Possui	Não possui (ao mesmo que utilize muita força)
Tamanho	Mais larga que a artéria	Menor e mais redonda que a veia

Fonte: Velho GCM, Carvalho OA, 2020. Adaptado de Forsyth JM, Shalan A, Thompson A. Venous Access Made Easy. 1st ed. CRC Press: Taylor & Francis Group, 2019.

Sangue arterial e sangue venoso

Outro conceito básico relevante é a diferenciação entre sangue venoso e sangue arterial. Esse conhecimento também te permitirá diferenciar com mais facilidade quando o procedimento realizado se deu de forma arterial ou venosa, por meio da cor do sangue que extravasa pela seringa[3]. O sangue venoso se identifica por sua cor mais escurecida, conhecida como vermelho-escuro, enquanto o sangue arterial caracteriza-se por sua cor mais intensa, conhecida como vermelho-vivo[3] (Figura 25.4). As principais diferenças estão listadas na Tabela 25.2.

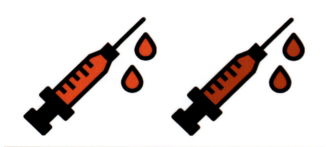

Figura 25.4. Representação das cores do sangue arterial e venoso, respectivamente. Fonte: Velho GCM, Carvalho OA, 2020.

■ O QUE É ACESSO VENOSO?

Definição e funções

O acesso venoso caracteriza-se por diferentes procedimentos com um objetivo em comum: acessar a corrente sanguínea através das veias.[3] É um dos procedimentos mais realizados no ambiente intra-hospitalar. Nos Estados Unidos, por exemplo, estima-se que 85% dos pacientes que são hospitalizados recebem terapia intravenosa.[4] Esse método dispõe de diversas finalidades como a monitorização hemodinâmica, a manutenção de uma via de infusão de soluções ou de medicações, a nutrição parenteral prolongada, a hemodiálise e a coleta de amostras sanguíneas para análises laboratoriais.[1]

A função de atuar como via de infusão de medicamentos é muito visada para a administração de altas doses dessas substâncias em um curto período de tempo. O acesso venoso permite administrar a medicação com o máximo de biodisponibilidade da droga no plasma, uma vez que o medicamento não passará por absorção e nem pela metabolização hepática, etapas pelas quais a droga administrada por via oral haveria de passar.[5]

Por meio do acesso venoso, a droga será imediatamente distribuída para o corpo inteiro por meio da circulação sanguínea, atingindo seu efeito mais rapidamente se comparado a qualquer outra via de administração. Em razão disso, o acesso venoso é considerado a melhor forma de administrar medicamentos em emergências médicas.[5]

Os acessos venosos podem ser feitos de várias formas, sendo as principais o acesso venoso central e o acesso venoso periférico. O primeiro é caracterizado pela introdução de um cateter em uma veia calibrosa

Tabela 25.2. Características do sangue venoso e arterial

	SANGUE VENOSO	**SANGUE ARTERIAL**
Gases	Pobre em O_2 e rico em CO_2	Pobre em CO_2 e rico em O_2
Cor	Vermelho escuro	Vermelho vivo
Representação	Normalmente, é representado em azul	Normalmente, é representado em vermelho
Vasos Sanguíneos	Circula pelas artérias pulmonares, veias, vênulas e capilares	Circula pelas veias pulmonares, artérias, arteríolas e capilares

Fonte: Velho GCM, Carvalho OA, 2020; Adaptado de: Forsyth JM, Shalan A, Thompson A. Venous Access Made Easy. 1st ed. CRC Press: Taylor & Francis Group, 2019.

do corpo – como as veias jugular interna, subclávia, femoral – e o segundo é definido pela inserção de um cateter nos membros – pernas, braços e mãos.[3]

É importante fazer uma avaliação adequada do paciente, tendo em mente o objetivo a ser atingido para que se possa definir o tipo de procedimento a ser feito.[3]

Indicações

As indicações para a realização de um acesso venoso são amplas. É importante ressaltar que, em situações emergenciais, o período de tempo que o paciente pode aguardar é relativamente menor que em situações eletivas. Essa questão influencia diretamente na escolha do procedimento a ser tomado, a partir da necessidade do paciente.[3]

Algumas das principais indicações são:

- Antibioticoterapia intravenosa.
- Administração de medicação, fluidos ou sangue intravenosa.
- Nutrição parenteral total.
- Quimioterapia.
- Inserção de contraste para intervenções radiológicas em tomografia computadorizada (TC).
- Acesso para diálise.

Anamnese

Em casos de indicação de acesso venoso, é necessário realizar uma anamnese direcionada, para que se possa escolher o acesso a ser executado.[3] Algumas perguntas que devem ser feitas sobre a história clínica do paciente são:

Qual acesso é a escolha preferencial do paciente?

Por exemplo, um paciente destro pode preferir utilizar a mão direita. Lembre-se de perguntar se ele prefere que o cateter seja inserido no braço esquerdo. Sempre que possível, utilize o lado de preferência do paciente.[3]

O paciente já recebeu outros acessos venosos?

Alguns procedimentos, como diálise e marcapasso, podem distorcer a anatomia normal do corpo humano, e até causar fibroses e tromboses. O profissional deve estar atento a esse histórico.[3]

Há algum histórico de trauma, radioterapia, cirurgia do pescoço ou cirurgia do membro superior?

Alguns desses fatores podem causar compressão ou fibrose da veia, os quais podem resultar em estenose ou até obstrução desse vaso. Desse modo, essa pergunta é importante para conhecer alguns desafios que poderão existir durante o procedimento do acesso venoso.[3]

Há algum fator de risco para hemorragia ou trombose venosa?

Atenção para pacientes que utilizam anticoagulantes ou antiplaquetários, pois estes terão maior risco de hemorragia. Para um acesso periférico, normalmente isso não é um problema. Entretanto, para um acesso central ou acessos implantados, essa pergunta possui grande relevância.[3]

Atenção também para os pacientes com maior risco de trombose venosa, pois estes possuem um maior risco de desenvolver embolismo pulmonar.[3]

Lembre-se que a escolha para o procedimento de acesso venoso deve ser flexível e individualizada para cada paciente.[3]

Diferenças entre o acesso venoso e o acesso arterial

Para realizar um desses cateterismos, o médico precisa avaliar de forma rápida e cuidadosa a necessidade de submeter o paciente a um destes procedimentos. O profissional deverá escolher inicialmente entre realizar um acesso venoso ou um acesso arterial, já que cada um desses possui diferentes objetivos.[1]

Em uma UTI, a canulação arterial é costumeiramente indicada para o (a):

- Monitorização contínua da pressão arterial (PA), para evitar desconfortos e lesões provocados pela punção arterial frequente.[1]
- Coleta de amostras sanguíneas arteriais, sem causar distúrbios do estado basal.[1]
- Posicionamento percutâneo de balão intra-aórtico de contra-pulsação.[1]

É válido lembrar que, quando nos deparamos com pacientes em instabilidade hemodinâmica, especialmente aqueles acompanhados de elevada resistência vascular sistêmica, é possível registrarmos discrepâncias significativas no que tange à mensuração da pressão arterial, se compararmos os métodos não invasivos com o método de mensuração direta através de um cateter intra-arterial. Essa discrepância pode, sem dúvidas, implicar em erros de avaliação e terapêuticos grosseiros e inaceitáveis.[6]

Além disso, a mensuração frequente, acurada e direta da PA é fundamental em pacientes que requerem doses fracionadas e ajustáveis de fármacos vasoativos potentes, como catecolaminas e vasodilatadores.[6]

■ TIPOS DE ACESSO VENOSO

Central

A canulação venosa central é definida como o posicionamento de um dispositivo apropriado de acesso vascular cuja extremidade atinja a veia cava superior ou inferior, independentemente do local de inserção (Figura 25.5). Esse acesso pode ser feito através de diferentes veias, sendo as mais utilizadas as veias jugular interna, jugular externa, subclávia e femoral comum.[1]

O acesso venoso central é utilizado principalmente em UTI, para a administração de grandes doses de medicamentos. Por exemplo, quando o medicamento possui um pH < 5 ou > 9, o acesso venoso central deve ser altamente considerado.[3] Não é muito utilizado em meio extra hospitalar devido ao alto risco de infecção. Somente médicos podem puncionar o acesso venoso central.[3]

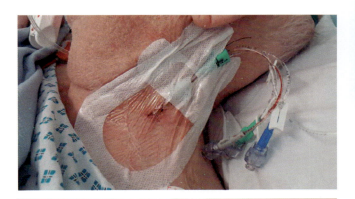

Figura 25.5. Cateter venoso central em veia jugular interna. Fonte: Forsyth JM, Shalan A, Thompson A. Venous Access Made Easy. 1st ed. CRC Press: Taylor & Francis Group, 2019.

Periférico

O acesso venoso periférico é um dos principais procedimentos utilizados na sala de emergência. Serve para administrar medicações, hemoderivados e drogas vasoativas.[1] Pode ser utilizado em meio extra hospitalar com mais facilidade que o acesso central, pois possui menor risco de complicações.

Esses acessos podem ser puncionados por técnicos de enfermagem, enfermeiros e médicos. Se a previsão de internação ou terapia for de até 6 dias, o acesso periférico é recomendado.[1]

Central de inserção periférica

O acesso venoso central de inserção periférica possui um design similar ao acesso periférico (Figura 25.6). Entretanto, o cateter possui maior comprimento para que a extremidade possa permanecer posicionada no sistema venoso central, como, por exemplo, na veia cava superior[3]. Normalmente, é inserido por meio da orientação de raio X ou de ultrassom e é utilizado quando um acesso venoso central de média a longa duração é demandado.[3]

Pode ser usado para quimioterapias e para nutrição parenteral total. Dispõem de duração de até 1 ano se estiverem bem cuidados e conservados. Se a terapia durar mais de 6 dias, recomenda-se utilizar um cateter central de inserção periférica.[3]

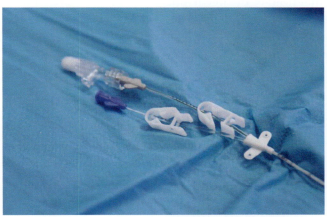

Figura 25.6. Cateter central de inserção periférica com lúmen duplo. Fonte: Forsyth JM, Shalan A, Thompson A. Venous Access Made Easy. 1st ed. CRC Press: Taylor & Francis Group, 2019.

Umbilical

O acesso venoso umbilical é utilizado em UTIs neonatais para obter acesso emergencial em recém nascidos (RN). O procedimento é feito por meio da introdução de um cateter pela veia umbilical, seguindo até a veia cava inferior[9] (Figura 25.7). Deve ser feito somente em RN que necessitam de infusão contínua e apresentam dificuldade para punção de acesso periférico. De acordo com a ANVISA, os cateteres umbilicais só devem ser utilizados por, no máximo, 14 dias.[9]

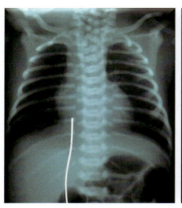 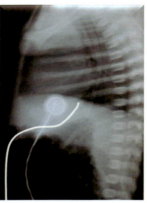

Figura 25.7. Percurso do cateter venoso umbilical em uma radiografia de tórax, em incidência anteroposterior (à esquerda) e lateral (à direita). Acurácia da radiografia de tórax para o posicionamento do cateter venoso umbilical. Fonte: Guimarães AFM, Souza AACG, Bouzada MCF, Meira ZMA. Accuracy of chest radiography for positioning of the umbilical venous catheter. J Pediatr (Rio J) [1678-4782] 2017 Mar-Apr [cited 2020 Oct 15]; 93(2):172-8.

Implantado

Conhecido como Port-a-cath®, esses cateteres centrais tunelizados de longo prazo totalmente implantáveis são mais comumente inseridos nas veias subclávia ou jugular interna, sob a pele da parede torácica[3] (Figura 25.8). Em contraste com os cateteres tunelizados, um corte cirúrgico abre uma bolsa na parede torácica para permitir que o acesso seja inserido, permitindo que o cateter se conecte a ele. Uma vez que a ferida é fechada, o acesso pode ser encontrado ao inserir uma agulha através da pele[10].

Eles são particularmente benéficos para pacientes que requerem quimioterapia e que desejam uma opção de acesso venoso mais discreto. Eles exigem a inserção por um especialista em cirurgia vascular no centro cirúrgico com utilização de raio X[10].

O paciente poderá precisará de anestesia geral, embora uma abordagem com anestésico local e sedação seja possível. Esses acessos também podem ser feitos através do sistema de veia cava superior por cateterização da veia axilar ou por veias mais superficiais como as veias jugular externa, cefálica e basílica. Excepcionalmente, as veias femoral ou safena magna também podem servir de acesso quando há trombose do sistema da veia cava superior.[3,10]

Semi-implantado

Os cateteres semi-implantados são introduzidos na pele e passam por um trajeto subcutâneo até o sítio de introdução em alguma veia central. Desse modo, o cateter entra na veia até que a sua extremidade atinja a posição próxima à junção átrio-cava.[10] Esse tipo de implantação utiliza cateteres tunelizados, os quais têm maior durabilidade, pois o trajeto subcutâneo é um fator protetor contra infecções.[10]

Há dois tipos principais de cateteres semi-implantáveis: Hickman®, que é um modelo mais maleável e com ponta simétrica dos lúmens, e o Permcath®, de maior rigidez, com pontas capazes de minimizar a recirculação do sangue. Os dois tipos possuem um anel de Dacron®, posicionado no interior do subcutâneo. Esse anel provoca uma reação inflamatória e consequente aderência, o que garante uma melhor fixação do dispositivo.[10]

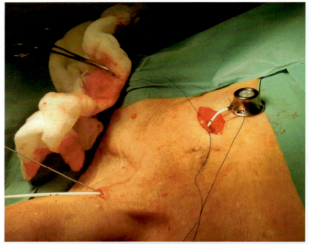
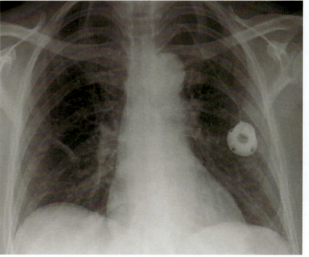

Figura 25.8. Acesso visível antes de ser fixado sob a pele na parede torácica (*esquerda*). Cateter totalmente implantado na veia jugular interna esquerda (*direita*). Fonte: Forsyth JM, Shalan A, Thompson A. Venous Access Made Easy. 1st ed. CRC Press: Taylor & Francis Group, 2019.

Tabela 25.3. Diferença entre os cateteres

CATETER	DURAÇÃO	INSERÇÃO/POSIÇÃO DA EXTREMIDADE	FREQUÊNCIA DE USO
CVC de curta duração	Até 3 semanas	Central/Central	Contínuo
PICC	Até 12 meses	Periférica/Central	Contínuo/Intermitente
Semi-implantáveis	Meses a anos	Central/Central	Contínuo/Intermitente
Totalmente implantáveis	Anos	Central, Periférica/Central	Intermitente

CVC: cateter venoso central; PICC: cateter central de inserção periférica;

Fonte: Velho GCM, Carvalho OA, 2020; Adaptado de: Zerati AE, Wolosker N, Luccia N, Puech-Leão P. Cateteres venosos totalmente implantáveis: histórico, técnica de implante e complicações. J Vasc Bras [1677-7301] 2017 Apr-Jun [cited 2020 Oct 15]; 16(2):128-39.

Diferença entre os cateteres

A Tabela 25.3 especifica as diferenças entre os diversos cateteres.

■ DISPOSITIVOS UTILIZADOS

Cânulas

Cânulas são dispositivos curtos para acesso periférico (Figura 25.9) preconizadas para utilização em breves períodos de tempo (menores que 96 horas). Elas são comumente inseridas na parte posterior da mão ou na fossa antecubital. Podem ser inseridas no paciente apenas pela referência visual do operador, porém, o uso de ultrassom pode ajudar em casos em que haja dificuldade para canulação.[3] Para uso adulto, existem vários tamanhos de cânulas, como mostra a Tabela 25.4.

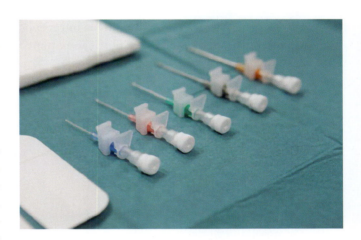

Figuras 25.9. Cânulas de diferentes espessuras. Fonte: Forsyth JM, Shalan A, Thompson A. Venous Access Made Easy. 1st ed. CRC Press: Taylor & Francis Group, 2019.

Tabela 25.4. Cânulas

TAMANHO	COR	QUOCIENTE DE VAZÃO (ML/MIN)	USOS
14G	LARANJA	240 mL/min	• Hemorragias graves; • Reposições rápidas de grande volume de fluidos;
16G	CINZA	180 mL/min	• Traumas; • Cirurgias complexas; • Hemorragias gastrointestinais; • Grandes volumes de fluidos
18G	VERDE	90 mL/min	• Derivados do sangue; • Utilização de contraste;
20G	ROSA	60 mL/min	• Uso geral; • Manutenção de fluidos; • Antibióticos intravenosos;
22G	AZUL	36 mL/min	• Veias da mão menores ou mais frágeis;

Fonte: Velho GCM, Carvalho OA, 2020; Adaptado de: Forsyth JM, Shalan A, Thompson A. Venous Access Made Easy. 1st ed. CRC Press: Taylor & Francis Group, 2019.

Cateter tunelizado

Esses cateteres são utilizados nos casos em que o acesso central de longo prazo é necessário. Eles são inseridos nas veias subclávia ou jugular interna através da pele da parede torácica[3] (Figura 25.11). O cateter normalmente possui um manguito, que cria uma reação fibrótica sob a pele da parede torácica para ajudar a selar o acesso no lugar, evitando o fácil deslocamento e a disseminação proximal da infecção.[3]

Eles são inseridos por especialistas endovasculares e equipe de enfermagem especializada sob orientação de raio X (Figura 25.11). Geralmente são inseridos com o paciente acordado com anestésico local. Esses acessos podem ser usadas para antibióticos intravenosos de longo prazo, quimioterapia e nutrição parenteral total. Se bem cuidados, podem durar anos.[3]

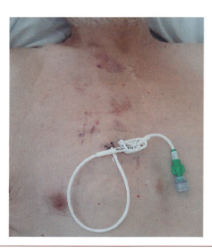

Figura 25.10. Cateter tunelizado para tratamento de endocardite infecciosa com antibióticos intravenosos de longo prazo. Fonte: Forsyth JM, Shalan A, Thompson A. Venous Access Made Easy. 1st ed. CRC Press: Taylor & Francis Group, 2019.

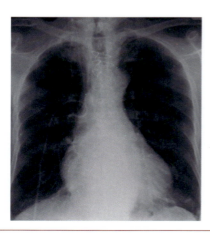

Figura 25.11. Checagem de acesso com cateter tunelizado a partir de exame de raio X. Fonte: Forsyth JM, Shalan A, Thompson A. Venous Access Made Easy. 1st ed. CRC Press: Taylor & Francis Group, 2019.

■ ACESSO VENOSO CENTRAL

Em 1929, Werner Forssmann foi descrito como o primeiro médico a manipular dispositivos para efetuar a cateterização venosa central, como agulhas longas e de grosso calibre. Em 1952, Aubaniac realizou ressuscitações volêmicas rápidas em feridos da Guerra da Coreia, por meio de punção percutânea da veia subclávia. Ao longo da história, o uso de cateteres venosos centrais tem se tornado cada vez mais rotineiro e indispensável em unidades de tratamento intensivo, além de salas de emergência e de cirurgia.[1]

O procedimento de cateterismo venoso central permite a administração de drogas intravenosas, a aplicação de soluções cristaloides e nutricionais, a infusão de quimioterápicos, a transfusão de hemoderivados e a coleta de amostras de exames laboratoriais.[1] Numerosas complicações associadas ao uso de cateteres venosos centrais têm sido descritas na literatura, uma vez que se trata de uma técnica considerada invasiva e que acarreta risco de morbimortalidade para os pacientes.[1] Desse modo, um bom conhecimento de anatomia, a utilização de critérios rigorosos de indicação do procedimento, a adesão aos passos técnicos preconizados para a realização do acesso vascular, a obediência integral às regras de assepsia e antissepsia e, também, cuidados essenciais com o uso e a manutenção do cateter são aspectos fundamentais para se diminuir a incidência de complicações tanto imediatas quanto tardias.[1]

Indicações clínicas

As principais indicações para utilização de acesso venoso central incluem:[1]

- Monitorização hemodinâmica invasiva.
- Acesso vascular para a infusão de soluções irritantes ou hiperosmóticas.
- Terapêutica substitutiva renal de urgência, como hemofiltração ou hemodiálise.
- Alternativa a situações de punções venosas de repetição.
- Acesso vascular de longo prazo para nutrição parenteral prolongada ou quimioterapia.
- Estimulação cardíaca artificial temporária.
- Acesso venoso em pacientes com impossibilidade de acesso venoso periférico.

Locais de inserção

Qual é o melhor sítio anatômico ou local de inserção para se obter um acesso venoso central? Essa é uma dúvida recorrente entre estudantes acadêmicos. A resposta é: não existe um lugar que seja considerado o melhor.[1] Cada topografia apresenta características anatômicas e complicações em potencial específicas. A escolha da técnica a ser utilizada e a escolha do vaso a ser puncionado e canulado devem-se basear na condição clínica do paciente, na experiência do operador e na indicação para a inserção. O responsável pelo procedimento deve realizar a técnica no sítio que tenha mais prática, desde que não haja nenhuma contraindicação específica para aquele sítio[1]. Frequentemente, levando-se em consideração uma combinação de fatores como a facilidade de inserção, razões de utilização e menor risco de complicações, os autores indicam os sítios anatômicos: veia jugular interna (VJI), veia jugular externa (VJE), veia subclávia (VSC) e veia femoral comum (VF).[1]

Veia jugular interna (VJI)

A veia jugular interna é uma das veias mais usadas para acesso venoso central, por favorecer o acesso às grandes veias torácicas e por apresentar baixos índices de complicações graves. Nesse caso, dá-se preferência à veia jugular interna direita, uma vez que o trajeto até a veia cava superior – e, consequentemente, até o átrio direito – é mais retilíneo se comparado ao trajeto do lado esquerdo. Do lado direito, há, portanto, uma menor possibilidade de mau posicionamento do cateter inserido.[1]

Essa veia é formada pela junção do sangue provindo do seio sigmoide da dura-máter e da veia facial comum, promovendo uma drenagem venosa das estruturas do crânio. Ela está frequentemente associada à artéria carótida comum e ao nervo vago por meio da bainha carotídea, que envolve essas três estruturas. A veia, a artéria e o nervo estão posicionados embaixo do músculo esternocleidomastoideo. Esse músculo possui duas cabeças: a cabeça esternal, que se origina no manúbrio do esterno, e a cabeça clavicular, na porção média da clavícula. Sua inserção localiza-se no processo mastoide do osso temporal e na linha nucal superior do osso occipital[11] (Figuras 25.12 e 25.13)

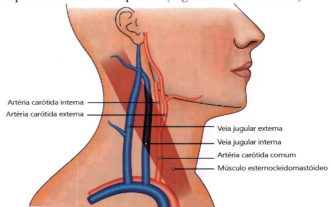

Figura 25.13. Veias jugulares internas. Fonte: Forsyth JM, Shalan A, Thompson A. Venous Access Made Easy.1st ed. CRC Press: Taylor & Francis Group, 2019.

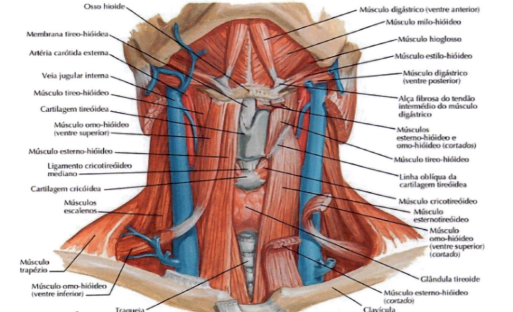

Figura 25.12. Músculos infra-hióideos e supra-hióideos. Fonte: Netter FH. Netter Atlas De Anatomia Humana. 7th ed. Elsevier, 2019.

Referências anatômicas da veia jugular interna

- Identifique a linha que vai do processo mastoide até a inserção esternal do músculo esternocleidomastoideo.[1]
- Localize o ápice do triângulo formado pelas duas cabeças do músculo esternocleidomastoideo.[1]
- Palpe a pulsação da artéria carótida – medial ao bordo interno do músculo esternocleidomastoideo.[1]
- Identifique visualmente, ou por palpação, a posição da veia jugular externa, para evitar sua punção acidental.[1]

A VJI direita, portanto, corre ao longo da linha descrita acima, a partir do ápice do triângulo formado pelas duas bordas do músculo esternocleidomastoideo, lateral à artéria carótida. Usando essas referências anatômicas, posicione a agulha o mais próximo possível do ápice desse triângulo, distanciando-se da clavícula para evitar lesão pleural.[1]

Vantagens, desvantagens, contraindicações e possíveis complicações

A veia jugular interna é contraindicada em casos de discrasias sanguíneas graves, anticoagulação terapêutica, endarterectomia de carótida ipsilateral e tumores cervicais – ou com extensão intravascular – para o átrio direito.[1]

Esse vaso tem menor risco de complicações graves em relação à veia subclávia. É relativamente superficial e, portanto, compressível manualmente, o que facilita o acesso a esse vaso e às estruturas subjacentes caso haja necessidade de controle cirúrgico de complicações. Em discrasias sanguíneas de moderada gravidade, sua punção é possível, utilizando-se a técnica de Seldinger de forma cuidadosa.

Em relação às suas desvantagens, a punção da veia jugular interna é difícil em pessoas com pescoço curto e em obesos. Esse vaso também tem anatomia menos fixa. Já na hipovolemia, a VJI tende a colabar, tornando-se difícil localizá-la com a agulha de punção. Ademais, o local é muito móvel, o que dificulta a manutenção de um curativo seco e estéril, bem como facilita a perda do cateter por tração acidental.[1]

As complicações comumente relatadas são punção acidental de carótida, formação de hematomas, punção acidental da traqueia, lesão de nervo recorrente laríngeo, embolia aérea, pneumotórax, trombose, flebite, sepse, perda e embolia do cateter, além de lesão cardíaca provocada pelo cateter.[1]

Veia subclávia (VSC)

A veia subclávia foi um dos primeiros vasos a ser utilizado para acesso venoso central percutâneo na prática médica, sendo um procedimento extremamente útil em pacientes de UTI. No entanto, por apresentar certas complicações, que, embora raras, são potencialmente fatais, sua indicação deve ser feita com parcimônia, principalmente em pacientes de alto risco, como doentes pulmonares crônicos, com síndrome do desconforto respiratória agudo, discrasias sanguíneas, deformidades torácicas etc.[1]

Nesse caso, dá-se preferência à veia subclávia direita, por duas razões: a cúpula pleural do lado direito é mais baixa, o que gera um menor risco de pneumotórax; além disso, o ducto torácico desemboca na veia subclávia esquerda, o que geraria um maior risco de quilotórax[1]. Não deve ser o procedimento de primeira escolha para a cateterização venosa central. Deve-se lembrar que: quanto menor o grau de experiência do profissional operador em punções venosas percutâneas, maior a incidência de complicações.[1]

A veia subclávia corre por baixo da clavícula, medial ao ponto hemiclavicular, anterior à artéria e também anterior ao plexo braquial[1] (Figura 25.14).

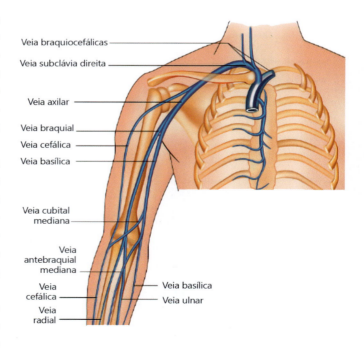

Figura 25.14. Veia subclávia direita. Fonte: Forsyth JM, Shalan A, Thompson A. Venous Access Made Easy. 1st ed. CRC Press: Taylor & Francis Group, 2019.

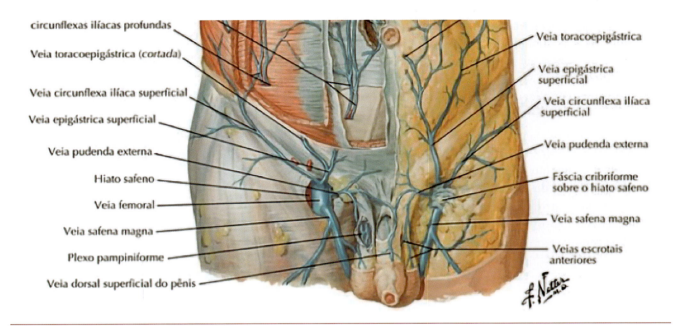

Figura 25.15. Parede abdominal. Fonte: Netter FH. Netter Atlas De Anatomia Humana. 7th ed. Elsevier, 2019.

Referências anatômicas da veia subclávia

- Identifique e demarque a linha coracoclavicular. Essa linha vai da borda superior da cabeça medial da clavícula à borda inferior do processo coracoide.[1]
- Demarque a linha infraclavicular.[1]
- Identifique o ponto de cruzamento da linha coracoclavicular com a linha infraclavicular, que é geralmente na região médio-clavicular.[1]
- Marque um outro ponto cerca de 1,5 cm (uma polpa digital) para fora do cruzamento das duas linhas. A veia subclávia corre paralela à linha coracoclavicular, por baixo da clavícula, justamente medial ao ponto hemiclavicular. Essa é uma maneira de identificar o local adequado para a punção da veia subclávia, como descrito por Tripathi & Tripathi.[1]

Obs.: pode-se também correr um dedo pelo sulco subclávio, identificando-se o triângulo deltopeitoral. Este também é um local apropriado para punção da veia subclávia, como descrito por Moran & Peoples.[1]

Vantagens, desvantagens, contraindicações e possíveis complicações

A veia subclávia é contraindicada em casos de discrasias sanguíneas de qualquer grau de gravidade, uso de coagulantes, em pacientes com doença pulmonar obstrutiva crônica e/ou enfisema – o que geraria um maior risco de pneumotórax –, trauma de clavícula, cirurgias prévias no local, deformidades torácicas acentuadas. Também é contraindicada durante a realização de manobras de ressuscitação cardiorrespiratória.[1]

Esse vaso apresenta anatomia relativamente fixa. No estado de choque hipovolêmico, a veia subclávia não colaba. Além disso, o local é relativamente imóvel, o que permite a manutenção de um curativo fixo e estéril, com menor perda acidental de cateteres.[1]

Em relação às suas desvantagens, a VSC apresenta alto risco de complicações graves e até mesmo fatais, como pneumotórax e hemotórax. O local não é compressível manualmente. Acessar esse vaso e suas estruturas subjacentes é altamente complexo; no caso de complicações que precisem de intervenções cirúrgicas, os índices de morbimortalidade são altos. Ademais, demanda que o profissional possua um grau alto de experiência em punções venosas centrais para minimizar possíveis complicações.[1]

As complicações comumente relatadas são punção acidental da artéria subclávia, hematomas, sangramentos, pneumotórax, hemotórax, quilotórax – especialmente nas punções do lado esquerdo –, embolia aérea, trombose, flebite, sepse, má posição do cateter e lesão cardíaca provocada pelo cateter.[1]

Veia femoral (VF)

A veia femoral (Figura 25.15) tem sido geralmente pouco utilizada para a cateterização venosa central prolongada, pela concepção de que apresenta um alto índice de complicações, como infecções e trombose.

No entanto, mais recentemente, a sua canulação tem sido retomada em algumas situações clínicas especiais, e até mesmo como um acesso preferencial em pacientes de UTI. Isso se deve principalmente ao seu baixo índice de complicações imediatas, além de permitir a passagem de cateteres de grosso calibre[1].

Referências anatômicas da veia femoral

- Localize o ligamento inguinal e palpe a artéria femoral logo abaixo do ligamento.[1]
- A veia femoral corre justa e medialmente à artéria. A sua localização é relativamente fixa, permitindo um alto grau de sucesso da punção.[1]

Vantagens, desvantagens, contraindicações e possíveis complicações

A veia femoral é contraindicada em casos de discrasias sanguíneas graves, uso de anticoagulantes e infecções locais.[1] Esse vaso apresenta anatomia relativamente superficial e de fácil acesso, com baixo risco imediato. Praticamente não se relatam complicações fatais relacionadas diretamente à técnica de punção. O local é compressível manualmente e de acesso cirúrgico fácil. A veia femoral também permite a passagem, com baixo risco, de cateteres de grosso calibre, sendo um acesso muito útil na ressuscitação do politraumatizado. Já na ressuscitação cardiorrespiratória pode ser um acesso

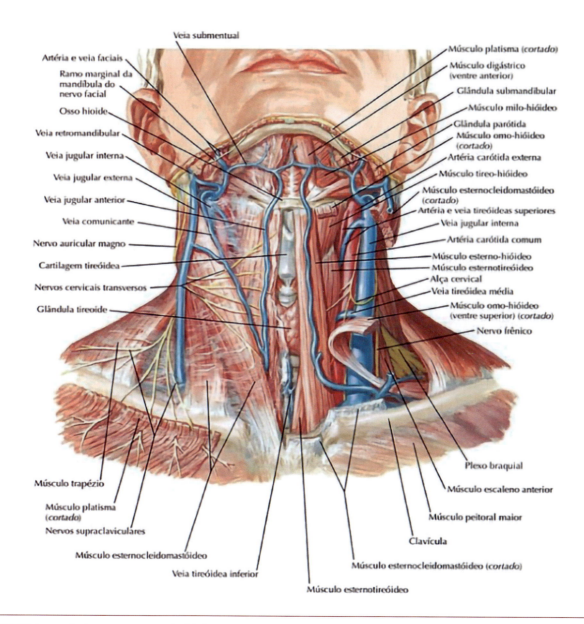

Figura 25.16. Anatomia do pescoço – prancha 31. Fonte: Netter FH. Netter Atlas de Anatomia Humana. 7th ed. Elsevier, 2019.

venoso útil, de baixo risco, não havendo necessidade de interrupção das manobras durante a sua punção.[1]

Em relação às suas desvantagens, o local é móvel, altamente úmido e potencialmente contaminado, dificultando a obtenção e manutenção de um curativo fixo e estéril. A VF apresenta, potencialmente, um maior risco de complicações infecciosas e trombóticas. Além disso, há necessidade do uso de cateteres mais longos para se atingir a circulação central.[1] As complicações comumente relatadas são punção inadvertida de artéria femoral, hematomas, trombose, flebite e sepse.[1]

Veia jugular externa (VJE)

A veia jugular externa (Figura 25.16) corre superficialmente sobre o músculo esternocleidomastoideo. É muito móvel e variável anatomicamente. Dessa forma, sua canulação segue os mesmos preceitos de orientação de um acesso venoso periférico.[1] As chances de sucesso da punção podem ser aumentadas pelo posicionamento do paciente em Trendelenburg e pela compressão digital da sua porção distal junto à clavícula, forçando o seu engurgitamento.[1]

O posicionamento de cateteres centrais por essa via é dificultado por dois motivos:
- A presença de válvulas.[1]
- Sua angulação em relação à veia subclávia, onde desemboca, fazendo com que o cateter tenda a dirigir-se para a veia axilar, mais do que para a veia cava superior.[1]

Vantagens, desvantagens e complicações comumente relatadas

A veia jugular externa apresenta praticidade e aprendizado fácil, além de possuir baixo risco de complicações imediatas.[1] Em relação às suas desvantagens, a sua anatomia é variável e o local é muito móvel, o que dificulta a manutenção de um curativo fixo e estéril. No choque hipovolêmico o acesso é difícil, pois tende a colabar. O posicionamento de um cateter central por essa via é errático. Ademais, esse vaso não permite o uso de soluções hipertônicas.[1] As complicações da VJE são relativamente raras. Podem incluir hematomas locais, trombose e flebite.[1]

Tabela comparativa entre vantagens e desvantagens dos sítios anatômicos

A Tabela 25.5 apresenta as vantagens e desvantagens dos diferentes sítios anatômicos para o acesso venoso central.

Procedimento geral

Independentemente do local e dispositivo selecionados para a punção, é importante que se explique ao paciente consciente toda a sequência dos procedimentos a que ele será submetido, além de obter seu consentimento. Isso faz parte das normas éticas de uma boa prática clínica e também facilita a cooperação do paciente com o operador durante o procedimento.[1]

Toda punção intravascular central deve ser considerada um ato cirúrgico. Dessa forma, os cuidados de assepsia e antissepsia devem ser seguidos. Aconselha-se kits estéreis, pré-embalados, contendo o material mínimo necessário para a realização do procedimento, o que inclui anestésicos locais para a redução do desconforto do paciente.[1]

Posicionar corretamente o paciente e reconhecer os pontos de referência tradicionalmente descritos para orientar a punção vascular, através do tato e da visão do operador, aumentam as chances de sucesso do procedimento. Em geral, para acessar as veias subclávias, jugulares ou femorais, a posição supina é recomendada. Mais especificamente, o paciente deve estar em posição de Trendelemburg a 15°.[1]

Técnica de Seldinger

No início da década de 1950, o radiologista sueco Sven Ivar Seldinger desenvolveu uma técnica de punção venosa central, que ficou conhecida como "Técnica de Seldinger". Essa técnica minimamente invasiva é a mais utilizada atualmente para se conseguir acesso percutâneo aos vasos sanguíneos. É considerada relativamente segura, já que possui menor risco de complicações imediatas.[1,14]

O procedimento é feito a partir da punção de um vaso por uma agulha vazada, com orientação de técnicas de imagem, como o ultrassom, se necessário. Depois disso, um fio guia de ponta maleável é introduzido através do lúmen da agulha, que deve ser removida. Em seguida, o cateter é passado sobre o fio guia através do vaso e, então, o fio guia é retirado.[1,14]

Como exemplos, leia a seguir as orientações para a realização de um procedimento adequado nas veias jugular interna, subclávia e umbilical.[1,14]

Veia jugular interna
- Realize a antissepsia da pele e colocação de campos cirúrgicos, deixando expostos para visualização e palpação: a mastoide, a carótida, a clavícula, a

Tabela 25.5. Comparação de vantagens e desvantagens de sítios anatômicos para acesso venoso central

LOCAL	VANTAGENS	DESVANTAGENS
Veia jugular interna (VJI)	• Menor risco de pneumotórax iatrogênico; • Abordagem pela cabeceira do leito; • Baixo risco de falha por profissionais inexperientes; • A veia é mais superficial e compreensível manualmente; • O acesso cirúrgico à veia é fácil, se houver complicações;	• Não é ideal para acessos de tempo prolongado; • Risco de punção de carótida; • Desconfortável para o paciente; • Difícil manutenção do cateter e do curativo; • Risco de perfuração do ducto torácico, se punção realizada à esquerda; • Difícil identificação anatômica em pacientes obesos ou edemasiados; • Veia propensa a colabar em pacientes hipovolêmicos; • O local é muito móvel, o que facilita a perda do cateter;
Veia subclávia	• Fácil de manter o curativo e a fixação; • Mais confortável para o paciente; • Melhor identificação anatômica em pacientes obesos; • Local de inserção acessível durante o estabelecimento da via aérea; • Anatomia relativamente fixa; • No estado hipovolêmico, não colaba;	• Risco aumentado de pneumotórax iatrogênico; • Local não compreensível manualmente; • Menor risco de sucesso com profissionais inexperientes; • Mau posicionamento do cateter é mais comum; • Cateter afetado por compressões torácicas; • Trajeto mais longo da pele até o vaso;
Veia femoral	• Veia mais superficial e de melhor acesso; • Acesso rápido com alta taxa de sucesso; • Não interfere nas manobras de RCP; • Não interfere na intubação orotraqueal; • Não há risco de pneumotórax; • Não é necessária a posição de Trendelemburg durante o procedimento;	• Demora da circulação de drogas durante a RCP; • Impede a mobilização do paciente; • Dificuldade de manter o local de inserção estéril (local mais úmido e potencialmente contaminado); • Risco aumentado de trombose ileofemoral; • Necessidade de cateter mais longo;
Veia jugular externa (VJE)	• Praticidade e aprendizado fácil; • Baixo risco de complicações imediatas;	• Anatomia variável; • Local muito móvel, dificultando a manutenção do acesso; • No choque hipovolêmico, tende a colabar; • Não permite o uso de soluções hipertônicas;

Fonte: Velho GCM, Carvalho OA, 2020; Adaptado de: Araújo S. Acessos Venosos Centrais e Arteriais Periféricos: aspectos técnicos e práticos. Rev Bras Ter Intensiva 2003; 15(2):70-82 e de Schwan BL, Azevedo EG, Costa LB. Acesso Venoso Central. Acta méd. (Porto Alegre) 2012; 33(1):4.

fúrcula esternal e borda lateral do músculo esterno-cleidomastoideo.[1]

• Posicione o paciente em Trendelenburg, com a face voltada para o lado oposto ao da punção.[1]

• Infiltre a pele com solução anestésica.[1]

• Com uma agulha fina (22G), adaptada a uma seringa contendo solução salina fisiológica, avance em um ângulo inclinado de 30° em relação à pele, apontando-a para o mamilo ipsilateral. Lembre-se de sempre aplicar uma leve força de aspiração.[1]

  • A veia jugular interna é relativamente superficial em relação à pele, de 2 cm a 3 cm de profundidade. Para evitar punção da carótida, deve-se localizá-la por palpação e introduzir a agulha lateralmente à artéria.[1]

• Uma vez localizada a veia jugular interna, remova a agulha fina.[1]

• Com uma agulha 18G adaptada à seringa, puncione a veia obedecendo sempre ao ângulo e à direção utilizados para localizá-la. O sangue deve fluir fácil e livremente para dentro da seringa.[1]

• Reduza o ângulo de inclinação da agulha em relação à pele para mantê-la mais alinhada com a veia.[1]

• Desconecte a seringa e observe se não há fluxo sanguíneo pulsátil (arterial) pela agulha. O sangue venoso flui de maneira contínua.[1]

• Deve-se manter o orifício externo da agulha ocluído com o dedo para evitar o risco potencial de embolia aérea, especialmente em pacientes hiperpneicos e em respiração espontânea, que podem gerar altos valores de pressão negativa intrapleural.[1]

• Insira o fio guia suavemente para dentro do vaso. O fio deve progredir sem nenhuma resistência.[1]

• Retire a agulha.[1]

- Com o fio guia em posição, faça uma pequena incisão, de aproximadamente 3mm de extensão, com uma lâmina de bisturi, junto à sua entrada na pele. Isso facilitará a passagem do dilatador venoso.[1]
- Vista o fio guia com o dilatador e empurre todo o conjunto para dentro da veia. Em seguida, remova o dilatador, mantendo o fio guia em posição.[1]
- Comprima o orifício de entrada na pele para evitar sangramentos desnecessários.[1]
- Vista o fio guia com o cateter e introduza o conjunto todo para dentro do vaso. Em seguida, retire o fio guia.[1]
- Realize o teste do refluxo de sangue através dos lúmens do cateter, que deve ser livre e fácil. Fixe-o à pele.[1]
- Aplique o curativo apropriado.[1]

Veia subclávia

- Realize a antissepsia da pele e colocação de campos cirúrgicos, deixando expostos para visualização e palpação: os terços médio e interno da clavícula e a fúrcula esternal.[1]
- Posicione o paciente em Trendelenburg, com a face ligeiramente voltada para o lado oposto ao da punção. De modo opcional, um coxim interescapular pode ser colocado sob o paciente para melhor ressaltar a região infraclavicular.[1]
- Infiltre o local identificado para a punção com solução anestésica.[1]
- Adapte uma agulha longa (18G) a uma seringa preenchida com solução salina e introduza-a rente à borda inferior da clavícula, direcionando-a para a fúrcula esternal.[1]
  - A veia subclávia é relativamente profunda. Ao ser puncionada, o sangue deve fluir fácil e livremente para dentro da seringa.[1]
- Desconecte a seringa da agulha e observe se não há fluxo sanguíneo pulsátil (arterial). O sangue venoso flui de maneira contínua.[1]
- Mantenha o orifício externo da agulha ocluído com o dedo para evitar o risco potencial de embolia aérea, especialmente em pacientes hiperpneicos, em respiração espontânea.[1]
- Insira o fio guia suavemente para dentro do vaso, que deve progredir sem nenhuma resistência. Retire a agulha.[1]
- Siga a partir do passo 10 do procedimento para a veia jugular interna.[1]

Obs.: a VSC pode também ser puncionada por via supraclavicular. A agulha é introduzida rente à borda superior interna da clavícula, na bissetriz do ângulo formado por esta e o bordo medial do músculo esternocleidomastoideo, sendo direcionada para um ponto entre o mamilo contralateral ou porção média do manúbrio esternal. Esse tipo de acesso para punção da VSC é pouco utilizado na prática clínica por ser de alto risco.[1]

Veia Umbilical

- Preparar o material.[8]
- Colocar o paciente em posição supina.[8]
- Medir a distância ombro-umbigo com fita métrica e verificar na tabela o tamanho de cateter a ser introduzido.
- Precauções padrão: usar máscara, touca, avental estéril, luvas estéreis.[8]
- Limpar a área do cordão umbilical com solução antisséptica e colocar campos estéreis.[8]
- Amarrar um pedaço de fita cardíaca na base e cortar a parte excedente do cordão umbilical.[8]
- Identificar duas artérias e uma veia.[8]
- Utilizar uma pinça curva para segurar o umbigo na vertical firmemente.[8]
- Se cateterismo arterial, usar uma pinça íris sem dentes para abrir delicadamente a artéria.[8]
- Introduzir o cateter delicadamente até a distância estabelecida.[8]
- Checar se o cateter reflui.[8]
- Procurar sinais de isquemia em pés, se realizado cateterismo arterial.[8]
- Retirar a fita cardíaca e suturar em bolsa ao redor do cateter, fixando separadamente artéria e veia.[8]
- Retirar os campos.[8]
- Radiografar tórax e abdome para verificar a posição dos cateteres.[8]

Técnica guiada por ultrassom

Durante a técnica de punção com auxílio do ultrassom, podemos visualizar os vasos sanguíneos por meio de duas orientações: transversal e longitudinal. Na orientação transversal, o vaso aparecerá no formato redondo (Figura 25.17). A punção for feita no região do centro do transdutor utilizado significa uma punção no centro do vaso. Na orientação longitudinal, o vaso aparecerá na tela como uma estrutura escura (preta) atravessando a tela (Figura 25.18). Quando a punção for feita e o fio-guia for introduzido nessa orientação, o profissional poderá vê-lo passando por dentro do vaso através do monitor.[3]

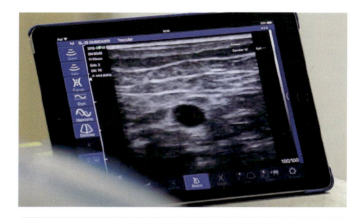

Figura 25.17. Veia em orientação transversal no ultrassom. Fonte: Forsyth JM, Shalan A, Thompson A. Venous Access Made Easy. 1st ed. CRC Press: Taylor & Francis Group, 2019.

Figura 25.18. Veia em orientação longitudinal no ultrassom. Fonte: Forsyth JM, Shalan A, Thompson A. Venous Access Made Easy. 1st ed. CRC Press: Taylor & Francis Group, 2019.

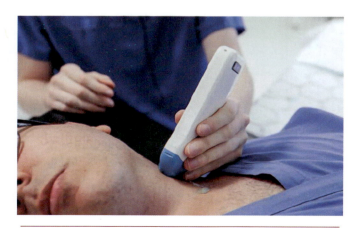

Figura 25.19. Pescoço sendo escaneado por ultrassom. Fonte: Forsyth JM, Shalan A, Thompson A. Venous Access Made Easy. 1st ed. CRC Press: Taylor & Francis Group, 2019.

Em caso de uma indicação para um acesso venoso central, o ultrassom pode ser utilizado para escanear a veia jugular interna, no pescoço. Nessa situação, peça para o paciente virar a cabeça para o lado oposto à região onde será inserido o cateter (Figura 25.19), para expor o músculo esternocleidomastóideo, que, como visto anteriormente, servirá de referência anatômica para se realizar o acesso na veia jugular interna.[3]

Posicione o transdutor no local indicado, na orientação transversal ou longitudinal, e faça os ajustes necessários no aparelho para otimizar sua visibilidade. Você deve avaliar se a veia do paciente está apta para receber um acesso checando sua compressibilidade e determinando seu tamanho e posição. É provável que, se a veia não for facilmente compressível, ela esteja ocluída. As veias ideais para canulação são grandes, compressíveis e distantes das principais estruturas neurovasculares[3] (Figura 25.20).

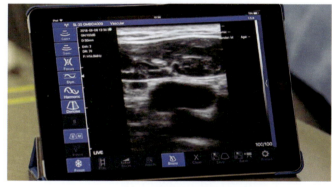

Figura 25.20. Veia jugular interna e artéria carótida localizadas abaixo do músculo esternocleidomastóideo. Fonte: Forsyth JM, Shalan A, Thompson A. Venous Access Made Easy. 1st ed. CRC Press: Taylor & Francis Group, 2019.

Alguns erros comuns para se evitar ao realizar um acesso venoso guiado por ultrassom são:[3]

- Focar demais nas suas próprias mãos e na agulha, ao invés de atentar-se à tela do ultrassom.
- Segurar o transdutor incorretamente.
- Aplicar muita pressão no transdutor, o que pode colapsar a veia.
- Puncionar em um ângulo inadequado.
- Não manter o vaso de interesse no centro da tela, o que impede uma visualização adequada.
- Não inserir a agulha na região central do transdutor.
- Realizar o procedimento em uma posição desconfortável e desfavorável.

25. Acessos Venosos

Tabela 25.6. Possíveis complicações do acesso venoso central.

	COMPLICAÇÕES
Imediatas	• **Infecciosa;** • **Mecânica - punção arterial; hemorragia; hemotórax; pneumotórax; arritmia; lesão do ducto torácico; tamponamento cardíaco;** • **Tromboembolismo - embolia aérea; embolia do fio guia;**
Tardia	• **Infecciosa - colonização no cateter; infecção sanguínea relacionada ao cateter;** • **Mecânica - erosão ou perfuração de veia; tamponamento cardíaco; quebra do cateter; estenose venosa;** • **Tromboembolismo - embolia aérea; trombo relacionado ao cateter; embolismo pulmonar;**

Fonte: Velho GCM, Carvalho OA, 2020; Adaptado de: Lockwood J, Desai N. Central Venous Access. Br J Hosp Med (Lond) [1759-7390] 2019 Aug [cited 2020 Oct 15]; 80(8): C114-C119.

Manutenção do cateter venoso central

Possíveis complicações do acesso venoso central

As complicações do acesso venoso central podem ser classificadas em imediatas e tardias, e subclassificadas em infecciosa, mecânica ou trombótica (Tabela 25.6). As evidências clínicas não são específicas: a febre é a mais sensível, mas não é específica; já a inflamação ou pus no sítio do acesso venoso é mais específico, mas menos sensível. Se houver suspeita de complicação, deve-se realizar uma decisão individual para potencial retirada do cateter[15].

Como remover o cateter venoso central

Antes de iniciar o procedimento, verifique os testes de coagulação do paciente: se houver plaquetopenia, reavalie a indicação de remoção do acesso. Verifique ainda se o paciente recebeu algum medicamento que afete a coagulação como anticoagulantes e fibrinolíticos; se sim, reavalie a indicação de remoção do acesso.[16]

Para a remoção do cateter:

- Oriente o paciente para permanecer em decúbito dorsal durante a aplicação de pressão necessária para conter o sangramento.[16]
- Prescreva analgésicos ou sedativos se necessário, pois pode ocorrer alteração hemodinâmica se o paciente estiver agitado, inadequadamente posicionado ou com dor.[16]
- Lave as mãos e siga os protocolos de higiene do local em que você está realizando o procedimento.[16]
- Prepare a bandeja estéril com alguns instrumentos necessários para retirar o acesso venoso, incluindo uma tesoura estéril para a sutura.[16]
- Retire roupas não estéreis do paciente.[16]

- Remova as suturas com a tesoura estéril; se houver um adesivo, use clorexidina para a remoção do adesivo.[16]
- Firme o cateter próximo ao sítio de inserção.[16]
- Tracione o cateter exteriorizando-o lentamente, com auxílio da pinça anatômica, se necessário.[16]
- Faça compressão no local por, no mínimo, 5 minutos utilizando gaze.[16]
- Meça o comprimento do cateter retirado e compare com a medida de inserção inicial.[16]
- Quando não houver mais sangramento, cubra cuidadosamente a área com um adesivo transparente, garantindo a oclusão do sítio.[16]
- Retire as luvas.[16]
- Despreze materiais utilizados para os procedimentos em lixeira adequada.[16]

Após a remoção do cateter, mantenha o paciente deitado e com mínima atividade por, pelo menos, 1 hora para acessos pela veia subclávia ou pela veia jugular e 2 horas para acessos femorais.[16]

> Após a remoção do cateter, é necessário garantir a hemostasia do paciente. Lembre-se de manter pressão contínua, direta e firme por, no mínimo, 5 minutos. Além disso, observe o local a cada 5 minutos e reaplique pressão por mais 5 minutos se ainda houver sangramento.[16]
>
> Atenção: a única forma de parar o sangramento, e garantir a oclusão, é por meio da garantia da hemostasia do paciente. Alterações hemodinâmicas podem facilitar a formação de hematoma, com consequente oclusão venosa, isquemia e formação de fístulas.[16]

Referências bibliográficas

1. Araújo S. Acessos Venosos Centrais e Arteriais Periféricos: aspectos técnicos e práticos. Rev Bras Ter Intensiva 2003; 15(2):70-82

2. Junqueira LC, Carneiro J. Histologia Básica. 12th ed. Guanabara Koogan, 2013.

3. Forsyth JM, Shalan A, Thompson A. Venous Access Made Easy. 1st ed. CRC Press: Taylor & Francis Group, 2019.

4. Mattox EA. Complications of Peripheral Venous Access Devices: Prevention, Detection, and Recovery Strategies. Crit Care Nurse [1940-8250] 2017 Apr [cited 2020 Oct 15]; 37(2):1-14. Available from: URL: https://aacnjournals.org/ccnonline/article/37/2/e1/20688/Complications-of-Peripheral-Venous-Access-Devices

5. Magalhães E, Govêia CS, Moreira LG. Farmacologia Aplicada a Anestesia. 1st ed. Fontanele Publicações, 2018.

6. Byrne, AL, Bennett M, Chatterji R, Symons R, Pace NL, Thomas PS. Systematic review of PVBG and ABG analysis. Respirology [1440-1843] 2014 Jan [cited 2020 Oct 15]; 19(2):168-175. Available from: URL: https://onlinelibrary.wiley.com/doi/full/10.1111/resp.12225

7. Kelly AM. Review article: Can venous blood gas analysis replace arterial in emergency medical care? Emerg Med Australasia [1742-6723] 2010 Dec [cited 2020 Oct 15]; 22(6):493-8. Available from: URL: https://pubmed.ncbi.nlm.nih.gov/21143397/

8. Ministério da Saúde. Atenção à Saúde do Recém-Nascido: Intervenções Comuns, Icterícia e Infecções. 2nd ed. Ministério da Saúde, 2013.

9. Guimarães AFM, Souza AACG, Bouzada MCF, Meira ZMA. Accuracy of chest radiography for positioning of the umbilical venous catheter. J Pediatr (Rio J) [1678-4782] 2017 Mar-Apr [cited 2020 Oct 15]; 93(2): 172-8. Available from: URL: http://www.scielo.br/scielo.php?script=sci_arttext&pid=S0021-75572017000200172&lng=en

10. Zerati AE, Wolosker N, Luccia N, Puech-Leão P. Cateteres venosos totalmente implantáveis: histórico, técnica de implante e complicações. J Vasc Bras [1677-7301] 2017 Apr-Jun [cited 2020 Oct 15]; 16(2):128-39. Available from: URL: https://www.scielo.br/scielo.php?pid=S1677=54492017005007103-&script-sci_arttext

11. Moore KL, Daley II AF. Anatomia Orientada para a Clínica. 7th ed. Guanabara Koogan, 2014.

12. Netter FH. Netter Atlas De Anatomia Humana. 7th ed. Elsevier, 2019.

13. Schwan BL, Azevedo EG, Costa LB. Acesso Venoso Central. Acta méd. (Porto Alegre) 2012; 33(1):4.

14. Seldinger SI. Catheter Replacement of the Needle in Percutaneous Arteriography: A new technique. Acta Radiologica 2010; 39(5): 368-76.

15. Lockwood J, Desai N. Central Venous Access. Br J Hosp Med (Lond) [1759-7390] 2019 Aug [cited 2020 Oct 15]; 80(8): C114-C119. Available from: URL: https://www.magonlinelibrary.com/doi/abs/10.12968/hmed.2019.80.8.C114

16. Velho MB, Jordão MM. Inserção, manutenção,manejo de complicações e retirada do catéter central de inserção periférica (CCIP) em recém-nascidos. 2nd ed. HU UFSC, 2017.

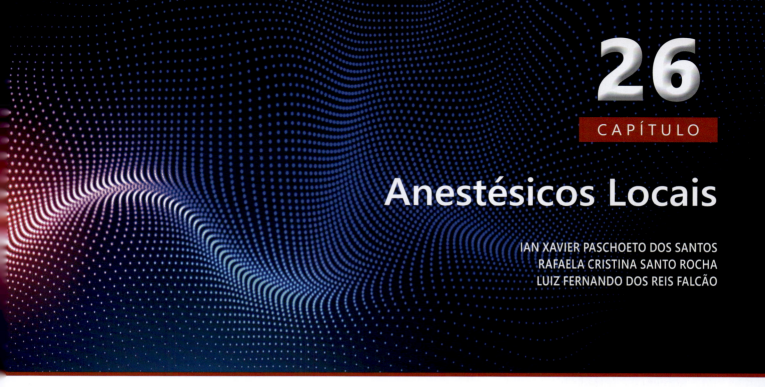

Anestésicos Locais

IAN XAVIER PASCHOETO DOS SANTOS
RAFAELA CRISTINA SANTO ROCHA
LUIZ FERNANDO DOS REIS FALCÃO

■ INTRODUÇÃO

A anestesia local surgiu há mais de 130 anos, poucas décadas após a primeira demonstração pública de uma anestesia geral efetiva. Descoberta pelo médico austríaco Karl Köller, à época com apenas 27 anos, a anestesia locorregional revolucionou a prática da medicina e representou um avanço inestimável no manejo da dor. Até o ano de 1884, o método mais eficaz para reduzir a sensibilidade de áreas periféricas era o resfriamento do local, com gelo, neve ou agentes voláteis sobre a pele, como o éter, substância que também foi utilizada como anestésico geral.[1]

De acordo com os compêndios de farmacologia da época, nenhuma aplicabilidade médica havia sido atribuída à cocaína, alcaloide obtido a partir da folha de coca, hoje considerada um entorpecente ilícito na maioria dos países. Com experimentações em si mesmo, em colegas e em cirurgias oftalmológicas, Karl Köller identificou propriedades anestésicas na referida substância, conferindo um uso médico inédito ao alcaloide isolado pela primeira vez em 1855, por Gaedicke.[1]

As descobertas de Köller estavam em sintonia com os achados de Sigmund Freud, descritos em sua obra "Über Coca". No entanto, as propriedades anestésicas da droga não haviam sido estudadas pelo pai da psicanálise, portanto, é incorreto atribuir a ele o pioneirismo no processo de implementação das práticas de anestesia locorregional.[1]

Com o estudo dos mecanismos pelos quais a cocaína e moléculas similares (amidas e ésteres) promoviam dessensibilização e analgesia, descobriu-se que os anestésicos locais agiam ao impedir temporariamente a transmissão de impulsos nervosos por meio do bloqueio de canais de sódio.[2]

Após a sintetização da lidocaína em 1948, a anestesia local evoluiu com mais segurança e estabilidade, motivos que justificam o amplo uso da referida molécula na prática anestesiológica contemporânea. Na Figura 26.1 é possível observar os anos de sintetização

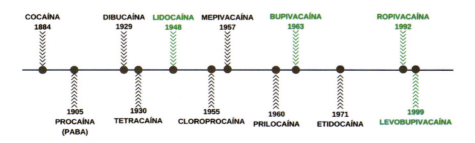

Figura 26.1. Linha do tempo dos anestésicos locais. Fonte: adaptada de Miller 9ª ed., 2020.

dos principais anestésicos locais, com os mais aplicados na prática atual destacados em verde.[2]

Uma vez que os anestésicos locais constituem um importante marco para a prática anestesiológica, é de suma importância o conhecimento das propriedades farmacológicas dessa classe, bem como da anatomia e da fisiologia de seus locais de ação, para que seu emprego seja racional, seguro e eficiente.

ANATOMIA E FISIOLOGIA DAS FIBRAS NERVOSAS

Anatomia do sistema nervoso periférico

O efeito de cada anestésico depende da anatomia e da fisiologia neural, como diâmetro axonal, mielinização e funções de cada fibra nervosa, além das propriedades individuais de cada fármaco, que influenciam na intensidade do bloqueio. O sistema nervoso periférico (SNP) é formado pelas porções terminais, ou seja, os axônios dos neurônios presentes no sistema nervoso central (SNC), transmitindo informações táteis, térmicos ou dolorosos pela via aferente medular, ou informações motoras pela via eferente (os detalhes estão ilustrados na Figura 26.2). Considerando que há diversas formas de um impulso nervoso ser interpretado pelo SNC, há também vários tipos de fibras nervosas periféricas, cujo conhecimento é importante para o correto emprego de anestésicos locais.[2,3]

Os axônios, que, em feixes, formam os nervos, podem ser classificados em três categorias principais (A, B ou C) de acordo com a mielinização e a função de suas fibras, podendo ser aferentes ou eferentes. As fibras do tipo A e do tipo B são mielinizadas, enquanto as do tipo C não apresentam o revestimento lipídico. Vale relembrar que a função da bainha de mielina é acelerar a transmissão de impulsos nervosos.[3]

As fibras do tipo A são subdivididas em ordem decrescente de diâmetro, respectivamente alfa, beta, gama e delta. Nesse sentido, as fibras do tipo A alfa e beta estão relacionadas a função motora e proprioceptiva, enquanto as do subtipo gama mantém o tônus muscular e as do subtipo delta transmitem sinais sensitivos como dor, toque e temperatura. Enquanto as fibras do tipo A exercem importantes funções motoras e sensitivas, as fibras do tipo B, de médio calibre, e do tipo C constituem e manifestam funções do sistema nervoso autônomo (SNA) simpático, respectivamente pré-ganglionares e pós-ganglionares. As fibras do tipo C, além de estarem ligadas ao SNA, apresentam importância em estímulos sensitivos, especialmente dor e temperatura e constituem cerca de metade da quantidade de fibras sensoriais dos nervos periféricos.[3]

Os anestésicos locais tempo de latência diferente em cada tipo de fibra nervosa, uma vez que as variáveis anatômicas são um fator determinante no efeito que cada anestésico exercerá, a depender de concentração, dose e aditivos. Assim, as fibras do tipo A gama e delta são as mielinizadas de menor diâmetro, sendo as de maior susceptibilidade à ação dos anestésicos locais, seguidas pelas do tipo A alfa e beta (as de maior diâmetro) e, por último, pelas fibras do tipo C, mais resistentes ao mecanismo de ação dos anestésicos locais.[2]

Não obstante, há outras estruturas que interferem na função dos anestésicos locais além da bainha de mielina e do diâmetro das fibras nervosas, como o endoneuro, o perineuro e o epineuro (Figura 25.2), camadas de tecido conjuntivo que revestem as fibras nervosas, em cujo interior há células gliais, fibroblastos e capilares sanguíneos, promovendo segmentação destas. Dentre esses, o perineuro é a principal barreira física de difusão das drogas de ação local. Por fim, como os diversos tipos de fibras apresentam características distintas, há diferenças na ordem de atuação dos anestésicos locais, normalmente obedecendo à sequência de perda de sensibilidade à dor, ao frio, ao calor, ao toque, à propriocepção e, por fim, perda da atividade motora dos nervos eferentes.[3]

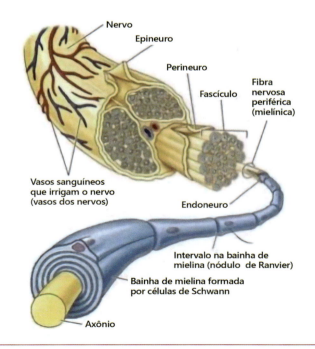

Figura 26.2. Anatomia do nervo periférico. Fonte: Moore, 8ª ed., 2019.

Potencial de ação e condução do impulso nervoso

Inicialmente, a célula nervosa encontra-se polarizada (com diferença de potencial entre o meio intra e o meio extracelular de aproximadamente –90 milivolts). Esse delicado equilíbrio é mantido por mecanismos presentes na membrana celular, com destaque para o papel da bomba de sódio e potássio (Na/K ATPase), principal responsável pela manutenção do estado de repouso.[3]

A partir de uma perturbação ou estímulo na membrana, a célula, nesse caso um neurônio que compõe a fibra nervosa, atinge o limiar de excitabilidade, fator que dá início ao processo de despolarização. Com o limiar superado, ocorre um grande influxo de íons sódio por meio de seus canais iônicos, deflagrando o potencial de ação (Figura 25.3).[3]

Assim, esse potencial (caracterizado por uma mudança abrupta na diferença de potencial de membrana devido a entrada de íons positivos) é transmitido unidirecionalmente pelo axônio à medula e, posteriormente, ao encéfalo, onde será interpretado de diversas formas a depender do tipo de fibra e do tipo de estímulo a que foi submetida. Após a transmissão do impulso, há uma grande saída de íons potássio da célula, voltando à polaridade negativa inicial. Devido a isso, essa fase é, portanto, chamada de repolarização.

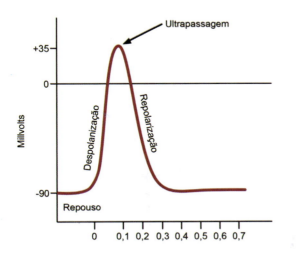

Figura 26.3. Fases do potencial de ação. Fonte: Guyton, 13 ed., 2015.

ASPECTOS GERAIS DOS ANESTÉSICOS LOCAIS

Estrutura química

Os anestésicos locais são drogas que tem por finalidade o bloqueio do impulso nervoso de nervos sensitivos e motores, com ação temporária e reversível. A estrutura molecular dos fármacos desta classe consiste em um anel aromático ligado a uma amina por meio de uma cadeia intermediária, sendo esta cadeia formada por uma função éster ou uma função amida. Na Figura 26.4, a comparação entre a lidocaína – cadeia intermediária amida - e a procaína – cadeia intermediária éster.[2]

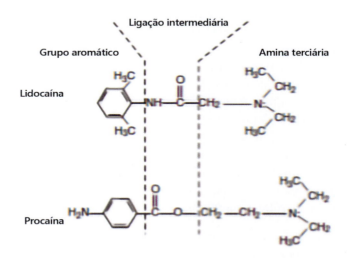

Figura 26.4. Formulação química da lidocaína e da procaína Fonte: Miller, 9ª ed., 2020.

Metabolismo e excreção

Essa diferença estrutural é um aspecto importante, a qual é usada para classificar as diferentes moléculas, como demonstrado na Tabela 26.1. A classificação supracitada tem relevância clínica, uma vez que a metabolização dos anestésicos locais com função éster é diferente daqueles com função amida. Os primeiros são metabolizados no plasma por enzimas pseudocolinesterases, enquanto os demais são metabolizados no fígado por enzimas hepáticas.[2]

Devido a isso, o emprego de anestésicos locais, especialmente os metabolizados pelo fígado, deve ser bastante racional em pacientes hepatopatas, uma vez que pode haver acúmulo sérico e tecidual das drogas com aumento do risco de intoxicação. Não obstante, além de hepatopatias, as amidas são suscetíveis a variações de perfusão hepática, como em situações de choque, insuficiência cardíaca, ou em pacientes idosos. A alteração da função renal não modifica de forma clinicamente relevante a duração da ação dessa classe de fármacos.[4]

As aminoamidas são convertidas em ácido monocarboxílico por enzimas microssomiais hepáticas do citocromo p450 para serem, posteriormente, eliminadas pelo rim, uma pequena parte, até 5%, pode ser excretada de forma inalterada. As aminoamidas, por possuírem processo de metabolização mais complexo, podem ser encontradas inalteradas na urina em frequência maior que os aminoésteres.[5]

Os aminoésteres, por sua vez, são hidrolisados pela pseudocolinesterase plasmática em derivados do ácido paraminobenzoico (PABA). Devido ao potencial alergênico dessa substância, junto ao fato de que os ésteres em soluções aquosas são menos estáveis, eles são menos utilizados na prática clínica. Além disso, pacientes com atividade reduzida da pseudocolinesterase ou linhagem atípica da enzima estão sujeitos ao prolongamento da duração clínica de seu bloqueio. Nesse sentido, o teste de dibucaína é um método utilizado para identificar atividade atípica das pseudocolinesterases, uma vez que esse anestésico local inibe a atividade da pseudocolinesterase em 80% (número de dibucaína 80), quando há presença da enzima atípica, a lidocaína inibe sua atividade em apenas 20% (número de dibucaína 20).[2,5]

Tabela 26.1. Ésteres e Amidas

Ésteres (-CO)	Amidas (-NHC)
Cocaína	Lidocaína
Benzocaína	Prilocaína
Procaína	Bupivacaína
Clorprocaína	Mepivacaína
Tetracaína	Ropivacaína
Procaína	Dibucaína
Hexilamina	Levobupivacaína

Fonte: com base em Miller, 9ª ed., 2020.

Mecanismo de ação

A compreensão dos conceitos envolvendo o potencial de ação e a repolarização celular são cruciais para um melhor entendimento do mecanismo de ação dos anestésicos locais. O efeito dos anestésicos locais se dá ao impedir a condução do impulso nervoso enquanto o fármaco estiver em concentração adequada no sítio de aplicação, com bloqueio dos canais de sódio envolvidos na deflagração de impulsos nervosos, ou seja, evitando o influxo de sódio quando ocorrer perturbação da fibra nervosa.

Para que esse bloqueio seja efetivado, a molécula anestésica deve transpor a membrana celular ou os canais de sódio. Para isso, suas propriedades químicas devem ser adequadas para que esse efeito seja atingido.

Em semelhança à composição da membrana celular, formada por dupla camada de fosfolipídios, os anestésicos locais, como já descrito acerca de suas características químicas, possuem propriedades lipossolúveis.[2]

A fim de que esses fármacos atravessem a membrana do neurônio, é necessário que estejam em sua forma não ionizada, ou seja, de carga elétrica neutra. Uma vez que são bases fracas, os anestésicos locais costumam se apresentar em forma não ionizada no meio extracelular. Após cruzar a membrana citoplasmática, a molécula deve ser ionizada para promover bloqueio do influxo de sódio, especificamente por meio da ligação no sítio 9 dos canais do respectivo íon. Os canais rápidos de sódio são compostos por duas unidades ou "portões" funcionais, uma externa (H) e uma interna (M). Sob essa perspectiva, essa estrutura pode apresentar conformações diferentes, que seguem a seguinte ordem de apresentação dependendo do estado celular: canal em repouso, canal ativado e canal inativo (Figura 26.5).[2,3]

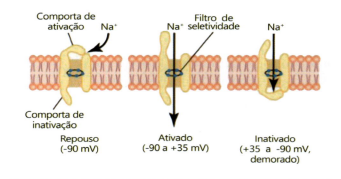

Figura 26.5. Estados dos canais de sódio. Fonte: Guyton, 13ª ed., 2015.

Os anestésicos locais, quando ionizados, podem entrar por meio do canal de sódio ativo – ou seja, com as unidades H e M abertas – ou quando o canal está inativo, apenas com a unidade H aberta. Com o canal ativo é o momento em que há maior disseminação do fármaco para o meio intracelular, com passagem plena pelo canal e pela membrana. No entanto, mesmo com os canais iônicos fechados, a molécula bloqueadora continua entrando no citoplasma em forma de base livre via membrana. Antes de haver total bloqueio do canal de sódio, haverá redução gradual do fluxo de sódio junto com a sequência de despolarizações, mecanismo de inibição chamado de frequência dependente.[2]

Vale ressaltar que os canais de sódio podem apresentar diferentes isoformas, ou seja, as estruturas desses canais sofrem variações. Assim, a atuação dos anestésicos locais também será distinta de acordo com a isoforma que interagem. Além disso, a ação no nervo também não será uniforme, tendo em vista que em uma mesma fibra essas estruturas estão alocadas de diversas maneiras. Algumas mutações genéticas podem interferir nessas isoformas e estão muito relacionadas à hiper e à hipossensibilidade dolorosa.[2]

Características físico-químicas

Os conceitos referentes a farmacocinética dos bloqueadores de canais de sódio descritos acima são de suma importância na determinação de propriedades de relevância clínica, como potência de cada droga, início de ação (latência), difusão, duração do efeito analgésico ou anestésico, taquifilaxia e toxicidade – este último será discutido posteriormente.

Potência

A potência de um anestésico local é diretamente proporcional à sua lipossolubilidade – facilidade de uma molécula penetrar em membranas biológicas e de se misturar em solventes orgânicos –, propriedade que também tem papel no grau de toxicidade de cada droga. Ou seja, quanto maior a lipossolubilidade de um anestésico local, mais facilmente este atravessar a bicamada lipídica celular e mais potente será seu efeito. Essa propriedade se relaciona com a estrutura do anel aromático, com o tamanho da cadeia de hidrocarbonetos do grupamento amina e com o grau de ionização da molécula (quanto mais ionizável, menos lipossolúvel). Exemplificado na Tabela 26.2, estão classificados em níveis de potência alguns anestésicos locais.[2]

Tabela 26.2. Potência dos anestésicos locais

Potência baixa	Potência intermediária	Potência alta
Procaína	Mepivacaína	Tetracaína
	Prilocaína	Bupivacaína
	Cloroprocaína	Etidocaína
	Lidocaína	
	Ropivacaína	

Fonte: com base em Miller, 9ª ed, 2020.

Latência e pKa

A lipossolubilidade também é uma propriedade que influencia a latência, ou seja, o tempo até o início da ação farmacológica de um anestésico local, porém o fator determinante para essa variável, com maior relevância clínica, é o pKa. Além disso, a dose inicial também tem papel importante no início de ação, assim como o pH tecidual. Nesse sentido, é importante retomar alguns conceitos de química para discutir o pKa, característica que determina primariamente o início de ação e a difusão dos anestésicos locais.[5]

O pKa é o valor do pH em que as formas ionizadas e não ionizadas de uma substância estão presentes no meio em igual concentração. Vale ressaltar que a forma não ionizada é a que penetra a membrana neuronal e a forma ionizada a que entra na célula por meio dos canais de sódio, a depender da afinidade de cada anestésico com tais canais. Para demonstrar melhor a relação entre a constante de dissociação (pKa) e o pH, conceitos que são normalmente discutidos em relação a ácidos, pode-se aplicar a equação de Henderson Hasselbach, a qual postula que pKa – pH = Concentração da Forma Ionizada/Concentração da Forma Não Ionizada. Sendo assim, para aumentar a fração não ionizada de um anestésico local, deve-se diminuir seu pKa ou aumentar o pH do meio.[2,5]

Em termos práticos, é possível acelerar o início de ação de um anestésico local ao alcalinizar a preparação injetável. A adição de bicarbonato, comumente utilizada, aumenta a concentração de bases livres na solução por conjugação de íons ácidos de amônia. Em paralelo a isso, a relação de pKa e pH também explica o porquê de haver grande resistência em meios muito ácidos, como um abscesso, para a realização de anestesia local, uma vez que o pH reduzido favorece a ionização e reduz a eficácia de drogas anestésicas (efeito chamado de aprisionamento). Por outro lado, o principal fator determinante do início de ação de um anestésico local é sua dose. Mesmo que uma substância possua alto valor de pKa, se infundida em altas doses (respeitados os limites da faixa terapêutica, evidentemente) seu início de ação será acelerado.[5]

Difusão e transporte

Em relação a difusão, devemos considerar como primordial o gradiente de concentração. Assim, quanto maior a concentração do anestésico local, mais rapidamente ele irá se difundir e, além disso, mais rápido será seu início de ação. É importante salientar que ao se difundir em direção ao nervo, esses fármacos vão se tornando mais diluídos pelos líquidos teciduais, com parte absorvida por capilares e vasos linfáticos. Logo, é possível deduzir que nervos com posições mais centrais no corpo irão receber menores concentrações do anestésico aplicado.[4]

A ligação a proteínas plasmáticas é um fator muito relevante quando pensamos na duração da ação dos anestésicos locais. As proteínas mais envolvidas nesse processo são a alfa globulina e a albumina, sendo a primeira com maior afinidade a maioria dos fármacos, e a segunda a mais significante quantitativamente. Essa ligação é inversamente proporcional a concentração plasmática do anestésico, ou seja, quanto maior a ligação com essas proteínas, menor é a fração livre desse composto – a qual está relacionada a efeitos tóxicos. Dessa forma, quando há proteinemia, os pacientes terão mais chances de se intoxicar com anestésicos locais com grande ligação proteica, como, por exemplo, a lidocaína.[6]

Estereoisomeria e quiralidade

Por último, é importante discutir sobre a propriedade de estereoisomeria dos anestésicos locais, fator que é determinante na farmacocinética, na farmacodinâmica e, consequentemente, na potencial toxicidade de tais drogas. Os estereoisômeros são compostos diferentes que possuem fórmula molecular e funções químicas idênticas, com diferenças apenas na configuração espacial dos átomos. Esses compostos podem ser subdivididos em diasteroisômeros – moléculas cis e trans – e enantiômeros, sendo esses intimamente relacionados aos anestésicos locais. Os enantiômeros apresentam quiralidade, ou seja, um átomo de carbono ligado a quatro radicais diferentes. Com isso, essas moléculas podem desviar a luz para a direita ou para a esquerda, gerando compostos dextrógiros e levógiros, respectivamente. Essa distinta rotação do plano da luz faz com que as propriedades de cada forma também sejam diferentes.[7]

Um mesmo anestésico pode ter toxicidades diferentes entre sua formulação levógira e sua formulação dextrógira. Um exemplo claro dessa afirmação é a bupivacaína frente a sua forma levógira isolada, a levobupivacaína. A bupivacaína é uma mistura racêmica, ou seja, um composto de formas levogiras e dextrogiras em proporções semelhantes, com potencial cardiotóxico alto frente a maior parte de outros anestésicos locais. Por sua vez, a levobupivacaína, formulação que contém majoritariamente a parte levógira da molécula, supostamente apresenta potencial cardiotóxico menor do que sua variante racêmica. Outra substância resultante da busca por redução da toxicidade elevada decorrente de injeção acidental de anestésicos locais é

a ropivacaína, um enantiômero único quiral de maior estabilidade e segurança. Na Figura 26.6, dois dos ALs importantes para a compreensão da isomeria.[2,7]

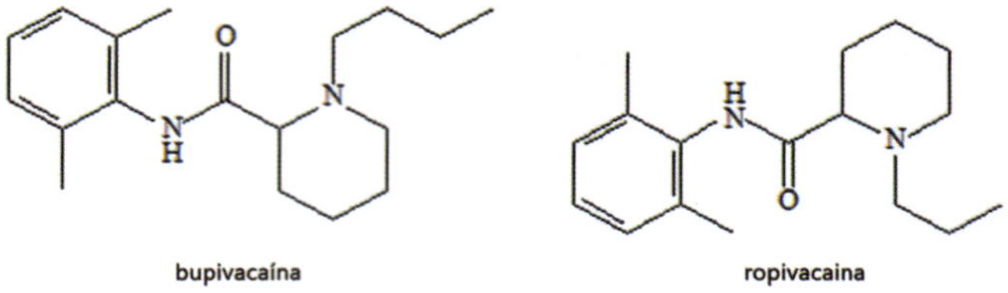

Figura 26.6. Estrutura molecular da bupivacaína e da ropivacaína. Fonte: Google Imagens.

■ TOXICIDADE SISTÊMICA, LOCAL E ALERGIA

O potencial de toxicidade dos anestésicos locais é um importante fator para cálculo de doses e aplicação de técnicas anestésicas, como bloqueios regionais e periféricos. Exemplos dessa afirmação podem ser feitos ao observar da prática clínica: uma substância com baixo potencial tóxico, como a clorprocaína, pode ter seu início de ação acelerado se utilizada em altas doses. Por outro lado, a bupivacaína, potente anestésico, porém com alta cardiotoxicidade, deve ser evitada em bloqueios que envolvam infusão venosa, como na técnica de Bier, também chamada de anestesia regional intravenosa.[2]

Não obstante, algumas técnicas de infusão prolongada de anestésicos locais, como no bloqueio peridural, supostamente contribuem para redução da toxicidade sistêmica ao diminuírem o acúmulo tecidual das drogas. Embora seja relativamente incomum com anestésicos menos potentes, como a lidocaína, a toxicidade sistêmica dos bloqueadores de canais de sódio afeta especialmente o sistema cardiovascular e o SNC, efeitos que serão detalhados ao longo desta seção.[2]

Os anestésicos locais são relativamente seguros quando administrados em dosagem e em sítio anatômico corretos. No entanto, podem ocorrer reações tóxicas sistêmicas ou localizadas, geralmente como resultado de uma injeção acidental intravenosa, intratecal, ou de uma dose excessiva. Além disso, efeitos adversos específicos estão associados ao uso de certos medicamentos, como reações de hipersensibilidade aos medicamentos de cadeia intermediária éster, devido a degradação das substâncias em ácido paraminobenzóico (PABA) e metemoglobinemia após o uso de prilocaína. O médico deve conhecer os possíveis efeitos adversos, assim como as condutas necessárias quando ocorrerem.[2]

Toxicidade neurológica

Os riscos de toxicidade sistêmicas são maiores em relação ao SNC, que, no entanto, podem ser reduzidos com o uso de estimulador de nervo periférico e por bloqueios auxiliados por ultrassonografia, com incidência aproximada de efeitos nervosos de 1:1000 com a primeira técnica e 1:1600 com a última. Estas técnicas permitirão a exata localização do nervo sendo necessário o uso de menor dose do anestésico local. Dentre os sintomas iniciais, destacam-se tontura, distúrbios visuais e auditivos, junto a tremores e espasmos musculares faciais e em extremidades. Com avanço dos efeitos, pode haver desorientação, sonolência e convulsões generalizadas. Por outro lado, após injeções muito rápidas ou altas doses, os resultados são de depressão neurológica, com cessar de convulsões e evolução para depressão e parada respiratórias.[8]

Os mecanismos farmacológicos para manifestação de tais sinais são explicados provavelmente por haver bloqueio de vias inibitórias no córtex cerebral pelos anestésicos locais, junto à liberação de glutamato. Com rápido aumento na dose do anestésico local atingindo o encéfalo, ocorre inibição da atividade dos circuitos inibitórios e facilitadores, o que resulta em um estado generalizado de depressão do SNC. Hipnóticos e sedativos, como o propofol (ação mais rápida, porém mais arriscado em pacientes hemodinamicamente instáveis) e o midazolam, são opções para reverter o efeito de hiper excitatório relacionado às convulsões.[8]

Outrossim, alguns fatores orgânicos podem agravar o potencial tóxico dos anestésicos locais para o SNC, com destaque para o estado acidótico. Níveis elevados de pressão arterial de dióxido de carbono estimulam o aumento do fluxo sanguíneo, contribuindo para maior aporte da substância anestésica ao encéfalo. Além disso, o dióxido de carbono está diretamente associado à redução do pH intracelular, o que promove o mecanismo de aprisionamento já descrito, com dificuldade de saída do anestésico ionizado da célula neural e redução da afinidade do bloqueador de canal de sódio com as proteínas plasmáticas de transporte. Ademais, quando há início das convulsões, um mecanismo de retroalimentação positiva se estabelece, pois as convulsões levam à hipoventilação, agravando o quadro de acidose e contribuindo para piora dos efeitos de toxicidade. Assim, além de intervenções com sedativos, faz-se mister a instituição de suporte ventilatório e circulatório adequados para correção da hipercapnia e da hipoxemia.[2,8]

Toxicidade cardiovascular

Paralelo aos efeitos neurológicos, faz-se necessária a descrição dos efeitos tóxicos cardiovasculares por anestésicos locais. Os bloqueadores de canais de sódio têm aplicação no tratamento de arritmias, sendo classificados como antiarrítmicos do grupo 1B, apresentando menos efeitos adversos que os fármacos da classe 1A. Assim como nos nervos periféricos, a atuação dos anestésicos locais no músculo cardíaco se baseia na redução de potenciais de ação ao antagonizar canais de sódio, acarretando em inotropismo negativo, com lentificação da condução de estímulos nas fibras de Purkinje e aumento do tempo de recuperação das fibras. Quando em doses além da faixa terapêutica, podem desencadear arritmias, efeito que também é dependente do tipo de substância – a bupivacaína ou a tetracaína, por exemplo, apresentam potencial cardiotóxico maior do que a lidocaína.[2,8]

Outros locais de atuação dessas drogas também contribuem indiretamente para a toxicidade cardíaca, como inibição do metabolismo de ácidos graxos, perturbação da homeostase do cálcio e injúrias ao sistema mitocondrial – a bupivacaína é a mais potente inibidora do funcionamento mitocondrial entre os anestésicos locais. A soma desses fatores prejudica o delicado sistema de condução e contração cardíaca, ao reduzir o influxo de cálcio no retículo endoplasmático e o influxo de sódio e cálcio no sarcoplasma, acarretando bloqueios de condução e falhas contráteis, junto a períodos refratários prolongados. A manifestação desses eventos no eletrocardiograma não é tão comum antes de ocorrer instabilidade hemodinâmica grave, porém pode haver alterações morfológicas, de frequência, ritmo e ectopia do complexo QRS e ondas T, parâmetros que o anestesiologista deve estar atento durante a infusão medicamentosa.[2,8]

Não obstante, alguns efeitos vasculares merecem atenção do leitor, já que, em doses baixas, anestésicos como lidocaína e bupivacaína promovem vasoconstrição, enquanto em doses mais altas promovem vasodilatação. Esta última, com potenciais tóxicos acima das outras moléculas da classe, pode promover depressão cardíaca rápida e profunda em consequência das alterações vasculares. Embora de uso bastante restrito atualmente, os efeitos da cocaína nos vasos sanguíneos devem ser discutidos, uma vez que é o único anestésico local a promover vasoconstrição persistente, mesmo em altas doses, devido a sua ação de inibir a recaptação de noradrenalina pelos neurônios pré-motores, desencadeando contrações vasculares neurogênicas.[2,8]

Toxicidade relacionada a fármacos específicos

Há também alguns efeitos adversos relatados em bloqueios ou drogas específicos, a exemplo da hipotensão, que pode ser severa, após infusão em bloqueios peridurais ou raquidianos, especialmente quando a técnica é realizada em níveis de aplicação mais altos, o que inibe o tônus vascular e pode culminar em infartos e outras emergências cardiológicas no período perioperatório. Nesse sentido, vale ressaltar o efeito hematológico decorrente de altas doses de prilocaína, por conversão excessiva de hemoglobina regular em meta-hemoglobina, variante incapaz de se ligar e transportar oxigênio. O tratamento desse quadro se dá por infusão de azul de metileno (Figura 26.7).[2]

Figura 26.7. Azul de Metileno, antídoto específico para metemoglobinemia. Fonte: Google Imagens.

Toxicidade local e reações alérgicas

A toxicidade local no tecido de aplicação, com efeitos irritativos diretamente sobre o nervo e hipoestesia, é um evento possível, porém incomum, uma vez que é uma manifestação secundária a altas doses atuando sobre o nervo periférico. Devido a isso, algumas revisões apontaram para um maior risco de toxicidade local com combinações de anestésicos locais com vasoconstritores, embora a associação seja segura se respeitadas as dosagens recomendadas. Anestésicos mais potentes e de ação mais prolongada, como bupivacaína e etidocaína, parecem oferecer riscos de dano mais localizado ao músculo esquelético do que substâncias de ação menos potente e mais curta, como lidocaína e prilocaína.[2,9]

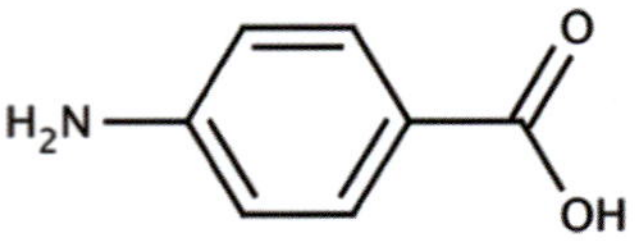

Figura 26.8. PABA, produto da degradação de aminoésteres. Fonte: Google Imagens.

Alergias, por outro lado, são manifestações pouco participativas nas taxas de efeitos adversos a anestésicos locais. Aminoésteres, por serem degradados em ácido paraminobenzóico (PABA), são o subtipo mais propenso a provocar respostas alérgicas, entretanto ainda assim são raros os efeitos comprovadamente alérgicos entre eles (Figura 26.8). Os principais sinais são *rash*, prurido e, em casos mais graves, anafilaxia. Como são raras, os testes alérgicos não são rotineiramente realizados, mas podem estabelecer o diagnóstico da condição no teste cutâneo. Em caso de alergia confirmada a aminoésteres ou aminoamidas, outras substâncias devem ser escolhidas para a realização de bloqueios, como a meperidina, um opioide.[2,9]

■ MECANISMOS BIOLÓGICOS DE FALHA ANESTÉSICA

Algumas reações e mecanismos fisiológicos podem levar a falha de bloqueio local por alguns fatores, sendo os principais e mais estudados a inflamação, a taquifilaxia, hiperalgesia e variações genéticas específicas. A inflamação promove uma combinação de fatores prejudiciais ao início de um bloqueio, como maior fluxo sanguíneo – e consequente maior extração do fármaco do local –, pH reduzido e edema tecidual, o que prejudica na difusão da substância até os nervos. A taquifilaxia, caracterizada pela diminuição rápida do efeito farmacológico após aplicações consecutivas, está relacionada a hiperalgesia em alguns estudos, com descrição de fármacos que além de inibirem a hiperalgesia também reduzem a ocorrência de taquifilaxia.[2]

Algumas falhas podem estar relacionadas a variações genéticas ou adquiridas em resposta ao anestésico local. Diferentes mutações em sítios específicos no local de ligação do anestésico local levaram a respostas diferenciais desses canais para bloqueadores dos canais de sódio, sugerindo que a ligação dos anestésicos locais ao receptor é um processo mais dinâmico, fluido e dependente da estrutura do que comumente assumido. Alguns relatos de caso relacionam a exposição a picadas de escorpião à resistência a anestésicos locais, mesmo que essa toxina e o fármaco atuem em sítios diferentes nos canais de sódio.[2]

■ ADITIVOS E INTERAÇÕES

A adição de outras substâncias aos anestésicos locais normalmente buscam otimizar sua atuação e oferecer benefícios ao paciente durante e após o procedimento realizado. Dessa forma, atualmente apenas algumas substâncias apresentam eficácia comprovada quando combinadas aos ALs, são elas: adrenalina, dexmedetomidina, dexametasona, sulfato de magnésio e bicarbonato de sódio. Além disso, ainda pode se observar na técnica anestésica a combinação entre diferentes ALs para a realização de um bloqueio, visando agregar propriedades complementares e específicas de cada um deles.[2]

Adrenalina

A adrenalina, ou epinefrina, é uma substância endógena que pode exercer papel de hormônio ou de neurotransmissor e tem ações difusas, especialmente sobre o sistema nervoso simpático. Na anestesia local, sua aplicação se dá devido suas propriedades vasoconstritoras, o que é importante para aumentar o tempo de atuação do bloqueador de canal de sódio no tecido em que foi aplicado. A vasoconstrição promovida pela adrenalina permite que mais moléculas de anestésico interajam com a célula nervosa, bem como aprofundam o bloqueio realizado por reduzir a circulação e metabolismo do fármaco, o que, para anestésicos de curta duração, além de permitir maiores doses, com menor risco de toxicidade sistêmica, também promove resultados bastantes significativos referente à duração dos efeitos. A lidocaína é o AL mais associado à adrenalina, por suas propriedades seguras, potência adequada para a realização de intervenções menores e com extensa documentação acerca de seus efeitos. Por outro lado, anestésicos de longa duração, como bupivacaína e ropivacaína, são menos potencializados por essa combinação. A fenilefrina é outro vasoconstritor da classe dos agonistas adrenérgicos que pode ser utilizada em associação com a lidocaína ou a mepivacaína para reduzir a perfusão sanguínea local e reduzir a concentração mínima para efeito anestésico.[2]

Dexmedetomidina

A dexmedetomidina é um a-2-agonista de ação central, da mesma classe da clonidina, anteriormente utilizada como hipotensor. Além das propriedades hipotensoras da dexmedetomidina, ela também apresenta funções sedativas e analgésicas, motivo pelo qual tem amplo uso em procedimentos anestésicos, especialmente em estratégias poupadoras de opioides. Normalmente é associada aos bloqueadores de canais de sódio em bloqueios mais extensos, como nos bloqueios peridurais, combinação que promove sinergismo entre as classes. De acordo com resultados de um estudo prospectivo, a associação da dexmedetomidina com ropivacaína em anestesia peridural não influenciou o tempo de latência, nem o nível máximo do bloqueio sensitivo, porém prolongou o tempo de bloqueio analgésico e motor, aumentou o tempo de duração da analgesia pós-operatória e estabeleceu bloqueio motor de maior intensidade. Ademais, esses benefícios foram atingidos sem associação com elevação de morbidade.[2]

Dexametasona

A dexametasona é um glicocorticoide sintético, de potência anti-inflamatória elevada e de meia vida longa. No contexto de combinação com anestésicos, pode ser administrada via intravenosa ou peridural, esta última aplicação com maior potência. Diversos estudos associaram o uso combinado de anestésicos locais com esse corticoide como responsável pela menor latência nos bloqueios sensitivo e motor, maior satisfação do cirurgião com o tempo de bloqueio e maior duração da analgesia, se estendendo ao pós-operatório. Embora o mecanismo associado ao maior tempo de bloqueio não tenha sido elucidado, sua associação a uma melhor analgesia está ligada à sua propriedade anti-inflamatória, por meio de modulação intracelular e redução de liberação de citocinas, fatores que têm papel no mecanismo de nocicepção.[10]

Sulfato de magnésio

O sulfato de magnésio é um sal inorgânico que tem como principal função o tratamento e a prevenção de eclampsia devido suas propriedades neuroprotetoras. Na anestesiologia, o composto tem aplicação ao promover intensificação de outras drogas, como acentuar o bloqueio neuromuscular e otimizar a analgesia, mecanismo explicado por sua ação nos receptores de NMDA (*N*-metil-D-aspartato), os mesmos receptores em que atua a cetamina, substância hipnótica com propriedades analgésicas. Nesse sentido, em estudo prospectivo, randomizado e duplo-cego foi pesquisado o efeito sinérgico entre a lidocaína e o sulfato de magnésio sobre a dor perioperatória em mastectomias. Dentre os resultados, foi identificada redução dos escores de dor e redução do consumo de opioides no período do estudo quando comparada a combinação com as substâncias em separado. Mais estudos ainda são necessários para confirmar o impacto de adjuvantes não opioides no perioperatório, porém os resultados até então favorecem a associação.[11]

Bicarbonato de sódio

O bicarbonato é a principal substância tampão presente no sangue, responsável por manter o pH hematológico em níveis adequados para o funcionamento dos elementos sanguíneos, além de diversas outras funções na homeostase. No organismo, é produzido pelos rins por meio da enzima anidrase carbônica. Além de ser eventualmente utilizado em quadros graves de acidose metabólica, o bicarbonato de sódio pode ser combinado com anestésicos locais para potencializar alguns de seus efeitos. Dentre seus efeitos, destacam-se a aceleração do início de ação dos bloqueadores de canal de sódio e redução da concentração mínima necessária, devido ao aumento do pH do local, favorecendo o estado não ionizado do anestésico local. Apesar disso, ela não altera a quantidade de anestésico sistemicamente, não sendo relevante para o risco de toxicidade sistêmica. Não obstante, a alcalinização da substância – normalmente a lidocaína, droga mais estudada – reduz o desconforto na injeção da solução. Embora seja eficiente, a técnica guiada por USG também contribui na redução da concentração mínima necessária por sua maior precisão e tem sido mais utilizada.[2]

Mistura entre anestésicos locais

Utilizados em anestesias regionais, objetivam a soma das qualidades de baixa latência de alguns anestésicos, com a longa duração de outros. As evidências clínicas, contudo, são controversas, uma vez que há risco aumentado de toxicidade sistêmica, tendo em vista que as doses máximas passíveis de utilização são somativas e não independentes, além de o resultado do ponto de vista farmacológico das misturas ser imprevisível. É possível que a combinação de dois fármacos diferentes possa afetar a ionização e, com isso, a efetividade dos anestésicos locais, anulando o benefício previsto teoricamente.[2]

■ APLICAÇÕES ANESTÉSICAS

A aplicação dos anestésicos locais pode ser realizada de diversas maneiras e a escolha mais adequada

Tabela 26.3. Tabela de referência para anestesia infiltrativa

Fármaco	SOLUÇÃO SIMPLES			SOLUÇÃO CONTENDO EPINEFRINA	
	Concentração (%)	Dose máxima (mg)	Duração (min)	Dose máxima (mg	Duração (min)
CURTA DURAÇÃO					
Procaína	1-2	500	20-30	600	30-45
Cloroprocaína	1-2	800	15-30	1000	30
DURAÇÃO MODERADA					
Lidocaína	0,5-1	300	30-60	500	120
Mepivacaína	0,5-1	300	45-90	500	120
Prilocaína	0,5-1	350	30-90	550	120
LONGA DURAÇÃO					
Bupivacaína	0,25-0,5	175	120-240	200	180-240
Ropivacaína	0,2-0,5	200	120-240	250	180-240

Fonte: Miller, 9ª ed., 2020.

depende de fatores como qual região será anestesiada, o tipo de cirurgia, o tempo necessário de bloqueio e questões próprias do paciente. É possível vermos usos mais simplistas, como a anestesia tópica, até bloqueio neuro centrais, o que demonstra o amplo espectro de atuação desses fármacos. É sempre bom estar atento a qual droga anestésica será a mais adequada dependendo do método escolhido. A seguir será descrito algumas formas de utilizações dos ALs.

Anestesia por infiltração

A anestesia por infiltração pode ser realizada por meio da utilização de qualquer anestésico local. O início de ação por via subcutânea ou intradérmica é quase que instantânea, sendo muito eficaz em processos que envolvam pele e tegumentos, como por exemplo, procedimentos na área da dermatologia. A duração do efeito anestésico irá variar de acordo com a droga escolhida e seu tempo pode ser prolongado com o uso concomitante de adrenalina, principalmente em conjunto com a lidocaína. A dosagem irá depender da extensão da área a sofrer o bloqueio e a expectativa de duração do processo cirúrgico. Vale salientar que para regiões extensas, é recomendado o uso de maiores volumes do anestésico e de forma mais diluída.[2]

A lidocaína, por apresentar um caráter ácido na solução de aplicação e por gerar uma ativação breve de alguns receptores transitórios, acaba causando dor imediata após a administração subcutânea. Assim, o uso de bicarbonato para alcalinizar a solução pode ser eficaz na minimização deste efeito doloroso. Além disso, a anestesia por infiltração, bem como o uso de cateteres de longa permanência, tem sido utilizada cada vez mais como componente capaz de atuar na analgesia durante o pós-operatório multimodal. Confira na Tabela 26.3 as doses recomendadas, com e sem adrenalina, dos principais anestésicos.[2]

Anestesia regional intravenosa (ARIV) ou bloqueio de Bier

Descrita por August Bier em 1908 é uma técnica relativamente segura e muito utilizada para bloqueio de membros superiores, a qual consiste na administração intravenosa de um anestésico local em um membro garroteado, ou seja, ocluído por um torniquete (Figura 26.9). Assim, o fármaco irá se distribuir a partir do leito do sistema vascular periférico atingindo tecidos não vasculares, como as terminações nervosas.[2]

A eficácia e a segurança desse procedimento estão relacionadas a interrupção do fluxo sanguíneo do membro que será ocluído, bem como de sua posterior liberação. O período de latência costuma ser mais curto nos locais inervados pelo nervo músculo-cutâneo, enquanto em regiões de distribuição dos nervos medianos e ulnar observou-se uma latência mais prolongada.[2]

As drogas mais comumente utilizadas nesse modelo de anestesia local são a lidocaína e a prilocaína, sendo esta, a menos tóxica que a primeira. Vale ressaltar que fármacos com alta cardiotoxicidade devem ser evitados nessa técnica, a exemplo da bupivacaína, a qual além de apresentar maiores riscos ao sistema cardiovascular, não demonstra benefícios nesse procedimento quando comparada a outros anestésicos locais. Mesmo que a ARIV seja considerada bem segura, convulsões e colapsos cardiovasculares foram relatados na sua utilização.[2]

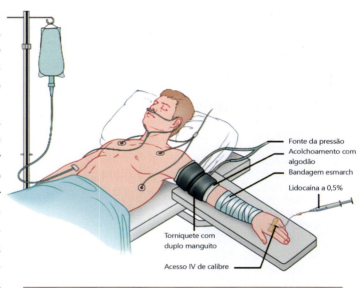

Figura 26.9. Esquema do bloqueio de Bier. Fonte: Google Imagens.

Bloqueio de tronco ou nervo periférico

Essa técnica de anestesia local pode ter uma atuação mais específica, com bloqueios menores, até bloqueios de maior extensão e a maioria dos anestésicos locais podem ser utilizados nesse procedimento. O início de atuação costuma ser rápido e a escolha do medicamento está vinculada principalmente ao tempo adequado de duração do bloqueio. Os agentes de maior potência costumam ter um período de latência maior do que quando comparados a fármacos de potência intermediária. Essa técnica anestésica se tornou muito popular por conta da possibilidade de manejo de dor após procedimentos torácicos e abdominais.[2,12]

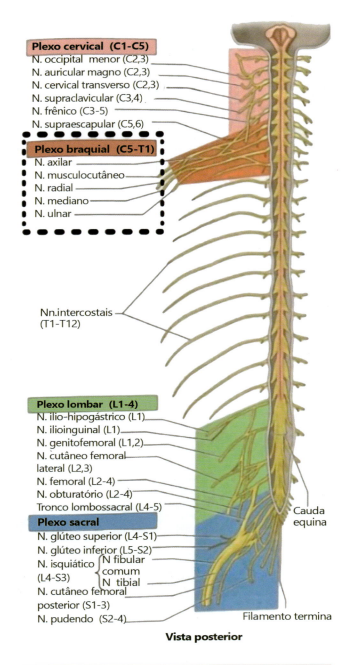

Figura 26.10. Ramos anteriores dos nervos espinhais e seus plexos. Fonte: Moore, 8ª ed., 2019.

Os bloqueios podem ser realizados em diferentes nervos e plexos, sendo o mais conhecido o bloqueio do plexo braquial, o qual é uma rede nervosa com origem espinhal e que inerva todo o membro superior por meio de seus ramos terminais. Sua composição é feita por ramos anteriores de quatro nervos espinhais cervicais inferiores com raízes em C5, C6, C7 e C8, além do primeiro nervo torácico em T1 (Figura 26.10). O acesso a esse plexo pode ser realizado por diferentes técnicas abordando diversos nervos, variando de acordo com o procedimento que será realizado. Além disso, a abordagem desse plexo também está muito relacionada à analgesia pós-operatória em cirurgias ortopédicas. Abaixo, estão esquematizadas as doses e volumes recomendados para a realização de bloqueios maiores e menores (Tabelas 26.4 e 26.5).[12]

Anestesia tópica

A técnica de anestesia tópica é responsável por proporcionar uma analgesia efetiva porém de curta duração, tendo seu amplo uso em mucosas e pele não íntegra. Os fármacos mais utilizados são a lidocaína, dibucaína, tetracaína e benzocaína, sendo as propriedades de permeabilidade na pele, o ponto de fusão e a concentração dessas drogas, as principais responsáveis por determinar sua eficácia.[2]

Algumas variedades de fármacos têm sido desenvolvidas com o intuito de penetrarem na pele e obterem ação anestésica, como por exemplo, uma combinação de lidocaína com prilocaína, ambas a 2,5%. É possível destacar alguns métodos físicos que podem ser utilizados a fim de acelerar a permeabilidade do anestésico local, assim temos o aquecimento do local, o uso de injeções de pressão sem agulhas, iontoforese (uso de corrente elétrica) e eletroporação (uso de pulsos curtos de alta voltagem).[2]

Enquanto as aplicabilidades, é comumente visto o uso de spray de lidocaína e tetracaína para anestesia endotraqueal antes de se realizar uma intubação ou como analgésico de mucosa na broncoscopia e na esofagoscopia. Além disso, a anestesia local tópica apresenta-se como uma opção para procedimentos dermatológicos e, em departamentos de emergência pediátrica, para aplicações de líquidos em lacerações passíveis de sutura. Ultimamente, é preferível o uso de anestésicos tópicos que não contenham cocaína na sua formulação, tendo em vista seu alto potencial tóxico e de provocar dependência química.[2]

Anestesia local tumescente (ALT)

Tal técnica consiste na administração de grandes volumes de anestésicos locais diluídos, em combinação com a epinefrina, no local do procedimento, causando uma vasoconstrição e consequente edema, deixando a pele firme e tumescente. Assim, haverá uma anestesia

Tabela 26.4. Bloqueio de nervos menores

Fármaco	Concentração usual (%)	Volume usual (mL)	Dose (mg)	Solução simples	Soluções contendo epinefrina
Procaína	2	5-20	100-400	15-30	30-60
Cloroprocaína	2	5-20	100-400	15-30	30-60
Lidocaína	1	5-20	50-200	60-120	120-180
Mepivacaína	1	5-20	50-200	60-120	120-180
Prilocaína	1	5-20	50-200	60-120	120-180
Bupivacaína	0,25-0,5	5-20	125-100	180-360	240-420
Ropivacaína	0,2-0,5	5-20	10-100	180-360	240-420

Fonte: Miller, 9ª ed., 2020.

Tabela 26.5. Bloqueio de nervos maiores

Fármaco	Concentração usual (%)	Volume usual (mL)	Dose máxima (mg) sem/com epinefrina	Início (min)	Duração (min)
Lidocaína	1-2	30-50	350/500	10-20	120-240
Mepivacaína	1-1,5	30-50	350/500	10-20	180-300
Prilocaína	1-2	30-50	400/600	10-20	180-300
Bupivacaína	0,25-0,5	30-50	175/225	20-30	360-720
Levobupivacaína	0,25-0,5	30-50	200/225	20-30	360-720
Ropivacaína	0,2-0,5	30-50	200/250	20-30	360-720

Fonte: Miller, 9ª ed., 2020.

local extensa da área da pele a ser operada e do tecido subcutâneo. Mesmo com resultados seguros, foram identificados alguns casos de parada cardíaca, muito relacionados a concentrações excessivas do anestésico local e uso concomitante de sedativos, levando a instabilidade do paciente.[2,13]

Essa prática anestésica tem sido frequentemente vinculada às práticas da cirurgia plástica como lipoaspiração e mini abdominoplastia, mostrando-se uma alternativa ao uso da anestesia geral, antes amplamente utilizada nesses procedimentos. Alguns estudos mostram a segurança, a eficiência dessa técnica e, principalmente os benefícios relatados pelos próprios pacientes, como a menor exposição à anestesia geral e menor ansiedade provocada por esse método, a retomada mais rápida a ingestão local, alta mais precoce, redução do custo com a anestesia e dos gastos hospitalares em setores privados de saúde.[2,13]

Raquianestesia e anestesia peridural

As anestesias raquidiana e peridural são utilizadas para o bloqueio neuroaxial por meio da administração de anestésicos locais no espaço subaracnóideo e peridural, respectivamente. Dessa forma, há a interrupção da condução nervosa nas raízes nervosas dos nervos espinhais e na medula espinhal. Para mais informações, esses métodos anestésicos serão discutidos detalhadamente em outros capítulos.[2]

Bloqueio guiado por ultrassonografia

A ultrassonografia surgiu como uma técnica de exame de imagem complementar utilizando ondas sonoras para a formação de imagens por meio da recepção do eco que será transformado em sinal elétrico. Com o avanço desse método, hoje já é possível identificar com precisão estruturas vasculares e nervosas. Assim, na anestesia o uso da ultrassonografia possibilitou a visualização de nervos, estruturas adjacentes importantes e, principalmente da agulha e da deposição do anestésico local. Com isso, houve um aumento da eficácia do bloqueio proporcionado por esses fármacos, já que sua aplicação se tornou muito mais precisa, bem como a redução dos volumes utilizados e da concentração mínima de anestésico empregado.[12,14]

Essa técnica colocou em desuso alguns métodos comuns utilizados para aprimorar o bloqueio anestésico, como a adição de bicarbonato aos anestésicos locais, a mistura de diferentes fármacos buscando propriedades específicas de cada uma das drogas e o uso de grandes volumes das soluções anestésicas. Na Figura 26.11, vemos a utilização da técnica de ultrassonografia para a localização do nervo ulnar (Figura 26.11).[12,14]

nas fibras de Purkinje, reduz levemente a fase 0 da despolarização e pode minimizar a duração do potencial de ação. Desse modo, esse fármaco de classe 1B é amplamente utilizado no centro cirúrgico para o tratamento de arritmias ventriculares. Notabiliza-se que medicamentos dessa classe são mais seletivos aos miócitos anormais ou danificados.[15]

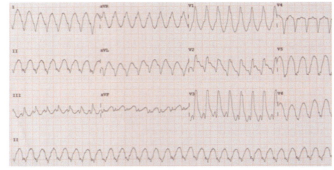

Figura 26.12. Taquicardia Ventricular em um Eletrocardiograma (ECG). Fonte: Google Imagens.

Anestésicos locais sistêmicos para dor neuropática e pós-operatória

A dor neuropática se caracteriza por uma dor crônica resultante da danificação das fibras nervosas sensitivas, podendo afetar o sistema nervoso central e/ou o sistema nervoso periférico. Os sintomas podem ser diversos, sendo os mais comuns: dor contínua em queimação, sensação de choque e alodínia mecânica. Assim, a qualidade de vida dos pacientes com tal condição torna-se muito reduzida. Desse modo, nota-se uma utilização de anestésicos locais, seja por via intravenosa e/ou para o tratamento de dores neuropáticas, haja vista que os canais de sódio voltagem-dependente são múltiplos e algumas isoformas estão envolvidas na expressão da dor inflamatória. Um estudo da Revista Dor de 2016 mostrou certa segurança, eficácia e tolerabilidade da lidocaína tópica a 5% no manejo dessa condição.[16,17])

A utilização de anestésicos locais apenas com função analgésica, mantendo a sensibilidade tátil e a motricidade já é conhecida. A partir disso, é possível compreender sua atuação no tratamento da dor pós-operatória. Entretanto, as doses utilizadas não devem ser muito altas a fim de conter a taquifilaxia. A ropivacaína tem sido descrita como o principal AL utilizado no tratamento da dor após um procedimento cirúrgico, tendo em vista sua menor ação sobre as fibras motoras, além de baixa toxicidade cardiocirculatória.

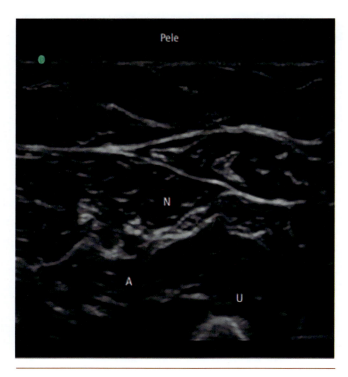

Figura 26.11. Identificação ultrassonográfica do nervo ulnar no terço médio do antebraço. Fonte: Atlas de Técnicas de Bloqueios Regionais SBA, 3ª ed., 2013.

Arritmias

Anestésicos locais como a procaína e, principalmente, a lidocaína apresentam ação antiarrítmica. As arritmias são distúrbios na geração ou condução do impulso elétrico nas fibras cardíacas, podem causar modificações no ritmo cardíaco, as quais podem ser identificadas no exame de eletrocardiografia (Figura 26.12). A lidocaína, agindo nos canais de sódio primordialmente

Nas cirurgias viscerais, o forte efeito anti-inflamatório desses fármacos mostrou-se eficaz na redução da inflamação e da dor e levou a uma recuperação acelerada quando comparado ao placebo. Métodos como de infiltração local, bloqueio de nervos periféricos e do neuroeixo também podem ser utilizados no tratamento de dor crônica pós-cirúrgica, a qual se mantém por dois meses ou mais após o ato cirúrgico.[2,16]

■ SITUAÇÕES ESPECIAIS

Gestantes

Mulheres gestantes e lactantes apresentam algumas modificações fisiológicas próprias da gravidez que devem ser levadas em consideração no momento da aplicação de um anestésico local. Como essas pacientes possuem maior sensibilidade local e maior absorção sistêmica de certos medicamentos, é necessário tomar cuidado com as doses e fármacos prescritos.

A lidocaína, por exemplo se encaixa na categoria B na gestação, a qual segundo a Food and Drug Administration (FDA – USA) inclui medicamentos para os quais os estudos com animais de laboratório não demonstraram risco fetal (mas não existem estudos adequados em humanos) e medicamentos cujos estudos com animais indicaram algum risco, mas que não foram comprovados em humanos em estudos devidamente controlados. Já a epinefrina, muito usada em associação a lidocaína, se encontra na categoria C, medicamentos para os quais os estudos em animais de laboratório revelaram efeitos adversos ao feto, mas não existem estudos adequados em humanos. Assim, é preciso ter cautela na aplicação dessas drogas. Além disso, injeções intravasculares devem ser evitadas por conta do risco elevado de cardiotoxicidade tanto fetal como materna.[18]

Outro ponto importante é a utilização das técnicas de raquianestesia e de anestesia peridural. As pacientes gestantes apresentam modificações morfológicas do espaço de aplicação e também hormonais que contribuem para que essas anestesias apresentem um efeito maior e mais intenso nessas mulheres do que em não grávidas. O hormônio progesterona mostra-se como fator muito importante nessa potencialização, mais do que comparado às questões mecânicas, haja vista que tais efeitos já são observados no primeiro trimestre de gestação. Dessa forma, é aconselhável que durante todas as fases da gravidez as dosagens de anestésicos locais sejam menores que as comumente utilizadas.[2]

População geriátrica e pediátrica

Na população idosa são frequentemente encontrados problemas hepáticos e renais que podem influenciar no metabolismo e excreção de alguns fármacos, como os anestésicos locais, interferindo no *clearance* dessas drogas. Com isso, deve haver uma anamnese acurada desses pacientes a fim de identificar possíveis disfunções desses órgãos, realizar a escolha do fármaco mais adequado e ajustar a dose de acordo com a fisiologia de cada paciente. Além disso, problemas neurais podem deixar o paciente idoso mais sensível a esses medicamentos, o que pode aumentar a toxicidade no SNC, bem como problemas circulatórios comuns devem ser levados em conta ao se pensar em toxicidade cardiovascular. A idade também pode influenciar nas propriedades físico-químicas dos anestésicos locais, como, por exemplo, a lidocaína que apresenta uma meia-vida maior em idosos do que em pacientes mais jovens.[2,18]

Em relação a crianças e neonatos, algumas considerações devem ser feitas e a aplicação de anestésicos locais deve ser realizada com cautela. Um ponto importante a se avaliar é a possível reação do sistema nervoso central, a qual não deve ser confundida com o medo e a dor que o procedimento pode causar a esses pacientes. Já os neonatos, apresentam uma absorção mucocutânea mais elevada e rápida, além de uma menor ligação entre os fármacos e as proteínas plasmáticas, o que pode resultar em um risco elevado de intoxicação. Esses pacientes também podem apresentar problemas com o principal metabólito da lidocaína, o monoetil glicina xilidida (MEGX). Por fim, vale ressaltar que crianças pequenas e neonatos muitas vezes possuem enzimas hepáticas imaturas, levando a problemas no metabolismo das aminoamidas e a eliminação prolongada, principalmente em anestésicos administrados por infusão.[2,18]

Referências bibliográficas

1. Reis Jr Ad. Sigmund Freud (1856-1939) e Karl Köller (1857-1944) e a descoberta da anestesia local. Revista Brasileira de Anestesiologia. 2009;59:244-57.
2. Gropper MA, Miller RD, Eriksson LI, Fleisher LA, Wiener-Kronish JP, Cohen NH, et al. Miller's Anesthesia, 2-Volume Set E-Book: Elsevier Health Sciences; 2020.
3. Hall JE. Guyton and Hall Textbook of Medical Physiology: Elsevier Health Sciences; 2015.
4. Malamed SF. Handbook of Local Anesthesia: Elsevier/Mosby; 2013.
5. Lin Y, Liu SS. Local Anesthetics. In: Barash P, Cullen BF, Stoelting RK et al. editors. Clinical anesthesia. 7th ed. Philadelphia: Wolters Kluwer Health/Lippincott Williams & Wilkins, 2013. p. 561-79
6. Barletta M, Reed R. Local Anesthetics: Pharmacology and Special Preparations. Vet Clin North Am Small Anim Pract. 2019 Nov;49(6):1109-1125.

7. Čižmáriková R, Čižmárik J, Valentová J, Habala L, Markuliak M. Chiral Aspects of Local Anesthetics. Molecules. 2020;25 (12).

8. Wadlund, Diana L.. Local Anesthetic Systemic Toxicity. In: AORN Journal 106. 2017: 367–377.

9. Grzanka A, Wasilewska I, Śliwczyńska M, Misiołek H. Hypersensitivity to local anesthetics. Anaesthesiol Intensive Ther. 2016; 48(2):128-34.

10. Mosele B, Hess V. Adjuvantes no bloqueio do plexo braquial: uma revisão sistemática. Rev Med Minas Gerais 2020; 30: e-3009. 2020.

11. Sposito AC. Efeito sinérgico da associação entre Lidocaína e Sulfato de Magnésio sobre a dor perioperatória em mastectomias: um ensaio clínico prospectivo, randomizado e duplamente encoberto. 67 f, il. Dissertação (Mestrado em Ciências Médicas)—Universidade de Brasília, Brasília, 2020.

12. Ruzi RA. Bloqueio do nervo femoral. In: Luiz Marciano Cangiani, Eduardo Ren Nakashima, et al., editors. Atlas de técnicas de bloqueios regionais. 3rd ed. Rio de Janeiro: Sociedade Brasileira de Anestesiologia/SBA; 2013. p.06-391.

13. Mohamed AA, Safan TF, Hamed HF, Elgendy MAA. Tumescent Local Infiltration Anesthesia for Mini Abdominoplasty with Liposuction. Open access Macedonian journal of medical sciences. 2018;6(11):2073-8.

14. Shah Junior S, MathKar S. Ultrasound-guided multiple peripheral nerve blocks, a way out for anesthesia in morbidly obese patients for bone marrow aspiration. Revista Brasileira de Anestesiologia. 2020;70:295-8.

15. Lorentz MN, Vianna BSB. Disritmias cardíacas e anestesia. Revista Brasileira de Anestesiologia. 2011;61:805-13.

16. Barros GAMd, Colhado OCG, Giublin ML. Clinical presentation and diagnosis of neuropathic pain. Revista Dor. 2016;17:15-9.

17. Kraychete DC, Palladini MC, Castro APCR. Topic drug therapy for neuropathic pain. Revista Dor. 2016;17:95-7.

18. Cherobin ACFP, Tavares GT. Safety of local anesthetics. Anais Brasileiros de Dermatologia. 2020;95:82-90

27
CAPÍTULO

Fisiopatologia da Dor

ALINE PANICO DE ABREU
THAMIRES SOPHIA PINHEIRO SANT'ANA
EMÍLIO CARLOS DEL MASSA

■ O QUE É DOR?

De acordo com a *"International Association for the Study of Pain"* a dor é definida como "uma sensação e experiência emocional desagradável associada a um dano tecidual real ou potencial ou descrita em termos desse dano". A resposta à dor pode variar entre os diferentes indivíduos, assim como na mesma pessoa, dependendo do momento.[1]

A dor fisiológica é um reflexo protetor do organismo, para evitar injúria ou dano tecidual. Uma vez instalada a injúria, pode-se introduzir o conceito de dor patológica que, segundo sua origem, pode ser classificada como nociceptiva (somática ou visceral) ou neuropática.[1]

O termo nocicepção é usado para descrever as respostas neurais a estímulos traumáticos ou nocivos. Toda nocicepção gera dor, mas nem todas as dores resultam da nocicepção. É clinicamente útil dividir a dor em uma ou duas categorias: (1) dor aguda que primariamente se deve a nocicepção, e (2) dor crônica, que pode derivar da nocicepção, porém em que, fatores psicológicos e comportamentais têm maior importância.[1]

■ TAXINOMIA DA DOR

Para entendermos melhor a fisiopatologia da dor é necessário conhecimento sobre a terminologia usada para definirmos a dor. Para isso, vamos abordar, brevemente, vocabulários básicos usados por toda comunidade médica e acadêmica.[2]

Vocabulário Básico:

Algologia: Ciência que estuda o fenômeno da dor.

Alodínea: Percepção da dor decorrente de estímulo indolor.

Analgesia: Ausência de resposta dolorosa após aplicação de estímulos que normalmente não causam dor.

Analgésico: Substância que produz analgesia.

Anestesia: Ausência de todos os tipos de sensibilidade.

Anestesia dolorosa: Dor em local com privação total de sensibilidade

Dor aguda: Dor de início recente, esperada após determinado estímulo doloroso, com duração de apenas algumas semanas.

Dor Crônica: Dor que perdura por tempo além do esperado após estímulo doloroso, perdurando em torno de 3 a 6 meses, mesmo após o dano ter sido cessado a dor persiste.

Dor disfuncional: Dor decorrente de disfunção do Sistema Nervoso sem caracterizar a lesão direta.

Dor por desaferentação: Dor oriunda do comprometimento das vias aferentes do sistema nervoso central.

Dor neurogênica: Dor causada por lesão primária ou por comprometimento do sistema nervoso central ou periférico.

Dor Neuropática: Dor causada por lesão que afeta o sistema nervoso somático sensitivo.

Dor Nociceptiva: Dor relacionada a estímulos danosos transmitidos por receptores dolorosos da periferia até a medula, que, através das vias ascendentes, envia o estímulo até a percepção consciente.

Dor Radicular: Dor no território de distribuição de raízes sensitivas.

Dor Referida: Dor percebida e atribuída a um local distante daquele em que o estímulo doloroso é aplicado.

Hiperalgesia: Aumento da resposta a dor.

Hipoalgesia: Diminuição da sensibilidade aos estímulos dolorosos.

Limiar de dor: Intensidade mínima de um estímulo para provocar a dor.

As síndromes dolorosas são divididas para facilitar o entendimento da dor, essa divisão é: Região Acometida (em qual parte do corpo está ocorrendo a dor), sistema envolvido (qual sistema do corpo está sendo acometido), característica temporal da dor (quanto tempo dura e a forma de duração, p. ex., contínua, recorrente, paroxística), intensidade da dor relatada pelo paciente, etiologia (o tipo de dor e seu agente causal, p.ex.: traumática, inflamatória, neoplásica), evolução da dor (aguda e crônica) e o Mecanismo da dor (somático, neuropático, disfuncional e/ou psicogênico).[2]

Tabela 27.1. Caracterização da dor de acordo com suas classificações

Quantitativa	Qualitativa	Espacial	Temporal
Hipoestesia	Alodínea	Localização pobre	Latência anormal
Hiperestesia	Pasrestesia	Irradiação anormal	Após estímulo
Hipoalgesia	Disestesia		Somação
Hiperalgia			

Fonte: Barros, Guilherme Antônio Moreira de; Colhado, Orlando Carlos Gomes; Giublin, Mário Luiz. Quadro clínico e diagnóstico da dor neuropática. Rev. dor, São Paulo, v. 17, supl. 1, p. 15-19:2016.[3]

ETAPAS DA NOCICEPÇÃO

1. **Transdução:** Impulso doloroso é recebido pelos nociceptores e transformado em potencial de ação.
2. **Transmissão:** Impulso é conduzido até corno posterior da medula espinhal.
3. **Modulação:** Estímulo que chega ao corno dorsal da medula espinhal é modulado antes de chegar ao sistema nervoso central (SNC).
4. **Percepção:** Impulso é integrado e percebido pelo nosso corpo como dor.

FISIOPATOLOGIA DA NOCICEPÇÃO

O componente fisiológico da dor é chamado nocicepção, que consiste nos processos de transdução, transmissão e modulação de sinais neurais gerados em resposta a um estímulo nocivo, como descrito acima.[4]

De forma simplificada, o processo da fisiopatologia da nocicepção, pode ser considerado como uma cadeia de três neurônios. O neurônio de primeira ordem é aquele que é originado na periferia e segue até terminar no corno posterior da medula espinhal; o neurônio de segunda ordem segue uma via ascendente pela medula espinhal até o tálamo; e o neurônio de terceira ordem projeta-se até o córtex cerebral (Figura 27.1).[5]

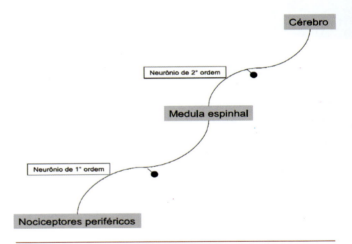

Figura 27.1. Ilustra de forma simples o caminha percorrido durante o processo de transdução, transmissão e modulação da dor. Fonte: Klaumann PR, Wouk, AFPF, Sillas, T. Patofisiologia da dor. Arch Vet Sci. 2008;13(1):1-12. doi: 10.5380/avs.v13i1.11532.[5]

O primeiro processo da nocicepção é a decodificação de sensações mecânicas, térmicas e químicas em impulsos nervosos especializados, chamados de nociceptores. Os nociceptores são terminações nervosas periféricas livres dos neurônios de primeira ordem (fibras sensitivas), que possuem como função manter a homeostasia tecidual, identificando uma injúria potencial ou real. São encontrados na pele e em mucosas.[1]

Os neurônios periféricos são classificados de acordo com a sua mielinização, diâmetro e velocidade de condução, em $A\beta$ (A beta), $A\delta$ (A delta) e C (Tabela 27.2). Após sensibilização de receptores de nóxicos na periferia, por fenômenos mecânicos, térmicos ou químicos, ocorre a decodificação para estimulação do primeiro neurônio na condução do estímulo nóxico até o SNC, corno posterior da medula, onde ocorre a modulação do estímulo. Esta modulação se faz necessária, pois todo estímulo mesmo de menor intensidade passaria e seria interpretado como estímulo nóxico.[1]

No corno posterior da medula o fenômeno modulação poderá executar três medidas: atenuar o estímulo nóxico, desencadear um arco reflexo, ou mesmo inibir este estímulo nóxico.[2]

A atenuação (modulação) ou mesmo inibição do estímulo nóxico se faz por intermédio de interneurônio, presente na conexão entre primeiro e segundo neurônio, como fenômeno de *feedback* negativo ao estímulo nóxico, realizado através de mecanismos atenuadores (endorfinas). A capacidade de modulação, ou seja, a capacidade de produção destes mecanismos inibitórios é individual. Devido a variação na resposta modulatória vem a descrição da dor ser subjetiva, uma característica, experiência, ou sensação, individual.[6]

Os estímulos mais intensos após sofrerem modulação seguem seu caminho pelo segundo neurônio no feixe espinotalâmico contralateral ao local de origem, até o tálamo, e deste as demais locais de recepção do estímulo nóxico cerebral (percepção). Estes mesmos estímulos de intensidade elevada promoverão ainda "reflexos de fuga", iniciando o reflexo motor que leva o corpo a evitar e afastar a fonte do estímulo.[2]

Em situações fisiológicas, apenas as fibras Aδ e C transmitem informação nociceptiva – os receptores Aδ são responsáveis pela dor aguda imediata, que é seguida de uma dor difusa mediada pelos nociceptores C, que possuem uma condução mais lenta; em situações patológicas (p. ex., inflamação) podem ocorrer alterações neuroquímicas ou até mesmo anatômicas as fibras sensitivas dos neurônios Aβ que podem fazer com que a dor seja mediada por esses nociceptores.[2]

Tabela 27.2. Classificação das fibras sensitivas

Tipos de fibras	Características das fibras	Velocidade de condução
Aβ (A-beta)	Grandes, mielinizadas	30-70m/s
Aδ (A-delta)	Pequenas, mielinizadas	12-30 m/s
C	Pequenas, não mielinizadas	0,5-2 m/s

Fonte: Classes da fibra nervosa. Arquivobioqui, 2015. Disponível em: http://arquivobioqui.blogspot.com/2015/11/classes-de-fibras-nervosas.html. Acesso em: 02 de out. de 2020.][7]

Uma vez instalado o estímulo nociceptivo, diversas alterações neuroendócrinas acontecem, promovendo um estado de hiperexcitabilidade do sistema nervoso central e periférico.[2]

■ TRANSDUÇÃO DE ESTÍMULOS DOLOROSOS

Como explicamos acima, o processo de transdução é aquele no qual ocorre a ativação de nocicepção através de estímulos, que são convertidos em potencial de ação. Ela ocorre nas terminações nervosas livres das fibras não-mielinizadas C e nas pobremente mielinizadas A.[8]

As respostas nociceptivas integradas na medula espinhal iniciam reflexos protetores inconscientes e rápidas, com o objetivo de retirar a área estimulada e afastá-la da fonte de estímulo (p. ex., ao tocar uma panela quente, um reflexo de retirada automático faz com que nos afastemos antes de termos a consciência do calor).[8]

Via ascendente da dor: Os neurônios nociceptivos primários fazem sinapses com interneurônios nas respostas reflexas ou em neurônios secundários que se projetam para o encéfalo; enquanto os neurônios sensoriais secundários cruzam a linha média do corpo na medula espinhal e ascendem ao tálamo e áreas sensoriais do córtex. A via ascendente também envia ramificações para o sistema límbico e para o hipotálamo, ou seja, a dor pode ser acompanhada por manifestações emocionais e reações neurovegetativas como náuseas, vômito e sudorese.[9]

Via espinotalâmica da dor: Essa via é formada por axônios aferentes que acessam a medula através da raiz dorsal e sobem até o tálamo, o grande centro modulador e regulador das sensibilidades, além de formação reticular, núcleo da rafe magno e o cinza periaquedutal. Após a entrada na medula pelo corno posterior ipsilateral ao estímulo nóxico, ocorre a modulação e sequência do estímulo pelo segundo neurônio, cruza na comissura anterior e se reúnem no trato espinotalâmico, localizado na região ântero-lateral da medula. Neste trato temos dois feixes medial e lateral. O feixe espinotalâmico lateral (neoespinotalâmico) projeta-se principalmente para o núcleo póstero-lateral ventral do tálamo e carrega aspectos discriminativos da dor, como localização, intensidade e duração. O feixe espinotalâmico medial (paleoespinotalâmico) projeta-se para o tálamo medial e é responsável por mediar a percepção emocional autonômica e desagradável da dor.[9]

No tálamo ocorre a sinapse com o terceiro neurônio, e se projetam para as áreas somatossensoriais II e I no giro pós-central e na parede superior da fissura silviana. A percepção e a localização discreta da dor ocorrem nessas áreas corticais. Algumas fibras se projetam para o giro cingulado anterior e são susceptíveis de mediar o sofrimento e os componentes emocionais da dor . (Figura 27.2).[9]

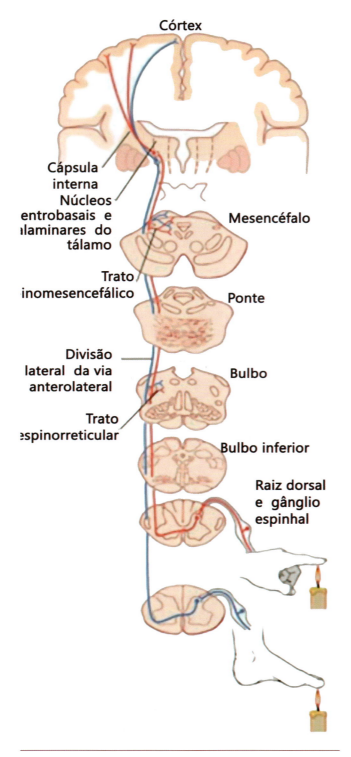

Figura 27.2. Representação ilustrativa da via espinotalâmica da dor. Fonte: Guyton; Hall, John E.. Tratado de fisiologia médica. 13ª ed. Rio de Janeiro: Elsevier, 2017. 1176 p./ p.617 cap. 48.[10]

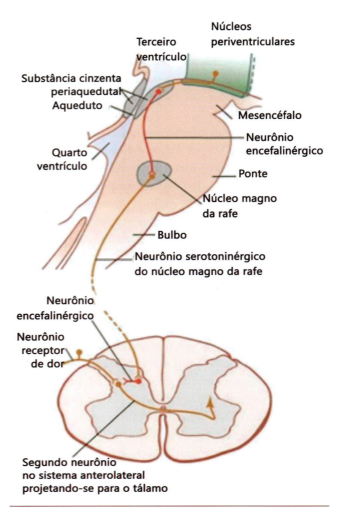

Figura 27.3. Representação ilustrativa detalhada da via espinotalâmica da dor. Fonte: Guyton; Hall, John E.. Tratado de fisiologia médica. 13. ed. Rio de Janeiro: Elsevier, 2017. 1176 p./ p.617 cap. 48].[10]

Via trigemial da dor: A informação da dor e da temperatura da face e do terço anterior da cabeça segue uma via ao tálamo, análoga à via espinhal. As fibras de pequeno diâmetro do nervo trigêmio fazem a primeira sinapse com os neurônios sensoriais secundários no núcleo espinhal do trigêmio no tronco encefálico. Os axônios dessas células decussam (cruzam) e ascendem ao tálamo pelo lemnisco trigemial.[8]

MODULAÇÃO DA DOR (REGULAÇÃO)
Modulação periférica da dor

A modulação da dor pode ocorrer perifericamente, no nociceptor, medula espinhal e estruturas supraespinhais. Ela pode inibir ou facilitar o estímulo da dor.

Os nociceptores e seus neurônios são sensibilizados após estimulação repetida; essa sensibilização pode ser manifestada como resposta exacerbada ao estímulo nocivo ou a uma receptividade recém adquirida a uma variedade de estímulos, incluindo os não nocivos.[1]

Hiperalgesia primária: A sensibilização dos nociceptores é resultado do limiar, aumento na frequência em relação a intensidade do mesmo estímulo, na diminuição na latência da resposta e descarga espontânea, mesmo após a cessação do estímulo. A hiperalgesia primária é mediada pela liberação de substâncias nocivas dos tecidos danificados, sendo eles mediadores inflamatórios, como prostaglandinas, bradicinina, acetilcolina, histamina, fator de necrose tumoral. Após a lesão celular, as membranas plasmáticas se rompem e liberam fosfolipídeos que sofrem ação de enzimas (fosfolipase A2) e se transformam em ácido araquidônico, que, novamente, sofrem ação de enzimas (COXs) e se modificam em prostaglandinas. Os analgésicos simples e anti-inflamatórios inibem a ação das COXs, reduzindo o número de prostaglandinas e diminuindo a dor. São usados geralmente no tratamento da dor aguda. Os corticosteroides também são eficientes no tratamento da dor pois inibem a fosfolipase A2, reduzindo, assim, a produção de prostaglandinas.[1]

Hiperalgesia secundária: Também chamada de inflamação neurogênica; manifesta-se pela "tripla resposta de Lewis" - vermelhidão ao redor do local, edema no tecido local e sensibilização a estímulos nocivos. Se deve pela liberação antidrômica (condução em uma fibra nervosa em direção inversa ao sentido habitual) da substância P. A substância P desgranula a histamina e 5-Hidroxitriptamina (5-HT), causa vasodilatação, edema tecidual e induz a formação de leucotrienos.[1]

Modulação central da dor

Três mecanismos são responsáveis pela sensibilização central da medula espinhal.[2]

1. Aumento dependente da frequência e sensibilização dos neurônios de segunda ordem; eles aumentam sua frequência de descarga com os mesmos estímulos repetitivos e mostram descarga prolongada, mesmo após o input da fibra aderente tem cessado.

2. Os neurônios do corno dorsal aumentam seus campos receptores de forma que os neurônios adjacentes se tornam responsivo a estímulos, nocivos ou não, que, anteriormente eles não respondiam.

3. Hiperexcitabilidade dos reflexos de flexão. A intensificação do reflexos de flexão é observada tanto ipsilateral quanto contralateralmente

Substâncias como substância P, peptídeo relacionado ao gene da calcitonina (CGRP), peptídeo intestinal vasoativo (VIP), colecistoquinina (CKK), angiotensina, galanina e aminoácidos excitatórios L-glutamato e L-aspartato acionam mudanças na excitabilidade da membrana interagindo com os receptores de membrana, acoplados à proteína G nos neurônios.[2]

■ INIBIÇÃO

Após o reconhecimento da dor pelo encéfalo, a via nociceptiva ativa a modulação como uma tentativa de suprimir a dor. A modulação pode ser supra-segmentar (encéfalo) ou segmentar (medula). Portanto, a dor pode ocorrer tanto pela ativação de nociceptores das vias ascendentes quanto por lesões que venham ocorrer nas vias modulatórias.[8]

Modulação supra-segmentar: relacionada ao encéfalo – cérebro e cerebelo, que enviam impulsos descendentes para inibir a transmissão dos sinais da dor nos neurônios do corpo dorsal da medula espinhal. As principais estruturas envolvidas no sistema descendente inibitório são a substância cinzenta periaquedutal, que libera encefalina, um opioide endógeno; e o bulbo rostroventromedial, que é formado pelo núcleo magno da rafe e o lócus coeruleus (libera serotonina). É a liberação desses neutrotransmissores, encefalina e serotonina, que é responsável pelo inibição dos neurônios da via ascendente.[8]

Modulação segmentar inibitória: Pode ocorrer pela teoria das comportas, fibras mielínicas grossas (Aβ), excitação de interneurônios inibitórios ou pelo impedimento da passagem do impulso doloroso.[8]

■ PERCEPÇÃO DA DOR

Tipicamente, os estímulos nociceptivos podem lesionar os tecidos, estimular receptores sensoriais (nociceptores), tanto na pele quanto nos órgãos internos. Este sinal, traduzido em impulso eletroquímico, é transmitido ao longo das fibras nervosas para a medula espinhal e então para os centros cerebrais, como descrito acima, onde a nocicepção contra um fundo de circunstâncias e cultura, memórias afetivas, emocionais e motivacionais, torna-se uma dor com múltiplas facetas.[2]

Por sua vez, a dor causa sofrimento e respostas comportamentais, biológicas e fisiológicas. Esse sofrimento configura-se como uma resposta comportamental observável no indivíduo com dor, enquanto os indicadores biológicos e fisiológicos funcionam como parâmetros responsáveis pelo aumento ou diminuição da resposta orgânica à dor aguda.[2]

A dor não é uma percepção comum; ela não mostra relação de nexo com o estímulo nociceptivo, podendo ocorrer sem qualquer estímulo nociceptivo óbvio ou ser desproporcional a ele. Com isso, a percepção da dor pode ser caracterizada como uma complexa experiência multidimensional, variando na qualidade e intensidade sensorial e nas características emotivas e motivacionais.[2]

O aumento ou diminuição da entrada de estímulos sensoriais no cérebro leva a mudanças adaptativas nas áreas sensoriais e motoras primárias. Por adição às alterações funcionais, as alterações estruturais também têm sido relacionadas à dor crônica; a conectividade de grandes redes cerebrais também se mostrou alterada na dor crônica, o que tem sido associados com sintomas de dor. Essas alterações centrais podem ser entendidas como memórias de dor que influenciam o processamento tanto da estimulação dolorosa quanto da não dolorosa ao sistema somatossensitivo, bem como seus efeitos sobre o sistema motor. As alterações nas regiões sensoriais e afetivas estão também associadas alterações na percepção do corpo e da acuidade perceptual.[2]

Há mudanças centrais e periféricas especificamente localizadas, relacionadas aos processos de memória de dor, que podem, em potencial, terem sido acessadas separadamente. Não é apenas o estímulo físico, mas a história de aprendizagem que determinam a resposta à estimulação nociva.[2]

Em resumo

A condução do estímulo álgico se dá por: estímulo nociceptivo → nocicepção → lesão celular → transdução → liberação de substâncias algógenas → sensibilização do sistema nervoso → transmissão → modulação → percepção reação dolorosa.[2]

■ CLASSIFICAÇÃO DA DOR QUANTO A DURAÇÃO

Dor aguda

A dor aguda é provocada por estímulo nocivo causado por uma lesão, pelo processo de uma doença ou pela função anormal de um músculo ou víscera. Em geral, é nociceptiva, servindo para localizar e limitar os danos teciduais. Estão envolvidos processos fisiológicos como transdução, transmissão, modulação e percepção.[1]

A duração e intensidade do estímulo nociceptivo inicial resulta em sensibilização periférica e central que, de maneira sinérgica, exacerbam a percepção da dor aguda. A transição da dor aguda em crônica ocorre em pontos bem definidos da via nociceptiva e envolve múltiplas vias de processamento do sinal doloroso.[1]

Estão incluídas dor pós-traumática, pós-operatória, obstétrica e dor associada a moléstias clínicas agudas (p. ex., infarto agudo do miocárdio, pancreatite e litíase renal). A maior parte das dores agudas são autolimitadas ou se resolvem com tratamento em poucos dias ou semanas.[1]

Tipos de dor aguda

Dor somática: Podemos classificá-la como superficial ou profunda.[2]

Dor somática superficial: É causada por um estímulo nociceptivo oriundo da pele, dos tecidos subcutâneos e membranas mucosas; é bem localizada e descrita como uma sensação aguda.

Dor somática profunda: Se origina nos músculos, tendões, articulações, ossos. Geralmente é dolorosa e mal localizada; é importante ressaltar que a intensidade e duração do estímulo doloroso afetam o grau de localização (p.ex., a dor traumática de baixo impacto no joelho se limita apenas a região do joelho; entretanto, caso o trauma seja de grande impacto a dor pode se estender a toda a perna).

Dor visceral: A dor visceral aguda se deve ao processo de uma doença ou uma função anormal que envolve um órgão interno ou sua cobertura. É dividida em quatro subtipos sendo eles (1) dor visceral localizada verdadeira, (2) dor parietal localizada, (3) dor visceral referida e (4) dor parietal referida.[2]

Dor crônica

A dor crônica persiste além do curso regular de uma doença aguda ou depois de um período de tempo razoável para a cura. Pode ser nociceptiva, neuropática ou mista; os mecanismos psicológicos e os fatores ambientais apresentam fator fundamental. A dor neuropática é paroxística e lancinante; quando associada a perda do estímulo sensitivo (p. ex., amputação) é chamada de dor de desaferentação.[2]

Não representa apenas um sintoma como a dor aguda, caracteriza-se por um estado patológico bem definido, é uma disfunção do sistema somatossensorial que persiste além da solução do seu processo etiológico. Por ser uma doença complexa, ela não permite a simples aplicação de conceitos fisiopatológicos da dor aguda.[2]

As formas mais comuns de dor crônica são as associadas a transtornos musculoesqueléticos (primariamente nociceptiva), transtornos viscerais crônicos, lesões do nervo periférico (primariamente neuropática), raízes neurais ou gânglios das raízes dorsais, lesões do sistema nervoso central e dor causada pelo câncer (em geral mista).[1]

CLASSIFICAÇÃO DA DOR QUANTO À FISIOPATOLOGIA

Dor nociceptiva

A dor nociceptiva surge quando ocorre uma ativação fisiológica dos receptores ou da via dolorosa, estando associada a lesões de tecidos musculares, ósseos e ligamentos; essa dor consiste na dor nociceptiva somática, que bastante intensa, de caráter cortante e de fácil localização.[11]

Quando a dor atinge órgãos mais internos é chamada de dor nociceptiva visceral, que tem caráter vago, é persistente e de difícil localização. Independentemente do órgão de origem, é normalmente sentida na linha média do corpo, ao nível inferior do esterno ou da zona superior do abdome. À medida que a dor nociceptiva visceral progride, o diagnóstico ser mais difícil devido ao fato da convergência das fibras aferentes viscerais com os somáticos, que seguem o mesmo caminho para os neurônio sensoriais localizados na medula espinhal, o que pode levar uma interpretação incorreta na zona cerebral.[11]

Na dor nociceptiva é gerado um potencial de ação na membrana neuronal que é conduzido por fibras nervosas especializadas, pertencentes a porção periférica do sistema somatossensorial, de elevado limiar da excitabilidade. Esse sistema propicia a progressão do sinal nociceptivo em direção ao SNC, por meio da medula, do tálamo e do córtex cerebral, sendo o córtex o local onde a dor é percebida e localizada topograficamente.[11]

A ascensão do estímulo nociceptivo em direção ao córtex, no caso da dor nociceptiva aguda, acontece preferencialmente pelo feixe neoespinotalâmico, constituído em grande parte por fibras nervosas de condução rápida (A-delta), sendo caracterizado como monossináptico. Em contrapartida, no caso das dores crônicas, a condução dos estímulos nociceptivos na sua ascensão em direção à corticalidade utilizada em maior parte o feixe paleoespinotalâmico, que é predominantemente constituído de fibras de condução lenta (amielinizadas C) e é polissináptico, ou seja, distribui a informação nociceptiva por vários níveis do sistema nervoso periférico (SNP) e SNC, principalmente para a medula alta, sistema reticular ativador, substância cinza periaquedutal, sistema límbico e córtex afetivo-motivacional.[2]

É importante salientar que, nessa situação específica da dor nociceptiva, o sistema somatossensorial é apenas ativado e, quando o estímulo nociceptivo desaparece, ele volta a funcionar normalmente, não apresentando nenhum tipo de disfunção.[11]

Dor neuropática

A dor neuropática surge como efeito de uma lesão ou de uma disfunção do SNC ou SNP; pode ser acompanhada por vários sintomas como paresia, paralisia, hipoestesia, vasodilatação, anosmia, hipoalgesia, cegueira, mioquimias, fasciculações, distonias, alodinia e vasoconstrição. É uma dor de difícil diagnóstico, pois a sensação dolorosa não pode ser medida objetivamente.[11]

É o tipo de dor patológica e espontânea, acompanhada de hipersensibilidade após a estimulação não nociceptiva, sendo resultante de lesão tecidual com predominante componente neuronal. É normalmente desencadeada durante a estimulação nociceptiva intensa e prolongada exercida sobre nociceptores periféricos de alto limiar de excitabilidade.[2]

Dor psicogênica

A dor psicogênica pode ser entendida como aquela que surge na ausência de qualquer processo lesional, ou que permanece após a resolução do processo lesivo. Tradicionalmente, esta dor é conhecida como sendo uma dor funcional. O processo mais comum para esta dor, resulta geralmente de uma disfunção neuropsíquica com ou sem psicopatologia associada (p. ex., depressão, distúrbios de personalidade, ansiedade). Muitas vezes a dor psicogênica pode também surgir associada à dor nociceptiva e neuropática podendo alterar a sua apresentação e evolução clínica. Mesmo sendo psicogênica causa desconforto e sofrimento ao doente, em situações em que a semiologia não contém especificidade própria.[11]

Dor inflamatória

A dor de origem inflamatória resulta da interação entre células do tecido danificado, células do sistema imune e os neurônios sensoriais nociceptivos periféricos e centrais por meio de mediadores inflamatórios.[12]

As citocinas, por exemplo, são mediadores inflamatórios que ao serem liberados desencadeiam alterações concomitantes no mecanismo de transdução periférica do estímulo nociceptivo. Dessa forma, esse processo aumenta a sensibilidade de transdução dos nociceptores e tem como resultado a diminuição do estímulo doloroso, alodinia e hiperalgesia.[12]

A dor inflamatória aguda declarada resulta da ação de um estímulo desencadeante mecânico, químico, térmico ou de um mediador que ativa neurônios periféricos sensibilizados.[12]

Já a hiperalgesia inflamatória é resultado de modificações funcionais nos neurônios aferentes primários nociceptivos por uma ativação metabotrópica em todo o neurônio. Essa ativação gera modificações funcionais da excitabilidade neuronal, e essas modificações são induzidas por mediadores inflamatórios liberados pelas células danificadas pelo trauma tecidual ou por células do sistema imune (macrófagos).[2]

Quando um agente estranho ao organismo ou moléculas liberadas pela necrose, lesão tecidual ou celular como o adenosina trisfosfato (ATP) e citocinas entram na lesão e são reconhecidas pelas células imunes dos tecidos, principalmente macrófagos, dão início a resposta inflamatória que constitui um processo importante na resposta imune inata.[2]

Os primeiros sinais da resposta inflamatória são calor, rubor (eritema), tumor (edema), decorrentes de arteriolodilatação, recrutamento de territórios vasculares adicionais e extravasamento de plasma, devido ao aumento da permeabilidade vascular. Esses eventos iniciais podem facilitar a remoção do agente causador da inflamação devido ao aumento do fluxo de líquido intersticial, assim como a migração de células de defesa para o local da lesão. Há também a ativação de moléculas de adesão em células endoteliais dos vasos sanguíneos, permitindo a migração inicial de neutrófilos e constituindo uma das características da resposta inflamatória aguda.[2]

No que se refere à dor, referente a um processo inflamatório, os mediadores inflamatórios liberados durante a resposta imune inata podem ser divididos em dois grupos: os mediadores hiperalgésicos intermediários e mediadores hiperalgésicos finais. Os primeiros são liberados no início e durante a inflamação, sendo responsável pela liberação de mediadores intermediários e finais. Os mediadores hiperalgésicos finais interagem com seus específicos nos neurônios aferentes primários que são responsáveis por sua sensibilização. Nestes encontram-se prostaglandinas e aminas simpatomiméticas que atuam em determinados receptores, levando ao desenvolvimento de sensibilização neuronal.[2]

Entre os mediadores intermediários podem-se destacar as citocininas e quimiocinas como sendo os mediadores mais característicos da dor inflamatória. As citocininas que se referem a hiperalgesia inflamatória são o fator de necrose tumoral (TNF-a) e interleucinas (IL-1 e IL-8) que induzem a liberação de mediadores finais que são as prostaglandinas e aminas simpatomiméticas.[2]

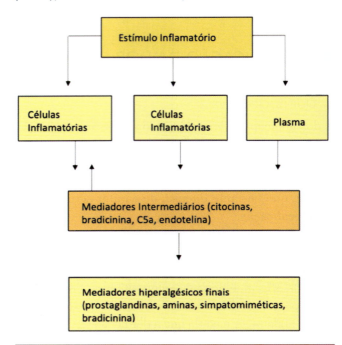

Figura 27.4. Caminhos da dor inflamatória. A figura ilustra as principais vias biológicas ativadas após o estímulo inflamatório, até o desenvolvimento da hiperalgesia inflamatória. Mediadores hiperalgésicos finais são os responsáveis pela sensibilização neuronal e são produzidos em resposta a mediadores intermediários, gerados no processo inflamatório. Fonte Posso, Irismar de Paula; Grossmann, Eduardo; Fonseca, Paulo Renato Barreiros da; Perissinotti, Dirce Maria Navas; Oliveira Junior, José Oswaldo de; Souza, Juliana Barcellos de; Serrano, Sandra Caires; Vall, Janaina. Tratado de Dor: publicação da sociedade brasileira para estudo da dor. São Paulo: Atheneu, 2018. 1426 p./ p.286 cap.23.[2]

Referências bibliográficas

1. Butterworth, John E.; Mackey, David C.; Wasnick, John D. Morgan & Mikhail Anestesiologia Clínica. 5. ed. Rio de Janeiro: Revinter, 2016. 1111 p. Posso, Irimar de Paula; Grossmann, Eduardo; Fonseca, Paulo Renato Barreiros da; Perissinotti, Dirce Maria Navas; Oliveira Junior, José Oswaldo de; Souza, Juliana Barcellos de; Serrano, Sandra Caires; Vall, Janaina. Tratado de Dor: publicação da sociedade brasileira para estudo da dor. São Paulo: Atheneu, 2018. 1426 p.
2. Barros, Guilherme Antônio Moreira de; Colhado, Orlando Carlos Gomes; Giublin, Mário Luiz. Quadro clínico e diagnóstico da dor neuropática. Rev. dor, São Paulo, v. 17, supl. 1, p. 15-19, 2016.
3. Silverthorn, Dee Unglaub; Ribeiro, Maria Flávia Marques; KRAUSE, Mauricio da Silva. Fisiologia humana. 7. ed. São Paulo: Artmed, 2017. 960 p.

4. Klaumann PR, Wouk, AFPF, Sillas, T. Patofisiologia da dor. Arch Vet Sci. 2008;13(1):1-12. doi: 10.5380/avs.v13i1.11532.
5. Beverly Bishop, PhD, Pain: Its Physiology and Rationale for Management: Part I. Neuroanatomical Substrate of Pain, Physical Therapy, Volume 60, Issue 1, 1 January 1980, Pages 13–20.
6. Classes da Fibra Nervosa. Arquivobioqui, 2015. Disponível em: http://arquivobioqui.blogspot.com/2015/11/classes-de-fibras-nervosas.html. Acesso em: 02 de out. de 2020.
7. Bear, Mark F.; Connors, Barry W.; Paradiso, Michael A. Neurociências: Desvendando o Sistema Nervoso. 4. ed. [S.L]: Artmed, 2017. 1016 p.
8. Venugopal K, Swamy M, Physiology of pain, World Federation Society Anesthesia, 2005; on line acesso dia 10 de outubro de 2020.
9. Guyton; Hall, John E.. Tratado de fisiologia médica. 13. ed. Rio de Janeiro: Elsevier, 2017. 1176 p.
10. Varandas, C.M.B. Fisiopatologia da dor. Porto, 2013.
11. Carvalho WA, Lemonica L - Mecanismos Celulares e Moleculares da Dor Inflamatória. Modulação Periférica e Avanços Terapêuticos, em: Braz, JRC, Castiglia, YMM – Temas de Anestesiologia. Curso de Graduação em Medicina, 2ª Ed, São Paulo, Artes Médicas, 2000;265-280.

28

CAPÍTULO

Anamnese da Dor

PRISCILLA PATTO ABREU FAGUNDES
ANA LAURA RIBEIRO EVANGELISTA
RENATA ALFENA ZAGO

■ INTRODUÇÃO

Já parou para refletir o que significa a sensação de sentir dor para você? Ao sentir sua mão queimar numa superfície quente, de fogão, por exemplo, o que você sente? Como você descreveria esta sensação? A dor sempre foi tida como sinal de alerta e hoje é conhecida como quinto sinal vital, que nosso corpo demonstra em situações de perigo. Mas, muito além da fisiologia como mecanismo de proteção, a dor pode provocar outras repercussões no corpo e ganhar significados únicos para cada indivíduo, como pretendemos abordar neste capítulo.

Desde a antiguidade, o conceito de dor sofreu diversas mudanças, seja pela maneira como os povos a entendiam, seja pela compreensão científica acerca desta entidade. Em 1996, James Campbell reconheceu pela primeira vez a dor como quinto "sinal" vital, evidenciando a importância de uma boa caracterização deste sintoma.[1] A definição mais atual, divulgada em 2020 pela IASP (Associação Internacional para Estudo da Dor), é de que a dor é "uma experiência sensitiva e emocional desagradável, associada, ou semelhante àquela associada, a uma lesão tecidual real ou potencial".[2] Neste sentido, é preciso considerar a dor como experiência subjetiva e total, influenciada em graus variáveis, por fatores biológicos, psicológicos e sociais, concretizando que o fenômeno doloroso é diferente da nocicepção.

Diante dessas informações, fica evidente que a dor deve ser cuidadosamente avaliada, tendo em mente que cada paciente é único, logo, suas dores também são incomparáveis, talvez não em sua fisiopatologia, mas nas repercussões e percepções que elas trazem para a vida desse indivíduo. Desta forma, a avaliação da dor exige do profissional de saúde um olhar que caminhe dentro do modelo biopsicossocial sem deixar a base da evidência científica de lado. Tudo isso no intuito de promover impacto em diferentes aspectos da vida do indivíduo.[3] O profissional deve caracterizar a queixa do paciente a fim de compreender os mecanismos fisiopatológicos da dor: sua natureza, intensidade, frequência, quais são as respostas fisiológicas, emocionais e comportamentais que ela acarreta. Para melhorar a ilustração da anamnese, pode-se pensar que ela é construída em camadas e que em cada uma delas você identifica uma ou mais dimensões da vida do paciente e a maneira como isto influencia o quadro álgico dele. Assim, o doente tem mais chance de sair da consulta com a sensação de que sua queixa foi valorizada e bem explorada, o que já é considerado um ponto de partida muito positivo para seu tratamento. Ademais, a avaliação dentro de uma perspectiva multidimensional é crucial para uma intervenção terapêutica individualizada, específica e efetiva.[4]

Basicamente, para uma boa avaliação da dor devem-se considerar:[4]

- As características biológicas de cada indivíduo (idade, sexo, etnia, presença de comorbidades prévias).

- A classificação da dor, por exemplo, quanto à sua temporalidade (aguda ou crônica) e quanto à fisiopatologia (somática, visceral, neuropática, mista ou psicogênica).
- As características intrínsecas da dor: localização, fatores de agravo, fatores de melhora, fatores desencadeantes.
- Sua associação com sintomas concomitantes como febre recente, perda de peso inexplicável ou repentina, distúrbios hormonais.
- A influência do etilismo, tabagismo ou uso abusivo de outras substâncias, medicações e presença de distúrbios cognitivos.
- A importância de correlacionar exame físico e história clínica como cirurgias prévias, traumas, infecções, principalmente para os achados da dor crônica.
- As alterações psíquicas que a dor gera no paciente (cinesiofobia e catastrofização).
- A avaliação dos componentes afetivos da dor, tais como traumas na infância, relacionamento familiar (se o paciente se sente negligenciado, por exemplo).
- A interferência no estado de humor, as condições de apetite, a qualidade do sono, nutricional, presença ou ausência de fadiga.[3]
- E ainda as repercussões na atividade laboral do paciente, as quais podem incorrer em complicações econômicas e agravar as dimensões emocional e psicológica.

As falhas na identificação destas camadas fundamentais que compõem o ser humano que é paciente podem levar à frustração mútua e resultados terapêuticos insatisfatórios.[3] Por isso, vamos destrinchar cada uma delas, relacionando-as com o exame físico para ajudar em sua caracterização.

■ AVALIAÇÃO DA DOR

O caminho para avaliar a dor segue o que o paciente conta. Cada tipo de dor específica tem um método próprio de avaliação, um (ou vários) questionário(s) validado(s) para ser(em) aplicado(s). Pensando assim, este capítulo não daria conta de abordar todas as dores possíveis. Nosso intuito aqui é pensar a dor como causa de sofrimento multidimensional para o paciente e sua avaliação objetiva é a forma de descobrir como se dá esta afetação para determinar sua forma de agir a fim de controlar ou eliminar as dores e, ao mesmo tempo, reavaliar as intervenções já adotadas.[3]

A primeira atitude, portanto, é: OUÇA O SEU PACIENTE. Depois de saber quem ele é, faça perguntas abertas e deixe que ele conte o que sente, como sente, onde, com que frequência, que intensidade, que sensações isso lhe causa. Para organizar melhor a anamnese e facilitar o passo a passo, vamos seguir um roteiro de avaliação tal qual costumamos seguir para fazer qualquer tipo de anamnese.

■ IDENTIFICAÇÃO

Saber quem é o seu paciente não é uma questão meramente burocrática, mas um primeiro passo para entender quem é aquela pessoa na sua frente e como a dor pode afetar as diferentes áreas da sua vida. Antes de mais nada, apresente-se e pergunte seu nome. Questione sua idade. Isto é importante porque a dor se manifesta de formas diversas em cada faixa etária. O raciocínio clínico é diferente.

Num idoso, por exemplo, a percepção da dor pode estar alterada seja por redução do número de receptores na pele, por uma condução mais lenta do potencial de ação pelos neurônios (mielinizados ou não) ou ainda pela perda de neurônios no corno dorsal da medula espinhal. Dizemos que o limiar de dor aumenta com a idade, por isso o idoso pode apresentar problemas graves sem perceber a dor. Muitos ainda deixam de relatar quando sentem dor por achar que ela é uma consequência natural do processo de envelhecimento e que deve ser suportada, sem "amolar" os familiares. Além disso, em um idoso, é imprescindível considerar o estado cognitivo, que pode estar rebaixado e isso muda completamente a forma de sentir e de mensurar a dor. Pacientes com demência, por exemplo, podem ter dificuldade de expressar sua dor por causa da confusão e agitação mental. Pacientes com deficiência auditiva ou visual podem precisar de letras maiores ou avaliações mais visuais.

Já numa criança, que nem sempre sabe falar ainda, o profissional vai ter que se valer muito da linguagem não-verbal, tanto para a dor aguda, que pode ser avaliada pela expressão facial, postura e movimento corporal, tipos de choro e gemidos, quanto na dor crônica que pode ser percebida, por exemplo, pelo aumento da irritabilidade da criança, tristeza, perturbação do sono, mudança no apetite e, inclusive, queda no desempenho escolar. Porém, para avaliar a dor numa criança, não bastam critérios subjetivos e observacionais, é preciso entender as principais etiologias (dentre as mais comuns temos estresse, medo, traumas, anemia falciforme, artrite e doenças reumatológicas, dor musculoesquelética, inflamações abdominais, AIDS, neoplasias) e aplicar o instrumento de mensuração correto de acordo com a faixa etária e o nível cognitivo.

Vale frisar neste momento que seu paciente é a criança e, se ela já tem idade para entender o que você pergunta e responder de forma compreensível, fale com ela e acredite no que ela diz. Procure tranquilizá-la durante a conversa e o exame físico, explicar cada procedimento a fim de ganhar sua confiança e conseguir transpor o medo dela durante a avaliação. A ajuda de um familiar para conseguir mais informações é importante, sem dúvidas, mas mantenha em mente que é a criança o alvo do cuidado.

O sexo ou preferência sexual do paciente podem trazer suspeitas diagnósticas hormonais, e/ou metabólicas e inflamatórias, além de preparar o profissional para fatores socioculturais que levam os homens, por exemplo, a esconder sua dor e as mulheres a apresentar maior incidência de transtornos psiquiátricos, influenciadores da resposta à dor. Ademais, já existem estudos comprovando uma afetação hormonal na sensibilidade dolorosa. O estrógeno atua na modulação da transmissão nervosa influenciando neurotransmissores como serotonina, acetilcolina, dopamina e endorfinas. Já o estradiol vem sendo classificado, inclusive, como neuroesteroide integrando-se, por exemplo, com receptores GABA também para modular o efeito da dor.

Outro ponto a ser considerado é a gestação. Não é incomum, por exemplo, uma gestante se queixar de síndrome do túnel do carpo ou síndrome dolorosa miofascial por desenvolver pontos-gatilho (*trigger points*) nos músculos da região lombossacral e cervical (mais detalhes adiante). A Síndrome da Imunodeficiência Adquirida (AIDS) também pode desencadear dor a partir de infecções oportunistas, como papiloma vírus humano (HPV) e neoplasias, ou por sequela do próprio HIV, com artrites, cefaleias e neuropatias dolorosas (polineuropatia desmielinizante inflamatória aguda e herpes-zoster, por exemplo).

Para compreender melhor a afetação da dor nas múltiplas dimensões da vida do paciente, é importante saber a cidade em que ele mora, seu grau de escolaridade e o trabalho que executa diariamente. Estas informações ajudam a identificar quais atividades da vida diária são mais afetadas e a indicar distúrbios funcionais provocados pela dor, como em lesões por esforço repetitivo, musculoesqueléticas, síndromes dolorosas mais específicas e complexas, por exemplo. A dimensão funcional da dor pode levar ao desenvolvimento de cinesiofobia e evitação de atividade física, como veremos adiante.

Além disso, a maneira como o paciente descreve sua profissão também já pode levantar suspeitas sobre seu grau de satisfação com o trabalho realizado, podendo indicar a necessidade de uma avaliação psicológica mais aprofundada, e sobre a possibilidade de aquela dor lhe trazer ganhos secundários. Um exemplo desse tipo de vantagem, é o paciente que "pinga" de médico em médico (*doctor shopping*) para conseguir uma receita de opioide em caso de abuso de substâncias ou ainda o paciente que busca o médico para se manter afastado do emprego, enquanto recebe auxílio financeiro governamental. Pode também ser considerado como ganho secundário, o maior zelo da família no cuidado com este paciente enquanto se sabe que ele está enfermo, levando-o a não querer sair da condição de "doente".

Se o paciente trouxer um acompanhante para a consulta, melhor! Bonica[4] afirma que a presença da companhia ajuda a saber como está o relacionamento familiar ou social e, se for o cônjuge, já é possível avaliar se a dor pode estar afetando as relações íntimas também. O acompanhante ainda confirma se o paciente diz a verdade sobre os efeitos de um tratamento (mesmo que por reações não-verbais) e presta mais atenção às recomendações e decisões clínicas. Além disso, é válido questionar também o acompanhante sobre as experiências pessoais vividas com a dor antes da consulta de forma a esclarecer ansiedades e mal-entendidos. Discutir os sintomas com os dois pode ser informativo e dar oportunidade para apoiar e educar o familiar ou amigo.[5]

Igualmente importante é questionar se o paciente segue alguma religião ou possui algum tipo de fé. A espiritualidade impacta na vida e nos significados que damos a ela. A relação da saúde mental com a busca do equilíbrio espiritual é construída a partir das experiências de cada um e o sofrimento pode fazer com que o indivíduo modifique suas significações. Desta maneira, a espiritualidade passa a ser também uma forma de enfrentar a dor. Quem se apega a uma fé pode ter menos queixas, em especial de dor crônica, e tem mais esperança e confiança no tratamento, reduzindo os níveis de estresse e auxiliando efetivamente na recuperação, ainda que a cura não seja possível.[3]

■ QUEIXA E DURAÇÃO

Geralmente, este tópico da anamnese é mais curto e direto, mas já pode trazer informações preciosas sobre a localização da dor, sua qualidade, intensidade e desde quando começou. Cabe ao profissional de saúde, estar atento ao que o paciente afirma para aprofundar e guiar a investigação da história desta dor.

◼ HISTÓRIA PREGRESSA DA DOR

Este é um dos momentos-chave da avaliação da dor. Primeiramente, porque permite que o paciente fale mais de forma mais livre sobre o sofrimento pelo qual está passando e ainda favorece ao profissional a descoberta de informações fundamentais para diferenciar o tipo de dor que o paciente está sentindo e sua etiologia de acordo com a descrição que ele faz. O ideal aqui é começar com perguntas abertas:[6]

- Fale-me sobre a sua dor.
- Onde você sente dor?
- A dor parece caminhar ou é penetrante?
- Como é a dor?
- Que outras palavras poderiam descrever a sua dor?
- O que faz a sua dor melhorar? O que a faz piorar?
- Que medicamentos a fazem melhorar? Você consegue provocar a dor?
- Você consegue reproduzir a dor?

Bonica[4] lista as principais características que precisam ser questionadas mais diretamente a fim de conseguir uma boa classificação da dor naquela pessoa avaliada:

Início: saber quando e como a dor começou (o que o paciente fazia na hora, se for aguda, e como ela foi se desenvolvendo ao longo do tempo, se for crônica)

Esta primeira característica é relevante para começar a pensar a dor do ponto de vista temporal. Se for aguda (também chamada de adaptativa) indica uma reação do organismo que está sendo agredido. É um fator protetor contra lesões e pode durar de alguns segundos a semanas, além de ser um sinal vital que pode alterar os demais sinais (frequência cardíaca, pressão arterial, temperatura etc.). É importante estar atento a essas alterações em especial em pacientes de emergência, que costumam chegar com dores muito intensas e de difícil tratamento, exigindo conhecimento mais aprofundado de analgesia. Dentre os tipos mais comuns, podemos citar: lombociatalgia, fratura, dor oncológica, neuralgia do trigêmeo, enxaqueca e cefaleia em salvas.

Esta dor aguda, no entanto, corre o risco de se cronificar, se não for tratada adequadamente, deixando de ser apenas um sintoma e se convertendo na doença em si por uma plasticidade mal adaptativa do sistema nociceptivo (sensibilização periférica e/ou central). Assim, se a dor já durar 3 meses ou mais e trouxer consequências para as relações interpessoais, sociais, de trabalho e de estudo, fragilizando o paciente afetivamente, ela é considerada uma dor crônica ou não adaptativa. Na maioria das vezes, o fator etiológico é de difícil definição clínica porque está relacionado a uma anormalidade no processamento do sinal doloroso em vários níveis do sistema nervoso periférico ou central. Muito além das questões físicas, como a afetação de reflexos motores autonômicos, a dor crônica atinge componentes cognitivos e afetivo-motivacionais.

> No exame físico, inspeção, palpação e ausculta devem buscar, em um primeiro momento, por distorções anatômicas, alterações da cor ou da consistência da pele e espasmos ou fasciculações dos músculos subjacentes.
> É preciso fazer um exame neurológico mais aprofundado, testar diferentes reflexos na área dolorosa. Uma hiperreflexia pode indicar mielopatia, por exemplo, se o paciente relatar sensibilidade muscular focal no pescoço ou dormência em local distante.[7]

Fatores desencadeantes, de melhora ou de piora: o que provoca a dor? O que a alivia e o que a faz piorar?

Perguntas simples e diretas que permitem racionalizar a abordagem terapêutica a seguir, detectando alvos específicos em relação aos diferentes mecanismos geradores de dor. Por exemplo, se o fator desencadeante é bem definido como na dor pós-operatória, na dor de um trauma ou de uma queimadura, pode-se seguir o raciocínio para uma dor nociceptiva em que o sistema somatossensorial não sofreu disfunção. Neste caso, deve-se certificar de que o paciente, ao desaparecer o estímulo doloroso, não sente mais a dor.

Mas se ele relatar que sente muita dor mesmo quando o estímulo cessa ou que tem dor ao menor toque ou mesmo com a passagem de uma corrente de vento ou de um lençol sobre a pele, pode-se estar diante de um quadro de hiperalgesia ou alodínia.

> Hiperalgesia é a redução do limiar de excitação da fibra nociceptiva, provocando uma resposta exagerada aos estímulos aplicados a uma região. Já a alodínia é a dor provocada por um estímulo não doloroso, como a roupa em contato com o corpo, por exemplo. Ambas indicam que há muitos mediadores inflamatórios envolvidos no processo gerador de dor ainda na periferia do sistema nervoso, facilitando a despolarização da membrana do neurônio por mais tempo e estimulando o sistema somatossensorial central de forma prolongada.

A presença de hiperalgesia e alodínia pode caracterizar a fase inicial do processo de disfunção do sistema somatossensitivo, isto é, uma cronificação da dor aguda. Este tipo de dor, mais inflamatória, pode ocorrer devido a uma lesão ou a dores reumáticas, como uma condição autoimune, sem um trauma prévio específico. Pergunte ao seu paciente se ele tem algum histórico de doença autoimune, isso pode ajudar bastante! É importante frisar que não se deve entender a ausência de um estímulo nociceptivo identificável como um motivo para classificar o paciente como pretendente a um ganho secundário ou como um caso de dor psicogênica ou somatoforme. A avaliação, no caso destas suspeitas, deve ser aprofundada.

Localização e irradiação: o paciente deve mostrar onde ele sente a dor e descrevê-la. A localização é fundamental para identificar a etiologia.

Se a dor é bem localizada e o paciente consegue apontar a região dolorida com um dedo, pode-se pensar em uma lesão delimitada relacionada ao ponto de recepção nociceptivo ou ao nervo periférico. Pode estar associada a uma condição de lesão pós-operatória ou traumática recente. Dores somáticas superficiais tendem a ter uma localização mais bem definida por decorrer da estimulação de nociceptores do tegumento, como uma queimadura ou uma picada de inseto.

Mas fique atento para a possibilidade de o paciente descrever mais de um local de dor. Neste caso, o examinador deve registrar todos para, ao longo da pesquisa clínica, avaliar se devem ser interpretados separadamente, como tendo diferentes causas, ou se configuram dor irradiada ou referida. A sensação de múltiplos pontos de dor pode indicar uma doença reumática articular, por exemplo.

Outra característica é a da dor difusa, quando o paciente indica uma região acometida, não apenas um ou mais de um ponto. Isto sugere, por exemplo, uma lesão central (neuropática, nociplástica) ou uma condição inflamatória advinda de uma dor somática profunda ou uma dor visceral.

> Dor nociplástica é aquela causada por alteração dos receptores, mas sem evidência de lesão tecidual ou de doença ou lesão do sistema somatossensitivo causando dor.

A dor somática profunda se origina da ativação dos receptores de dor de músculos, fáscias, tendões, ligamentos e articulações. Geralmente é provocada por contrações musculares isquêmicas, estiramentos,

rupturas, contusão ou síndrome miofascial. A dor visceral, por sua vez, advém da estimulação dos nociceptores das vísceras, é mais profunda e de difícil localização. Pode estar relacionada com o comprometimento da própria víscera (dor visceral verdadeira) e, neste caso, a localização vai seguir a projeção anatômica do órgão em que a dor começa.

> No exame físico, é importante palpar a área dolorosa (com o devido cuidado, claro!) para avaliar a sensibilidade do ponto dolorido e das adjacências. Isto pode revelar hipo/hiperestesia (relativo à sensibilidade tátil) ou hiperalgesia e alodínia (relativas a estímulos dolorosos), o que pode indicar dor neuropática. A palpação deve começar mais menor dor e ir para o lado de maior intensidade dolorosa para avaliar doenças mais profundas. É recomendável palpar a mesma área de diversos modos para ver se a dor é reprodutível e distrair o paciente durante a palpação para acalmar e confirmar a dor.
> Alguns detalhes importantes de lembrar são: na dor visceral, ao palpar o abdome o paciente não sente dor, a menos que haja inflamação do peritônio, por exemplo, que provoca uma dor, que também pode ser intensificada com inspiração profunda.

Se o paciente afirma que a dor caminha para outra parte do corpo, é preciso investigar que trajeto ela percorre. Para isto, ele pode simplesmente mostrar em seu próprio corpo o caminho do ponto de origem até o local de destino ou, a depender de seu estado cognitivo, você pode fornecer uma figura humana representada num papel para que possa desenhar esta irradiação. Porto[8] define a dor irradiada como aquela sentida à distância de sua origem, mas em estruturas inervadas pelo trajeto de um nervo – segue os dermátomos.[9] Esta característica permite ao examinador verificar a estrutura comprometida e facilita o raciocínio diagnóstico.

> Para exemplificar, vamos analisar a dor irradiada de uma lombociatalgia que é uma dor lombar com irradiação para a virilha, face anterior da coxa e borda anterior da canela.
>
> 1. Se a dor se estender da face medial da perna até a região maleolar medial, pode indicar uma compressão da raiz de L4.
> 2. Se irradiar para a nádega e face póstero lateral da coxa e da perna, até a região maleolar lateral, está mais para uma compressão da raiz de L5.
> 3. Se a irradiação for para o glúteo e face posterior da coxa e da perna, até o calcanhar, pode-se inferir uma compressão da raiz S1.[8]

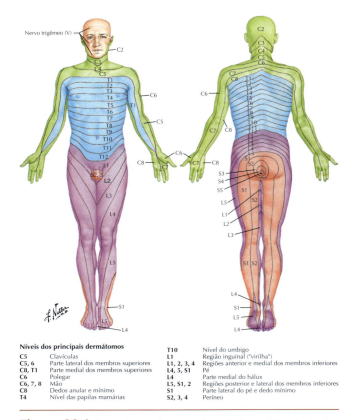

Figura 28.1. Dermátomos.[9] Fonte: disponível em: Atlas de Anatomia Humana. 6th ed. p. 237. Netter, FH.

Diferentemente, a dor referida é definida como uma sensação dolorosa superficial percebida distante da estrutura em que se originou. Na prática, o cérebro confunde as origens do estímulo doloroso (um do tegumento outro da víscera) e entende mais intensamente o estímulo da pele. A explicação da dor referida, de acordo com Porto[8] é: "convergência de impulsos dolorosos viscerais e somáticos, superficiais e profundos, para neurônios nociceptivos, localizados no corno dorsal da medula espinal, sobretudo na lâmina V. Tendo em vista que o sistema tegumentar apresenta um suprimento nervoso nociceptivo muito mais exuberante do que o das estruturas profundas, somáticas e viscerais, a representação talâmica e cortical destas é muito menor do que a daquelas. Por conseguinte, os impulsos dolorosos provenientes das estruturas profundas seriam interpretados pelo cérebro como oriundos do tegumento e o paciente percebe a dor naquele local".

A dor miofascial temporomandibular é um exemplo de dor referida. Ela é causada por macro ou microtraumatismos no músculo normal ou enfraquecido através de uma lesão ou contração sustentada (p. ex., como acontece no bruxismo). Por causa disso, podem ocorrer sensibilizações periféricas e centrais dos nociceptores musculares, provocando hipersensibilidade e dor. São os chamados pontos-gatilho *(trigger points* — mais detalhes adiante). Além da dor local, ela também é referida para áreas distantes como o músculo temporal (causa cefaleia frontal), e o masseter (provoca dor referida dentro do ouvido). A dor miofascial é a causa mais comum de dor mastigatória, sendo responsável por mais de 60% de todos os casos de distúrbios temporomandibulares.[4]

Outro exemplo clássico é a apendicite, que começa como dor referida na região epigástrica ou periumbilical e com a irritação do peritônio parietal passa a ser somática profunda, sentida na fossa ilíaca direita.

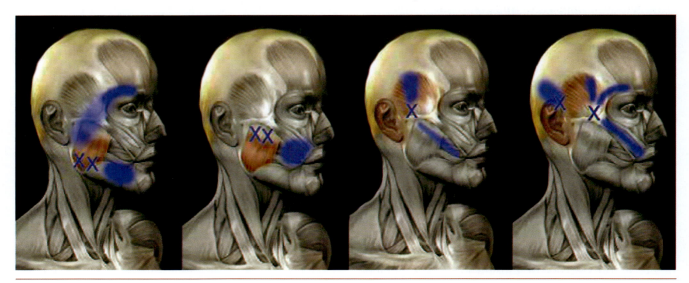

Figura 28.2. *Trigger points* no masseter e no músculo temporal.[10] disponível em: Myofascial pain and dysfunction: the trigger point manual. V1. Upper Half of Body. 2nd ed. Simons DG, Travell JG, Simons LS.

Por fim, vale salientar a falta de localização da dor psicogênica. Em geral, os pacientes relatam que ela muda de lugar sem razão e, se o paciente afirma que ela irradia, seu trajeto não tem relação com qualquer dermátomo. A dor psicogênica é uma desordem em que a sensação dolorosa é gerada por fatores psicológicos, mais observada em transtornos depressivos e de ansiedade, uma dor sem nocicepção. Alguns autores tratam a dor como uma "emoção homeostática"[3] que alerta para quebra da harmonia do organismo. Outros estudiosos ainda, mais recentemente, levantaram a hipótese de que a dor crônica distorce as memórias sensoriais, cognitivas e afetivas no sistema límbico, estimulando internamente aferências dolorosas reais.[11]

Intensidade: o paciente deve classificar sua dor numa escala numérica, visual analógica ou de faces (se for criança ou adulto/idoso com rebaixamento cognitivo) já validadas.

O objetivo aqui é saber de forma sucinta em que ponto a dor dele se localiza entre os extremos de não ter dor nenhuma e de ter a pior dor imaginável. Para que o paciente saiba que esta é a pior dor do mundo, Bonica[4] recomenda dar um exemplo para o paciente: a pior dor do mundo é como uma mão que entra por um moedor de carne ou queimaduras severas pelo corpo todo. Registra-se antes de mais nada que a intensidade da dor deve ser avaliada em quantas consultas e reavaliações forem necessárias, mas sempre usando o mesmo tipo de escala para fins de comparação e seguimento.

São vários os tipos de escala e seu uso é rápido, fácil, válido e confiável. Entre as mais conhecidas estão a Escalada Visual Analógica, Escala Numérica e Escala de Faces. A *Escala Visual Analógica* é uma linha de 10 cm, vertical ou horizontal, com extremidades que representam nenhuma dor e a pior dor imaginável. Você pede para os pacientes fazerem um traço cruzando a linha no ponto que indica a intensidade da sua dor. Muito usada em crianças maiores, adolescentes e adultos.

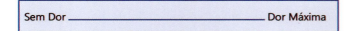

Figura 28.3. Escala Visual Analógica.

Já a *Escala Numérica* é uma pontuação que varia de 0 a 10 e os pacientes são questionados a dar uma "nota" para a intensidade da sua dor. No mesmo sentido da Escala Analógica, o 0 corresponde a nenhuma dor e o 10 à pior dor possível. Esta escala facilita acompanhar o desenvolvimento da intensidade da dor do paciente durante o tratamento por ser mais sequencial.

Figura 28.4. Escala Numérica.

Formada por figuras com faces de dor em diversas intensidades, a *Escala de Faces* é mais usada em crianças menores ou adultos com rebaixamento cognitivo ou impossibilitados de falar ou se movimentar. Com expressões neutras sorridentes até expressões tristes e de choro, ela ajuda a criança a indicar a que mais corresponde à forma como elas mesmas se sentem. Podem demonstrar tanto a intensidade quanto a sensação afetivo-motivacional causada pela dor.

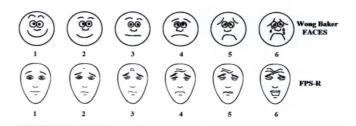

Figura 28.5. Escala de Faces – Wong-Baker FACES Pain Rating Scale (FACES) e Facial Pain Scale-Revised (FPS-R).[12] Fonte: disponível em: uma análise funcional da Wong-Baker Faces Pain Rating Scale: linearidade, discriminabilidade e amplitude. Rev. Enf. Ref. [Internet]. 2014 Dez [citado 2020 Out 09]; ser IV(3): pp.121-130. Oliveira AM, et. al.

Outra forma de avaliar intensidade é na avaliação funcional da dor. Uma ferramenta que permite avaliar o paciente não apenas em repouso, mas também em movimento. A mobilização é um ponto de referência muito importante no tratamento da dor e também precisa ser avaliada a cada consulta, em especial no momento pós-operatório. A recomendação do Tratado de Dor da SBED, é para que a dor ao movimento seja mensurada em dois pontos distintos: P1, o movimento em que houver a primeira sensação de dor durante um teste de mobilidade, e P2, a máxima sensação de dor tolerada pelo paciente.

Junto da duração, a intensidade da dor também é causa relevante de sensibilização central e periférica que pode levar à exacerbação da percepção da dor, cronificando a sensação dolorosa e encaminhando-a para uma dor neuropática. É uma das dores mais excruciantes e de impacto significativo na qualidade de vida, limitando enormemente o paciente. Sem depender de estímulo, a dor neuropática altera a excitabilidade do nervo periférico e do gânglio de raiz dorsal e altera neurônios da medula espinhal, moduladores descendentes da dor, além de provocar fenômenos neuroplásticos no cérebro.

> No exame físico da dor neuropática buscam-se sinais positivos de:
> - Alodinia (dor a estímulos não dolorosos).
> - Hiperalgesia (resposta exagerada a um estímulo indolor ou levemente doloroso).
> - Hiperpatia (anormalidade em que estímulos não efetivos repetidos desencadeiam dor).
>
> E sinais negativos de:
> - Hipoestesia (perda da sensibilidade normal a estímulos não dolorosos).
> - Hipoalgesia (perda da sensação de picada de agulha comum em neuropatias periféricas).
>
> Além disso, se pode encontrar:
> - Causalgia (temperatura menor e da palidez da pele).
> - Atrofia e perda dos pelos das áreas afetadas.
> - Fraqueza muscular associada à dor.
> - Parestesia em resposta a estímulo das áreas dolorosas.

A alodínia é medida pela estesiometria, utilizando-se monofilamentos de Semmes Weinstein na avaliação da sensibilidade cutânea. Crescentes forças de tensão são aplicadas, começando pelo filamento mais fino. O paciente com dor neuropática, com limiar de dor reduzido, vai sentir dor nos níveis mais baixos de tensão do filamento.

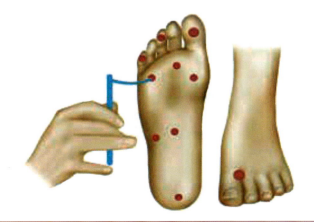

Figura 28.6. Estesiometria[13] Fonte: disponível em: neuropatia diabética dolorosa – aspectos clínicos, diagnóstico e tratamento: uma revisão de literatura. Revista UNINGÁ. Vol.43, pp.71-9 (jan/mar 2015). Nascimento RTL, et al.

Já a hiperalgesia é induzida pelo algômetro de pressão que avalia o limiar de dor aplicando uma pressão local. Se o paciente relatar dor no local da pressão ainda a níveis baixos de intensidade, supõe-se uma hiperalgesia primária e pode haver afetações apenas do nervo periférico. Se a dor for distante do local da lesão, uma hiperalgesia secundária, relacionada a alterações no processamento do estímulo nociceptivo.

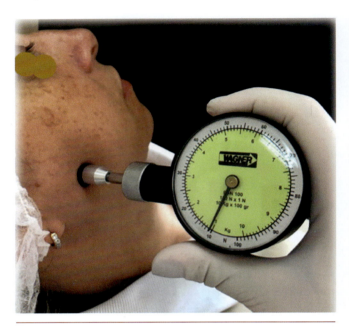

Figura 28.7. Algômetro.[14] Fonte: disponível em: controle da intensidade de dor em pacientes com síndrome dolorosa miofascial em músculo masseter, após administração tópica de capsaicina 8%. UFPR Curitiba. 2018. Corelhano, AR.

> Para cada região afetada pela dor, também se pode aplicar um questionário com algumas características importantes para o examinador compreender melhor a dor do paciente. São inúmeros os questionários e para exemplificar, citamos dois (Anexos 1 e 2): Escore da Sociedade de Joelho (KSS),[15] Índice de Função do Pé (FFI).[16]

Frequência: hora de descobrir se a dor é contínua ou intermitente, regular ou irregular.

Estas características dão pistas sobre a etiologia da dor, sua classificação e sobre como o examinador deve proceder no tratamento. Se a descrição da dor for contínua, pode haver necessidade de um tratamento com esquema prolongado, por exemplo. Neste caso, é importante saber quando a dor começou e se ela perdura com ou sem períodos de abrandamento ou exacerbações. Pode caracterizar uma disestesia, sensação anormal desagradável de enfraquecimento ou alteração na sensibilidade dos sentidos, sobretudo do tato. A disestesia é comum na dor neuropática, em especial se for acompanhada de relatos qualitativos de queimação e formigamento, por exemplo.

Já se o paciente descrever uma dor intermitente, você deve registrar a duração de cada episódio doloroso e o número de crises por dia e de dias no mês em que o paciente sente a dor. A depender do diagnóstico final, ela pode ser tratada apenas nos momentos mais críticos. Geralmente, a dor intermitente se associa a lesões de nervos periféricos e da medula espinhal.

Manifestações concomitantes: a dor pode modificar outros sinais vitais, como já foi mencionado, e provocar sintomas decorrentes da estimulação do sistema nervoso autônomo.

Uma dor aguda, nociceptiva, por exemplo, provoca junto sudorese, palidez, taquicardia, hipertensão arterial, mal-estar, náusea, vômito e edema. Junto com os fatores de sexo, idade, doenças prévias e hábitos de vida, estas manifestações devem ser consideradas para o diagnóstico. A dispneia é um exemplo que costuma ser referido por pacientes em tratamento contra o câncer. Ela, aos poucos, vai privando o paciente de algumas atividades, mas pode não ter especificamente uma relação direta com a dor. É preciso avaliar a importância desta dispneia e o impacto que ela causa na rotina diária deste paciente.

A mesma importância deve ser dada à xerostomia, aquela sensação de boca seca. Ela pode ser causada por respiração bucal, pela medicação ou pela idade avançada. Você precisa ficar atento para o caso de ser um indicativo de doenças como diabetes e síndrome de Sjörgen. A xerostomia dificulta a fala, causa dor pode provocar disfagia.[17] Outro exemplo interessante é a enxaqueca com aura e escotomas. Em geral, ela vem acompanhada de náusea, vômito, disacusia (intolerância ao barulho), fotofobia (intolerância à luminosidade excessiva) e é mais frequente em mulheres. Se chegar uma paciente para você com quadro semelhante, esta hipótese já pode ser considerada um diagnóstico diferencial! A perda de peso também precisa acender um sinal de alerta no examinador, em especial se o paciente não teve diagnóstico de câncer. Ela pode indicar apenas um sintoma associado de perda de apetite e reduzida ingestão de nutrientes ou uma situação de caquexia, com desordem metabólica, tornando o corpo mais catabólico inclusive com destruição de células musculares.

Qualidade e impacto da dor: o objetivo aqui é detalhar um pouco mais as dimensões da vida do paciente que estão sendo afetadas pela dor. Como já foi dito neste capítulo, a dor é multidimensional e o objetivo de qualificá-la é compreender melhor de que forma ela atinge o paciente e uma das maneiras de se fazer isto são os descritores de dor.

Primeiro, você deve permitir que o doente descreva com suas próprias palavras a sensação que a dor está lhe causando. Os pacientes costumam usar alguns termos como caracterizadores da sua dor. Estes descritores ajudam a compreender a totalidade da sensação e a direcionar a anamnese e o exame físico a fim de confirmar as correlações do termo descritivo com a etiologia e fisiopatologia daquela dor. Desta forma, o profissional de saúde pode suspeitar de um mecanismo ou outro envolvido na geração da sensação dolorosa.

Uma dor descrita como pulsátil, por exemplo, pode ser originada de uma doença óssea (as metástases ósseas são um exemplo bastante frequente), estiramento muscular ou lesão de tecidos moles. A dor em cólicas, por outro lado, sugere o acometimento das vísceras, com inflamação, infecção (processos obstrutivos de vísceras ocas) ou ainda síndromes dolorosas funcionais que envolvem o intestino, como a doença de Crohn e colite ulcerativa. Já a dor em vísceras maciças ou em processos não obstrutivos das vísceras ocas é descrita como surda. Na isquemia miocárdica (infarto agudo do miocárdio) a dor é chamada de constritiva ou em aperto e é um sinal de alerta (o paciente pode chegar com punho cerrado sobre o peito, o chamado sinal de Levine) no caso deste tipo de dor aguda. É a deixa para acionar o protocolo de dor torácica do hospital, se houver, já que quanto mais rápido for o atendimento, menos sequelas o músculo cardíaco irá sofrer.

Dizer que a dor é em pontada ou fincada e que piora com a inspiração, por exemplo, pode descrever o acometimento da pleura parietal, do pericárdio ou do peritônio. Uma dor em queimação, por sua vez, é o termo frequentemente usado para um aumento da secreção do ácido clorídrico na gastrite e úlcera gástrica ou duodenal. Entretanto, a queimação também pode ser usada para descrever uma lesão neural junto com formigamento, punhalada ou dor lancinante, levantando a suspeita de alguma alteração no caminho da dor até o sistema nervoso central, muito comum na dor neuropática, descrita também como dor por desaferentação. Esta dor pode surgir espontaneamente, sem qualquer estimulação, ou por hipersensibilidade a estímulos leves (uma dor evocada, desencadeada por movimentos geralmente não dolorosos, mas que naquele paciente causam dor).

Se o doente falar em dor cortante é preciso esclarecer melhor o que isso significa. Pode ser que ele se refira a uma dor súbita e aguda ou que seja uma descrição mais relacionada a uma lesão de nervos. Uma dor dolorida pode indicar um estado de dor contínua ou em cólicas (vide frequência da dor). Pacientes que relatam dor emergente podem se referir a uma intensidade muito forte e inesperada da dor que ultrapassa o limite da analgesia fornecida naquele momento. Neste caso, é bom providenciar tratamento imediato de alívio. Ao contrário, a dor incidente é mais previsível, frequente e reprodutível, porque acontece durante um movimento específico como tossir, respirar, caminhar. Pode ser tratada antes da realização da atividade, preventivamente.

Diante de tantas características e das várias possibilidades de sensação dolorosa, acredita-se já estar claro que um descritor não se correlaciona com a apenas um tipo de dor. O que seria então das sensações mistas? A dor nociplástica/mista decorre tanto de mecanismos nociceptivos quanto de mecanismos neuropáticos. Pode ser causada, por exemplo, por neoplasias malignas que estimulam excessivamente os nociceptores e destroem as fibras dolorosas aferentes. Além disso, ainda existe a dor psicogênica, com um forte componente emocional como fator gerador da sensação dolorosa. Neste caso, ainda não foi comprovado, mas alguns estudos, como já mencionamos, demonstram que pode haver uma base orgânica de excitação central do sistema límbico que justificaria a dor real.

■ QUESTIONÁRIOS DE QUALIFICAÇÃO DA DOR

A fim de sistematizar e padronizar a análise e classificação dos descritores e avaliar melhor as dimensões afetadas pela percepção dolorosa, foram criados questionários de escalonamento multidimensional da dor. A ideia é que, por sua utilização, o profissional possa compreender melhor a sensação do paciente com o intuito de individualizar seu tratamento. Frisa-se aqui, novamente, que nenhuma correlação entre o descritor e o tipo de dor é absoluta. Deve-se considerar toda a história clínica do paciente e ainda os achados do exame físico, que vem se ampliando sobremaneira dentro do estudo da dor, com auxílio de técnicas de termografia e ultrassonografia, como se verá adiante neste capítulo, e de exames complementares, se necessários.

Um dos questionários de avaliação multidimensional da dor mais utilizados no mundo é o Questionário de Dor McGill (MPQ).[18] Ele pode ser aplicado pelo profissional ou respondido pelo próprio paciente. São quatro seções para o doente apontar o local da sua dor num diagrama corporal (um homem desenhado no papel), em seguida vem uma relação de 78 adjetivos que caracterizam e subdividem a dor em quatro categorias: sensorial, afetiva, avaliativa e mista. A organização é feita em 20 itens com 2 a 5 palavras em cada um (cada palavra corresponde a uma pontuação) e os pacientes devem marcar apenas uma ou nenhuma palavra que mais se assemelhe mais à sensação que ele percebe. A terceira seção afere as modificações da dor ao longo do tempo e seus fatores de alívio e exacerbação e, por fim, a última parte mensura a intensidade da dor numa escala de Likert que varia de 1 (leve) a 5 (excruciante). Ao final, os valores são somados e podem variar de 0 a 78. Existe ainda uma versão curta do Questionário McGill com apenas 15 descritores pontuados de 0 a 3 (0 = nenhuma, 1 = leve, 2 = moderada, 3 = intensa).

Tabela 28.1. Questionário de Dor McGill.[18]

Tabela II - Proposta de adaptação do Questionário de dor de McGILL para a Língua Portuguesa. São Paulo, 1995
Algumas palavras que eu vou ler descrevem a sua dor atual. Diga-me quais palavras melhor descrevem a sua dor. Não escolha aquelas que não se aplicam. Escolha somente uma palavra de cada grupo. A mais adequada para a descrição de sua dor

1	5	9	13	17
1-vibração	1-beliscão	1-mal localizada	1-amedrontadora	1-espalha
2-tremor	2-aperto	2-dolorida	2-apavorante	2-irradia
3-pulsante	3-mordida	3-machucada	3-aterrorizante	3-penetra
4-latejante	4-cólica	4-doída		4-atravessa
5-como batida	5-esmagamento	5-pesada	14	18
6-como pancada			1-castigante	1-aperta
2	6	10	2-atormenta	2-adormece
1-pontada	1-fisgada	1-sensível	3-cruel	3-repuxa
2-choque	2-puxão	2-esticada	4-maldita	4-espreme
3-tiro	3-em torção	3-esfolante	5-mortal	5-rasga
3	7	4-rachando		19
1-agulhada	1-calor		15	1-fria
2-perfurante	2-queimação	11	1-miserável	2-gelada
3-facada	3-fervente	1-cansativa	2-enlouquecedora	3-congelante
4-punhalada	4-em brasa	2-exaustiva	16	20
5-em lança	8		1-chata	1-aborrecida
4	1-formigamento	12	2-que incomoda	2-dá náuseas
1-fina	2-coceira	1-enjoada	3-desgastante	3-agonizante
2-cortante	3-ardor	2-sufocante	4-forte	4-pavorosa
3-estraçalha	4-ferroada		5-insuportável	5-torturante

Número de Descritores	Índice de Dor
Sensorial	Sensorial
Afetivo	Afetivo
Avaliativo	Avaliativo
Miscelânea	Miscelânea
Total	Total

Fonte: disponível em Questionário de Dor McGill: proposta de adaptação para a língua portuguesa. Rev. esc. enferm. USP [Internet]. 1996 Dec [cited 2020 Oct 09]; 30(3): pp. 473-83. Pimenta CAM, Teixeira MJ.

Outro questionário bastante aplicado, em especial na dor crônica, é o Inventário Breve de Dor (BPI).[19] Ele é muito útil na identificação de disfunções físicas e emocionais. Primeiramente, o paciente escalona a

INVENTÁRIO BREVE DE DOR

1) Durante a vida, a maioria das pessoas apresenta dor de vez em quando (dor de cabeça, dor de dente, etc.). Você teve hoje, dor diferente dessas?

1.Sim ☐ 2.Não ☐

2) Marque sobre o diagrama, com um X, as áreas onde você sente dor, e onde a dor é mais intensa.

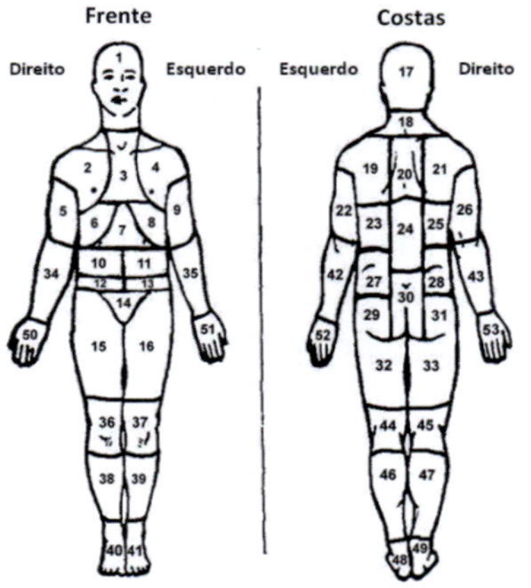

3) Circule o número que melhor descreve a pior dor que você sentiu nas últimas 24 horas.

Sem dor | 0 1 2 3 4 5 6 7 8 9 10 | Pior dor possível

4) Circule o número que melhor descreve a dor mais fraca que você sentiu nas últimas 24 horas.

Sem dor | 0 1 2 3 4 5 6 7 8 9 10 | Pior dor possível

5) Circule o número que melhor descreve a média da sua dor.

Sem dor | 0 1 2 3 4 5 6 7 8 9 10 | Pior dor possível

6) Circule o número que mostra quanta dor você está sentindo agora (neste momento).

Sem dor | 0 1 2 3 4 5 6 7 8 9 10 | Pior dor possível

7) Quais tratamentos ou medicações você está recebendo para dor?

Nome	Dose/ Freqüência	Data de Início

8) Nas últimas 24 horas, qual a intensidade da melhora proporcionada pelos tratamentos ou medicações que você está usando?
Circule o percentual que melhor representa o alívio que você obteve.

Sem alívio | 0% 10% 20% 30% 40% 50% 60% 70% 80% 90% 100% | alívio completo

9) Circule o número que melhor descreve como, nas últimas 24 horas, a dor interferiu na sua:

Atividade geral
Não interferiu | 0 1 2 3 4 5 6 7 8 9 10 | interferiu completamente

Humor
Não interferiu | 0 1 2 3 4 5 6 7 8 9 10 | interferiu completamente

Habilidade de caminhar
Não interferiu | 0 1 2 3 4 5 6 7 8 9 10 | interferiu completamente

Trabalho
Não interferiu | 0 1 2 3 4 5 6 7 8 9 10 | interferiu completamente

Relacionamento com outras pessoas
Não interferiu | 0 1 2 3 4 5 6 7 8 9 10 | interferiu completamente

Sono
Não interferiu | 0 1 2 3 4 5 6 7 8 9 10 | interferiu completamente

Habilidade para apreciar a vida
Não interferiu | 0 1 2 3 4 5 6 7 8 9 10 | interferiu completamente

Figura 28.8. Breve Inventário de Dor.[19] Disponível em: validation of brief pain inventory to Brazilian patients with pain. Support Care Cancer. 2011 Apr;19(4): pp. 505-511 Ferreira KA, Teixeira MJ, Mendonza TR, Cleeland CS.

intensidade da dor em quatro escalas visuais analógicas, depois avalia a interferência da dor em sua atividade geral, em seu humor, deambulação, trabalho, relações sociais, sono e lazer. Cada item corresponde a uma pontuação de 0 a 10 (0 = não tem interferências e 10 = interfere completamente). Quanto maior o número de pontos maior é a interferência da dor nos aspectos pesquisados.

■ AVALIAÇÃO PSICOLÓGICA

Quando se avalia a dor, as perguntas sobre o estado psicológico e emocional do paciente não são feitas apenas no final da anamnese, mas são "antecipadas", seguindo uma ordem de importância, aqui para o histórico da doença. Em especial em pacientes com dores crônicas é importante identificar o humor dele, saber suas preocupações, ansiedades e se está depressivo ou ansioso, o que pode ter sido causado pela dor ou ser causa de menor tolerância à dor (redução do limiar doloroso), prejudicando sua reabilitação. Um dos aspectos que precisam ser avaliados é a desmoralização: um estado mental de moral rebaixado, dificuldade em lidar com a doença, uma angústia existencial, caracterizada por sentimentos de desesperança, desamparo e perda de propósito e significado de vida.[17] Também convém questionar acerca de traumas de infância a fim de prever o risco de desenvolver desordens depressivas, tentativas de suicídio e adição a substâncias analgésicas, como opioides. Uma dica: você não precisa ser tão direto! Bonica[4] sugere perguntar: "se você tivesse um filho, queria que ele tivesse a mesma infância que você teve?".

Perguntar sobre a qualidade do sono também é fundamental. A maioria dos pacientes com insônia, síndrome da apneia e hipopneia obstrutiva do sono, síndrome das pernas inquietas e movimentação periódica dos membros sofrem de dor crônica e pacientes com dor crônica, por sua vez, costumam apresentar também distúrbios do sono. A via é de mão-dupla. A sensibilidade à dor pode ser alterada pela privação do sono.[3] A dor e a insônia podem ainda provocar déficit cognitivos afetando, por exemplo, a memória e a concentração no trabalho e prejuízos em várias áreas da vida do paciente, abrindo caminho, inclusive, para a depressão.

Existem questionários para medir a qualidade do sono, como o Índice de Qualidade do Sono de Pittsburgh (PSQI),[20] com sete itens sobre qualidade subjetiva do sono, latência do sono (tempo para começar a dormir), duração, eficiência, distúrbios do sono, uso de remédios para dormir e sonolência diurna. Cada item tem sua pontuação (máxima de 21) e escores maiores que 5 já indicam qualidade insatisfatória do sono. Além dos testes clínicos, a depender das características do paciente, também pode se valer da polissonografia, exame complementar que investiga distúrbios do sono, e da actigrafia, técnica que registra os movimentos dos membros durante o sono.

Mais uma vez, considerando os múltiplos aspectos da vida afetados pela dor, a avaliação psicológica ganha relevância e precisa de instrumentos objetivos que permitam ao profissional mensurar o impacto da dor na crença da pessoa de que ela é capaz de realizar uma atividade ou atingir um objetivo (autoeficácia), no medo que o paciente desenvolve de realizar um movimento, prejudicando sua própria reabilitação (cinesiofobia) e ainda na percepção negativa que o paciente tem sobre sua experiência dolorosa, seja ela real ou por antecipação (catastrofização da dor).

Figura 28.9. Índice de Qualidade do Sono de Pittsburgh (PSQI-BR).[20] Fonte: disponível em: Validation of the Brazilian Portuguese version of the Pittsburgh Sleep Quality Index. Sleep Med. 2011 Jan;12(1): pp70-5. Bertolazi AN et al.

Tabela 28.2. Inventário de Atitudes Frente à Dor (SOPA).[21]

Quadro 2 - Inventário de Atitudes Frente à Dor (IAD-breve:28 itens) - São Paulo - 2008

	Totalmente falso	Quase falso	Nem Verdadeiro Nem falso	Quase verdadeiro	Totalmente verdadeiro
1. Muitas vezes eu consigo influenciar a intensidade da dor que sinto.	0	1	2	3	4
3. Sempre que eu sinto dor eu quero que a minha família me trate melhor.	0	1	2	3	4
4. Eu não espero cura médica para a minha dor.	0	1	2	3	4
5. O maior alívio da dor que eu tive foi com o uso de medicamentos.	0	1	2	3	4
6. A ansiedade aumenta a minha dor.	0	1	2	3	4
7. Sempre que eu sinto dor as pessoas devem me tratar com cuidado e preocupação.	0	1	2	3	4
8. Eu desisti de buscar a completa eliminação da minha dor através do trabalho da medicina.	0	1	2	3	4
9. É responsabilidade daqueles que me amam ajudarem-me quando eu sentir dor.	0	1	2	3	4
10. O estresse na minha vida aumenta a minha dor.	0	1	2	3	4
11. Exercício e movimento são bons para o meu problema de dor.	0	1	2	3	4
13. Remédio é um dos melhores tratamentos para dor crônica.	0	1	2	3	4
14. A minha família precisa aprender a cuidar melhor de mim quando eu estiver com dor.	0	1	2	3	4
15. A depressão aumenta a dor que sinto.	0	1	2	3	4
16. Se eu me exercitasse poderia piorar ainda mais o meu problema de dor.	0	1	2	3	4
17. Eu acredito poder controlar a dor que sinto mudando meus pensamentos.	0	1	2	3	4
18. Muitas vezes quando eu estou com dor eu preciso de mais carinho do que estou recebendo agora.	0	1	2	3	4
19. Alguma coisa está errada com meu corpo que impede muito movimento ou exercício.	0	1	2	3	4
20. Eu aprendi a controlar a minha dor.	0	1	2	3	4
21. Eu confio que a medicina pode curar a minha dor.	0	1	2	3	4
22. Eu sei com certeza que posso aprender a lidar com a minha dor.	0	1	2	3	4
23. A minha dor não me impede de levar uma vida fisicamente ativa.	0	1	2	3	4
24. A minha dor física não será curada.	0	1	2	3	4
25. Há uma forte ligação entre as minhas emoções e a intensidade da minha dor.	0	1	2	3	4
26. Eu posso fazer quase tudo tão bem quanto eu podia antes de ter o problema da dor.	0	1	2	3	4
27. Se eu não fizer exercícios regularmente o problema da minha dor continuará a piorar.	0	1	2	3	4
28. O exercício pode diminuir a intensidade da dor que eu sinto.	0	1	2	3	4
29. Estou convencido de que não há procedimento médico que ajude a minha dor.	0	1	2	3	4
30. A dor que sinto impediria qualquer pessoa de levar uma vida ativa.	0	1	2	3	4

Nota: Os itens 2 e 12 do original foram excluídos da versão brasileira.

Fonte: disponível em: Validade e confiabilidade do Inventário de Atitudes frente à Dor Crônica (IAD-28 itens) em língua portuguesa. Rev. esc. enferm. USP [Internet]. 2009 Dec [cited 2020 Oct 09]; 43(spe): 1071-9. Pimenta CAM et al.

Na mensuração da autoeficácia, busca-se associar as perspectivas da pessoa frente à recuperação de seus movimentos e de função da área dolorosa. O instrumento mais conceituado é o Inventário de

Atitudes frente à Dor (SOPA),[21] o qual avalia em 30 itens subdivididos em 7 domínios as crenças e atitudes do paciente frente à dor: cura médica (o quanto o paciente acredita na cura de sua dor pela medicina), controle (o quanto o paciente pode controlar sua dor), solicitude (o quanto ele acredita que os outros devem ser mais solícitos quando ele sente dor), incapacidade (o quanto o paciente acredita estar incapacitado pela dor), fármaco (o quanto ele acredita que remédio é o melhor tratamento para a dor crônica), emoção (o quanto ele acredita que suas emoções influenciam na sua experiência dolorosa) e lesão física (o quanto o paciente acredita que a dor significa que está machucando a si mesmo e que deveria evitar exercícios).

O medo da dor e do movimento indica o quanto o paciente evita atividades por receio de sentir dor ao se mexer. E para quê quantificar este medo? Porque altos níveis de evitação diminuem os resultados da reabilitação. A cinesiofobia é o medo excessivo, irracional e debilitante do movimento e da atividade física devido a uma sensação de vulnerabilidade à dor ou reincidência da lesão. Você pode quantificar tal fobia valendo-se de perguntas diretas: Você está com medo da atividade física? Ou você está com medo de se machucar? Para quem prefere usar escalas, a Escala Tampa de Cinesiofobia é composta de 17 itens que avaliam o medo de se movimentar e de gerar uma nova lesão. Ela avalia o foco somático, isto é, a crença do paciente em problemas médicos sérios a partir da atividade física, e o foco da evitação da atividade, que pode resultar em nova lesão ou aumento da dor. Cada item pode ser pontuado de 1 a 4 e quanto maior a pontuação, maior o grau de cinesiofobia. Vale ressaltar que evitar atividades pode estar relacionado também a ganhos secundários, como já dissemos, tanto junto à previdência social e no trabalho, quanto em casa, com a família. Bonica também afirma que alguns pacientes também podem experimentar uma percepção de injustiça no caso de sua dor ter sido causada pelo erro ou negligência de alguém.

Outro viés psicológico da dor é sua catastrofização. Ela gera um estado mental negativo exagerado sobre o que ocorre durante a experiência de dor. A Escala de Pensamentos Catastróficos sobre Dor (EPCD)[22] mensura as percepções e emoções negativas associadas à dor por 13 itens que englobam três dimensões de catastrofização: ruminação (repetição de pensamentos de dor), amplificação (aumento da gravidade e da importância da dor) e impotência (sensação de incapacidade de escapar do sofrimento provocado pela dor). Cada item recebe valores de 1 a 4, de acordo com a frequência em que ocorrem. Pontuações mais altas indicam expectativas mais negativas quanto à capacidade de enfrentar a dor.

Tabela 28.3. Escala de Pensamentos Catastróficos sobre Dor (EPCD)[22]

Escala de Pensamentos Catastróficos sobre Dor – EPCD

Na maior parte do tempo, nos dizemos coisas. Por exemplo: nos encorajamos a fazer coisas, nos culpamos quando cometemos um erro ou nos recompensamos por algo que fizemos com sucesso. Quando estamos com dor, frequentemente também nos dizemos coisas que são diferentes das coisas que nos dizemos quando estamos nos sentindo bem. Abaixo existe uma lista de pensamentos típicos de pessoas que estão com dor. Por favor, leia cada uma dessas frases e marque com que frequência você tem estes pensamentos quando sua dor esta forte. Por favor, circule o número que melhor descreve a sua situação utilizando esta escala: 0 = quase nunca até 5 = quase sempre.

	Quase nunca 0	1	2	3	Quase sempre 4	5
1. Não posso mais suportar esta dor.						
2. Não importa o que fizer minhas dores não mudarão.						
3. Preciso tomar remédios para dor.						
4. Isso nunca vai acabar.						
5. Sou um caso sem esperança.						
6. Quando ficarei pior novamente?						
7. Essa dor esta me matando.						
8. Eu não consigo mais continuar.						
9. Essa dor esta me deixando maluco.						

Fonte: Disponível em: Validação da Escala de Pensamentos Catastróficos sobre Dor. ACTA FISIATR 2008; 15(1):31-36. Junior JS, et al.

■ DOR NEUROPÁTICA

A dor neuropática, por sua especificidade, possui questionários próprios a fim de se obter diagnóstico diferencial de dores não neuropáticas. Dentre os mais recomendados hoje está o Questionário de Dor Neuropática 4 (DN4),[23] que associa sinais e sintomas deste tipo de dor, como queimação, frio doloroso e choques elétricos, com grupos de questões com descritores sensoriais e sinais de exame sensorial, tais como formigamento, agulhamento, dormência ou comichão. O examinador também responde, de acordo com o exame físico, se o paciente demonstrou hipoestesia ao toque ou à picada e se a dor foi aumentada por passar uma escova na área sensibilizada (alodínia). É um questionário simples, objetivo e tem alta capacidade discriminativa para a dor neuropática.

Por favor, nas quatro perguntas abaixo, complete o questionário marcando uma resposta para cada número:

ENTREVISTA DO PACIENTE

Questão 1: A sua dor tem uma ou mais das seguintes características?

	Sim	Não
1- Queimação		
2- Sensação de frio dolorosa		
3- Choque elétrico		

Questão 2: Há presença de um ou mais dos seguintes sintomas na mesma área da sua dor?

	Sim	Não
4- Formigamento		
5- Alfinetada e agulhada		
6- Adormecimento		
7- Coceira		

EXAME DO PACIENTE

Questão 3: A dor está localizada numa área onde o exame físico pode revelar uma ou mais das seguintes características?

	Sim	Não
8- Hipoestesia ao toque		
9- Hipoestesia a picada de agulha		

Questão 4: Na área dolorosa a dor pode ser causada ou aumentada por:

	Sim	Não
10- Escovação		

ESCORE

0 – Para cada item negativo   1 – Para cada item positivo

Dor Neuropática: Escore total a partir de 4/10.

(   ) Dor Nociceptiva   (   ) Dor Neuropática

Figura 28.10. Questionário de Dor Neuropática 4 (DN4).[23] Fonte: disponível em: Translation to Portuguese and validation of the Douleur Neuropathique 4 questionnaire. The Journal of Pain : Official Journal of the American Pain Society. 2010 May;11(5):pp.484-490. Santos JG et al.

■ QUAIS QUESTIONÁRIOS APLICAR?

Até aqui você já deve estar perdido na quantidade de informações e de questionários disponíveis para usar durante a anamnese da dor. Calma! Não precisa usar tudo em todas as consultas! Aliás, o professor Dr. Manoel Jacobsen Teixeira costuma dizer em suas palestras que um bom exame físico pode até dispensar o uso dos questionários. Como essa não é a realidade de todo mundo, Bonica[4] explica que existe uma forma de abordar cada tipo de dor e de aplicar os instrumentos corretos. O questionário que você vai escolher vai depender do que o seu paciente relatar durante a história da dor. Ao clínico cabe considerar a história e eleger o melhor instrumento. Primeiro, escolha um questionário válido, confiável e que tenha utilidade e praticidade para o caso em que você pretende usá-lo. O escore final tem quer ter evidência com a menor faixa de erro possível para mensurar o domínio da dor que você quer e ainda deve

poder ser usado, inclusive, ao longo do tratamento para aferir se houve melhora ou não. Depois, você deve saber quais dimensões da dor priorizar com seu paciente. Numa dor aguda, pode até ser que isso se limite à intensidade, localização e frequência, mas na dor crônica, a qual pode influenciar inúmeros aspectos da vida diária, psicológicos, relacionais, etc., é dever do profissional avaliar a maior variedade de domínios possível para conseguir entender quão profundamente a dor atinge a essência de seu paciente. Por fim, é importante delimitar o período em que você vai avaliar a intensidade desta dor. Você pode pedir para o paciente anotar a avaliação num diário, por exemplo, 4, 5 ou 6 vezes por semana, pode pedir para ele dar uma nota média para a dor que ele passou no dia e fazer uma média ao final de um período, ou ainda pedir para ele dar uma média geral para a dor sentida durante um tempo maior, como uma semana ou um mês.

■ ANTECEDENTES PESSOAIS (AP)

Para uma avaliação profunda e completa, recomenda-se também questionar o paciente sobre[4]:
- Episódios prévios de dor, trauma e seu tratamento.
- Histórico de doenças prévias.
- Lesões prévias envolvendo o local da dor.
- Febre recente.
- Histórico de distúrbio hormonal ou cardiovascular.
- Uso de medicação atual e sua especificidade (concentração, dose, intervalo).
- Perda de peso inexplicável ou repentina.

Tais perguntas podem ajudar a identificar fatores de risco e preditores de cronificação da dor, em especial das síndromes musculoesqueléticas. O objetivo fundamental da abordagem clínica, principalmente, na dor crônica, é a identificação do mecanismo responsável pela hipersensibilidade. A partir daí, pode-se chegar ao tratamento mais adequado para abolir a dor ou impedir sua cronificação.

Um bom exemplo para se analisar a importância dos antecedentes pessoais é a Síndrome da Dor Complexa Regional (SDCR), cuja causa mais comum é o trauma em extremidades, com fratura, mas o mecanismo ainda não é bem conhecido. Sabe-se que há um aumento de mediadores inflamatórios periféricos que levam à sensibilização e hiperalgesia. O excesso de estímulos em fibras C (lenta) aumenta a excitabilidade dos neurônios do corno dorsal da medula, corta o fenômeno da inibição neuronal e ativa células da micróglia, culminando em sensibilização central, mais hiperalgesia e alodínia. A SDCR é caracterizada por ser de intensidade contínua e de duração desproporcional ao que se espera de uma lesão ou trauma conhecido. Este tipo de dor não respeita dermátomos e aparece mais na parte distal da região acometida, além de estar associada a alterações motoras, de sensibilidade, tróficas e autonômicas. Pode envolver lesão nervosa e ter caráter neuropático (tipo 2) ou pode ser mista, uma vez que a dor piora quando o paciente se deita (tipo1). A síndrome pode ainda ter esses critérios e não ser bem explicada por outra doença, o que a encaixa num terceiro tipo, não especificado. O diagnóstico costuma demorar, porque a síndrome de dor complexa regional é diagnóstico de exclusão. Os pacientes relatam sentir uma dor profunda, em queimação, aperto, pulsátil ou em fisgada e se queixam de alterações de sensibilidade e motoras.[24]

> Por causa da alodínia, o exame físico nos pacientes com Síndrome de Dor Complexa Regional é mais difícil e pode ser impossibilitado. Geralmente, eles assumem uma postura de proteger o membro afetado com cuidado. À inspeção é possível detectar pele seca, anidrose (a pessoa não transpira) e alterações da temperatura e coloração (pele fria e cianótica ou quente e eritematosa) em relação ao membro contralateral. A amplitude de movimento é diminuída, o paciente pode apresentar tremores, espasmos e perda de força ou rigidez e edema articular. As unhas podem estar frágeis, a pele com poucos pelos e mais fina. A termografia e o bloqueio de gânglio simpático também ajudam no diagnóstico da Síndrome de Dor Complexa Regional.

A dor do membro fantasma também tem um forte componente de antecedente pessoal de doença cardiovascular e traumas, sendo considerada a dor crônica mais grave, intratável e limitante, prejudicando diretamente a qualidade de vida do paciente. Afeta sua autoestima, sua funcionalidade, suas relações sociais, dificulta a aceitação da amputação, causa ansiedade, isola a pessoa e a lista continua. O paciente que teve um membro amputado ainda tem a sensação de que ele está em seu corpo e sente uma dor profunda. Esse tipo de dor também acontece depois da enucleação do globo ocular (retirada do olho), mastectomia (retirada da mama), cistectomia (retirada de bexiga) e amputação do pênis. O corte dos nervos mistos e sensoriais na amputação é o *start*

da dor. Sua fisiopatologia é complexa e está associada a uma reorganização do córtex, que passa a confundir sinais nociceptivos e proprioceptores. Vale lembrar que a dor do membro fantasma é diferente da dor do coto, cujo caráter é mais nociceptivo, pós-cirúrgico e costuma desaparecer se não houver complicações pós-operatórias. Mas se ela perdurar, pode cronificar e se tornar dor do membro fantasma. Daí a importância de se mensurar este tipo de dor logo no pós-operatório para tratá-la o quanto antes, prevenindo sua evolução crônica.

Os pacientes descrevem essa sensação dolorosa como uma dor em queimação, choque e dores localizadas ou difusas no membro amputado, em batidas, esmagamento ou cãibras. Estresse e mudança de temperatura costumam piorar a dor. É importante perguntar se o paciente sente o membro amputado e avaliar a afetação da dor, principalmente no domínio psicológico e de qualidade de vida (questionário detalhado mais adiante). O alívio da dor, neste caso, interfere até na aceitação da prótese e, portanto, na reabilitação funcional do paciente.

> **Outras doenças e condições relacionadas à dor crônica**
>
> **Musculoesqueléticas:** síndromes de dor espinal (doenças vertebrais degenerativas com ou sem estenose espinhal, osteoartrite, doenças musculares regionais.
> **Neurológicas:** migrânea (enxaqueca) ou outra cefaleia frequente, incluindo tipo tensional, neuropatias periféricas e traumáticas, neuropatia e neuralgia trigeminal e esclerose múltipla.
> **Gastrointestinal:** síndrome do intestino irritável, doença de Crohn, colite ulcerativa, pancreatite
> **Uroginecológicas:** cistite intersticial (síndrome da bexiga dolorosa), vulvodínia, endometriose crônica, dor pélvica crônica.
> **Metabólica:** diabetes, anemia perniciosa.
> **Infecciosa:** neuralgia pós-herpética, neuropatia associada ao HIV, doença de Lyme.
> **Doenças autoimune:** artrite reumatoide, lúpus eritematoso sistêmico, espondiloartropatias, síndrome de Sjörgen, polineuropatia, desmielinizante inflamatória crônica.

■ HÁBITOS E VÍCIOS (HV)

Além de saber se o paciente leva uma vida saudável, com alimentação balanceada, rica em frutas, fibras, verduras, legumes e se pratica atividade física com regularidade, é preciso ficar atento, neste tópico, ao uso de substâncias psicoativas: etilismo, tabagismo e uso de drogas ilícitas. Todos são fatores de risco para algumas causas de dor crônica.

O ato de fumar, segundo Bonica,[4] aumenta a dor e, por sua vez, a dor motiva o hábito de fumar, a fim de "fugir" da sensação dolorosa, configurando um círculo vicioso. Vale lembrar que o cigarro é apontado como fator agravante e causador de diversas doenças, como o carcinoma de pulmão, para citarmos apenas a mais clássica. Tal qual o tabagismo, o etilismo também piora a dor e compromete o sucesso do tratamento, podendo inclusive complicar a doença ou causar outras, como neuropatias periféricas e pancreatites.

Já o uso de drogas ilícitas faz aumentar a preocupação com o abuso de opioides durante o tratamento da dor. Este fato precisa ser muito bem avaliado durante a anamnese a fim de direcionar o tratamento clínico e desviar dos possíveis ganhos secundários da drogadição, os quais podem estar na mira do paciente adicto.

Antes de mais nada, relembra-se aqui que a discussão sobre o uso de opioides no tratamento da dor não é recente e, atualmente, tende a facilitar o uso clínico destes fármacos para alívio da sensação dolorosa, em especial no tratamento oncológico, cuja sistematização já foi preconizada pela Escala Analgésica da Organização Mundial da Saúde.[3] Mas neste ponto da anamnese você deve se certificar da presença de preditores negativos na história clínica que possam encaminhar o tratamento para maior cautela na administração de opioides. O Tratado de Dor da SBED[3] lista estes preditores:

- Dor que não responde ao opioide.
- Dor evocada, paroxística ou originada de sustentação de peso.
- Discrepância entre história, queixas e exame físico.
- História de abuso de drogas ou álcool.
- História de doença ou transtorno psiquiátrico ou de personalidade.
- História de simulação.
- Pouca adesão a tratamentos anteriores.
- Busca evidente por vários tratamentos médicos (*doctor shopping*).
- Paciente sem uma ideia clara ou sem desejo de melhora funcional.

A ordem na avaliação da dor é acreditar no paciente, porém ninguém deve se colocar em posição de ser ludibriado por ele. Além do histórico, alguns comportamentos também chamam a atenção e são classificados pela SBED como aberrantes:[3]

- Excessivo foco no fármaco durante a consulta (resistência à mudança ou redução do opioide).
- Pedir aumento de doses sem critérios clínicos que justifiquem.
- Múltiplas consultas ou perda da consulta.
- Solicitação de prescrição antes do tempo.
- História de perda ou roubo das receitas.
- Busca de fármacos em outras fontes.
- Piora do desempenho social e funcional.
- Comportamentos agravantes: adição a álcool, maconha, cocaína ou outras drogas e alterações de humor ou transtornos de ansiedade que não respondem ao tratamento.
- Uso de medicações analgésicas para outras finalidades (sedação, euforia, diminuição da ansiedade).
- Insistência no uso de formulações de ação rápida (a recomendação é privilegiar a ação prolongada).
- Relato de nenhum alívio com outra substância que não opioide.

Estes pacientes devem ser acompanhados em intervalos regulares e suas receitas devem conter a quantidade necessária apenas até a próxima consulta. Jamais suspenda o tratamento da dor por causa da drogadição. Os pacientes não devem ser punidos por seus vícios, mas tratados por uma equipe especializada.

Para além do lado negativo, que serve de alerta para a conduta do examinador, há preditores positivos que indicam a continuidade do tratamento com opioides, a saber:[3]

- Dor contínua e de forte intensidade.
- Diagnóstico específico da dor.
- Dor espontânea.
- Tratamento por tempo limitado.
- Aceitação dos objetivos do tratamento.
- Melhora da função e da qualidade de vida.
- Alívio razoável da dor.
- Paciente com adesão à reabilitação física.
- Paciente equilibrado no domínio psicossocial.

No Brasil, é a Portaria nº 344, de 12 de maio de 1998, ainda vigente, que regulamenta a prescrição (comércio, transporte, autorização etc.) dos medicamentos sujeitos a controle especial, como os entorpecentes (que incluem os opioides), anabolizantes, retinóicos, psicotrópicos e anorexígenos. O conhecimento da lei e suas normas é dever de todos, inclusive do profissional de saúde.

ANTECEDENTES FAMILIARES (AF)

O histórico familiar de um paciente com queixa de dor pode identificar condições médicas associadas (como cefaleias, fibromialgia e doenças inflamatórias) ou condições de saúde hereditárias e comportamentais (como hipertensão, diabetes, depressão e drogadição).[7] Estes dados nos levam a suspeitar da possibilidade de a dor do paciente estar relacionada, por exemplo, a uma doença vascular de base. Se o paciente relatar que seus pais ou irmãos faleceram ou tratam doenças cardiovasculares (como infarto, acidente vascular cerebral, hipertensão arterial sistêmica, diabetes mellitus, insuficiência renal, obesidade, cardiopatia isquêmica), é bom acender um sinal de alerta. As doenças vasculares podem causar dores nociceptivas de intensidade lancinante ou, ainda que algumas sejam de início insidioso, podem representar agravantes da qualidade de vida do paciente com dor. Há hipóteses, inclusive, de que a dor crônica pode ser um fator de risco para a hipertensão arterial sistêmica, uma vez que mantém os valores pressóricos constantemente elevados por ação beta-adrenérgica.

Quem sente dor em extremidades inferiores, principalmente ao fazer exercício físico e relata que a dor para quando em repouso, pode estar em claudicação intermitente, isto é, com circulação insuficiente naquela região do corpo. Se a situação se cronificar, a dor pode permanecer ali, mesmo com o paciente em repouso. O acúmulo de metabólitos associado à isquemia, hipóxia e acidose podem afetar o sistema nervoso periférico local acarretando neuropatia periférica. Se a injúria continuar, pode-se chegar à sensibilização central, com alodinia, hiperalgesia, hiperpatia.

> No exame físico, o paciente com vasculopatia pode ter dor pela posição em que se encontra. Se levantar a perna, vai ter uma isquemia dos membros inferiores por redução do fluxo sanguíneo, que melhora ao abaixar a perna, aliviando a dor. Todavia, este aparente alívio, na verdade, pode provocar edema e, em um futuro próximo, diminuir ainda mais o fluxo circulatório. Por isso, o cuidado com esses pacientes precisa ser redobrado. Além do tratamento da doença de base, é necessária uma abordagem mais agressiva da dor.

Existem ainda as neuropatias congênitas. Naquelas em que há ganho de função, a dor acontece por disfunção genética do tecido nervoso. Um dos exemplos é a eritromelalgia, uma doença autossômica dominante caracterizada por dilatação periférica, rubor súbito de extremidades e intensa dor em queimação, que é aliviada quando o membro do paciente é mergulhado em água gelada. A título de curiosidade, a fisiopatologia desta doença é a hiperpolarização dos canais de sódio dependentes de voltagem dos neurônios que se abrem mais rapidamente e demoram a se fechar.

Por outro lado, existem as síndromes congênitas com perda de função, associadas à insensibilidade à dor, características hereditárias autossômicas recessivas. O paciente, ainda que traumatizado, não reconhece o estímulo nociceptivo e não produz, portanto, um comportamento de afastamento do perigo iminente. Pode ser que o indivíduo até perceba o estímulo, mas não responde adequadamente de forma a se proteger. Geralmente o diagnóstico se faz pelo histórico de lesões repetidas e graves sem a devida percepção dolorosa proporcional. Biópsias de pele vão mostrar redução ou ausência de fibras A-delta e de fibras C.

> O exame físico, neste caso, vai analisar a insensibilidade térmica e dolorosa. Até o teste de injeção de histamina, o qual, normalmente provoca eritema e dor intensa, nestes indivíduos não causa nenhuma reação. Teste de transpiração também é negativo (anidrose).

Para os pacientes com estas síndromes, é indispensável a orientação para prevenir lesões e a indicação de um acompanhamento com um geneticista.

INTERROGATÓRIO SOBRE OS DIVERSOS APARELHOS (ISDA) E QUALIDADE DE VIDA

Nesta última parte da anamnese, costuma-se fazer um *check-list* sobre as condições gerais do paciente. Um questionário extenso, o qual aborda o paciente da cabeça aos pés em seus vários níveis de complexidade. Pensando holisticamente, vamos abordar neste tópico a avaliação da qualidade de vida na pessoa com dor. Como já foi dito, são inúmeras as alterações provocadas pela dor nas atividades diárias, na percepção de bem-estar e na satisfação, que podem prejudicar a mobilidade física, gerar depressão e aumentar sobremaneira a preocupação com a dor.

Cicely Saunders[3] foi quem conceitualizou a dor total, isto é, o fato de a dor afetar as dimensões física, emocional, social e espiritual da vida. Ela lidava com pacientes oncológicos, os quais enfrentam, além da dor física, a luta contra a doença, os problemas emocionais advindos do quadro clínico, as mudanças nos planos e metas que tinham para sua vida e as restrições de motilidade que a doença e o tratamento provocam. Pacientes politraumatizados com recuperação complicada associada a dor crônica e piora na qualidade de vida também experimentam esta roda viva de sensações com expressiva redução na qualidade de vida.

A busca da cura a qualquer custo já não se justifica na medicina contemporânea, a qual volta a ter um olhar humanizado para o alívio dos sintomas, em especial após os estudos de John Bonica,[4] que fundou a primeira Clínica Multidisciplinar de tratamento da dor nos Estados Unidos, e do movimento Hospice liderado pela enfermeira Cicely Saunders, na Inglaterra. O objetivo, portanto, é evitar sofrimento durante o tratamento, aliviar a dor e demais sintomas, em especial nas doenças incuráveis.

Nesse sentido, o grupo de estudos sobre Qualidade de Vida da Organização Mundial da Saúde propôs um conceito para qualidade de vida: "é a percepção do indivíduo sobre sua posição na vida, no contexto da cultura e do sistema de valores nos quais ele vive, e em relação aos seus objetivos, expectativas, padrões e preocupações".[3] A partir daí, foi composto um instrumento de avaliação[25] que aborda seis domínios vitais: físico, psicológico, independência, relações sociais, meio ambiente, espiritualidade, religião e crenças pessoais. Ele passou a ser amplamente aplicado em especial na avaliação das doenças crônicas, nas quais o objetivo nem sempre é a cura, mas a melhora da funcionalidade e o alívio dos sintomas, evitando a progressão da doença e angariando a qualidade de vida daquele paciente. A avaliação a qualidade de vida, então, não quer entender o quanto os exames mostram que aquele paciente está ruim ou que está melhorando, mas como o paciente está em relação às suas aptidões físicas emocionais, sociais, de trabalho e de estilo de vida para que ele possa ser sujeito modificador de sua própria realidade.

As escalas de qualidade de vida são baseadas em auto resposta para evitar o viés médico na avaliação e baseiam-se exclusivamente na opinião e percepção do paciente sobre seu tratamento, detectando situações que para eles são importantes e para o profissional de saúde podem não ser. Uma das pesquisas que subsidiou a construção desse pensamento perguntou a executivos e bombeiros se eles preferiam sobreviver a qualquer custo a um câncer de laringe,

Instrumento de Avaliação de Qualidade de Vida

The World Health Organization Quality of Life - WHOQOL-bref

Instruções

Este questionário é sobre como você se sente a respeito de sua qualidade de vida, saúde e outras áreas de sua vida. Por favor responda a todas as questões. Se você não tem certeza sobre que resposta dar em uma questão, por favor, escolha entre as alternativas a que lhe parece mais apropriada.
Esta, muitas vezes, poderá ser sua primeira escolha. Por favor, tenha em mente seus valores, aspirações, prazeres e preocupações. Nós estamos perguntando o que você acha de sua vida, tomando como como referência as duas últimas semanas. Por exemplo, pensando nas últimas duas semanas, uma questão poderia ser:

	nada	Muito pouco	médio	muito	completamente
Você recebe dos outros o apoio de que necessita?	1	2	3	4	5

Você deve circular o número que melhor corresponde ao quanto você recebe dos outros o apoio de que necessita nestas últimas duas semanas. Portanto, você deve circular o número 4 se você recebeu "muito" apoio como abaixo.

	nada	Muito pouco	médio	muito	completamente
Você recebe dos outros o apoio de que necessita?	1	2	3	4	5

Você deve circular o número 1 se você não recebeu "nada" de apoio. Por favor, leia cada questão, veja o que você acha e circule no número e lhe parece a melhor resposta.

		muito ruim	Ruim	nem ruim nem boa	boa	muito boa
1	Como você avaliaria sua qualidade de vida?	1	2	3	4	5
		muito insatisfeito	Insatisfeito	nem satisfeito nem insatisfeito	satisfeito	muito satisfeito
2	Quão satisfeito(a) você está com a sua saúde?	1	2	3	4	5

As questões seguintes são sobre **o quanto** você tem sentido algumas coisas nas últimas duas semanas.

		nada	muito pouco	mais ou menos	bastante	extremamente
3	Em que medida você acha que sua dor (física) impede você de fazer o que você precisa?	1	2	3	4	5
4	O quanto você precisa de algum tratamento médico para levar sua vida diária?	1	2	3	4	5
5	O quanto você aproveita a vida?	1	2	3	4	5
6	Em que medida você acha que a sua vida tem sentido?	1	2	3	4	5
7	O quanto você consegue se concentrar?	1	2	3	4	5
8	Quão seguro(a) você se sente em sua vida diária?	1	2	3	4	5
9	Quão saudável é o seu ambiente físico (clima, barulho, poluição, atrativos)?	1	2	3	4	5

As questões seguintes perguntam sobre **quão completamente** você tem sentido ou é capaz de fazer certas coisas nestas últimas duas semanas.

		nada	muito pouco	médio	muito	completamente
10	Você tem energia suficiente para seu dia-a- dia?	1	2	3	4	5
11	Você é capaz de aceitar sua aparência física?	1	2	3	4	5
12	Você tem dinheiro suficiente para satisfazer suas necessidades?	1	2	3	4	5
13	Quão disponíveis para você estão as informações que precisa no seu dia-a-dia?	1	2	3	4	5
14	Em que medida você tem oportunidades de atividade de lazer?	1	2	3	4	5

As questões seguintes perguntam sobre **quão bem ou satisfeito** você se sentiu a respeito de vários aspectos de sua vida nas últimas duas semanas.

		muito ruim	ruim	nem ruim nem bom	bom	muito bom
15	Quão bem você é capaz de se locomover?	1	2	3	4	5
		muito insatisfeito	Insatisfeito	nem satisfeito nem insatisfeito	satisfeito	Muito satisfeito
16	Quão satisfeito(a) você está com o seu sono?	1	2	3	4	5
17	Quão satisfeito(a) você está com sua capacidade de desempenhar as atividades do seu dia-a-dia?	1	2	3	4	5
18	Quão satisfeito(a) você está com sua capacidade para o trabalho?	1	2	3	4	5
19	Quão satisfeito(a) você está consigo mesmo?	1	2	3	4	5
20	Quão satisfeito(a) você está com suas relações pessoais (amigos, parentes, conhecidos, colegas)?	1	2	3	4	5
21	Quão satisfeito(a) você está com sua vida sexual?	1	2	3	4	5
22	Quão satisfeito(a) você está com o apoio que você recebe de seus amigos?	1	2	3	4	5
23	Quão satisfeito(a) você está com as condições do local onde mora?	1	2	3	4	5
24	Quão satisfeito(a) você está com o seu acesso aos serviços de saúde?	1	2	3	4	5
25	Quão satisfeito(a) você está com o seu meio de transporte?	1	2	3	4	5

As questões seguintes referem-se a **com que freqüência** você sentiu ou experimentou certas coisas nas últimas duas semanas.

		nunca	Algumas vezes	freqüentemente	muito freqüentemente	sempre
26	Com que freqüência você tem sentimentos negativos tais como mau humor, desespero, ansiedade, depressão?	1	2	3	4	5

Alguém lhe ajudou a preencher este questionário?
....

Quanto tempo você levou para preencher este questionário?
....

Você tem algum comentário sobre o questionário?

OBRIGADO PELA SUA COLABORAÇÃO

Figura 28.11. Instrumento de Avaliação de Qualidade de Vida (WHOQOL-bref).[25] Fonte: disponível em: Validação brasileira do Instrumento de Qualidade de Vida/espiritualidade, religião e crenças pessoais. Rev. Saúde Pública [Internet]. 2011 Feb [cited 2020 Oct 09]; 45(1): pp. 153-165. Panzini RG et al.

por exemplo, fazendo uma laringectomia (retirada da laringe), ou se preferiam não viver sem voz, neste caso, optando por radioterapia com probabilidade de menor sobrevida. O que você escolheria? Tanto os executivos quanto os bombeiros preferiram ver sua expectativa de vida reduzida a perder a voz. E o percentual foi mais alto entre os executivos. Portanto, tomando-se o viés do tratamento da dor crônica que é o nosso objeto de estudo, percebe-se que seu intuito principal está, de verdade, na satisfação do paciente, mesmo que isso possa contrariar as expectativas curativas do profissional de saúde.[3]

Não é preciso aplicar um questionário específico para obter essas informações. Algumas perguntas mais amplas podem ajudar a ter este contexto mais especificado:[17]

- Como a dor afeta você? Quanto ela interfere na sua vida (sono, atividades diárias, sensação de bem-estar)?
- Que ideias você tem sobre o significado desses sintomas?
- A dor faz com que você se preocupe com sua saúde? Quais são suas preocupações?
- Como a dor afeta sua família e seus amigos?

Um dos contextos dolorosos não-oncológicos em que a avaliação da qualidade de vida também tem sido bastante aplicada é no tratamento da fibromialgia. É uma síndrome crônica, difusa, complexa com sintomas diversos que persistem por mais de 10 anos e ainda sem uma etiologia clara.

O principal sintoma é a dor. A doença desencadeia distúrbios funcionais, fraqueza, estresse, fazendo com que os pacientes fiquem sempre hipervigilantes para evitar estímulos externos que possam provocar a dor, o que conduz a maioria deles a distúrbios do sono. Ademais, a fibromialgia acarreta distúrbios afetivos e emocionais como depressão pela convivência com a dor crônica, sensação de vulnerabilidade e desânimo, que podem reduzir ainda mais o limiar de dor.

Para avaliar como a fibromialgia afeta a qualidade de vida dos pacientes, Burckhardt propôs o Questionário de Impacto da Fibromialgia (FIQ),[26] o qual busca compreender a afetação da capacidade funcional, situação profissional, distúrbios psicológicos e sintomas físicos em 19 questões, organizadas em 10 itens.

A versão brasileira já está validada e tem ajudado muito a medir a capacidade funcional e o estado de saúde de pacientes para que se faça o diagnóstico e se individualize o tratamento dessa síndrome.

QUESTIONÁRIO SOBRE O IMPACTO DA FIBROMIALGIA (QIF)

ANOS DE ESTUDO:

1- Com que freqüência você consegue:	Sempre	Quase sempre	De vez em quando	Nunca
a) Fazer compras	0	1	2	3
b) Lavar roupa	0	1	2	3
c) Cozinhar	0	1	2	3
d) Lavar louça	0	1	2	3
e) Limpar a casa (varrer, passar pano etc.)	0	1	2	3
f) Arrumar a cama	0	1	2	3
g) Andar vários quarteirões	0	1	2	3
h) Visitar parentes ou amigos	0	1	2	3
i) Cuidar do quintal ou jardim	0	1	2	3
j) Dirigir carro ou andar de ônibus	0	1	2	3

Nos últimos sete dias:

2- Nos últimos sete dias, em quantos dias você se sentiu bem?

0   1   2   3   4   5   6   7

3- Por causa da fibromialgia, quantos dias você faltou ao trabalho (ou deixou de trabalhar, se você trabalha em casa)?

0   1   2   3   4   5   6   7

4- Quanto a fibromialgia interferiu na capacidade de fazer seu serviço:

Não interferiu   Atrapalhou muito

5- Quanta dor você sentiu?

Nenhuma   Muita dor

6- Você sentiu cansaço?

Não   Sim, muito

7- Como você se sentiu ao se levantar de manhã?

Descansado/a   Muito cansado/a

8- Você sentiu rigidez (ou o corpo travado)?

Não   Sim, muita

9- Você se sentiu nervoso/a ou ansioso/a?

Não, nem um pouco   Sim, muito

10- Você se sentiu deprimido/a ou desanimado/a?

Não, nem um pouco   Sim, muito

Como você percebeu nos destaques, o que vai ser feito no exame físico depende de cada tipo de dor. O importante é analisar minuciosamente o paciente, observando e buscando ativamente posições antálgicas, sinais que demonstram tentativas de alívio da dor, como lesões abrasivas provenientes de compressas quentes ou frias, sinais de bruxismo, e ainda repercussões fisiológicas causadas pela dor na frequência cardíaca, respiratória, pressão arterial, regulação de calor. Uma regra de ouro nesta fase é sempre ponderar se o resultado esperado com aquela manobra semiológica vai, de fato, mudar a forma de manejo de um sintoma complexo. Caso a resposta seja negativa, a investigação não deve ser feita. Algumas manobras e exames não devem ser feitos por causa da fragilidade do paciente.[17] A melhor maneira de identificar isto é estabelecendo uma boa relação médico-paciente.

■ APROFUNDANDO – EXAMES AUXILIARES NO DIAGNÓSTICO DA DOR

A abordagem contemporânea da dor envolve a clínica, sempre soberana, mas não exclui a utilização de exames auxiliares. Isto se deve à subjetividade inerente a cada paciente, o que pode nos desviar da etiologia da dor durante a avaliação clínica.[27] Quando se lança mão das novas ferramentas "visuais" e quantitativas para avaliar a dor do doente, o examinador consegue ampliar a linha de raciocínio, obtendo informações que vão ajudar a trilhar um melhor manejo das condições álgicas e direcionar o tratamento para a real causa e não apenas para o sintoma. Dentre estas ferramentas estão a termografia, a ultrassonografia e o bloqueio nervoso, todos usados com fim diagnóstico no momento da consulta, isto é, como complemento do exame físico, ainda dentro do consultório. A utilização destes exames auxiliares que constituem grande avanço tecnológico, no entanto, deve ser ter um fundamento lógico, associado ao rigor de uma boa prática clínica, sempre a partir de uma visão biopsicossocial, como temos abordado ao longo de todo o capítulo. "Quem sabe o que procura, entende o que encontra".[1]

■ TERMOGRAFIA INFRAVERMELHA

Em qualquer parte do corpo onde houver excesso de calor ou frio, a doença estará lá para ser descoberta.
Hipócrates, 400 a.C.

O exame de termografia ou termometria cutânea ou ainda imagem térmica infravermelha de alta resolução (IR), como é conhecido internacionalmente,[3] é um método não invasivo, sem qualquer tipo de contraste, radiação iônica ou mesmo contato físico. Todas estas características o tornam seguro, inclusive, para gestantes e crianças. A técnica consiste em obter imagens dinâmicas com uma câmera de infravermelho, a fim de mensurar a energia emitida pelo corpo. Ela estará alterada na região dos processos patológicos.[27,28] De maneira mais aprofundada, as alterações funcionais, sobretudo miofasciais e neuropáticas, manifestam-se no sistema nervoso simpático, o qual controla a termorregulação humana e se estende desde o hipotálamo até a medula espinal, plexo visceral e nervos periféricos para controlar também o fluxo sanguíneo da microcirculação cutânea. A inibição ou lesão de qualquer parte desse sistema promove dilatação de microvasos dérmicos, aumentando a temperatura da pele. Já a hiperestimulação leva à diminuição da temperatura. Ao compararmos lados opostos no caso de presença de dor, essas alterações se mostram assimétricas. A termografia infravermelha é indicada para casos em que não é possível identificar a causa da condição dolorosa, para auxiliar no estudo da dor e direcionamento da terapêutica.[1]

A IR é um método diagnóstico por imagem que, por meio de um sensor acoplado a um sistema computacional, mensura à distância a radiação infravermelha emitida pela superfície cutânea.[3] Na leitura das imagens, a radiação é convertida em sinal elétrico e pode ser visualizada em uma imagem digital de alta resolução em tempo real. Uma escala colorida quantitativa ao lado da imagem, conhecida como escala de densidade térmica ou *palette*,[3] auxilia a interpretação:

Cores escuras (azul e preto): são as chamadas regiões hiporradiantes, com a característica de serem mais frias devido a menor vascularização ou hiperatividade neurovegetativa simpática vasomotora.

Cores claras (branco e vermelho): correspondem a regiões hiperradiantes. Sua característica é mais quente, devido à maior vascularização, associada a hipoatividade neurovegetativa simpática vasomotora.

A escala também pode conter outras cores a fim de realçar melhor as características funcionais, vasculares ou anatômicas.[3] A avaliação da imagem é feita de duas formas:

Quantitativa: calcula-se a diferença da temperatura média entre as áreas pré-selecionadas, chamadas de regiões de interesse (ROI).

Qualitativa: através do padrão de distribuição de temperatura cutânea, chamado de mapa térmico (*termal mapping*).

Atualmente, com estes detectores pode-se distinguir diferenças de temperatura menores que 0,07 °C.[30]

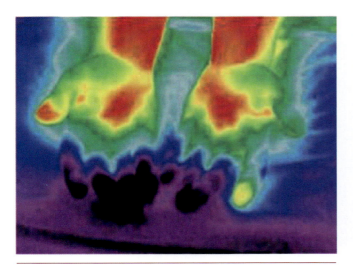

Figura 28.13. Hiper-radiação em dermátomo do nervo mediano da mão esquerda em paciente com síndrome do túnel do carpo.[30] Fonte: disponível em: Diagnóstico Avançado em Dor por Imagem Infravermelha e Outras Aplicações. Prática Hospitalar. 9. 93-98. 2007. p 4. Brioschi M, Yeng L, Teixeira, M.

Como todo método auxiliar, é necessário que o exame seja realizado por profissional habilitado e que seja um exame indicado para aquele caso clínico. É um exame de alta sensibilidade e que, de forma mais específica, identifica o local do processo inflamatório e de alterações vasculares de grandes vasos até a microcirculação de um dermátomo acometido. Suas principais aplicações no exame da dor são para realizar o diagnóstico avançado de condições neuromusculares dolorosas, como por exemplo:

Síndrome dolorosa miofascial: condição dolorosa que pode afetar diversas regiões corporais e é caracterizada por nódulos musculares em que são identificados os pontos de gatilho ou *trigger points*.

> **O que são Pontos de Gatilho (PG) miofasciais ou Trigger Points?**
>
> São áreas de nódulos ou faixas de músculos bem demarcadas, dolorosas. Também podem ser detectados nos ligamentos, nos tendões, no periósteo, nos tecidos fibróticos e na pele[6]. Os pontos-gatilho são identificados pela aplicação de pressão sobre o local suspeito até que a dor do paciente seja reproduzida.[6] Esta palpação pode causar dor referida em localizações bem definidas no tronco ou nas extremidades. Os nódulos medem, em média, de 3 mm a 6 mm.[1] *Trigger points* podem ser ativos ou latentes: os ativos ficam nas regiões em que há queixa de dor, com bandas musculares tensas e possui um foco de hiperirritabilidade muscular sintomática, ou seja, gera dor local e referida para áreas específicas de cada músculo. Já os latentes se l ocalizam em áreas assintomáticas e costumam ser menos dolorosos.[1]
>
> PGs são encontrados em muitas lesões cervicais como hiperextensão/hiperflexão, discopatias, lesões/desordens por esforço repetitivo, traumas esportivos e disfunções da articulação temporomandibular (diagnóstico avançado). Além disso, podem ser encontrados em vários distúrbios dolorosos crônicos como fibromialgia, osteoartrite e artrite reumatóide[6]. O exame com termografia infravermelha é o único método diagnóstico que evidencia objetivamente os *trigger points* sintomáticos na forma de pontos quentes (*hot spots*) hiperradiantes que correspondem, de fato, aos pontos dolorosos anotados no exame clínico,[1] corroborados pela sensibilidade local e confirmação de dor do paciente. A sensibilidade do exame é próxima a 98%. A identificação dos PGs por imagem térmica infravermelha de alta resolução é útil para descobrir a causa da dor, para orientar o tratamento e avaliar sua resposta, assim como para a documentação médico-legal.

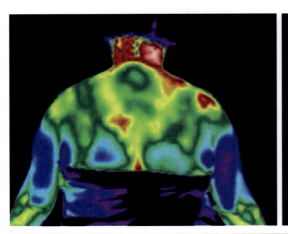
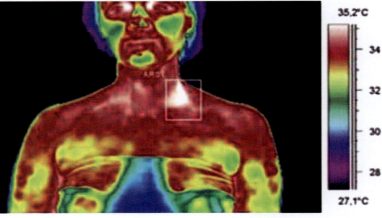

Figura 28.14. Termografia infravermelha em síndrome de dolorosa miofascial.[29] Fonte: disponível em: Documentação da síndrome dolorosa miofascial por imagem infravermelha. p. 4. Brioschi M, Yeng L, Pastor EMH. (2007).

Neuropatias: a termografia infravermelha demonstra com precisão os efeitos das neuropatias compressivas de raízes e nervos periféricos. De forma simples, observa-se maior ou menor irradiação no dermátomo correspondente à lesão.

Síndrome de dor regional complexa: também chamada de distrofia simpático-reflexa, somente é diagnosticada pela imagem térmica infravermelha de alta resolução. O diagnóstico precoce pode evitar incapacidades futuras.

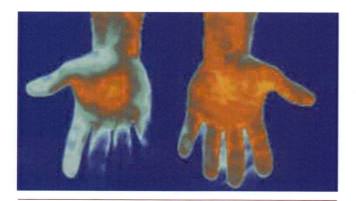

Figura 28.15. Hiporradiação difusa em mão direita em paciente com síndrome de dor regional complexa.[30] Fonte: disponível em: Diagnóstico Avançado em Dor por Imagem Infravermelha e Outras Aplicações. Prática Hospitalar. 9. 93-98. 2007. p. 4. Brioschi M, Yeng L, Teixeira M.

As indicações de solicitação de termografia estão na Tabela 28.4.

Tabela 28.4. Indicações de solicitação de exame de termografia infravermelha[1]

Documentar objetivamente síndromes dolorosas miofasciais ou neuropáticas para diagnóstico e acompanhamento terapêutico (dor mista, dor referida, dor irradiada).
Quando a hipótese diagnóstica inicial é de condição não específica, isto é, que não tem um substrato anatômico demonstrável por exames tradicionais (neuropatia de fibras finas).
Orientar clinicamente se é ou não uma condição não específica (simulação, anormalidades psicossomáticas ou transtornos psíquicos), em caso de perícia.
Quando os resultados descritos nos exames tradicionais não são compatíveis com os encontrados na história clínica e no exame físico (avaliação pré-operatória de herniação discal, neuropatias compressivas).
No caso de as alterações encontradas não explicarem todo o quadro clínico do paciente (dor de manutenção simpática/síndrome complexa de dor regional).
Quando outros exames complementares não detectarem alterações (polineuropatia diabética).
Na ausência de anormalidades anatômicas ao exame clínico (fibromialgia).
Para atender perícias com demonstrações objetivas em lides forenses.

Fonte: disponível em: Dor (coleção manuais de especialização). 1ⁿᵈ ed. p. 94. Minson FP et al.

Atualmente, existem diversos métodos de imageamento infravermelho: estático, dinâmico, multiespectral, mapeamento de textura térmica, multimodal, fusão de sensores, imageamento tridimensional e etc.[30] Para que o método seja eficaz, é necessária uma padronização mínima da mensuração da emissão térmica:[3]

- Manter a temperatura de 23 °C na sala de exames (a variação da temperatura não pode ultrapassar 1°C durante o exame) e umidade do ar abaixo de 60%.
- Impedir perdas térmicas por convecção forçada de ar diretamente sobre o paciente (caso haja velocidade de ar incidente, não deve ultrapassar 0,2 m/s).
- O paciente deve ficar distante de equipamentos que gerem calor.
- Não deve haver janelas no laboratório. Caso existam, precisam ter duas camadas de vidro ou ser equipadas com anteparos que evitem a luz solar.
- Devem ser usadas lâmpadas de luz fria.
- O piso deve ser isolante térmico, do tipo plástico vinil antiderrapante para que não ocorra reflexos cutâneos nem artefatos devido à perda térmica excessiva do paciente com o chão frio.
- Deve haver um termômetro e um higrômetro (instrumento de medição de umidade atmosférica) adequadamente posicionados na sala (que não sejam afetados diretamente por fonte de calor) com visor nítido a, pelo menos, três metros de distância.

Além disso, o paciente deve ser preparado adequadamente para o exame:[3]

- Recomendar que o paciente interrompa o uso de nicotina e cafeína 4 horas antes.
- Recomendar que não faça exercícios físicos vigorosos no dia anterior, não tome banhos quentes e não utilize dermocosméticos de maneira excessiva no dia do exame.
- O paciente deve ser orientado a não usar roupas apertadas nem adereços e prender o cabelo, se longos, a fim de expor rosto, orelhas e ombros.
- É preferível que o uso de analgésicos, anti-inflamatórios, simpatolíticos, descongestionantes nasais e broncodilatadores seja descontinuado 24 h antes, visto que eles interferem no sistema nervoso simpático e, consequentemente, na temperatura. Caso os medicamentos não tenham sido suspensos, deve ficar registrado na avaliação clínica.
- A área a ser pesquisada, geralmente o corpo todo, deve estar desnuda e o paciente permanece 15 minutos à exposição da temperatura laboratorial a fim de alcançar o equilíbrio térmico.
- Não devem ser realizados procedimentos como fisioterapia, aplicação de calor superficial ou profunda estimulação elétrica nervosa transcutânea.

O paciente deve permanecer sentado ou em posição ortostática e não tocar a pele durante a realização do exame.[3]

A título de curiosidade, a análise de corpo inteiro traz informações secundárias importantes para a abordagem de pacientes com dores crônicas. Isto seria devido a facilidade de fazer um registro do corpo todo de maneira rápida, não invasiva e aproveitar a preparação que foi realizada pelo exame.[1] Os achados secundários à queixa principal, nestes casos, podem ficar arquivados e direcionar perspectivas futuras no tratamento ou até mesmo ser manejado para prevenir complicações.

É importante salientar que a termografia infravermelha não mostra nem mensura a intensidade da dor, mas demonstra as alterações fisiológicas que podem explicar sua causa e/ou origem. Ademais, determinadas lesões não são identificáveis através dos métodos diagnósticos tradicionais. Os motivos de falha são diversos:[1]

Tabela 28.5. Por que os exames podem ser negativos na presença da dor?[1] (Adaptado)

Relacionadas a quem realiza o diagnóstico (falha na percepção, falta de conhecimento, julgamento equivocado)
Falha do equipamento
Fatores relacionados às condições do paciente
Falso-negativo
Técnica e posicionamento inadequado

Fonte: disponível em: dor (Coleção manuais de especialização).1nd ed. p. 93. Minson FP et al.

Apesar disso tudo, o exame de imagem termográfica infravermelha de alta resolução possui uma alta sensibilidade e tende a agregar muito ao raciocínio clínico e acompanhamento evolutivo de maneira mais objetiva.

■ ULTRASSONOGRAFIA

Ao longo dos anos, o ultrassom foi adotado por diversas especialidades, incluindo medicina de emergência, ginecologia e obstetrícia e trauma. Seu uso deve-se a sua segurança e eficácia em criar imagens, principalmente da tireoide, carótidas, coração, aorta, abdome e pelve.[30] Com os avanços da medicina, a ultrassonografia ganhou aparelhos mais compactos e hoje acompanhamos o avanço da ultrassonografia *point-of-care*, ou seja, realizada e interpretada à beira do leito. Na avaliação primária da dor, o uso de equipamentos de ultrassom compactos tem-se mostrado promissor, tanto à beira do leito quanto dentro dos consultórios e é importante que o estudante de medicina esteja ciente desta nova ferramenta de exame físico que promete agregar ainda mais à prática médica, com perspectivas de ser o estetoscópio do futuro.[31,32]

Dentre os benefícios de se usar a ultrassonografia[4] está sua capacidade de mostrar de forma mais rápida e de fácil análise os músculos, ligamentos, vasos, articulações, ossos. Quando são usados transdutores de alta resolução, pode-se ainda visualizar nervos finos diretamente. A sugestão é de que você foque o exame em uma área anatômica selecionada para visualizar em tempo real e com imagens dinâmicas os sinais e sintomas relacionados ao que o paciente contou.

A ultrassonografia realizada no local de atendimento pode ajudar a diagnosticar ou descartar possibilidades etiológicas da dor. Você pode encontrar, por exemplo, fluidos, hemorragias, cistos, conteúdo sólidos, nervos, ar em cavidades, enfim, fatores que podem estar acompanhando os quadros álgicos ou provocando-os. Essa dinamicidade é altamente útil para ampliar o olhar clínico e permitir uma triagem mais refinada da origem da sensação dolorosa. Para além de todas estas características, o exame reduz custos adicionais, uma vez que pode dispensar exames complementares quando já for possível o diagnóstico.[32]

Entretanto, o uso do ultrassom esbarra em alguns entraves. O primeiro é o fato de ser um método examinador-dependente. O treinamento adequado do profissional que realiza o exame é crucial para evitar diagnósticos equivocados que podem, por fim, atrasar o tratamento ou até mesmo, levantar preocupações desnecessárias ao paciente. O segundo ponto são as indicações da ultrassonografia. Frisa-se que este exame tem o intuito de auxiliar o diagnóstico e deve ser realizado com sabedoria, evitando um sobrediagnóstico e uma iatrogenia.

■ BLOQUEIOS NERVOSOS[3]

O uso de bloqueio nervoso no diagnóstico da dor baseia-se na anatomia, visando impedir a condução dos estímulos nociceptivos por meio da administração de anestésicos locais e anti-inflamatórios. É um procedimento geralmente guiado por raio X ou ultrassom e pode ser feito em consultório ou clínica. Além de ser usado para diagnóstico, o bloqueio tem ainda finalidade prognóstica, profilática e terapêutica:

Este procedimento pode ser útil na avaliação do paciente poliqueixoso sem uma etiologia definida, porém, atualmente, é mais usado para o tratamento da dor, depois de definida sua etiologia, já que existem poucas evidências que subsidiem seus fins diagnósticos.

- Mapeia a área da dor e as vias nociceptivas afetadas.
- Diferencia dor local e referida, visceral e somática, periférica e central.
- Estabelece o envolvimento do SNA simpático.
- Diferencia doença localizada por espasmo muscular reflexo, como as síndromes do piriforme, escaleno e torcicolo.
- Determina se uma dor seria causada por espasmo muscular ou alteração musculoesquelética.
- Determina a reação do paciente à eliminação da dor.[3]

■ CONSIDERAÇÕES FINAIS

Ao final da avaliação da dor do paciente, Bonica[4] nos convida a verificar sempre quão engajado ele está em levar adiante a proposta de tratamento. O autor aponta a necessidade de motivá-lo a encontrar um objetivo e deixar combinado, de forma compartilhada, uma data para a mudança de hábitos de vida, como um dia para ir ao cinema, um dia para fazer uma caminhada recreativa e uma data certa para parar de fumar. Os objetivos devem ser mensuráveis, como andar três quadras, subir dois lances de escada, procurar meios efetivos de cessar o tabagismo. Tudo deve ser pactuado com o paciente a fim de que ele se envolva nas decisões clínicas e tome as rédeas de seu tratamento. Para isto, é importante o profissional, depois de tantas perguntas, questionários e exames, explicar para o paciente as causas da sua dor, se possível, e os mecanismos que fazem com que ela permaneça mesmo depois da cura do estímulo nociceptivo. A educação na dor é um fator crucial para este engajamento: reduz o medo e a angústia sobre os sintomas desconhecidos, diminui a catastrofização e incentiva o autocuidado.

Depois de estabelecida a terapêutica, não se deve esquecer de fazer o acompanhamento, em especial no paciente com dor crônica. Ele deve ser constantemente reavaliado, e sua progressão ou regressão precisam ser registradas no prontuário e comparadas por meio das escalas de intensidade que mostramos neste capítulo. A cada reavaliação você deve checar o que não ficou claro para o paciente, verificar as metas que foram cumpridas e os motivos que impediram o cumprimento das demais para ajustar o tratamento conforme a evolução da sensação dolorosa e das suas repercussões relatadas pelo paciente.

Avaliar a dor, portanto, gera um comprometimento ético que envolve principalmente escuta ativa e qualificada, demonstrando interesse pela história do paciente.[28,29] Ana Claudia Quintana Arantes[33] explica magistralmente que devemos colocar nossa compaixão nesta avaliação, com o objetivo de compreender o sofrimento do paciente sem se envolver emocionalmente, mas permanecendo resilientes para ofertar o melhor tratamento possível a cada um que passa em nossas mãos. Eles precisam se sentir confortáveis, compreendidos e não ter sua dor banalizada. Como ensina Bonica:[4] "as pessoas vão esquecer o que você disse e esquecer o que você fez, mas jamais se esquecerão de como você os faz sentir". Estamos aqui para e por eles.

Referências Bibliográficas

1. Minson FP, Morete MC, Marangoni MA. [coord] Waksman RD Farah OGD [editoras] Dor (Coleção manuais de especialização).1nd ed.Barueri/SP: Manole, 2015.
2. SBED. Definição revisada de dor pela Associação Internacional para o Estudo da Dor: conceitos, desafios e compromissos. Tradução para a língua portuguesa da definição revisada de dor pela Sociedade Brasileira para o Estudo da Dor. 2020. Available from URL: https://sbed.org.br/wp-content/uploads/2020/08/Definição-revisada-de-dor_3.pdf.
3. Posso IP et al. Tratado de dor: publicação da Sociedade Brasileira de Estudo da Dor. 1nded.Rio de Janeiro: Atheneu 2017.
4. Ballantyne JC, Fishman SM, Rathmell JP. Bonica's management of pain / editors. 5th ed. Philadelphia: Wolters Kluwer Health, 2019.
5. Tauben D, Stacey BR, Fishman St, Crowley M. Approach to the management of chronic non-cancer pain in adults Literature review current through: Aug 2020. | This topic last updated: Jun 16, 2020. Available from: URL: https://www.uptodate.com/contents/approach-to-the-management-of-chronic-non-cancer-pain-in-adults?csi=2aefe7bf-c397-4949-a776-168111e-09465&source=contentShare.
6. Von Roenn JH, Paice JA, Preodor ME [traduzido por Cosendey CHA, Setúbal S). Current medicina diagnóstica e tratamento da dor. Rio de Janeiro: MacGraw-Hill Interamericana do Brasil, 2008.
7. Tauben D, Stacey BR, Fishman St, Crowley M. Evaluation of chronic non-cancer pain in adults. Literature review current through: Aug 2020. | This topic last updated: Apr 13, 2020. Available from: URL: https://www.uptodate.com/contents/evaluation-of-chronic-non-cancer-pain-in-adults?csi=ce954cb6-a10e-4f26-9aff-688fdcf2fd50&source=contentShare.
8. Porto CC, Porto AL [coeditor]. Semiologia médica. 8th ed. Rio de Janeiro: Guanabara Koogan, 2019.
9. Netter, FH. Atlas de anatomia humana . 6thed. - Rio de Janeiro : Elsevier, 2014.
10. Simons DG, Travell JG, Simons LS. Myofascial pain and dysfunction : the trigger point manual. V1. Upper Half of Body. 2nded.1999.
11. Nascimento MIC, et al.[trad], Cordioli AV [revisão técnica]. Manual diagnóstico e estatístico de transtornos mentais [recurso eletrônico) : DSM-5 / [American Psychiatric Association. 5thed. Porto Alegre : Artmed, 2014.
12. Oliveira AM, Batalha LMC, Fernandes AM, Gonçalves JC, Viegas RG. Uma análise funcional da Wong-Baker Faces Pain Rating Scale: linearidade, discriminabilidade e amplitude. Rev. Enf. Ref. [Internet]. 2014 Dez [citado 2020 Out 09] ; serIV(3): 121-130. Available from URL: http://www.scielo.mec.pt/scielo.php?script=sci_arttext&pid=S0874-02832014000300014 &lng=pt.
13. Nascimento RTL et al. Neuropatia diabética dolorosa - aspectos clínicos, diagnóstico e tratamento: uma revisão de literatura. Revista UNINGÁ. Vol.43, pp.71-79 (Jan - Mar 2015).

14. Corelhano, AR. [monograph] Controle da intensidade de dor em pacientes com síndrome dolorosa miofascial em músculo masseter, após administração tópica de capsaicina 8%. . UFPR Curitiba. 2018 Available from URL: https://acervodigital.ufpr.br/bitstream/handle/1884/63627/ R%20-%20%20E%20-%20 AMANDA% 20ROSSI%20CORELHANO.pdf? sequence=1&isAllowed=y.

15. Silva ALP, Demange MK, Gobbi RG, Silva TFC, Pécora JR, Croci AT. Tradução e validação da escala Knee Society Score: KSS para a Língua Portuguesa. Acta ortop. bras. [Internet]. 2012 [cited 2020 Oct 09] ; 20(1): 25-30. Available from URL: http://www.scielo.br/scielo.php? script=sci_arttext&pid=S1413-785220-12000100005&lng=en.

16. Yi LC, Staboli IM, Kamonseki DH, Budiman-Mak E, Arie EK. Tradução e adaptação cultural do Foot Function Index para a língua portuguesa: FFI - Brasil. Rev. Bras. Reumatol. [Internet]. 2015 Oct [cited 2020 Oct 09] ; 55(5): 398-405. Available from URL: http://www.scielo.br/scielo.php? script=sci_arttext&pid=S0482-50042015000500398&lng=en.

17. Chang, VT, Smith TJ, Givens JT. Approach to symptom assessment in palliative care Literature review current through: Aug 2020. | This topic last updated: Mar 30, 2020. Available from: URL: https://www.uptodate.com/ contents/approach-to-symptom-assessment-in-palliative-care?csi= e1dc4963-dbcd-4ee0-8167-136e885d81d9&source=contentShare# H1616173758.

18. Pimenta CAM, Teixeira MJ. Questionário de dor McGill: proposta de adaptação para a língua portuguesa. Rev. esc. enferm. USP [Internet]. 1996 Dec [cited 2020 Oct 09]; 30(3): 473-483. Available from URL: http://www.scielo.br/scielo.php? script=sci_arttext&pid= S0080-62341996000300009&lng=en.

19. Ferreira KA, Teixeira MJ, Mendonza TR, Cleeland CS. Validation of brief pain inventory to Brazilian patients with pain. Support Care Cancer. 2011 Apr;19(4):505-11. doi: 10.1007/s00520-010-0844-7. Epub 2010 Mar 10. PMID: 20221641. Available from URL: https://pubmed.ncbi. nlm.nih.gov/ 20221641/.

20. Bertolazi AN, Fagondes SC, Hoff LS, Dartora EG, Miozzo IC, de Barba ME, Barreto SS. Validation of the Brazilian Portuguese version of the Pittsburgh Sleep Quality Index. Sleep Med. 2011 Jan;12(1):70-5. doi: 10.1016/j.sleep.2010.04.020. Epub 2010 Dec 9. PMID: 21145786. Available from URL: https://pubmed.ncbi. nlm.nih. gov/21145786/.

21. Pimenta CAM, Kurita GP, Silva EM, Cruz DALM. Validade e confiabilidade do Inventário de Atitudes frente à Dor Crônica (IAD-28 itens) em lingua portuguesa. Rev. esc. enferm. USP [Internet]. 2009 Dec [cited 2020 Oct 09]; 43(spe): 1071-1079. Available from URL: http://www.scielo.br/ scielo.php?script=sci_arttext&pid= S0080-62342009000500011&lng=en.

22. Junior JS, Nicholas MK, Pereira IA, Pimenta CAM, Asghari A, Cruz RM. Validação da Escala de Pensamentos Catastróficos sobre Dor. ACTA FISIATR 2008; 15(1): 31 - 36. Available from URL: http://www.revistas.usp.br/ actafisiatrica/article/view/102905.

23. Santos JG, Brito JO, de Andrade DC, et al. Translation to Portuguese and validation of the Douleur Neuropathique 4 questionnaire. The Journal of Pain: Official Journal of the American Pain Society. 2010 May;11(5):484-490. DOI: 10.1016/j.jpain.2009.09.014. Available from URL: https://europepmc.org/article/med/20015708.

24. Sherry DD, Li SC. Patterson MC, Goddeau RJ, Tepas, Elizabeth. Complex regional pain syndrome in children. Literature review current through: Aug 2020. | This topic last updated: Mar 17, 2020. Available from URL: https://www.uptodate.com/ contents/complex-regional-pain- syndrome-in-children?csi= d1d1beb2-1525-4799-8d5c- 66ea085bdb38&source= contentShare.

25. Panzini RG, Maganha C, Rocha NS, Bandeira DR, Fleck MP. Validação brasileira do Instrumento de Qualidade de Vida/espiritualidade, religião e crenças pessoais. Rev. Saúde Pública [Internet]. 2011 Feb [cited 2020 Oct 09]; 45(1): 153-165. Available from: http://www.scielo.br/scielo.php? script= sci_arttext&pid=S0034- 89102011000100018&lng=en.

26. Marques AP, Santos AM. Barsante, AA, Matsutani LA, Lage LV, Pereira CAB. Validação da versão brasileira do Fibromyalgia Impact Questionnaire (FIQ). Rev. Bras. Reumatol. [Internet]. 2006 Feb [cited 2020 Sep 30]; 46(1): 24-31. Available from URL: http://www.scielo.br/scielo.php? script=sci_arttext&pid= S0482-50042006000100006&lng=en.

27. Brioschi M, Yeng L, Teixeira, M. Indicações da termografia infravermelha no estudo da dor. DOR é coisa séria. 5. 8-14. 2009. Available from URL: https://www.researchgate.net/ publication/274070861_ Indicacoes_da_termografia_ infravermelha_ no_estudo_da_dor.

28. Lima RPS, Brioschi ML, Teixeira MJ, Neves EBN. Análise Termográfica de Corpo Inteiro: indicações para investigação de dores crônicas e diagnóstico complementar de disfunções secundárias. Pan Am J Med Thermol 2(2): 70-77. Available from URL: http://abraterm.com.br/ PAJMT/journals/1/articles/ 43/public/ 43-113-1-PB.pdf.

29. Brioschi M, Yeng L, Pastor EMH. (2007). Documentação da síndrome dolorosa miofascial por imagem infravermelha. Acta Fisiatr. 14. 41-48.

30. Brioschi M, Yeng L, Teixeira, M. Diagnóstico Avançado em Dor por Imagem Infravermelha e Outras Aplicações. Prática Hospitalar. 9. 93-98. 2007. Available from URL: https://www.researchgate.net/publication/ 274071052_Diagnostico_Avancado_em_Dor_por_Imagem_Infravermelha e_Outras_Aplicacoes.

31. Steller J, Russell B, Lotfipour S, Maldonado G, Siepel T, Jakle H, Hata S, Chiem A, Fox JC. USEFUL: Ultrasound Exam for Underlying Lesions incorporated into physical exam. West J Emerg Med. 2014 May;15(3):260-6. doi: 10.5811/westjem.2013.8.19080. Epub 2014 Jan 9. PMID: 24868302; PMCID: PMC4025521. Available from URL: https://pubmed.ncbi. nlm.nih.gov/24868302/.

32. Copel J, Moore C. Point-of-care ultrasonography. N Engl J Med 364(8):749-57 (Feb 24). The New England journal of medicine. 364. 749-57. 10.1056/NEJMra0909487. Available from URL: https://www.researchgate. net/publication/49942514_ Point-of-care_ultrasonography_N_ Engl_J_Med_3648749-57_Feb_24.

33. Sorensen B, Hunskaar S. Point-of-care ultrasound in primary care: a systematic review of generalist performed point-of-care ultrasound in unselected populations. Ultrasound J. 2019 Nov 19;11(1):31. doi: 10.1186/s13089-019-0145-4. PMID: 31749019; PMCID: PMC6868077. Available from URL: https://pubmed.ncbi. nlm. nih.gov/31749019/.

34. Arantes ACQ. A morte é um dia que vale a pena viver. Rio de Janeiro. Sextante, 2019.

29
CAPÍTULO

Tratamento da Dor – Como o Anestesiologista Pode Atuar?

FABIANA CAROLINA SANTOS ROSSI
GUSTAVO MORENO CECÍLIO
THIAGO RAMOS GRIGIO

■ INTRODUÇÃO

Segundo a Associação Internacional para o Estudo da dor (*International Association for the Study of Pain* - IASP), dor é definida como "uma experiência sensitiva e emocional desagradável associada, ou semelhante àquela associada, a uma lesão tecidual real ou potencial".[1] Dor aguda, está presente quando há lesão tecidual, portanto, é autolimitada e desaparece junto a resolução das lesões. Além disso, a dor aguda é frequentemente associada a sinais físicos objetivos de atividade do sistema nervoso autônomo, como, por exemplo, elevação da frequência cardíaca e pressão arterial sistêmica. Já dor crônica é caracterizada por ausência de valor biológico aparente e que persiste além do tempo normal de cicatrização tecidual, normalmente considerado a partir de três meses.[2-5]

A queixa de dor é uma das maiores razões de consultas médicas em todo o mundo e está associada a elevados custos para o sistema de saúde, e ainda compromete o humor e a qualidade de vida dos indivíduos. Além disso, o controle inadequado da dor pós-operatória é considerado fator de risco para persistência da dor pós-cirúrgica.[3,6,7]

O anestesiologista apresenta grande conhecimento da fisiopatologia e dos fármacos relacionados à dor, portanto, é profissional bem qualificado para a prevenção e o tratamento dela.

■ ESCADA ANALGÉSICA

Em 1986, a Organização Mundial de Saúde (OMS) propôs uma estratégia para proporcionar alívio adequado da dor em pacientes com câncer, a escada analgésica. Hoje em dia, esta via analgésica também é utilizada para condições dolorosas agudas e crônicas não oncológicas, como distúrbios degenerativos, doenças musculoesqueléticas, dor neuropática e outros tipos de dores.[8,9]

A escada original consiste, principalmente, em três etapas (Figura 29.1):[5,6,8]

- 1º degrau – Dor leve: analgésicos não-opioides como anti-inflamatórios não esteroides (AINEs) ou paracetamol com ou sem adjuvantes.
- 2º degrau – Dor moderada: opioides fracos (hidrocodona, codeína, tramadol) com ou sem analgésicos não-opioides e com ou sem adjuvantes.
- 3º degrau – Dor grave e persistente: opioides fortes (morfina, metadona, fentanil, oxicodona, buprenorfina, tapentadol, hidromorfona, oximorfona) com ou sem analgésicos não opioides e com ou sem adjuvantes.

Originalmente, a escada analgésica da OMS era unidirecional, ou seja, iniciava o tratamento da dor do primeiro degrau, com AINEs e paracetamol, e subindo em direção aos opioides fortes, de acordo com a dor do paciente.[8]

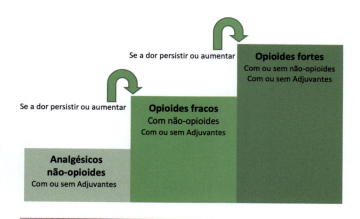

Figura 29.1. Escada analgésica original da OMS.

Atualmente, diversas mudanças são propostas para abranger diferentes tipos de tratamento da dor, incluindo o tratamento da dor aguda, dor crônica e o tratamento não farmacológico. Entretanto, o tratamento de degrau a degrau é insuficiente e ineficiente para controlar dores agudas e de forte intensidade e, portanto, foi proposto um diagrama acelerado, iniciando a partir do terceiro degrau.[5,6]

Como consequência, autores integraram um quarto degrau que inclui a consideração de procedimentos neurocirúrgicos com estimuladores cerebrais; técnicas invasivas como bloqueio nervoso, peridural, terapia de bloqueio neurolítico, radiofrequência, entre outros (Figura 29.2).[5,6,8]

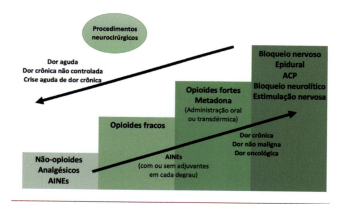

Figura 29.2. Adaptação da escada analgésica.

Essa escala modificada foi proposta e ampliada para o tratamento da dor pediátrica, mas também pode ser utilizada para dor aguda na emergência e pós-operatória. O quarto degrau é indicado para o tratamento da agudização da dor crônica. É recomendado o uso da terapia intervencionista, que consiste em técnicas como o bloqueio nervoso, epidural, analgesia controlada pelo paciente (ACP), terapia de bloqueio neurolítico e estimulação nervosa (espinhal e de nervos periféricos).[5,6,10]

A versão adaptada pode ser utilizada de maneira bidimensional, ou seja, o caminho ascendente para dor crônica e oncológica e a direção descendente para dor aguda intensa, dor crônica não controlada e crise aguda da dor crônica. A vantagem dessa proposta é que pode subir e descer os degraus de acordo com a intensidade da dor do paciente, iniciando do primeiro ou do quarto degrau, diminuindo a intensidade do tratamento de acordo com a diminuição da dor do paciente.[6,8,10]

■ FARMACOLOGIA

A estratégia farmacológica para o tratamento medicamentoso da dor consiste na identificação do tipo de dor apresentada pelo paciente: dor nociceptiva, dor neuropática ou dor mista.[11]

Para os pacientes com dor aguda ou crônica, deve-se optar pela combinação de dois ou mais fármacos, que atuam sinergicamente em diferentes mecanismos da dor, resultando em melhor terapia analgésica ao possibilitar uso de doses menores, minimizando os efeitos colaterais e aumentando adesão ao tratamento proposto.[12-14]

O tratamento farmacológico da dor crônica possui abordagem multimodal, com uso de analgésicos não opioides (paracetamol e dipirona), AINEs, anestésicos locais, associados ou não aos opioides e seus adjuvantes: anestésicos, antidepressivos, anticonvulsivantes e cetamina.[12]

Para obter o controle da dor crônica deve-se avaliar a adesão ao tratamento assim como o abuso, dependência e efeitos colaterais dos fármacos. A forma mais prática de avaliar a reposta a terapia proposta é baseado na resposta clínica, apesar de que, também seja possível monitorar os níveis plasmáticos dos fármacos e seus metabólitos urinários.[15,16]

Analgésicos não opioides
Dipirona

A dipirona é um analgésico, antipirético, antiespasmódico, apesar de possuir pouca atividade anti-inflamatória. É indicada no tratamento da dor aguda, dor crônica nociceptiva e mista como parte da analgesia multimodal. O efeito dos AINEs e opioides é potencializado com o uso da dipirona. O efeito analgésico possui íntima correlação com a dose e com a concentração de seus metabólitos (4-metilaminoantipirina e 4-aminoantipirina).

A posologia recomendada para analgesia é de 25 mg/kg a 30 mg/kg por via endovenosa ou via oral a cada seis horas, com dose máxima de 8g/dia.[17]

Paracetamol

O paracetamol é um analgésico e antipirético. Não possui atividade anti-inflamatória, e possui baixa incidência de efeitos colaterais gastrointestinais. É indicado no tratamento da dor aguda, dor crônica nociceptiva e mista como parte da analgesia multimodal ao potencializar efeito dos AINEs e opioides. É metabolizado pelo fígado no CYP 450, e pode gerar o metabólito tóxico N-acetil-P-benzoquinonaimina, que é conjugado com a glutationa, com excreção via renal. Sua overdose aguda pode causar lesão hepática grave, sendo a principal causa de hepatite aguda medicamentosa. Dessa forma, possui posologia recomendada entre 500 mg a 750 mg via oral a cada seis horas, com dose máxima de 4 g/dia. O uso crônico com dosagem inferior a 2 g/dia não se associa tipicamente com disfunção hepática. Atualmente, temos disponível no Brasil a apresentação de 10 mg/mL – 1%, sob a via de administração endovenosa, com posologia para adultos e crianças maiores de 12 anos com peso superior a 50 kg de 1.000 mg a cada 6 horas com dose diária máxima de 4 g/dia.[4,18,19]

Anti-inflamatórios não esteroidais (AINEs)

Os AINES são bons anti-inflamatórios, analgésicos e antipiréticos. Seu mecanismo de ação é através da inibição da atividade da ciclo-oxigenase 1 e 2 (COX 1 e 2), com inibição da síntese de prostaciclina, prostaglandina e tromboxano, com redução de citocinas e demais substâncias pró-inflamatórias. Atualmente temos disponível classes anti-inflamatórios de acordo com sua seletividade: não seletivos, que inibem tanto a COX1 quanto a COX2 (diclofenaco, oxicans e cetorolaco); preferencialmente seletivos para COX2 (meloxicam); seletivos para COX2 (nimessulida, celecoxibe). Todos os AINEs são eficazes no tratamento da dor nociceptiva ou mista, seja como analgésicos isolados, ou associados aos demais analgésicos. Habitualmente são classificados como analgésicos leves, mas deve-se sempre considerar o tipo de dor além da sua intensidade, sendo, particularmente, eficazes quando a inflamação tem acometimento de receptores de dor a estímulos mecânicos e químicos que seriam normalmente indolores. Possuem característica farmacodinâmica conhecida como efeito-teto, ou seja, possui efeito limitado pela relação dose-resposta. Dessa forma, o aumento da dose não melhora a eficácia da analgesia e está relacionado com aumento de efeitos colaterais, com uso limitado. Os efeitos colaterais mais comuns são os relacionados ao trato gastrointestinal e ao sistema renal, sendo raramente descrito a agranulocitose e anemia aplásica. Seu uso é contraindicado para pacientes com insuficiência cardíaca, doença cardíaca isquêmica, doença vascular periférica, cerebrovascular, durante o período gestacional e em pacientes com pré-eclâmpsia.[4,18,20-22]

Opioides

Os opiáceos são fármacos derivados do ópio, constituído em produtos naturais como a morfina, codeína e tebaína assim como alguns derivados semissintéticos. O corpo humano possui peptídeos opioides endógenos, que são os ligantes naturais dos receptores opioides. Os opiáceos produzem efeito semelhante, tanto no sistema nervoso central (especialmente no núcleo do trato solitário, área cinzenta periaquedutal, córtex cerebral, tálamo e substância gelatinosa da medula espinhal), quanto periférico. Eles atuam através de três tipos de receptores opioides clássicos (*mi, kappa e delta*), sendo que cada receptor apresenta distribuição anatômica singular no cérebro, na medula espinhal e no tecido periférico. Os receptores são acoplados a proteínas G inibitórias, que quando ativadas resultam na redução da excitabilidade neuronal, resultando em redução da neurotransmissão de impulsos nociceptivo. São medicamentos eficazes no controle da dor aguda, oncológica e inúmeros tipos de dores crônicas (dando preferência para os de ação prolongada).[18,20,23,24]

O protótipo dos opioides é a morfina, servindo como comparação aos demais opioides. Eles se diferem quanto a potência analgésica, forma de administração, biodisponibilidade e dosagem, portanto, com diferença na intensidade de efeitos colaterais. Os efeitos colaterais possuem correlação direta com a dose do fármaco utilizado, e portanto, técnicas com uso de analgesia multimodal e redução no uso de opioides podem reduzir a quantidade de efeitos indesejáveis. Os efeitos colaterais mais descritos são: náusea, vômitos, constipação, sonolência, hipotensão ortostática, tosse, miose, convulsões e depressão respiratória e dependência química. Contudo, as respostas de determinado indivíduo podem variar significativamente com os diferentes opioides, de acordo com ação do mesmo sob os receptores. Dessa forma, se ocorrer efeitos colaterais com determinado fármaco, é sugerido a conversão para outro opioide.[4,18,20,25]

Metadona

A metadona é um opioide sintético forte que possui dois isômeros de efeito sinérgico antinociceptivo: o isômero R (–) é um agonista dos receptores *mi* de ação prolongada, enquanto o isômero S (+) é um antagonista no receptor NMDA. Suas ações farmacológicas são qualitativamente semelhantes à da morfina, mas se destaca quanto: atividade analgésica, eficácia oral, duração de ação prolongada na supressão dos sintomas de abstinência dos indivíduos com dependência física e tendência a produzir efeitos persistentes com a administração repetida. É indicada para o alívio de dor crônica (principalmente quando refratária a morfina), dor neuropática, tratamento de abstinência aos opioides, e tratamento nos usuários de heroína. Tem início da analgesia entre 10 a 20 minutos após administração parenteral e 30 a 60 minutos após a ingestão oral. A dose via oral varia entre 2,5 mg a 15 mg, dependendo da intensidade da dor e da resposta individual do paciente. Por possuir meia-vida longa e variável (entre 8 e 59 horas), está associada ao risco de toxicidade por acúmulo, caracterizando um medicamento de difícil manuseio. Sua metabolização é hepática (citocromo CYP2B6) com excreção renal e não dialisável, é extremamente segura para pacientes com insuficiência renal, com dose recomendada de 100% quando taxa de filtração glomerular (TFG) acima de 10 mL/min, e dose de 50% a 75% quando TFG menor de 10mL/min.[4,18,26-28]

Morfina

A morfina é um opioide natural, classificado como forte. Serve como referência comparativa para os demais opioides. Possui apresentação via oral, subcutânea, retal, intramuscular, endovenosa, intratecal e epidural. Apesar de ter meia vida de 3 horas, por ter baixa lipossolubilidade e lenta redistribuição possui ação prolongada. Possui metabolização hepática e extra-hepática (mucosa intestinal) em metabólitos inativos e ativos (morfina-6-glucuronídeo, 10 a 20 vezes mais potente que a morfina), é excretada tanto por via urinária e quanto biliar. Dessa forma, deve-se evitar o uso da morfina em pacientes com insuficiência renal.[24]

Oxicodona

A oxicodona é um opioides semissintético forte, agonista dos receptores *mi, kappa e delta*. Pelo fato de ter rápida penetração na barreira hemato encefálica, é indicada para dores de forte intensidade, com efeito analgésico três vezes superior quanto comparada à morfina. No brasil, possui apresentação disponível apenas via oral, com comprimidos de liberação prolongada de 10, 20 e 40 mg com efeito analgésico de 12 horas totais. Quando comparada aos demais opiáceos, esta possui uma maior tolerabilidade, inclusive em doses mais elevadas. Por apresentar meia vida maior, também é considerada como segura, por ter início de ação rápido e não necessitar de várias doses diárias.[29]

Codeína

Medicamento com ação antitussígena, ao ser metabolizado é considerado um opioides fraco, com potência doze vezes inferior a morfina. Está bem indicado para os casos de dores de intensidade leve a moderada, sendo amplamente associado a um analgésico não opioides como o paracetamol ou dipirona. Possui apresentação via oral, com dose terapêutica entre 30 mg e 60 mg com intervalos de 6/6 horas. Quando ela é associada a outros compostos como os AINEs, sua dose passa a ser de 8 mg a 30 mg. 10% da codeína administrada é metabolizada no fígado pela CYP2D6 em morfina, sendo responsável pelos efeitos analgésicos da mesma. Possui meia vida plasmática de 2 a 4 horas. Vale ressaltar que devido o polimorfismo genético da enzima CYP2D6, com incapacidade de metabolizar a codeína em morfina, 10% da população caucasiana não responde à ação analgésica da codeína.[18,24,30]

Tramadol

Considerado um opioide fraco, análogo sintético da codeína, é um fármaco multimodal: atua nos receptores opioides *mi* além de ter inibição da captação de norepinefrina e serotonina. Está bem indicado para os casos de dores de intensidade leve a moderada. Tem formulação oral, intravenosa e para supositório retal, com dosagem disponível desde 25 mg até 300 mg. Possui posologia recomendada de 25 mg a 100 mg a cada 4 a 6 horas, com dosagem máxima de 400mg diária. Metabolizado pelo fígado através do CYP450, é excretado via renal. Os principais efeitos colaterais são: síndrome serotoninérgica, queda do limiar convulsivo, náusea, vômito e tontura.[4,18,31,32]

Adjuvantes
Antidepressivos

Os antidepressivos exercem efeito analgésico independente dos efeitos estabilizadores do humor, devido as doses analgésicas serem inferiores as usadas nos transtornos psiquiátricos. Eles atuam aumentando a biodisponibilidade central de noradrenalina e serotonina por inibir sua recaptação neuronal. A analgesia resulta da ativação de vias inibitórias descendentes monoaminérgicas, sendo indicados em dor crônica oncológica e não oncológica, incluindo dor neuropática, osteoarticular, pós-operatória crônica, fibromialgia e neuralgia pós-herpética.[4,33]

Antidepressivos tricíclicos (ADT)

São representados pela amitriptilina e a nortriptilina. Atuam através do bloqueio da recaptação da serotonina e noradrenalina, bloqueio do canal de sódio e bloqueio da hiperalgesia induzida pelo agonista NMDA. A posologia deve ser iniciada com dose de 10mg com aumento gradativo a cada 3 a 7 dias até a dose máxima de 150mg, sempre em tomada única de preferência ao deitar. Essa titulação tem objetivo de reduzir os seguintes efeitos colaterais: sonolência, tontura, hipotensão ortostática, bloqueio de condução cardíaca, retenção urinária, constipação, xerostomia, visão turma, ganho de peso e redução do limiar convulsivo.[33]

Inibidores da receptação de serotonina e noradrenalina (IRSN)

Conhecido como antidepressivos duais, representados pela duloxetina e venlafaxina, são medicamentos de primeira linha para a dor neuropática. Possuem mecanismo de ação conforme a dose prescrita: em doses baixas agem preferencialmente como inibidores seletivos da receptação da serotonina, enquanto em doses altas inibem também a receptação da noradrenalina. A duloxetina pode ser usada para dores tipo neuropáticas e nociplásticas: neuropatia diabética, neuralgia pós herpética e fibromialgia. Sua posologia deve iniciar com 30mg, tendo aumento semanal até 120 mg/dia. Seus principais efeitos adversos são náusea, sedação, constipação, xerostomia, diminuição do apetite, ansiedade, tonturas, fadiga, insônia, disfunção sexual, hiperidrose, hipertensão arterial, sendo contraindicada na presença de glaucoma. Já a venlafaxina inibe a receptação de noradrenalina e serotonina em proporções diferentes, respectivamente 30% e 70%. É bem indicada nas polineuropatias, especialmente a diabética. Sua posologia deve ser inicialmente de 37,5 mg com aumento semanal até 375 mg/dia, em uma ou duas tomadas diárias. Possui efeitos colaterais semelhantes à da duloxetina.[33]

Inibidores seletivos da receptação de serotonina (ISRS)

Representados pela paroxetina e citalopram, são indicadas como terceira linha de tratamento para dor neuropática.[33]

Anticonvulsivantes

Os anticonvulsivantes gabapentinoides (pregabalina e gabapentina) são fármacos de primeira linha no tratamento da dor neuropática. Também são empregados no pré-operatório para reduzir o consumo de opioides no intraoperatório. Possuem mecanismo de ação como ligantes à subunidade a-2-delta dos canais de cálcio voltagem dependentes pré-sinápticos. Dessa forma, ao regular a entrada de cálcio no neurônio pré-sináptico reduzem a liberação de neurotransmissores excitatórios. Eles são muito bem tolerados, e por não terem metabolização hepática possuem poucas interações farmacológicas. Com excreção renal, devem ser ajustados em pacientes nefropatas. A gabapentina merece um cuidado em sua titulação pelo fato de apresentar saturação na absorção com farmacocinética não linear. Deve iniciar com doses baixas (300 mg a 600 mg por dia) e aumentar gradativamente de acordo com o controle da dor (máximo de 3.600 mg/dia), sempre dividida de 8/8 horas. Já a pregabalina apresenta uma titulação mais fácil e rápida por ter farmacocinética linear. Sua posologia deve ser de 75 mg duas ou três vezes por dia, com dose máxima de 600 mg/dia. Tanto a gabapentina quanto a pregabalina possuem efeitos colaterais de sonolência, tontura, ganho de peso, vertigem, xerostomia e edema de membros inferiores.[33]

A carbamazepina tem mecanismo de ação ao bloquear os canais de sódio voltagem dependentes e inibir a receptação de noradrenalina. É considerado medicamento de primeira linha no tratamento da neuralgia do trigêmeo. Sua posologia deve ser aumentada lentamente com dose máxima de 1.200 mg/dia. Seus efeitos colaterais são: sonolência, náuseas, vômitos, ataxia, diplopia e vertigens.[33]

A fenitoína foi o primeiro fármaco utilizado no tratamento da dor neuropática. Com o surgimento de fármacos mais eficazes, esta foi substituída pelos demais. Entretanto, continua sendo uma opção no tratamento da neuralgia do trigêmeo quando refratário à carbamazepina.[33]

A lamotrigina atua bloqueando os canais de sódio voltagem-dependentes além de inibir a liberação de glutamato e aspartato, também utilizada no tratamento da neuralgia do trigêmeo refratária. Sua posologia deve ser titulada lentamente, iniciando com 25 mg/dia e aumentar a dose a cada 2 semanas, em uma a duas tomadas diárias. Possui efeito analgésico com até 400 mg/dia.[33]

Cetamina

A cetamina é considerada antagonista do receptor n-metil-d-aspartato (NMDA). Seu mecanismo de ação é o bloqueio do receptor NMDA, responsável pelo aumento da função sináptica da área afetada. É utilizada em casos de hiperalgesia induzida por opioides e estados dolorosos agudos e crônicos. Normalmente é administrada via endovenosa. Sua posologia varia conforme a via, recomendado na via endovenosa iniciar com 0,1 mg/kg/h a 0,5 mg/kg/h, com dose máxima de 600 mg a 700 mg em 24 horas. Por ter grande volume de distribuição e rápida depuração, é apropriada à infusão contínua sem aumentar drasticamente a duração de ação. Metabolizada no fígado em norcetamina, que é novamente metabolizada e excretada via renal e biliar. É contraindicada em casos de hipertensão arterial, hipertensão intracraniana, arritmias cardíacas, doenças coronarianas, transtorno afetivo bipolar, psicoses e esquizofrenia. Outros exemplos dos antagonistas do receptor NMDA são: memantina, amantadina e dextrometorfano.[4,18,20,34]

Anestésico local (lidocaína)

A lidocaína, o protótipo amida dos anestésicos locais, é considerada adjuvante na dor crônica, incluindo a dor tipo neuropática. Pode ser usada de forma endovenosa e sob adesivo diretamente sobre o local da dor neuropática. A via endovenosa geralmente é recomendada para dores neuropáticas refratárias por ter atividade anti-inflamatória, atuando através da inibição dos canais de sódio e potássio, receptor NMDA, e transporte da glicina, além de reduzir a liberação de citocinas e inibir a ativação de neutrófilos. Já a via transdérmica é recomendada para dores localizadas (neuralgia pós herpética, neuropatia periférica) e atua através do bloqueio de canais de sódio locais. A posologia venosa deve iniciar com a dose de 1 mg/kg a 2 mg/kg, em 15 min a 20 min, e se melhorar a dor, iniciar infusão contínua de 1 mg/kg/h a 3 mg/kg/h, para atingir o nível plasmático terapêutico de $2\,\mu g/mL$ a $6\,\mu g/mL$. Os efeitos colaterais da via endovenosa estão relacionados à elevação do nível plasmático de lidocaína, sendo eles: dormência perioral e da língua, contrações musculares espasmódicas, crises convulsivas, depressão respiratória, coma e parada cardiorrespiratória.[4,18,35,36]

■ DOR PÓS-OPERATÓRIA

Os objetivos do tratamento da dor perioperatória são aliviar o sofrimento, realizar mobilização precoce após a cirurgia, reduzir tempo de internação hospitalar, para alcançar conforto e satisfação do paciente. Os mecanismos de controle da dor devem levar em

consideração as condições médicas, psicológicas, físicas, psíquicas, idade, nível de ansiedade, porte cirúrgico, entre outros. A estratégia ideal para o controle da dor perioperatória consiste na terapia multimodal.[37]

A Sociedade Americana de Dor (*American Pain Society* - APS) em conjunto com a Sociedade Americana de Anestesiologistas (*American Society of Anesthesiologists* – ASA), estipularam diretriz para o manejo da dor pós-operatória baseado em evidências, efetividade e manejo da dor pós-operatória em crianças e adultos. Essas diretrizes incluem educação pré-operatória, planejamento do tratamento da dor perioperatória, uso de diferentes modalidades de tratamentos farmacológicos e não farmacológicos, políticas e procedimentos organizacionais, e transição para o tratamento na enfermaria.[7]

Recomendações da diretriz do manejo da dor pós-operatória[7]
Educação pré-operatória e planejamento do manejo da dor perioperatória

- Fornecer informações pertinentes ao paciente, à família e/ou ao cuidador sobre opções do tratamento no manejo da dor pós-operatória e documentar os planos e metas para o controle da dor (forte recomendação, evidência de baixa qualidade).
- Os pais ou outros cuidadores adultos de crianças que são submetidas a cirurgia recebam instruções sobre métodos apropriados para avaliação da dor e o aconselhamento do manejo adequado de analgésicos e similares (forte recomendação, evidência de baixa qualidade).
- Realização de uma avaliação pré-operatória incluindo avaliação de comorbidades, medicamentos de uso contínuo, história de dor crônica, abuso de substâncias e regimes e respostas de tratamento pós-operatório anterior, para orientar o plano de controle da dor perioperatória (forte recomendação, evidência de baixa qualidade).
- Ajuste do plano de controle da dor com base na resposta de alívio da dor e na presença de eventos adversos (forte recomendação, evidência de baixa qualidade).

Métodos de avaliação
- Uso de uma ferramenta para avaliação da dor validada (forte recomendação, evidência de baixa qualidade).

Princípios gerais do uso da terapia multimodal

- Oferecer analgesia multimodal ou uso de variados analgésicos e combinação com técnicas de intervenção não farmacológicas para o tratamento da dor pós-operatória em adultos e crianças (forte recomendação, evidência de alta qualidade).

Uso de modalidades não farmacológicas

- Considerar o uso de estimulação elétrica transcutânea (TENS) adjunta a outras terapias no controle da dor pós-operatória (fraca recomendação, evidência de moderada qualidade).
- Não desencorajar o uso de outras terapias adjuntas como acupuntura, massagem ou crioterapia (evidência insuficiente).

Uso de modalidades cognitivo-comportamentais

- Considerar o uso da terapia cognitivo-comportamental em adultos como parte da terapia multimodal (fraca recomendação, evidência de moderada qualidade).

Uso de terapia farmacológica sistêmica

- Preferência da administração de opioides via oral para analgesia pós-operatória em pacientes que não tenham contraindicações da mesma (forte recomendação, evidência de moderada qualidade).
- Evitar o uso da via intramuscular para administração de analgésicos no tratamento da dor pós-operatória (forte recomendação, evidência de moderada qualidade).
- Uso da analgesia controlada pelo paciente (PCA) para analgesia pós-operatória sistêmica quando a via parenteral é necessária (forte recomendação, evidência de moderada qualidade).
- Não é recomendado o uso rotineiro a infusão de opioides através da PCA em pacientes que nunca utilizaram opioides (forte recomendação, evidência moderada de qualidade).
- Fornecer adequada monitorização da sedação, condição respiratória e prevenção de outros eventos adversos em pacientes que recebam opioides sistêmicos para o controle da dor pós-operatória (forte recomendação, evidência de baixa qualidade).
- Fornecer a adultos e crianças paracetamol e/ou AINEs como parte da analgesia multimodal para o tratamento da dor pós-operatória em pacientes sem contraindicações (forte recomendação, evidência de alta qualidade).

- Considerar dose pré-operatória de celecoxibe oral para adultos sem contraindicações (forte recomendação, evidência de moderada qualidade).
- Considerar o uso de gabapentina ou pregabalina como um componente da analgesia multimodal (forte recomendação, evidência de moderada qualidade).
- Considerar cetamina intravenosa como um componente da analgesia multimodal (fraca recomendação, evidência de moderada qualidade).
- Considerar o uso de lidocaína intravenosa em pacientes, sem contraindicações, que se submeterão a laparotomia ou laparoscopia abdominal (fraca recomendação, evidência de moderada qualidade).

Uso local e/ou tópico de terapia farmacológica

- Considerar o uso de anestésico local antes da incisão cirúrgica em procedimentos que as evidências mostram eficácia (fraca recomendação, evidência de moderada qualidade).
- Uso de anestésico local combinado com bloqueio nervoso antes de incisão cirúrgica (forte recomendação, evidência de moderada qualidade).
- Não é recomendado analgesia intrapleural com anestésico local para o controle da dor após cirurgia torácica (forte recomendação, evidência de moderada qualidade).

Uso de anestesia regional periférica

- Considerar técnicas de anestesia regional periférica sítio específica em adultos e crianças para procedimentos que as evidências mostram eficácia (forte recomendação, evidência de alta qualidade).
- Uso contínuo de técnicas analgésicas regionais periféricas quando a necessidade de analgesia provavelmente exceder o efeito de uma única injeção (forte recomendação, evidência de moderada qualidade).
- Considerar o uso de clonidina como adjuvante para o prolongamento da ação do bloqueio neural periférico (fraca recomendação, evidência de moderada qualidade).

Uso de terapia neuroaxial

- Oferecer analgesia neuroaxial para procedimentos abdominais e torácicos maiores, particularmente em pacientes com risco de complicações cardíacas, pulmonares ou íleo prolongado (forte recomendação, evidência de alta qualidade).
- Evitar a administração neuroaxial de magnésio, benzodiazepínicos, neostigmina, tramadol e cetamina no

tratamento da dor pós-operatória (forte recomendação, evidência de moderada qualidade).

- Prover adequada monitorização aos pacientes submetidos a intervenções neuroaxiais para analgesia pós-operatória (forte recomendação, evidência de baixa qualidade).

Estrutura organizacional, políticas e procedimentos

- Presença de estrutura organizacional para desenvolver e refinar políticas e processos para a entrega segura e eficaz do controle da dor pós-operatória nas instalações nas quais a cirurgia é realizada (forte recomendação, evidência de baixa qualidade).
- Fornecer aos médicos acesso a consulta com especialista em dor para pacientes com dor pós-operatória inadequadamente controlada ou com alto risco de inadequado controle da dor pós-operatória (forte recomendação, evidência de baixa qualidade).
- Presença de políticas e procedimentos para apoio do parto seguro com analgesia neuroaxial e bloqueio periférico contínuo, além de indivíduos treinados para gerenciar esses procedimentos (forte recomendação, evidência de baixa qualidade).

Transição para atendimento ambulatorial

- Fornecer informações para todos os pacientes (crianças e adultos) e cuidadores primários sobre o plano de tratamento da dor, incluindo a redução gradual dos analgésicos após alta hospitalar (forte recomendação, evidência de baixa qualidade).

Analgesia preventiva

Uma das modalidades utilizadas é a analgesia preventiva, ou seja, estratégias analgésicas são administradas antes da incisão ou estímulo cirúrgico, podendo modificar o processamento do sistema nervoso de estímulos nocivos, reduzindo a sensibilização central, hiperalgesia e alodinia, porém, esse conceito é controverso na literatura.[37]

O objetivo da analgesia preventiva é reduzir a sensibilização por estímulos nocivos pré-operatório, intraoperatório e pós-operatório. Uma técnica analgésica preventiva é eficaz quando a dor pós-operatória ou o consumo de analgésicos e opioides são reduzidos além da duração do efeito do medicamento ou técnica de tratamento.[37]

Anestésicos locais podem ser utilizados no local da incisão cirúrgica, fornecendo uma analgesia preventiva, reduzindo a dor somática, porém não é eficaz para a dor visceral. Os analgésicos sistêmicos não opioides podem substituir ou serem combinados com opioides como parte de um tratamento multimodal perioperatório, especialmente para pacientes tolerantes a opioides.[37]

Analgesia multimodal

A abordagem multimodal garante que todas as categorias aplicáveis de medicamentos para a dor sejam consideradas, selecionadas e dosadas de acordo com a necessidade individual de cada paciente.[37]

Analgesia multimodal é definida como o uso de variadas medicações analgésicas e técnicas com diferentes mecanismos de ação no sistema nervoso central e/ou periférico que podem adicionar ou apresentar efeitos sinérgicos no alívio da dor comparado com técnicas isoladas de intervenção.[7]

Um objetivo primário do tratamento da dor perioperatória é o conforto do paciente ao acordar da anestesia, com uma transição suave da recuperação pós-anestésica para a enfermaria. As seguintes questões devem ser abordadas para a analgesia multimodal:[37,38]

- Qual a intensidade da dor associada ao procedimento cirúrgico e quanto tempo espera-se que a mesma dure?
- O procedimento é passível de uso de técnicas analgésicas regionais ou locais?
- Existem fatores específicos do paciente que afetam a escolha das opções de analgésicos?

Os procedimentos cirúrgicos ambulatoriais menores, estão associados a níveis mais baixos de dor pós-operatória, podendo-se evitar a anestesia geral com o uso de bloqueios regionais ou anestesia local. Quando a anestesia geral é indicada, um agente de ação curta no momento da indução e do manejo das vias aéreas pode ser o único opioide utilizado durante a anestesia. O anestésico local injetado na ferida operatória e analgésicos não opioides devem ser suficientes para o controle imediato da dor no pós-operatório.[37]

Por outro lado, procedimentos mais invasivos podem resultar em dor moderada a intensa que pode durar duas a semanas, esses pacientes, geralmente, necessitam de uma abordagem multimodal mais complexa para o controle da dor perioperatória, sendo necessário doses mais altas de opioides intravenosos e opioides de ação mais longa. Para cirurgias passíveis de analgesia peridural, o objetivo é estabelecer o nível analgésico adequado antes do despertar, pelo menos 30 minutos antes do término da cirurgia.[37]

Sempre que possível, anestesia local, analgesia neuroaxial ou bloqueio de nervos periféricos devem ser utilizados como parte do tratamento multimodal para controle da dor pós-operatória. O local da cirurgia e locais previstos de dor determinam quais bloqueios de nervos devem ser realizados, em qual nível deve ser realizado e se realmente são indicados.[7,37]

Antes de realizar técnicas regionais específicas, devem ser analisadas as contraindicações e fatores que dificultam a execução da técnica, como obesidade, espondilite anquilosante ou cirurgia anterior da coluna. Pacientes que utilizam opioides cronicamente podem exigir planos multimodais complexos para controle da dor perioperatória. Idosos e pacientes com apneia obstrutiva do sono podem ser mais propensos a efeitos colaterais de sedativos e opioides, exigindo modificação da dose ou evitar o uso desses medicamentos.[7,37]

■ CONCLUSÃO

O anestesiologista apresenta papel fundamental no tratamento da dor, inicialmente avaliando as suas características, como duração, tipo e intensidade, fazendo uso dessas informações para utilizar a escala analgésica e manejo adequado da dor através de uma analgesia multimodal. Além disso, o mesmo é o responsável pela analgesia do período pré-operatório, intraoperatório e pós-operatório, trazendo conforto e qualidade de vida para o paciente ao saber controlar o estímulo álgico sob diversas maneiras.

Referências bibliográficas

1. Raja SN et al. The revised International Association for the Study of Pain definition of pain: concepts, challenges, and compromises. Pain. 2020;161(9):1976–82.
2. Williams ACDC, Craig KD. Updating the definition of pain. Pain. 2016;157(11):2420–3.
3. Miller RD, Jr MCP. Bases da Anestesia. 6ª. Rio de Janeiro: Elsevier B.V.; 2012. 1-775 p.
4. Mattos SL do L, Azevedo MP de, Cardoso MG de M, Nunes RR. Dor e Cuidados Paliativos [Internet]. Rio de Janeiro: SBA (Sociedade Brasileira de Anestesiologia); 2018. 1-242 p. Available from: https://www.youtube.com/user/SBAwebtv
5. Yang J, Bauer BA, Wahner-Roedler DL, Chon TY, Xiao L. The modified WHO analgesic ladder: Is it appropriate for chronic non--cancer pain? J Pain Res. 2020;13:411–7.
6. Vargas-Schaffer G. Is the WHO analgesic ladder still valid? Twenty--four years of experience. Can Fam Physician. 2010;56:514–7.
7. Chou R, Gordon DB, De Leon-Casasola OA, Rosenberg JM, Bickler S, Brennan T, et al. Management of postoperative pain: A clinical practice guideline from the American pain society, the American society of regional anesthesia and pain medicine, and the American society of anesthesiologists' committee on regional anesthesia, executive commi. J Pain. 2016;17(2):131–57.
8. Anekar AA, Cascella M. WHO analgesic ladder. 2020. p. 1–5.
9. Ballantyne JC, Kalso E, Stannard C. WHO analgesic ladder: A good concept gone astray. BMJ. 2016;352(January):1–2.
10. OpenAnesthesia. WHO Analgesic Ladder. IARS. 2020.
11. Merskey H BN. Classification of Chronic Pain: Descriptions of Chronic Pain Syndromes and Definitions of Pain Terms. 2nd ed. IASP Press, editor. Seattle; 1994. 1-222 p.
12. DeLeo JA. Basic science of pain. J Bone Jt Surg - Ser A. 2006;88(SUPPL. 2):58–62.
13. Eisenberg E, Suzan E. Drug combinations in the treatment of neuropathic pain. Curr Pain Headache Rep. 2014;18(12):1–8.
14. Moulin DE, Boul , er A, Clark AJ, Clarke H, Dao T, et al. Pharmacological management of chronic neuropathic pain - Revised consensus statement from the Canadian pain society. Pain Res Manag [Internet]. 2014;19(6):e87. Available from: http://ovidsp.ovid.com/ovidweb.cgi?T=JS&CSC=Y&NEWS=N&PAGE=fulltext&-D=emed15&AN=609260113%0Ahttp://www.embase.com/search/results?subaction=viewrecord&from=export&id=L71607127
15. Kapur BM, Lala PK, Shaw JLV. Pharmacogenetics of chronic pain management. Clin Biochem [Internet]. 2014;47(13–14):1169–87. Available from: http://dx.doi.org/10.1016/j.clinbiochem.2014.05.065
16. Varrassi G, Müller-Schwefe G, Pergolizzi J, Ornska A, Morlion B, Mavrocordatos P, et al. Pharmacological treatment of chronic pain the need for CHANGE. Curr Med Res Opin. 2010;26(5):1231–45.
17. Levy M, Zylber-Katz E, Rosenkranz B. Clinical Pharmacokinetics of Dipyrone and its Metabolites. Clin Pharmacokinet. 1995;28(3):216–34.
18. Brunton laurence L, Parker KL, Blumenthal DK, Buxton ILO. Goodman & Gilman: Manual de Farmacologia e Terapêutica. Ltda AE, editor. 2010. 1-1220 p.
19. Lenza CF do A. Halexminophen (paracetamol). HALEX Istar. 2020;Bula de remedio.
20. Manica J. Anestesiologia. 4ª ed. Porto Alegre: ArtMed; 2018.
21. Antman EM, Bennett JS, Daugherty A, Furberg C, Roberts H, Taubert KA. Use of nonsteroidal antiinflammatory drugs: An update for clinicians: A scientific statement from the American Heart Association. Circulation. 2007;115(12):1634–42.
22. SYLVESTER J. Anti-inflamatórios não-esteroidais. Fed Mund Soc Anestesiol. 2019;Tutorial 4:1–5.
23. Trivedi M, Shaikh S, Gwinnutt C. Farmacologia Dos Opióides (Parte 1). Soc Bras Anest Tutor Anest da Sem. (Parte 1):1–5.
24. Trivedi M, Shaikh S, Gwinnutt C. Farmacologia Dos Opióides (Parte 2). Soc Bras Anest Tutor Anest da Sem. (Parte 2):1–3.
25. Ballantyne JC, Mao J. Opioid Therapy for Chronic Pain. N Engl J Med. 2003;349(20):1943–53.
26. Carvalho AC, Sebold FJG, Calegari PMG, Oliveira BH de, Schuelter-Trevisol F. Comparison of postoperative analgesia with methadone versus morphine in cardiac surgery. Brazilian J Anesthesiol [Internet]. 2018;68(2):122–7. Available from: http://dx.doi.org/10.1016/j.bjan.2017.09.005
27. Barbosa Neto JO, Garcia MA, Garcia JBS. Revisiting methadone: pharmacokinetics, pharmacodynamics and clinical indication. Rev Dor. 2015;16(1):60–6.
28. Sakata RK, Nunes MHG. Uso de analgésicos em pacientes com insuficiência renal. Rev Dor. 2014;15(3):224–9.
29. Dias FC, Rodrigues MRK, Santos A dos, Stelzer LB, Lima SAM. Oxicodona para analgesia de pacientes com dor aguda no periodo por operatorio.pdf. Rev Nurs. 2020;23(260):3543–53.
30. Olivência SA, Barbosa LGM, Cunha MR da, Silva LJ da. Tratamento farmacológico da dor crônica não oncológica em idosos: Revisão integrativa. Rev Bras Geriatr e Gerontol [Internet]. 2018;21(3):372–81. Available from: http://www.scielo.br/scielo.php?script=sci_arttext&pid=S1809-98232018000300372&lng=en&tlng=en

31. Connor JO, Christie R, Harris E, Penning J, Mcvicar J. Tramadol e Tapentadol: Revisão Clínica e Farmacológica. Anaesth Tutor Week. 2019;1–7.

32. Bonezzi C, Allegri M, Demartini L, Buonocore M. The pharmacological treatment of neuropathic pain. Eur J Pain Suppl [Internet]. 2009;3(2):85–8. Available from: http://dx.doi.org/10.1016/j.eujps.2009.08.009

33. Hennemann-Krause L, Sredni S. Systemic drug therapy for neuropathic pain. Rev Dor. 2016;17(Suppl 1):91–4.

34. Dahan A, Jonkman K, van de Donk T, Aarts L, Niesters M, van Velzen M. Ketamine for pain. F1000Research. 2017;6:1–8.

35. Barash P. Fundamentos de Anestesiologia Clínica. Porto Alegre: ArtMed; 2017.

36. Oliveira CMB de, Issy AM, Sakata RK. Lidocaína por via venosa intraoperatória. Rev Bras Anestesiol. 2010;60(3):325–32.

37. Edward R Mariano;, Fishman; S, Crowley M. Management of acute perioperative pain. 2020. p. 1–80.

38. Wilson PR, Caplan RA, Connis RT, Gilbert HC, Grigsby EJ, Haddox JD, et al. Practice guidelines for chronic pain management. Anesthesiology. 1997;86(4):995–1004.